电子工艺理论基础

杨日福　黄敏兴　李丽秀／编

科 学 出 版 社

北　京

内 容 简 介

本书以电子产品制作工艺流程为主线，内容主要包括电子元器件介绍、印制电路板设计与制作、焊接技术、产品调试与检测、整机结构及电子产品生产线以及基本电子工程图表等理论基础，同时精选了典型性实用电路进行课程实操，并提供部分设计性实验便于学生创新实践。

本书可作为高等学校理工类各专业电子工艺实验教材，也可作为学生开展课外科技活动、电子竞赛培训的参考书，对于电子专业的相关技术人员也具有一定参考价值。

图书在版编目（CIP）数据

电子工艺理论基础 / 杨日福，黄敏兴，李丽秀编. —北京：科学出版社，2022.10

ISBN 978-7-03-072963-7

Ⅰ. ①电… Ⅱ. ①杨… ②黄… ③李… Ⅲ. ①电子技术－高等学校－教材 Ⅳ. ①TN

中国版本图书馆 CIP 数据核字（2022）第 153442 号

责任编辑：郭勇斌　邓新平　冷　玥 / 责任校对：崔向琳

责任印制：张　伟 / 封面设计：刘　静

科学出版社 出版

北京东黄城根北街 16 号

邮政编码：100717

http://www.sciencep.com

北京中石油彩色印刷有限责任公司 印刷

科学出版社发行　各地新华书店经销

*

2022 年 10 月第　一　版　开本：720 × 1000　1/16

2022 年 10 月第一次印刷　印张：26 3/4

字数：617 000

定价：89.00 元

（如有印装质量问题，我社负责调换）

前　言

以智能化和信息化为特征的工业4.0革命，对人才培养质量提出了更高的要求。学生不仅要掌握基础理论、基本方法和应用技术，还需要具备发现问题、分析问题、解决问题的批判性思维能力。因此，高等工科教育要培养学生的实践能力和创新精神。

电子工艺实验是理工科各相关专业的必修课，是一门注重工程意识和技能训练的实践性课程。一方面，它有大量的电子产品制作、仪器仪表使用等实践操作项目，让学生通过实验产生能力倾向的变化，从而提高学生的实践能力；另一方面，它也有计算机辅助设计与仿真、电子产品开发等紧跟时代的项目，从而培养学生的创新精神。

我们编写的《电子工艺理论基础》教材以“知识、能力、素养”为主线，促使学生通过对电路结构的系统分析，以及对电路相关参数的计算，掌握电子元器件、电子线路的理论知识；通过对电子产品的调试以及故障的排查，提高分析和解决实际问题的能力；通过开放实验，由“创意”到“创新”再到“创造”而产生电子作品，在这个过程中，提高工程素养。

本书第2、3、8和9章由杨日福编写，第1和5章由黄敏兴编写，第4、6和7章由李丽秀编写，主要根据电子工艺实验教学开展过程进行总结编写。本书得到在华南理工大学电子工艺实验教学中心工作过的许多教师的支持，设计性实验采集了我们举办的电子工艺创新设计大赛部分项目和开放实习中学生提出的课题内容，在此我们表示衷心的感谢。

由于电子工艺技术在不断更新和发展，鉴于我们能力有限，书中难免存在不足之处，敬请各位读者批评指正。

目　　录

第〇章　预备知识——安全用电常识

本章主要介绍单相触电的危害、安全用电措施的有关知识。

1. 单相触电的危害

当人体的某一部位接触带电物体并接地，使人的一部分因此产生电流时，可能发生触电现象。由图 0-1 可知，电流由相线经人体流入大地回到中性点形成闭合回路，人体承受相电压。绝大多数发生在电子工艺实习室中的触电事故都属于这种形式。

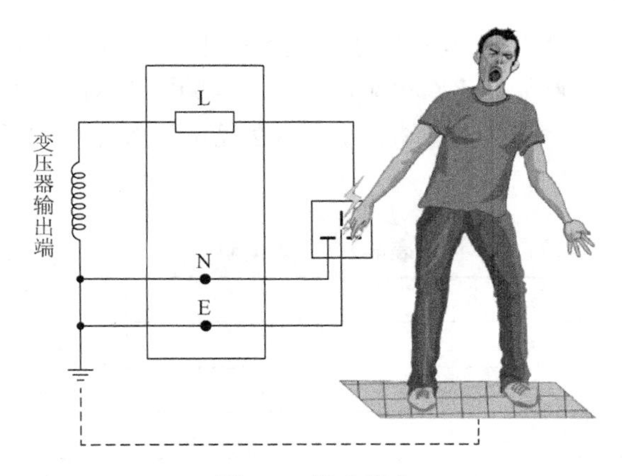

图 0-1　触电现象

触电时，电流会使细胞过热，导致细胞内部和外部烧伤。对这种效应最敏感的器官是肺、脑和心脏。受伤的程度取决于几个因素，如电流大小、电压高低、人体电阻大小、电流路径、触电持续时间及电流频率。

（1）电流因素

与普遍的看法相反，是电流而不是电压导致死亡。通过组织的电流产生的热量与电流平方成正比。电流会干扰心脏和肺的正常工作，导致心脏跳动不规律。表 0-1 为男性和女性在不同触电电流［直流电和交流电］下的反应。

表 0-1　男性和女性在不同触电电流［直流电（DC）和交流电（AC）］下的反应

反应	直流电/mA		交流电/mA	
	男	女	男	女
有感知	1.0	0.6	0.4	0.3
刺痛（感知阈值）	5.2	3.5	1.1	0.7
不舒服，肌肉控制未丧失	9.0	6.0	1.8	1.2

续表

反应	直流电/mA		交流电/mA	
	男	女	男	女
痛苦，肌肉控制没有丧失	62.0	41.0	9.0	6.0
呼吸困难			23.0	15.0
心室颤动，在极短的时间内失去知觉而死亡	100.0	67.0		

一般而言，女性比男性对电流更敏感。

（2）电压因素

在实习室，大多数电击发生在 100～400V，显而易见，它产生的强电流能使肌肉强烈收缩而不能摆脱带电物体。

（3）人体电阻因素

人体电阻越高，流经人体的电流越低。人体电阻是高度非线性的，与皮肤状况和脂肪含量等多种因素有关。例如，手掌电阻的范围为 100Ω～1MΩ。干性皮肤的人具有更高的人体电阻，而汗水往往会降低人体电阻。表 0-2 显示了人体手与手之间、手与脚之间在不同环境下的电阻情况。

表 0-2　人体电阻

部位	手与手之间		手与脚之间
环境	干燥环境	潮湿环境	潮湿环境
电阻极大值/Ω	13 500	1 260	1 950
电阻极小值/Ω	1 500	610	820
电阻平均值/Ω	4 838	865	1 221

（4）电流路径因素

电流通过人体不同的部位对人体造成的伤害是不同的。通过皮肤的电流不像通过重要器官的电流那样有害。致命电流通过心脏、肺和大脑时，对人体的伤害最大。仅 10μA 电流直接通过心脏即可导致心脏骤停。在较低的电流下，心肌可能会跳动不规律，导致全身血液泵送不足。脊髓中的电流也可能改变呼吸控制机制。

（5）触电持续时间因素

触电持续时间越长，死亡的可能性越高。这是因为心脏和肺等敏感器官最终会失去功能，热量会永久性地损害肌肉。尤其是，当电流高于肌肉失去控制的阈值时，触电人员无法松开导线，因此触电持续时间较长。

例如，如果电流约为 80mA，大约需要 4s 就会让超过 70kg 的人死亡，而体重低于 70kg 的人可能仅 2s 就死亡。

一般以触电电流与触电持续时间的乘积为 30mA·s 作为安全界限。

（6）电流频率因素

从实习室电气安全的角度来看，我们在此只讨论低频电流。在 50～60Hz 的频率下，人体非常容易受到触电伤害。在直流电（0Hz）或高频范围（3～10kHz），人体对触电的耐受力相对较高。

由表 0-3 可知，男性的感知阈值在 60Hz 时为 1.1mA，而在 10kHz 时为 12mA（超过 10 倍）；男性在 60Hz 时的释放阈值为 16mA，而在 10kHz 时为 75mA（几乎是 5 倍）。这就是为什么在一些罕见的情况下，有人可以在雷击中幸存下来。

表 0-3　电流频率与触电伤害关系

反应	0Hz		60Hz		10kHz	
	直流电/mA		交流电/mA		交流电/mA	
	男	女	男	女	男	女
有感知	1.0	0.6	0.4	0.3	7	5
刺痛（感知阈值）	5.2	3.6	1.1	0.7	12	8
不舒服，肌肉控制未丧失	9	6	1.8	1.2	17	11
痛苦，肌肉控制没有丧失	62	41	9	6	55	37
中度痛苦（释放阈值）	76	51	16	10.5	75	50
极度疼痛，呼吸困难，肌肉失去控制	90	60	23	15	94	63

2. 安全用电措施

实习室内应正确安装线路、插座，特别是开关要接在相线上。电线绝缘必须良好，插座、开关等带电部分绝对不能外露。用电功率应该足够大，不得超负荷用电。仪器仪表必须按照规定接地，以防发生漏电、触电事故。

人体若通过 50Hz、25mA 以上交流电时会呼吸困难，100mA 以上则会致死。因此，安全用电非常重要。为保证师生的人身安全，实习室内应使用分段开关并配备单相漏电保护电源，供电电源应采用隔离变压器，实习操作台应采用防静电工作台。

（1）单相漏电保护电源

电子工艺实习采用学生独立完成的教学模式，一般来说，每个实习室需要配置 30～60 张实习操作台。此外，根据实习项目的需要，每张实习操作台上必须设置若干插座以满足台上仪器仪表的用电要求。因此，为了让实习有序地进行，尽可能做到每一张实习操作台配备一个单相漏电开关，每一台仪器的插座配备一个分段开关（图 0-2）。

常用的单相漏电开关，主要由主开关、电流互感器、漏电脱扣器等部件组成。单相漏电开关的工作原理如图 0-3（b）所示，当无漏电流时，即 I_L（相线电流）$=I_N$（零线电流），电流互感器的电流矢量和为零，脱扣线圈无感应电流输出，脱扣器不动作，电源正常向负载供电。当被保护电路漏电或人身触电时，通过电流互感器的电流矢量和不为零，即 I_L（相线电流）$=I_N$（零线电流）$+I_F$（漏电流），脱扣线圈产生感应电流，脱扣器动作，切断电源，从而起到了保护作用。

漏电开关对漏电流极为敏感，当漏电流达到 10～30mA，就能使漏电开关在极短的时间（如 0.1s）内跳闸，切断电源。

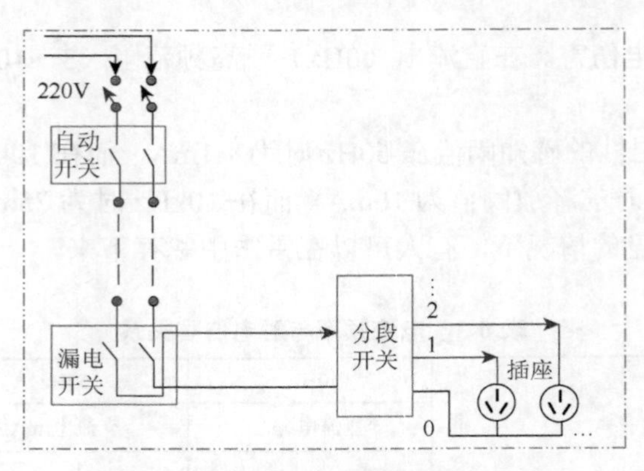

图 0-2　电源控制箱示意图

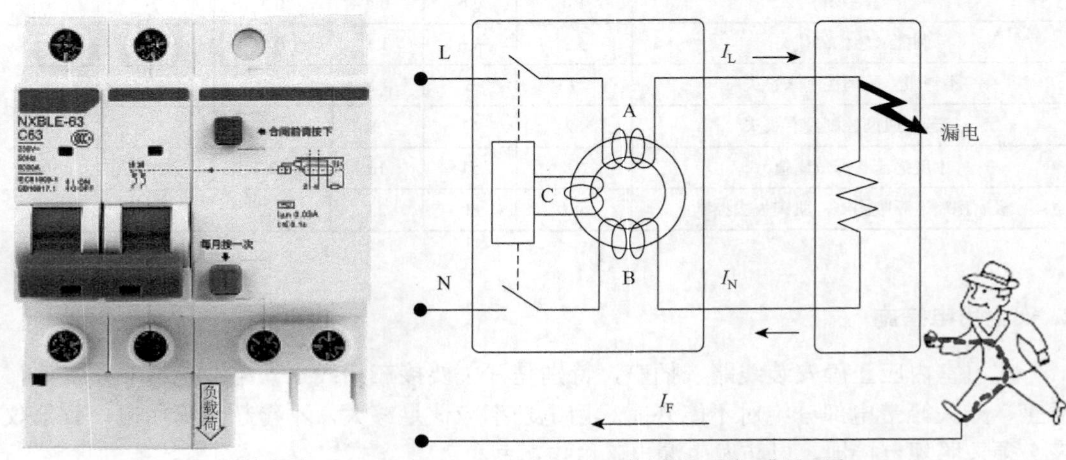

(a) 单相漏电开关实物图　　(b) 单相漏电开关工作原理图

A相线线圈；B零线线圈；C脱扣线圈；I_L相线电流；I_N零线电流；I_F漏电流

图 0-3　单相漏电开关

（2）隔离变压器

我国供电系统一般采取三相四线制，中性线接地，在供给低压用户时，一根是相线，另一根是零线，零线是和大地同地位。当人体触及带电体时，电流就会通过人体和大地构成回路，造成触电危害。

隔离变压器的工作原理如图 0-4 所示。采用隔离变压器供电，它的（输出端）次级不和地相连，它的任意两线与大地之间没有电位差，人接触任意一条线都不会发生触电，这样就比较安全。即使供电电源发生带电故障，由于接地故障，不会形成电流回路，这样就能保证用电安全。另外，在供电范围较小、线路较短的场合，此时系统的对地电流小得不足以对人体造成伤害。

（3）防静电工作台

在电子工艺实习过程中，干燥的空气与绝缘体表面磨擦会产生高压静电。静电可通过印制电路板或电子元器件释放，从而可能损坏敏感电子元器件。表 0-4 给出部分电子元器件的击穿电压。在这种环境下测试或者焊接电子元器件，比如

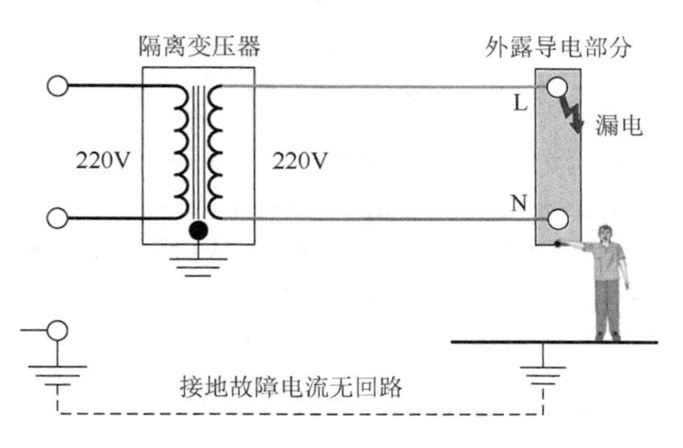

图 0-4　隔离变压器工作原理

MOSFET，当表笔金属部分接触电子元器件时，在电路内部，静电击穿氧化层或连接点，从而对电子元器件造成永久性的破坏。防静电工作台能将产生的高压静电进行释放，对电子元器件起到保护作用，从而提高电子元器件装配的安全性。

表 0-4　电子元器件击穿电压

元器件类型	击穿电压/V
三极管	380～7 000
互补金属-氧化物电子元器件（CMOS）	250～2 000
发射极耦合逻辑电路（ECL）	500
结型场效应管（JFET）	140～10 000
金属-氧化物半导体场效应管（MOSFET）	100～200
晶体管-晶体管逻辑电路（TTL）	300～2 500
可控硅（SCR）	680～1 000

防静电工作台的组成如图 0-5 所示，防静电工作台面点对点电阻测试应符合国家电子行业标准 SJ/T 10694—2006《电子产品制造与应用系统防静电检测通用规范》的规定。它有一个导电或防静电工作台面，接地点与台垫接触良好，腕带与工作台的接地线连接。为防止人员与带电物体接触时发生电击，腕带的最小电阻为 500kΩ。

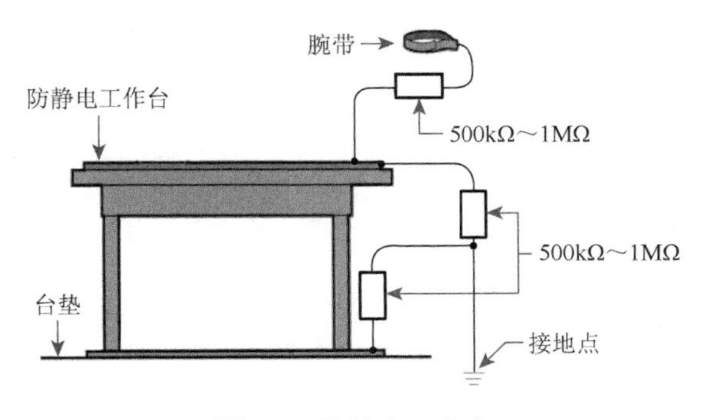

图 0-5　防静电工作台

参 考 文 献

杨启洪，杨日福，2012. 电子工艺基础与实践[M]. 广州：华南理工大学出版社.
Atkinson B，Lovegrove R，Gundry G，2013. Electrical Installation Designs [M]. 4th ed. Hoboken：John Wiley & Sons，Inc.
Gates E，2014. Introduction to Basic Electricity and Electronics Technology [M]. New York：Delmar Cengage Learning.
Mohamed A，El-Sharkawi，2013. Electric Energy：An Introduction [M]. 3rd ed. Milton：Taylor & Francis Group.
Scaddan B，2011. Electrical Installation Work [M].7th ed. Amsterdam：Elsevier Ltd.

第 1 章　常用电子元器件

一般而言，电子电路构成的电子产品是由电阻、电容器、电感器和变压器、晶振、二极管、三极管、场效应管、可控硅、集成电路等电子元器件组成。有关电子元器件的知识贯穿本书，因此，掌握本章节内容将对你学习后面的章节有帮助。

根据电子元器件与印制电路板的安装方式，电子元器件可分为直插元器件［图 1-0-1（a）］和贴片元器件［图 1-0-1（b）］，直插元器件的引脚可通过印制电路板元器件面的通孔插入，该引脚在焊接面通过焊点与其他元器件实现电气连接；贴片元器件可以直接焊接在焊接面的焊盘上。

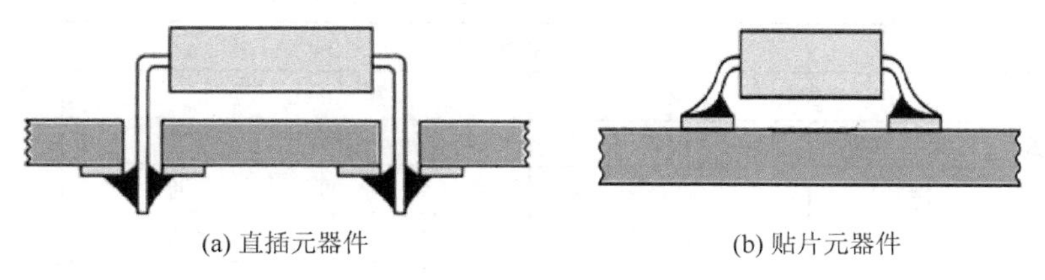

(a) 直插元器件　　(b) 贴片元器件

图 1-0-1　电子元器件焊点示意图

1.1　电阻

电阻是电子电路中应用最广泛的元器件之一。在电路中起限流、分压、阻抗匹配、取样、耦合、负载、调节时间常数、控制增益、抑制寄生振荡等作用。

电阻的符号为 R。主单位为欧姆，简称欧，以希腊字母 Ω 表示。在美国，电阻的图形符号是─ww─，而在我国和欧洲，电阻的图形符号是─□─。

限流电路如图 1-1-1（a）所示，它可按照已知的比例输出电流。电路的输出电流由公式（1-1-1）给出。

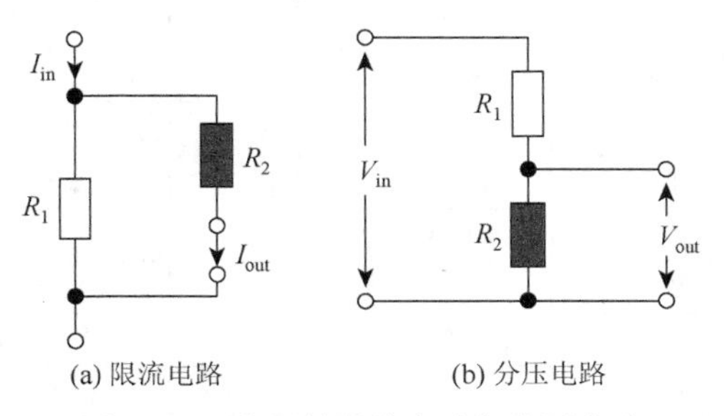

(a) 限流电路　　(b) 分压电路

图 1-1-1　电阻的限流电路与分压电路

$$I_{out} = I_{in}\frac{R_1}{R_1 + R_2} \tag{1-1-1}$$

分压电路如图 1-1-1（b）所示，它通常用于降低电路中的电压。电路的输出电压由公式（1-1-2）给出：

$$V_{\text{out}} = V_{\text{in}} \frac{R_2}{R_1 + R_2} \tag{1-1-2}$$

1.1.1 电阻及电位器的型号命名方法

根据 GB/T 2470—1995《电子设备用固定电阻器、固定电容器型号命名方法》和 SJ/T 10503-94《电子设备用电位器型号命名方法》规则，电阻的型号命名的前 4 个字母或数字分别表示：主称（用字母表示）、材料（用字母表示）、特征（用数字或字母表示）、序号（用数字表示）。电位器的型号命名的前 4 个字母或数字分别表示：电位器代号、电阻体材料代号、类别代号、序号。具体方法如表 1-1-1 所示。

表 1-1-1　电阻及电位器的型号命名方法

电阻						
第一部分：主称		第二部分：材料		第三部分：特征		第四部分：序号
符号	意义	字母	意义	符号	意义	
R	电阻	H	合成膜	1	普通	一般用数字表示
		I	玻璃釉膜	2	普通	
		J	金属膜（箔）	3	超高频	
		N	无机实芯	4	高阻	
		S	有机实芯	7	精密	
		T	碳膜	5	高温	
		X	线绕	8	高压	
		Y	氧化膜	9	特殊	
				G	功率型	

电位器						
第一部分：电位器代号		第二部分：电阻体材料代号		第三部分：类别代号		第四部分：序号
符号	意义	符号	意义	符号	意义	
W	电位器	H	合成碳膜	G	高压类	一般用数字表示
		S	有机实芯	H	组合类	
		N	无机实芯	B	片式类	
		I	玻璃釉膜	W	螺杆驱动预调类	
		X	线绕	Y	旋转预调类	
		J	金属膜	J	单圈旋转精密类	
		Y	氧化膜	D	多圈旋转精密类	
		D	导电塑料	M	直滑式精密类	
		F	复合膜	X	旋转低功率类	
				Z	直滑式低功率类	
				P	旋转功率类	
				T	特殊类	

例如，固定电阻 RJ71-0.5-5KI 的含义如图 1-1-2 所示。

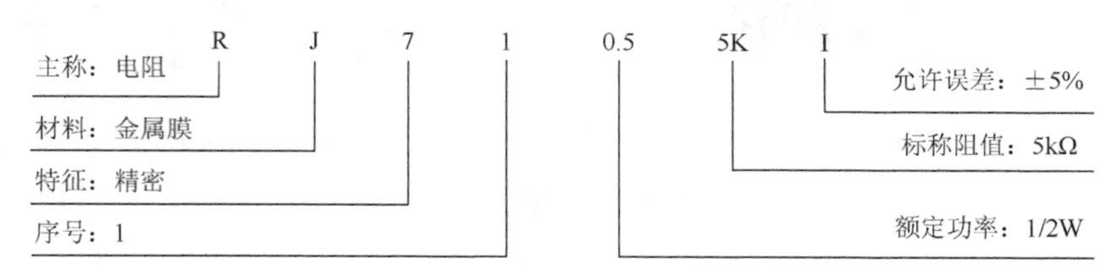

图 1-1-2　固定电阻 RJ71-0.5-5KI 含义

尽管各类型的电阻在形状、规格、制作材料上不同，它们都可以分为三大类：固定电阻、可调电阻和敏感电阻。

1.1.2　固定电阻

1. 固定电阻的类型

在制造过程中设定后，固定电阻的电阻值不易改变。固定电阻的设计取决于电阻材料的类型、额定功率、精度、尺寸和封装等因素。

本小节将介绍以下几种常用的固定电阻。

（1）碳质电阻

碳质电阻由精细的碳黑粉末、绝缘填料和树脂黏合剂的混合物制成，按照碳黑与绝缘填料的比例设置电阻值。如图 1-1-3 所示，碳质电阻一般被制成短杆，两端分别安装引脚，整个电阻被封装在绝缘涂层中。

（2）薄膜电阻

薄膜电阻的电阻膜可分为碳膜、金属膜、金属氧化物膜。如图 1-1-4 所示，电阻材料被均匀地积淀在绝缘瓷棒上。在这类电阻中，电阻值的大小是通过使用螺旋技术沿棒移除部分电阻材料获得的。

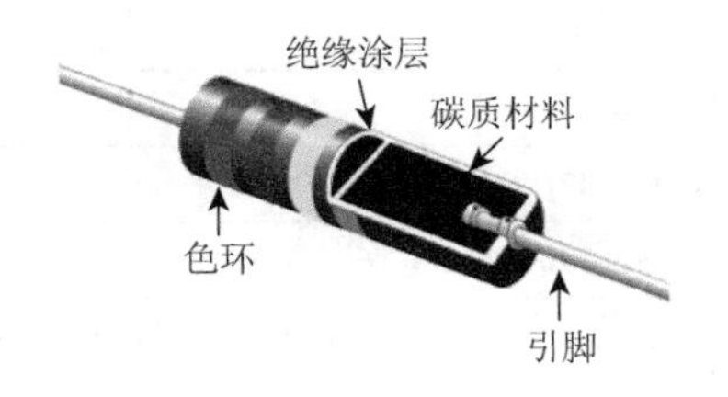

图 1-1-3　碳质电阻的结构示意图

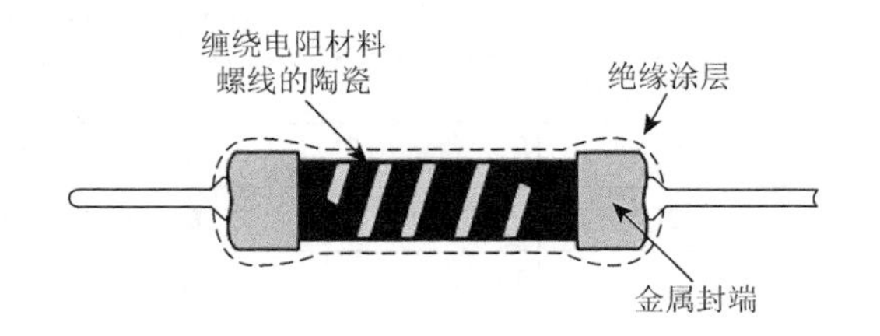

图 1-1-4　薄膜电阻的结构示意图

（3）线绕电阻

线绕电阻由高阻金属导线绕在绝缘瓷棒上制成，如图 1-1-5 所示。这类电阻有多种不同的额定功率。它们可等效为由线圈构成，所以它们有很大的电感量，不适用于高频电路。

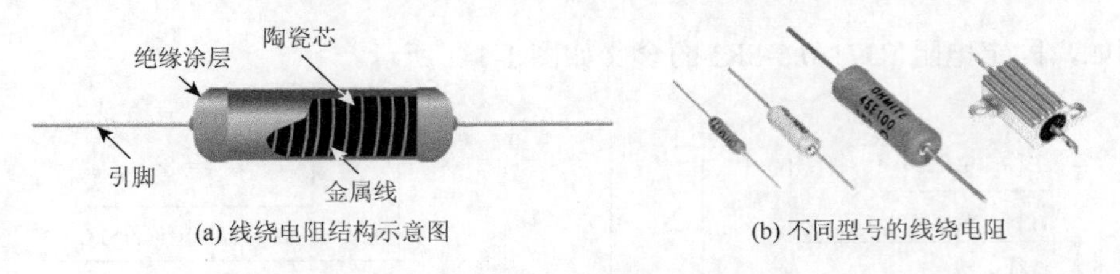

(a) 线绕电阻结构示意图　　(b) 不同型号的线绕电阻

图 1-1-5　线绕电阻

（4）电阻网络（电阻排）

电阻网络是由电阻集成的复合元器件，也叫电阻排。电阻网络的结构如图 1-1-6（a）所示，电阻网络是将若干个参数完全相同的电阻集中封装在一起，它有一个公共引脚，其余引脚正常引出。如图 1-1-6（b）所示，电阻网络的封装通常有单列直插式（SIL）和双列直插式（DIP）。

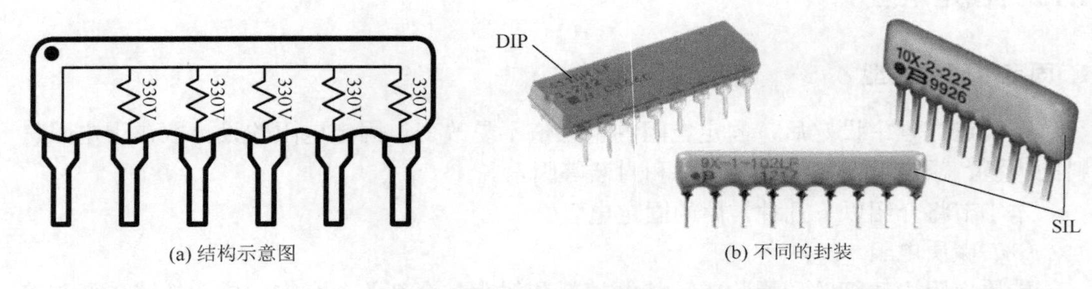

(a) 结构示意图　　(b) 不同的封装

图 1-1-6　电阻网络

2. 电阻标称值及其允许误差

尽管我们可以得到任何电阻值的电阻，为了最大限度地减少电阻值的重叠，我们通常选用一些电阻标称值系列作为首选值。最常见的系列是 E6、E12、E24。它们所包含的数值如表 1-1-2 所示。

表 1-1-2　常见电阻标称值系列

电阻标称值系列	系列包含的数值
E6	10，15，22，33，47，68
E12	10，12，15，18，22，27，33，39，47，56，68，82
E24	10，11，12，13，15，16，18，20，22，24，27，30，33，36，39，43，47，51，56，62，68，75，82，91

提示：譬如，电阻值指定为上述三个系列中的数值 68，我们可通过除以或乘以 10 的幂得出相应的电阻标称值。电阻标称值由公式（1-1-3）得出：

$$R = 68 \times 10^{n}\ \Omega \tag{1-1-3}$$

式中，n 为整数。因此，电阻标称值可为 0.68Ω，6.8Ω，68Ω，680Ω，…，6.8MΩ。

在电阻的制造过程中会出现误差，实际值与标称值之差除以标称值所得的百分数叫电阻的允许误差，它反映了电阻值的精度。如果我们在电路中使用一个标称值为 200Ω、允许误差为 5%的电阻，因为 200 的 5%是 10，则意味着电阻的实际阻值可能在 190～210Ω之间。电阻标称值及其对应的允许误差如表 1-1-3 所示。

表 1-1-3　电阻标称值及其对应的允许误差

系列	E6	E12	E24	E48	E96	E192
允许误差/%	±20	±10	±5	±2	±1	±0.5、±0.25、±0.1 及更高精度

电阻值允许误差可用字母和色环表示。其中，表 1-1-4 中的字母定义了它所对应的允许误差。我们将在“固定电阻的标示方法”一节中讨论电阻值允许误差的颜色编码。

表 1-1-4　电阻值允许误差的字母表示

字母	H	U	W	B	C	D	F
允许误差/%	±0.01	±0.02	±0.05	±0.1	±0.2	±0.5	±1
字母	G	J	K	M	R	S	Z
允许误差/%	±2	±5	±10	±20	+100 −10	+100 −10	+80 −20

3. 电阻的额定功率

额定功率是电阻在不因过热而损坏的情况下所能消耗的最大功率。额定功率与电阻值无关，主要由电阻的组成材料、尺寸和形状决定。

如图 1-1-7 所示，描述了金属氧化物薄膜电阻的额定功率为 0.25～5W。其他类型电阻的额定功率也不尽相同。例如，线绕电阻的额定功率高达 225W 或更高。

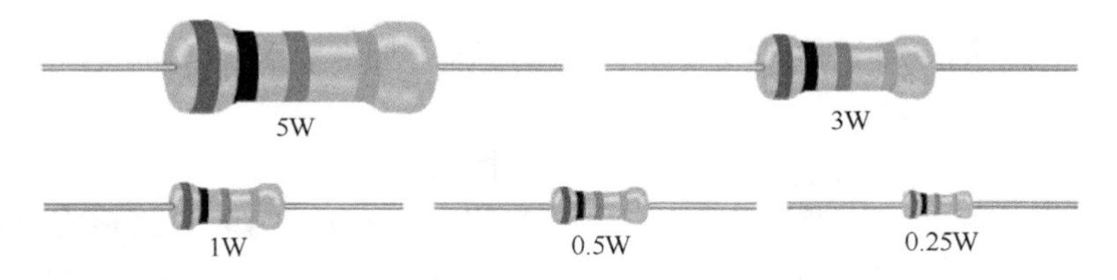

图 1-1-7　不同额定功率的金属氧化物薄膜电阻

电路原理图中电阻的额定功率图形符号如图 1-1-8 所示。额定功率小于或等于 1W 的电阻在电路原理图中常不标注额定功率，大于 1W 的电阻用数字加单位表示，如 20W。

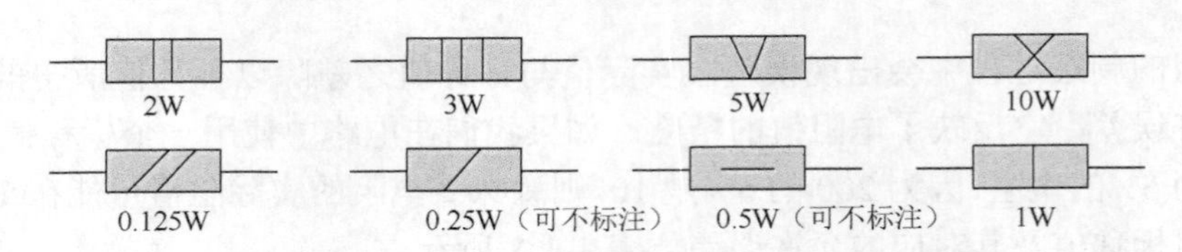

图 1-1-8　电阻额定功率图形符号

提示：在电路中使用电阻时，如果电阻中消耗的功率大于其额定值，电阻将变得过热，电阻可能烧断或电阻值发生很大变化。因此，其额定功率应该大于最大消耗功率。一般采用下一个较高的标准值。例如，如果一个电阻所消耗的功率为 0.25W，则应当选用额定功率为 0.5W 的同样电阻值的电阻。

4. 常用固定电阻的特性

由于选用的电阻材料及制造方式不同，电阻的允许误差、额定功率、标称值、工作温度范围等特性也不同。表 1-1-5 描述了常用固定电阻的特性，我们应该根据电阻的特性来选用电阻。

表 1-1-5　常用固定电阻的特性

类型	允许误差/%	额定功率/W	标称值	工作温度范围/℃	特性
精密线绕电阻	±0.1	＜1	10Ω～100kΩ	−55～145	稳定性高，低噪声
精密金属膜电阻	±0.1	⅛	10Ω～1MΩ	−55～155	稳定性好，低噪声
金属膜电阻	±1	⅛，¼，½	0.1Ω～1MΩ	−55～155	稳定性好，低噪声，价格便宜
碳膜电阻	±5	⅛～1	10Ω～1MΩ	−55～155	价格便宜
大功率线绕电阻	±5	≤600	0.1Ω～10kΩ*	−55～255	高功率，需安装散热片
电阻网络	±2	⅛，¼	10Ω～100kΩ	−55～125	集成度高

注：* 取决于额定值。

5. 固定电阻的标示方法

在本节，我们将介绍五种电阻的标示方法，它们是直标法、色标法、数码法、字母数字编码法、双符号编码法。

（1）直标法

有些电阻体型大，可以直接将主要参数标示在它的外表面上。这些信息包括生产厂家、型号、额定功率、标称电阻和允许误差。如图 1-1-9 所示，该线绕金属陶瓷电阻的生产厂家是 ROYAL，电阻为 2.2kΩ，额定功率为 10W，允许误差为±5%。

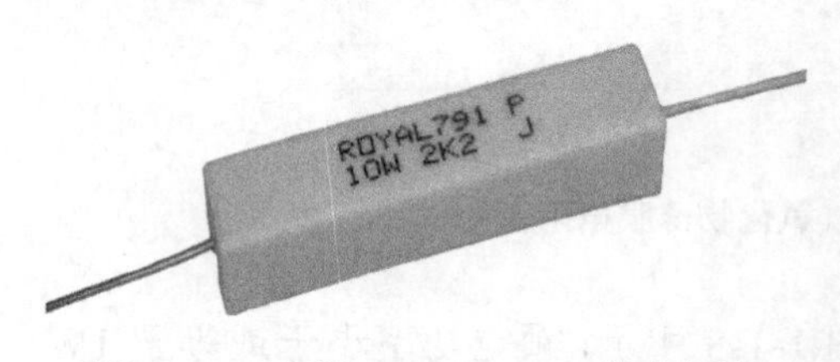

图 1-1-9　电阻 ROYAL791 P 的直标法

（2）色标法

有些类型的电阻体型太小，无法在它的外表上打印参数，因此采用代表数字的不同颜色的色环来表示电阻的标称值和允许误差。如图 1-1-10 所示，对于薄膜电阻一般采用四色环、五色环来标示，精密电阻可采用六色环来标示。

提示：色环的读数应该从电阻的一端开始。一般来说，从没有金银色环的一端开始，由深颜色色环读向浅颜色色环。

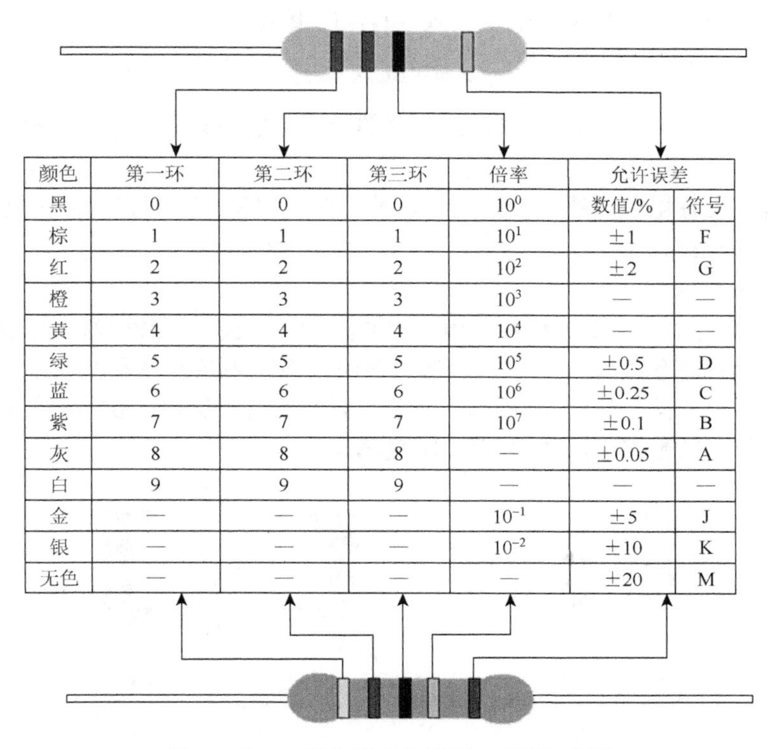

颜色	第一环	第二环	第三环	倍率	允许误差	
黑	0	0	0	10^0	数值/%	符号
棕	1	1	1	10^1	±1	F
红	2	2	2	10^2	±2	G
橙	3	3	3	10^3	—	—
黄	4	4	4	10^4	—	—
绿	5	5	5	10^5	±0.5	D
蓝	6	6	6	10^6	±0.25	C
紫	7	7	7	10^7	±0.1	B
灰	8	8	8	—	±0.05	A
白	9	9	9	—	—	—
金	—	—	—	10^{-1}	±5	J
银	—	—	—	10^{-2}	±10	K
无色	—	—	—	—	±20	M

图 1-1-10　电阻标称值的四环、五环色标法

①四环色标法

前两个色环分别代表第一位和第二位有效数字；第三色环表示前两位有效数字的倍率；第四色环表示允许误差，它表示电阻的制造精度。如果没有第四色环，则表示允许误差为 20%。

四环色标法表示的标称电阻值由公式（1-1-4）得出：

$$R = AB \times C\Omega \tag{1-1-4}$$

式中，AB 是两位有效数字，A、B、C 的数值分别由第一、第二和第三色环读出。图 1-1-10 表示了颜色与数字的对应关系。

例如，一个电阻的前两个色环分别是橙和蓝，第三色环是绿，第四色环是金。那么，电阻的标称值是 $36\times10^5\Omega$，即 3.6MΩ，它的允许误差为±5%。

对于标称值小于 10Ω 的电阻，第三色环为金色或银色。第三色环的金色表示倍率是

10^{-1}，银色表示倍率是 10^{-2}。例如，四色环分别为红、紫、金和银的电阻，它的标称值为 2.7Ω，它的允许误差为±10%。

②五环色标法

前三个色环分别代表第一位、第二位和第三位有效数字；第四色环表示前三位有效数字的倍率；第五色环表示允许误差。一般来说，第四和第五色环之间的间隔比其他色环间的宽，用于识别表示允许误差的第五色环位置。

五环色标法表示的标称电阻值由公式（1-1-5）给出：

$$R = ABC \times D\Omega \tag{1-1-5}$$

式中，ABC 是三位有效数字，A、B、C 和 D 的数字分别由第一、第二、第三和第四色环读出。

例如，五环色标电阻的颜色分别为红、黄、白、棕和棕，则它的标称值为 2.49kΩ，它的允许误差为±1%。

（3）数码法

如图 1-1-11 所示，电阻的标称值由三位或四位数字决定。数码法表示的电阻标称值与色标法表示的标称值类似。三位数码法的前两位数字表示两位有效数字，第三位表示前两位有效数字组成的数值的 10 的幂；四位数码法的前三位数字表示三位有效数字，第四位表示前三位有效数字组成的数值的 10 的幂。

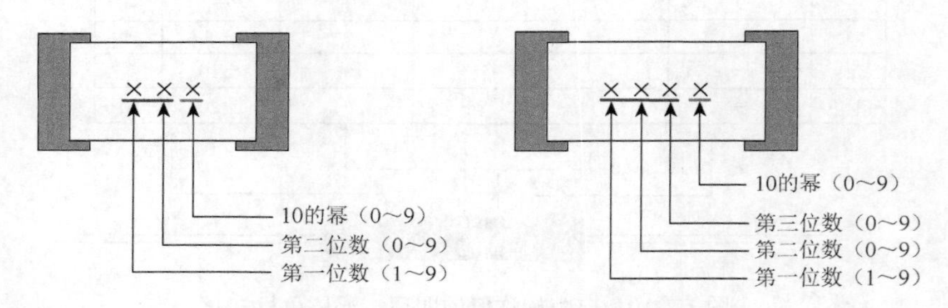

图 1-1-11　电阻标称值的三位、四位数码法

比如，102 表示 $10\times10^{2}\Omega$，即 1000Ω；4702 表示 $470\times10^{2}\Omega$ 为 47 000Ω，即 47kΩ。

（4）字母数字编码法

如图 1-1-12 所示，字母数字编码法中的字母“R、K 和 M”，它们既标记小数点位置也表示倍率。其中，R 表示倍率为 10^{0}，K 表示倍率为 10^{3}，M 表示倍率为 10^{6}。

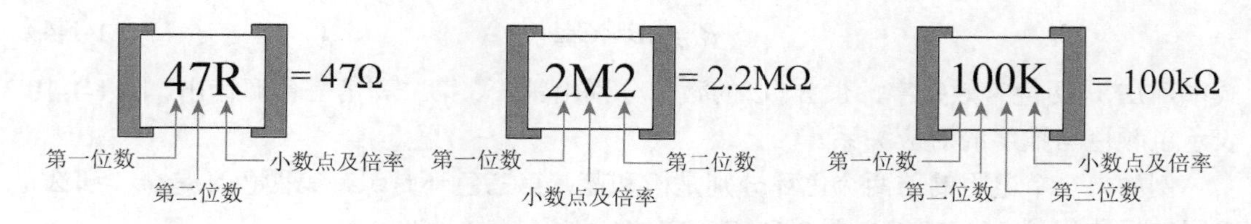

图 1-1-12　电阻标称值的字母数字编码法

此外，在字母数字编码法中，允许误差的符号及含义为：

F = ±1%，G = ±2%，J = ±5%，K = ±10%，M = ±20%。

比如：20RG 表示电阻的标称值为 20Ω，它的允许误差是±2%；6K8J 表示电阻的标称值为 6.8kΩ，它的允许误差是±5%；10MK 表示电阻的标称值为 10MΩ，它的允许误差是±10%。

（5）双符号编码法

双符号编码法采用一个字母与一个数字来表示电阻的标称值。如表 1-1-6 所示，字母表示数值，数字表示前面数值的 10 的幂。

表 1-1-6　字母及其对应的数值

字母	数值	字母	数值	字母	数值	字母	数值
A	1.0	G	1.8	N	3.3	U	5.6
B	1.1	H	2.0	P	3.6	V	6.2
C	1.2	J	2.2	Q	3.9	W	6.8
D	1.3	K	2.4	R	4.3	X	7.5
E	1.5	L	2.7	S	4.7	Y	8.2
F	1.6	M	3.0	T	5.1	Z	9.1

比如，H0 表示 $2.0\times10^0\Omega$，即 2.0Ω；M3 表示 $3.0\times10^3\Omega$，即 3000Ω；W6 表示 $6.8\times10^6\Omega$，即 6.8MΩ。

6. 固定电阻测试

在将一个电阻焊接到印制电路板上之前，或者，电阻在工作中因功率损耗导致它被烧断、电阻值变化很大时，应该测试它的电阻值，并将它与标称值进行比较。

由于电阻没有极性，在测试过程中，调换数字万用表的表笔次序并不会改变电阻值的读数。

用数字万用表测试电阻值，可采用以下步骤。

步骤一：将黑表笔插入负极（COM）插孔，将红表笔插入标有“VAΩ”的插孔。

步骤二：将功能开关设置为电阻挡。

步骤三：断开电路电源，切勿带电测量电路中的电阻。

步骤四：通过导线对电路中的电容器放电。

步骤五：将数字万用表的两根表笔分别接触电阻的两个引脚，如果无法接触到引脚，可将表笔接触到引脚的焊点位置。

步骤六：观察显示屏上的读数。正常电阻的电阻值应在它的标称值范围内。如果电阻损坏了，读数可能显示溢出；测量值可能远大于它的标称值；测量值也可能远小于它的标称值。

（1）测试分立电阻

我们可按步骤一、步骤二、步骤五和步骤六，用数字万用表测试分立电阻。

如图 1-1-13 所示，我们测试标称电阻值为 200Ω 的电阻。图 1-1-13（a）表明测量值接近其标称值。图 1-1-13（b）表明电阻内部短路。图 1-1-13（c）表示电阻内部开路。

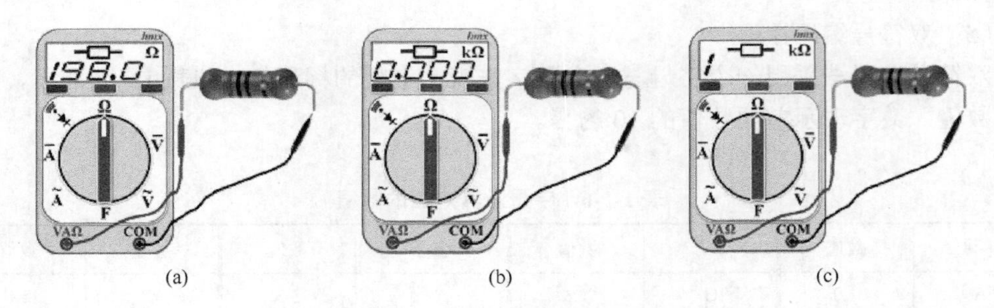

图 1-1-13　用数字万用表测试分立电阻

（2）测试电路中的电阻

我们通过以上六个步骤来测试电路中的电阻。如图 1-1-14 所示，如果电阻没有明显的损坏迹象，我们可以用数字万用表测试电阻值。在测试之前，我们应该将电阻的一个引脚从电路上断开，否则，测量值不准确。

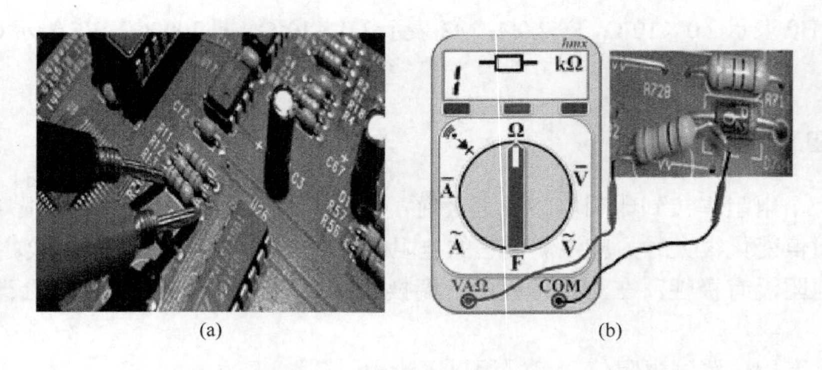

图 1-1-14　测试电路中的电阻

图 1-1-14（a）表示电路中电阻的测试过程。如图 1-1-14（b）所示，读数显示为“1”（溢出），表明被测电阻开路。

提示：有时电路中因电阻过热导致电阻损坏。因此，我们应当先排除电阻损坏的原因。更换电阻时，我们要注意额定功率和电阻值要匹配。

1.1.3　可调电阻

可调电阻包括电位器和变阻器（图 1-1-15），电位器和变阻器的图形符号分别见

图 1-1-15（a）和图 1-1-15（b）。它们有三个引出端，其中两个固定在电阻材料的两端，一个滑动端的金属滑片放在电阻材料上。

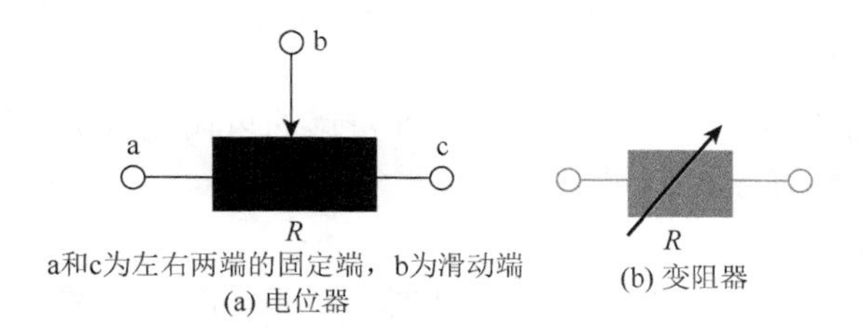

图 1-1-15　可调电阻的图形符号

图 1-1-16（a）表示电位器外形。如图 1-1-16（b）所示，电位器两个最外侧引出端之间的电阻值不变，而滑动端和任意一个固定端之间的电阻值可通过转动金属滑片来改变。如图 1-1-16（c）所示，电位器可用于分压。如图 1-1-16（d）所示，变阻器可用于控制电流。

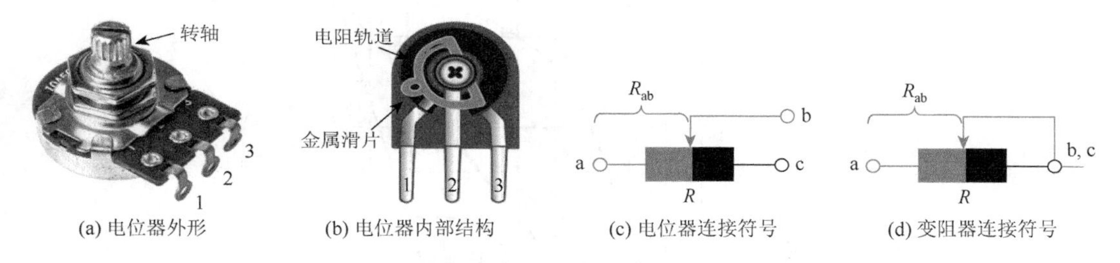

图 1-1-16　电位器外形、结构、连接符号及变阻器连接符号

1. 电位器类型

一些常见电位器类型如图 1-1-17 所示，从左到右，它们分别是：单圈电位器、多圈电位器、单圈带锁电位器、微调电位器。

（1）单圈电位器

单圈电位器［图 1-1-17（a)］可用旋钮来调节电阻值，由于旋转范围在一个圆周之内，它的精度不高。

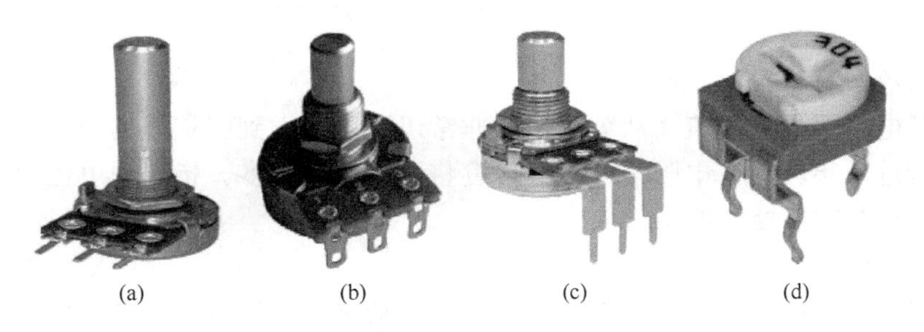

图 1-1-17　常见的电位器类型

（2）多圈电位器

多圈电位器［图 1-1-17（b)］的设计要求控制精度高。由于调节电阻值时，旋钮可旋转许多圈。因此，它的精度高。通常，它的旋钮被设计成刻度盘，电阻值的调节更精细。

（3）单圈带锁电位器

单圈带锁电位器［图 1-1-17（c)］是一种带锁的可调电位器，当它关闭时，相关的电路元器件的供电被断开。

（4）微调电位器

微调电位器［图 1-1-17（d)］有单圈可调类型和多圈可调类型，这类电位器便于校准调整。

2. 电位器电阻值变化规律

电位器电阻值变化规律，是指滑动端的旋转角度与电阻值之间的关系。如图 1-1-18 所示，电阻值的变化规律有以下三种。

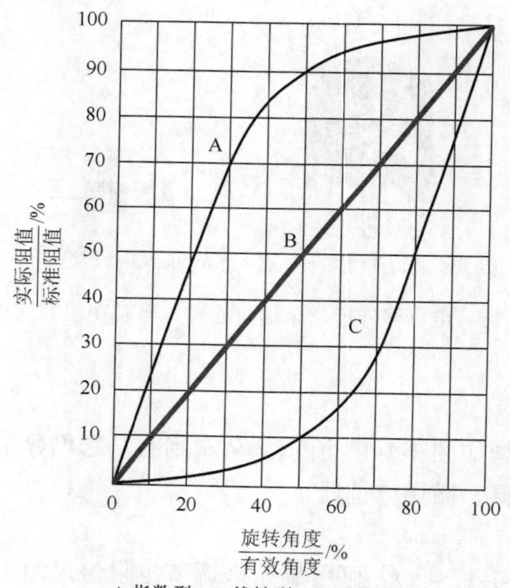

A 指数型；B 线性型；C 对数型

图 1-1-18　电位器电阻值与滑动端角度变化的关系

（1）指数型

指数型电位器的电阻值（从零开始）非常迅速地增大到固定值的一半。从那以后，随着滑动端进一步转动，电阻值增加的速度将比之前慢得多。指数型电位器可应用于音调控制电路和对比度控制电路。

（2）线性型

线性型电位器的电阻片很均匀，当滑动端转动时，它的电阻值平稳变化。线性型电位器可用于稳压电源的采样电路。

（3）对数型

与指数型电位器相反，当滑动端转动时，对数型电位器的电阻值（从零开始）缓慢增加到固定值的一半。从那以后，随着滑动端的进一步转动，电阻值增加的速度将比之前快得多。对数型电位器可应用于音量控制电路。

3. 测试可调电阻

本节内容与“固定电阻测试”一节中讨论的内容类似，我们可使用数字万用表来测试可调电阻。图 1-1-19 描述了标称值为 500Ω 的电位器的测试过程。图 1-1-19（a）表示，最外侧的两个固定端之间的电阻值是不变的，与滑动端的位置无关；图 1-1-19（b）表示，滑动端和任意一个固定端之间的电阻值可以通过转动旋钮来改变。图 1-1-19（c）表示金属外壳与引出端绝缘。

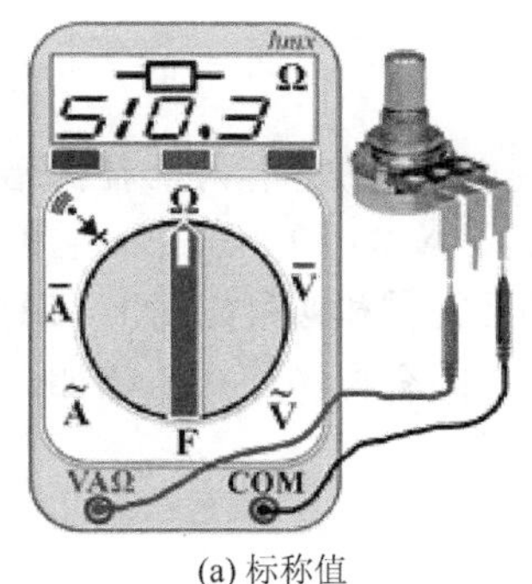

(a) 标称值

(b) 滑动端与固定端之间的电阻值

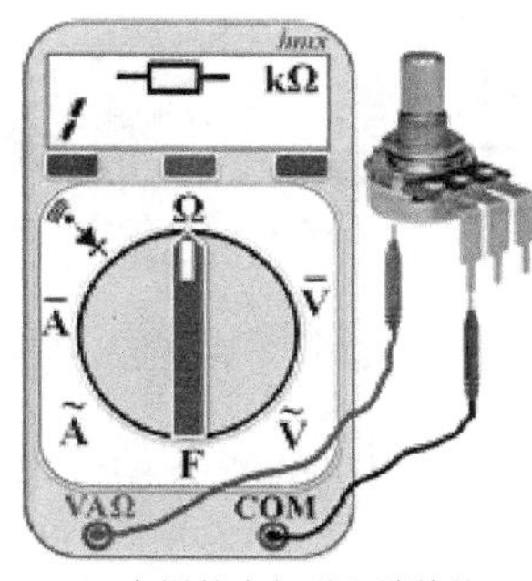

(c) 金属外壳与引出端绝缘

图 1-1-19　测试可调电阻

提示：通过转动旋钮来改变电阻值，数字万用表显示的读数应该是平稳的。如果读数不稳定，应该更换可调电阻。

1.1.4　敏感电阻

敏感电阻是一种对光照强度、压力、温度等物理量敏感的特殊电阻，即物理量的变化改变电阻值。电阻值的变化可直接或间接地改变电压或电流。下面介绍以下三种常见的敏感电阻。

1. 热敏电阻

热敏电阻的电阻值随着温度的变化而变化，热敏电阻常用于恒温器中。图 1-1-20（a）是热敏电阻的图形符号。大多数热敏电阻的电阻是随负温度系数（NTC）变化的［图 1-1-20（b）］，这意味着它们的电阻值随温度的升高而减小；也有少数热敏电阻是随正温度系数（PTC）变化的［图 1-1-20（c）］，这意味着它们的电阻随着温度的升高而增加。热敏电阻的温度特性（电阻率与温度的关系）基本上是对数关系的。图 1-1-20（d）描述了负温度系数热敏电阻的电阻值随温度变化的基本特征。

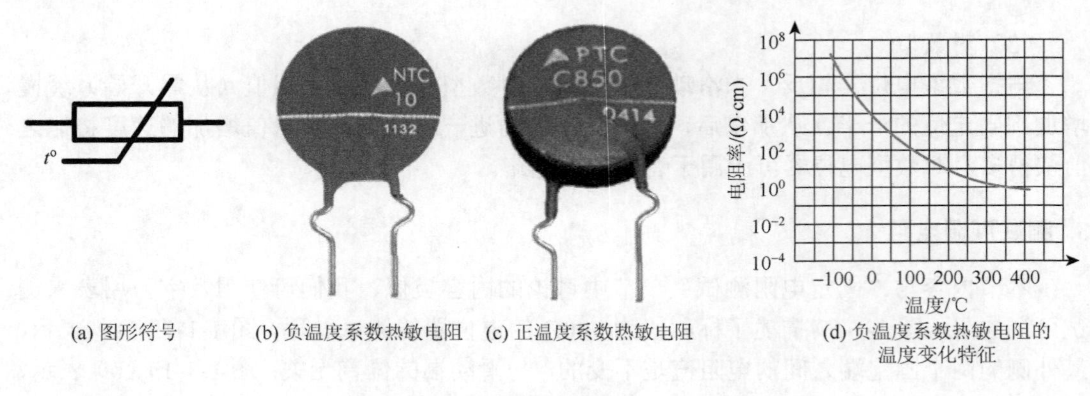

(a) 图形符号　(b) 负温度系数热敏电阻　(c) 正温度系数热敏电阻　(d) 负温度系数热敏电阻的温度变化特征

图 1-1-20　热敏电阻

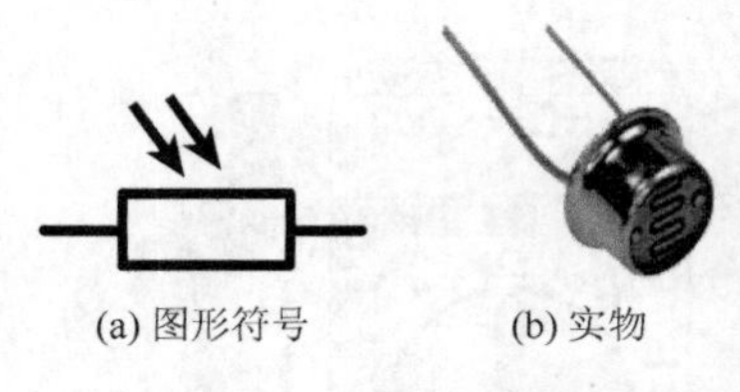

(a) 图形符号　(b) 实物

图 1-1-21　光敏电阻

2. 光敏电阻

光敏电阻的电阻随着光照强度的增加而降低。在黑暗条件下，它的电阻很高，可能高达 10MΩ；在强光下，它的电阻可低至 100Ω。光敏电阻的图形符号和实物如图 1-1-21 所示。光敏电阻在测量光照强度方面有许多应用，比如，它可用于照相机的曝光控制电路中。

3. 压敏电阻

压敏电阻是与电压相关的非线性电阻，它可用于抑制高压瞬变。当电压超过一定值时，它的电阻值会急剧降低。这些特性使压敏电阻能够抑制敏感设备或系统的引出端之间可能出现的高压。普通的压敏电阻的击穿电压为 10～1000V。

图 1-1-22（a）表示压敏电阻的图形符号，图 1-1-22（b）表示压敏电阻的外形，图 1-1-22（c）表示压敏电阻特征曲线。

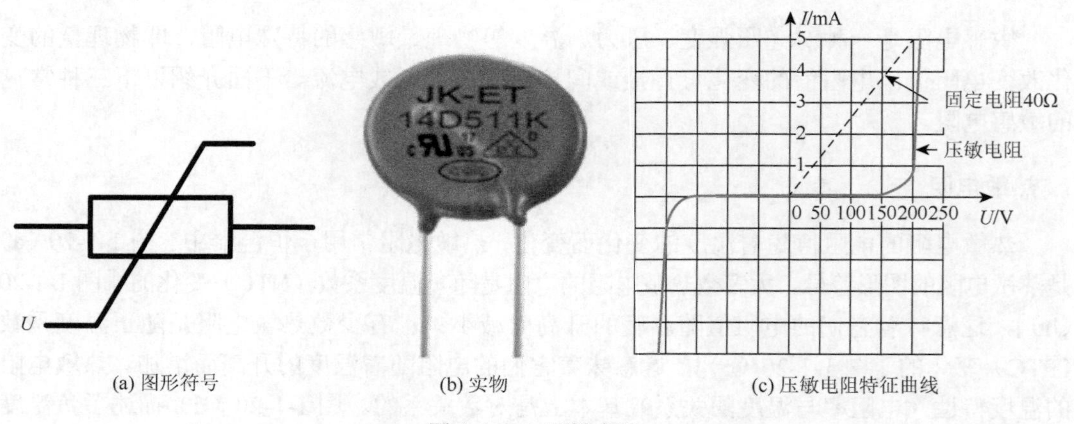

(a) 图形符号　(b) 实物　(c) 压敏电阻特征曲线

图 1-1-22　压敏电阻

1.2　电容器

电容器是一种储存电能的电子元器件。实际上，它是由电介质隔开的两导体极板构成。在充电过程中，电荷储存在极板上；在放电过程中，电荷从极板上释放出来。

电容器在电路中的作用主要包括储存电能、交流信号耦合、去耦、旁路、整流滤波、高频滤波、设置时间常数、调谐等。

电容的符号为 C，单位是法拉，简称法，符号为 F。由于法拉这个单位太大，我们通常使用微法（μF）、纳法（nF）和皮法（pF）。其中，1μF = 1000nF，lnF = 1000pF。电容器的图形符号是⊣⊢。

1.2.1　电容器的型号命名方法

根据 GB/T 2470—1995《电子设备用固定电阻器、固定电容器型号命名方法》规则，国产电容器的型号一般由四部分组成（不适用于压敏、可变和真空电容器），分别代表主称、材料、特征和序号。有关材料及特征的符号及意义如表 1-2-1 所示。

表 1-2-1　电容器型号中材料及特征的符号及意义

材料				特征				
符号	意义	符号	意义	数字	意义			
					瓷介电容器	云母电容器	有机介质电容器	电解电容器
C	1 类陶瓷介质	Q	漆膜介质	1	圆形	非密封	非密封（金属箔）	箔式
T	2 类陶瓷介质	H	复合介质	2	管形（圆柱）	非密封	非密封（金属化）	箔式
I	玻璃釉介质	D	铝电解	3	迭片	密封	密封（金属箔）	烧结粉非固体
O	玻璃膜介质	A	钽电解	4	多层（独石）	独石	密封（金属化）	烧结粉非固体
Y	云母介质	N	铌电解	5	穿心	—	穿心	—
V	云母纸介质	G	合金电解	6	支柱式	—	交流	交流
Z	纸介质	L	极性有机薄膜介质	7	交流	标准	片式	无极性
J	金属化纸介质	S	3 类陶瓷介质	8	高压	高压	高压	—
B	非极性有机薄膜介质	LS	聚碳酸酯薄膜介质	9			特殊	特殊
BF	聚四氟乙烯非极性有机薄膜介质	E	其他材料电解					

比如，某电容器标识为“CA11”，第一个字母“C”表示电容器，第二个字母“A”表示介质材料为钽电解；第一个数字“1”表示外形为圆形，最后一个数字“1”表示产品序号。

1.2.2　固定电容器的类型

固定电容器，顾名思义，它的电容值不易改变。电容器的类型通常根据其结构中使用的介质进行分类。电容器的规格、允许误差和额定电压也取决于所选用的介质。在本节中，我们将讨论一些常见类型的电容器。

1. 云母电容器

云母电容器是用金属箔或者金属化的云母薄片做成极板与云母层叠在一起制成的，它通常封装在环氧树脂中。如图 1-2-1（a）所示的云母电容器由金属箔和云母薄片交替组成。金属箔形成极板，交替的箔片连接在一起以增加极板面积，从而增大电容值。

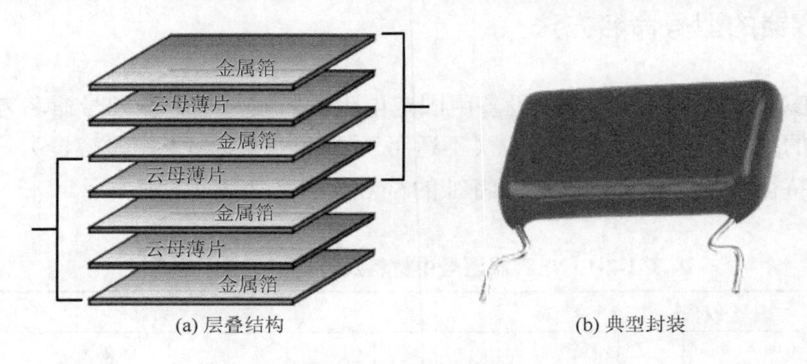

(a) 层叠结构　　(b) 典型封装

图 1-2-1　云母电容器

云母电容器的电容值一般在 1 皮法到几微法之间，额定电压可达 20kV。

云母电容器具有电容值小但稳定性高的特性，它适用于制作精密振荡器和调谐电路。在云母电容器中采用不同电介质，可提高耐压能力和电容值、减小体积、增加温度变化的稳定性。

2. 陶瓷电容器

陶瓷电容器是将陶瓷极板金属化，并将引线焊接在极板上制成的。如图 1-2-2（a）所示，陶瓷电容器通常封装在绝缘漆（如酚醛涂层）中。

陶瓷电容器一般采用钛酸钡作为介质。但是，低损耗陶瓷电容器使用滑石陶瓷极板。如图 1-2-2（b）所示，陶瓷电容器的外形是圆盘式的。陶瓷电容器体积相对较小。

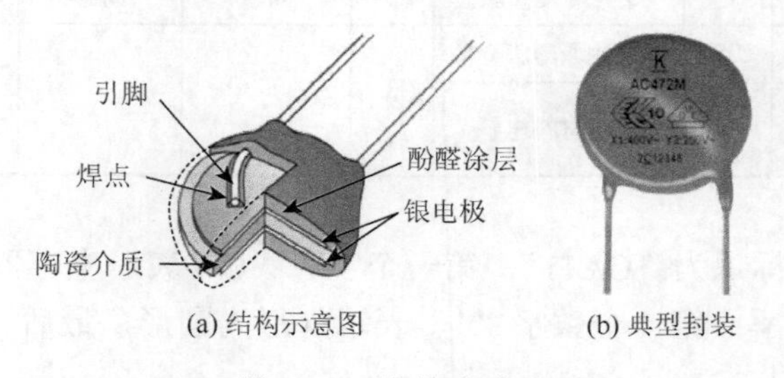

(a) 结构示意图　　(b) 典型封装

图 1-2-2　陶瓷电容器

由于陶瓷有非常高的相对介电常数（通常为 200），因此，可以在较小的规格尺寸中获得相对较高的电容值。陶瓷电容器的电容值通常为 1pF～100μF，额定电压高达 6kV。

3. 塑料薄膜电容器

塑料薄膜电容器是以塑料薄膜为电介质、金属箔为极板构成的。图 1-2-3（a）表示塑料薄膜电容器的基本结构，一根引脚连接到内极板，另一根引脚连接到外极板。塑料薄膜电容器封装在模制外壳中。塑料薄膜电容器的另一种制作方法是用金属直接沉积在电介质薄膜上形成极板。

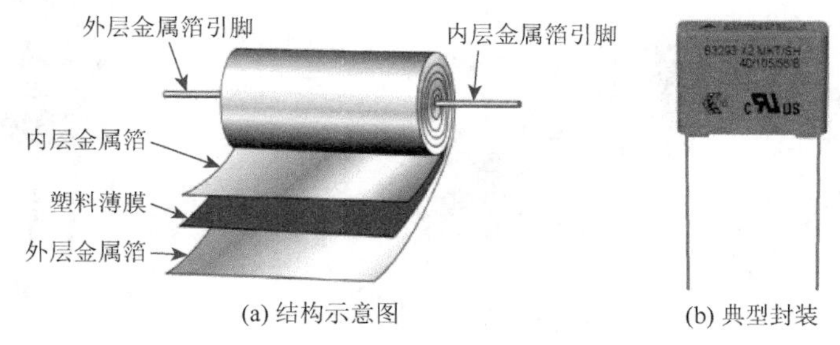

图 1-2-3　塑料薄膜电容器

塑料薄膜电容器中常用的介电材料包括聚碳酸酯、丙烯、聚酯、聚苯乙烯、聚丙烯和聚酯薄膜。其中一些类型的电容值高达 100μF，但大多数小于 1μF。

聚苯乙烯薄膜电容器由于稳定性高、允许误差小和低温度系数小等特性，应用很广。塑料薄膜电容器体积相对较大，典型封装如图 1-2-3（b）所示。

在要求不高的情况下，我们通常使用金属化聚苯乙烯薄膜电容器。

4. 电解电容器

电解电容器是有极性的，它的图形符号是—+||—。为了防止接错极性，电解电容器的一个引脚标注了符号“ + ”。电解电容器的极板材料为铝或钽。

如图 1-2-4 所示，电解电容器由浸泡在电解液中的金属氧化膜构成。由于有非常薄的电介质层，电解电容器具有体积小、电容值大的特点。

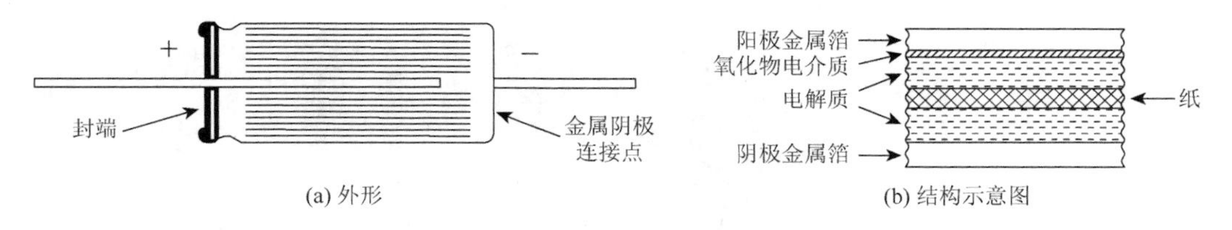

图 1-2-4　电解电容器

相对于云母电容器或陶瓷电容器，电解电容器具有非常大的电容值，从 1μF 到超过 200 000μF。但是它们的额定电压通常较低（一般不超过 350V），并且它们的漏电流相对较高。电解电容器的允许误差也很大，它的范围为–20%～50%。

由于电容值大，电解电容器通常在电源电路中起滤波和去纹波电压等作用。

（1）铝电解电容器

铝电解电容器由一个铝箔极板和一个塑料薄膜等材料的导电电解质极板组成。这两块极板被铝箔表面形成的一层氧化铝隔开。图 1-2-5（a）表示一个典型的具有轴向引脚的铝电解电容器的结构。图 1-2-5（b）是具有径向引脚的铝电解电容器实物图。

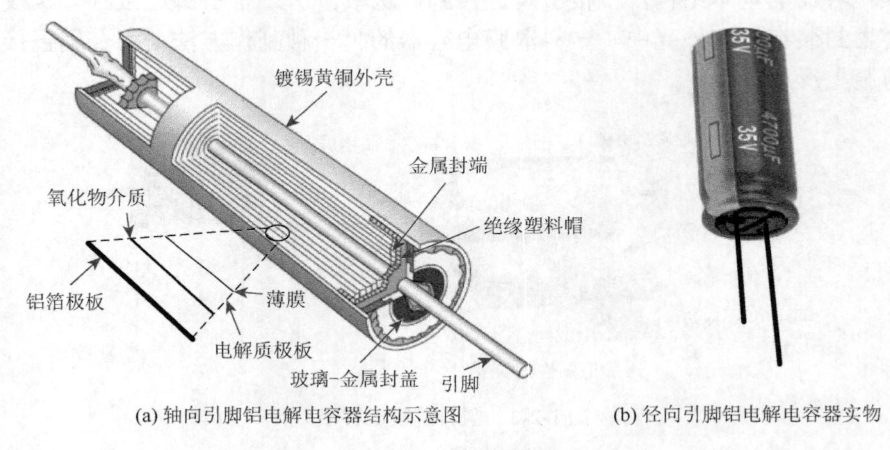

(a) 轴向引脚铝电解电容器结构示意图　　(b) 径向引脚铝电解电容器实物

图 1-2-5　铝电解电容器

铝电解电容器的允许误差可达±20%，有时甚至更大。如果几个星期没有使用铝电解电容器，它们的电容值会下降，但在随后的使用中会逐渐恢复。由于缺乏精度和稳定性，铝电解电容器不适合用于调谐或定时电路。

（2）钽电解电容器

钽电解电容器也是有极性的，必须正确地插入电路。钽电解电容器的制造方法与铝电解电容器的制造方法相同，由金属箔电极和电解液制成。

钽电解电容器也可以采用固体电解质，以达到长寿命和高可靠性的目的。如图 1-2-6 所示，在泪滴型钽电解电容器的结构中，阳极板是钽粉颗粒。五氧化二钽是电介质，二氧化锰形成负极板。

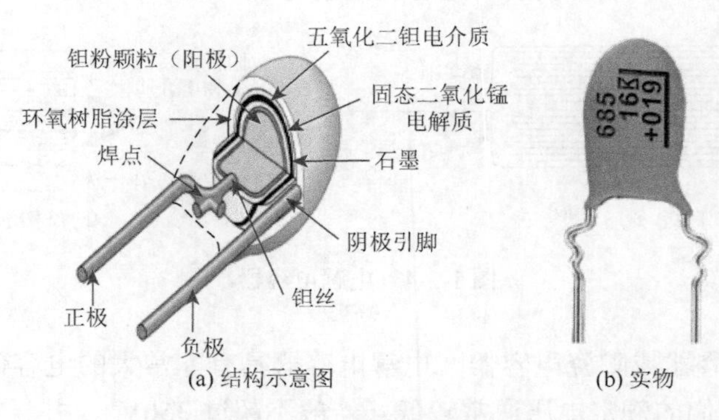

(a) 结构示意图　　(b) 实物

图 1-2-6　泪滴型钽电解电容器

钽电解电容器比铝电解电容器体积小，漏电流也小，稳定性也好。

电解电容器具有危险性。电解电容器连接到电路中时，正极引脚必须连接到比负极电压高的连接点，否则，电解电容器会发生爆炸；充过电的电解电容器能长时间保存电荷，当接触它的引脚时，它会产生危险的甚至致命的高电流。因此，大电容值电解电容器保存时应确保其完全放电；有时从电解电容器中释放的气体会积聚起来，导致电解电容器爆炸并损坏电路的其他元器件。

5. 超级电容器

近年来，已经开发出了具有数百甚至上千法电容的超级电容器（图 1-2-7）。这种电容器可用作备用电池，也可作为小型电动机的起动电容器。然而，这些超级电容器的额定电压比较低，价格也昂贵。

超级电容器是一种介于传统电容器与电池之间、具有特殊性能的电源，主要依靠双层极板和氧化还原赝电容电荷储存电能。它由高比表面积的多孔电极材料、多孔性电池隔膜及电解液组成。其储能的过程并不发生化学反应。施加在正极板上的电压吸引电解液中的负离子，而施加在负极板上的电压吸引正离子。这有效地创建了双层电容存储装置。

图 1-2-7　超级电容器

1.2.3　电容器标称值及其允许误差

如果电容器的电容值小于 1μF，它的标称值通常以 E6、E12、E24 系列为首选值。电容器标称值系列所含数值与电阻标称值系列所含数值相同（表 1-1-2）。不同类型电容器的标称值系列或数值如表 1-2-2 所示。

表 1-2-2　电容器标称值系列或数值

电容器	≤4.7pF 有机和陶瓷电容器	>4.7pF 有机和陶瓷电容器	100pF～1μF 有机和陶瓷电容器；电解电容器	1μF～100μF 有机和陶瓷电容器
标称值系列或数值	E12	E24	E6	1，2，4，6，8，10，15，20，30，50，100

如果电容值小于 1μF，电容值的单位为 pF。比如，三个标称值系列中的数值 22，其对应的电容值由公式（1-2-1）得出：

$$C = 22 \times 10^{n} \times 10^{-12}\,\mathrm{F} \quad (1\text{-}2\text{-}1)$$

式中，n 是整数。因此，电容值可能是 22nF，220nF，2.2μF，22μF，…，2200μF。

与电阻的允许误差类似，我们也采用允许误差来表示电容值的精度。电容值的允许误差如表 1-2-3 所示。

表 1-2-3　电容值允许误差的字母表示

字母	B	C	D	F	G	J	K	M	N	Q	S	Z	P
允许误差/%	±0.1	±0.25	±0.5	±1	±2	±5	±10	±20	±30	+30 −10	+50 −20	+80 −20	+100 −20

1.2.4　额定电压和漏电流

1. 额定电压

由于电介质会被高压击穿，电容器在使用过程中，如果耐压超过其额定电压，可能会发生爆炸。因此，额定电压被印刷在电容器上。表 1-2-4 列出了电容器的额定电压。

表 1-2-4　电容器的额定电压（中国标准）　　（单位：V）

额定电压									
1.6	4	6.3	10	16	25	32*	40	50*	63
100	125*	160	250	300*	400	450*	500	630	1000
1 600	2 000	2 500	3 000	4 000	5 000	6 300	8 000	10 000	15 000
20 000	25 000	30 000	35 000	40 000	45 000	50 000	60 000	80 000	100 000

注：带“*”的数值适用于电解电容器；带下划线的数值是优先考虑的值。

一般来说，在电路中使用电容器，其电压额定值应大于压降的估计值，而采用下一个更高的标准值。比如，压降的估计值为16V，则其额定电压应为25V。

2. 漏电流

当一个带电的电容器从电源上断开时，电流会通过电介质从一个引脚到另一个引脚泄漏微弱的电流。这种微弱的电流损失（通常为几毫安或更小）称为漏电流。漏电流会导致电容器中储存的能量缓慢流失。对于大多数应用，漏电可以忽略不计，而将它视为理想电容器。

1.2.5　常用固定电容器的特性

由于选用的电介质材料及制造工艺不同，每种电容器都有自己的特性。表 1-2-5 描述了常用固定电容器的特性，它们包括允许误差、额定电压、电容值范围、工作温度。我们应该根据电容器的特性来选择电容器。

表 1-2-5　常用固定电容器的特性

类型	允许误差*/%	额定电压#/V	电容值范围#	工作温度/℃	特性
镀银云母电容器	±1	500	2pF～47nF	−40～85	品质因数好、稳定性好、价格高
陶瓷电容器	±10	500	1pF～1μF	−55～125	贴片元器件或直插元器件
聚苯乙烯电容器	±2	500	10pF～10nF	−40～85	低漏电流
聚碳酸酯电容器	±5	400	10nF～10μF	−55～125	
涤纶电容器	±20	100	1nF～1μF	−55～125	贴片元器件或直插元器件

续表

类型	允许误差*/%	额定电压#/V	电容值范围#	工作温度/℃	特性
聚丙烯电容器	±5	>1500	1nF～1μF	–55～100	低漏电流
固态钽电容器	±20	35	10nF～300μF	–55～85，125	有极性，漏电流与电容值有关
铝电解电容器	±20	400	1μF～100 000μF 及更高	–55～85，105	寿命短，受温度影响大

注：*允许误差通常适用于低于 10pF 的电容器。#大电容值与高额定电压不可同时使用。

1.2.6 固定电容器的标示方法

电容器参数可在电容器外表面上用数字或字母和数字编码表示，有时用颜色编码表示。电容器参数主要包括电容值、额定电压和允许误差。

在本节中，我们将介绍四种电容器的标示方法，它们是直标法、色标法、数码法、双符号编码法。

1. 直标法

一些电容器相关的信息被直接印在电容器的外表面上。这些信息包括制造厂家、型号、标称值、额定电压、工作温度范围和允许误差。如图 1-2-8 所示，该铝电解电容器的生产厂家是 JACKCON，其标称值为 470μF，额定电压为 25V，工作温度范围为–40～105℃。

2. 色标法

有时，对于低电容值的电容器，可以用颜色编码来表示。如图 1-2-9 所示，它类似于电阻的四环色标法（图 1-1-10）。前两条色带（A 和 B）表示前两位数字，第三条色带（C）表示倍率，第四条色带（D）表示允许误差，第五条色带（E）表示额定电压。

与电阻的色标法所表达的稍有不同，电容器色标法表示的电容单位是 pF。

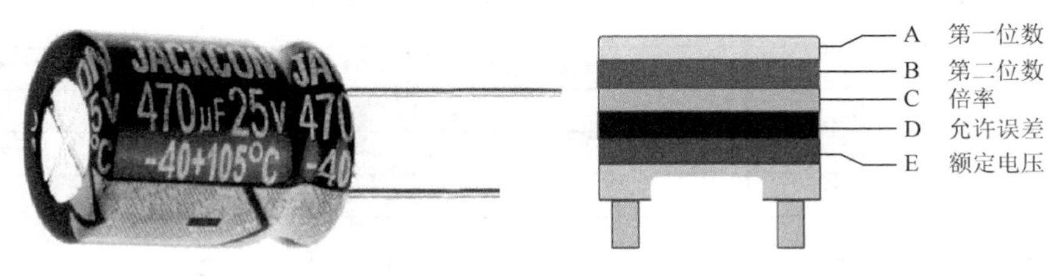

图 1-2-8　电容值的直标法　　图 1-2-9　电容值的色标法

比如，四色带表示为红、红、橙、红，表示电容器的标称值为 22×10^3pF，即 22nF，允许误差为±2%。

3. 数码法

（1）两位数数码法

两位数字是单位为pF的电容器标称值，图1-2-10中两位数字02表示电容器标称值为2pF。

（2）三位数数码法

这个标示方法并没有给出电容值的单位。如图1-2-11（a）所示，如果电容器使用小数点标记，如0.047，则电容值的单位为μF，即其电容器标称值为0.047μF。

如果电容值用三位数字来编码，它类似于电阻值的数码法。前两位数字表示两位有效数字，第三位数字表示前两位有效数字的倍率，电容值单位为pF。如图1-2-11（b）所示，三位数220表示电容器标称值为22×10^{0}pF，即22pF。

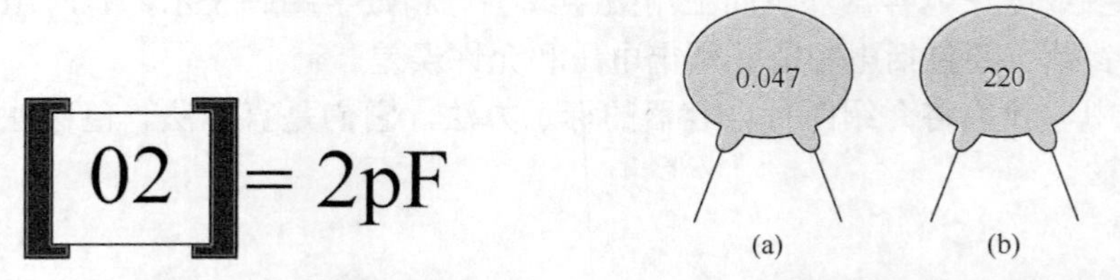

图1-2-10　电容器标称值的两位数数码法　图1-2-11　电容器标称值的三位数数码法

电容值的允许误差如表1-2-3所示。如果电容器上没有标示允许误差，则允许误差为±20%。

比如，$152K=15\times10^{2}=1500$pF 或 0.0015μF，允许误差为±10%；$759J=75\times0.1=7.5$pF，允许误差为±5%。

4. 双符号编码法

双符号编码采用一个字母与一个数字来表示电容器的标称值，电容值的单位是pF。字母表示数值（表1-2-6），数字表示前面数值的10的幂。

表1-2-6　33个数值的字母符号

字母	数值	字母	数值	字母	数值
A	1.0	L	2.7	T	5.1
B	1.1	M	3.0	U	5.6
C	1.2	N	3.3	m	6.0
D	1.3	b	3.5	V	6.2
E	1.5	P	3.6	W	6.8
F	1.6	Q	3.9	n	7.0
G	1.8	d	4.0	X	7.5
H	2.0	R	4.3	t	8.0
J	2.2	e	4.5	Y	8.2
K	2.4	S	4.7	y	9.0
a	2.5	f	5.0	Z	9.1

图 1-2-12 表示标记为 A2 的电容器，其电容器标称值为 0.1nF。

1.2.7　固定电容器测试

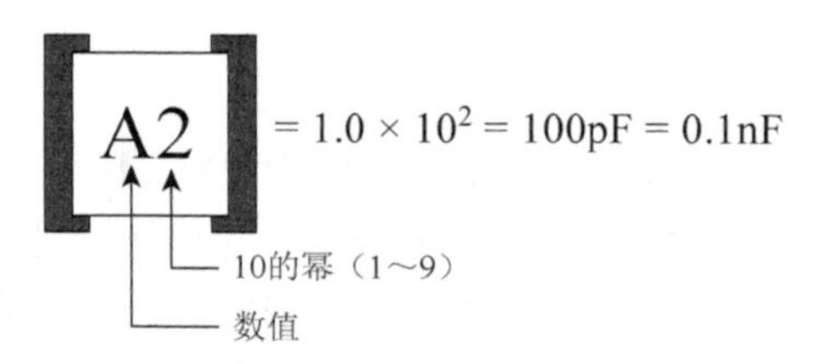

图 1-2-12　电容器标称值的双符号编码法

许多数字万用表提供了电容值测量功能。在将一个电容器焊接到印制电路板上之前，或者排查可能因为电容器损坏而导致的电路故障时，我们应该测试电容值。

虽然电容器有极性，但在测试分立电容器的过程中，我们调换数字万用表的表笔次序并不会改变电容值的读数（图 1-2-13）。

用数字万用表测试电容值，我们可采用以下步骤。

步骤一：将黑表笔插入负极（COM）插孔，将红表笔插入标有“VAΩ”的插孔。

步骤二：将功能开关设置为电容挡。

步骤三：断开电路电源，切勿带电测量电路中的电容器。

步骤四：通过导线对电路中的电容器放电。

步骤五：将数字万用表的两根表笔分别接触电容的两个引脚，如果无法接触到引脚，可将表笔接触到引脚的焊点位置。

步骤六：观察显示屏上的读数。正常电容器的电容值应在它的标称值范围内。如果电容器损坏了，读数可能显示溢出；测量值可能远大于它的标称值，也可能远小于它的标称值。

在本节，我们只讨论分立电容器的测试。

我们可按步骤一、步骤二、步骤五和步骤六，用数字万用表测试分立电容器。

如图 1-2-13（a）（b）所示，我们测试标称电容值为 47μF 的电容器，它们表明测量值接近其标称值。图 1-2-13（c）表明电容值溢出。图 1-2-13（d）表示标称值为 0.1μF 的云母电容器的测试，它的允许误差大约是 20%。

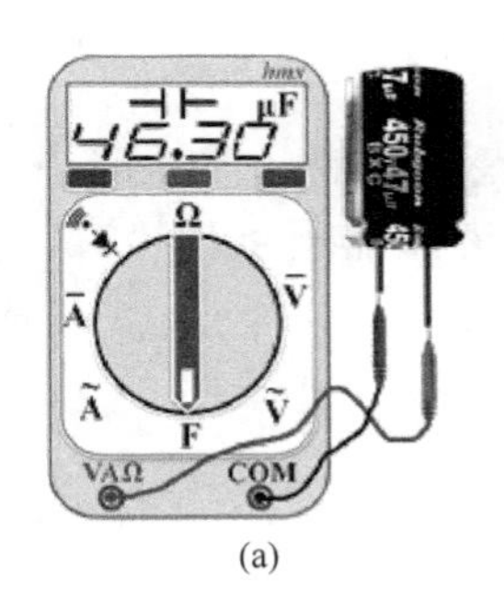

(a)

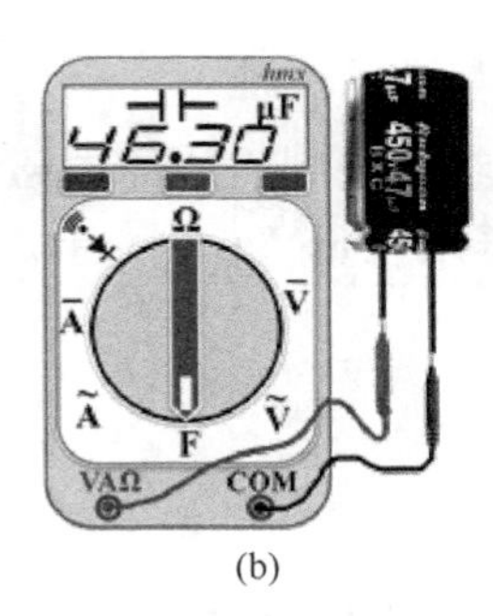

(b)

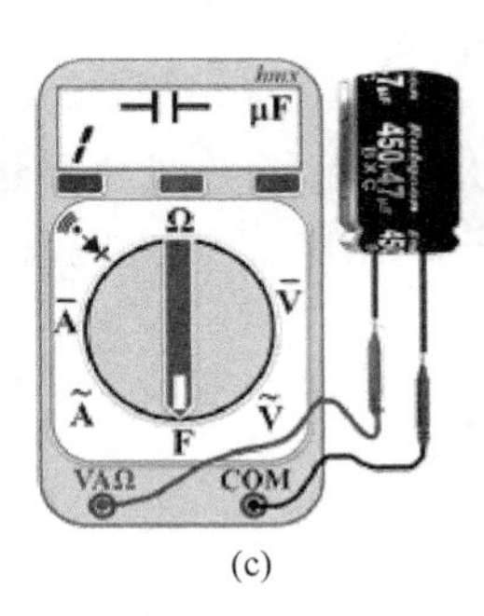

(c)

(d)

图 1-2-13　用数字万用表测试分立电容器

1.2.8　可调电容器

可调电容器的图形符号为—╫—。可调电容器的最小电容值为10～50pF，最大容量高达几百皮法（最高500 pF）。电路中常使用可调电容器为无线电接收器进行频率调谐。

可调电容器有各种形状和尺寸。图1-2-14（a）描述了可调电容器的共同特征，即一组固定的、相互连接的极板，称为定子，另一组极板，连接到一个公共轴，称为转子。通过转轴，可以控制极板之间的公共面积。公共面积越小，电容就越小。

1. 可调空气介质电容器

如图1-2-14（b）所示，可调空气介质电容器的极板之间的电介质是一层薄薄的空气。

2. 微调电容器

如图1-2-14（c）所示，微调电容器通常可进行螺旋式调整，它可用于电路中的非常精细的调整。陶瓷或云母是微调电容器中常见的介质，通常通过调整极板间距来改变电容值。

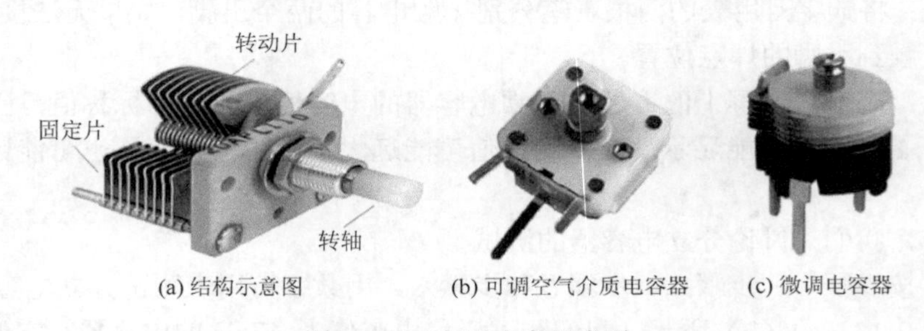

(a) 结构示意图　(b) 可调空气介质电容器　(c) 微调电容器

图1-2-14　可调电容器类型

1.3　电感器和变压器

电感器和变压器均是用绝缘导线（漆包线）绕制而成的电磁感应元件，是电路中常用的电子元器件之一。在电路中，电感器用字母“L”表示，变压器用字母“T”表示。

1.3.1　电感器

电感器由一个线圈组成，是一种以磁场形式存储电能的电子元器件，它具有电感特性。在交流电路中，电感器阻碍电流变化的作用称为感抗，感抗（X_L）与电感（L）及电源频率（f）的关系可用下式表示：$X_L = 2\pi fL$。感抗（X_L）的单位是欧姆；频率（f）的单位是赫兹，简称赫，用Hz表示；L的单位是亨利，简称亨，用H表示。感抗大小与电感和频率成正比。对于直流电路，在忽略线圈直流电阻的情况下，其阻抗为零。

电感器在电路中的基本作用有调谐、滤波、振荡、延迟、陷波、选频、分频、退耦等；电感器在电路中最常见的作用就是与电容器一起，组成 LC 滤波电路（无源滤波电路）。

电感器通常围绕着一个铁磁性材料的磁芯。铁磁性材料可以是铁本身，也可以是含铁材料，称为铁氧体。图 1-3-1 显示了电感器的图形符号。铁芯由双实线标识，而虚线表示铁氧体磁芯，空芯电感器没有线形符号。箭头表示可调电感器。

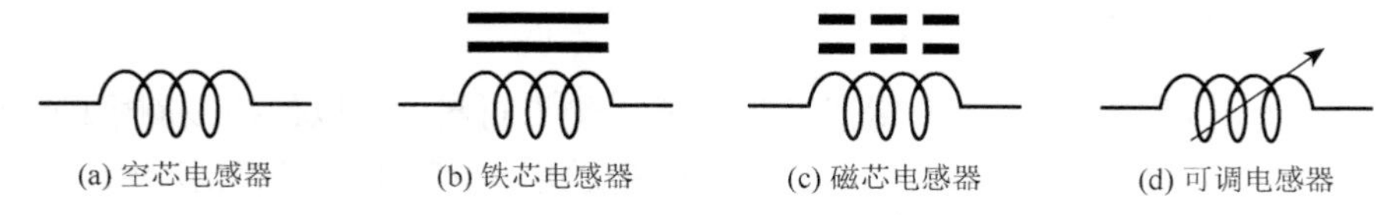

图 1-3-1　电感器的图形符号

1. 电感器的分类

电感器按电感是否可变可分为固定电感器、可调电感器；按结构特点可分为空芯电感器、铁芯电感器、磁芯电感器等；按工作性质可分为天线电感器、振荡电感器、扼流电感器、陷波电感器、偏转电感器等；按绕线结构可分为单层电感器、多层电感器、蜂房式电感器等；按工作频率可分为高频电感器、低频电感器等。常见电感器的类型及应用如表 1-3-1 所示。

表 1-3-1　常见电感器的类型及应用

电感器类型	图例	标称值	应用
空芯电感器		2.5nH～1μH	高频电路
环形电感器		10μH～30mH	交流电路中的扼流线圈，减少暂态滤波电路中的电磁干扰
哈希扼流电感器		3μH～1mH	交流电路
延迟线电感器		10μH～50μH	在彩色电视中用于校正彩色信号和黑白信号之间的时间差
共模扼流电感器		0.6mH～50mH	交流滤波器、开关电源、电池充电器电路
射频电感器		10μH～270mH	调幅、调频和超高频电路，应用于无线电、电视和通信领域

续表

电感器类型	图例	标称值	应用
绕线电感器		0.1μH～100mH	各种振荡器、滤波器、带通滤波器等电路
贴片电感器		0.01μH～250μH	多层印制板上要求微型元器件的电路

如图 1-3-2 所示，小型固定电感器通常封装在绝缘材料中，以保护线圈中的细线，它的外观类似于小电阻。可调电感器通常有一个螺旋式调节装置，可将滑动磁芯移入和移出，从而改变电感量。

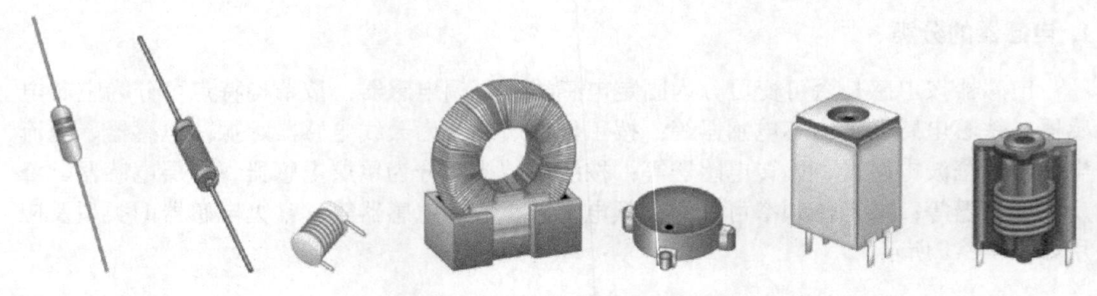

图 1-3-2　几种常见电感器外形

2. 电感器型号命名方法

目前，固定电感线圈的型号命名方法各生产厂有所不同，尚无统一的标准。但是，电感器型号命名方法如图 1-3-3 所示，它一般由下列四部分组成：

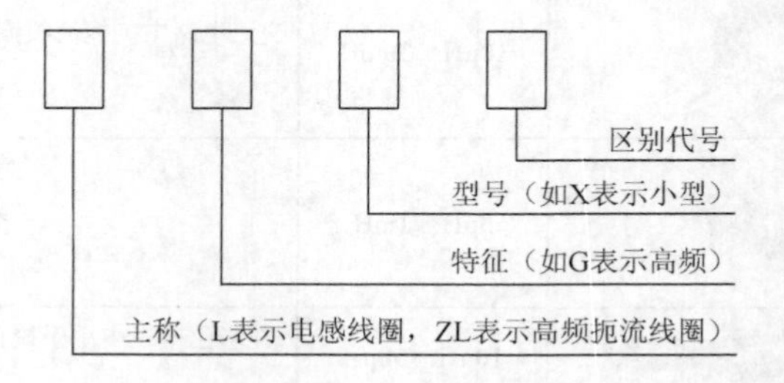

图 1-3-3　电感器型号命名方法

第一部分：主称，用字母表示，其中 L 代表电感线圈，ZL 代表高频扼流线圈；第二部分：特征，用字母或字母加数字表示，其中 G 代表高频；第三部分：型号，用字母表示，其中 X 代表小型；第四部分：区别代号，用数字或字母表示。

如：LG1—B—47μH±10%表示高频卧式电感器，字母 B 表示额定电流为 150mA，电感是 47μH，允许误差±10%。

3. 电感器的主要特性参数

（1）电感器标称值

电感只是一个与线圈的圈数、大小形状和介质有关的一个参数，它是电感线圈惯性的量度，与外加电流无关。

电感常用单位有毫亨（mH）、微亨（μH）、纳亨（nH）。单位换算关系：$1\text{H} = 10^3\text{mH} = 10^6\mu\text{H} = 10^9\text{nH}$。

电感器标称值按 E12 系列设计，即 1、1.2、1.5、1.8、2.2、2.7、3.3、3.9、4.7、5.6、6.8、8.2，或以这些数乘以 10^{-1}、10^0、10^1、10^2…所得的数值，单位为微亨（μH）。

（2）分布电容

电感线圈的匝与匝之间、线圈与屏蔽罩之间、线圈与底板之间存在的电容被称为分布电容。分布电容的存在使线圈的品质因数（Q）减小，稳定性变差，因而线圈的分布电容越小越好。电感器等效电路如图 1-3-4 所示，图中等效电容 C_0 就是电感器的分布电容。

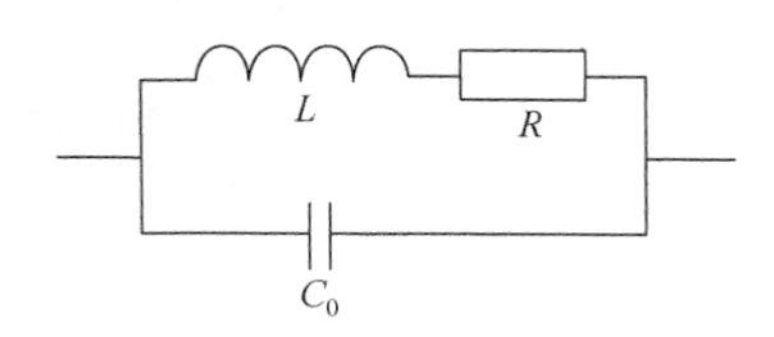

图 1-3-4　电感器等效电路

由于分布电容的存在，电感器等效电路是一个电感器与电容器并联的谐振电路，其固有的谐振频率 f_0 由公式（1-3-1）得出。

$$f_0 = \frac{1}{2\pi\sqrt{LC_0}}C \tag{1-3-1}$$

使用电感器时，应使其工作频率远低于固有频率。由于线圈分布电容的存在，降低了线圈的稳定性。为了减小线圈的分布电容，可减小线圈骨架的直径，用细导线绕制线圈，或采用间绕法或蜂房式的绕法绕制线圈。

（3）品质因数（Q）

品质因数（Q）是表示电感器质量的一个物理量，Q 为感抗 X_L 与其等效电阻的比值，它由公式（1-3-2）得出。

$$Q = \frac{X_L}{R} = \frac{2\pi fL}{R} \tag{1-3-2}$$

式中，f 为电路工作频率，L 为线圈的电感，R 为线圈的等效电阻。

线圈的 Q 愈高，回路的损耗愈小。线圈的 Q 与导线的直流电阻、骨架的介质损耗、屏蔽罩或铁芯引起的损耗、高频趋肤效应的影响等因素有关。线圈的 Q 通常为几十到几百。由于直流电阻的存在，会使线圈损耗增大，品质因数降低，在绕制时，常采用加粗导线减小直流电阻。

（4）额定电流

电感器工作时所允许通过的最大电流为额定电流，在某些场合，如高频扼流圈、大功率谐振线圈以及作滤波用的低频扼流圈，它们在工作时需通过较大的电流。

4. 电感器的标示方法

电感器的标示方法一般有色标法、直标法和数码法。

（1）色标法

电感器的色标法如图 1-3-5 所示，对于固定电感的电感器，电感器色标法与电阻值色标法相似。前三个色环表示电感大小，单位为微亨（μH），第四个色环表示允许误差。如图 1-3-5（a）所示，如果第一个或第二个色环为金色，则表示电感小于 10μH，该色环表示小数点。如图 1-3-5（b）所示，对于电感大于 10μH 的电感器，前两个色环表示有效数字，第三个色环表示倍率。色环标称值如图 1-1-10 所示。

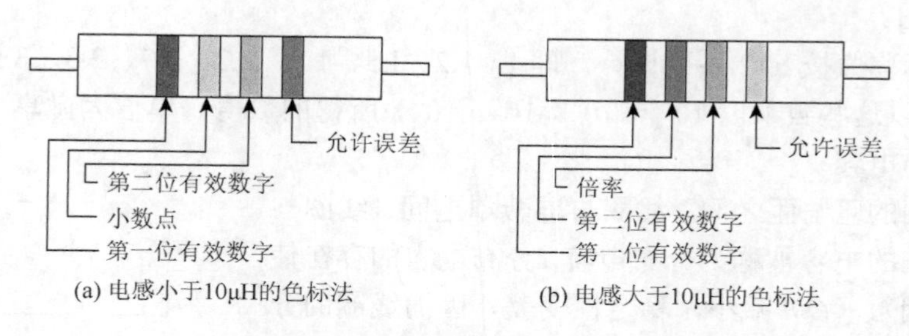

(a) 电感小于10μH的色标法　　(b) 电感大于10μH的色标法

图 1-3-5　电感器的色标法

如果图 1-3-5（a）中的色环颜色分别是：蓝、金、灰、灰，它表示 6.8μH，允许误差为±0.05%。如果图 1-3-5（b）中的色环颜色分别是：红、紫、棕、金，它表示 $27\times10^{1}=270\mu H$，允许误差为±5%。

（2）直标法

直标法就是将电感和型号直接标示在电感器表面，固定电感器一般采用此种标示法。同时用字母 A、B、C、D、E 表示最大直流工作电流分组的代号，各组电流分别为 50mA、150mA、300mA、700mA、1600mA；再用Ⅰ、Ⅱ、Ⅲ分别表示标称电感值允许误差为±5%、±10%、±20%。

例如：电感器外壳上标有 C、Ⅱ、470μH，表示该电感器的电感为 470μH，最大工作电流为 300mA，允许误差为±10%。

（3）数码法

用三位数字表示，前两位表示有效值，最后一位表示倍率的幂。无小数点时单位为 μH。小数点用 R 表示时，单位为 μH；用 N 表示时，单位为 nH。通常，三位数码法不包括允许误差。

例如：103 表示 $10\times10^{3}=10000\mu H$，4R7 表示 4.7μH，4N7 表示 4.7nH。

5. 电感器的检测

对于电感器的检测，数字电感表和 LCR 电桥是最佳选择（图 1-3-6）。数字万用表只能粗略判断电感器好坏，它可以检测线圈之间是否出现短路或开路。

一般电感器的直流电阻很小，为零点几欧至几欧（低频扼流电感器的直流电阻最多有几百至几千欧）。当数字万用表显示电阻读数为“1”（溢出），则说明电感器开路；短路情况很难检查，因为许多良好电感器的电阻相对较小，但如果数字万用表显示电阻读数为“0”，一般表示电感器短路。

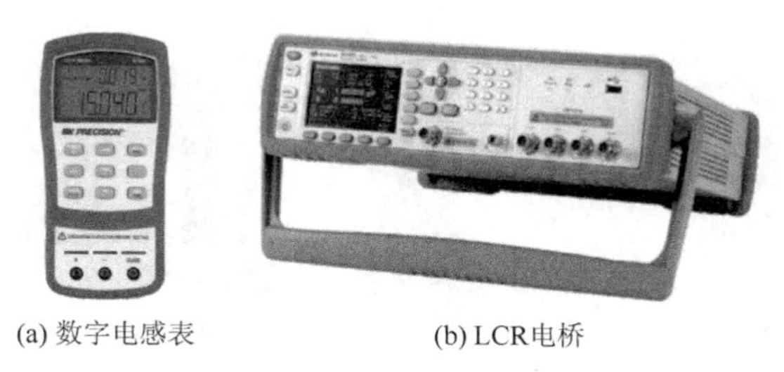

(a) 数字电感表　　(b) LCR电桥

图 1-3-6　电感器检测仪表

如图 1-3-7（a）所示，采用欧姆挡“R×1”测试电感器电阻，数字万用表显示电阻读数为 0.032Ω，说明该电感器正常。如图 1-3-7（b）所示，采用导通性功能（•)))）测试电感器，数字万用表发出蜂鸣声，说明该电感器没有开路。

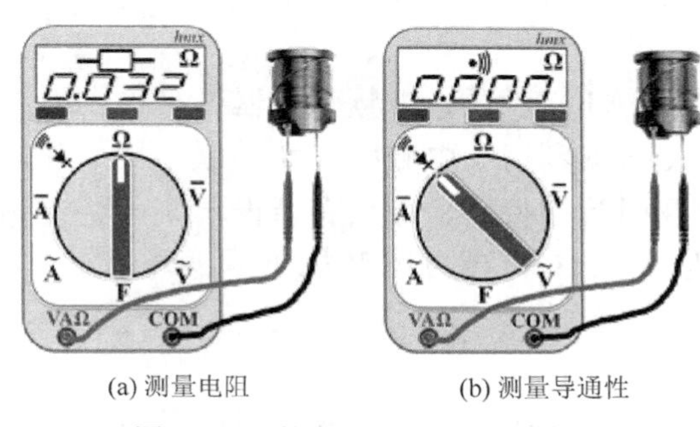

(a) 测量电阻　　(b) 测量导通性

图 1-3-7　数字万用表检测电感器

1.3.2　变压器

变压器是一种通过电磁感应，将电能从一个电路以相同频率转换到另一个电路的电子元器件。变压器的构造为初级线圈和次级线圈缠绕在一个磁芯上，当交流电通过时，磁芯中产生交变磁场，交变磁场在次级线圈中感应电流。

变压器在电路中的基本作用有电压变换、电流变换、信号耦合、阻抗匹配、隔离等。

变压器的图形符号如图 1-3-8 所示，变压器可能为空芯、铁芯或磁芯。空芯变压器用于高频信号的耦合，电力变压器通常为铁芯。

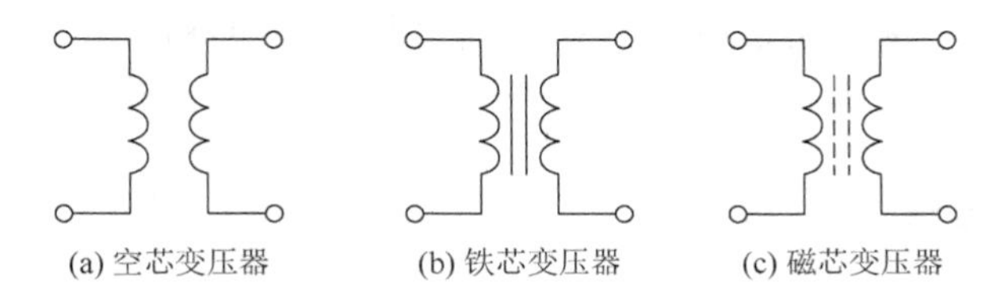

(a) 空芯变压器　　(b) 铁芯变压器　　(c) 磁芯变压器

图 1-3-8　变压器的图形符号

1. 变压器的分类

变压器按用途可分为音频变压器、中频变压器、高频变压器、电源变压器和自耦变压器。常用变压器实物如图 1-3-9 所示。

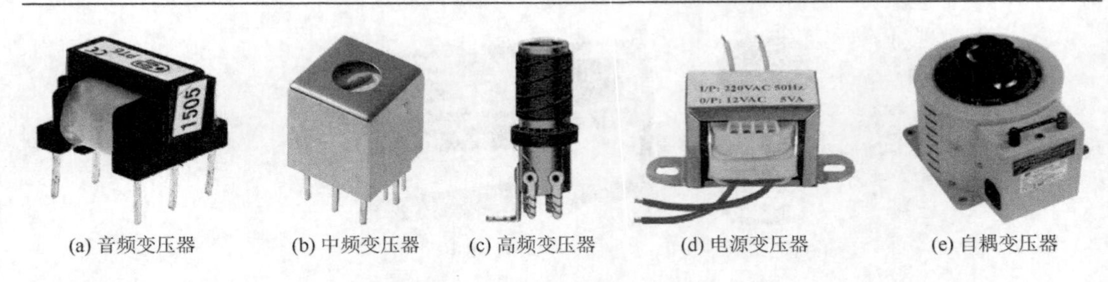

(a) 音频变压器　(b) 中频变压器　(c) 高频变压器　(d) 电源变压器　(e) 自耦变压器

图 1-3-9　常用变压器实物

（1）音频变压器

音频变压器如图 1-3-9（a）所示。音频变压器在放大电路中的主要作用是耦合、倒相、阻抗匹配等。要求音频变压器频率特性好、漏感小、分布电容小。

（2）中频变压器

中频变压器如图 1-3-9（b）所示。中频变压器（又称中周）的适用范围为几千赫至几十兆赫。由于中频变压器利用了电磁感应和并联谐振原理，因此，中频变压器不仅具有变换电压、电流及阻抗的特性，还具有谐振于某一特定频率的特性。例如，调幅收音机的谐振频率为 465kHz，调频收音机中频变压器的中心频率为 10.7MHz±100kHz。

（3）高频变压器

高频变压器如图 1-3-9（c）所示。高频变压器用于高频电路中，它的电感可以很小。耦合线圈和调谐线圈都是高频变压器。通常，调谐线圈与电容器可组成串并联谐振选频回路。

（4）电源变压器

电源变压器如图 1-3-9（d）所示。电源变压器用于交流电压变换（升压或降压）。电源变压器的初级线圈往往有抽头，以适应不同电网的电压，如 220V、110V 等。其次级线圈根据用途可以有多个线圈，以输出不同的电压和功率。在我国，小型电源变压器将 220V 的电源电压变成各种所需的交流电压，再经整流、滤波等以供电路工作。

（5）自耦变压器

自耦变压器如图 1-3-9（e）所示。自耦变压器的初级和次级在同一线圈上，其输入端和输出端是从同一线圈上用抽头分出来的。自耦变压器的初、次级之间有一个共用端，故它的直流电路不是完全隔离的。

2. 变压器型号命名方法

（1）中频变压器型号命名方法

如图 1-3-10 所示，中频变压器一般由三部分组成。第一部分：主称，用字母表示；第二部分：尺寸，用数字表示；第三部分：中放级数，用数字表示。各部分的字母和数字所表示的意义如表 1-3-2 所示。

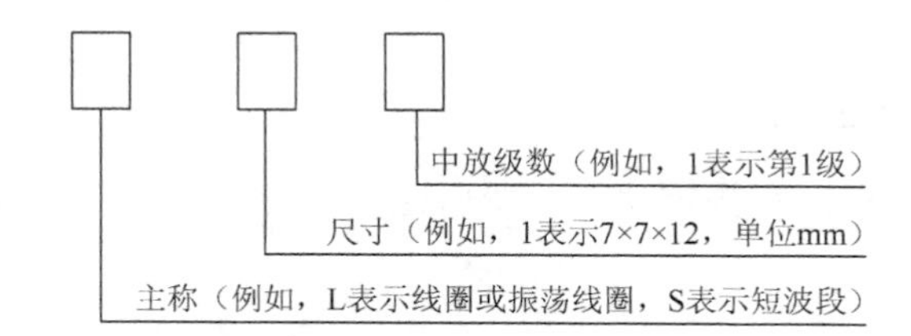

图 1-3-10　中频变压器型号命名方法

表 1-3-2　中频变压器型号各部分字母和数字所表示的意义

主称		尺寸		中放级数	
字母	名称、特征、用途	数字	外形尺寸/mm	数字	中放级数
T	中频变压器	1	7×7×12	1	第 1 级
L	线圈或振荡线圈	2	10×10×14	2	第 2 级
T	磁性瓷芯式	3	12×12×16	3	第 3 级
F	调幅收音机用	4	20×25×36		
S	短波段				

例如，TTF-2-3 为调幅收音机用的磁芯中频变压器，外形尺寸为 10mm×10mm×14mm，用于第 3 级。

（2）其他变压器型号命名方法

如图 1-3-11 所示，其他变压器型号一般由下列三部分组成。第一部分：主称，用字母表示；第二部分：功率，用数字表示；第三部分：序号，用数字表示。其中，变压器型号主称字母所表示的意义如表 1-3-3 所示。

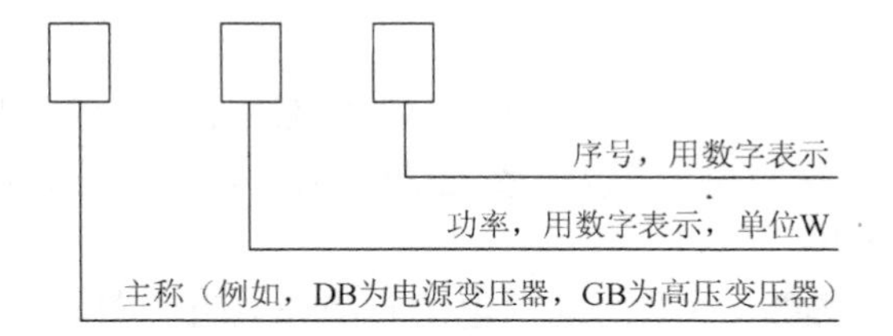

图 1-3-11　其他变压器型号命名方法

表 1-3-3　变压器型号主称字母的意义

字母	意义	字母	意义
DB	电源变压器	HB	灯丝变压器
CB	音频输出变压器	SB（或 ZB）	音频（定阻式）输送变压器
RB	音频输入变压器	SB（或 EB）	音频（定压式或自耦式）变压器
GB	高压变压器		

例如，DB-60-2 表示为 60W 的电源变压器。

3. 电源变压器的主要特性参数

变压器的主要技术指标有额定功率、变压比（或变阻比）、温升、效率、空载电流、绝缘电阻和抗电强度。

（1）额定功率

额定功率是变压器在指定频率和电压下能长期连续工作，而不超过规定温升的输出功率，一般用伏安（V·A）、瓦或千瓦表示。由于小型变压器效率比较低，所以选择变压器容量要比电路所需容量（计算容量）大40%左右。

（2）变压比（或变阻比）

变压比是变压器初级电压（阻抗）与次级电压（阻抗）的比值，通常直接标出。变压器的初、次级线圈的匝数和电压有以下关系：

$$V_1/V_2 = N_1/N_2 = n$$

式中，n 称为变压比，V_1和 N_1分别代表初级线圈的电压和线圈匝数，V_2和 N_2分别代表次级线圈的电压和线圈匝数。变压比大于1的变压器为降压变压器；变压比小于1的变压器为升压变压器；变压比等于1的变压器为隔离变压器。

（3）温升

温升主要是指当变压器通电工作后，线圈的温度上升到稳定值时比环境温度高出的数值。变压器温升决定了绝缘系统的寿命。

（4）效率

效率是输出功率与输入功率之比，与变压器的设计、工艺、制造、材料及功率大小有关。变压器的效率与功率有关，一般功率越大，效率越高。通常 20W 以下效率为 70%～80%，100W 以上效率可达 95%以上。

（5）空载电流

变压器次级空载时，流过初级线圈的电流，叫空载电流，一般不超过额定电流的 10%，设计良好的可小于 5%。空载电流越大，变压器的损失越大，效率越低。

（6）绝缘电阻和抗电强度

变压器线圈之间、线圈与铁芯之间的电阻叫绝缘电阻，在规定时间（一般为 1min）内，相互绝缘的两部分在加上一定电压时，不能被击穿。所加电压的最大值，叫抗电强度。它是变压器特别是电源变压器安全工作的重要参数。一般要求小型电源变压器的绝缘电阻不小于 500MΩ，抗电强度大于 2000V。

4. 变压器检测

如图 1-3-12 所示，用数字万用表的电阻挡检测小型变压器的性能，从而判断初、次级线圈通断，以及变压器的绝缘性能。

（1）线圈通断检测

变压器线圈通断检测如图 1-3-12（a）（b）所示。一般中、高频变压器的阻值仅为零点几欧。一般小型电源变压器初级线圈的阻值只有几欧至几十欧，次级线圈的阻值一般只有十几欧至几百欧。测试中，若某个线圈的电阻值为无穷大，则说明此线圈有开路故障；若测得的电阻值等于零，则说明该线圈已经短路。

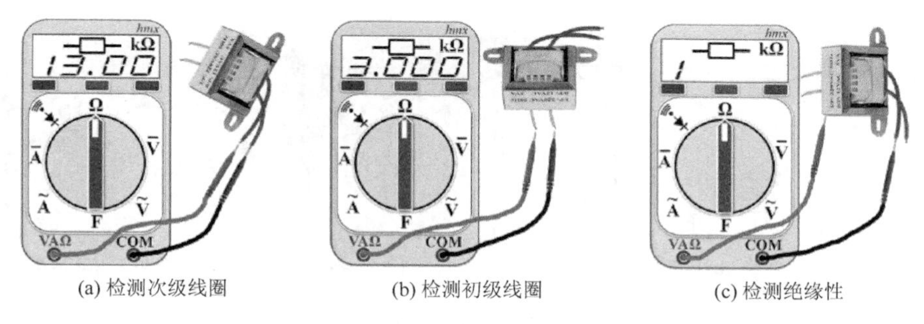

(a) 检测次级线圈　(b) 检测初级线圈　(c) 检测绝缘性

图 1-3-12　小型变压器检测

（2）绝缘性测试

变压器绝缘性测试如图 1-3-12（c）所示。用数字万用表欧姆挡“R×10k”分别测量铁芯与初级线圈、初级线圈与各次级线圈、铁芯与各次级线圈、静电屏蔽层与初级线圈、各次级线圈间的电阻值，以防止出现短路故障和漏电故障。如果数字万用表读数显示为“1”（溢出），说明变压器绝缘性良好；否则，说明变压器绝缘性能不良。

1.4　石英晶振

石英晶振（简称晶振），是由沿一定方向切割的石英晶片，在对应表面涂上银层，并安装电极构成的。它是利用石英的压电效应来构成谐振器。晶振的固有频率具有极高的稳定性，它的品质因数通常在 10^4～10^5。只有谐振电路频率非常接近晶振的固有频率时，它才会谐振。因此，晶振可用于制作高精度振荡器。在电路中，通常用字母 Y 或 XTAL 表示晶振。

陶瓷晶振是由压电陶瓷制成的谐振器。它的工作原理、特性、基本结构以及应用范围与石英晶振类似，我们在这里不再赘述。

晶振的图形符号如图 1-4-1（a）所示，它的等效电路如图 1-4-1（b）所示，它的常见封装如图 1-4-1（c）所示，它的基本结构如图 1-4-1（d）所示。

晶振的固有频率具有极高精度和稳定性，它可为标准频率源或脉冲信号源提供基准频率。晶振广泛应用于通信、全球定位系统（GPS）、遥控、高速计算机、精密测量仪器及民用电子产品领域。

1.4.1　晶振的基本电路

1. 晶振哈特莱（Hartley）谐振电路

如图 1-4-2 所示，晶振哈特莱谐振电路中，晶振与反馈电路串联，反馈信号来自用两个线圈串联（或是一个抽头线圈）组成的分压器。如果激励频率偏离晶体频率，

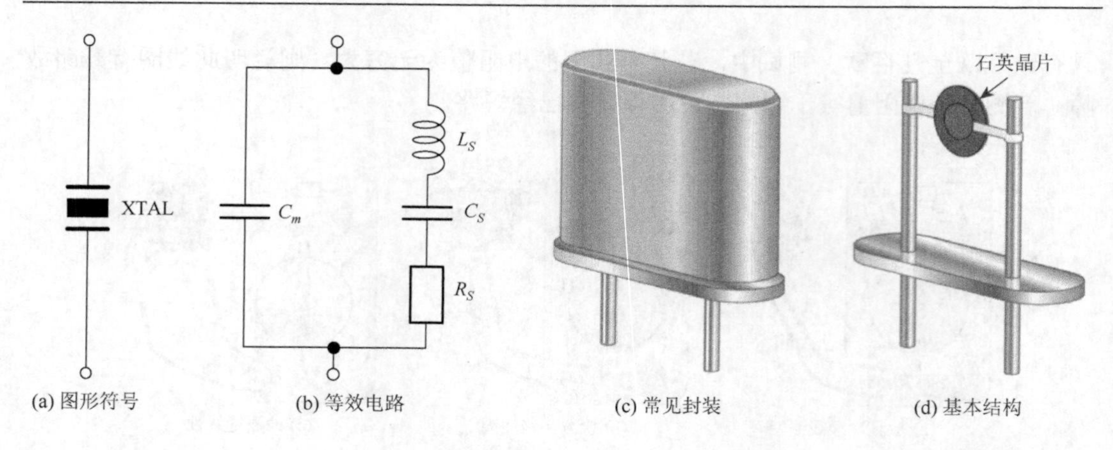

图 1-4-1　晶振

晶振的阻抗会增加，从而减少对激励电路的反馈。这样，谐振频率返回到晶振的固有频率。

2. 晶振考比次（Colpitts）谐振电路

如图 1-4-3 所示，晶振考比次谐振电路可以看成是哈特莱谐振器的对偶，是电容三点式谐振器。考比次谐振电路采用可变电容器调谐，晶振为谐振电路提供反馈，这种谐振器频率比较稳定。

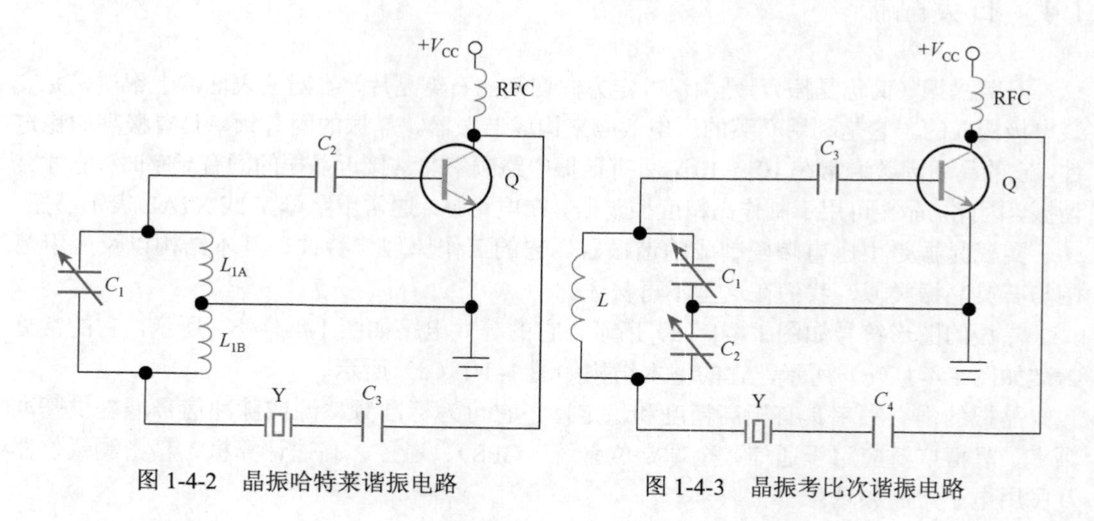

图 1-4-2　晶振哈特莱谐振电路　　　图 1-4-3　晶振考比次谐振电路

3. 晶振巴特勒（Butler）谐振电路

如图 1-4-4 所示，晶振巴特勒谐振电路包含了有两个三极管的激励电路，谐振频率由晶振决定。激励电路必须调谐到晶振固有频率，否则谐振器无法工作。巴特勒谐振器的优点是在晶振上存在一个小的电压，从而减少了晶振上的应力。通过更换激励电路组件，谐振电路可以调谐到晶振的某一泛频。

1.4.2　常见晶振封装

晶振多数采用金属外壳封装，也有少数采用玻璃封装。金属外壳封装的晶振，体积小、密封性好、价格较低廉。彩色电视机、录像机、游戏机及电子手表中大多采用这种晶振元器件。玻璃封装的晶振，具有良好的密封性和可靠性，缺点是玻璃壳的机械强度差。玻璃封装的晶振大多是低频的，在仪器仪表及自动化设备中应用较多。

常见晶振封装如图 1-4-5 所示。第一行是 DIP-8 和 DIP-14 封装的晶振；第二行从左到右分别是 HC49/U、HC49/US、贴片元器件、管状晶振和石英晶振。玻璃封装石英晶振，它里面有石英晶片及其电镀的电极。

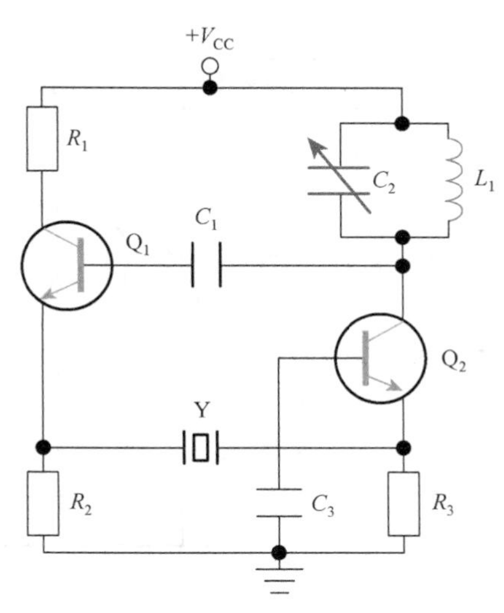

图 1-4-4　晶振巴特勒谐振电路

1.4.3　晶振型号命名方法

如表 1-4-1 所示，国产晶振的型号由三部分组成。第一部分表示外壳和材料；第二部分表示晶片切型；第三部分表示主要性能及外形尺寸等。

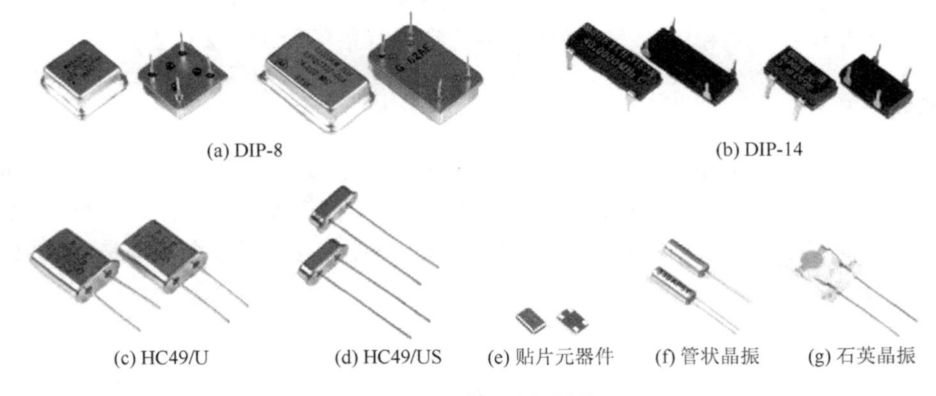

(a) DIP-8　(b) DIP-14

(c) HC49/U　(d) HC49/US　(e) 贴片元器件　(f) 管状晶振　(g) 石英晶振

图 1-4-5　常见晶振封装

表 1-4-1　晶振元器件的型号命名及含义

第一部分：外壳和材料		第二部分：晶片切型		第三部分：主要性能及外形尺寸
字母	含义	字母	含义	
B	玻璃	A	AT 切型	用数字表示晶振的主要性能及外形尺寸
		B	BT 切型	
		C	CT 切型	
		D	DT 切型	

续表

<table>
<tr><th colspan="2">第一部分：外壳和材料</th><th colspan="2">第二部分：晶片切型</th><th rowspan="2">第三部分：主要性能及外形尺寸</th></tr>
<tr><th>字母</th><th>含义</th><th>字母</th><th>含义</th></tr>
<tr><td rowspan="4">S</td><td rowspan="4">塑料</td><td>E</td><td>ET 切型</td><td rowspan="8">用数字表示晶振的主要性能及外形尺寸</td></tr>
<tr><td>F</td><td>FT 切型</td></tr>
<tr><td>H</td><td>HT 切型</td></tr>
<tr><td>M</td><td>MT 切型</td></tr>
<tr><td rowspan="4">J</td><td rowspan="4">金属</td><td>N</td><td>NT 切型</td></tr>
<tr><td>U</td><td>音叉弯曲振动型 WX 切型</td></tr>
<tr><td>X</td><td>伸缩振动 X 切型</td></tr>
<tr><td>Y</td><td>Y 切型</td></tr>
</table>

1.4.4　晶振的主要参数

晶振的主要参数有标称频率、频率偏差、温度频差、负载电容、激励电平等。

1. 标称频率

晶振常用标称频率在 1～200MHz，比如 32.768kHz、8MHz、12MHz、24MHz、125MHz 等，更高的输出频率常用 PLL（锁相环）将低频进行倍频至 1GHz 以上。

2. 频率偏差

频率偏差(deviation of frequency)用单位 ppm 来表示，即百万分之一(parts per million)(10^{-6})。它是相对标称频率的变化量，此值越小表示精度越高。比如，12MHz 晶振偏差为±20ppm，表示它的频率偏差为±12×20Hz＝±240Hz，即频率范围是 11 999 760～12 000 240Hz。

3. 温度频差

温度频差（frequency stability vs temperature）表示在特定温度范围内，工作频率相对于基准温度时工作频率的允许偏离值，它的单位也是 ppm（10^{-6}）。此参数实际上表示晶振的频率温度特性。

4. 负载电容

负载电容（load capacitance，CL），它是谐振电路中联接晶振两端的总的有效电容。它主要影响负载谐振频率和等效负载谐振电阻，它与晶振决定谐振电路的工作频率。谐振电路必须满足产品说明书中所规定的负载电容，才能保证谐振电路工作在谐振器的标称频率上。

5. 激励电平

激励电平表示晶振耗损功率的程度，激励电平一般用耗损功率（单位：mW）表示。晶振的频率稳定度与激励电平有关，频率稳定度随着激励电平变化而变化。激励电平过大会使谐振电路频率稳定度变差，过小会使振荡幅度减小和不稳定，甚至不能起振。一般激励电平不应大于其额定值，但也不应小于额定值的 50%。

1.4.5　晶振的性能检测

检测晶振的性能，通常的做法是使用晶振测试仪。如图 1-4-6 所示，将被测的晶振接入测试端。观察晶振是否起振，若起振，说明晶体是好的，否则是坏的。同时，有的晶振测试仪还可以检测晶振的标称频率、激励电平、负载电阻、负载电容等参数。

图 1-4-6　晶振测试仪

在实验室中，我们可采用数字万用表欧姆挡（R×10k）检测晶振。如图 1-4-7（a）所示，若所测正向和反向电阻均为无穷大，被测晶振可能是非次品，但不能断定晶体是否损坏；如图 1-4-7（b）所示，如果测量得到的电阻很小，说明被测晶振损坏。

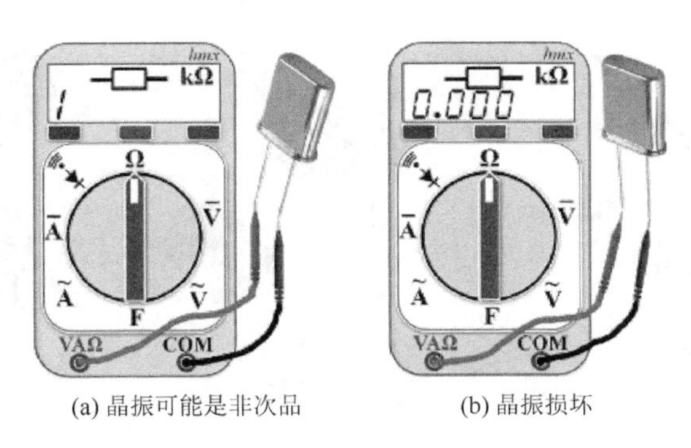

(a) 晶振可能是非次品　　(b) 晶振损坏

图 1-4-7　数字万用表欧姆挡测试晶振

此外，我们可采用数字电容表（数字万用表的电容挡）检测晶振，晶振的正常容量具有一定的范围。如图 1-4-8（a）所示，如果测量得到的电容值在几十到几百皮法，被测晶振可能是非次品；如图 1-4-8（b）所示，如果测量得到的电容值明显偏小，说明被测晶振损坏。

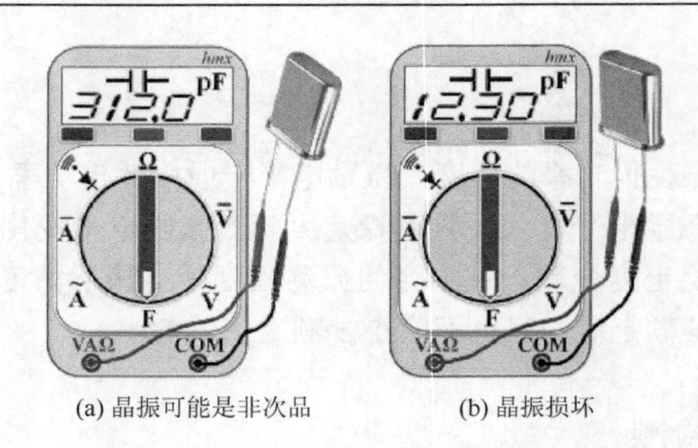

(a) 晶振可能是非次品　　(b) 晶振损坏

图 1-4-8　数字万用表电容挡测试晶振

1.5　半导体分立元器件

顾名思义，半导体元器件是由半导体材料制成的。它们能够控制电压或电流，并能在电路中产生开关动作。此外，它们还可以对信号放大或解调。

在本节，我们仅介绍最常见的半导体元器件，它们包括二极管、三极管、场效应管和晶闸管（可控硅）。

1.5.1　二极管

二极管是一种半导体元器件，它有一个具有电流的单向导通性的 PN 结。顾名思义，二极管是指双电极电子元器件，一个电极由 P 型半导体材料制成，另一个由 N 型半导体材料制成。图 1-5-1 展示了一些常见的二极管。

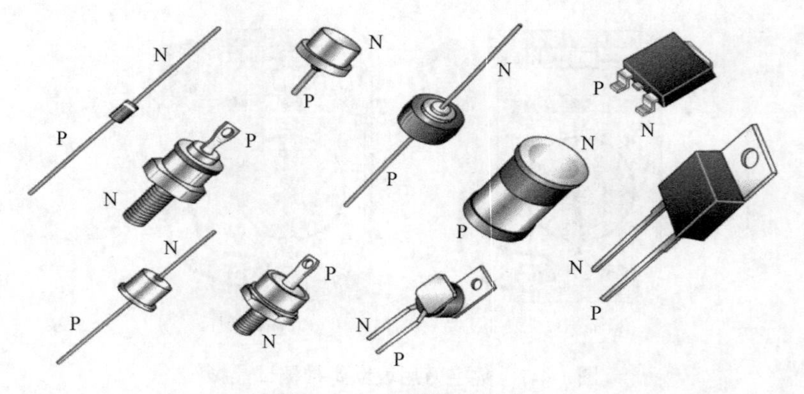

图 1-5-1　常见的二极管

二极管的外形如图 1-5-2（a）所示，管的两端分别是阳极（P）和阴极（N），它的阴极（N）有灰白色的环带标识。图 1-5-2（b）是二极管的图形符号，其中的箭头表示电流方向。

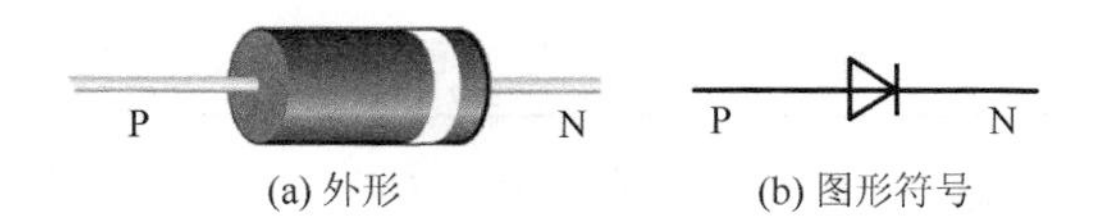

(a) 外形　　(b) 图形符号

图 1-5-2　二极管

通过二极管的电流是从阳极流向阴极的，二极管充当电流单向阀。一般来说，硅二极管 PN 结的阈值约为 0.5～0.7V。如图 1-5-3（a）所示，正向偏置时，电路导通；如图 1-5-3（b）所示，反向偏置时，电路截止。因此，二极管在电路中的主要功能是充当电子开关、检波器或整流器。

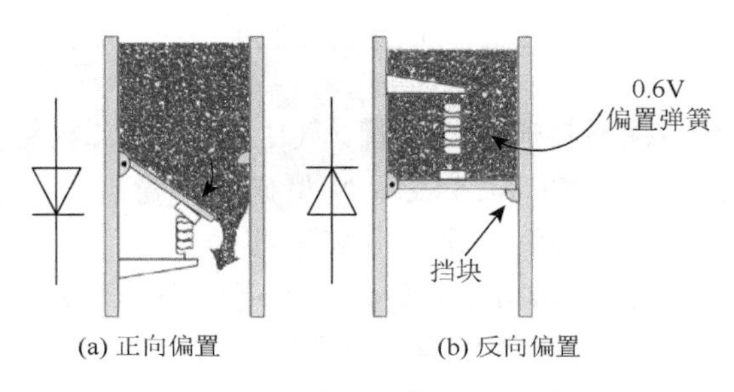

(a) 正向偏置　　(b) 反向偏置

图 1-5-3　二极管工作原理示意图

1. 二极管型号命名法

按 GB/T 249—2017《半导体分立器件型号命名方法》的规定，国产半导体分立器件的型号命名由五部分组成。第一部分用数字“2”表示主称为二极管；第二部分用字母表示二极管的材料与极性；第三部分用字母表示二极管的类别；第四部分用数字表示序号；第五部分用字母表示二极管的规格号。其中第五部分可省略。各符号的具体含义如表 1-5-1 所示。

表 1-5-1　二极管的型号命名及含义

第一部分：主称		第二部分：材料与极性		第三部分：类别		第四部分：序号	第五部分：规格号
数字	意义	字母	意义	字母	意义		
2	二极管	A	N 型，锗材料	P	小信号管	用数字表示同一类别产品的序号	用字母表示产品规格、档次
				W	电压调整管和电压基准管		
				L	整流堆		
		B	P 型，锗材料	N	噪声管		
				Z	整流管		
				U	光电管		
		C	N 型，硅材料	K	开关管		
				B	雪崩管		
				C	变容管		
				V	检波管		

续表

第一部分：主称		第二部分：材料与极性		第三部分：类别		第四部分：序号	第五部分：规格号
数字	意义	字母	意义	字母	意义		
2	二极管	D	P型，硅材料	JD	激光管	用数字表示同一类别产品的序号	用字母表示产品规格、档次
				S	隧道管		
				CM	磁敏管		
		E	化合物或合金材料	H	混频管		
				Y	体效应管		
				GF	发光二极管		

例如，2AP9 表示 N 型锗材料普通二极管。其中，2 表示二极管；A 表示 N 型锗材料；P 表示普通型；9 表示序号。如 2CW56 表示 N 型硅材料稳压二极管。其中，2 表示二极管；C 表示 N 型硅材料；W 表示稳压管；56 表示序号。

欧洲二极管分类标准采用字母数字代码，它使用两个字母和三个数字（通用二极管）或三个字母和两个数字（专用二极管）。第一个字母用于说明用于制造元器件的半导体材料（如 A 表示锗，B 表示硅），或者，如果是字母 Z，是稳压二极管（齐纳二极管）。第二个和第三个字母指定二极管的种类和用法。此外，大多数二极管的阴极都有条纹标识。

美国的分类标准是以 1N 开头，然后是数字，例如 1N4001（整流二极管）、1N4449（开关二极管）等。

日本的分类标准与美国的分类标准相似，主要区别在于没有 N 而是 S，例如 1S241。

俄罗斯的分类标准由两个字母（如 GD 表示锗，KD 表示硅）和一个数字组成。

2. 典型二极管的特征曲线

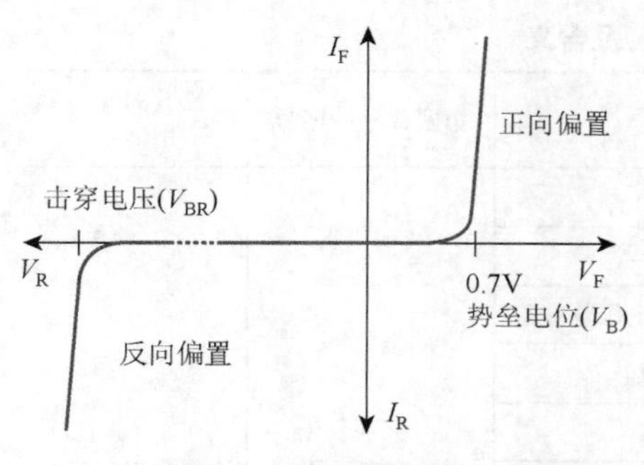

图 1-5-4　典型二极管的 *V-I* 特征曲线

图 1-5-4 表示典型二极管的电压−电流图，称为 *V-I* 特征曲线。图中第一象限表示正向偏置条件。正向电压低于势垒电位时，正向电流很小。当正向电压接近势垒电位时，电流开始增加。一旦正向电压达到势垒电位，电流急剧增加，必须由串联电阻限制。正向偏置二极管的电压降约为 0.7V。这种电压降称为正向电压降。通过正向偏置，二极管的电压保持大约等于势垒电位。

图中第三象限表示反向偏置条件。当反向电压向左增加时，电流保持在接近零的位置，直到达到击穿电压（V_{BR}）。当达到击穿电压时，有一个大的反向电流，如果不加以限制，可能会破坏二极管。通常，大多数整流二极管的击穿电压大于 50V。

当正向偏压超过势垒电位时，二极管正向导通。当二极管反向偏压低于击穿电压时，二极管反向截止。

3. 专用二极管

除了前面介绍的通用整流二极管外，如图 1-5-5 所示，还有一些用于特殊用途的二极管，包括稳压二极管、变容二极管、发光二极管（LED）和光敏二极管。稳压二极管用于调节参考电压，变容二极管用作电压可变电容，LED 在正向偏置时发光，光敏二极管用于控制光的反向电流。

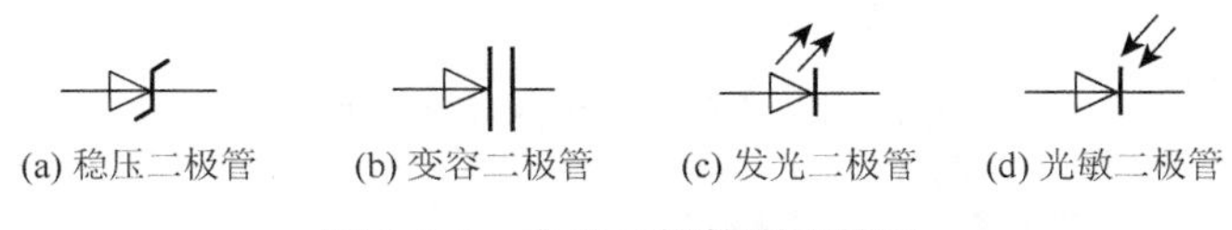

图 1-5-5　专用二极管图形符号

（1）稳压二极管（齐纳二极管）

稳压二极管是一种硅二极管，它的封装如图 1-5-6（a）所示。当偏压达到二极管反向击穿电压时，如图 1-5-6（b）所示，其电压几乎保持不变，但电流可能发生明显变化。我们通常采用的稳压二极管击穿电压为 1.8～300V。

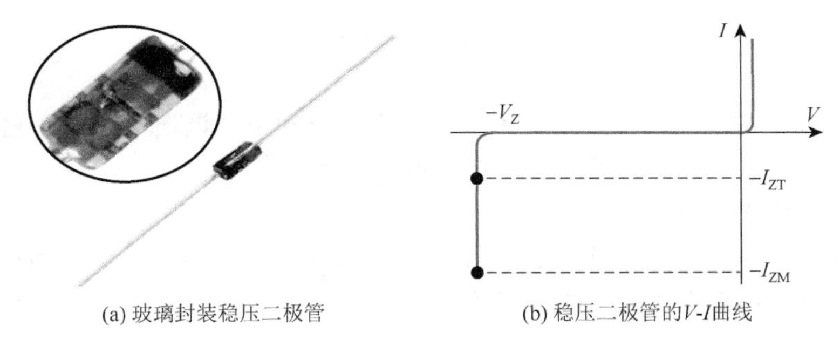

图 1-5-6　稳压二极管

稳压二极管两端子电压几乎保持恒定，反向电流的值从 I_{ZT} 变化为 I_{ZM}。稳压二极管测试电压 V_{ZT} 为反向电压，稳压二极管测试电流 I_{ZT} 为反向电流。

图 1-5-7 表明稳压二极管的击穿电压是 12V。稳压二极管的作用类似于电流的双向门。在前进方向，很容易推开，对于标准稳压二极管电压降大约为 0.6V。从相反的方向，很难推开，稳压二极管电压降需要等于齐纳击穿电压 V_Z。

稳压二极管的一个主要应用是，即使输入电压变化，它也能提供一个稳定的输出参考电压。稳压二极管可用于电源、电压表和其他许多仪器。

（2）变容二极管

变容二极管是一种硅二极管，它作为一个可变电容可对反向偏置电压做出响应。反向偏置 PN 结利用耗散层的固有电容来工作。由于具有非导电特性，偏置电压产生的耗散层可充当电介质。P 区和 N 区是导电的，起到电容极板的作用。如图 1-5-8 所示，电容值由反向偏置控制，反向偏置越大，耗散层越宽，电容值越小。

变容二极管的标称电容值为 1～500pF，额定工作电压为 10～100V。

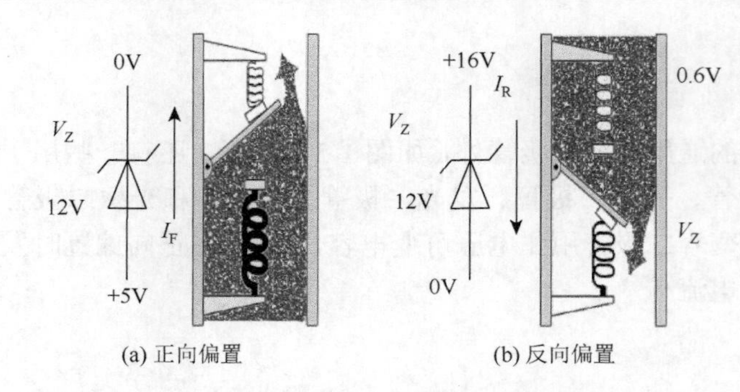

(a) 正向偏置　　(b) 反向偏置

图 1-5-7　稳压二极管的原理示意图

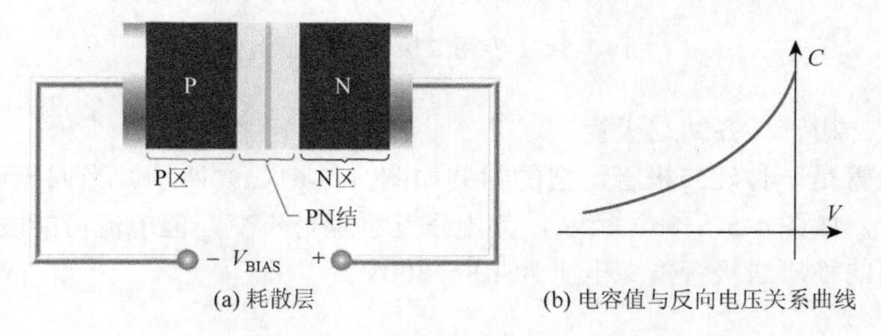

(a) 耗散层　　(b) 电容值与反向电压关系曲线

图 1-5-8　变容二极管

变容二极管能实现电子调谐，可用于某些无线电和电视调谐电路中。它的优点是可以通过电子方式控制调谐，而不是人工转动调谐旋钮。

（3）发光二极管（LED）

发光二极管在 PN 结正向偏置时发光。如图 1-5-9（a）所示，LED 有多种类型，并配有各种颜色的透镜，如红色、黄色和绿色。

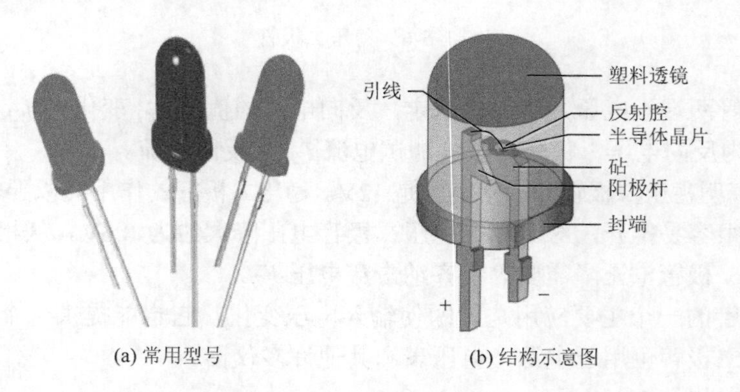

(a) 常用型号　　(b) 结构示意图

图 1-5-9　发光二极管

图 1-5-9（b）显示了标准低功率 LED 的结构。对于 LED，二极管的长引脚是阳极（+），短引脚是阴极（−）。在其他情况下，二极管的扁平引脚是阴极，另一侧引脚是阳极。塑料外壳的外侧通常在一侧有一个标记点，表示 LED 的阴极一侧。半导体芯片所用的材料将决定 LED 的特性。

LED 的内部势垒电位（V_B）比普通硅二极管的势垒电位要高得多。典型 LED 的 V_B 值范围约为 1.5～2.5V。正向电压降的大小随 LED 的颜色以及通过 LED 的正向电流而变化。在大多数情况下，对于所有 LED 颜色和所有正向电流值，可以假设 LED 电压降为 2.0V。

（4）七段显示器

七段显示器包含七个矩形段，这些矩形段构成所显示字符的一部分［图 1-5-10（a）］。七段显示器可以显示从 0 到 9 的所有数字，以及字母 A、B、C、D、E、F 和 G。

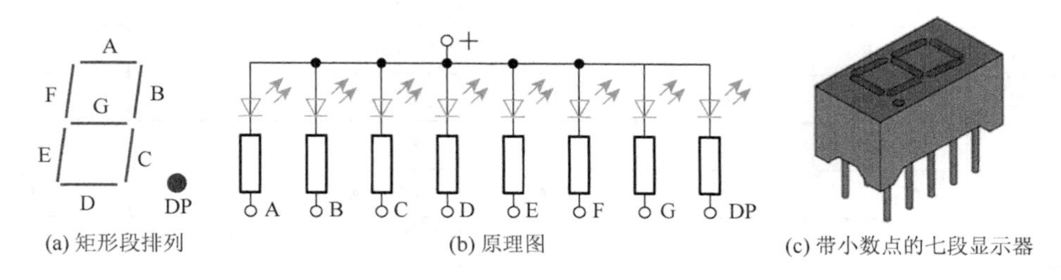

(a) 矩形段排列　(b) 原理图　(c) 带小数点的七段显示器

图 1-5-10　七段显示器

图 1-5-10（b）表明，带小数点（DP）的七段显示器所有阳极都连接在一起，属于共阳极类型。有的普通七段显示器所有阴极都连接在一起，这类七段显示器属于共阴极类型。这两种类型的七段显示器，都需要连接保护电阻，以将电流限制在安全水平。

图 1-5-10（c）显示了带有小数点的七段显示器，它可安装到插座或焊接到印制电路板上。

（5）光敏二极管

光敏二极管对光很敏感。如图 1-5-11（a）所示，它有一个小的透明窗口，光可从透明窗口照射到 PN 结上。入射光产生自由电子和空穴。光越强，载流子数目越多，反向电流越大。图 1-5-11（b）表明，反向电流随着辐照度的增加而增加。当没有入射光时，反向电流几乎可以忽略不计，称为暗电流。

光敏二极管的响应时间通常为 250ns。光敏二极管，特别是红外光敏二极管，可用于安全系统和电视遥控系统。

4. 常用二极管的特性

选择二极管时要考虑的五个主要因素是：反向电压峰值（PIV）；正向电流峰值[$I_{O(max)}$]；反向漏电流[$I_{R(max)}$]；浪涌电流峰值（I_{FSM}）；最大正向电压降[$V_{F(max)}$]。如表 1-5-2 所示。

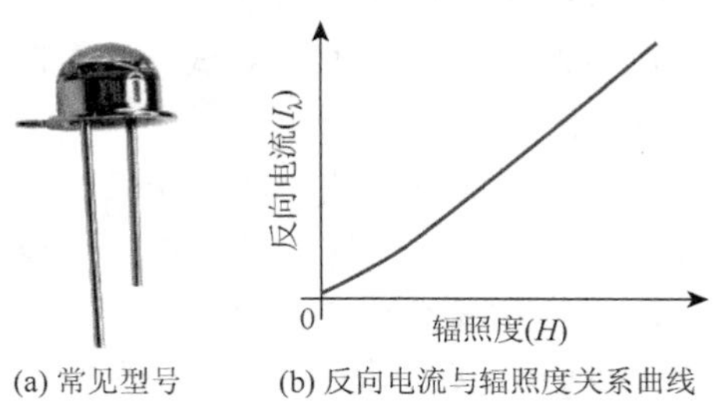

(a) 常见型号　(b) 反向电流与辐照度关系曲线

图 1-5-11　光敏二极管

表 1-5-2　常用二极管的特性

二极管	类型	PIV/V	$I_{O(max)}$	$I_{R(max)}$	I_{FSM}	$V_{F(max)}$/V
1N34A	信号管（锗）	60	8.5mA	15μA		1.0
1N67A	信号管（锗）	100	4.0mA	5μA		1.0
1N191	信号管（锗）	90	5.0mA			1.0
1N194	快速开关管	90	75mA	25nA		0.8
1N4148	信号管	75	10mA	25nA	450mA	1.0
1N4445	信号管	100	100mA	50nA		1.0
1N4001	整流管	50	1A	0.03mA	30A	1.1
1N4002	整流管	100	1A	0.03mA	30A	1.1
1N4003	整流管	200	1A	0.03mA	30A	1.1
1N4004	整流管	400	1A	0.03mA	30A	1.1
1N4007	整流管	1000	1A	0.03mA	30A	1.1
1N5002	整流管	200	3A	500μA	200A	—
1N5006	整流管	600	3A	500μA	200A	—
1N5008	整流管	1000	3A	500μA	200A	—
1N5817	肖特基管	20	1A	1mA	25A	0.75
1N5818	肖特基管	30	1A	—	25A	—
1N5819	肖特基管	40	1A	—	25A	0.90
1N5822	肖特基管	40	3A	—		—
1N6263	肖特基管	70	15mA	—	50mA	0.41
5052-2823	肖特基管	8	1mA	100nA	10mA	0.34

5. 用数字万用表测试二极管

大多数数字万用表提供二极管测试功能，刻度盘设置了一个类似二极管图形符号的挡（→|—）。当选择此项功能时，数字万用表的表笔之间将提供一个工作电压。当两表笔分别接触到二极管的两根引脚时，数字万用表会显示二极管的电压降。需要注意的是，当数字万用表正向偏置测试二极管时，数字显示屏将显示二极管上的正向电压，而不是正向电阻。

提示：测试电路中的二极管时，首先必须确保电路断开电源，并且电路中的所有电容器已放电。只要这样做，就不需要从电路中拆下二极管。

（1）测试整流二极管

我们可以使用数字万用表测试整流二极管，首先将功能设置为二极管测试挡。

如图 1-5-12（a）和图 1-5-12（b）所示，正常硅整流二极管正向电压降通常为 0.5～0.7V。如果接近 0V，说明二极管坏了。如果将表笔反接，读数为“1”（溢出）或“OL”，则硅整流二极管性能良好。如果将表笔正向和反向接，得到的电压降读数大致相同，则表明硅整流二极管短路，不工作。

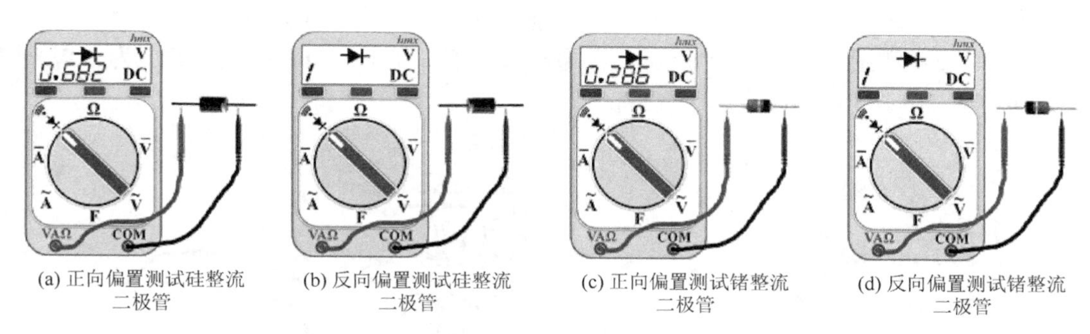

(a) 正向偏置测试硅整流二极管　(b) 反向偏置测试硅整流二极管　(c) 正向偏置测试锗整流二极管　(d) 反向偏置测试锗整流二极管

图 1-5-12　用数字万用表测试整流二极管

图 1-5-12（c）和图 1-5-12（d）表明使用数字万用表测试锗整流二极管性能。通常锗整流二极管正向压降为 0.2～0.3V。如果将表笔反接，读数为“1”（溢出）或“OL”，则锗整流二极管性能良好。如果出现其他情况，则说明锗整流二极管损坏。

提示：如果数字万用表无论是正向偏置测试还是反向偏置测试，读数都显示“OL”，则说明二极管内部开路，它相当于开关断路；如果读数显示正向电压降为 0V，则说明二极管内部短路，它相当于开关一直闭合。这样，这个二极管就必须更换。

（2）测试稳压二极管

普通二极管的 PN 结正向偏置时工作，而反向偏置时不工作。稳压二极管工作的情况与普通二极管相反，因为它只在反向偏置且所施加的反向电压大于齐纳击穿电压时工作。这样，我们需要额外的简单电路来检查稳压二极管的性能。

我们可以用数字万用测试稳压二极管，将功能开关设置为直流电压挡。

如图 1-5-13 所示，将稳压二极管连接在电源上（如 DC 12V），串联一个 100Ω 电阻，然后将稳压二极管反向偏置［阴极至红表笔，阳极至黑表笔］。

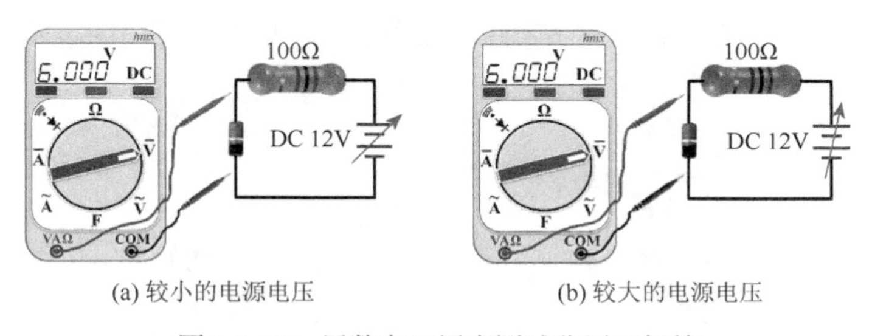

(a) 较小的电源电压　(b) 较大的电源电压

图 1-5-13　用数字万用表测试稳压二极管

逐渐增加电源电压，并记录数字万用表读数。从低到高逐级增加电源电压时，数字万用表读数应升高到稳压二极管的击穿电压（DC 12V 电源电压时，击穿电压为 6V）。

在此之后，虽然逐步增加电源电压，数字万用表读数不再变化，即显示一个恒定值（6V）。如果数字万用表读数持续变化，则稳压二极管可能损坏。

（3）测试变容二极管

用数字万用表对变容二极管进行测试时，将功能开关设置为电容挡。变容二极管的电容值由反向偏压控制，反向偏压增大，电容减小。当反向偏压降低时，电容增大。如图 1-5-14（a）和图 1-5-14（b）所示，在通常情况下，变容二极管在反向偏压为 30V 时显示电容为 5pF，5V 时显示电容为 30pF。

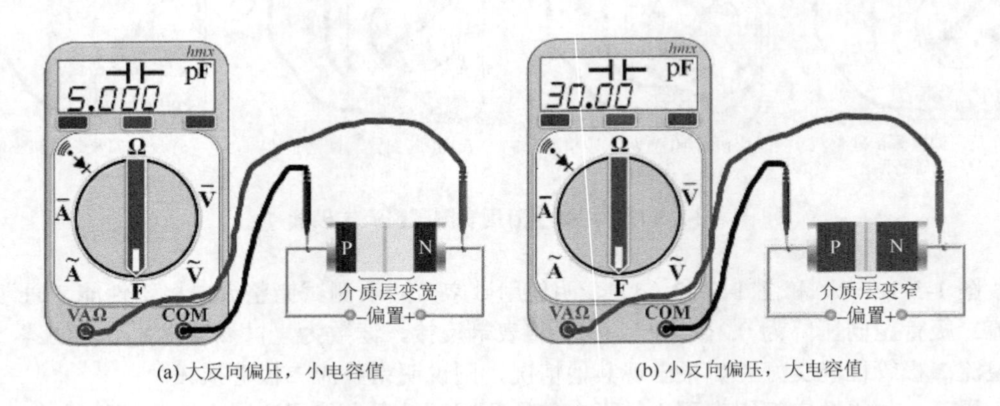

(a) 大反向偏压，小电容值　(b) 小反向偏压，大电容值

图 1-5-14　用数字万用表测试变容二极管

（4）测试发光二极管（LED）

我们可以用数字万用表测试发光二极管，并将功能开关设置为二极管挡。图 1-5-15（a）表明，用数字万用表测试发光二极管，读数显示正向压降为 1.733V，并且发光二极管发光。如图 1-5-15（b）所示，如果我们更换数字万用表表笔次序，读数为“1”或“OL”，这表明二极管是好的。

（5）测试光敏二极管

我们可以用数字万用表测试光敏二极管，将功能开关设置为直流电压挡。图 1-5-16（a）表明，正常的光敏二极管在光照下，正向电压通常为 0.2～0.4V。如图 1-5-16（b）所示，如果测试期间没有入射光照射（数字万用表被覆盖），则数字万用表读数为“1”（溢出）或“OL”。

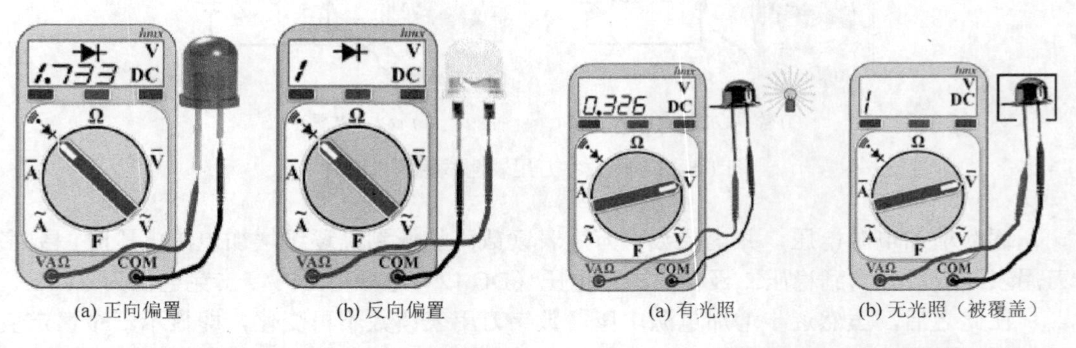

(a) 正向偏置　(b) 反向偏置　(a) 有光照　(b) 无光照（被覆盖）

图 1-5-15　用数字万用表测试发光二极管　图 1-5-16　用数字万用表测试光敏二极管

1.5.2　三极管

三极管由两个 PN 结组成。如图 1-5-17 所示，它的三个极分别是基极（B）、集电极（C）和发射极（E）。有两种类型的三极管，一种是由两个由 P 区分隔的 N 区组成的 NPN 型三极管，另一种是由两个由 N 区分隔的 P 区组成 PNP 型三极管。

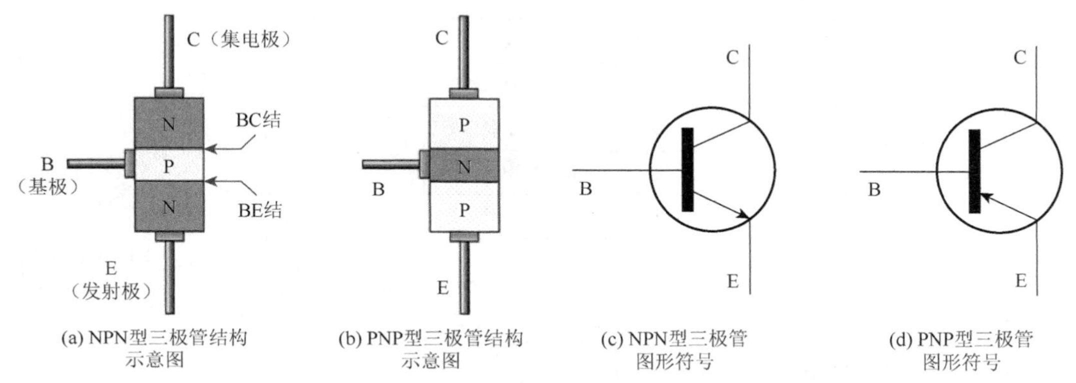

(a) NPN型三极管结构示意图　(b) PNP型三极管结构示意图　(c) NPN型三极管图形符号　(d) PNP型三极管图形符号

图 1-5-17　三极管的结构示意图和图形符号

三极管利用第三电极上的电流或电压控制另外两个电极之间的电流，进行电信号的放大或截止。如果没有电压或输入电流施加到三极管的基极上，三极管的集电极到发射极通道是闭合的。然而，如果对三极管的基极施加足够大的电压和输入电流，则三极管的集电极到发射极通道打开。图 1-5-18 显示了一些典型的三极管封装。

三极管几乎应用在所有你能想象到的电路中。例如，开关电路、放大器电路、振荡器电路、电压调节器电路、电源电路、数字逻辑集成电路，以及几乎所有使用小控制信号来控制大电流的电路。

1. 三极管型号命名法

根据 GB/T 249—2017《半导体分立器件型号命名方法》规定，半导体三极管的型号由五个部分组成。第一部分用数字“3”表示主称为三极管；第二部分用字母表示三极管

(a) TO-39　(b) TO-92　(c) TO-66　(d) TO-220

图 1-5-18　典型的三极管封装

的材料和特性；第三部分用字母表示三极管的类别；第四部分用数字表示同一类型产品的序号；第五部分用字母表示规格号。第四、五部分有时可省略。各部分符号的含义如表 1-5-3 所示。

表 1-5-3　三极管型号命名法

第一部分：主称		第二部分：材料及特性		第三部分：类别		第四部分：序号	第五部分：规格号
数字	意义	字母	意义	字母	意义		
3	三极管	A	锗材料，PNP 型	G	高频小功率晶体管	用数字表示同一类型产品的序号	用字母 A 或 B、C、D 等表示同一型号的元器件的档次等
				X	低频小功率晶体管		
		B	锗材料，NPN 型	A	高频大功率晶体管		
				D	低频大功率晶体管		
		C	硅材料，PNP 型	T	闸流管		
				K	开关管		
		D	硅材料，NPN 型	V	检波管		
				B	雪崩管		
		E	化合物或合金材料	J	阶跃恢复管		
				U	光敏管（光电管）		
				J	结型场效应管		

比如：3AX 为锗材料 PNP 型低频小功率晶体管，3BX 为锗材料 NPN 型低频小功率晶体管；3CG 为硅材料 PNP 型高频小功率晶体管；3DG 为硅材料 NPN 型高频小功率晶体管；3AD 为锗材料 PNP 型低频大功率晶体管；3DD 为硅材料 NPN 型低频大功率晶体管；3CA 为硅材料 PNP 型高频大功率晶体管；3DA 为硅材料 NPN 型高频大功率晶体管。

此外，国际流行的 9011～9018 系列高频小功率晶体管，除 9012 和 9015 为 PNP 型外，诸如 9011、9013、9014、9016、9017 及 9018 均为 NPN 型。

2. 三极管偏置电路

在三极管的放大电路中，两个 PN 结必须用外部直流电压正确偏置。图 1-5-19 显示了 NPN 型和 PNP 型三极管的偏置电路。三极管的正常工作有两个要求：①基极-发射极结（BE 结）正向偏置，以便产生电流 I_B。PN 结导通，硅三极管的 PN 结压降范围是 V_{BE}～0.7V。②基极-集电极结（BC 结）是反向偏置的。

通过正向偏置，发射极-基极结的压降随三极管集电极电流而变化。例如，锗三极管具有典型的正向偏置，集电极电流为 1～10mA 时，基极-发射极结电压为 0.2～0.3V，集电极电流为 10～100mA 时，基极-发射极结电压为 0.4～0.5V。相反，当集电极电流较低时，硅晶体管的正向偏压约为 0.5～0.6V，当集电极电流较高时，正向偏压约为 0.8～0.9V。

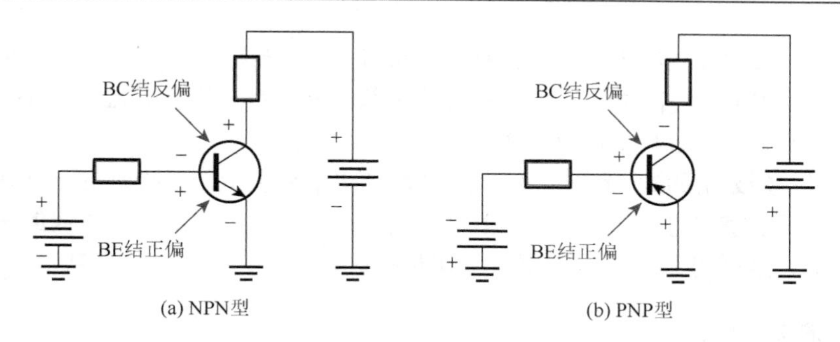

图 1-5-19　三极管偏置电路

3. 三极管电流

NPN 型和 PNP 型三极管中的电流方向分别如图 1-5-20（a）和图 1-5-20（b）所示。这些图表明，发射极电流是集电极电流和基极电流之和，它由公式（1-5-1）得出：

$$I_E = I_C + I_B \tag{1-5-1}$$

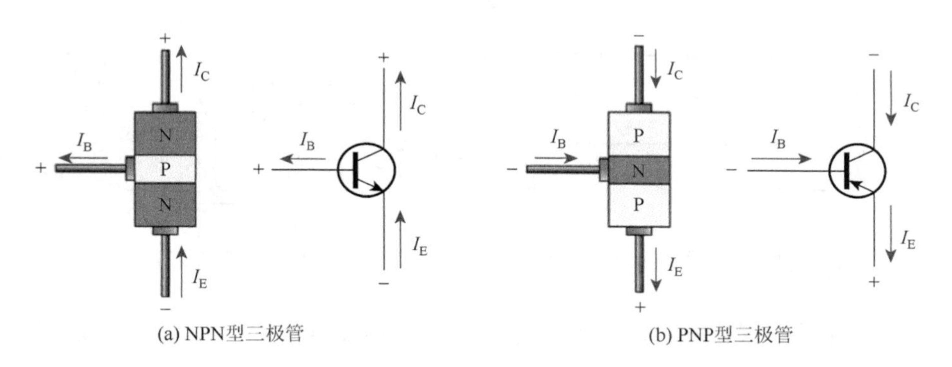

图 1-5-20　三极管电流原理示意图

如前所述，I_B 与 I_E 或 I_C 相比非常小。大写字母下标表示直流电。这些直流电（发射极、基极和集电极）也与两个参数 DCα 和 DCβ 有关。

DCα（α_{DC}）是 I_C 与 I_E 的比值（I_C/I_E），DCβ（β_{DC}）是 I_C 与 I_B 的比值（I_C/I_B）。β_{DC} 是直流增益，通常在三极管数据表上指定为 h_{FE}。

集电极电流等于 α_{DC} 乘以发射极电流，它由公式（1-5-2）得出。

$$I_C = \alpha_{DC} I_E \tag{1-5-2}$$

式中，α_{DC} 的值通常介于 0.950 和 0.995 之间。一般认为 α_{DC} 约为 1，因此 $I_C \approx I_E$。

集电极电流也可等于基极电流乘以 β_{DC}，它由公式（1-5-3）得出。

$$I_C = \beta_{DC} I_B \tag{1-5-3}$$

式中，β_{DC} 的值通常介于 20 和 300 之间，具体取决于三极管的类型。一些专用三极管可能有更高的值。

图 1-5-21 显示了典型 NPN 型三极管的特征曲线，这些特征曲线表明了集电极电流 I_C 与集电极-发射极电压 V_{CE} 对于基极电流 I_B 的函数关系。当三极管导通条件不满足时，晶体管关闭，$I_C = 0mA$。这种情况称为截止。

当集电极-基极为反向偏置时，我们通过增加 V_{CE} 来表示，三极管的导通作用开始出现：I_C 急剧上升到某个值之后变得平坦，它仍然上升，但要慢得多。曲线的快速上升被称为饱和。平坦区域仍然是三极管正常工作时的区域。

4. 三极管直流偏置电压

图 1-5-22 中三极管的三个直流偏置电压是发射极电压（V_E）、集电极电压（V_C）和基极电压（V_B）。这些电压与接地有关。

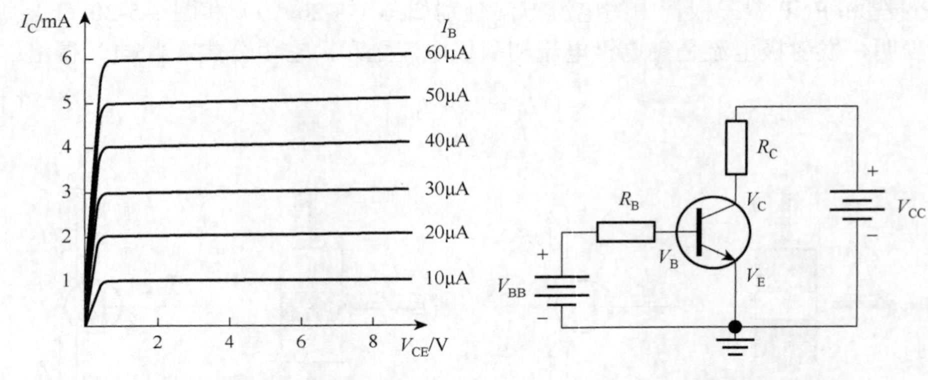

图 1-5-21　典型 NPN 型三极管的特征曲线　　　　图 1-5-22　三极管偏置电压

集电极电压等于直流电源电压 V_{CC} 减去 R_C 上的电压降，它由公式（1-5-4）得出。

$$V_C = V_{CC} - I_C R_C \tag{1-5-4}$$

基极电压等于发射极电压加上基极-发射极结势垒电位（V_{BE}），它由公式（1-5-5）得出。对于硅三极管，这个势垒电位大约是 0.7V。

$$V_B = V_E + V_{BE} \tag{1-5-5}$$

在图 1-5-22 中，发射极是公共接地端，因此 $V_E = 0V$，$V_B = 0.7V$。

对于 NPN 型三极管，如果确定了基极电压，就可以确定发射极电压 V_E，即 $V_E = V_B–0.7V$。

5. 用数字万用表测试三极管

我们可以应用数字万用表测试三极管，并将功能开关设置为二极管挡（→⊢）。我们知道 PN 结具有方向性，数字万用表将显示被测 PN 结的正向电压降。

提示：对于锗三极管，发射极-基极结（EB 结）和集电极-基极结（CB 结）的势垒电位约为 0.3V。对于正向偏置条件，发射极-基极结或集电极-基极结，数字万用表通常显示 0.2～0.3V 的电压。对于反向偏置条件，数字万用表显示溢出。

对于硅三极管，发射极-基极结（EB 结）和集电极-基极结（CB 结）的势垒电位约为 0.7V。对于正向偏置条件，发射极-基极结或集电极-基极结，数字万用表通常显示 0.6～0.7V 的电压。对于反向偏置条件，数字万用表显示溢出。

实际上，一个正常的三极管，V_{EB} 略大于 V_{CB}。

（1）测试 PNP 型三极管

在本节，我们仅以 PNP 型硅三极管（9012）为例进行测试。对于 PNP 型锗三极管，数字万用表通常显示正向偏置 PN 结的电压为 0.2～0.3V。

如图 1-5-23 所示，从左到右，硅三极管的引脚分别为引脚 1、引脚 2 和引脚 3。测量硅三极管两个引脚间的压降，并记录数字万用表显示的数值。

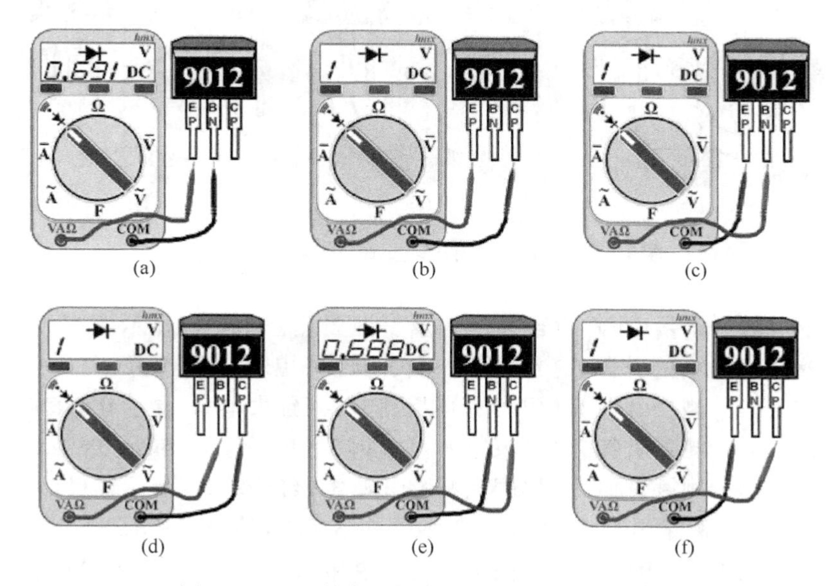

图 1-5-23　用数字万用表测试 PNP 型硅三极管

图 1-5-23（a）：测量引脚 1（红表笔）及引脚 2（黑表笔），显示 0.691V。

图 1-5-23（b）：测量引脚 1（红表笔）及引脚 3（黑表笔），显示“1”。

图 1-5-23（c）：测量引脚 1（黑表笔）及引脚 2（红表笔），显示“1”。

图 1-5-23（d）：测量引脚 2（红表笔）及引脚 3（黑表笔），显示“1”。

图 1-5-23（e）：测量引脚 2（黑表笔）及引脚 3（红表笔），显示 0.688V。

图 1-5-23（f）：测量引脚 1（黑表笔）及引脚 3（红表笔），显示“1”。

根据数字万用表显示的读数，再根据基极-发射极结（BE 结）正向压降为 0.691V 和基极-集电极结（BC 结）正向压降为 0.688V。我们可以得出结论：该 PNP 型硅三极管引脚 1 是发射极、引脚 2 是基极、引脚 3 是集电极。

（2）测试 NPN 型三极管

现在，我们以 NPN 型硅三极管（9013）为例进行测试。对于 NPN 型锗三极管，数字万用表通常显示正向偏置 PN 结的电压 0.2～0.3V。

如图 1-5-24 所示，从左到右，硅三极管的引脚分别为引脚 1、引脚 2 和引脚 3。测量硅三极管两个引脚间的压降，并记录数字万用表显示的数值。

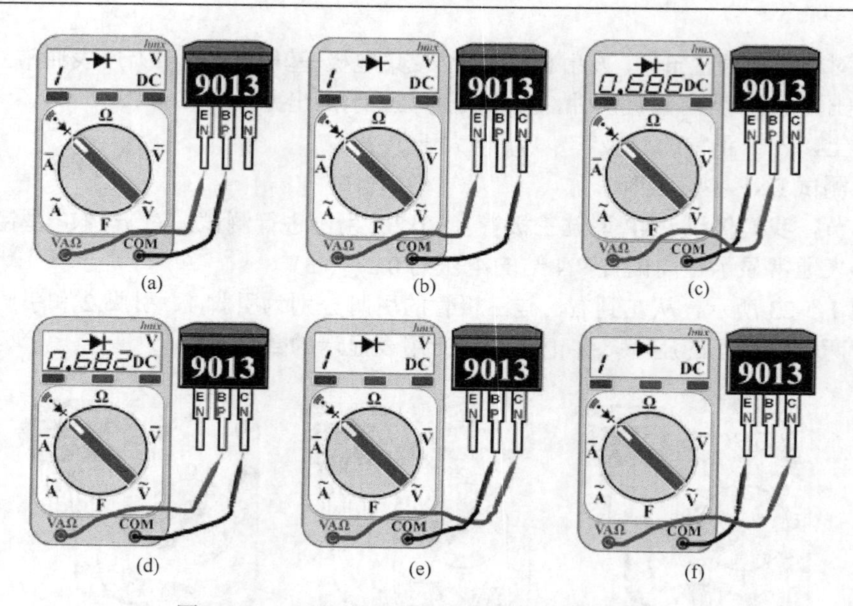

图 1-5-24　用数字万用表测试 NPN 型硅三极管

图 1-5-24（a）：测量引脚 1（红表笔）及引脚 2（黑表笔），显示“1”。
图 1-5-24（b）：测量引脚 1（红表笔）及引脚 3（黑表笔），显示“1”。
图 1-5-24（c）：测量引脚 1（黑表笔）及引脚 2（红表笔），显示 0.686V。
图 1-5-24（d）：测量引脚 2（红表笔）及引脚 3（黑表笔），显示 0.682V。
图 1-5-24（e）：测量引脚 2（黑表笔）及引脚 3（红表笔），显示“1”。
图 1-5-24（f）：测量引脚 1（黑表笔）及引脚 3（红表笔），显示“1”。

根据数字万用表显示的读数，再根据基极-发射极结（BE 结）正向压降为 0.686V 和基极-集电极结（BC 结）正向压降为 0.682V。我们可以得出结论：该 NPN 型硅三极管引脚 1 是发射极、引脚 2 是基极、引脚 3 是集电极。

1.5.3　场效应管（FET）

场效应管（FET）是一种电压放大器，通过栅极电压控制场效应管的电流。场效应管和三极管一样，有三个电极。它们是源极、漏极和栅极，它们在功能上与三极管的发射极、集电极和基极相对应。图 1-5-25 表示场效应管的典型封装。

图 1-5-25　场效应管的典型封装

1. 场效应管的型号命名方法

（1）第一种命名方法

第一种命名方法与双极型三极管相同。第一位代表电极个数，用数字 3 表示；第二位代表材料，D 是 P 型硅 N 沟道，C 是 N 型硅 P 沟道；第三位，字母 J 代表结型场效应管，O 代表绝缘栅型场效应管。

例如，3DJ6D 是结型 P 型硅 N 沟道场效应管，3DO6C 是绝缘栅型 P 型硅 N 沟道场效应管。

（2）第二种命名方法

第二种命名方法是 CS××#：CS 代表场效应管，××以数字代表型号的序号，#用字母代表同一型号中的不同规格。

例如：CS14A、CS45G 等。

2. 场效应管的类型

场效应管主要有两种类型：结型场效应管（JFET）和金属-氧化物半导体场效应管（MOSFET）。

（1）结型场效应管（JFET）

①结型场效应管分类及基本结构

结型场效应管根据其结构，可分为两类：N 沟道型和 P 沟道型。它们的图形符号分别如图 1-5-26（a）和图 1-5-26（c）所示。

图 1-5-26（b）和图 1-5-26（d）分别表示 NPN 型三极管和 PNP 型三极管的图形符号。通过比较表明，尽管它们的行为明显不同，但它们作为开关或放大器的功能相似。

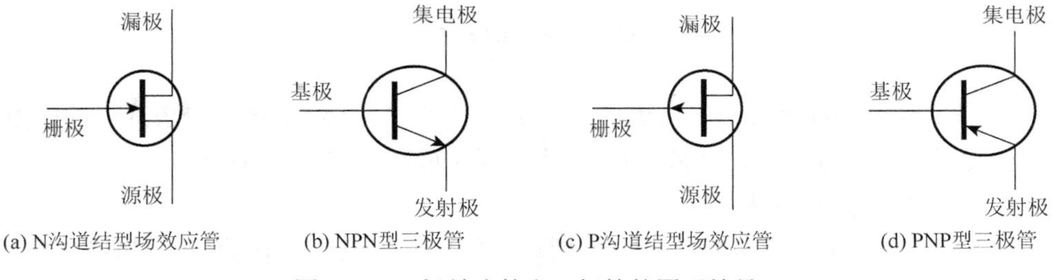

(a) N沟道结型场效应管　(b) NPN型三极管　(c) P沟道结型场效应管　(d) PNP型三极管

图 1-5-26　场效应管和三极管的图形符号

图 1-5-27（a）表示了 N 沟道结型场效应管的基本结构。漏极在上端、栅极在左端、源极在下端。两个 P 型区域在 N 型材料中扩散形成沟道，并且两个 P 型区域都连接到栅极引线。为简单起见，所示栅极引线仅连接到 P 型区域中的一个。P 沟道结型场效应管如图 1-5-27（b）所示。

②结型场效应管的偏置

结型场效应管的工作方式必须保证栅源结总是反向偏置的。这种情况下，N 沟道结型场效应管需要$-V_{GS}$，P 沟道结型场效应管需要$+V_{GS}$。它们的偏置电路如图 1-5-28 所示。

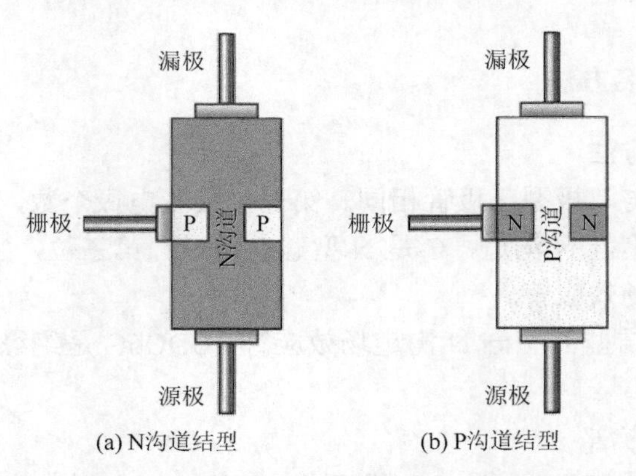

(a) N沟道结型　　(b) P沟道结型

图 1-5-27　两类结型场效应管的结构示意图

需要注意的是，通过接地电阻 R_G，栅极的偏置电压约为 0V。反向漏电流 I_{GSS} 会在 R_G 上产生非常小的电压，但在大多数情况下可以忽略。因此，我们假设 R_G 上没有压降。

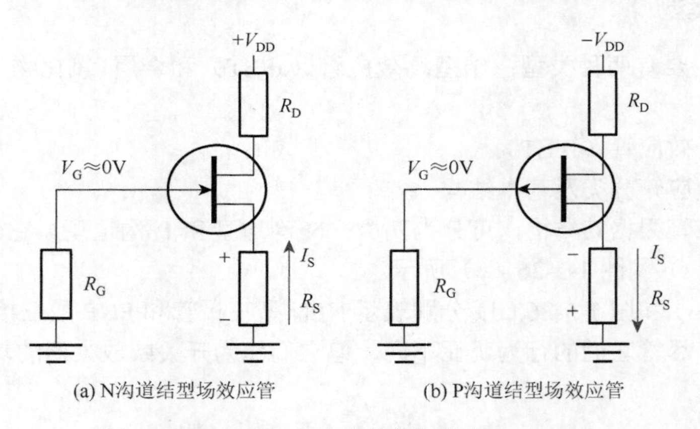

(a) N沟道结型场效应管　　(b) P沟道结型场效应管

图 1-5-28　结型场效应管的偏置电路（$I_S = I_D$）

对于图 1-5-28（a）所示的 N 沟道结型场效应管，I_S 在 R_S 上产生电压降，并使源极电压相对于地为正。因为 $I_S = I_D$ 和 $V_G = 0V$，那么 $V_S = I_DR_S$。栅极到源极电压为 $V_{GS} = V_G - V_S = 0V - I_DR_S$。因此，$V_{GS} = -I_DR_S$。

对于图 1-5-28（b）所示的 P 沟道结型场效应管，通过 R_S 的电流在源极产生负电压，使栅极相对于源极为正。因此，由于 $I_S = I_D$，栅极到源极电压为 $V_{GS} = +I_DR_S$。

除了电压的极性相反，对于 N 沟道结型场效应管的分析与对 P 沟道结型场效应管分析相同。

漏极电压相对于地为 $V_D = V_{DD} - I_DR_D$。由于 $V_S = I_DR_S$，漏极与源极之间的电压为 $V_{DS} = V_D - V_S$，则 $V_{DS} = V_{DD} - I_D(R_D + R_S)$。

结型场效应管有极高的输入阻抗（通常在 $10^{10}\Omega$ 左右），同时具有很强的电流控制能力。这种高输入阻抗意味着结型场效应管能耗低，几乎没有输入电流（低于 1pA）。因此，对连接到其栅极的外部元器件或电路几乎没有影响，即没有电流从控制电路中流出，也没有电流流入控制电路。

结型场效应管可用于双向模拟开关电路、放大器输入级、简单的双端电流源、放大电路、谐振电路、电子增益控制逻辑开关、音频混频电路等。

（2）金属-氧化物-半导体场效应管（MOSFET）

MOSFET 是金属-氧化物-半导体场效应管的英文缩写，它是第二类场效应管。MOSFET 与 JFET 的区别在于 MOSFET 没有 PN 结结构，MOSFET 的栅极通过二氧化硅（SiO_2）层与沟道绝缘。

MOSFET 的两种基本类型是耗尽型 MOSFET 和增强型 MOSFET。

①耗尽型 MOSFET（D-MOSFET）

A. D-MOSFET 的基本结构

图 1-5-29 是耗尽型 MOSFET（D-MOSFET）的图形符号和结构示意图。图形符号中箭头方向指示的衬底通常（但不总是）与源极连接，向内的箭头表示 N 沟道，向外的箭头表示 P 沟道。

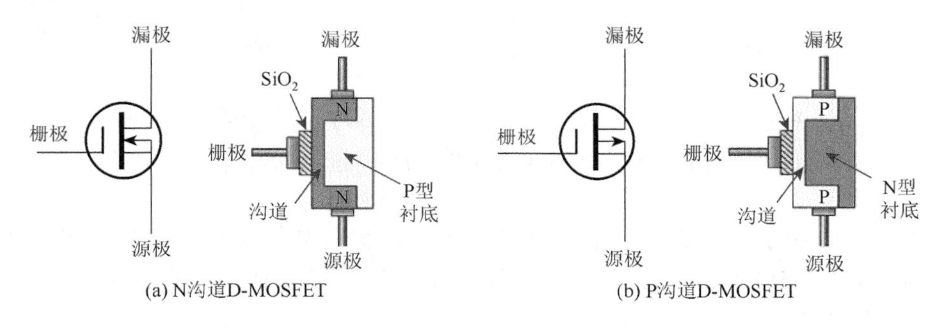

图 1-5-29　D-MOSFET 的图形符号和结构示意图

如图 1-5-29 中的结构示意图所示，在沟道的左侧沉积二氧化硅（SiO_2）薄层，栅极被当成平行板电容器的一块极板，沟道被当成另一块极板。

如图 1-5-29（a）所示，N 沟道 D-MOSFET 由漏极-源极的 N 沟道以及 P 型衬底组成，栅极与沟道绝缘。图 1-5-29（b）表示 P 沟道 D-MOSFET，它由漏极-源极的 P 沟道和 N 型衬底组成，栅极与沟道绝缘。

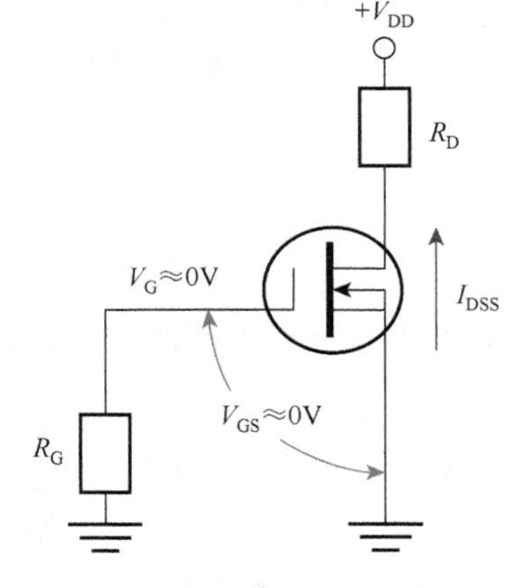

图 1-5-30　D-MOSFET 的零偏置

B. D-MOSFET 的偏置

D-MOSFET 可以在 V_{GS} 为正值或负值条件下工作。我们可用一个简单的零偏置方法，即设置 $V_{GS}=0V$，这样在栅极上的交流信号可改变栅极与源极的电压，使 V_{GS} 高于或者低于这个偏置点。

D-MOSFET 的零偏置方法如图 1-5-30 所示。由于 $V_{GS}=0V$，$I_D=I_{DSS}$，I_{DSS} 定义为当 $V_{GS}=0V$ 时的漏电流。漏极到源极的电压可表示为：$V_{DS}=V_{DD}-I_{DSS}R_D$。

②增强型 MOSFET（E-MOSFET）

E-MOSFET 与 D-MOSFET 的结构不同之处在于它没有沟道结构。图 1-5-31 表示

E-MOSFET 的图形符号和结构示意图。衬底一直延伸到二氧化硅层，在源极和漏极之间不再有 N 沟道和 P 沟道。

“增强”一词是指当栅极电压为 0V 时，没有沟道，但沟道随着栅极电势的增加而增强（变得更宽）。在零栅极与源极偏压的情况下，这些元器件是截止的，并且通过增加栅极与源极偏压（N 沟道为正，P 沟道为负）而逐渐导通。

如果没有 E-MOSFET，现在如此普及的个人电脑将不复存在。

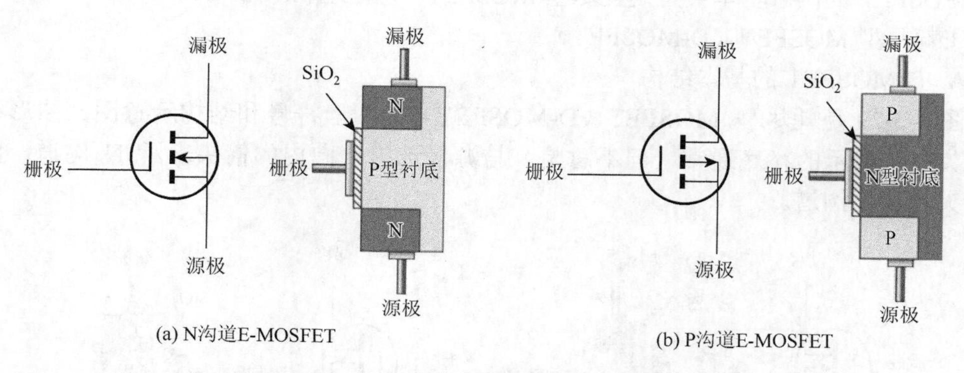

图 1-5-31　E-MOSFET 的图形符号和结构示意图

图 1-5-32 表明了 E-MOSFET 的两种偏置方法，我们现在以 N 沟道 E-MOSFET 进行说明。因为 E-MOSFET 的 V_{GS} 必须大于阈值 $V_{GS(th)}$，因此，在任一偏置设置中，栅极电压比源极电压大 $V_{GS(th)}$。

如图 1-5-32（a）所示，在漏极反馈偏置电路中，栅极电流可以忽略不计，因此 R_G 上没有电压降，所以，$V_{GS}=V_{DS}$。

分压偏置如图 1-5-32（b）所示，电压由公式（1-5-6）和公式（1-5-7）得出。

$$V_{GS}=\left(\frac{R_2}{R_2+R_1}\right) \tag{1-5-6}$$

$$V_{DS}=V_{DD}-I_D R_D \tag{1-5-7}$$

3. 用数字万用表测试 MOSFET

如图 1-5-33 所示，我们可以用数字万用表识别 MOSFET 的好坏。绝大多数不正常的 MOSFET 的引脚，栅极-源极、栅极-漏极和漏极-源极之间短路。换句话说，就像 MOSFET 所有的引脚都连接在一起。当栅极对漏极和源极之间的电阻是无穷大时，该 MOSFET 是好的。

提示：当测量一个 MOSFET 时，握住它的外壳或标签，除非需要，否则不要用表笔金属部分接触 MOSFET。不要让 MOSFET 接触你的衣服、塑料等，因为它们会产生高压静电。

用数字万用表测试 MOSFET 的步骤如下。

步骤一：将功能开关设置为二极管挡（→⊢）。将黑表笔插入负极（COM）插孔，将红表笔插入标有“VAΩ”的插孔。

步骤二：将 MOSFET 放在干燥绝缘桌子上，将标识印刷面朝上。

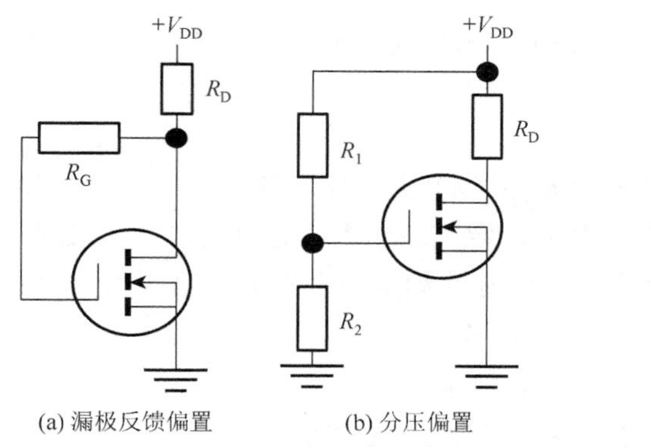

图 1-5-32　E-MOSFET 偏置电路

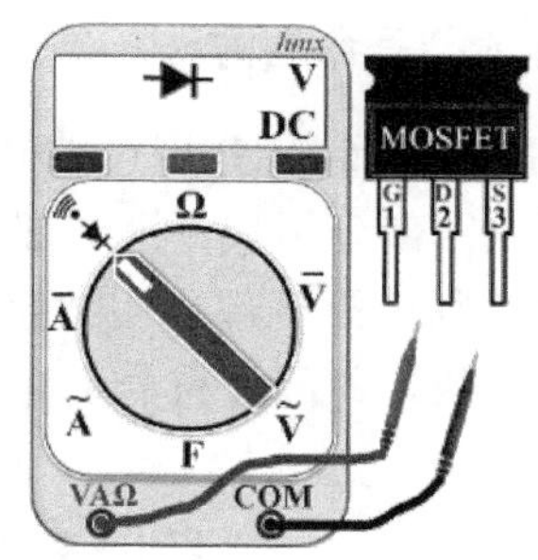

图 1-5-33　用数字万用表测试 MOSFET

步骤三：将一根绝缘线刮去两端的绝缘漆，并将它短接 MOSFET 的栅极和源极引脚。为保证 MOSFET 内部电容器完全放电，你可以用手指触摸这些引脚，然后通过你的身体放电。

步骤四：用黑表笔接触 MOSFET 的漏极引脚，红表笔接触源极引脚。你可以看到数字万用表上显示为“OL”（开路）。

步骤五：让黑表笔接触到中心引脚，将红表笔从源极引脚提起，然后迅速接触栅极引脚，再将红表笔接触源极引脚，数字万用表将显示为“0”（短路）。

步骤六：步骤四到步骤五的结果表明 MOSFET 是正常的。你可以重复上述步骤，以便再次确认检测结果。请记住要测试 MOSFET 的类型（N 沟道或 P 沟道），这影响你是否需要调换数字万用表红、黑表笔的次序。

1.5.4　可控硅整流器（晶闸管）

可控硅整流器（silicon controlled rectifier，SCR），简称可控硅，又称晶闸管，它最大的优点是采用电子控制来进行整流。在应用方面，可控硅可用于调速电路、电源开关电路、继电器电路、低成本定时器电路、谐振电路、电平检测电路、相位控制电路、逆变器电路、斩波电路、逻辑电路、调光电路。它还用于直流电源等的过电压保护。图 1-5-34 展示了可控硅的典型封装。

图 1-5-34　可控硅的典型封装

在本节，我们仅介绍单向可控硅（SCR）和双向可控硅（TRIAC）。

1. 国产可控硅的型号命名方法

根据 JB 1144—75《KP 型可控硅整流元件（KP 型硅闸流管）》规则，国产可控硅的型号命名主要由四部分组成。第一部分用字母“K”表示主称为可控硅；第二部分用字母表示可控硅的类别；第三部分用数字表示可控硅的额定通态电流；第四部分用数字表示重复峰值电压级数。各部分符号的含义见表 1-5-4。

表 1-5-4　国产可控硅的型号命名方法

第一部分：主称		第二部分：类别		第三部分：额定通态电流		第四部分：重复峰值电压级数	
字母	意义	字母	意义	数字	意义	数字	意义
K	晶闸管（可控硅）	P	普通反向阻断型	1	1A	1	100V
				5	5A	2	200V
				10	10A	3	300V
				20	20A	4	400V
		K	快速反向阻断型	30	30A	5	500V
				50	50A	6	600V
				100	100A	7	700V
		S	双向型	200	200A	8	800V
				300	300A	9	900V
				400	400A	10	1000V
				500	500A	12	1200V
						14	1400V

比如，KP1-2 表示 1A 200V 普通反向阻断型可控硅。其中，K 表示可控硅；P 表示普通反向阻断型；1 表示通态电流 1A；2 表示重复峰值电压 200V。KS5-4 表示 5A 400V 双向可控硅。其中，K 表示可控硅；S 表示双向型；5 表示通态电流 5A；4 表示重复峰值电压 400V。

2. 可控硅的类型

（1）单向可控硅

如图 1-5-35 所示，单向可控硅有三个极，它们分别是阳极（A）、阴极（K）和控制极（G）。如图 1-5-35（a）所示，单向可控硅基本上是由四层 PN 结组成。图 1-5-35（b）和图 1-5-35（c）说明单向可控硅可以表示为两个三极管的组合结构。两个三极管交叉连接：一个是 NPN 型，另一个是 PNP 型。NPN 型三极管的基极连接到 PNP 型三极管的集电极，而 PNP 型三极管的基极连接到 NPN 型三极管的集电极。

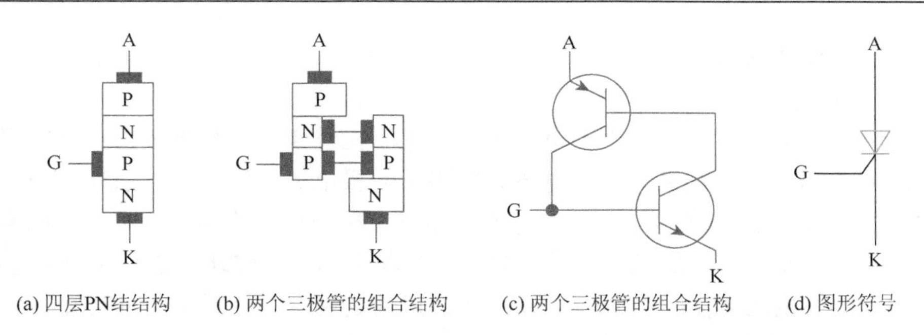

图 1-5-35　可控硅的结构示意图及图形符号

①单向可控硅的电压-电流特征曲线

单向可控硅通常处于截止状态，但在触发情况下，单向可控硅从截止状态到正向导通状态。由于单向可控硅的控制极与内部三极管的基极相连，因此触发可控硅至少需要 0.7V 的电压。一旦触发导通，单向可控硅保持通电，除非流经单向可控硅的电流低于阈值电流或反向偏置。这意味着单向可控硅具有非线性的电压-电流特性（图 1-5-36）。

图 1-5-36（a）表示单向可控硅控制极电流为零时的特征曲线。现在我们来分析特征曲线的四个区域。反向特征（第三象限）与普通二极管相同，其区域称为反向截止区和反向雪崩区。反向截止区相当于一个开路开关。为了驱动单向可控硅进入雪崩区，必须施加在单向可控硅上的反向电压通常为几百伏或更高。单向可控硅通常不在反向雪崩区工作。

正向特征（第一象限）分为两个区域。第一个是正向截止区，单向可控硅基本截止，阳极和阴极之间的电阻非常高，相当于开关断开。第二个区域是正向导通区，此时类似于阳极电流使二极管导通。要使单向可控硅进入该区域，触发电压必须超过正向导通电压 $V_{BR(F)}$。当单向可控硅处于正向导通状态时，它近似于阳极和阴极之间的开关闭合。

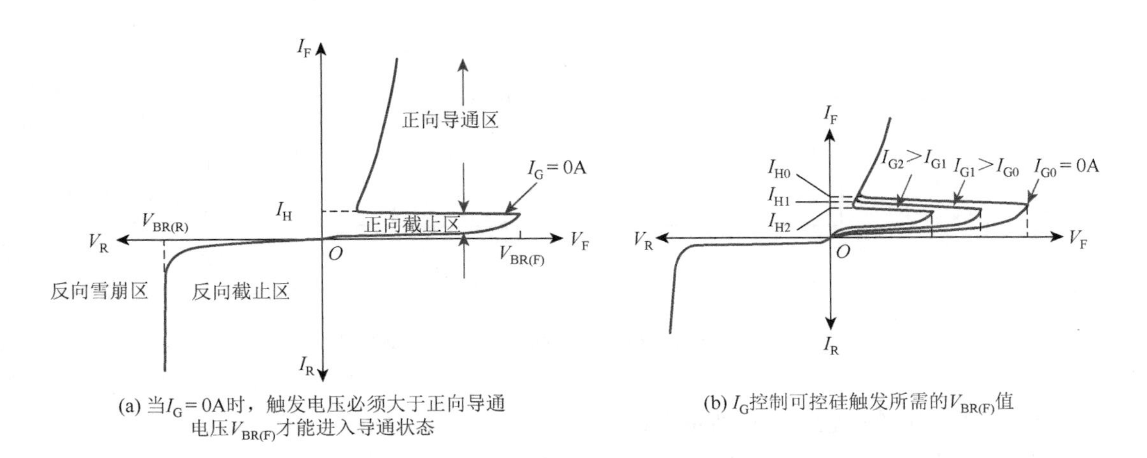

(a) 当$I_G=0A$时，触发电压必须大于正向导通电压$V_{BR(F)}$才能进入导通状态　　(b) I_G控制可控硅触发所需的$V_{BR(F)}$值

图 1-5-36　可控硅的电压-电流特征曲线

②单向可控硅基本工作原理

A. 单向可控硅导通

有两种方法可以使可控硅进入正向导通状态。在这两种情况下，阳极与阴极之间必须是正向偏置的。也就是说，阳极电势必须高于阴极电势。第一种方法需要施加超过正向导通电压 $V_{BR(F)}$ 的正向电压；第二种方法要求在控制极上施加触发电流。如图 1-5-36（b）所示，该触发电流降低了正向导通电压，有利于单向可控硅导通。控制极电流（I_G）越大，正向导通电压 $V_{BR(F)}$ 值越低。通常我们采用这种方法导通单向可控硅。

实际上，如果单向可控硅导通，只要阳极有维持电流（I_H），它将继续处于导通状态。维持电流如图 1-5-36 所示。当阳极电流降到维持电流值以下时，可控硅将不再导通。

B. 单向可控硅截止

单向可控硅截止有两种基本方法：第一种方法是阳极电流中断和强制转变电流方向。通过截止阳极电路，使阳极电流降至零，即可使单向可控硅截止；另一种常用的“自动”中断阳极电流的方法，是在交流电路中连接单向可控硅。当交流电波形处于负周期时单向可控硅将截止。

强制换向方法要求瞬时强制电流以与正向导通相反的方向通过单向可控硅，从而使正向电流降低到维持电流值（I_H）以下。这可以通过各种电路来实现，最简单的方法是用电子方式在单向可控硅上反向切换充电电容器。

（2）双向可控硅（TRIAC）

双向可控硅是一种具有双向导通能力的可控硅。它能够在任一方向传导，因此是一个交流电源控制装置。图 1-5-37 表明了双向可控硅内部结构示意图和图形符号。它的结构示意图表明它由两个反向并联的单向可控硅组成，它有一个公共的控制极。双向可控硅有三个电极，即第一阳极（MT1）、第二阳极（MT2）和控制极（G）。

双向可控硅可以控制两个方向的电流。如果电压 V 的极性如图 1-5-37（b）所示，则正极触发器将截止左侧电路。当电压 V 极性相反时，负极触发器将截止右侧电路。

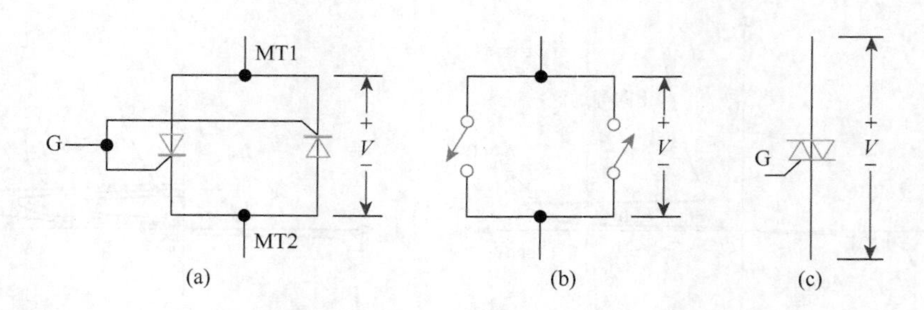

图 1-5-37　双向可控硅内部结构示意图和图形符号

①双向可控硅的电压-电流特征曲线

双向可控硅的基本特征曲线如图 1-5-38 所示。因为双向可控硅由两个反向并联的单向可控硅组成，所以没有反向特征。

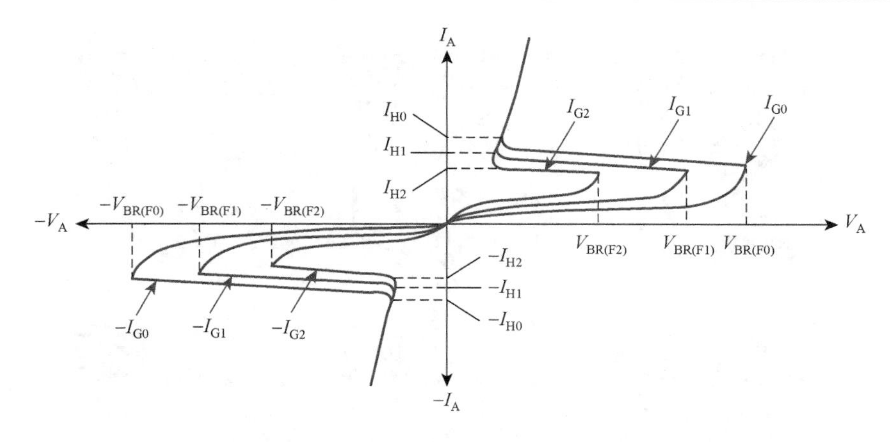

图 1-5-38　双向可控硅的基本特征曲线

②双向可控硅基本工作原理

正如单向可控硅的工作原理，控制极触发是导通双向可控硅的常用方法。向双向可控硅控制极施加电流将启动触发。一旦开始导通，双向可控硅可以任一方向导通；因此，它可用于交流控制器。触发后的双向可控硅向负载提供整个周期的交流电。由于控制极触发时间决定了传递给负载的交流电相位部分，这使得双向可控硅能够根据触发点向负载提供更多或更少的功率。图 1-5-39 中的电路说明了这一基本原理。

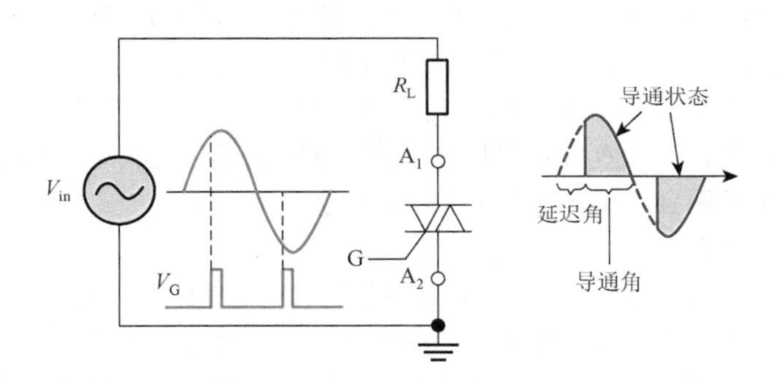

图 1-5-39　双向可控硅相位控制原理

3. 用数字万用表测试可控硅

（1）测试单向可控硅

在本节，我们仅以测试单向可控硅（MCR 100-6）为例。单向可控硅由四层 PN 结组成，可以把控制极-阴极当作一个 PN 结。如图 1-5-40 所示，我们可以用数字万用表二极管挡测试单向可控硅。单向可控硅的引脚从左到右分别为引脚 1、引脚 2 和引脚 3。

图 1-5-40（a）：测试引脚 1（红表笔）和引脚 2（黑表笔），显示“1”。

图 1-5-40（b）：测试引脚 1（红表笔）和引脚 3（黑表笔），显示“1”。

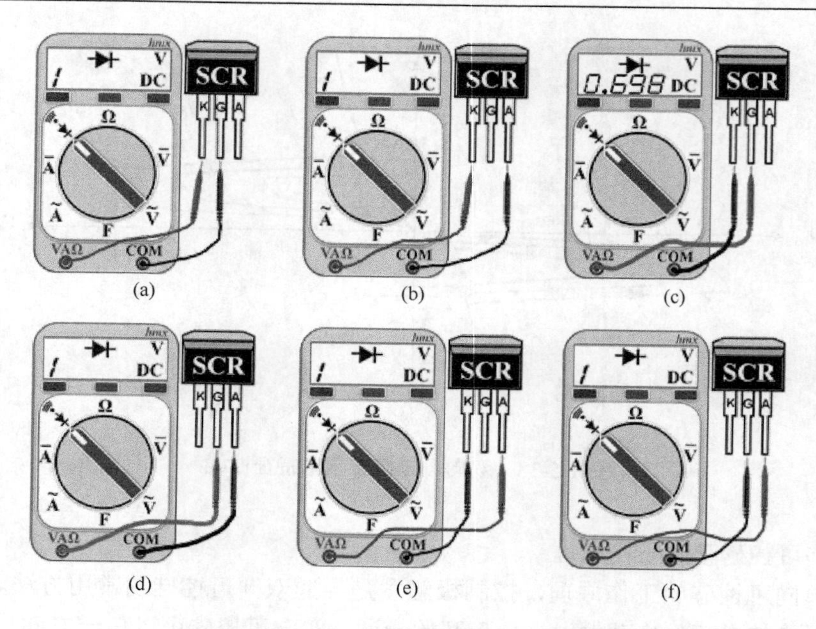

图 1-5-40　用数字万用表测试单向可控硅

图 1-5-40（c）：测试引脚 1（黑表笔）和引脚 2（红表笔），显示 0.698V。

图 1-5-40（d）：测试引脚 2（红表笔）和引脚 3（黑表笔），显示“1”。

图 1-5-40（e）：测试引脚 1（黑表笔）和引脚 3（红表笔），显示“1”。

图 1-5-40（f）：测试引脚 2（黑表笔）和引脚 3（红表笔），显示“1”。

根据数字万用表显示的读数，仅在引脚 1 和引脚 2 之间（引脚 1 上的黑表笔和引脚 2 上的红表笔）有读数。该读数表示控制极-阴极（GK）结正向偏压（0.698V）。我们可以得出结论：引脚 1 是阴极，引脚 2 是控制极，引脚 3 是阳极。

（2）测试双向可控硅

根据双向可控硅结构可知：G 与 MT1 相通，G、MT1 间正反向电阻应很小；G 与 MT2、MT1 与 MT2 之间正反向电阻都应接近∞处。如图 1-5-41 所示，我们用数字万用表电阻挡测试双向可控硅。双向可控硅的引脚从左到右分别为引脚 1、引脚 2 和引脚 3。

图 1-5-41（a）（b）：用“R×1”挡，引脚 1 和引脚 2 之间正反向的电阻都很小，显示为“8.353Ω”。

图 1-5-41（c）（d）：用“R×1k”挡，引脚 2 和引脚 3 之间正反向的电阻都很大，显示为“1”（溢出）。

图 1-5-41（e）（f）：用“R×1k”挡，引脚 1 和引脚 3 之间正反向的电阻都很大，显示为“1”（溢出）。

根据数字万用表显示的读数，我们可以得出结论：引脚 1 是第一阳极（MT1），引脚 2 是控制极，引脚 3 是第二阳极（MT2）。

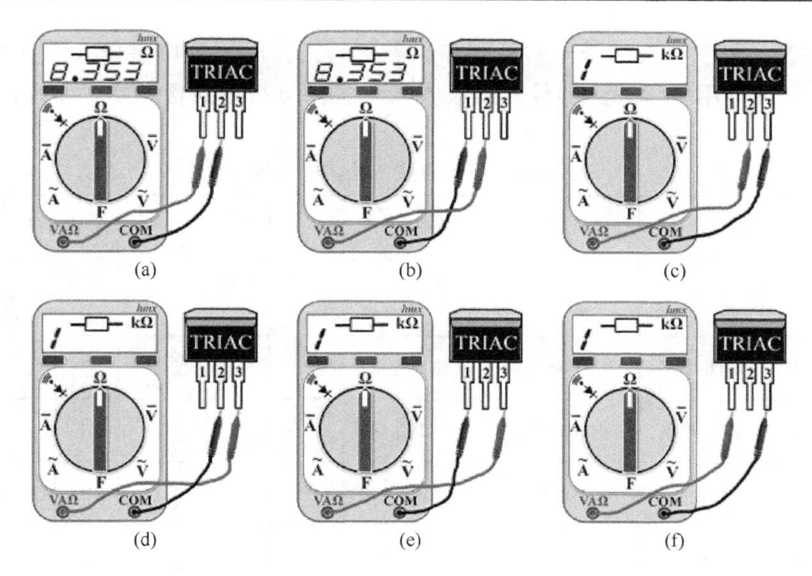

图 1-5-41　用数字万用表测试双向可控硅

1.6　集成电路（IC）

集成电路（IC）是由晶体管、电容器、电阻和其他元器件封装在单个芯片上的电路，它是具备某些特定功能的电子元器件。集成电路中高密度的元器件封装在硅片上。如图 1-6-1（a）所示，集成电路有很多种，它们有多种封装形式，不同封装的集成电路上的引脚数量不同，这取决于集成电路的功能。图 1-6-1（b）表明，有些集成电路可以直接焊接在印制电路板上，有些则要求使用集成电路插座，因为集成电路出现故障时，这样很容易更换。

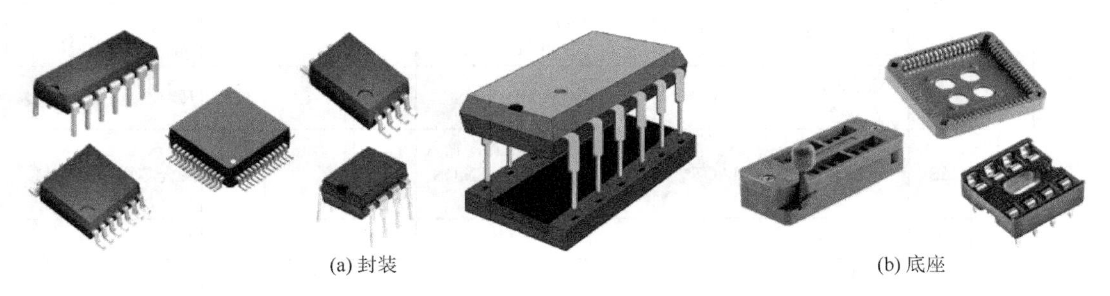

图 1-6-1　典型的集成电路

1.6.1　集成电路的命名规则

1. 国产集成电路的命名规则

根据 GB 3430—1989《半导体集成电路型号命名方法》，国产集成电路的型号由五个部分组成。第一部分用字母表示器件符合国家标准；第二部分用字母表示器件的类型；

第三部分用数字和字符表示器件的系列和品种代号；第四部分用字母表示器件的工作温度范围；第五部分用字母表示器件的封装类型。各部分符号的含义如表 1-6-1 所示。

表 1-6-1　国产集成电路的命名规则

第一部分：国家标准		第二部分：类别		第三部分：系列和代号		第四部分：工作温度		第五部分：封装类型	
字母	意义	字母	意义	TTL 器件		字母	意义	字母	意义
C	符合国家标准	T	TTL 电路	符号	意义	C	0～70℃	F	多层陶瓷扁平
		H	HTL 电路	54/74***	国际通用系列	G	−20～70℃	B	塑料扁平
		E	ECL 电路	54/74H***	高速系列	L	−25～85℃	H	黑瓷扁平
		C	CMOS 电路	54/74L***	低功耗系列	E	−40～85℃	D	多层陶瓷双列直插
		M	存储器	54/74S***	肖特基系列	R	−55～85℃	J	黑瓷双列直插
		μ	微机电路	54/74LS***	低功耗肖特基系列	M	−55～125℃	P	塑料双列直插
		F	线性放大器	54/74AS***	先进肖特基系列			S	塑料单列直插
		W	稳压器	54/74ALS***	先进肖特基低功耗系列			T	金属圆形
		D	音响、电视电路	54/74F***	高速系列			K	金属菱形
		B	非线性电路	CMOS 器件				C	陶瓷片状载体
				符号	意义				
		J	接口电路	54/74HC***	高速 CMOS，输入输出 CMOS 电平			E	塑料片状载体
		AD	A/D 转换器	54/74HCT***	高速 CMOS，输入 TTL，输出 CMOS			G	网格阵列
		DA	D/A 转换器	54/74HCU***	高速 CMOS，不带输出缓冲级			SIOC	小引线封装
		SC	通信专用电路	54/74AC***	改进型高速 CMOS			PCC	塑料芯片，载体封装
		SS	敏感电路	54/74ACT***	改进型高速 CMOS，输入 TTL 电平，输出 CMOS 电平			LCC	陶瓷芯片，载体封装
		SW	钟表电路						
		SJ	机电仪表电路						
		SF	复印机电路						

2. 国外集成电路的一般命名规则

虽然命名规则是标准化的，但不同制造厂家的命名规则有一些不同。如图 1-6-2 所示，集成电路表面通常有以下标记，我们可以从标记中识别该集成电路的信息。

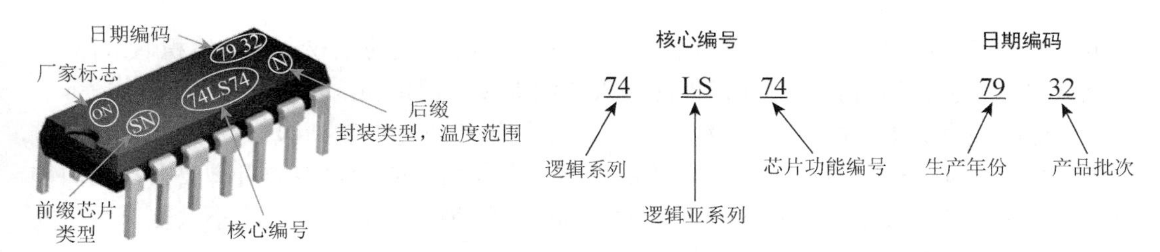

图 1-6-2　集成电路上的标识

核心编号：标识逻辑系列及其功能。如 74 LS 74，前两个数字表示集成电路是 7400 系列成员。最后几个字母表示集成电路的功能。插入核心编号中心的字母表示逻辑亚系列。对于其他系列，下列字母的意义如下。

无字母：TTL

C：CMOS

L：低功率

LS：低功率肖特基

S：肖特基

H：高速

每个系列中编号相同的集成电路具有相同的功能和引脚编号。但是，由于时间和功率要求的不同，它们不能互换。

核心编号的前缀标识制造厂家。例如，SN 表示得克萨斯仪器公司。核心编号的后缀表示包装类型、温度范围等。

某些集成电路，还提供了制造年份和生产批次的标记。例如，7932 表示设备是 1979 年第 32 批次的产品。

1.6.2　集成电路引脚编号标准

所有的集成电路都是极性的，每个引脚在位置和功能上都是独一无二的。这意味着集成电路的封装必须明确引脚的编号。大多数集成电路都会使用一个缺口或一个点来指示哪个引脚是第一个引脚（有时两者都是，有时只有一个缺口或一个点）。如图 1-6-3 所示，集成电路的一端上标记有白点或缺口。编号为 1 的引脚始终是集成电路一端（包括缺口）的左下角引脚。如果我们知道第一个引脚在哪里，剩余的引脚编号会随逆时针方向（从顶部看）依次增加。

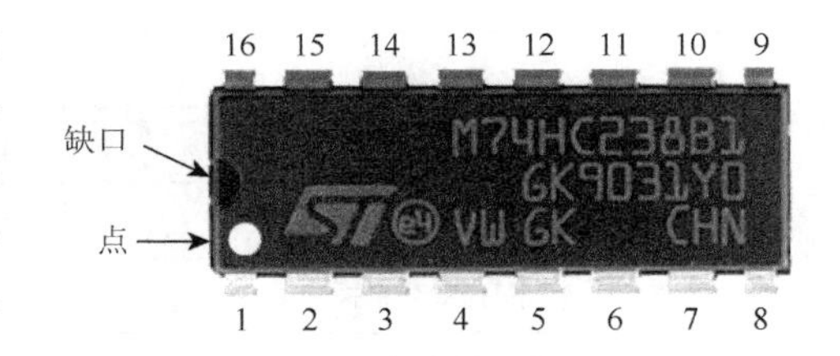

图 1-6-3　集成电路引脚编号标准

1.6.3　集成电路的封装

区别封装类型的主要方法之一是集成电路安装到印制电路板的方式。封装的安装类型主要分为两种：通孔（TH）和表面贴装（SM）。通孔封装的集成电路的体积通常很大，更容易安装。它们的引脚通过元器件面插入并被焊接到焊接面。

表面贴装集成电路的尺寸一般很小。它们都被设计成只安装到印制电路板的一个面，并焊接到该表面。即元器件面与焊接面属于同一个表面。贴片封装的引脚要么从侧面伸出并垂直于芯片，要么排列在芯片底部的阵列中。这种外形的集成电路不太便于手工安装，通常需要特殊的工具来辅助安装。

图 1-6-4 显示了集成电路的封装类型。表 1-6-2 总结了典型集成电路封装类型的特性。

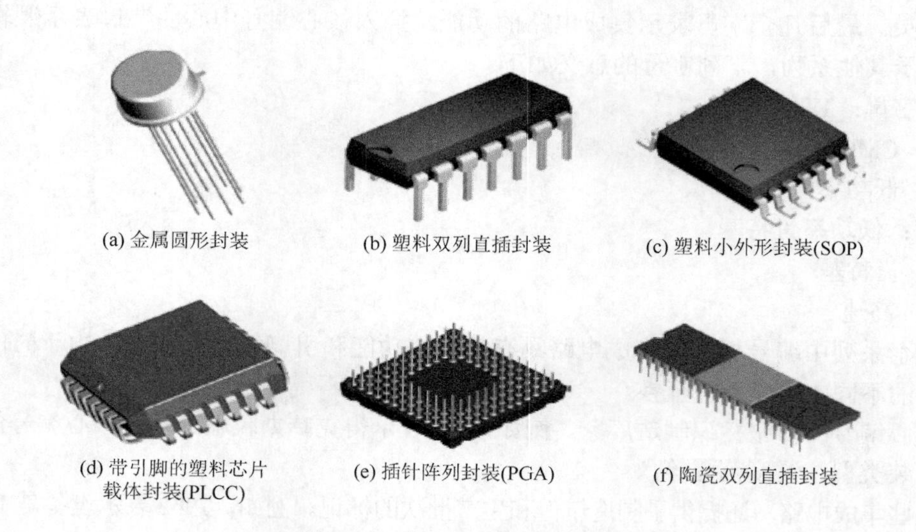

(a) 金属圆形封装　(b) 塑料双列直插封装　(c) 塑料小外形封装(SOP)

(d) 带引脚的塑料芯片载体封装(PLCC)　(e) 插针阵列封装(PGA)　(f) 陶瓷双列直插封装

图 1-6-4　集成电路的封装类型

表 1-6-2　典型集成电路封装类型的特性

（a）通孔类型，引脚间距 2.54mm

类型	最大引脚数/个	特征
金属圆形封装	12	现在很少应用
塑料双列直插封装	48	价格便宜
陶瓷双列直插封装	64	稳定性高
插针阵列封装（PGA）	>400	引脚数与面积比低
球阵列封装（BGA）	>400	专为再流焊印制电路板而设计

（b）表面贴装类型，引脚或焊盘间距 1.27mm

类型	最大引脚数/个	特征
塑料小外形封装	28	价格便宜
带引脚的塑料芯片载体封装	124	紧凑，价格便宜
无引脚的陶瓷芯片载体封装	124	稳定性高

1. 金属圆形封装

如图 1-6-4（a）所示，金属圆形封装是最早的集成电路封装形式，它仍然适用于一些线性电路。电源电压集成电路通常采用金属密封型，其底座厚，类似于功率三极管的封装。

2. 双列直插封装（DIL）

如图 1-6-4（b）所示，双列直插封装芯片可插入印制电路板通孔中或底座中。塑料双列直插封装在芯片与引线连接后，紧贴在金属引线框架上。陶瓷双列直插封装可能比塑料双列直插封装更可靠，但也更昂贵。它可以是密封型（由两块陶瓷板组成，用玻璃陶瓷粘在引线框架上），也可以是侧焊型，引线沿封装侧面钎焊在连接垫上。

3. 小外形封装（SOP）

小外型封装又称小引出线封装。如图 1-6-4（c）所示，小外形封装（SOP）本质上是一种按比例缩小的双列直插封装（DIL），引线间距为双列直插封装间距的一半，折叠成平面，而不是突出在封装下面。

窄间距小外形封装（shrink small outline package，SSOP）是比小外形封装（SOP）更小的封装。其他类似的集成电路封装包括薄型小外形封装（thin small outline package，TSOP）和薄型窄间距小外形封装（thin shrink small outline package，TSSOP）。

4. 带引脚的塑料芯片载体封装（PLCC）

如图 1-6-4（d）所示，带引脚的塑料芯片载体封装（plastic leaded chip carriers，PLCC）类似于 SOP 封装的方式成型，但引脚位于四个边缘，而且在封装体下有 J 形引线。

无引脚的陶瓷芯片载体封装（leadless ceramic chip carriers，LCCC）具有焊盘而不是引脚，它在结构上类似于侧焊陶瓷双列直插封装。带引脚的塑料芯片载体封装芯片和无引脚的陶瓷芯片载体封装芯片都可以安装在底座中。

5. 插针阵列封装（PGA）

如图 1-6-4（e）所示，插针阵列封装（PGA）与侧焊陶瓷双列直插封装相同，引脚间距仍为 2.54mm（0.1in），但引脚在插针阵列封装下侧沿四周排成几行。PGA 最多可以有 400 根引线，但只有 25mm^2。超过 400 根引线的较大 PGA 适用于 47mm 或更大边长的阵列。

6. 球阵列封装（BGA）

球阵列封装（BGA）芯片是设计用于通过再流焊进行焊接的表面贴装元器件，它们在环氧板的底面有一个矩形网格中排列的小焊点。芯片安装在塑料盖下的板顶面上。BGA 也可以安装在插座中。一些专门的 BGA 用于处理器芯片，例如英特尔奔腾处理器芯片，该芯片在满负荷下发热严重（50W 或更多）。

此外，集成电路的封装还有四面扁平封装（quad flat package，QFP），它也类似于小外形封装（SO），但它在四个边缘都有引脚。QFP 芯片每侧可能有 8 个（总共 32 个）到 70 个以上（总共 300 多个）引脚。QFP 芯片上的引脚间距通常在 0.4～1mm。标准 QFP 的较小类型包括薄型四面扁平封装（thin quad flat package，TQFP）、超薄型四面扁平封装（very-thin quad flat package，VQFP）。

1.6.4　一些常用集成电路介绍

在本节，我们仅介绍最常见的集成电路，它们包括三端稳压芯片和 555 时基电路。

1. 三端稳压芯片

三端稳压芯片有三个引脚：输入端、输出端和参考端（或调整端）。三端稳压芯片可分为固定输出电压稳压芯片和可调输出电压稳压芯片。

（1）LM78XX 系列固定输出电压稳压芯片

LM78XX 的最后两位代表输出电压。例如：LM7805、LM7806、LM7809、LM7810、LM7812、LM7815、LM7818，它们表示输出电压值分别为 5V、6V、9V、10V、12V、15V 和 18V。它们有多种封装类型，最常见的是图 1-6-5（a）所示的 TO-220 类型。散热片的尺寸取决于芯片的功耗和允许的温度。这些稳压芯片还具有内置的电流限制、热关机和安全操作保护功能。

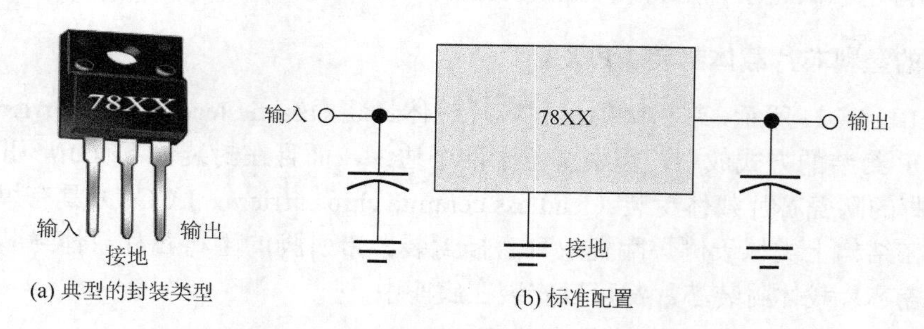

(a) 典型的封装类型　　(b) 标准配置

图 1-6-5　LM78XX 系列固定输出电压稳压芯片

图 1-6-5（b）表示 LM7800 系列稳压芯片的标准配置。大多数稳压芯片都有内部基准电压。稳压芯片的输入首先用电容器进行滤波，以将纹波降低到 10%以下，达到可接受的水平。一个大电容电容器和稳压芯片的组合很便宜，可以很方便地制作一个高性能的小功率电源。

（2）可调输出电压稳压芯片

顾名思义，这种稳压器的输出电压是可调的。其中最流行的可调输出电压稳压芯片是 LM117/LM317 系列。如图 1-6-6（a）所示，这些稳压芯片只需要两个外部电阻来设置输出电压。正稳压芯片的输出电压范围为 1.2～37V，输出电流高达 1.5A。这些调节器包括过载和短路保护等功能。最常见的封装类型是 TO-220，通常，为防止稳压芯片过热，需要安装散热片。

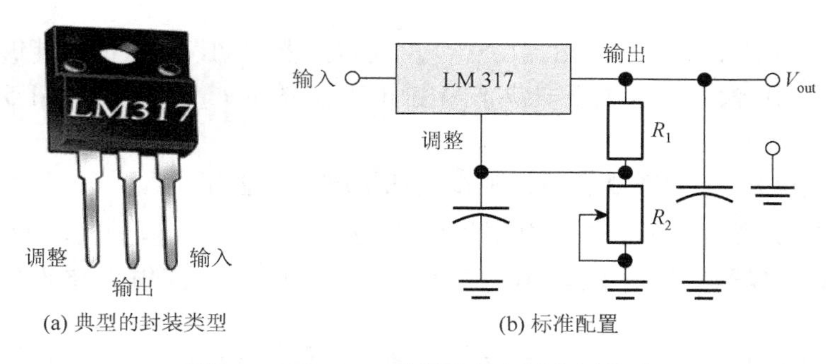

(a) 典型的封装类型　　(b) 标准配置

图 1-6-6　LM317 可调输出电压稳压芯片

图 1-6-6（b）表示 LM317 系列稳压芯片的标准配置。它的输出电压可以从 DC 1.25V 到 DC 37V，并通过电阻和微调电位计进行设置。如图 1-6-6（b）所示，如果 R_1 是定值电阻，R_2 是电位器，输出电压 V_{out} 由公式（1-6-1）得出。

$$V_{out} = 1.25 \times (1 + R_2 / R_1) \qquad (1\text{-}6\text{-}1)$$

2. 555 时基电路

555 时基电路的名称来自其内部的 3 个 5kΩ 电阻。如图 1-6-7 所示，这 3 个 5kΩ 电阻充当电源电压（V_{CC}）和接地之间的三级分压电阻。下端 5kΩ 电阻的分压（低电平比较器 2 的输入）设置为 $1/3V_{CC}$，而中间 5kΩ 电阻的分压（比较器 1 的输入）设置为 $2/3V_{CC}$。两个比较器根据输入端电压比较而输出高电平或低电平。

如图 1-6-7 所示，555 时基电路有 8 个引脚。

引脚 1（接地）：555 时基电路接地引脚。

引脚 2（触发端）：低电平比较器 2 的输入端，用于设置触发器。当引脚 2 处的电压从高于 $1/3V_{CC}$ 到低于 $1/3V_{CC}$ 时，比较器切换到高电平，设置触发器。

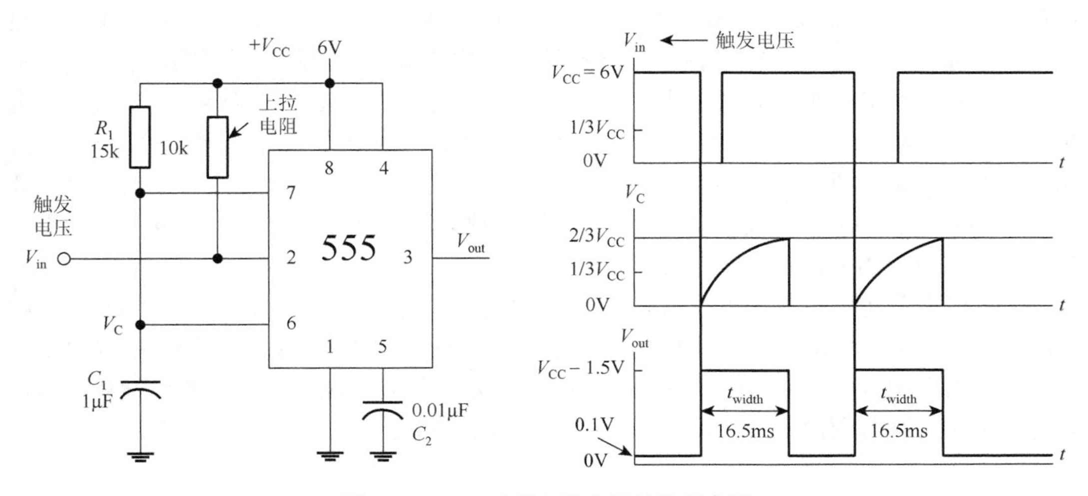

图 1-6-7　555 时基电路内部结构示意图

引脚 3（输出端）：555 的输出端由一个反向缓冲器驱动，该缓冲器能够在 200mA 左右进行陷波或寻源。输出电压电平取决于输出电流，但约为 $V_{out(high)} = V_{CC}-1.5V$ 和 $V_{out(low)} = 0.1V$。

引脚 4（复位）：主动低复位，强制 $\bar{Q}$ 高和引脚 3（输出）低。

引脚 5（控制端）：通常触发电平设置为 $2/3V_{CC}$ 电平，但通常通过 0.01μF 旁路电容器接地（电容器有助于消除电源噪声）。如果施加外部电压将设置一个新的触发电平。

引脚 6（阈值端）：高电平比较器的输入端，用于复位触发器。当引脚 6 处的电压从低于 $2/3V_{CC}$ 到高于 $2/3V_{CC}$ 时，比较器切换到高电平，重置触发器。

引脚 7（放电端）：它连接到 NPN 型三极管开路集电极。当电压 $\bar{Q}$ 过高（引脚 3 过低）时，用于将引脚 7 短接至接地，这会导致电容器放电。

引脚 8（电源端 V_{CC}）：对于通用 TTL 555 时基电路，电源电压通常为 4.5～16V（对于 CMOS 型，电源电压可能低至 1V）。

555 时基电路是一个非常有用的精密定时器，可以作为一个定时器或振荡器。在定时器模式（单稳态模式）下，555 基电路只是作为一个“一次性”定时器；当一个触发电压被施加到它的触发引脚上时，芯片的输出在一个由外部 RC 电路设置的持续时间内由低变高。在振荡器模式下，555 时基电路作为矩形波发生器工作，其输出波形（低持续时间、高持续时间、频率等）可通过两个外部 RC 充放电电路进行调整。

555 时基电路易于使用（只需很少的元件）且价格低廉，可用于数字时钟波形发生器、LED 和闪光灯电路、音调发生器电路（警报器、节拍器等）、一次性定时器电路、无弹跳开关、三角波发生器、分频器等。

（1）555 时基电路无稳态工作原理

在无稳态电路中，当第一次向电路供电时，电容器不带电。这意味着在引脚 2 上的电势为 0V，这使得引脚 6（比较器 2）的电位高，555 时基电路输出高电平（反转缓冲的结果）。在低电位下，放电三极管被截止，这使得电容器通过 R_1 和 R_2 向 V_{CC} 充电。当电容器电压超过 $1/3V_{CC}$ 时，比引脚 6（比较器 2）的电压低，对触发器无影响。然而，当电容器电压超过 $2/3V_{CC}$ 时，它比引脚 2（比较器 1）的电压高，复位触发器，强制输出低电平。此时，放电三极管打开，并将引脚 7 短路至接地。当电容器电压降至 $1/3V_{CC}$ 以下时，引脚 6（比较器 2）回到高电位，设置触发器并输出高电平。在低电压下，放电三极管被截止，电容器重新开始充电。如此循环反复，引脚 3 输出一个方波，其电压水平约为 $V_{CC}-1.5V$，方波周期由 C、R_1 和 R_2 决定。

当 555 时基电路设置为无稳态模式时，它没有稳定状态，输出来回跳跃。低电平（约 0.1V）输出持续时间由 R_2C_1 时间常数及 $1/3V_{CC}$ 和 $2/3V_{CC}$ 电平设置；高电平（约 $V_{CC}-1.5V$）输出持续时间由（R_1+R_2）C_1 时间常数和两个电压来决定（图 1-6-8）。经过计算，高、低电平输出持续时间由公式（1-6-2）、公式（1-6-3）得出。

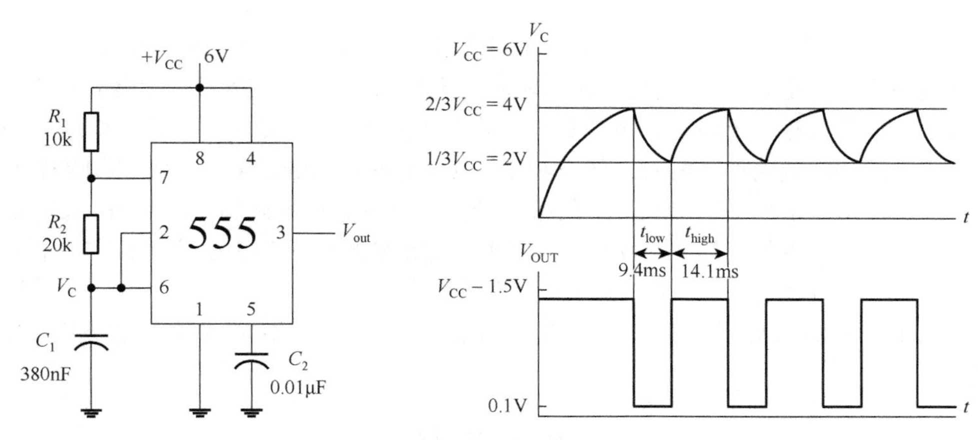

图 1-6-8　555 时基电路无稳态工作原理

$$t_{low}=0.693R_2C_1 \tag{1-6-2}$$

$$t_{high}=0.693(R_1+R_2)C_1 \tag{1-6-3}$$

式中，C_1 为充放电电容器的电容。

占空比（输出高的时间比例）：$t_{high}/(t_{low}+t_{high})$。

输出波形的频率由公式（1-6-4）得出。

$$f=1/(t_{low}+t_{high})=1.44/(R_1C_1+2R_2C_1)C_1 \tag{1-6-4}$$

为确保电路运行可靠，延时电阻应在 10kΩ～14MΩ，延时电容应在 100pF～1000μF 之间。图 1-6-8 大致表示了频率响应情况。

（2）555 时基电路单稳态工作原理

如图 1-6-9 所示，在单稳态电路中，最初（在触发脉冲施加之前）555 时基电路的输出是低的，而放电三极管是导通的，使引脚 7 对地短路并保持电容器放电。此外，引脚 2 通常由上端 10kΩ 电阻保持高电位。当反向触发脉冲（小于 $1/3V_{CC}$）施加到引脚 2 时，比较器 2 被强制高电位，这时触发器设置为低电平，使引脚 3 输出高电平（由于反相缓冲），同时放电三极管截止。这时 V_{CC} 通过 R_1 对电容器充电。然而，当电容两端的电压达到 $2/3V_{CC}$

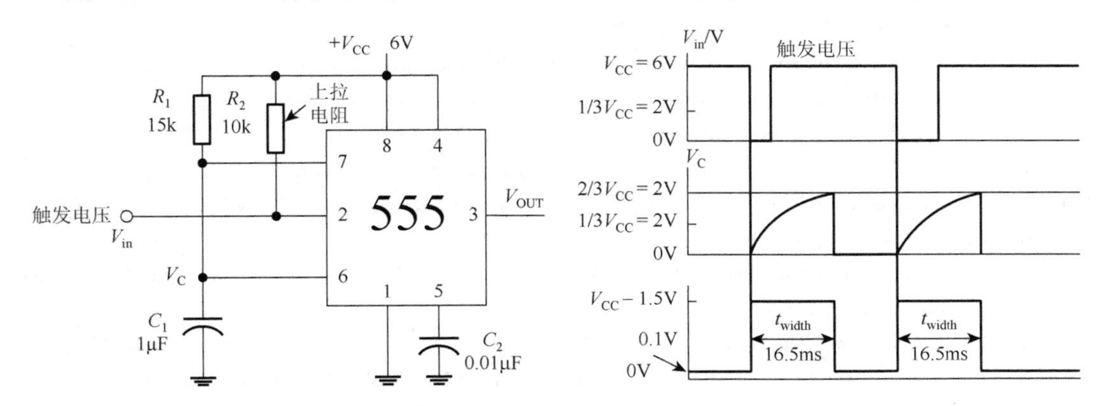

图 1-6-9　555 时基电路单稳态工作原理

时，比较器 1 的输出变高，复位触发器并使输出变低，同时放电三极管导通，使电容器快速放电到两端电压为 0V。输出将保持在此稳定状态（低），直到另一个触发产生。

单稳态电路只有一个稳态，也就是说，输出保持在 0V（实际上，更像 0.1V），直到一个反向触发脉冲被施加到触发引线引脚 2。负向脉冲可以通过瞬时接地引脚 2 来实现，例如，通过使用从引脚 2 连接到接地的按钮开关。触发脉冲被施加后，在由 R_1C_1 设定持续时间内，输出高电位（约 V_{CC}−1.5V）。高电位输出的持续时间由公式（1-6-5）得出。

$$t_{\text{width}} = 1.10 R_1 C_1 \tag{1-6-5}$$

为确保单稳态电路运行可靠，延时电阻 R_1 应在 10kΩ～14MΩ，延时电容应在 100pF～1000μF。

参 考 文 献

曹文，刘春梅，阎世梁，2016. 硬件电路设计与电子工艺基础[M]. 北京：电子工业出版社.

廖芳，2016. 电子产品制作工艺与实训[M]. 4 版. 北京：电子工业出版社.

吴劲松，2009. 电子产品工艺实训[M]. 北京：电子工业出版社.

向守兵，2004. 电工电子实训教程[M]. 成都：电子科技大学出版社.

肖景和，2009. 电子元器件识别与检测百问百答[M]. 北京：人民邮电出版社.

杨启洪，杨日福，2012. 电子工艺基础与实践[M]. 广州：华南理工大学出版社.

袁依凤，2010. 电子产品装配工实训[M]. 北京：人民邮电出版社.

Bird J，2010. Electrical and Electronic Principles and Technology[M]. 4th ed. Amsterdam：Elsevier Ltd.

Bishop O，2001. Understand Electronics Components[M]. 2nd ed. Amsterdam：Elsevier Ltd.

Bishop O，2011. Electronics：A First Course[M]. 3rd ed. Amsterdam：Elsevier Ltd.

Floyd T，Buchla D，2014. Electronics Fundamentals Circuits：Devices and Applications[M]. 8th ed. London：Pearson Education.

Frenzel L E，2018. Electronics Explained：Fundamentals for Engineers，Technicians，and Makers[M]. 2nd ed. Amsterdam：Elsevier Inc.

Galvez E J，2013. Electronics with Discrete Components[M]. Hoboken：John Wiley & Sons.

Gates E，2014. Introduction to Basic Electricity and Electronics Technology[M]. New York：Delmar，Cengage Learning.

Geier M J，2016. How to Diagnose and Fix Everything Electronic[M]. 2nd ed. New York：McGraw-Hill Education.

Horowitz P，Hill W，2016. The Art of Electronics[M]. 3rd ed. Cambridge：Cambridge University Press.

Hughes J M，2015. Practical Electronics：Components and Techniques[M]. Sebastopol：O'Reilly Media.

Hwang J S，1992. Solder Paste in Electronics Packaging：Technology and Applications in Surface Mount，Hybrid Circuits，and Component Assembly[M]. Hoboken：Van Nostrand Reinhold.

Ibrahim I，2014. Step in Electronics Practicals：Real world circuits applications[M]. Scotts Valley：On-Demand Publishing，LLC.

Malvino A，Bates D，2016. Electronic Principles[M]. 8th ed. New York：McGraw-Hill Education.

Miomir F D，2003. Understanding Electronics Components[M]. Belgrade：MikroElektronika.

Patrick D R，Fardo S W，2000. Understanding DC Circuits[M]. Oxford：Butterworth-Heinemann.

Platt C，2013. Encyclopedia of Electronic Components Volume 1：Resistors，Capacitors，Inductors，Switches，Encoders，Relays，Transistors [M]. Sebastopol：O'Reilly Media.

Platt C，2015. Encyclopedia of Electronic Components Volume 2：LEDs，LCDs，Audio，Thyristors，Digital Logic，and Amplification[M]. Sebastopol：O'Reilly Media.

Prasad R，1997. Surface Mount Technology：Principles and Practice[M]. 2nd ed. Berlin：Springer Science + Business Media.

Robbins A H，Wilhelm C，Miller W C，2013. Circuit Analysis：Theory and Practice[M]. 5th ed. Boston：Cengage Learning.

Robert L，Boylestad，2016. Introductory Circuit Analysis[M]. 13th ed. London：Pearson Education.

Robert L，Boylestad，Nashelsky L，2013. Electronic Devices and Circuit Theory[M]. 7th ed. London：Pearson Education.

Sangwine S，2007. Electronic Components and Technology[M]. 3rd ed. Milton：Taylor & Francis Group.

Scherz P，2016. Practical Electronics for Inventors[M]. 4th ed. New York：McGraw-Hill.

Schultz M E，2016. Grob's Basic Electronics Circuit[M]. 12th ed. New York：McGraw-Hill Education.

Sinclair I，Dunton J，2007. Practical Electronics Handbook[M]. 6th ed. Amsterdam：Elsevier Ltd.

Tang V. Electronic component[EB/OL]. https://max.book118.com/html/2017/0607/112203403. shtm.

Tooley M，2006. Electronic Circuits：Fundamentals and Applications[M]. 3rd ed. Amsterdam：Elsevier Ltd.

Whitaker J C，2005. The Electronics Handbook[M]. 2nd ed. Milton：Taylor & Francis Group.

Wilson P，2012. The Circuit Designer's Companion[M]. 3rd ed. Amsterdam：Elsevier Ltd.

第2章 印制电路板的设计

2.1 印制电路板概述及电路方案实验

2.1.1 印制电路板的概念

印制电路板（printed circuit board，PCB）简称印制板，以一定尺寸的绝缘板为基材，通过铜箔、焊盘及过孔等导电图件，实现电子元器件之间的相互连接，是电子元器件电子连接的提供者。印制电路板是电子产品的主要基础零部件，是电子电路的载体。电子电路设计需要将电子元器件安装在印制电路板上，才可以实现其功能。因此印制电路板享有“电子产品之母”的美誉。几乎每种电子设备，小到电子手表、MP3，大到计算机、通信电子设备、军用武器系统，都要使用印制电路板。近年来，随着电子工业的迅猛发展，印制电路板制造行业的发展也极为迅速。印制电路板的设计和制造质量直接影响到整个产品的质量和成本，甚至关乎商业竞争的成败。在大型的电子产品研究过程中，最基本的成功因素是该产品的印制电路板的设计和制造。

印制电路板从单层发展到双面、多层，不断地向高精度、高密度和高可靠性方向发展，不断缩小体积、降低成本、提高性能，使得印制电路板在未来电子设备的发展工程中，仍然保持强大的生命力。未来印制电路板生产制造技术是向高密度、高精度、细孔径、细导线、细间距、高可靠、多层化、高速传输、轻量、薄型方向发展，在生产上同时向提高生产率，降低成本，减少污染，适应多品种、小批量生产方向发展。

印制电路的技术发展水平，一般以印制电路板上的线宽、孔径、板厚/孔径比值为代表。印制电路板的技术水平对于孔金属化的双面和多层印制板而言，是以大批量生产的双面金属化印制电路板，在100mil[*]标准网格交点上的两个焊盘之间，能布设导线的根数作为标记。对于多层印制板来说，还应以孔径大小、层数多少作为综合衡量标记。

2.1.2 印制电路板的作用

①提供各种电子元器件（如电阻、电容器、集成电路等）的固定、装配的机械支持。

* 1000mil = 1in = 2.54cm，为英制单位。

②实现各种电子元器件之间的电气连接或电绝缘，提供所要求的电气特性，如特性阻抗、高频微波的信号传输。

③为元器件焊接提供阻焊图形，为元器件插装、检查、维修提供识别字符。

电路方案实验就是按照产品设计目标，用电子元器件把电路搭出来，通过对电信号的测量，调整电路元器件的参数，改进电路的设计方案，根据元器件的特点、数量、大小以及整机的使用性能要求，考虑整机的结构与尺寸；从实际电路的功能、结构及成本分析产品的适用性。

2.1.3　电路方案实验与实验板的选择

进行电路方案实验，通常使用两类实验板，一类是插接电路实验板，俗称“面包板”，另一类是通用印制电路实验板，俗称“万用板”“洞洞板”。

1. 插接电路实验板（面包板）

面包板就是一种插件板，板上有若干小型插孔，在进行电路实验时，可以根据电路连接要求，在相应孔内插入电子元器件的引脚以及导线等，使其与孔内弹性接触簧片接触，由此连接成所需的实验电路。

面包板如图 2-1-1 所示，每条金属簧片上有 5 个插孔，内部通过金属簧片连接在一起，簧片之间彼此绝缘。插孔间及簧片间的距离均与双列直插集成电路引脚标准间距 100mil（2.54mm）相同，适合各种 IC，选用铜芯的直径为 0.4～0.6mm 的导线插入面包板上孔内，需沿着面包板的板面垂直方向插入方孔，导线被簧片夹住不脱落。图 2-1-2 为面包板搭建电路的内部连接图。

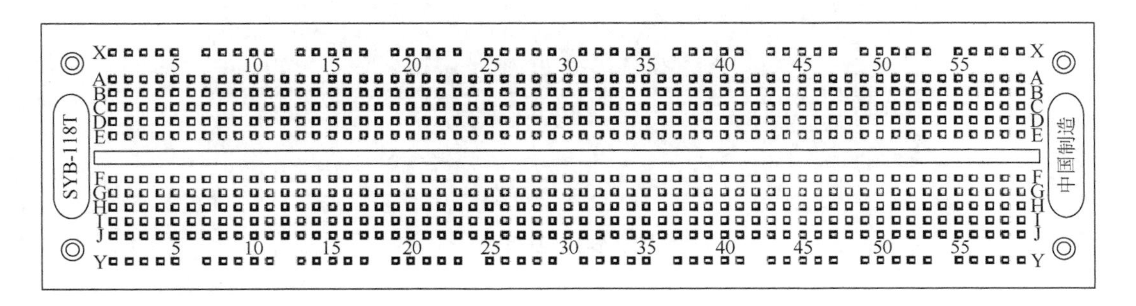

图 2-1-1　面包板

2. 通用印制电路实验板（万用板）

万用板也称“洞洞板”，如图 2-1-3 所示，按照标准 IC 间距（100mil）在万用板板面上布满焊盘。

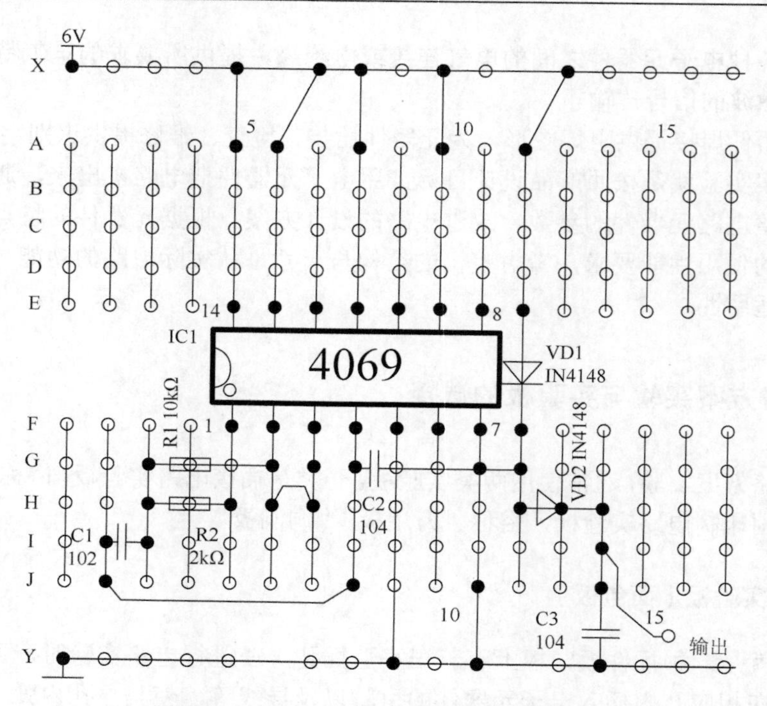

图 2-1-2　面包板搭建电路的内部连接图

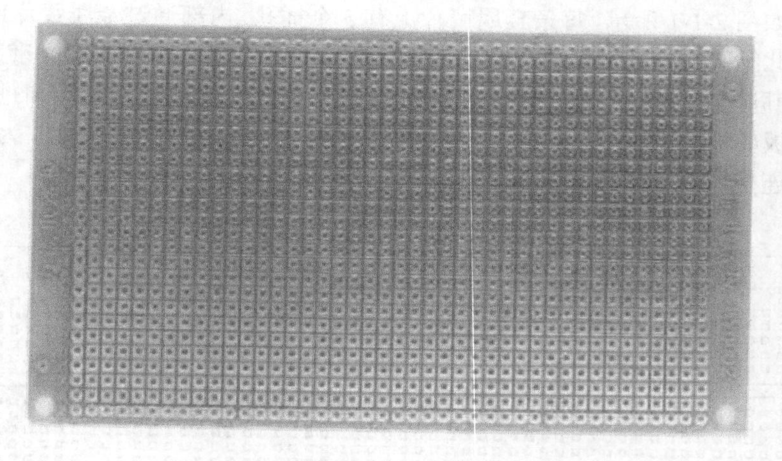

图 2-1-3　万用板

先用 Protel 或 Altium Designer 设计印制电路板图，因为要在万用板上焊接，所以所有元器件引脚间距也只能是 100mil，只能设置为单面印制板，导线的间距也相同，走线转弯方式是直角。为了方便设计可把网格显示设置为 100mil，然后进行底层布线，采用手工布线，一条一条地“拉”。由于是单面印制板，有些地方难免绕不过去，因此在顶层要加跳线——就像双层布线的顶层，细线就是顶层的跳线。印制电路板图如图 2-1-4 所示。

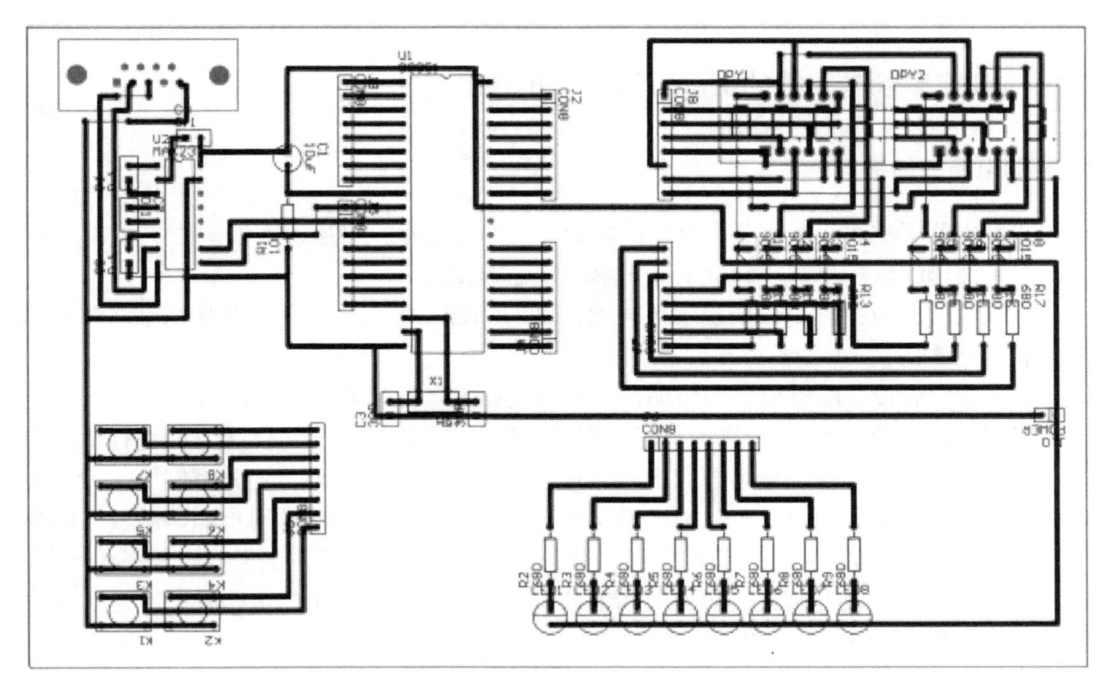

图 2-1-4　印制电路板图

焊接元器件前要根据印制电路板图确定元器件的位置，然后在空白的万用板上，标出元器件跳线的位置。先焊接跳线，再焊接元器件。焊接好的实验电路如图 2-1-5 所示。

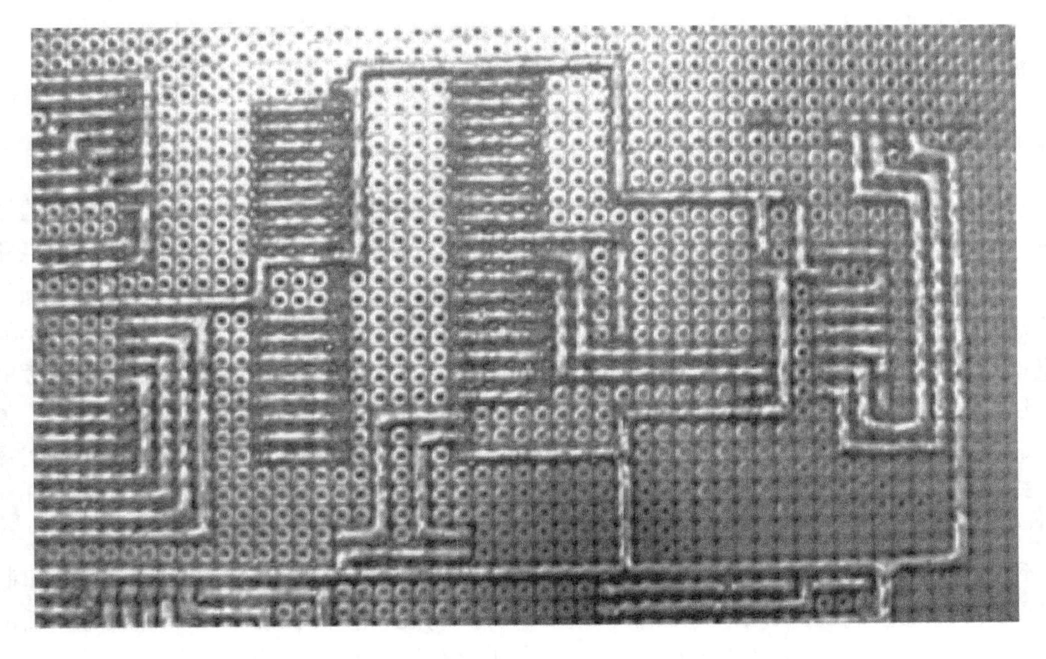

图 2-1-5　焊接好的实验电路

2.1.4　确定印制电路板的板层、形状、尺寸

1. 印制电路板的板层

印制电路板按布线层可分为单面印制板、双面印制板、多层印制板。

①单面印制板：单面印制板制造简单，装配方便。

②双面印制板：适用只要求中等装配密度的场合，多用于集成电路特别是双列直插式封装的元器件。

③多层印制板：随着板层的增加，技术难度加大，同时成本也在增加。

印制电路板的类型主要从印制电路板的可靠性、工艺性和经济性等方面进行综合考虑，尽量从这几方面的最佳结合点出发来选择印制电路板的类型。实验室制板一般选用单面印制板或双面印制板，无法制造多层板。分立元器件的电路常用单面印制板，因为分立元器件的引线少，排列位置便于灵活变换。但涉及到的元器件都需要布置在同一面，在单面印制板上布设不交叉的印制导线十分困难，对于比较复杂的电路几乎无法实现。若空间不足则可以选择贴片电阻、电容器、IC 的方式布局于底层。

2. 印制电路板的形状

印制电路板的形状由整机结构和内部空间位置的大小决定。外形应该尽量简单，一般为矩形，避免采用异形板。这是因为，印制电路板生产厂家的收费标准是由制板的工艺难度和制板面积决定的，异形板会增加制板难度和费用成本，即使被剪切掉的部分，往往也需要照价收费。所以为了简化板边成形加工量，印制电路板的最佳形状为矩形，即正方形或长方形，且当采用长方形时，长和宽之比一般采用 3∶2 或 4∶3。

3. 印制电路板尺寸

印制电路板的尺寸应该接近标准系列值，要从整机的内部结构和板上元器件的数量、尺寸及安装、排列方式来决定。元器件之间要留有一定间隔，特别是在高压电路中，更应该留有足够的间距；在考虑元器件所占用的面积时，要注意发热元器件安装散热片的尺寸；在确定了板的净面积以后，板边四周要留有一定空间。留空的大小要根据印制电路板固定方式来确定，位于印制电路板边上的元器件，距离印制电路板的边缘应该大于 2mm。仪器内的印制电路板四周，一般每边都留有 5～10mm 空间。便于印制电路板在整机中的安装固定。如果印制电路板的面积较大、元器件较重或在振动环境下工作，应该采用边框、加强筋或多点支撑等形式加固；当整机内有多块印制电路板，特别是当这些印制电路板通过导轨和插座固定时，应该使每块板的尺寸整齐一致，有利于它们的固定与加工。如果印制电路板尺寸太大，很可能会出现因为印制线条太长导致的阻抗增加，降低印制电路板的抗噪能力，而且还会增加印制电路板的制作成本；印制电路板尺寸过小，则会影响其散热性，且邻近线路容易互相干扰。

2.1.5　分析原理图

①了解各元器件的属性。包括电气性能、封装形式、外形尺寸、引脚排列、引脚距离、各引脚的功能及其形状。

②分析哪些元器件发热而需要安装散热片，并计算散热片面积。

③确定哪些元器件应该安装在印制电路板上，哪些必须安装在板外。

④考虑电磁干扰影响及怎样避免电磁干扰等。

2.2　印制电路板设计中的抗干扰措施

2.2.1　接地技术

1. 接地的目的

①使整个系统有一个公共的零电位，给高频干扰电压提供低阻抗通路。

②使系统屏蔽接地取得良好的电磁屏蔽效果，达到抑制电磁干扰的目的。

③防止雷击危及系统、静电引起电火花以及高电压与外壳相接引起危险。

通常，电路或用电设备的接地可分为安全接地和信号接地两大类，如图 2-2-1 所示。

2. 接地方式

（1）单点接地

单点接地是为许多接在一起的电路提供共同参考点的方法。有串联单点接地法和并联单点接地法。

串联单点接地法如图 2-2-2 所示。

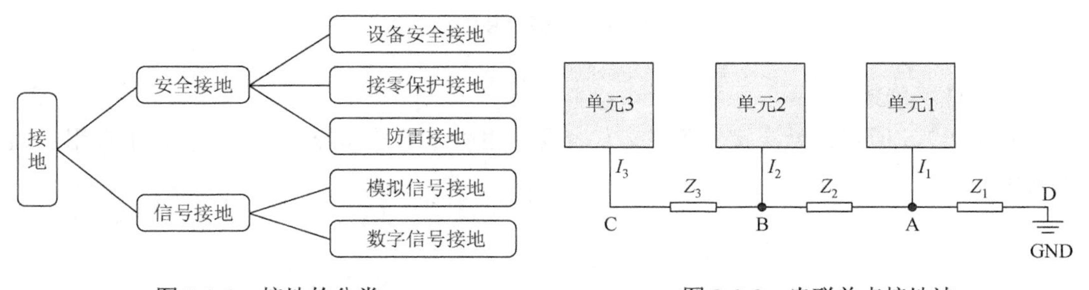

图 2-2-1　接地的分类

图 2-2-2　串联单点接地法

其中 Z_3、Z_2、Z_1 分别表示 C-B、B-A、A-D 导线的等效阻抗，各电路间由接地导线引进的噪声电压分别为 V_A［公式（2-2-1）］、V_B［公式（2-2-2）］、V_C［公式（2-2-3）］。

$$V_A = (I_1 + I_2 + I_3) Z_1 \tag{2-2-1}$$

$$V_B = (I_2 + I_3) Z_2 + V_A \tag{2-2-2}$$

$$V_C = I_3 Z_3 + V_B \tag{2-2-3}$$

因此，串联单点接地法中，A、B、C 点的电位不一致，十分不稳定。如图 2-2-3 所示为并联单点接地法，其相比串联单点接地法会更加稳定可靠。

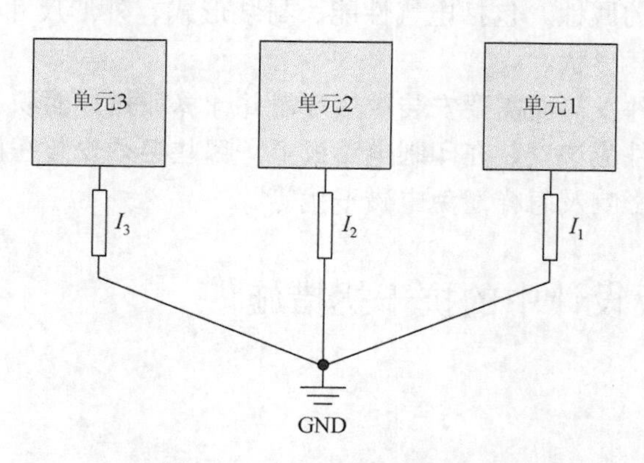

图 2-2-3　并联单点接地法

（2）多点接地

如图 2-2-4 所示为多点接地法。多点接地能避免单点接地在高频时的问题，因此，在数字电路和高频大信号电路中必须采用多点接地法。

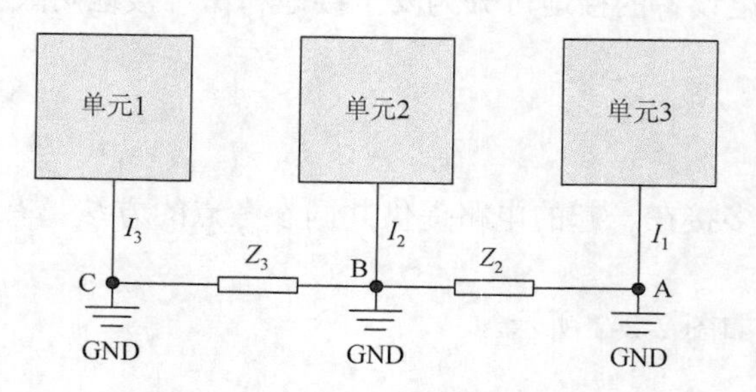

图 2-2-4　多点接地法

（3）悬浮接地

如图 2-2-5 所示为悬浮接地方法。它容易产生静电积累和静电放电，所以不宜用于通信系统。

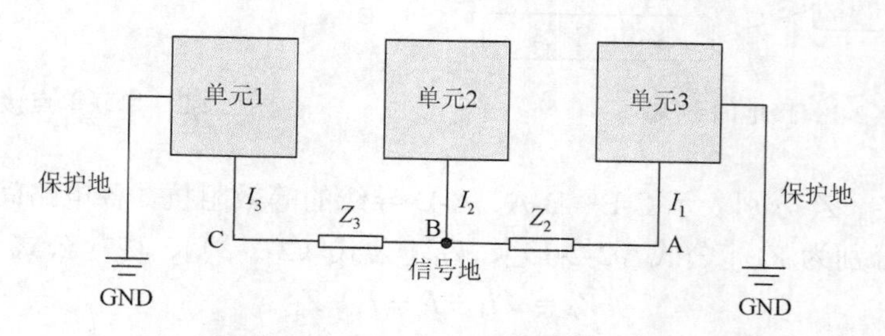

图 2-2-5　悬浮接地法

3. 接地注意事项

①总地线必须严格按高频—中频—低频逐级地按强电到弱电的顺序排列，级与级间宁可接线长点，也要遵守这一规定。特别是变频头、再生头、调频头的接地线要求更为严格，例如调频头等高频电路常采用大面积包围式地线，以保证有良好的屏蔽效果。

②对数字电路的印制电路板可用宽的地线组成一个回路，即构成一个地网来使用。模拟电路的地线一般用大面积铜层作地线，在印制电路板上把没使用的地方都与地相连接作为地线。

③数字电路与模拟电路接地分开。数字电路的频率高，模拟电路的敏感度强。因此，数字地和模拟地在板内部是分开的，必须在印制电路板内部进行处理数、模不能共地的问题，只是在印制电路板与外界连接的接口处（如插头等）数字地与模拟地有一节点短接。

2.2.2　防止电磁干扰的措施

为了防止电磁干扰，在设计时需考虑以下几个方面。

①对干扰源进行磁屏蔽，金属屏蔽罩应该良好接地，还应该在板上留出屏蔽罩占用的面积。

②两个电感类元器件放置时应使它们的磁场方向相互垂直。

③强电流引线（公共地线、功放电源引线等）应尽可能宽，以减小布线电阻及其电压降，避免寄生耦合产生的自激。为提高制作印制电路板的性能，应认真对待电源、地线，将其所产生的噪声干扰降到最低限度。做法是尽量增加电源、地线宽度，最好是地线比电源线宽，它们的关系是：地线宽度＞电源线宽度＞信号线宽度。

实例：设地线的直线长度为 20cm，线宽分别为 5mm 和 1mm，印制电路板的铜箔厚度为 50μm，电阻的计算公式为公式（2-2-4）。

$$R = \frac{\rho L}{S} \tag{2-2-4}$$

式中，ρ 为电阻率（铜为 $0.02\Omega\cdot mm^2/m$）；L 为导线长度，m；S 为导线截面积，mm^2。

长 20cm、宽 5mm 的铜箔电阻 $R = 0.02$（$\Omega\cdot mm^2/m$）$\times 0.2m/0.25mm^2 = 0.016\Omega$，长 20cm、宽 1mm 的铜箔电阻 $R = 0.02$（$\Omega\cdot mm^2/m$）$\times 0.2m/0.05mm^2 = 0.08\Omega$，由此可知，适当增加导线宽度，便可减小电阻。在高频时，导线的阻抗主要反映为导线的电感，要减小接地电阻，就必须减小电感，即减小导线长度，增加导线宽度和厚度，在高频时更应特别注意地线的连接方法，采用这样“一点接地法”的电路，工作较稳定，不易自激。电源滤波电容器应接在该级接地点上，同一级电路的接地点应尽量靠近，特别是本级晶体管基极、发射极的接地点不能离得太远，否则会因两个接地点间的铜箔太长，引起干扰与自激。

④阻抗高的走线应尽量短，阻抗低的走线可长一些。因为阻抗高的走线容易发射和吸收信号，引起电路不稳定。电源线、地线、无反馈元件的基极走线、发射极引线等均属低阻抗走线，射极跟随器的基极走线、收录机两个声道的地线必须分开，各自

成一路，到功放末端再合起来，如两路地线连来连去，极易产生串音，使立体声分离度下降。

⑤采用地线回路规则。如图 2-2-6 所示，采用加覆铜，导线加屏蔽等。

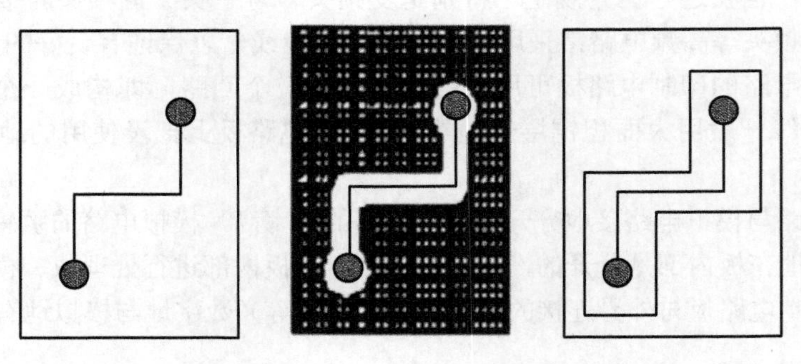

图 2-2-6 采用地线回路规则

2.2.3 抑制热干扰的措施

散热是保证电子产品能安全可靠工作的重要条件之一，采取各种散热手段，使产品的工作温度不超过其极限温度。

1. 电子产品内部热源的分析

电子产品内部的热源主要是一些发热电子元器件，比如电阻、变压器、扼流圈、真空元器件、中小型集成电路、电力电子元器件等。

2. 提高电子产品内部的散热能力

①发热元器件引线尽可能短，减少热传导距离。

②在元器件与安装底板之间采取必要措施来减少接触电阻，例如加导热硅脂、受压接触面加软金属箔等。

③利用对流换热。例如，在机箱的两侧、上方及下方分别开出风孔和进风孔；尽量不要把几个发热元器件放在一起，应使其沿气流流动方向分层排列；发热元器件应当布置在靠近外壳或通风较好的地方，以便利用机壳上开凿的通风孔散热；把热敏元器件放在冷气流的入口处，对于温度敏感的元器件，如晶体管、集成电路和其他热敏元器件、大电容值的电解电容器等，不宜放在热源附近或设备内的上部因为电路长期工作引起温度升高，会影响这些元器件的工作；等等。

④强迫风冷设计，即采用风扇、风机、半导体制冷等强迫制冷措施。

2.2.4 增加机械强度

要注意整个印制电路板的重心平衡与稳定。对于那些又大又重、发热量较多的元器件，如电源变压器、大电容值电解电容器和带散热片的大功率晶体管等，一般不要直接安装固定在印制电路板上。应当把它们固定在机箱底板上，使整机的重心靠下，容易稳定。否则，这些大型元器件不仅要大量占据印制电路板上的有效面积和空间，而且在固定它们时，往往可能使印制电路板弯曲变形，导致其他元器件受到机械损伤，还会引起对外连接的接插件接触不良。

印制电路板的板面尺寸太大时，考虑到印制电路板所承受重力和振动产生的机械应力，应该采用机械边框对它加固，以免变形。

元器件的安装高度要尽量低，一般元器件体离开板面不要超过 5mm，过高则承受冲击的稳定性变差，容易倒伏或与相邻元器件碰接。

2.3 印制电路板图设计

性能优良的电子产品，除了选高质量的元器件和合理的电路外，设计时必须综合考虑元器件布局、布线方向及整体仪器的工艺结构。合理的工艺布局，既可消除因布线不当而产生的噪声干扰，也便于生产中的安装、调试和检修。

印制电路板的设计总体要求为保证元器件之间准确无误地连接；元器件布局合理，工作中无自身干扰；装焊可靠，维修方便，整齐美观。

2.3.1 元器件布局

印制电路板布局排版并没有统一的固定模式。对于同一张电路原理图，因为思路不同、习惯不一、技巧各异，每个设计者都可以按照自己风格和个性进行工作。所以，有多少人去设计排版，就可能会出现多少种方案，结果具有很大的灵活性和离散性。

1. 对元器件布局的要求

（1）再流焊对元器件布局的要求

①规律性排布

元器件应尽可能有规则地排布，即具有布局的对称性和一致性。所有的 IC 的“1”脚的方向应尽可能相同，极性元器件的正负极朝向应尽可能一致。

②元器件间距要求

元器件尽可能均匀布局，均匀分布有利于减少再流焊接时板面上的温差。元器件之间的间距主要与装焊操作、检查、返修空间等要求有关。片式元器件之间、SOT（小外形晶体管）之间、SOIC（小外形集成电路）与片式元器件之间的间距为 1.25mm；SOIC 之间、SOIC 与 QFP 之间的间距为 2mm；PLCC 与片式元器件、SOIC、QFP 之间的间距为 2.5mm；PLCC 之间的间距为 4mm；混合组装时，插装元件和片式元器件焊盘之间的间距为 1.5mm；距离边 5mm 的区域为禁布区，禁止放置任何元器件。

③元器件离板高度要求

元器件离板高度要求如表 2-3-1 所示。

表 2-3-1　元器件最小离板高度与元器件对角线长度的对应关系

元器件对角线长度（l）/mm	元器件表面积（a）/mm^2	元器件离板高度（h）/mm
$25<l\leqslant 50$	$625<a\leqslant 2500$	$h\geqslant 0.5$
$12<l\leqslant 25$	$144<a\leqslant 625$	$0.3\leqslant h<0.5$
$6<l\leqslant 12$	$36<a\leqslant 144$	$0.2\leqslant h<0.3$
$3<l\leqslant 6$	$9<a\leqslant 36$	$0.1\leqslant h<0.2$
$0<l\leqslant 3$	$0<a\leqslant 9$	$0.05\leqslant h<0.1$

（2）波峰焊对元器件布局的要求

①元器件排布方向要求

一般情况下，应以印制电路板的长边为传送方向，两个焊盘的元器件，两个焊盘形成的直线与行进方向垂直，三极管的摆放不要遮住焊盘。考虑到阴影效应，IC 方向与焊接方向平行等。

②焊盘间隔要求

距离板边大于 5mm，间距不小于 0.5mm。

2. 布局的原则

①元器件的布设不能上下交叉和重叠，例如散热片和电容器下不能放置其他元器件；相邻的两个元器件之间，要保持一定间距且不得过小，避免相互碰接；两个元器件引脚不能共用一个焊盘，避免出现重叠。

②元器件一般采用规则排列，即元器件的轴线方向排列一致，并与板的四边垂直、平行，这样版面美观整齐。元器件需要相对紧凑地排列，布局上应当相互平行或者垂直。

a. 电阻、二极管、电容器等管状元器件一般采用“平卧式”安装，即元器件体平行并紧贴于印制电路板进行安装、焊接，应沿着 x 或 y 轴方向排列。优点是安装机械强度较好。特殊情况也有“立式”安装方式。即元器件体垂直于印制电路板进行安装、焊接，优点是节省空间。

b. 对于电位器、可变电容器或可调电感线圈等调节元器件的布局，要考虑整机结构的安装，如果是机外调节，其位置要与调节旋钮在机箱面板上的位置相适应，如果是机内调节，则放置在印制电路板上能够方便地调节的地方。

c. 对于电位器，在稳压器中用来调节输出电压时，应遵循顺时针调节电位器时输出电压升高、逆时针调节时输出电压降低的设计原则；在可调恒流充电器中电位器用来调节充电电流的大小，设计时电位器也应满足顺时针调节能使电流增大的要求。电位器安放位置应当满足整机结构安装及面板布局和操作方便的要求，尽可能放置在板的边缘，旋转柄朝外。

d. 桥式电路、推挽功率放大器和差分放大器等对称电路必须注重元器件之间的对称。尽可能让分布参数保持一致，如果电感线圈中含有铁芯，在放置时要尽量使其垂直且相互远离，以减少其相互间的耦合现象。

e. 高频电路也可以采用不规则排列，减少印制电路板的分布参数、抑制干扰。同时高频元器件之间尽量缩短连线。

f. 容易受干扰的元器件要保持一定的距离，尤其是输入元器件和输出元器件之间要尽可能远离。

g. 在布置可调元器件时，需要对其调节是否方便加以考虑；分布在印制电路板最边缘地方的元器件，与印制电路板边缘的距离一般情况下不能低于 2mm 线距离。

③元器件排列应保持紧凑、整齐，在整个板面上分布均匀、疏密一致。

3. 布局方法

①一般情况下，元器件都是按照信号流向进行排列，以输入级为起点，一直到输出级。元器件布局排列尽量与原图相同，布线方向尽可能和电路原理图走线保持高度一致。

②核心元器件作为排列中心，各单元电路集中围绕核心元器件进行布局。

③印制导线的布设尽量短。总体而言，单条线路越短，就意味着布线的总长度也越短。主要参考标准是飞线，通常各个焊盘连接的路径会按照飞线的指示来。在“最短树”策略下移动封装时，与该封装引脚相连接的飞线会随着封装位置的变化而变化。依照“最短树”理论计算出的连接顺序也会发生变化（即飞线的起始和终止点会发生变化），这就是所谓的动态飞线。动态飞线同“最短树”飞线总长度为布局提供了相对最佳的判断标准。在印制电路板图上快速移动封装，如果与这个封装连接的飞线不发生大的变化，说明与这个封装引脚连接的网络中节点数少，接近于一一对应的连接，这个封装的位置不能任意放置并有较高的定位优先级，按照飞线最短原则来确定其位置；如果飞线变化比较大，说明与这个封装引脚连接的网络中节点数多，这个封装不一定要固定放置在某个位置，具有较低的定位优先级，可以按照其他一些判断准则（如布局是否美观等）来确定位置；如果两个封装不论怎样移动，其位置间的飞线不变，说明这两个封装应放置在一起；如果是一个与几个封装间的飞线不变，则应将其放置在这几个封装的重心或相对接近重心的位置；如果一个封装移动位置时飞线不断变化，即总能就近找到连接节点，说明这个封装与其他所有封装间具有弱约束关系，这个封装的位置可以比较灵活。

4. 布局易犯的错误

①元器件脚间距不合理。

②晶体管引脚顺序错误。

③IC 座定位槽方向不正确，IC 脚位错误。

④电位器脚位排列与常规调节要求相反：顺时针调节电位器，稳压电源输出电压降低；恒流源输出电流不是增大，反而是减小。

⑤元器件排列不均匀，有些元器件相距太近，而有的地方却很空。

⑥电位器、LED 布局不能满足整机结构安装及板面布局的要求。

⑦进出线端过于分散；相关联的两线端（例如两输入端或两输出端）相距太远；强信号输出与弱信号输入端相距太近等。

⑧电源地线布局不合理，例如：扩音机、电源地线接入点应在功放级及扬声器的接地端，若从前置输入的地端接入，则可能产生自激现象。

⑨布线顺序不合理，走线过多弯曲，布线线条过多。

⑩跨接线过多。

⑪印制电路板设计未能满足整机结构安装及板面布局的要求。

⑫印制电路板设计不便于调试与维修。

2.3.2 布线

1. 线宽

印制导线的宽度一般都有要求。线条宽窄要适中，既要能够满足电气性能要求，又要便于生产。它的宽度一般视其承载电流的大小而确定，一般为 0.5～3mm，通过 1A 电流。所以，导线的宽度选在 1～1.5mm，完全可以满足 1A 电路的要求。因此可以认为，导线宽度的毫米数等于承载电流的安培数。对于集成电路的信号线，导线宽度可以选在 lmm 以下甚至 0.25mm。但最细不能小于 0.2mm。在密度、精度都要求比较高的印制电路中，导线宽度和间距一般可取 0.3mm。在电流较大的情况下，设计导线宽度时还要考虑升温问题。公共地线应尽可能粗，在带有微处理器的电路中这点甚为重要。布线时，要秉行先布电源线，再布信号线的原则。设计时最好是使地线的宽度大于电源线，电源线的宽度大于信号线。信号线的宽度通常设定为 0.2～0.3mm，电源线的宽度设定为 1.2～2.5mm。但是为了保证导线在板上的抗剥强度和工作可靠性，线条也不宜太细。只要板上的面积及线条密度允许，应该尽可能采用较宽的导线；特别是电源线、地线。这是出于保证焊接质量的考虑。在焊接时受热过多会引起铜箔鼓胀或翘起。

输入输出端导线禁止相邻平行，一般来说可在输入和输出端的导线间设置地线，防止相互出现反馈耦合。印制电路板导线宽度应当是根据导线和绝缘基板之间的黏附强度及通过其的电流大小来决定。针对集成电路来说一般可以使用 0.2～0.3mm 的宽度。

2. 线距

应当考虑导线之间的绝缘电阻和击穿电压在临界工作条件下的要求。印制导线越短，间距越大，则绝缘电阻按比例增加。实验证明，导线之间的距离在 l5mm 时，其绝缘电阻超过 10MΩ，允许的工作电压可达到 300V 以上；间距为 1mm 时，允许电压为 200V。印制导线的间距通常采用 1～15mm。另外，如果两条导线间距很小，信号传输时的串扰就会增加。所以，为保证产品的可靠性，应该尽量争取导线间距不要小于 1mm。信号线的间距在布线密度较低时可适当地加宽。导线间距越大越好，敏感的线路间距应大于 5cm。

3. 印制导线的布线原则

布线力求线条简单明了，尽可能减少布线条数。最佳的拐弯形式是平缓过渡，即拐角的内角和外角最好都是圆弧。而导线如遇拐弯时通常选择圆弧形，导线通过两个焊盘之间而不与它们连通的时候，应该与它们保持最大而相等的间距。

①电源线和地线必须考虑周到。电源线和地线之间会有噪声产生，而噪声会使产品的性能下降，为了尽可能地降低这种噪声，我们可以考虑：首先尽可能地加宽电源线和地线；其次，在数字电路中，可以考虑将地线组成一个回路，构成地网；另外，可以将印制电路板上没有用到的地方进行地线覆铜。对于模拟电路和数字电路来说，最好能有独立的地线。

②短线规则。布线时长度应尽量短，以减少由于走线过长带来的干扰问题。高、低电平悬殊较大的信号线应尽可能地走线短，并且加大间距。

③布线密度大或高频电路中，拐弯处的印制导线应尽量避免出现锐角或直角，以免影响电气性能。走线拐角尽可能大于 90°，最好采用 135°的拐角，如图 2-3-1 所示，印制导线的走向不能有急剧的拐弯和尖角，拐角不得小于 90°。这是因为很小的内角在制板时难以腐蚀，而在过尖的外角处，铜箔容易剥离或翘起。因此杜绝 90°以下的拐角，也尽量避免 90°拐角。

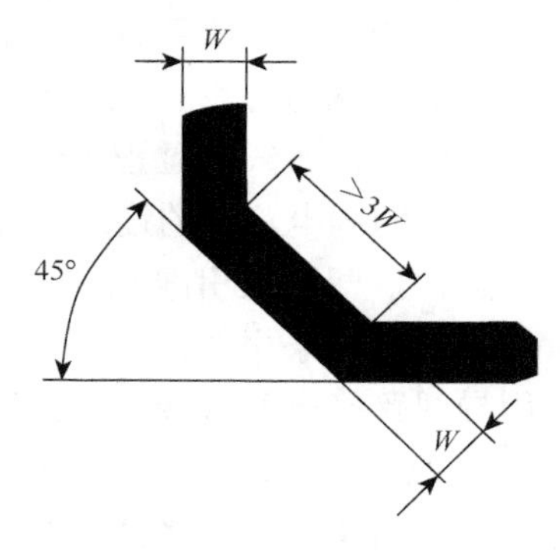

图 2-3-1　走线拐角规则

④环路最小规则。信号线构成的环面积要尽可能小，如图 2-3-2 所示，因为图 2-3-2（b）要比图 2-3-2（a）环面积小，优先选择图 2-3-2（b）。

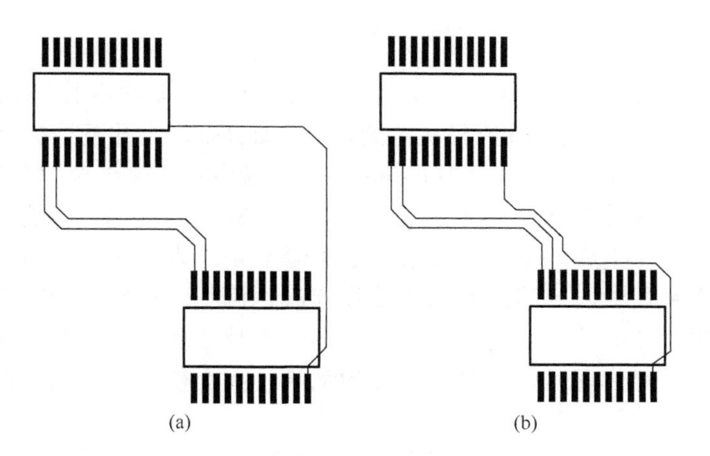

图 2-3-2　环路最小规则

⑤进出线端尽可能集中在侧面；相关联的两引线端距离不要太大，一般为 2～3 格（每格 100mil）左右较合适。

⑥在多层印制板布线时，由于在信号线层没有布完的线剩下已经不多，再多加层数就会造成浪费，而且也会给生产增加一定的工作量，成本也相应增加了，为解决这个矛盾，首先应考虑用电源层，其次才是地层。因为最好是保留地层的完整性。相邻层的走线成正交结构，尽量避免相互平行，以减小寄生耦合。

⑦现在有许多印制电路板都是由数字电路和模拟电路混合构成的。因此在布线时就需要考虑它们之间互相干扰问题，特别是地线上的噪声干扰。数字地与模拟地板内要分开，只有跟外壳连接一点短接。

⑧同是地址线或者数据线的时候，走线长度差异不要太大，否则短线部分最好走弯线作补偿。

⑨在大面积的接地中，元器件的引脚与其连接，这时可以考虑将焊盘做成十字焊盘，可使在焊接时因截面过分散热而产生虚焊点的可能性大大减少。

⑩合理的网格系统也是布线过程中一定要注意的。如果网格太疏，会占用较大的资源，如果网格过密，虽然节省了资源，但是会对电路的运行速度、散热等产生一定的影响，因此，布线的过程中一定要考虑网格疏密的合理性。

⑪印刷电路中的连线不允许有交叉，遇到会交叉的走线，可以用“钻”“绕”两种办法解决，即让某引线从别的电阻、电容器、三极管引脚下的空隙处“钻”过去，或从可能交叉的某条引线的一端“绕”过去，在特殊情况下如电路很复杂，为简化设计也允许用导线跨接来解决线条交叉问题。但这种跨接线应该尽量少用。

⑫最后，必须还要考虑生产、调试等的方便性。布线设计完成后，需认真检查布线设计是否符合设计者所制定的规则，同时也需确认所制定的规则是否符合印制电路板生产工艺的需求，最后将不合理的地方修改好。

2.3.3　焊盘设计

1. 焊盘的尺寸

小于 0.6mm 的孔在开模冲孔时不易加工，所以焊盘的内孔直径通常不会小于 0.6mm；而焊盘的直径是由内孔直径决定的，通常而言是以内孔直径加上 0.2mm 作为焊盘内孔直径，若某元器件引脚直径为 0.6mm，其焊盘内孔直径对应为 0.8mm。当焊盘直径为 1.5mm 时，可采用长大于等于 1.5mm，宽为 1.5mm 的长圆形焊盘，这样是为了增加焊盘抗剥强度，在集成电路引脚焊盘中这类焊盘是最为常见的。如果是较细的导线与焊盘连接，宜将焊盘与导线之间的连接设计成水滴状。这样处理的原因是焊盘不容易起皮，而且焊盘与导线不容易断开。相邻的焊盘要避免形成锐角或大面积的铜箔，形成锐角易造成波峰焊困难，而且有桥接的危险；大面积铜箔可能会散热过快进而导致不易焊接。

为了便于进行整体焊接操作，应避免大面积的铜箔存在，双面印制板的焊盘尺寸应遵循以下最小尺寸原则。

非过孔最小焊盘尺寸：$D-d=1.0$mm；

非过孔最小焊盘尺寸：$D-d=0.5$mm。

焊盘元器件面和焊接面的比值应优先选择以下数值。

酚醛纸质印制电路板非过孔：$D/d=2.5$～3.0mm；

环氧玻璃布印制电路板非过孔：$D/d=2.5$～3.0mm；

过孔：$D/d=1.5$～2.0mm。

其中，D 为焊盘直径，d 为孔直径。

注：对于单面印制板来说，焊盘尽量大一些，焊盘相连接的线也尽可能地粗一点；另外，元器件和走线不能太靠边放，这样有利于后面的焊接工艺。

2. 焊盘的间距

电阻、二极管可平卧或竖立安装，两种不同安装方法的元器件孔距是不一样的。在平卧放置时一般取 8～10mm。若采用 2.54mm 边长的方格纸绘制印制电路板图时，对 1/4W 以下的电阻平放时，两个焊盘间的距离一般取 3～4 格，1/2W 的电阻平放时，两焊盘的间距一般取 4～5 格；二极管平放时，1N400X 系列整流管，一般取 3 格，1N540X 系列整流管，一般取 4～5 格。竖放时取 4～6mm，两个焊盘的间距一般取 1～2 格。三极管引脚焊盘间距为 2.5mm，电容器两焊盘间距应尽可能与电容器线线脚的间距相同。

3. 表面安装元器件焊盘设计

（1）“U”形端电极的焊盘设计

“U”形端电极如图 2-3-3 所示，焊盘设计要求如图 2-3-4 所示。

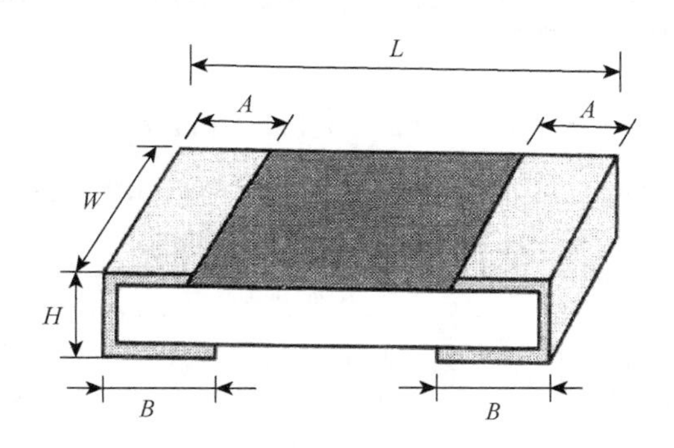

图 2-3-3　“U”形端电极

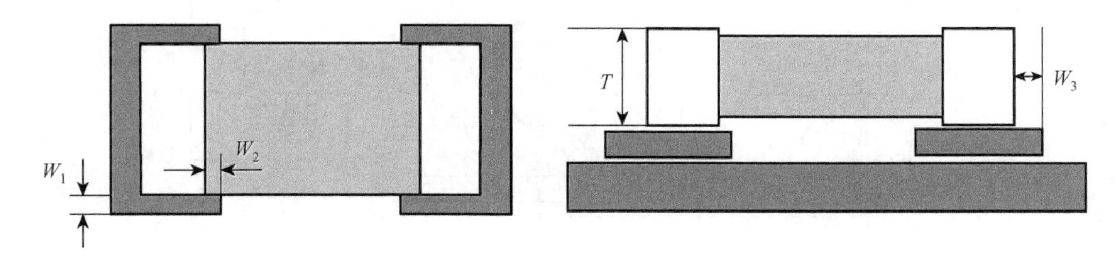

图 2-3-4　“U”形端电极的焊盘设计

宽度外延长度：$W_1 = 0$～0.1mm；长度内延长度：$W_2 = 0.1$～0.2mm；长度外延长度：$W_3 = \frac{1}{2}T \sim \frac{3}{4}T$

（2）“π”形引脚

“π”形引脚如图 2-3-5 所示，焊盘设计要求如图 2-3-6 所示。

（3）“城堡”形引脚的焊盘设计

“城堡”形引脚的焊盘设计要求如图 2-3-7 所示。

图 2-3-5　“π”形引脚

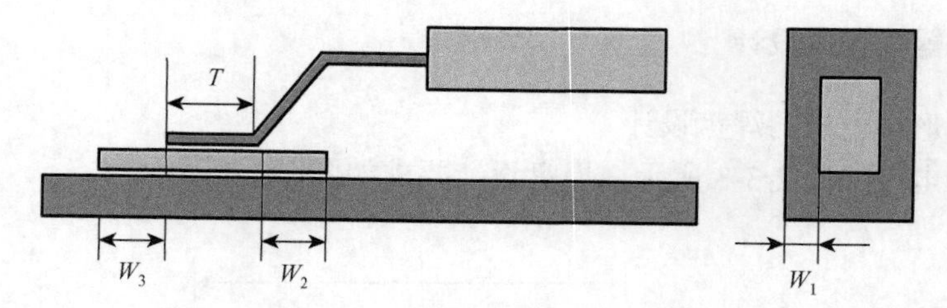

图 2-3-6　“π”形引脚的焊盘设计

宽度外延长度：$W_1 = 0 \sim 0.1\text{mm}$；长度内延长度：$W_2 = \frac{2}{3}T \sim T$；长度外延长度：$W_3 = \frac{1}{3}T \sim \frac{1}{2}T$

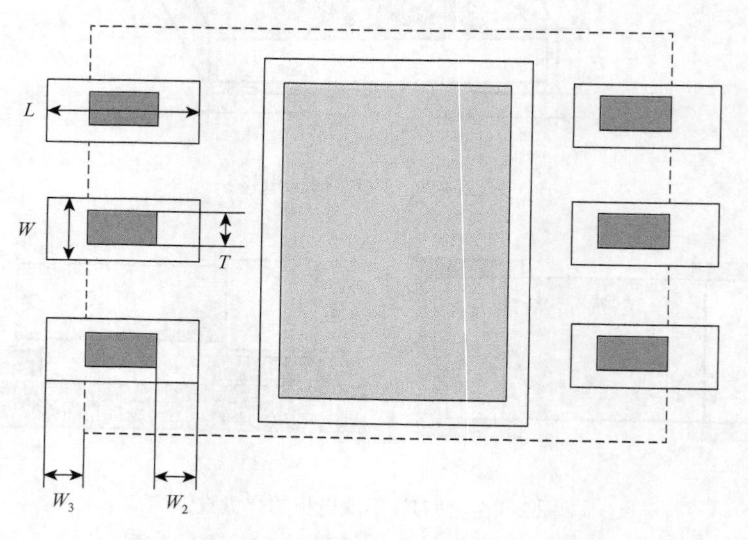

图 2-3-7　“城堡”形引脚的焊盘设计

焊盘宽度：$W = T + 0 \sim 0.05\text{mm}$；长度内延长度：$W_2 = 0 \sim 0.1\text{mm}$；长度外延长度：$W_3 = 0.2 \sim 0.3\text{mm}$

2.3.4　多层印制板设计

1. 多层印制板设计的基本原则

①使用大面积覆铜作为电源层和接地层，它们之间紧密相邻并处于中部，目的是缩

短电源和地层之间的距离，有利于电源的稳定和减少电磁干扰（EMI），尽量避免将信号层夹在电源层和接地层之间。

②一个信号层应该与一个覆铜层相邻，信号层与覆铜层间隔放置。

在信号高速传输的情况下，也可以加入多个地覆铜层来隔离信号层，但不能加电源层来隔离。

③覆铜层最好成对出现，因为不平衡的覆铜可能导致印制电路板翘曲变形。

④次表面层设计成接地层，有利于减少 EMI。

⑤优先考虑高速信号和时钟信号的传输线，为这些信号设计一个完整的信号层，避免跨信号层，高速信号尽量在两个覆铜之间。

⑥如果两信号层不得已相邻，尽量让两信号层间距加大和使两层的走线尽量垂直。

2. 多层印制板实例

（1）四层印制板

四层印制板 A、B、C、D 四种常见排布见表 2-3-2 所示。

表 2-3-2　四层印制板几种常见排布

	A	B	C	D
Layer1（层 1）	Signal（信号）	Power（电源）	Ground（地）	Signal/Power（信号或电源）
Layer2（层 2）	Power（电源）	Signal（信号）	Signal/Power（信号或电源）	Ground（地）
Layer3（层 3）	Ground（地）	Signal（信号）	Signal/Power（信号或电源）	Ground（地）
Layer4（层 4）	Signal（信号）	Ground（地）	Signal（信号）	Signal/Power（信号或电源）

（2）六层印制板

六层印制板 A、B、C、D 四种常见排布见表 2-3-3 所示。

表 2-3-3　六层印制板几种常见排布

	A	B	C	D
Layer1（层 1）	Signal（信号）	Signal（信号）	Ground（地）	Signal（信号）
Layer2（层 2）	Ground（地）	Signal（信号）	Signal（信号）	Ground（地）
Layer3（层 3）	Signal（信号）	Power（电源）	Power（电源）	Signal（信号）
Layer4（层 4）	Signal（信号）	Ground（地）	Signal（信号）	Power（电源）
Layer5（层 5）	Power（电源）	Signal（信号）	Ground（地）	Ground（地）
Layer6（层 6）	Signal（信号）	Signal（信号）	Signal（信号）	Signal（信号）

（3）八层印制板

八层印制板 A、B、C 三种常见排布见表 2-3-4 所示。

表 2-3-4 八层印制板几种常见排布

	A	B	C
Layer1（层 1）	Signal（信号）	Ground（地）	Signal（信号）
Layer2（层 2）	Power（电源）	Signal（信号）	Ground（地）
Layer3（层 3）	Ground（地）	Ground（地）	Signal（信号）
Layer4（层 4）	Signal（信号）	Signal（信号）	Ground（地）
Layer5（层 5）	Signal（信号）	Signal（信号）	Power（电源）
Layer6（层 6）	Ground（地）	Power（电源）	Signal（信号）
Layer7（层 7）	Power（电源）	Signal（信号）	Ground（地）
Layer8（层 8）	Signal（信号）	Ground（地）	Signal（信号）

（4）十层印制板

十层印制板 A、B、C 三种常见排布见表 2-3-5 所示。

表 2-3-5 十层印制板几种常见排布

	A	B	C
Layer1（层 1）	Signal（信号）	Ground（地）	Signal（信号）
Layer2（层 2）	Ground（地）	Signal（信号）	Power（电源）
Layer3（层 3）	Signal（信号）	Signal（信号）	Signal（信号）
Layer4（层 4）	Signal（信号）	Ground（地）	Ground（地）
Layer5（层 5）	Power（电源）	Signal（信号）	Signal（信号）
Layer6（层 6）	Ground（地）	Signal（信号）	Signal（信号）
Layer7（层 7）	Signal（信号）	Power（电源）	Ground（地）
Layer8（层 8）	Signal（信号）	Signal（信号）	Signal（信号）
Layer9（层 9）	Ground（地）	Signal（信号）	Ground（地）
Layer10（层 10）	Signal（信号）	Ground（地）	Signal（信号）

2.4 基于 Altium Designer 计算机辅助设计

电子线路 CAD 软件种类繁多，如 Protel、Cadence、PowerPCB、PADS 等，其功能大同小异。其中 Altium 公司的 Protel 软件具有操作简单、功能齐全、方便易学、自动化程度高等优点，是目前非常流行的电子线路 CAD 软件。Protel 软件的版本很多，如 Protel 99SE，Protel DXP，Protel 2004 等。Altium Designer 也是 Altium 公司的，功能比 Protel 系列的功能更强大，现在已经更新到 Altium Designer 18。

2.4.1　概述

1. Altium Designer 的组成

主要包括原理图设计和印制电路板设计，此外还包括电路仿真和可编程逻辑元器件的设计。

2. 主窗口界面

主窗口界面如图 2-4-1 所示。

工具栏
菜单栏
工作区面板
工作区
状态栏和命令行
标签栏

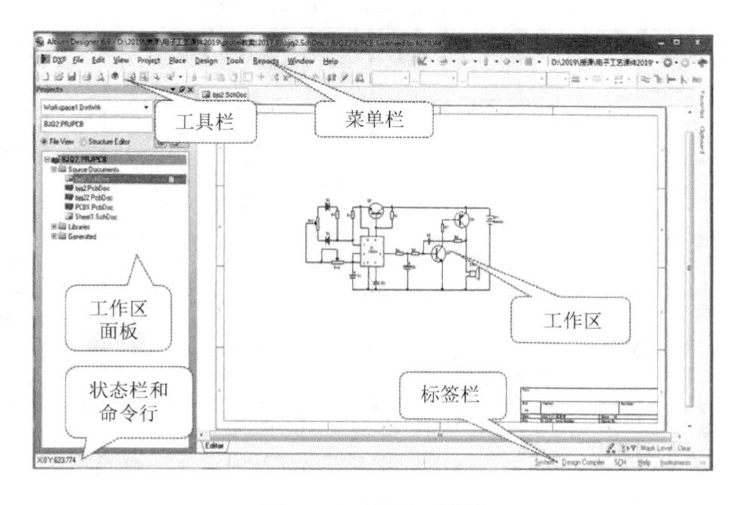

图 2-4-1　主窗口界面

执行“View”—“Toolbars”可以打开工具栏和关闭工具栏；“View”—“Workspace Panel”可以打开和关闭工作区面板，也可以用右下角的面板标签打开。

3. 操作方法

（1）用菜单操作

主菜单如图 2-4-2 所示。

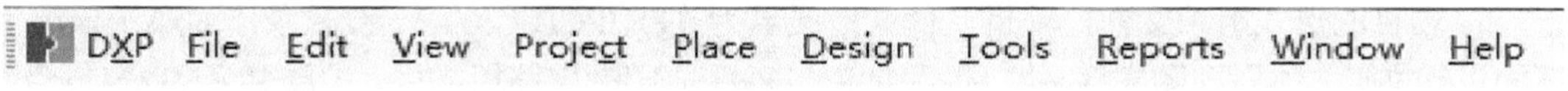

DXP File Edit View Project Place Design Tools Reports Window Help

图 2-4-2　主菜单

（2）工具栏

主工具栏如图 2-4-3 所示；Wiring 工具栏如图 2-4-4 所示，具体作用如表 2-4-1 所示。

图 2-4-3　主工具栏

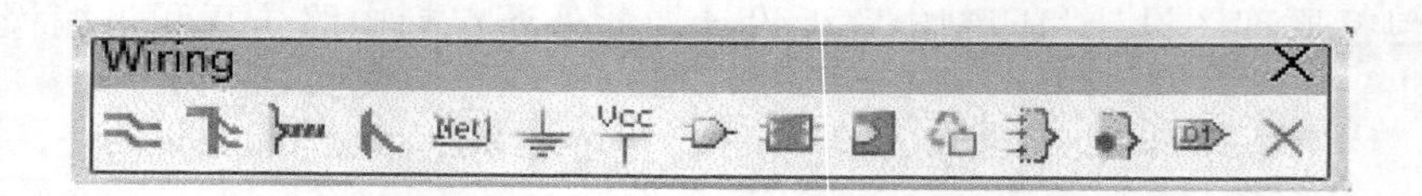

图 2-4-4　Wiring 工具栏

表 2-4-1　Wiring 工具栏中各工具的作用

工具符号	作用	工具符号	作用
	绘制导线		绘制图纸符号
	绘制总线		放置图纸入口
	总线入口	D1	放置端口
Net1	网络标签	VCC	放置电源符号
	放置接地符号		设置忽略电气法则测试
	放置元器件		

（3）键盘快捷键

比如，要将原理图放大缩小，可以采用菜单栏“View”下拉菜单进行操作，也可以采用工具栏进行工作，还可以采用 PgUp 和 PgDn 键盘快捷键。为了快捷，经常几种操作同时使用。

常用的键盘快捷键有：Tab——启动浮动图件的属性窗口；PgUp——放大窗口显示比例；PgDn——缩小窗口显示比例；End——刷新屏幕；Space——将浮动图件旋转 90°；X——将浮动图件左右翻转；Y——将浮动图件上下翻转；等等。注意一定要在英文输入法情况下。

4. 文件组织结构

以项目的形式组织文件，项目文件（扩展名为“PRJPCB”）为一级目录，而属于该项目下的设计文件（如原理图文件，扩展名为“SchDoc”，印制电路板文件，扩展名为“PcbDoc”）则位于二级目录，如图 2-4-5 所示。

新建项目非常重要，很多初学者认为项目文件没用，进入 DXP 2004 马上就创建原理图文件画图，导致无法生成网络表，印制电路板图也无法调用网络表。

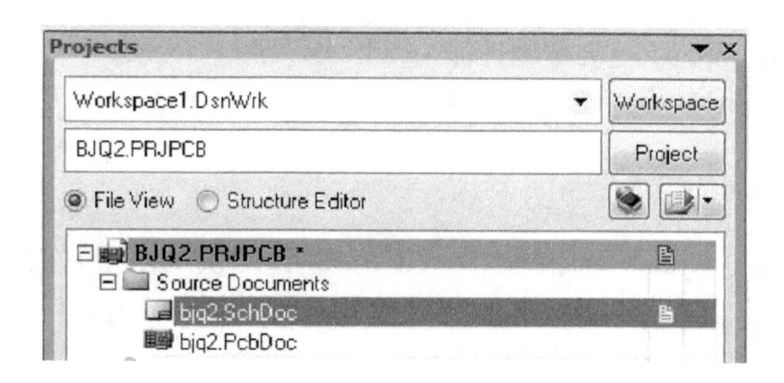

图 2-4-5　文件组织结构

5. 印制电路板图基本构成

（1）元器件封装

元器件封装有针脚式封装和表面贴装式封装；封装编号为元器件类型 + 焊盘距离（或焊盘数），具体如下。

电阻：AXIAL0.4、AXIAL0.5、AXIAL0.6、AXIAL0.7，其中数字指电阻的长度，单位为英寸（in*），一般用 AXIAL0.4。

瓷片电容器：RAD0.1、RAD0.2、RAD0.3，其中数字指电容器在印制电路板上的焊盘间距，单位为英寸。

电解电容器：RB.1/.2、RB.2/.4、RB.3/.6、RB.4/.8，其中第一个数字指电容器在印制电路板上两引脚的间距，第二个数字指电容器的外径，如.1/.2 表示引脚间距 100mil，外径 200mil。一般电容小于 100μF 用 RB.1/.2，电容 100～470μF 用 RB.2/.4，电容大于 470uF 用 RB.3/.6。

二极管：DIODE0.4、DIODE0.5、DIODE0.6、DIODE0.7，其中数字指二极管焊盘间距，单位为英寸，一般用 DIODE0.4。

三极管：TO-18（普通三极管），TO-22（大功率三极管），TO-3（大功率达林顿管）。

发光二极管：可以采用电容器的封装（RAD0.1、RAD0.2、RAD0.3、RAD0.4）或 RB.1/.2。

集成块：DIP8、DIP9、DIP10、…、DIP40，其中 8、9、10、…、40 指有多少引脚。

电源稳压块有 78 和 79 系列：常见的封装属性有 TO126H 和 TO126V。

整流桥：封装属性为 D 系列（D-44，D-37，D-46）。

石英晶体振荡器：XTAL1。

可变电阻：VR1、VR2、VR3、VR4、VR5。

（2）其他构成要素

①铜膜线（track）：简称导线。

②焊盘（pad）：每个引脚一个。

③过孔（via）：主要作用是实现不同板层间的电气连接。有三种：穿透式过孔（through via）；半盲孔（blind via）；盲孔（buried via）。

---

* 1in = 2.54cm.

④填充（fill）：大面积提高牢固性能。

⑤覆铜（polygon）：提高抗电磁干扰。

6. 印制电路板工作层的组成

①信号层（signal layer）：即印制电路板铜箔线层，提供 32 层，它们是顶层信号层（top layer）、底层信号层（bottom layer）和 30 个中间信号层（mid layer）。

②内部电源/接地层（internal plane layer）。

③机械层（mechanical layer）：提供 16 层。

④助焊层（solder mask layer）：提供 2 个助焊层。

⑤阻焊层（paste mask layer）：提供 2 个阻焊层。

⑥丝印层（top/bottom overlay）：用于绘制元器件外形轮廓以及标识元器件标号等，提供 2 个丝印层。

⑦禁止布线层（keep out layer）：用于绘制边框。

⑧层（multi layer）：也称通孔层或多层。

⑨钻孔图层（drill drawing）：绘制钻孔图层。

执行“Design”—“Layer Stack Manager”弹出层堆栈管理器对话框，如图 2-4-6 所示。可看到板的立体效果，可添加和删除层、设置所选层属性、设置钻孔结构、计算层间阻抗等。

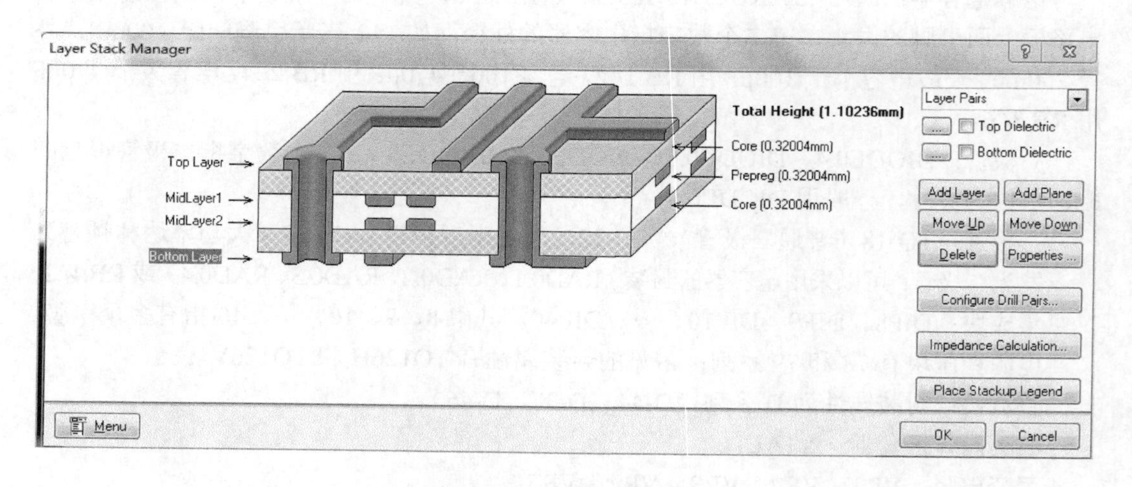

图 2-4-6　层堆栈管理器

执行“Design”—“Board Layers & Colors”弹出板层设置对话框，如图 2-4-7 所示。在工作区下面可以选择需要的板层进行划线，如图 2-4-8 所示。

7. 设计流程

先画出原理图，生成网络表，再画印制电路板图，设计流程如图 2-4-9 和图 2-4-10 所示。

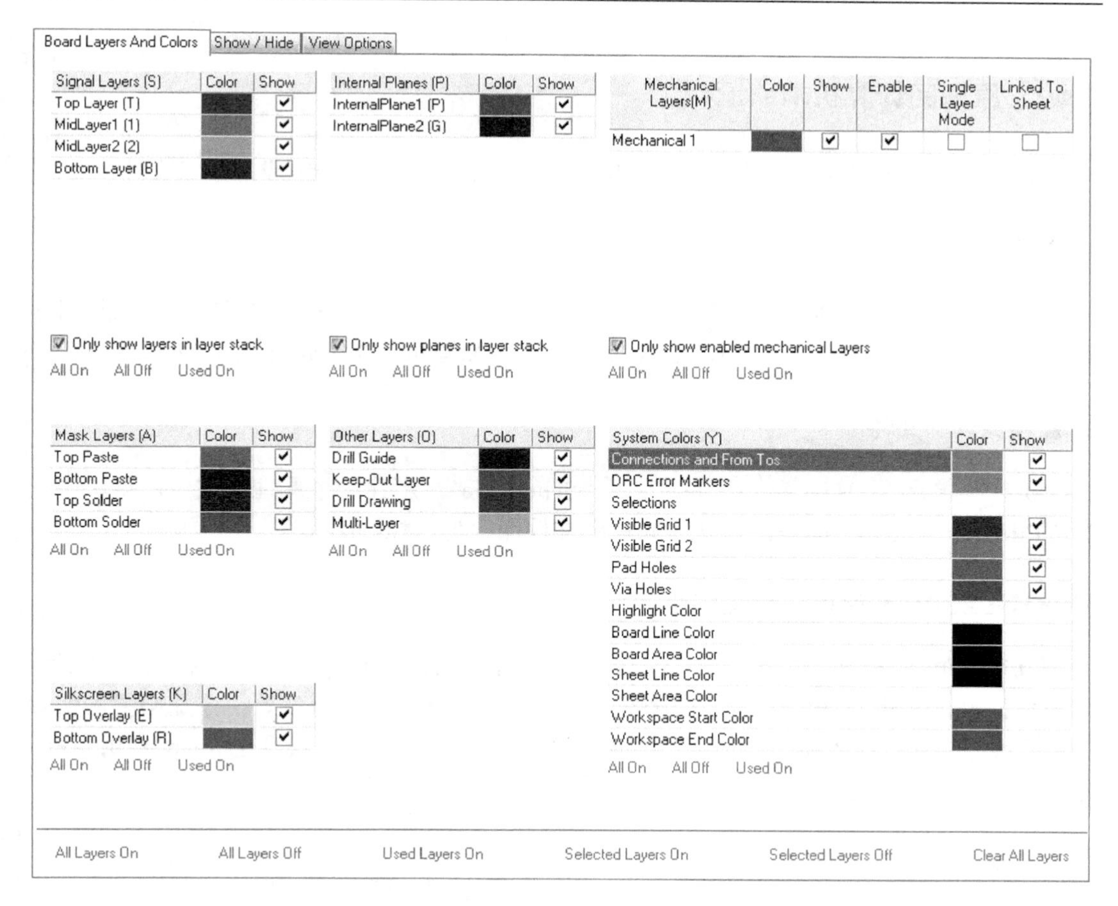

图 2-4-7　板层设置对话框

图 2-4-8　板层选择

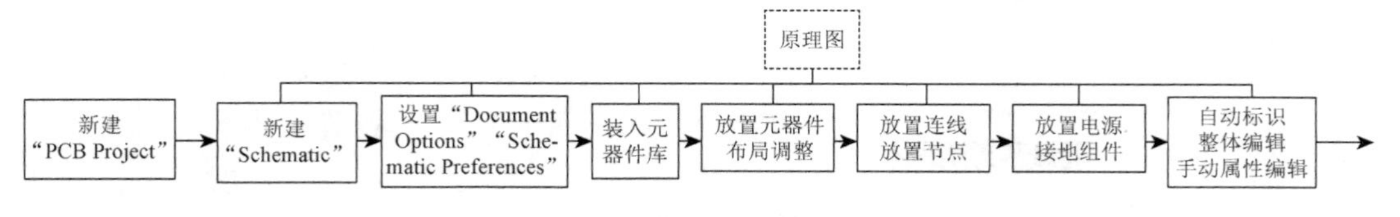

图 2-4-9　电路原理图设计流程

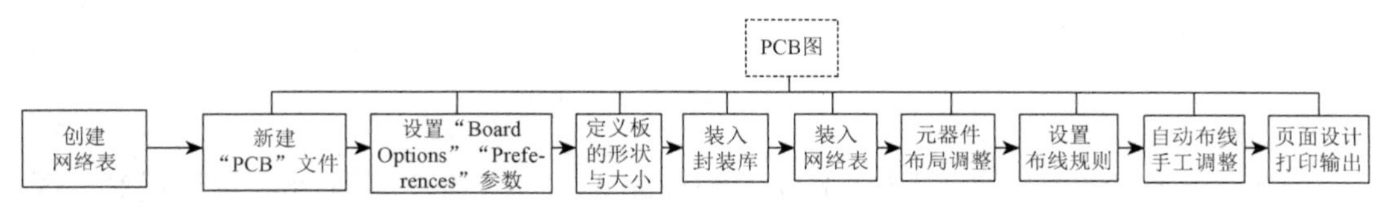

图 2-4-10　印制电路板图设计流程

2.4.2　原理图计算机辅助设计

原理图是由元器件、连线、节点、电源接地及相关说明符号组成的技术文件。

1. 创建项目

执行菜单命令“File”—“New”—“Project”—“PCB Project”，新建一个项目文件。菜单中选择“File”—“Save Project As”命令，将新建项目文件保存为“*.PRJPCB”。

2. 新建原理图文件

执行菜单命令“File”—“New”—“Schematic”，新建一个原理图文件。菜单中选择“File”—“Save”命令，将新建原理图文件保存为“*.SchDoc”

3. 设置图纸参数和原理图参数选项

执行菜单命令“Design”—“Document”，弹出图纸属性对话框，如图 2-4-11 所示。用户根据设计电路的规模大小，设置图纸的大小、方向、颜色等参数，添加必要的实际信息，设置网格的大小等参数。特别注意栅格，放置元器件时一般设定 Snap = 10；在元器件标号和元器件值移动时，修改为 Snap = 1，方便放到合适位置。

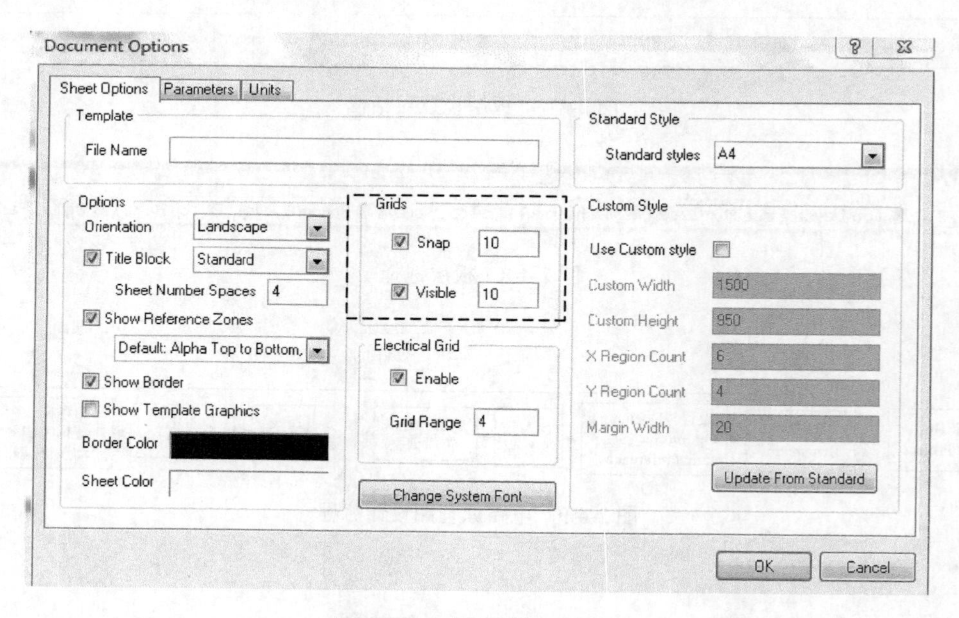

图 2-4-11　图纸属性对话框

执行菜单命令“Tools”—“Schematic Preferences”，弹出原理图工作环境设置对话框，如图 2-4-12 所示。特别是“Auto-Junction”勾选框的选项，用来设定是否自动放置节点。

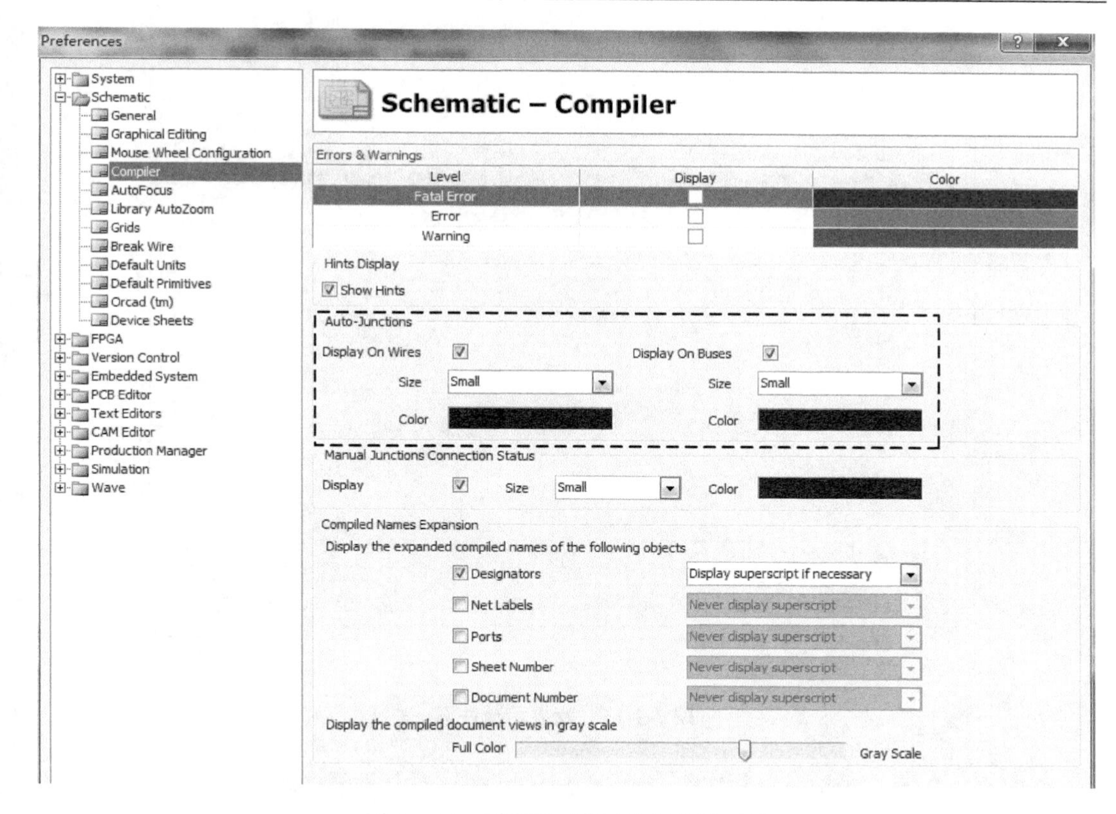

图 2-4-12　原理图工作环境设置对话框

4. 装载元器件库

执行菜单命令“Design”—“Add/Remove library”。在绘制原理图时，原理图中的所有元器件都来自元器件库，因此，在放置元器件之前，先装载所需的元器件库，如图 2-4-13 所示。

元器件库文件包括*.SchLib：原理图元器件库（2004 版本）、*.PcbLib：印制电路板元器件库（2004 版本）、*.IntLib：集成元器件库（2004 版本）、*.Lib（99SE 以前版本，常用库 Miscellaneous Devices.intlib）。

5. 放置元器件

执行菜单命令“Place”—“Part”。如图 2-4-14 所示，在“Physical Component”输入元器件名称，也可以点击该行最右面“…”打开元器件库直接选取元器件。根据所设计原理图的需要，将所需元器件从元器件库中取出并放置到原理图中。

“Designator”（标识符）：俗称元器件编号，用于图纸中唯一代表该元器件的代号。如电阻一般以 R 开头、电容器以 C 开头、二极管以 D 开头、三极管以 Q 开头等。数字部分为元器件依次出现的序号。

“Comment”（注释）：一般为元器件型号，如三极管或二极管的型号等。

“Footprint”（引脚封装）：该参数关系到印制电路板的制作。

Available Libraries
Project
Installed
Search Path
Installed Libraries
Activat...
Path
Type
Miscellaneous Connectors.IntLib
D:\Program Files (x86)\Altium Designer 6\Library' Integrated
Miscellaneous Devices.IntLib
D:\Program Files (x86)\Altium Designer 6\Library' Integrated
YY11.SchLib
D:\旧1\智能开关第二次\YY11.SchLib
Schematic
YY11.PcbLib
D:\旧1\智能开关第二次\YY11.PcbLib
Protel Footprir
Library Path Relative To:
7107
Move Up
Move Down
Install...
Remove
Close

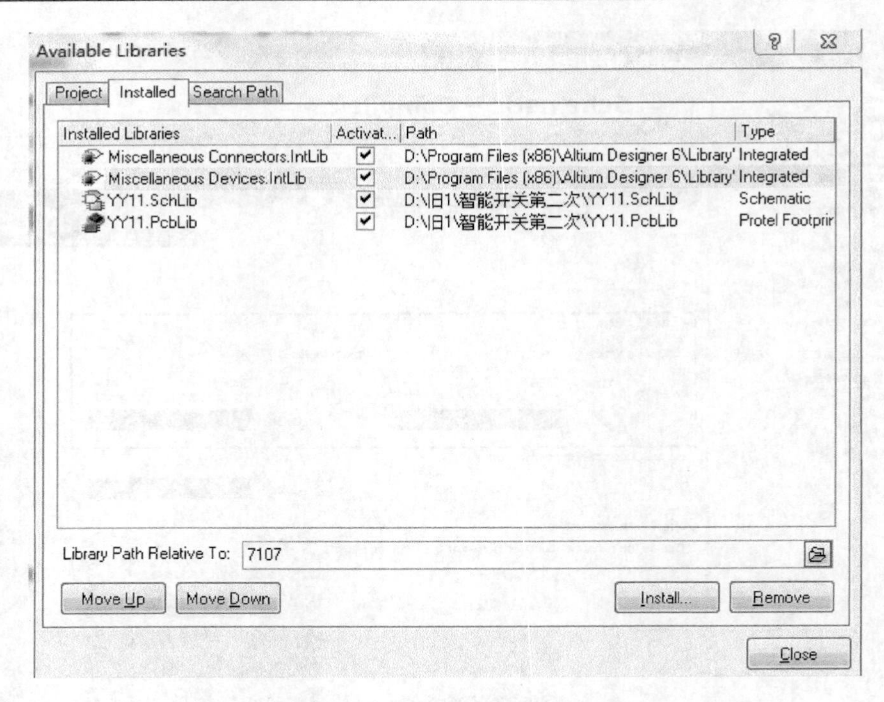

图 2-4-13 装载元器件库

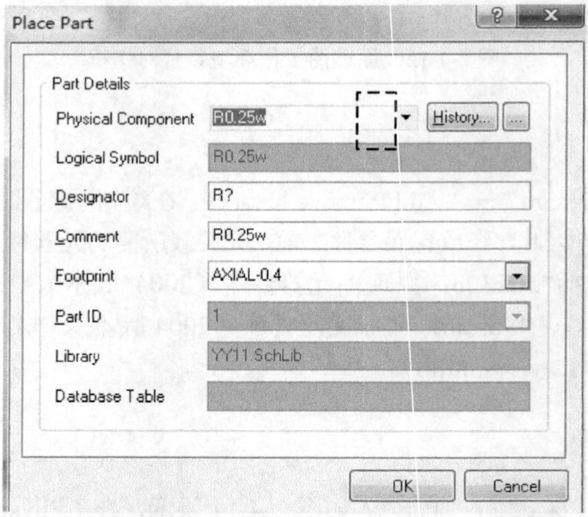

Place Part
Part Details
Physical Component
R0.25w
History...
Logical Symbol
R0.25w
Designator
R?
Comment
R0.25w
Footprint
AXIAL-0.4
Part ID
1
Library
YY11.SchLib
Database Table
OK
Cancel

图 2-4-14 放置元器件

在粘贴以前，可以用下列功能键：Tab——更改＋字光标上零件的全部属性；空格——将零件做 90°旋转，以选择适当方向；X——使零件左右对调；Y——使零件上下对调；Esc——放弃粘贴零件，回到闲置状态。注意输入法要选择英文输入法。

此外，还需要进行元器件的选取和撤销，元器件的移动/拖动，元器件的删除、复制和粘贴，元器件的排列，等等操作。

6. 放置连线

执行菜单命令“Place”—“Wire”。放置好元器件后，使用具有电气意义的连线及网络标号，连接元器件的各引脚，使各元器件之间具有要求的电气连接关系。使用功能键 Shift + 空格键或空格键切换导线模式（输入法为英文输入法）。

7. 放置节点

执行菜单命令“Place”—“Manual Junction”。

可以执行“Preferencs”—“Schematic”“Compiler”—“Auto junctions”自动加节点，如图 2-4-15 所示，就不需要手工放置节点操作。

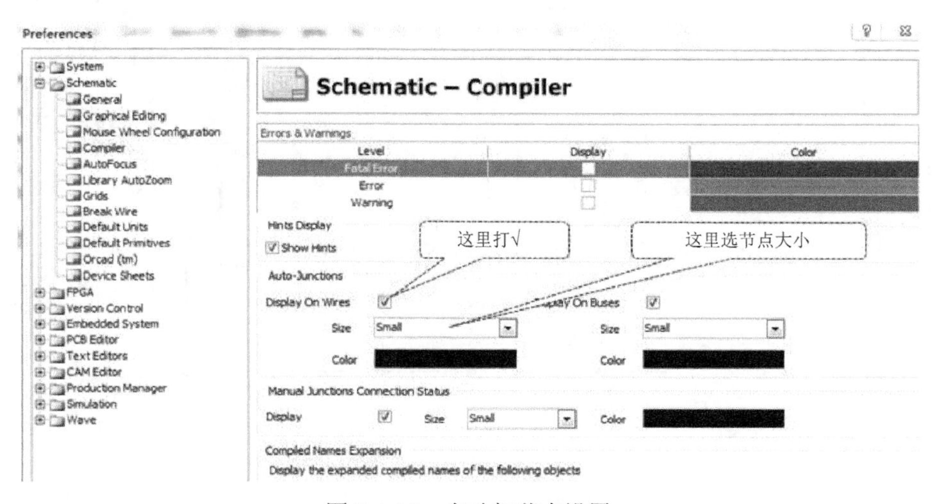

图 2-4-15　自动加节点设置

8. 放置电源和接地符号

执行菜单命令“Place”—“Power Port”。在粘贴以前，按 Tab 更改属性，如图 2-4-16 所示。

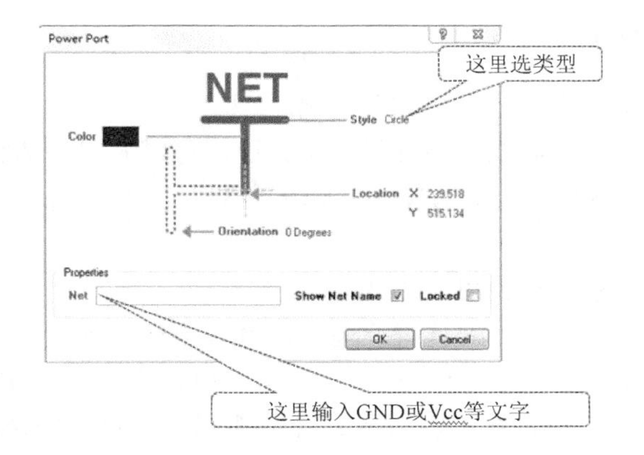

图 2-4-16　设置 Power Port 属性

“Net”：网络属性一般由字母和数字组成，特殊的如 GND（接地），V_{CC}（电源）等，是指电路中的电气连接关系，具有相同网络属性的导线在电气上是连接在一起的。

“Style”：外形风格，即设置接地符号的形状和电源，形状有以下四种：“Circle”（圆形），“Arrow”（箭形），“Bar”（T 形），“Wave”（波浪形）。

电源有三种：“Power Ground”（电源地），“Signal Ground”（信号地），“Earth Ground”（接大地）。

通过上面步骤基本已经完成原理图设计，如图 2-4-17 所示。

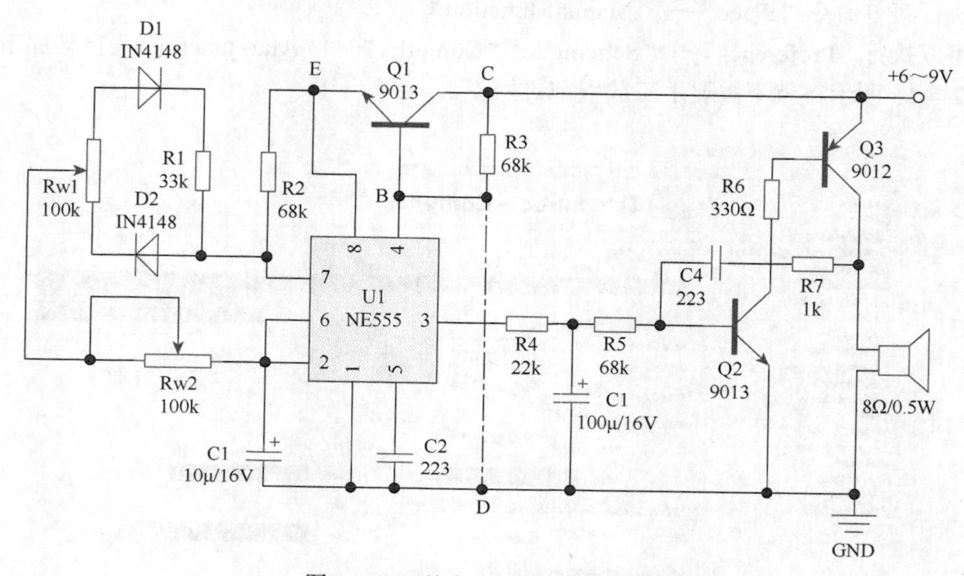

图 2-4-17　基本已经完成的原理图

9. 在原理图上写一行文字或一段文字

执行菜单命令“Place”—“Text String”放置一行文字，可以插入图名。

执行菜单命令“Place”—“Text Frame”放置一段文字，可以对原理图一些要求进行备注。

10. 画一张复杂电路原理图

画一张复杂电路原理图，还需要如下步骤。

①放置网络标号（两个相同网络标号表示相连，可以采用自动编号进行放置）。

②制作电路的 I/O 端口（方向有输入、输出和双向，连上线才自动变方向）。

③画总线。

④画总线分支线（按空格键可以改变方向）。

⑤方块电路符号（用一个方块代替原理图，具体原理图放相关文件中）。

⑥方块电路的 I/O 端口（方向有输入、输出和双向，连上线才自动变方向）。

⑦画一般几何图形，如直线、多边形、椭圆弧线、圆弧、毕兹曲线等（跟 autocacl 的功能相似）。

⑧粘贴图片。

11. 元器件属性编辑

①自动标号：菜单“Tools”—“Annotate”可以配置自己的命名方式。

②整体编辑：进行自动编号，如图 2-4-18 所示。“Order of Processing”选择编号方式（有 4 种方式提供选择），依次单击“Update changes list”“Accept changes”。如图 2-4-19 所示，单击“Validata Changes”选择，单击“Execute Changes”执行修改。

③手工编辑：手工逐个进行修改。

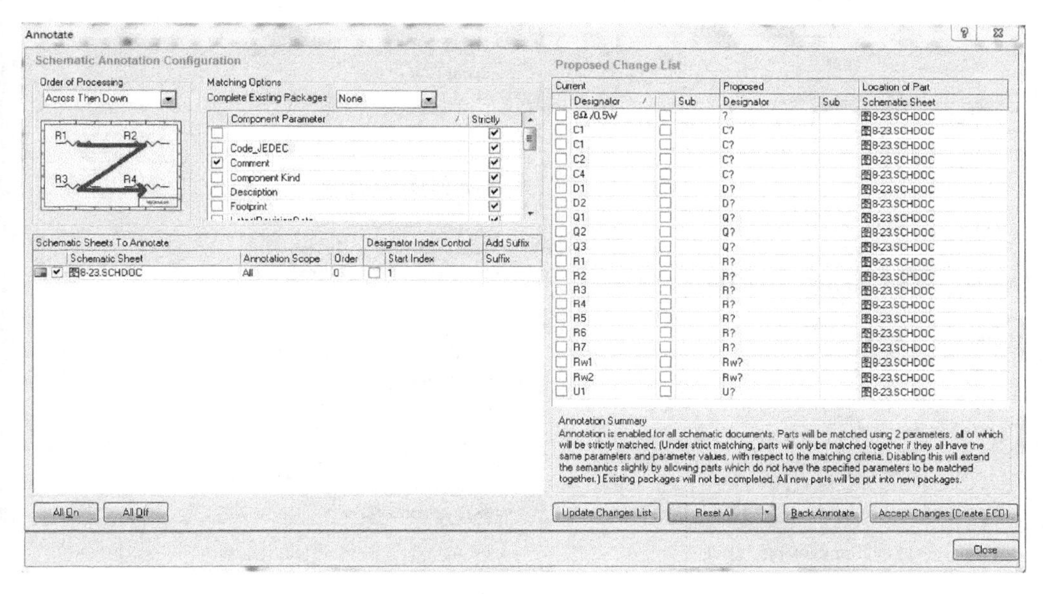

图 2-4-18　自动编号

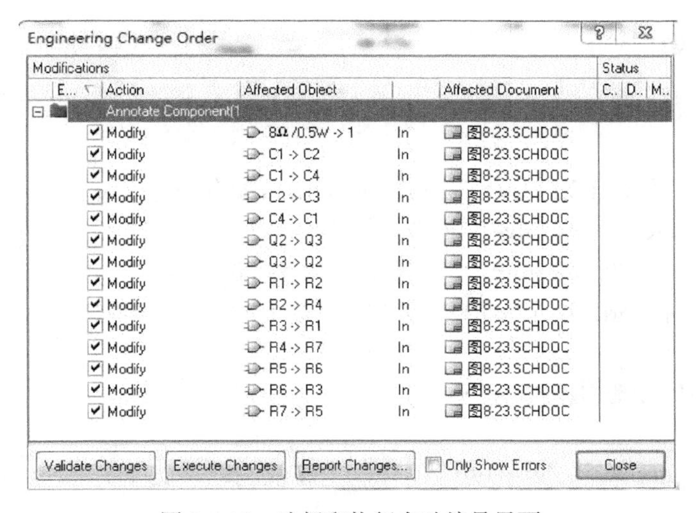

图 2-4-19　选择和执行自动编号界面

把鼠标点到需要整体编辑的其中一个对象，例如编号“R?”，按右键选择“Find Similar Objects”选项页，在这里给条件确认要查找的对象，例如字体相同，如图 2-4-20 所示，单击“OK”确认后出现过滤只留下高亮的选择对象的电路图，同时出现“SCH Inspector”选项页（如果不出现就按全选电路图，按 F11），在这里进行修改对象，然后按回车键确认即可，结束后按工具条 恢复正常。

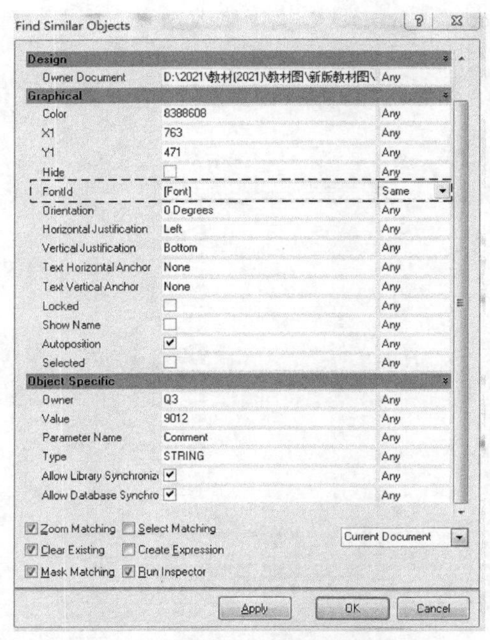

(a) Find Similar Objects界面

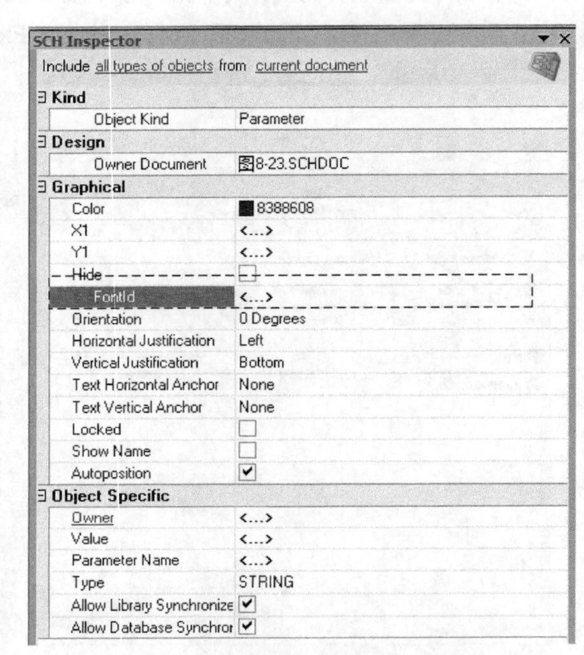

(b) SCH Inspector界面

图 2-4-20　整体编辑

12. 生成各种报表或输出

①生成网络表：“Design”—“Netlist For Document”—“Protel”，就能生成*.NET网络表。

标号要一致，默认 IC 电源/地是 V_{CC} 和 GND，如有 V_{DD}/V_{SS} 要调整。发光二极管的引脚标号要用 A、K 否则引入网络表时有麻烦。

②导出元器件清单：“Report”—“Bill of Material”。

③拷贝粘贴到 Word 文档中或打印输出。

2.4.3　印制板图计算机辅助设计

Altium Designer 软件提供的强大的印制电路板编辑功能能实现印制电路板设计，完成高难度的布线工作。

1. 新建印制电路板文件

选择 2.4.2 节建立的 BJQ 项目，执行菜单命令“File”—“New”—“PCB”，新建一个印制电路板文件，打开印制电路板编辑窗口，菜单中选择“File”—“Save”命令，将新建原理图文件保存为“B.PcbDoc”，保存时不能采用默认“PCB1”名称，一定要更改名称。

2. 印制电路板参数设置

①执行菜单命令“Design”—“Board Options”，弹出印制电路板参数设置对话框，如图 2-4-21 所示。参数设置包括单位、格点等。

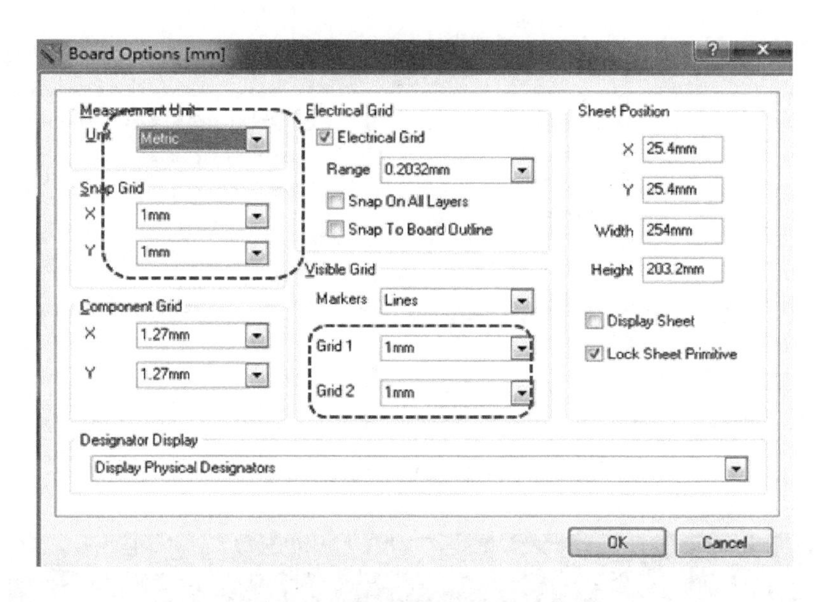

图 2-4-21　印制电路板参数设置对话框

由于我们实习选择 75mm×35mm 矩形覆铜板制作印制电路板，因此我们将单位选择为“Metric”，“Visible grid”和“Snap grid”均选择“1mm”。

②执行菜单命令“Tools”—“Preferences”，弹出对话框，如图 2-4-22 所示。参数设置包括板的颜色、光标的类型、显示状态、默认设置等。

3. 定义印制电路板的形状及尺寸

①选择“Keep Out Layer”层为当前层。

②设定原点位置。执行“Edit”—“Origin”—“Set”，鼠标在工作区左下角某处定为原点，该点坐标为“0，0”。但要放大缩小图纸才能看到所设置原点的位置。

③画边框。执行“Place”—“Line”进行画边框，如图 2-4-23 所示。

最后可以执行“Report”—“Board Information”了解印制电路板的信息。

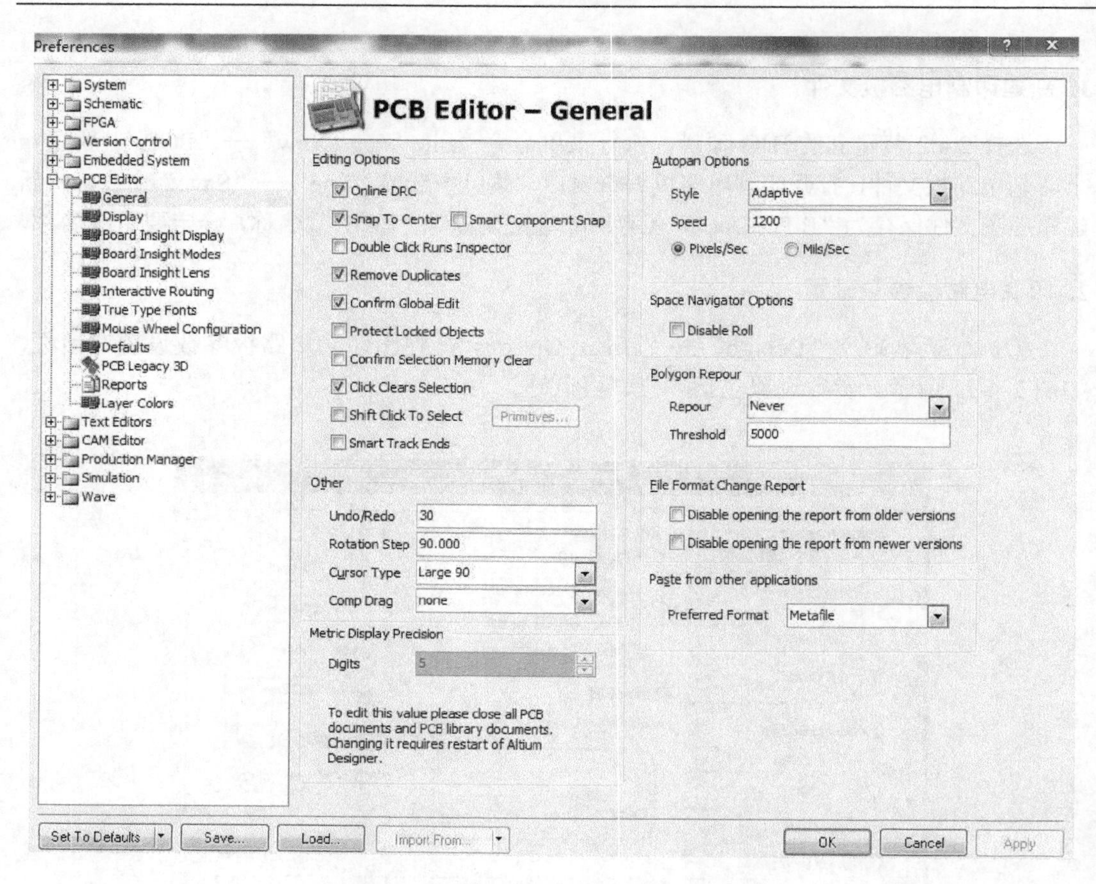

图 2-4-22　对话框

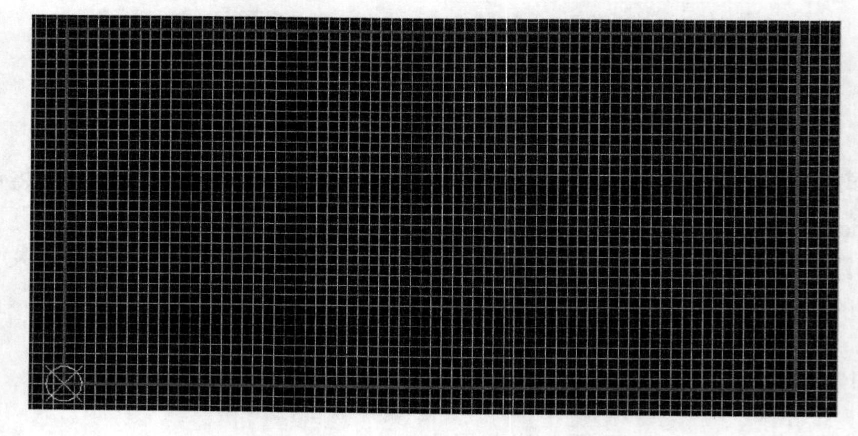

图 2-4-23　确定印制电路板的形状及尺寸

4. 载入元器件库和网络表

执行“Design”—“Import change form BJQ.prjpcb”正确载入需要的元器件库后，印制电路板图面上就会出现需要的元器件封装，如图 2-4-24 所示。

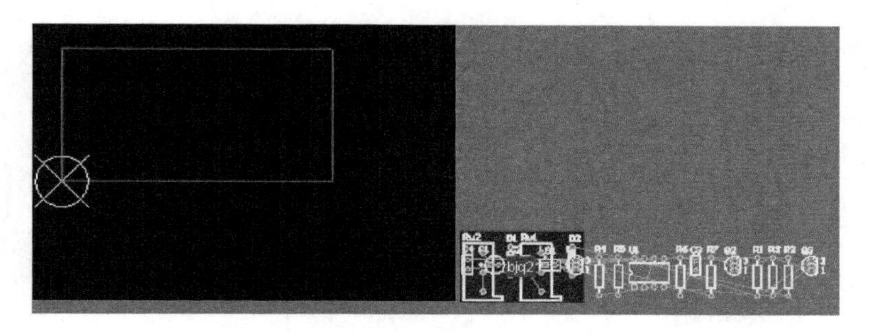

图 2-4-24　载入网络表

5. 元器件布局

包括自动布局功能和手动布局功能。当加载网络表后，各元器件封装也相应载入，并堆叠在一起，利用系统的自动布局功能可以将元器件自动布置在印制电路板内。但自动布置的结果，需要手工加以调整，直到满意为止。

元器件布局尽量做到排列整齐、对称，分布均匀，输出和输入端靠边，两个电位器靠同一边，等等，如图 2-4-25 所示。

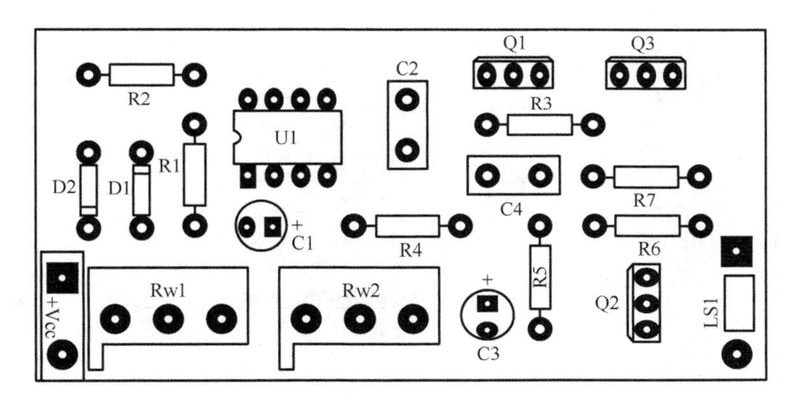

图 2-4-25　元器件布局

6. 设置布线规则

执行“Design”—“Board Options”，我们将“Measurement Unit”选择“Imperial”、“Visible Grid”和“Snap Grid”均选择 10mil，如图 2-4-26 所示。

执行“Design”—“Rules”，对有特殊要求的元器件、网络标号等，一般在布线之前设置布线规则，如安全距离、导线宽度、布线优先等级等。

由于我们实习选择安全间距 20mil，线宽 40～50mil 和单面布线，如图 2-4-27 所示。

7. 自动布线

执行“Auto Route”—“All”进行自动布线，出现对话框，如图 2-4-28 所示。

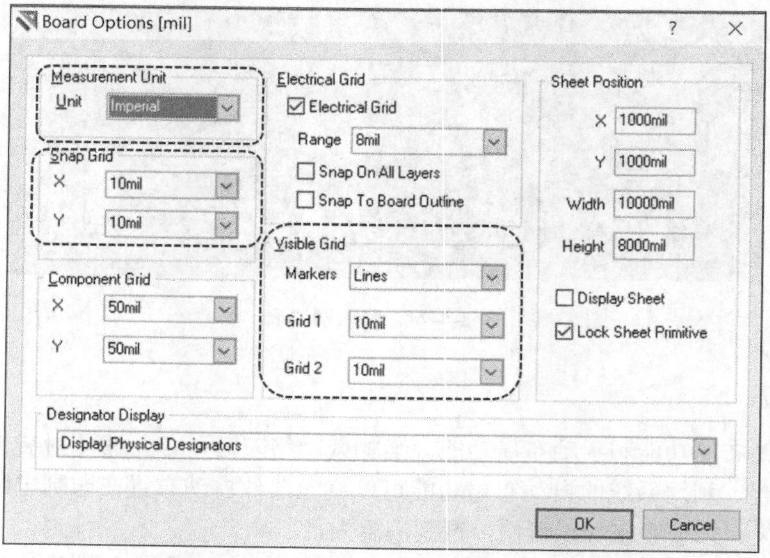

图 2-4-26　设置图纸参数

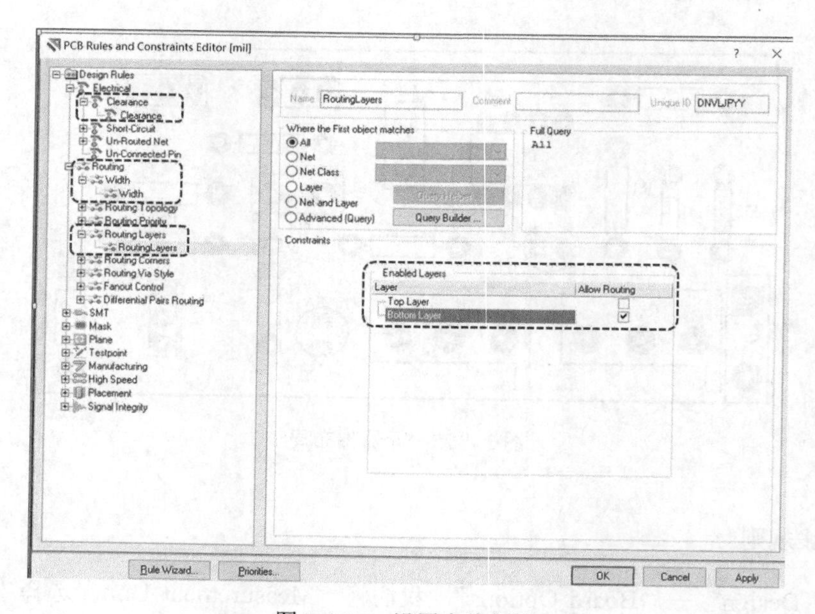

图 2-4-27　设置布线规则

点击 Route All 进行自动布线，自动布线将元器件之间的连接飞线转换为印制导线。

如果自动布线不能完成，执行“Tools”—“Un-route”—“all”取消布线，重新“5.元器件布局”和“7.自动布线”，直到自动布线后没有出现交叉和布线不完整的情况，如图 2-4-29 所示。

自动布线结束后，还会存在许多令人不满意之处，需要手动加以调整。执行“Place”—“Interactice Routing”进行交互式布线，手工修改。

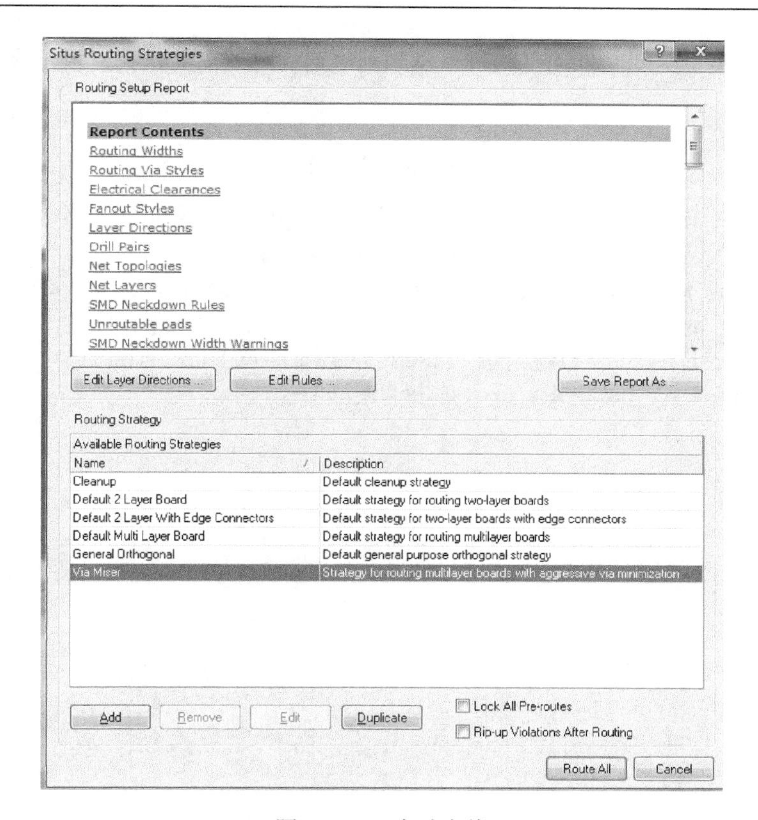

图 2-4-28　自动布线

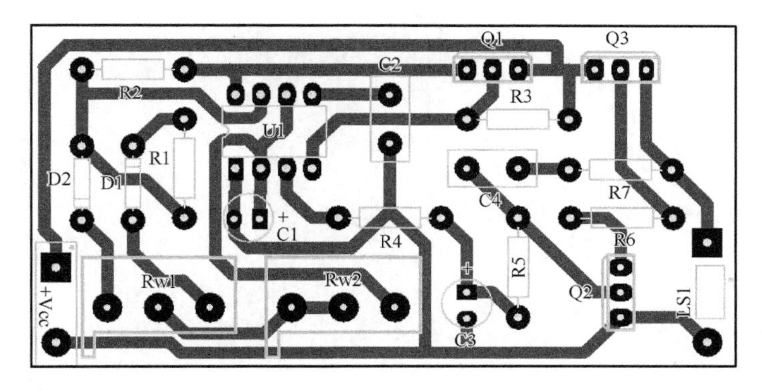

图 2-4-29　无交叉和布线不完整情况的印制电路板图

8. 印制电路板优化

为了提高印制电路板的抗干扰能力，需要对印制电路板进一步优化处理，包括补泪滴、覆铜、安装孔等。之后还要进行检查，查看是否有不合理的地方。

9. 保存及输出印制电路板

印制电路板图绘制完成后，将其保存。在进行印制电路板加工制造之前，还需要生成钻孔文件和光绘文件。钻孔文件用于提供制作印制电路板时所需的钻孔资料，该资料可直接用于数控钻孔机。

参 考 文 献

李啸，朱景伟，薛征宇，等，2020. 面包板在电子设计教学模式改革中的应用[J]. 教育现代化，7（10）：35-37.
刘诚，文军，谢言清，等，2018. 印制电路板的制作[J]. 电子技术与软件工程（2）：99.
唐文耀，2010. 巧妙实施万用板布线：用 Protel 99 SE 玩转“洞洞板”[J]. 电子制作（5）：22-26，46.
王廷才，王崇文，2012. 电子线路计算机辅助设计（Protel 2004）[M]. 2 版. 北京：高等教育出版社.
文军，刘诚，谢言清，2018. 浅谈印制电路板的设计与制作[J]. 中国高新区（4）：132，134.
杨启洪，杨日福，2012. 电子工艺基础与实践[M]. 广州：华南理工大学出版社.

第 3 章　印制电路板的制作

3.1　印制电路板的类型和特点

3.1.1　单面印制板、双面印制板和多层印制板

根据导电层面的多少，印制电路板可以分为单面印制板、双面印制板和多层印制板。

1. 单面印制板

单面印制板是指仅在印制电路板的一面上有导电图形的印制电路板，如图 3-1-1 所示。因为导线只出现在其中一面，布线时不能交叉，只有简单的电路才能布通全部导线，但一些销量较大的家用电器，为了节省成本也采用单面板，一些布不通的地方只能采用跳线。

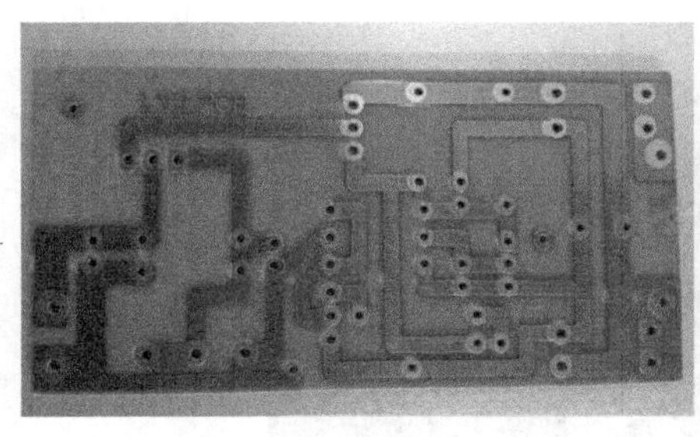

(a) 底层

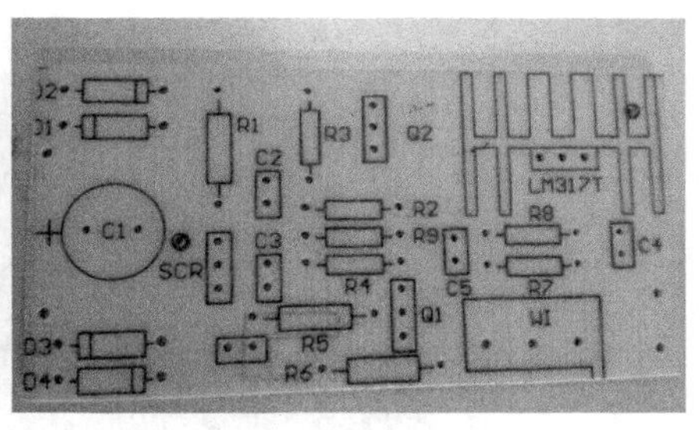

(b) 顶层

图 3-1-1　单面印制板

2. 双面印制板

双面印制板是指在印制电路板的顶层和底层都有导电图形的印制电路板，如图 3-1-2 所示。两面导线通过过孔进行连接，过孔是印制电路板上镀铜的小孔，可以与两面的导线相连接。因为双面印制板的面积比单面印制板大一倍，而且布线可以互相交错，更适合复杂的电路。

3. 多层印制板

多层印制板一般为有 4 层及以上的导电图形的印制电路板（包含最外层的底层和顶层）。通常层数为偶数，复杂的多层板多达十几层，导电图形与绝缘材料交替黏接在一起，其各层间导电图形按要求通过过孔互连。目前，常用的是 4 层板，包括顶层、底层、内部电源层（简称“内电层”）1（12V）和内电层 2（GND），其示意图如图 3-1-3 所示，装配好的多层板如图 3-1-4 所示。

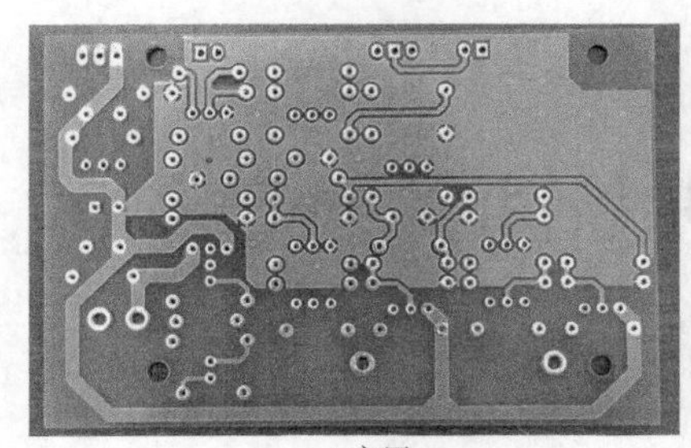

(a) 底层

(b) 顶层

图 3-1-2　双面印制板

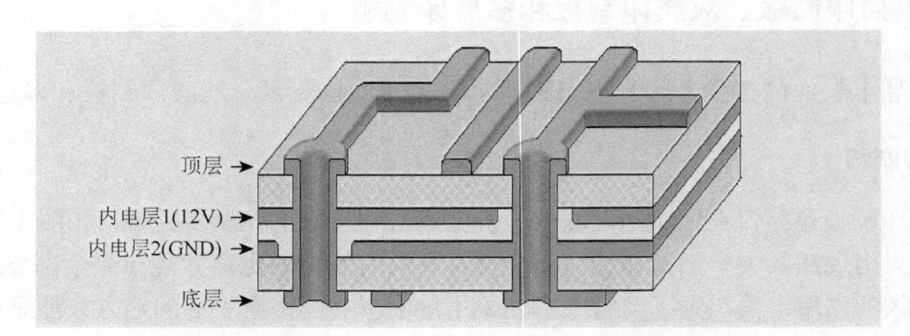

图 3-1-3　多层印制板示意图

图 3-1-4　多层印制板实例

图 3-1-5　挠性印制板

3.1.2　挠性印制板和刚性印制板

印制电路板根据基板的材料又可分为挠性印制板和刚性印制板。

①挠性印制板是以聚酰亚胺或聚酯薄膜为基材制成的一种可挠性印制板，简称软板或 FPC，具有配线密度高、重量轻、厚度薄的特点，如图 3-1-5 所示。

②刚性印制板包括酚醛纸层压板、环氧纸层压板、聚酯玻璃毡层压板和环氧玻璃布层压板等，此外由于金属和陶瓷等具备良好散热性能的材料制备线路基板，还有铝基（或铜基）印制板和陶瓷基印制板等，目前高导热铝基板的导热系数一般为 1～4W/m·K，而陶瓷基板的导热系数根据其制备方式和材料配方的不同，可达 220W/m·K 左右。

酚醛纸层压板、环氧纸层压板、聚酯玻璃毡层压板和环氧玻璃布层压板见 3.2 节。

A. 铝基（或铜基）印制板

铝基（或铜基）印制板是一种独特的金属基覆铜板，具有良好的导热性、电气绝缘性能和机械加工性能。

铝基（或铜基）印制板由电路层、导热绝缘层和金属基层组成，如图 3-1-6 所示。电路层（即铜箔）通常经过蚀刻形成印刷电路，使组件的各个部件相互连接，一般情况下，电路层要求具有很大的载流能力，从而应使用较厚的铜箔，厚度一般 35～280μm。

图 3-1-6　铝基（或铜基）印制板

导热绝缘层是铝基（或铜基）印制板核心，它一般是由特种陶瓷填充的特殊聚合物构成，热阻小，黏弹性能优良，具有抗热老化的能力，能够承受机械及热应力。

金属基层是铝基（或铜基）印制板的支撑构件，要求具有高导热性，一般是铝板，也可使用铜板（其中铜板能够提供更好的导热性），适合于钻孔、冲剪及切割等常规机械加工，无需散热器，体积大大缩小，散热效果极好，具有良好的绝缘性能和机械性能。

B. 陶瓷基印制板

利用导热陶瓷粉末和有机黏合剂，在低于 250℃条件下制备了导热系数为 9～20W/m·K 的导热有机陶瓷印制板。陶瓷类材料具有良好的高频性能和电学性能，且具有热导率高、化学稳定性和热稳定性优良等有机基板不具备的性能，采用金属和陶瓷等具备良好散热性能的材料制备线路基板。

3.2　覆铜板

印制电路板的主要材料是覆铜板，覆铜板就是一定厚度的铜箔经过黏贴和热挤压工艺后牢固地覆盖在绝缘基板上。因此，所用基板的材料和厚度不同，黏贴剂的性能差异，制造出的覆铜板在性能上有很大的差异。

1. 基板材料

基板就是高分子合成树脂和增强材料组成的绝缘层压板。不同板材的机械性能与电气性能有很大差别。目前，根据绝缘材料的类别覆铜板的基板可分为酚醛纸基板、环氧酚醛玻璃布板、环氧双青胺玻璃布板、聚四氟乙烯板等。

①酚醛纸基板。型号 XPC，这种覆铜板又称纸质板。一般为黑黄色或淡黄色。其优点是价格便宜，不足之处是机械强度低，耐潮性和耐高温性能差。通常用于一些要求不高的设备或者低频电路中。

②阻燃酚醛纸基板。型号 FR-1。

③阻燃环氧玻纤板。型号 CEM-1、CEM-3。此基板的耐潮性与耐热性有明显提升，电性能与机械性能都比较好，因为透明度不高且价格相对昂贵，因此常常用在一些高频电路以及军工产品中，尤其是对于安装密度与布线目的都非常高的数字电路。

④阻燃环氧玻璃布板。型号 FR-4，青绿色并有透明感，这种覆铜板适用于高频、超高频电路，优点是电绝缘性能好、耐高温性能好、受潮时不易变形，便于后期的维护与安装，通常应用于很多电子设备。

⑤环氧双青胺玻璃布板。这种板的优点是透明度好、有较好的机械加工性能和耐高温的特性。

⑥聚四氟乙烯板。这种覆铜板的最大特点是能耐高温，且有高绝缘性能。化学稳定性高，工作温度为–230～260℃，属于一种耐高温且高绝缘的基板材料，在微波频段使用时则应选用聚四氟乙烯板。

2. 板的厚度

在确定板的厚度时，主要考虑对元器件的承重和振动冲击等因素。如果板的尺寸过大或板上的元器件过重（如大容量的电解电容器或大功率元器件等），就应该适当增加板的厚度或对印制电路板采取加固措施，否则印制电路板容易产生翘曲。

如表 3-2-1 所示，给出了标称板厚的优选值。一般常选用的是 1.5mm 和 2.0mm 的覆铜板。当印制电路板对外通过插座连线时，必须注意插座槽的间隙一般为 1.5mm。若板材过厚则插不进去，过薄则容易造成接触不良。

表 3-2-1　标称板厚优选值

标准板厚优先值									
0.2mm	0.5mm	0.8mm	1.0mm	1.2mm	1.5mm	2.0mm	2.4mm	3.2mm	6.4mm
0.008in	0.002in	0.031in	0.039in	0.047in	0.07in	0.08in	0.094in	0.125in	0.25in

注：标准综合了 IEC 249-2 所有规范中给出的值，IEC 249-2 专用规范可能限制了所允许的值的数量。1in = 25.4mm。

3. 铜箔

覆铜板一般有单面覆铜板和双面覆铜板，单面覆铜板就是只有一面有铜箔，双面覆铜板就是两面都有铜箔。铜箔金属纯度不低于 99.8%，铜箔厚度的标称系列为 18μm、25μm、35μm、70μm、105μm，目前我国推广使用的是 35μm 厚度铜箔。铜箔越薄，越容易蚀刻和钻孔，特别适合制作线路复杂的高密度印制电路板。

3.3　制板关键工艺流程及其机理

随着电子科技产品的迅速发展，作为元器件载体的印制电路板越来越精细化。传统印制电路板精细线路的生产方法主要有减成法和加成法。减成法是目前最常用的方法，但制备产生的蚀刻废液对设备的蚀刻性强，污染环境。加成法是直接通过化学沉铜在绝缘基材上制备线路，其结合力很难满足印制电路板剥离强度的要求。

减成法制作印制电路板一般要经过以下步骤的处理：印制电路板图设计—底片胶片制版—图形转移—蚀刻—钻孔—表面处理与过孔去污处理→金属化孔→助焊膜和阻焊膜涂覆→标记油墨的印制→化学镀膜，下面分别作简单介绍。

1. 印制电路板图设计

详见第 2 章内容。

2. 底片胶片制版

在印制电路板生产中，需要使用符合质量要求的 1∶1 底片胶片，获得底片胶片通常有两种途径：一种是照相制版法，先绘制黑白底图，再经过照相制版得到；另一种是 CAD 光绘法，利用计算机辅助设计软件和光学绘图机直接绘制出来。

（1）照相制版法

此法选用适当的印制电路板设计软件，利用计算机辅助进行布线，得到任意比例、质量佳的布线图，并通过绘图仪或打印机绘制成印制电路板黑白布线工艺图，最后利用照相技术将印制电路板布线图制成照相底片，整个制版过程与普通照相大体相同。该方法不仅可以生成一般的布线图，还能生成丝网膜图、阻焊图、模拟钻孔图等，如图 3-3-1 所示。

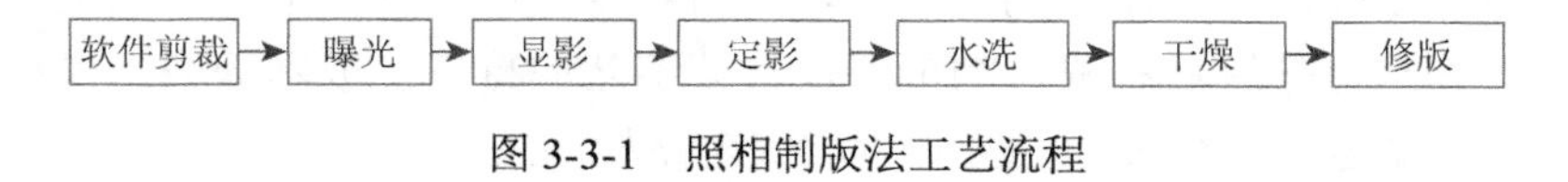

图 3-3-1　照相制版法工艺流程

（2）CAD 光绘法

此法利用光点扫描原理，将生成黑白布线图和照相翻拍底版这两个工序合二为一。采用计算机辅助设计软件设计印制电路板图，用数据文件来驱动光学绘图机，使感光胶片曝光，经过暗室操作制成。该方法精度高，质量好，但成本较高。

3. 图形转移

把印制电路板图形转移到覆铜板上，称为图形转移，主要有如下方法。

（1）感光干膜法和液体感光胶法

如图 3-3-2 所示，感光干膜是用来制作印制电路板的一种感光材料，其结构有三层，中间层为具有一定黏度的感光层，对强光特别是紫外光敏感度较高，上下两层均为透明的保护层。

感光干膜法中所用干膜由干膜抗蚀剂、聚酯膜和聚乙烯膜组成。贴膜主要借助贴膜机进行。贴膜时应注意贴膜温度、贴膜压力以及贴膜速度等对贴膜质量的影响。

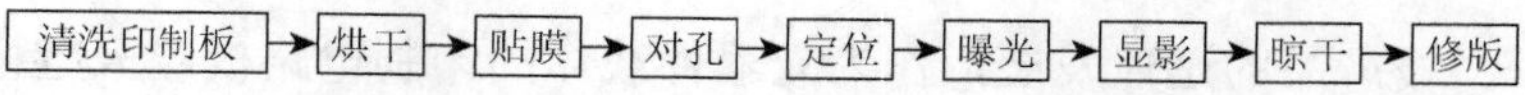

清洗印制板 → 烘干 → 贴膜 → 对孔 → 定位 → 曝光 → 显影 → 晾干 → 修版

图 3-3-2　感光干膜法的主要工艺流程

影响感光干膜制作印制电路板质量的关键因素有两个。一是感光干膜的质量。感光干膜具有一定时间的保质期，如果保存时间过长，其感光膜的黏度会降低（空气湿度较低的地区现象会更为突出），最终会直接影响所制作印制电路板的质量。二是手工贴膜的质量。手工贴膜如果温度低、贴膜不平整，最终将导致所制作印制电路板出现导电图形部分缺损等问题。要控制好曝光时间和显影液的温度。用 30W 左右紫外灯，灯与板距离 10cm 左右时，曝光时间在 6min 左右；显影液的温度在 40℃左右为宜。

液体感光胶法是将抗蚀剂以液态的形式涂敷到经过清洁处理的覆铜箔板的铜表面上，干燥后形成一层有机感光层，把供图形转移用的照相底版覆盖在上面，经曝光后，使得受亮部分的感光材料固化，不再溶解于溶剂之中，起着抗蚀和掩膜的作用。把未感光部分的抗蚀材料冲洗干净，使不需要的铜箔露出来，经蚀刻后就得到所需的电路图形。市场上出售的感光板，是在覆铜板上涂覆一层感光胶。用感光板手工制作印制电路板需要首先去除感光板上的不透明保护层，此后的流程与感光干膜法中的"曝光—显影—晾干—修版"基本一致。其制作的产品电气性能与用感光干膜制作的产品电气性能一致。

（2）丝网漏印法

丝网漏印是一种传统的工艺，它适用于分辨率和尺寸精度要求不高的印制电路板生产工艺中。丝网漏印的第一步是制造丝网模版，其基本方法是把感光胶均匀地涂在丝网上经干燥后直接盖上照相底版进行曝光、显影，从而制出电路图形模版。第二步用油墨通过丝网模版将电路图形漏印在铜箔板上，从而实现图形转移，形成耐蚀刻的保护层，最后经蚀刻，去除保护层后制成印制电路板。该工艺的特点是成本低廉、操作简单、生产效率高、质量稳定，因而被广泛应用于印制电路板制造中。

①制造丝网模版

感光胶的发展使得网版印刷在印制电路板制作领域发展迅速，但印制电路板制作对感光胶却有更高的要求，主要表现在需要更高的解像力，便于进行细线条超精密印刷；更高的感光速度，便于节约能源并提高工作效率；较高的固体含量，利于涂布，特别是较厚版膜的涂布；保存的稳定性，要求感光胶在高温、高湿等环境中依然性能稳定；环保公害小，或者无公害，操作中对身体无危害。一般在发达国家每 3～5 年就会有新型系列的感光胶问世。不过可以预见的是在未来一段时间内，重氮树脂系感光胶仍然将是网印制版的主要类型。随着新材料、新设备、新技术的不断涌现，乳胶和光引发剂的结构将会发生较大改变，以满足更高层次的制版需求。

印制电路板制作要求丝网具有更好的抗张强度，并且丝网吸湿后的变化应尽量小；丝网的伸长率以小为好，但也不能为零，在一定张力（如伸长 3%）下具有足够的弹性。高张力、低伸长的丝网对保证印刷的精度至关重要；丝网的回弹性能优良，这利于印迹边缘的清晰再现；网孔的通过性能良好，利于印制电路板印料的顺利透过；能编织成更高网目数的丝网材料，目前的材料除了不锈钢和进口涤纶丝网外，其他种类的网印精度都比较有限；丝网耐性优异，不仅对温湿度的改变能够保持稳定，同时对化学药品的耐抗性也要不断提高，这样利于满足多样化的印制电路板制作要求。

②丝网漏印

丝网漏印是通过网版印刷来完成的，丝网漏印的原理是将设计好的稿件，制版到丝网上，使丝网上有的地方可以漏墨，有的地方无法漏墨，形成特定的图形。其原理类似于油印机的工作原理。

（3）热转印法

热转印法采用热转移的原理。激光打印机的“碳粉”受激光打印机的硒鼓静电吸引，在硒鼓上排列出精度极高的图形及文字；在消除静电后，这些图形及文字转移于专用热转印纸上；再将该热转印纸覆盖在覆铜板上。热转印纸是经过特殊处理的，通过高分子技术在它的表面覆盖了数层特殊材料的涂层，使其具有耐高温不黏连的特性。当温度达到 180.5℃时，在高温和压力的作用下，热转印纸对融化的墨粉吸附力急剧下降，使融化的墨粉完全吸附在覆铜板上；覆铜板冷却后形成紧固的有图形的保护层，经过蚀刻后即可形成做工精美的印制电路板。

4. 蚀刻

在印制电路板制造的众多工序中，蚀刻是最为重要的工序之一。该工序主要是用蚀刻液将覆铜箔基板上不需要的部分铜箔除去，将需要的部分铜箔保留下来，使之形成所需要的电路图形。控制好蚀刻过程质量是确保整个印制电路板质量和性能的关键。

蚀刻铜过程所用的蚀刻液应具备如下特点：溶液性质稳定、蚀刻快速稳定、溶铜量大、基本无侧蚀、不产生有毒气体、无沉淀、气味小等。全部或部分满足此要求的蚀刻液种类有很多。据不完全统计，自 20 世纪 50 年代以来，蚀刻液经历了约六种类型，即三氯化铁蚀刻液、过硫酸铵蚀刻液、铬酸蚀刻液、亚氯酸钠蚀刻液、碱性氯化铜蚀刻液、酸性氯化铜蚀刻液等。这六种蚀刻液中，前四种随着印制电路板行业的发展，暴露出多种弊端，已逐渐被废弃；后两种性质优良，被印制电路板行业广泛使用。目前，在这后两种蚀刻液中，酸性氯化铜蚀刻液的用量约在 50%以上。

近年来世界各国电子行业的发展很快，传统蚀刻剂大多采用氯化铜类和氯化铵类固体产品。此类产品在蚀刻中要求温度较高，而且对铜和铝的蚀刻时间也较长，因此造成蚀刻成本高等不足，主要用于印制电路板铜和铝的蚀刻，其主要特点有：通过减少侧蚀，改进焊重融及可焊性，获得更好质量的印制电路板；操作条件较宽，操作过程稳定，生产可靠性大；不存在氯液处理难题。回收蚀刻铜既简便又有效，解决了废水处理难题。通过该产品成批蚀刻可大幅度提高印制电路板生产量。

①三氯化铁（$FeCl_3$）蚀刻液，三氯化铁和水可按 1∶2 配制，蚀刻速度与蚀刻液的浓度、温度及蚀刻过程中是否使电路板抖动有关，为保证制板质量及提高蚀刻速度，可采用抖动和加热方法，其蚀刻机理可表示为

$$FeCl_3 + Cu \rightarrow FeCl_2 + CuCl$$

$$FeCl_3 + CuCl \rightarrow FeCl_2 + CuCl_2$$

$$CuCl_2 + Cu \rightarrow 2CuCl$$

②过硫酸铵蚀刻液适用网印抗蚀印料、干膜、金等作抗蚀层的印制电路板，但是它的蚀刻速度和溶铜能力都不如氯化物蚀刻液高，易分解，成本高。其蚀刻机理可表示为

$$(NH_4)_2S_2O_8 + Cu \rightarrow 2CuSO_4 + (NH_4)_2SO_4$$

③铬酸蚀刻液对电镀锡铅合金抗蚀层的印制电路板有良好蚀刻效果，但络酸属于“三废”国家排标第一类有害物，对人和动植物均有害。其蚀刻机理可表示为

$$2Cu + O_2(\text{加热}) \rightarrow 2CuO$$

$$CuO + H_2CrO_4(\text{加热}) \rightarrow CuCrO_4 + H_2O$$

④亚氯酸钠蚀刻液可用于双面板蚀刻，在低酸的情况下工作蚀刻速率容易控制，侧蚀小，溶铜量大，易再生和回收，减少污染。其蚀刻机理可表示为

$$3Cu + NaClO_3 + 6HCl \rightarrow 3CuCl_2 + 3H_2O + NaCl$$

⑤碱性氯化铜蚀刻液中的 Cu^{2+}浓度、pH、氯化铵浓度以及蚀刻液的温度对蚀刻速率均有影响。其蚀刻机理可表示为

$$CuCl_2 + 4NH_3 \rightarrow Cu(NH_3)_4Cl_2$$

$$Cu(NH_3)_4Cl_2 + Cu \rightarrow 2Cu(NH_3)_2Cl$$

⑥酸性氯化铜蚀刻液在蚀刻过程中，酸性氯化铜蚀刻液中的 Cu^{2+}与铜箔作用生成 Cu^{+}，Cu^{+}浓度不断升高，Cu^{2+}浓度不断降低，蚀刻能力随之降低。酸性氯化铜蚀刻液包含多种体系，常见的有：$HCl/CuCl_2$、$HCl/CuCl_2/NaCl$、$NH_4Cl/CuCl_2$ 等。其蚀刻机理可表示为

$$Cu + CuCl_2 \rightarrow Cu_2Cl_2$$

$Cu_2Cl_2 + 4Cl^{-} \rightarrow 2[CuCl_3]^{2-}$（添加盐酸形成过量 Cl^{-}，减少电路板表面蚀刻残留物）

此外，实验室蚀刻还有

⑦盐酸双氧水蚀刻液，操作简便，速度快，成本低等特点。其蚀刻机理可表示为：

$$2H_2O_2 + 4HCL + Cu \rightarrow CuCl_2 + Cl_2\uparrow + 4H_2O$$

⑧过硫酸钠（$Na_2S_2O_8$）蚀刻液，过硫酸钠和水可按 1∶3 配制，蚀刻液呈酸性，对皮肤有一定的伤害，建议用竹镊子操作，并对人体采取防护措施（如橡胶手套）。其蚀刻机理可表示为

$$Na_2S_2O_8 + Cu \rightarrow Na_2SO_4 + CuSO_4$$

或

$$2Na_2S_2O_8 + 4H_2O + 3Cu = 2Na_2SO_4 + 3CuSO_4 + 4H_2\uparrow$$

5. 钻孔

分为外形加工和孔加工。如果蚀刻好的印制电路板已经是剪切过的单个小板，就可以直接进行孔加工了。但在批量生产中采用单个小板，印制定位困难，影响产品质量。因而常将几块不同种类的印制电路板制作在一块大板上，一并进行印制和蚀刻加工，最后再将各印制电路板剪切分开。印制电路板的机械加工步骤分为外形加工和钻孔。外形加工可用剪床把蚀刻好的印制电路板剪开，剪切时，铜箔面向上；钻孔根据工具不同分为手工加工和数控加工两种。

钻孔是印制电路板制作中一个主要工艺。随着现代电子产品日益向便携式、小型化、高集成、高性能的趋势发展，对印制电路板小型化提出了越来越高的需求，提高印制电路板小型化水平的关键就是越来越窄的线宽和不同层面线路之间越来越小的微型过孔和盲孔。

（1）台钻

台式钻床简称台钻，如图3-3-3所示，是一种体积小巧，操作简便，通常安装在专用工作台上使用的小型孔加工机床。台钻钻孔直径一般在13mm以下。其主轴变速一般通过改变三角带在塔型带轮上的位置来实现，主轴进给靠手动操作。钻孔时，钻头进给速度不要太快，以免焊盘出现毛刺。

台钻操作技巧如下。

①主轴转速的调整：需根据钻头直径和加工材料的不同选择合适的转速。调整时应先停止运转，打开罩壳，用手转动带轮，并将V形带挂在小带轮上，然后再挂在大带轮上，直至将V形带挂到适当的带轮上为止。

②工作台上下、左右位置的调整：先用左手托住工作台，再用右手松开锁紧手柄，并摆动工作台使其向下或向上移动到所需位置，然后再将锁紧手柄锁紧。

图3-3-3　台钻

③主轴进给调整位置：主轴的进给是靠转动进给手柄来实现的。钻孔前应先将主轴升降一下，以检查工作放置高度是否合适。进给机构设有定深装置，应根据加工需要调整钻孔深度，先松开滚花捏手（或松开锁紧螺钉），使钻刃接触工件表面，转动刻度盘，至钻孔所需位置，再紧固滚花捏手（或锁紧固定螺钉）。

④选取适合的钻头、钻夹头，用专用松紧钥匙装卸，安装并夹紧。

⑤钻薄板需加垫木板。

台钻安全操作规程如下。

①操作人员必须佩戴护目镜、穿工作服、戴工作帽、扎紧袖口，头发长的应盘在工作帽内，不能戴手套工作。

②工件要用夹具夹紧。钻小件时，应用专用工具夹持，防止被加工件带起旋转。

③钻孔集中精力操作，要缓慢进刀。

④工作中发现有不正常的响声，必须立即停车检查排除故障。

⑤工作后应及时清除钻床表面的切屑，严禁直接用手或用棉纱擦拭，应该用刷子清理。

⑥切断电源。

（2）激光钻孔

传统的机械钻孔（最小的尺寸为100μm）已不能满足工业生产要求，取而代之的是一种新型的激光微型过孔加工方式。在国外，目前激光在印制电路板微孔制作和印制电路板直接成型方面的研究已成为激光加工应用的热点，利用激光制作微孔及印制电路板直接成型与其他加工方法相比其优越性突出，具有极大的商业价值。激光钻孔是无接触加工，对工件无直接冲击，不存在机械变形；激光钻孔不使用机械钻孔中的刀具，无切削力等作用于工件；由于激光钻孔中激光束能量密度高，加工速度快，并且是局部加工，对非激光照射部位没有或影响极小。因此，激光钻孔热影响区域小，工件热变形小后续加工最少；激光束易于导向、聚焦、实现方向变换，极易与数控系统配合、对复杂工件进行加工，因此激光钻孔是一种极为灵活的加工方法；激光钻孔生产效率高，加工质量稳定可靠。目前用于印制电路板钻孔的激光主要有 CO_2 激光、紫外线（UV）钕-钇铝石榴石（Nd-YAG）激光，以及兼具 CO_2 和 UV 的激光等。在激光钻孔中，激光是一种激发的强力光束，其中红外光或可见光具有热能，紫外线另具有化学能。对板材所产生的作用可分为光热烧蚀、光化裂蚀、脉冲能量等。

CO_2 激光是目前印制电路板钻孔中应用最广泛的一种激光，它可加工直径 40μm 的微孔。CO_2 激光钻孔的基本原理是：CO_2 气体在增加功率及维持放电时间下，产生波长 9 400～10 600nm 的实用脉冲式红外激光，它具有能够穿透绝大多数的有机物材料表面到内部的特性。常用的 CO_2 激光器使用效果较理想的波长是 9400nm，这种 CO_2 激光器可钻孔径 40～200μm 的微孔（但根据实用经验，孔径大于 100μm 的微孔用 CO_2 激光钻合算，小于 100μm 微孔用紫外激光好），孔深比可达 1∶1，钻孔速度可达 3 孔/s。对钻孔的激光束要整形，一般一个孔要钻 2～3 次，以保证孔底平整。

目前在印制电路板制作中应用的激光钻孔工艺，主要包括以下几种。

①开铜窗法。先在内层板上复压一层涂树脂铜箔（RCC），通过光化学方法制成窗口，然后进行蚀刻露出树脂，再采用激光烧除窗口内基板材料即形成微盲孔。例如，先做 FR-4 的内层核心板，使其两面具有已黑化的线路与底垫，然后再各压贴一张涂树脂铜箔。此种 RCC 中铜箔厚约 17μm，胶层厚约 80～100μm（3～4mil）。然后利用 CO_2 激光光束，根据蚀铜底片的坐标程式去烧掉窗内的树脂和残渣，再对钻孔进行修正，即可挖空到底垫而成微盲孔。

②开大铜窗法。开铜窗法成孔的孔径与所开的窗口直径相同，如果操作稍有不慎就可能与所开窗口的位置产生偏差，而一旦窗口位置偏差，就会导致成孔的盲孔位置走位致使与底垫中心失准的问题。该铜窗口的偏差有可能与基板材料涨缩和图像转移所采用的底片变形有关，大板面上不太容易彻底解决。为解决这个问题，可采取开大铜窗口的工艺方法，就是将铜窗口直径扩大到比底垫还大 0.05mm 左右（通常按照孔径的大小来确定，如当孔径为 0.15mm 时，底垫直径应在 0.25mm 左右，其大窗口直径为 0.30mm），然后再进行激光钻孔，即可烧出位置精确对准底垫的微盲孔。开大铜窗法的主要特点是选择自由度大，也就是在大窗口备有余地的情况下，让孔位获得较多的弹性空间。进行激光钻孔时可选择另按内层底垫的程式去成孔。于是激光光束得以另按内层底垫的程式去成孔，而不必完全追随窗位去烧制明知已走位的孔。这就有效地避免了由于铜窗口直径与成孔直径相同时造成的偏位而使激光点无法对准窗口，使批量大的大拼板面上出现许多不完整的半孔或残孔的现象。

③树脂表面直接成孔法。此方法中包含了几种不同的方法。例如，按开铜窗法在内层板上压涂树脂铜箔的方法进行，但却不开铜窗而将铜箔全部蚀刻去掉，若就制程本身而言此法反倒便宜。之后可用 CO_2 激光在裸露的树脂表面直接烧蚀成孔，再继续按照镀

覆孔工艺进行孔微化处理成孔与成线。这种方法由于树脂上已有铜箔压出的众多微坑，故其后续成垫成线之铜层抗撕强度比感光成孔板类（靠高锰酸钾对树脂的粗化）要好得多，但成孔仍不如真正的铜箔来得结实牢靠。这种方法虽可避免影像转移的成本与工程问题，但也要在高锰酸钾除胶渣等方面解决不少难题，其最大的难处仍是焊垫附着可靠度的不足。此外直接成孔法还可采用FR-4半固化片和铜箔以代替涂树脂铜箔的相类似制作工艺方法、涂布感光树脂后续层压铜箔的工艺方法、采用干膜作介质层与铜箔的压贴工艺方法、涂布其他类型的温膜与铜箔覆压的工艺方法等进行。

④超薄铜箔皮直接烧穿法。内层芯板两面压贴涂树脂铜箔后，可采用半蚀法将其原来约17μm的铜皮咬薄到只剩5μm左右，然后进行黑氧化处理，就可采用CO_2激光直接成孔。这种方法的基本原理就是经黑氧化处理的表面会强烈吸光，并且有超薄铜层，在提高CO_2激光的光束能量的前提下，就可以直接在超薄铜箔与树脂表面成孔。但要确保半蚀方法能获得厚度均匀一致的铜层还是比较困难的，所以制作时要格外小心。鉴于此，已有铜箔业者在此可观的商机下，提供特殊的背铜式可撕性材料（UTC）的超薄铜箔，其铜箔厚度大约只有5μm（如日本三井之可撕性UTC）。其做法是将UTC棱面压贴在核心板外的两面胶层上，再撕掉厚支持用的背铜层，即可得到具有超薄铜箔的半成品。随即在续做黑化的铜面上完成激光盲孔，并还可洗掉黑化层进行PTH（金属化孔）化铜与电铜。此法不但可直接完成微孔，而且在细线制作方面，也因基铜超薄而大幅提升其优良率。

6. 表面处理与过孔去污处理

印制电路板经钻孔后，因钻孔参数、钻头的寿命等各种因素的不同，印制电路板上各种孔会出现不同程度的披锋。当产生披锋后需要用砂纸打磨。

7. 金属化孔

金属化孔又指孔金属化。印制电路板孔金属化技术是印制电路板制造技术的关键之一。金属化孔是指顶层和底层之间的孔壁上用化学反应将一层薄铜镀在孔的内壁上，使得印制电路板的顶层与底层相互连接。

8. 助焊膜和阻焊膜涂覆

（1）助焊膜

在电路图形表面喷涂助焊剂，既可以保护镀层不被氧化，又可提高可焊性，松香水是最常用的助焊剂。

（2）阻焊膜

除了焊盘外，印制电路板的其他部分涂覆阻焊层，作用是防止焊盘熔化的焊锡往线条上流，造成焊接时搭焊、桥接等。阻焊膜是印制电路板印制电路的一层保护膜，一般是绿色树脂油墨，也称阻焊绿油，如图3-3-4所示。

①常用的阻焊油墨主要有热固化和紫外光固化两种类型。其中，紫外光固化型阻焊油墨有许多优点，具体如下。

a. 无溶剂，挥发性小。

b. 毒性低，能改善生产操作环境。

c. 固化温度低，不会使基板尺寸改变和造成翘曲现象。

d. 干燥速度快，适应自动或半自动流水线作业。

②制作绿油阻焊膜的操作步骤如下。

a. 打印印制电路板焊盘图：在透明胶片上用喷墨打印机打印焊盘图（只打焊盘和板子边框）。

b. 涂绿油：将印制电路板放在丝网印刷设备的丝网下面，用刮刀蘸取适量绿油在丝网上面刮涂，给下面的印制电路板均匀涂上一层绿油。

c. 预固化：将第一步准备好的透明胶片贴在涂好绿油的印制电路板上（一定要对好焊盘位置）上面再盖一块干净的玻璃，并用小夹子夹好，然后送入紫外光固化机中固化。固化程度不能太深，应该控制到除焊盘外的其余地方的绿油刚好固化，而焊盘图覆盖下的绿油不能固化。这一步非常关键，必须根据设备的情况反复试验，才能控制到最佳。我们使用的是小型传送带式固化机，灯管功率 2kW，灯管高度 15cm，传送带速度设在 4 挡（最高 10 挡）。

d. 擦洗：将预固化后的印制电路板取出，检查确认固化程度合适后，用粗布沾有机溶剂（酒精、汽油、洗网水等）进行擦洗，将焊盘处未固化的绿油擦去，露出焊盘。

e. 完全固化：将擦洗好的印制电路板再次送入紫外固化机中，慢速通过（传送带速度设在 2 挡），使绿油阻焊膜完全固化。可以用 6H 铅笔检验，划不上印痕为合格。

制作绿油阻焊膜操作的难点在于预固化。由于绿油在不同材质的覆铜板上附着力不同，有时会出现绿油起泡、黏附在胶片上被带起等现象。如果发生该现象，可以给印制电路板涂绿油之前先涂一层松香水，增加印制电路板对绿油的黏附力，或者在胶片与绿油结合面涂一层硅油，可以有效避免掀起胶片时带起绿油的现象发生。图 3-3-4 为印上阻焊绿油的印制电路板。

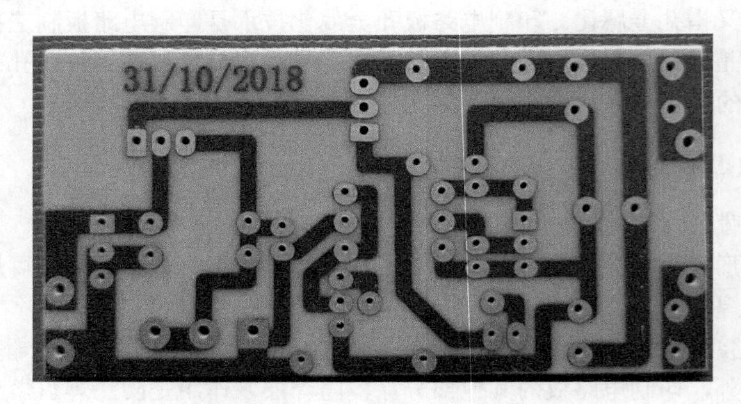

图 3-3-4　印上阻焊绿油的印制电路板

9. 标记油墨的印刷

元器件标记一般是用白色或其他颜色油墨在印制电路板的元器件安装面进行印刷，如图 3-3-5 所示。印制电路板上印刷元器件标记，一是为元器件安装提供方便；二是为日后维修提供方便。印制电路板上印刷元器件标记有两种工艺。①工艺 A：仍然使用喷墨打印机在光面热转印纸上将元器件标记图打印出来，然后用热转印的方式把图形符号转到印制电路板上。这种工艺最为简便快捷，非常适合学生，一张印制电路板图只用一块板子。只是图形符号是黑色的，如果覆铜板颜色也较深的话显得不够清晰。②工艺 B：使用针式打印机在办公用打字蜡纸上打印元器件标记图，然后用类似于手工印刷文件的方式将白色油墨透过丝网和蜡纸漏印到印制电路板上，最后在红外线干燥机中烘干即可。这种工艺印制的元器件标记基本接近正规产品，而且一张蜡纸可以印制几块印制电路板，既经济实用，又简单快捷。

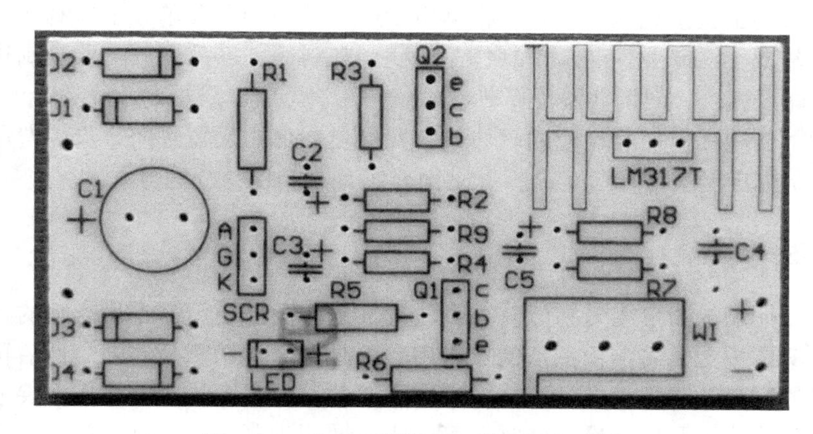

图 3-3-5　印上元器件标记的印制电路板

为了标明元器件的安装部位，要用标记油墨在印制电路板表面印制符号，符号印刷完毕后印制电路板才算制作完成。标记油墨分光固型和热固型两大类，而每类又分成单组份和双组份两种。印制电路板要求两面（即插件面和焊接面）都要进行网印标记油墨。不同类型的油墨成膜厚度会有差异，成膜厚度对印制电路板的质量有相当大的影响。油墨成膜厚度与诸多工艺因素有关，因此要综合各种因素，根据实际操作来控制膜层厚度。网版印刷除了在以上几个领域应用外，还在阻焊膜印刷、精细印制电路板印刷等领域应用广泛。如今虽然网版印刷在印制电路板制造中的地位已经无可取代，连最高级、最精细的印制电路板制作它都可以应对。但是印制电路板制造的复杂精细程度也在与日俱增，所以这就对网版印刷技术提出了更高的要求。

10. 化学镀锡

在印制电路板经过热转印、蚀刻工序后，印制电路已经形成。化学镀锡是在铜箔导线和焊盘表面镀上一层锡。镀锡的作用一是防止铜箔氧化变黑，起保护作用；二是增加安装元器件时的可焊性，提高焊接质量；三是增加铜箔厚度，提高印制导线的承载电流能力。因此，蚀刻好的印制电路板最好镀上锡，尤其是使用表面贴装技术的印制电路板和有过孔的双面印制电路板。经对比试验后，我们最终选择了一种可连续施镀的化学浸镀工艺，在施镀过程中发生的是一种自催化反应，镀层厚度可达 100μm 以上。

3.4 印制电路板实验室制作

3.4.1 制板常用方法

印制电路板是电子线路的载体，它将各种电子元器件组合装配在一起，从而实现电路的整体功能，是电子制作的必备材料，既起到元器件的固定安装作用，又起到元器件相互之间的电路连接作用，也就是说只要有元器件就一定需要印制电路板，而印制电路板不可能从市场上直接选购，一定要根据电子产品的不同需要单独生产制作。电子厂印制电路板通常要委托专业生产厂家制作，但我们在科研、产品试制、业余制作、学生的毕业设计、课设大赛、创新制作等环节中只需一两块印制电路板时，委托专业厂家制作，不仅周期长、费用高，而且不便随时修改。实验室如何用最短时间、最少费用、最简单的办法加工制作出精美的印制电路板？下面介绍几种简便易行的方法。

1. 传统雕刻法

将设计好的铜箔图形用复写纸复写到覆铜板铜箔面，使用钢锯片磨制的特殊雕刻刀具，直接在覆铜板上沿着铜箔图形的边缘用力刻画，尽量切割到深处，然后再撕去图形以外不需要的铜箔，再用手电钻打孔就可以了。此法的关键是刻画的力度要够撕去多余铜箔，要从板的边缘开始，操作好时，可以成片地逐步撕去，也可以使用小的尖嘴钳来完成这个步骤。一些小电路实验板适合用此法制作。

2. 贴胶制板法

（1）方法Ⅰ

电子商店有售一种“标准的预切符号及胶带”，预切符号常用规格多种，最好购买纸基黑色材料，塑基红色材料尽量不用。可以根据电路设计版图，选用对应的符号及胶带，粘贴到覆铜板的铜箔面上。用软一点的小锤，如光滑的橡胶、塑料等敲打图贴，使之与铜箔充分黏连，重点敲击线条转弯处、搭接处，天冷时，最好用取暖器使表面加温以加强黏连效果。

（2）方法Ⅱ

将整张不干胶纸（或胶带）覆盖整块覆铜板，然后剥去并裸露出焊盘和线条以外的部分。用（Protel 或 Altium Designer）等设计软件绘出印制电路板图，用针式打印机输出到不干胶纸，将不干胶纸贴在已做清洁处理的覆铜板上，用切纸刀片沿线条轮廓切出，将需蚀刻部分纸条撕掉投入三氯化铁溶液中蚀刻，清洗，晾干，此法类似雕刻法，但比雕刻法要省不少力气，且能保证印制导线的美观和精度。

（3）方法Ⅲ

把不干胶纸或包装用的黄色胶带裁成不同宽度贴在覆铜板上，覆盖焊盘与印制导线，裸露不需要的铜箔，检查无误，并确认已粘牢，蚀刻，工艺流程如图 3-4-1 所示。

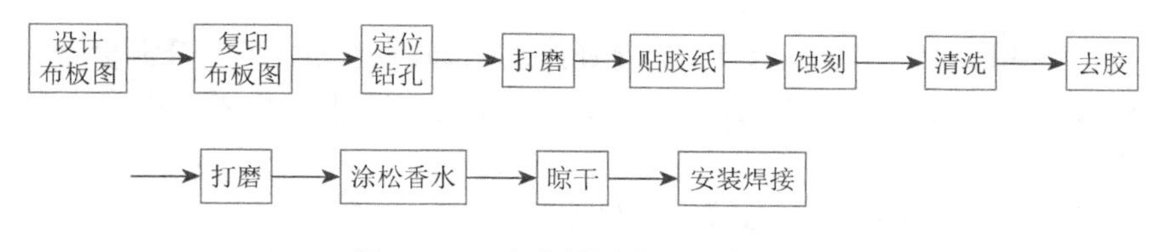

图 3-4-1　贴胶制板法工艺流程图

①设计布板图：需要设计焊接面图（从焊接面看过去的图），而且为了后续贴胶方便，线条尽量走直线。

②复印布板图：用细砂纸将覆铜板表面擦光亮，用复写纸将设计好的布板图复印到覆铜板铜箔面上，焊盘中心用点表示焊盘，线条中部用直线表示连线进行复印。覆铜板尺寸尽量与设计图纸相符，并将复写纸裁成与覆铜板一样大小。为了防止在复印过程中图纸产生移动，可用胶纸将图纸左右两端与覆铜板贴紧。

③定位钻孔：一般插孔为 Φ0.8～Φ1mm 左右，采用 Φ1mm 的钻头较适中，如果钻孔太大将影响焊点质量，但对于少数元器件脚较粗的插孔，例如电位器、LM317 以及 TIP42 的脚孔，则需用 Φ1.2mm 以上的钻头钻孔。

④打磨：用细砂纸打磨孔周围毛边，但尽量不要打磨复印过来的布线图。

⑤贴胶纸：用刀片将胶纸裁成 0.5～2.0mm、3～4mm 等多种宽度，根据线条所通过的电流大小及线条间隙适当选择线条的宽窄。一般只需采用 2～3 种宽度的胶纸条即可，为了保证制作质量，尽可能不要采用过宽或过窄的，需要钻孔的线条，其宽度应在 1.5mm 以上，才会在钻孔时将线条钻断。贴胶时还应注意控制各相邻线条的间隙不要太小，否则容易造成线条间短路，贴胶时胶纸终端一定要超过钻孔 1mm 左右，这样才能保证焊盘质量。贴完胶后，应在板上垫放一张厚纸，用手掌在上面压一压，使全部贴胶与覆铜板粘贴得更加牢靠。必要时还可用吹风筒加热，使贴胶粘贴得更加牢固包装用的黄色胶带，具有很好的黏性，而且胶纸又薄，故采用这种贴胶进行制板，效果较好，不须再作加热处理。

⑥蚀刻：一般采用三氯化铁溶液作蚀刻液，蚀刻速度与蚀刻液的浓度、温度及蚀刻过程中是否使印制电路板抖动有关，为保证制板质量及提高蚀刻速度，可采用抖动和加热方法。

⑦表面处理：表面处理包括清洗、去胶、打磨、涂松香水。蚀刻完成后，应用自来水冲洗干净，再将胶纸撕掉，抹干，再用细砂布将覆铜板铜箔面擦至光亮，然后立即涂上松香水。松香水是用松香粉末与酒精按一定比例配制而成，其浓度应适中，手感有一定黏性即可。松香水的作用是防氧化、助焊及增加焊点的光亮度。

3. 手工描绘制板法

手工描绘制板法就是用笔将印制图形画在覆铜板上，然后再进行化学蚀刻。手工描绘法的制板流程同贴胶法，其区别就在于此方法使用油性笔代替贴胶。其余工艺顺序和方法均相同。其主要步骤如下。

①将设计好的印制电路板图按 1∶1 画好，然后通过复写纸印到覆铜板上。

②用耐水洗、抗蚀刻的材料涂描焊盘和印制导线，可选用油漆、松香水、油性记号笔（必须是油性）。

③检查无断线、无短接、无漏线、无砂眼后，晾干，蚀刻。

此法看似简单，实际操作起来很不容易。现在的电子元器件体积小，引脚间距更小至毫米量级，铜箔走线也同样细小，而且画上去的线条还很难修改，所以“颜料”和画笔的选用非常关键。我们可以用红色指甲油装在医用注射器中，描绘印制电路板，效果不错，但针头的尖端要适当加工。也有人介绍用漆片溶于无水酒精中，使用鸭嘴笔勾画，具体方法如下：将漆片（又称虫胶，化工原料店有售）一份溶于三份无水酒精中，并适当搅拌，待其全部溶解后，滴上几滴医用紫药水，使其呈现一定的颜色，搅拌均匀后，即可作为保护漆用来描绘印制电路板；用细砂纸把覆铜板擦亮，然后采用绘图仪器中的鸭嘴笔进行描绘，鸭嘴笔上有调整笔划粗细的螺母，笔划粗细可调，并可借用直尺、三角尺描绘出很细的直线，且描绘出的线条光滑、均匀，无边缘锯齿，给人以顺畅、流利的感觉，同时还可以在印制电路板的空闲处写上汉字、英语、拼音或符号。若向周围浸润，则是浓度太小，可以加一点漆片，若浓度太稠，则拖不开笔，需滴上几滴无水酒精。万一描错，只要用小棉签蘸上无水酒精，即可方便地擦掉，然后重新描绘即可；绘好后，即可在三氯化铁溶液中蚀刻。印制电路板蚀刻好后，去漆也很方便，用棉球蘸上无水酒精，就可以将保护漆擦掉，晾干，就可随之涂上松香水使用。由于酒精挥发快，配制好的保护漆应放在小瓶中（如墨水瓶）密封保存，若在下次使用时发现浓度变稠了，只要加上适量无水酒精即可。

4. 热转印制板法

热转印制板法工艺流程如图 3-4-2 所示。此方法制板流程同丝网漏印法的区别在于丝网漏印法图形转印用的是丝网漏印。其余工序完全一样。适用于计算机辅助设计的印制电路板，制作精度高（最小线宽可达 15mil，间距可达 10mil）、用时短（约 20min）、成本低、操作方法简单，不受板面尺寸和复杂程度的限制，非常适合电子爱好者的业余制作和学生的课题设计、毕业设计、比赛、创新设计等活动，是实验室制作少量实验印制电路板的最佳选择之一。

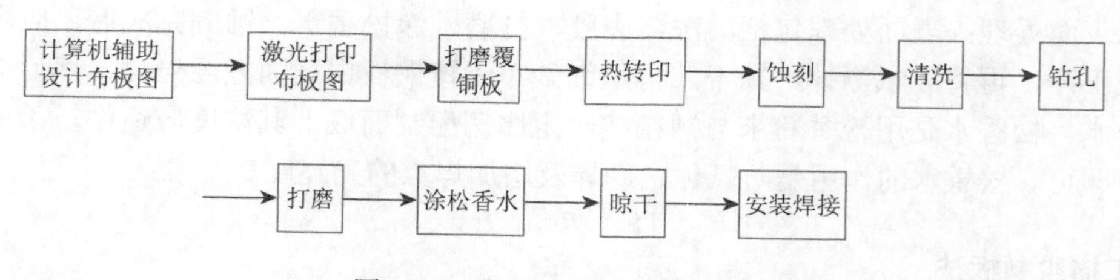

图 3-4-2　热转印制板法工艺流程

（1）计算机辅助设计

用 Protel、Altium Designer 或其他印制电路板绘图软件画出所需要的印制电路板图，需要设计元器件面图，如图 3-4-3 所示。尽量单面印制板设计，无法布通时可以考虑跳线。此外，可以用插入字符串方式将学生信息放到印制电路板空白的地方，与线条一样放于底层，并且需要镜像，即“bottom layer”的字翻转过来写。

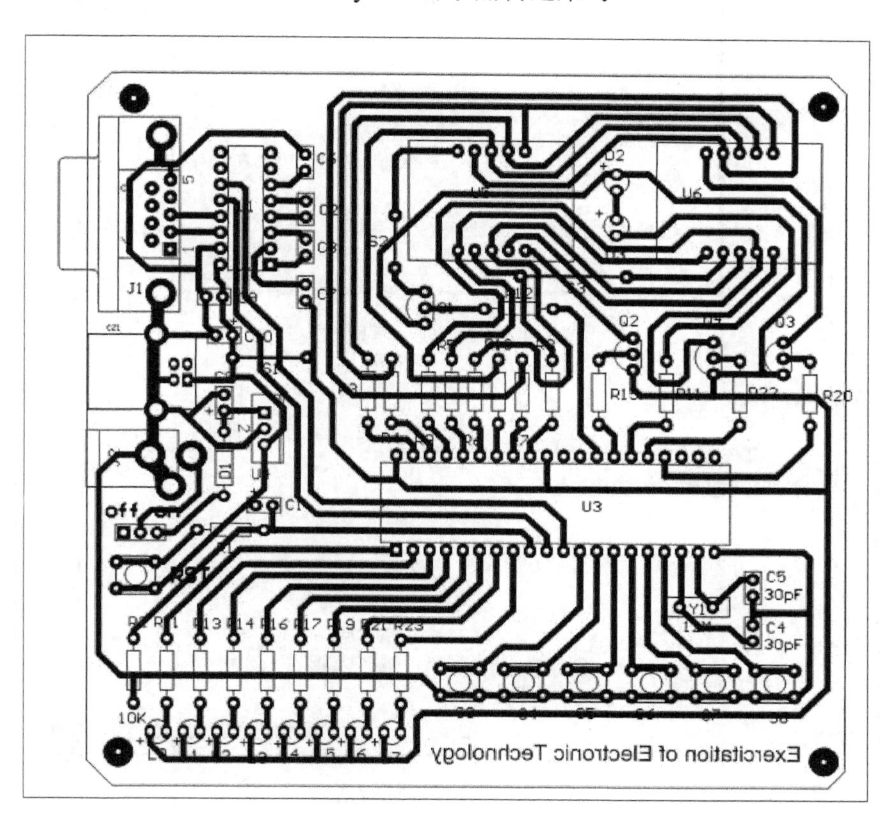

图 3-4-3　元器件面图

（2）激光打印布板图

利用激光打印机，将用 Protel 或 Altium Designer 设计好的印制电路板图形打印到热转印纸上或透明胶片上，按 1∶1 的比例打印元器件面图，且不要打印顶层丝印图。只需要打印“Bottom Layer”“Multi-Layer”“Keep Out Layer”层。

打印属性设置具体如下：在菜单里选择“File”中选择“页面设计”，如图 3-4-4 所示，缩放比例中的刻度模式选“Scaled Print”，刻度选“1.00”，颜色设置设为“Mono”；然后选择“高级的”选项弹出的对话框如图 3-4-5 所示，在“Printouts&Layers”中仅保留 Top Layer 或 Bottom Layer，Keep-Out Layer 和 Muti-Layer 层，将该对话框中的“Printout Options”选项中的“Holes”选中，若制作的是双面印制板则在打印顶层（即“Top layer”）时须将“Mirror”选中。

页面设计设置好后，用激光打印机将板图按 1∶1 的比例打印在热转印纸上，如图 3-4-6 所示。为了节约纸张，打印前先把要打的图进行拼图排版，排满一张 A4 纸，如图 3-4-7 所示。

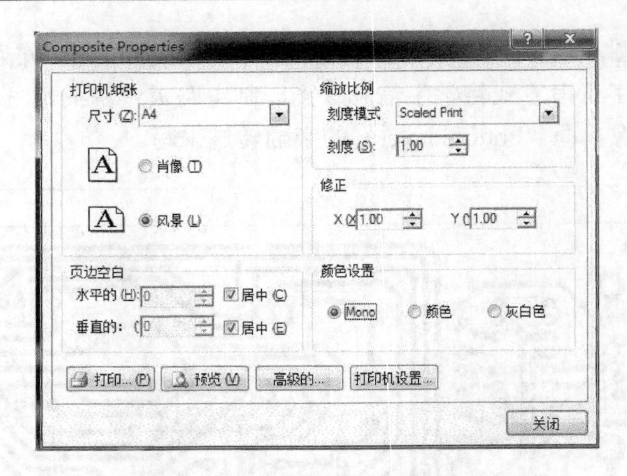

图 3-4-4　页面设计对话框

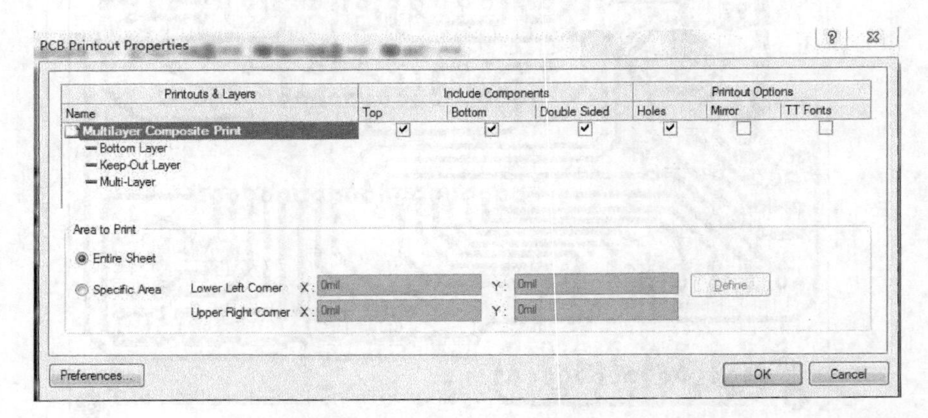

图 3-4-5　高级选项对话框

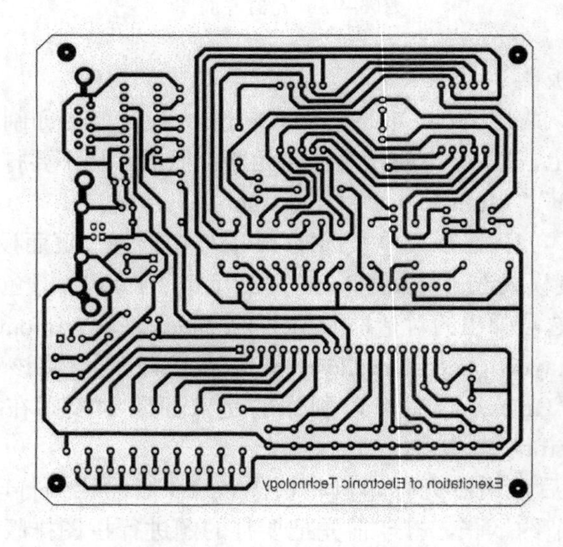

图 3-4-6　打印效果图

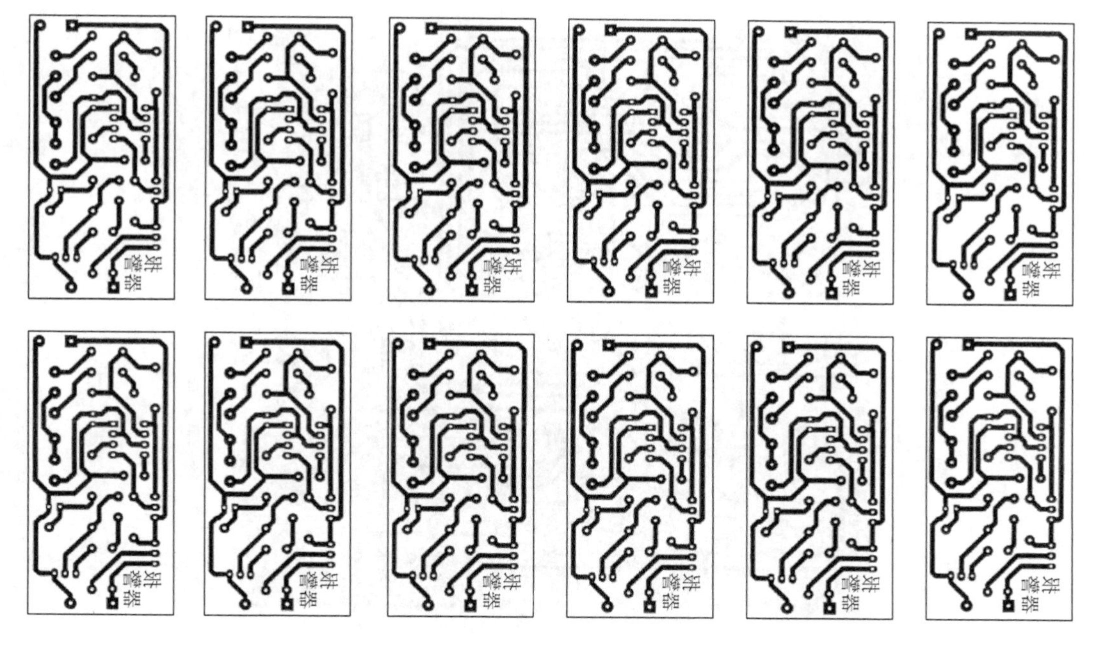

图 3-4-7　拼图打印

（3）打磨覆铜板

首先用细砂纸将覆铜板上的氧化层打磨掉，然后将印制电路板按实际大小裁好，并将边缘突起的毛刺用砂纸或砂轮打磨光滑，如图 3-4-8 所示。

（4）热转印

将打印出来的元器件面图附到处理过的覆铜板表面，使打印好的图形面与覆铜板的铜箔面紧密贴合，并用胶带固定，防止转印时错位。转印纸以适当的温度加热（170℃左右，不同转印机的选取的温度有差异），转印纸上原先打印上去的碳粉图形就会受热融化，使融化的墨粉完全吸附在覆铜板上，电路图形就转移到覆铜板上面，形成耐蚀刻的保护层，完成转印。加热完成后不要立即去揭转印纸，否则可能将油墨一起揭下，前功尽弃。应先让它自然冷却或用风扇快速冷却，然后从一角小心翼翼地揭掉转印纸，这时可以看到转印纸上的墨粉完全转移到覆铜板上了，如图 3-4-9 所示。若有个别线路不清晰，可用油性笔修补断线、砂眼，检查无缺陷，然后再蚀刻。

图 3-4-8　打磨后的覆铜板

在应用集成电路较多的电路中，单面印制板往往满足不了布线的要求（交叉线较多），只能双面布线，需要制作双面印制板，则需要将印制电路板布线图的顶层和底层图形分别打印在一张对折转印纸的两个面上，并注意在顶层和底层图形上放置对位线或对位孔，以保证制作出来的双面印制板上的每个过孔完全对齐。在双面印制板中“过孔”需要金

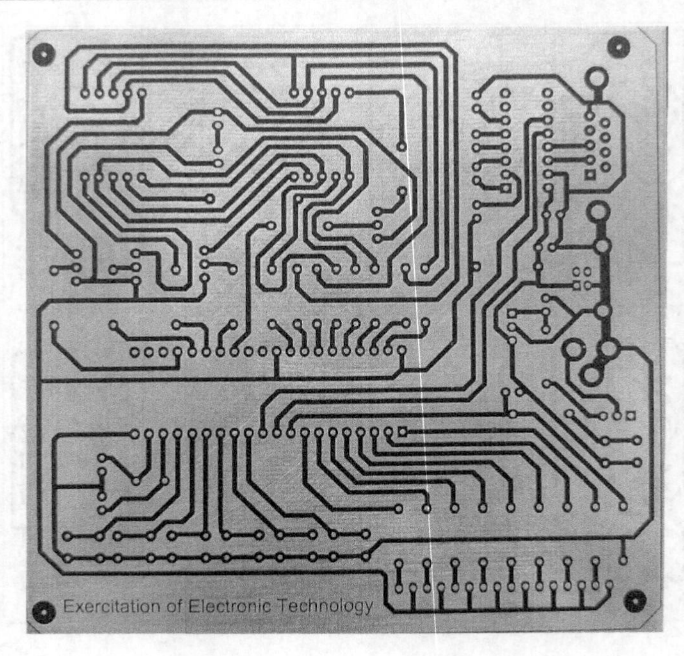

图 3-4-9　转印效果图

属化，即把不导电的孔变为导电孔。孔金属化工艺复杂，对药液的成分、浓度、温度、酸碱度及孔壁的光洁度等都有严格要求，所以在业余制作中很难保证金属化孔的质量以至于会影响整机调试。为保证电子制作的可靠与成功，我们主张在制作双面印制板中不采用金属化孔的工艺，用细导线（如多股线中的一根）穿过焊盘孔，上下用焊锡连接即可，双面印制板制作中所需要的各个环节与单面印制板完全一致，按单面印制板的制作流程即可实现。

在没有转印机时，用电熨斗加热也可以代替转印机，只要细心实验几次，也能成功。但易造成受力受热不均匀而造成转印效果变差。

（5）蚀刻

将转印后的覆铜板放入蚀刻液（40%的三氯化铁和 60%的温水）进行蚀刻，将转印成功后的印制电路板铜箔面向上，不断均匀摇动，边摇边观察，直到蚀刻完成。能否快速地蚀刻成功诀窍就在于不断地摇动。蚀刻完成后的印制电路板，用水清洗擦干即可，蚀刻完成的印制电路板图利用了激光打印机墨粉的防蚀刻特性，通过蚀刻液蚀刻后将设计好的电路留在覆铜板上面，从而得到印制电路板图，如图 3-4-10 所示。

蚀刻液也可以选用双氧水、盐酸、水（摩尔质量比为 2∶1∶2）混合液，蚀刻过程快捷，蚀刻液清澈透明，容易观察印制电路板被蚀刻的程度。

（6）钻孔

取出蚀刻完成的印制电路板后，用水洗干净，对印制电路板进行钻孔，钻完孔后如图 3-4-11 所示。在钻孔时，视元器件引脚的大小一般会用到 0.8～1.4mm 范围内的钻头。

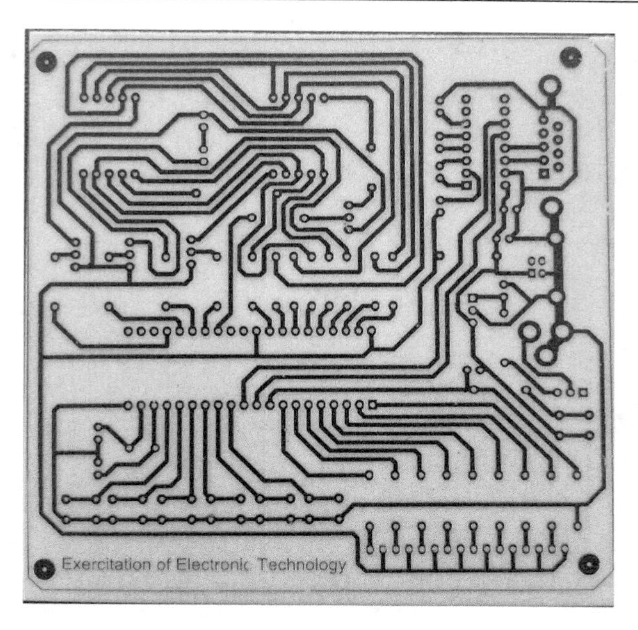

图 3-4-10　蚀刻后效果图

（7）表面处理

用丙酮或汽油等有机溶剂清洗印制电路板上的黑色碳粉，或用湿的细砂纸或钢丝球打磨去掉表面的墨粉；打磨后将水擦干，在铜箔上涂抹一层助焊剂即松香水来提高铜箔与焊锡的焊接强度，如图 3-4-12 所示。松香水的制备方法是将购买的松香块碾压成粉末，然后与适量酒精混合摇匀即可。凉干后，可进行安装焊接。安装焊接成品如图 3-4-13 所示。

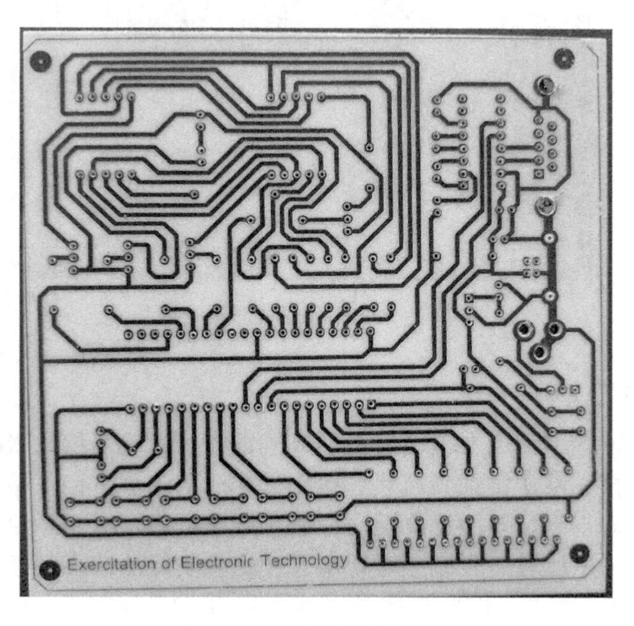

图 3-4-11　钻孔后效果图

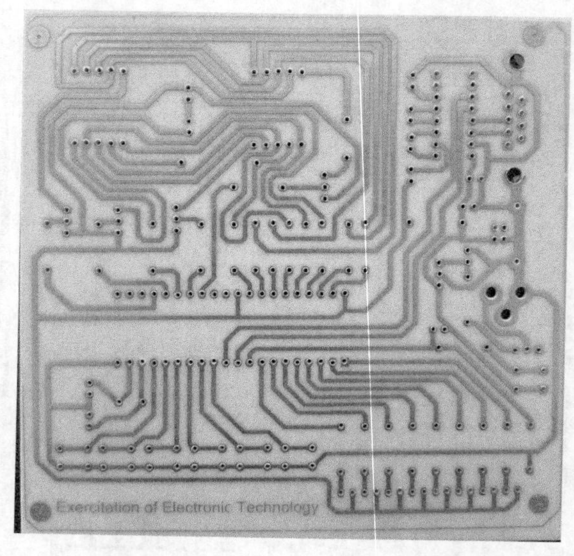

图 3-4-12 清洗、打磨、涂松香水后效果图

图 3-4-13 完成安装焊接成品

5. 丝网漏印制板法

把设计好的电路图形印刷在覆铜板上形成抗蚀膜，这就是抗蚀膜印刷；丝网漏印制板法即在覆铜板上预先网印抗蚀膜，然后用化学方法将未被抗蚀剂覆盖的部分蚀刻掉，随后脱去抗蚀膜，即得到需要的导电图形。在网版印刷中可选用涤纶丝网或不锈钢丝，这两种丝网的印刷精度比较高。制版可采用直接感光制版法或直间感光制版法。采用直接法制版时，涂布感光膜的厚度要掌握好，一般印刷阻焊膜以 25～30μm 为佳。抗蚀油墨一般为碱溶性油墨，印制到覆铜板上后能耐三氯化铁等酸性溶液的蚀刻。网印刮板选用

聚氨酯橡胶型，厚度为8mm，刮板的形状选用直角，刮板与丝网的角度为50°～60°，印刷时也要适当控制抗蚀油墨干燥后的成膜厚度。若成膜过厚会造成导电图形扩张，影响精度；如过薄会形成砂眼针孔，增加修版工作量。印后采用远红外烘道干燥2min即可，而用自然干燥时，温度控制在25～30℃，大约需要4h或更长一些时间。干燥后的印制电路板即可进入酸性蚀刻工序，蚀刻完毕后用1%～2%氢氧化钠稀碱液喷淋去膜。此时印制电路板抗蚀膜的作用就完成了。丝网漏印制板法流程如图3-4-14所示。

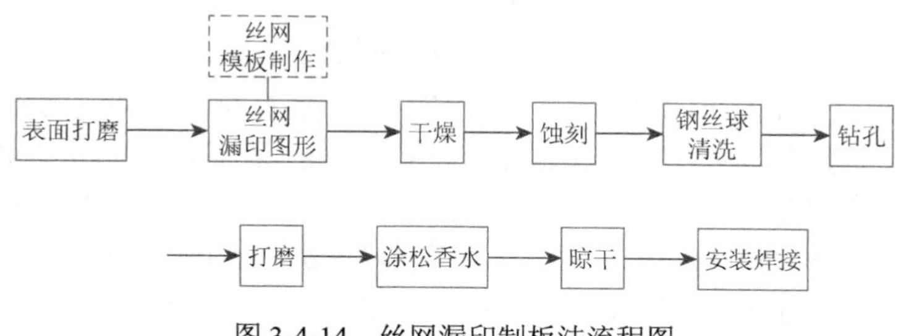

图3-4-14 丝网漏印制板法流程图

6. 感光法制板法电路

感光法制作印制电路板，主要包括原稿制作、曝光、显像、蚀刻、打孔。具体需要经过9个步骤。

①用相关计算机软件（Protel或Altium Designer）绘制原理图及印制电路板图。

②用激光打印机或打印精度较高的喷墨打印机将绘制好的印制电路板布线图转换为负像后打印在打印机专用透明胶片上。打印的纸张、打印的质量都会影响最后印制电路板的质量。因此，首先要在打印原稿时选择镜像打印，以获得最高的解析度。其次，选用的纸张质量要尽可能地好，这关系到打印后线路图是否清晰，不能有断点、线条变粗的情况。选用的纸张可以是半透明硫酸纸或胶纸。最后，要确保打印后稿面保持清洁无污物。打印质量越好，对整块印制电路板的质量就越有保障。

③裁剪出比设计印制电路板稍大一些的覆铜板，用水洗砂纸或去污粉清除掉覆铜板上的油渍和污垢。

④在暗房红灯或黄灯下，裁剪出与所准备覆铜板等大的感光干膜。

⑤用电熨斗或者热风机对覆铜板加热至70℃左右，撕掉裁剪好感光干膜一面的透明保护层，使感光干膜的粘胶层外露。将感光干膜粘胶层直对覆铜板的覆铜层，从一边开始逐渐将整个感光干膜平整地贴在覆铜板上。为保证感光干膜在覆铜板上有一定的附着力，在粘贴好感光干膜后可对整个覆铜板加热加压，其加热温度在100℃左右为宜。加热加压时间控制在1min左右。

⑥用胶带将打印好的透明胶片固定在一块平板玻璃上。将贴好感光干膜的覆铜板置于两块平板玻璃之中，使胶片上的图形面与贴好感光干膜的覆铜板的覆铜面紧密贴合。以上操作均要避开强光，在室内进行。

⑦将固定好的覆铜板置于紫外光照射之下，紫外光会透过胶片对覆铜板上的感光干膜进行曝光。需要选用感光设备，也可以用高功率的日光灯。但是在曝光时，要注意曝

光均匀，如果灯比较小，在曝光时就要注意移动日光灯，确保均匀感光。在曝光中，时间最好要 10min 以上，曝光时间与紫外灯的功率有关，如果功率为 30W 左右，曝光时间为 6min 左右。曝光后，感光干膜上会形成与胶片上导电图形完全相同的潜像。感光干膜曝光时没有受到光线照射部分的膜会逐渐脱落，留在覆铜板上的膜就是在曝光过程中受到光线照射的部分，即留在覆铜板上的图形就是印制电路板上的导电图形。

⑧显影过程。调配显像剂，严格依照显像剂与水的比例进行配制。配制容器要用塑料盆，而不能用金属盆。将已曝光的感光板膜面朝上放入显像液中，每隔数秒摇晃容器，直到铜箔清晰可见且不再有绿色雾冒起时，感光板感光后放在水中泡 1min，线条就出来了。如果有些线条没有完全露出，或者说铜的部分没有完全露出，适当延长显影时间。经验告诉我们：只要不是感光过度，显影水中泡 30min 是不会出问题的（虽然正确做法是 1～2min）。要注意在显影时，不要在强光下操作，否则会影响显像，使用过的显像液不能再使用。然后将印制电路板放到水龙头下轻轻冲洗，去掉多余的显像剂即可。

⑨蚀刻。在蚀刻时注意，把板子朝下并位于液面处，在蚀刻水中放 5～6 个铁钉，这样会加快速度。

7. 激光雕刻制板法

（1）激光雕刻技术

激光雕刻是利用高功率密度的聚焦激光光束作用在材料表面或内部，使材料气化或发生物理变化。激光照射到所要雕刻的材料上，达到材料的燃点将其燃烧掉，通过控制激光的能力、光斑大小、光斑运动轨迹和运动速度等相关参量，使激光头绘制出行程要求的立体图形图案。

（2）激光雕刻制板

激光雕刻快速制作印制电路板系统是一种集机、电、电脑于一身的高科技新技术。其精度更是达到了 0.01mm。制作一张简单的印制电路板只需 10min，做一张稍微复杂的双面印制板也只需 20min 左右，而且具有极高效性能。

采用激光雕刻技术制作印制电路板的大致步骤分为覆铜板的处理、电脑绘图、激光雕刻、过孔、蚀刻等。具体步骤如下。

①将覆铜板表面进行打磨，去掉其氧化层。再将覆铜箔表面均匀涂上一层感光剂，对其进行避光晾干。

②通过计算机绘制完成用户指定印制电路板电路图。用 Protel 或 Altium Designer 等软件绘制出相应的印制电路板电路图，输出 G 代码文件格式。

③打开激光雕刻机的控制软件，生成锚钉文件，将感光板固定在雕刻机底板上，打锚钉孔。

④对覆铜板进行定位。覆铜板的定位通常采用孔定位方法，再采用真空吸紧。雕刻机的 x-y-z 轴可适当地微调，以适应不同大小覆铜板的要求及精确定位。

⑤打开 G 代码钻孔文件，根据孔径的大小要求选择钻头，开始钻孔。

⑥打开 G 代码雕刻文件，激光头开始运动，激光扫过的区域，感光漆就会被燃烧掉，从而裸露出导线之间多余铜箔。

⑦过孔。将钻好孔的印制电路板用蚀刻剂微蚀刻印制电路板 1min，然后滴几滴板前处理剂到板子过孔处 5min，再用板前处理剂轻处理数秒，用兑好的液体进行沉铜 10min，温度 30℃，然后进行电镀，电镀电流为 1A，时间 5min 左右。

⑧把过好孔的双面印制板的孔用胶带遮住（单面印制板忽略此步骤）。

⑨将印制电路板放进事先调试好的三氯化铁溶液中开始蚀刻。

⑩蚀刻结束，清洗出焊盘区域，剩余区域上的感光剂用于阻焊。印制电路板制作完成。

3.4.2　制板常见问题

①胶纸条裁得不工整，纸条两端宽窄明显不同；用剪刀一段段剪下来的线条就难工整。应根据需要，合理地选用不同宽度的胶纸条粘贴。

②印刷板没有用砂布打磨至光亮，即覆铜板面的氧化层没完全清除，就涂上松香水，或者没涂松香水就进行焊接，因而出现难焊和虚焊等现象。

③三氯化铁溶液对人体皮肤不会有不良影响，但若溅到衣服或地面上，很难洗掉，所以使用时要特别小心。

④热转印后，没有等板自然冷却，就把板上的两层纸揭下来了，导致布线图图形没有完全转印到板上，部分图形粘在纸上被一起撕下来了。

⑤钻孔时没有根据元器件的具体尺寸来选择合适的钻头，导致焊接过程中才发现孔太大或者太小，无法进行焊接。

⑥蚀刻时间太短，导致没有完全蚀刻干净，就把胶纸去掉了，导致线路短路或有多余的铜箔残留在板上，影响作品的美观。

3.5　工厂制造印制电路板的工艺流程

制作一张质地优良的印制电路板必须有一个完整而合理的生产流程，从生产前预处理到最后出货，每一道程序都必须严谨执行。在生产过程中，为了防止开短路过多而引起良率过低，减少钻孔、压延、切割等工艺问题而导致的印制电路板报废、补料，及评估如何选材方能达到客户使用的最佳效果的挠性印制电路板，产前预处理显得尤其重要。

产前预处理，需要处理的有三个方面，这三个方面都是由工程师完成。首先是印制电路板工程评估，主要是评估客户的印制电路板是否能生产，公司的生产能力是否能满足客户的制板要求以及单位成本；如果工程评估通过，接下来则需要马上备料，满足各个生产环节的原材料供给，最后，工程师对客户的 CAD 结构图、gerber 线路资料等技术文件进行处理，以适合生产设备的生产环境与生产规格，然后将生产图纸及 MI（工程流程卡）等资料下放给生产部及文控、采购等各个部门，进入常规生产流程。

专业制作印制电路板的工艺流程为：绘图—照相制版—制丝网板—下料—光化学图形转移—蚀刻—钻孔—孔化—检验—电镀—印制阻焊膜—固化—印标记字符—固化干燥，其中照相制版和制丝网板是整个流程中最复杂、最费时间的步骤。

印制电路板有单面、双面和多层印制板，下面分别介绍它们各自的制造工艺。

1. 单面印制板的基本制造工艺流程

单面印制板基本制造工艺流程如图 3-5-1 所示。

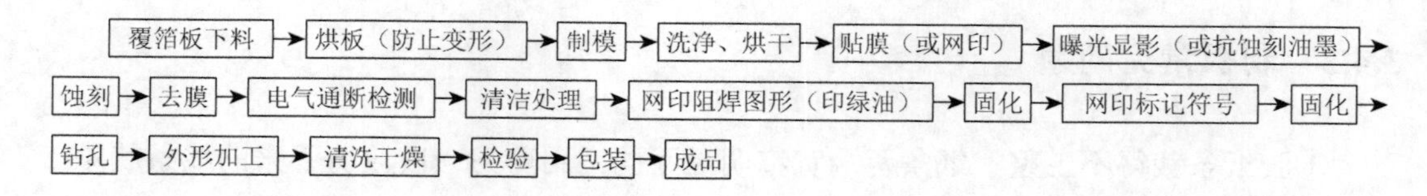

图 3-5-1　单面印制板基本制造工艺流程图

2. 双面印制板的基本制造工艺流程

近年来制造双面孔金属化印制电路板的典型工艺是图形电镀法和 SMOBC（裸铜覆阻焊膜）法，某些特定场合也有使用工艺导线法。

双面印制板图形电镀法制造工艺流程如图 3-5-2 所示。

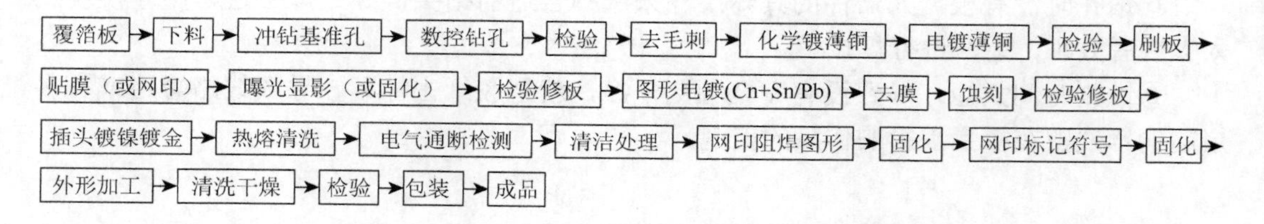

图 3-5-2　双面印制板图形电镀法制造工艺流程图

图形电镀法再退铅锡的 SMOBC 法工艺相似于图形电镀法工艺。只在蚀刻后发生变化。SMOBC 板的主要优点是解决了细线条之间的焊料桥接短路现象，同时由于铅锡比例恒定，比热熔板有更好的可焊性和储藏性。制造 SMOBC 板的方法很多，有标准图形电镀减去法再退铅锡的 SMOBC 工艺；用镀锡或浸锡等代替电镀铅锡的减去法图形电镀 SMOBC 工艺；堵孔或掩蔽孔法 SMOBC 工艺；加成法 SMOBC 工艺等。图形电镀法再退铅锡的 SMOBC 工艺流程如图 3-5-3 所示，堵孔法 SMOBC 工艺流程如图 3-5-4 所示。

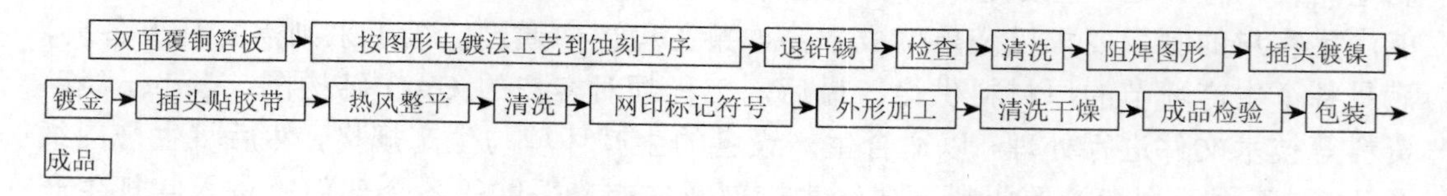

图 3-5-3　双面印制板图形电镀法再退铅锡的 SMOBC 工艺流程

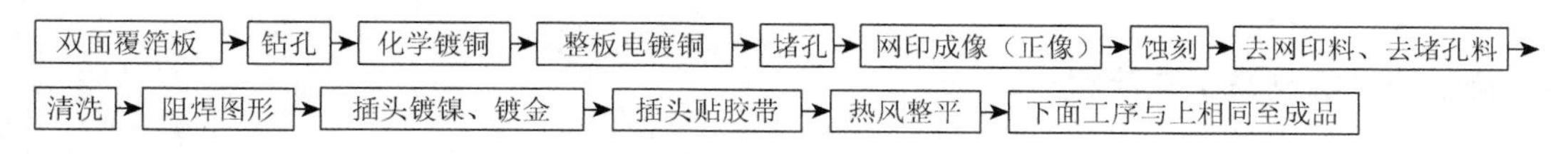

图 3-5-4　双面印制板堵孔法 SMOBC 工艺流程

3. 多层印制板制造工艺流程

多层印制板制造工艺流程如图 3-5-5 所示，在整个工艺流程中，“层压”和“孔金属化”是两道重要工序。

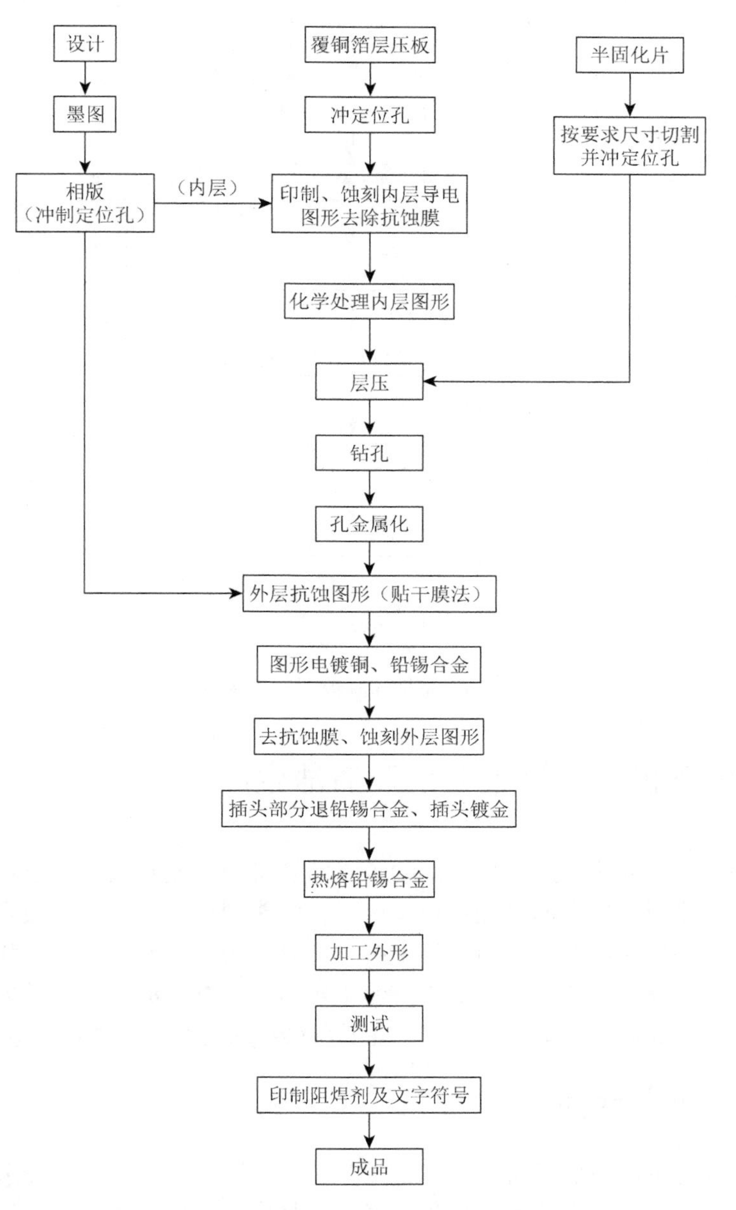

图 3-5-5　多层印制板制造工艺流程

4. 挠性印制板制造工艺流程

挠性印制板制造工艺流程如图 3-5-6 所示，与其他印制电路板制作工艺流程最大不同的是“压制覆盖膜”。

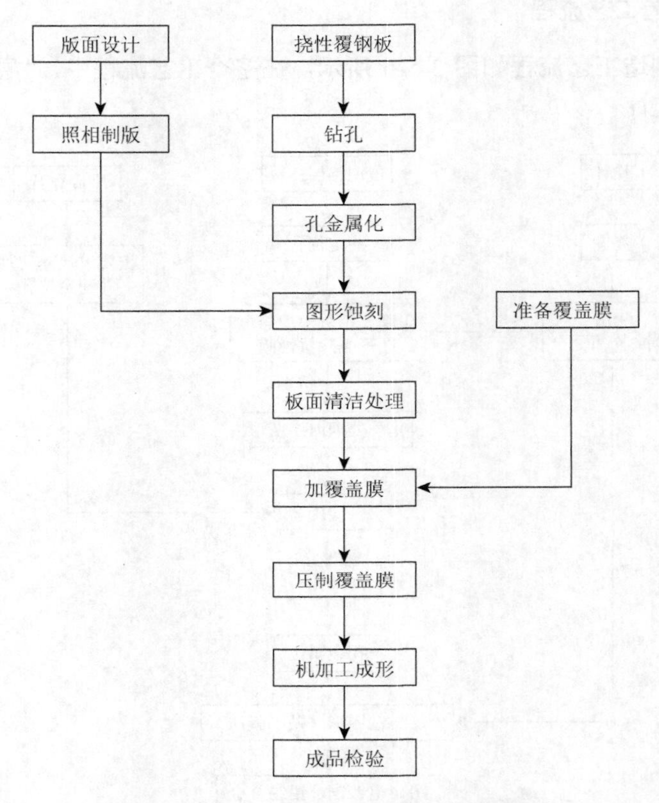

图 3-5-6　挠性印制板制造工艺流程

3.6　印制电路板生产污染分析及清洁生产

印制电路板行业的快速发展虽然推动了我国经济的快速发展，但也对环境保护造成了影响。印制电路板在生产的过程中所使用材料的类型很多，消耗了很多的水资源，并且产生的污染物特别多，在这些污染物中有一部分还带有毒性，这也是我国正在加强治理的行业。为此，需要对印制电路板生产污染环节进行细致的分析，并采用清洁生产的生产工序才能从根源减少污染物的生成，降低污染物对环境保护的影响。

1. 印制电路板生产工艺概况

印制电路板的生产不仅设备的技术含量高，而且制造工艺也十分复杂，主要是整个工艺的流程很长，中间使用的添加剂种类多，正是由于使用的添加剂多导致产物的环节也很多。在生产印制电路板的过程中包含以下几个工序：线路图形基板制造工序、内层线路制作工序、电镀工序、外层线路制作工序、表面加工成型工序和最终处理工序，这几个工序细化工艺都是极为复杂的工艺。因此，印制电路板的生产工艺相对于其他产品的生产难度要大很多。印制电路板在生产的过程由于工序比较复杂，并且所用的材料的种类和工艺也很多，这样就使得整个制作过程比较困难。此外，在印制电路板制作的过程，会使用很多化工原料，这样就会带来严重的环境污染，并且每个工序都会产生不同程度的污染。在这每个工序中都会有污染的产生，其中在电镀工序产生的污染是比较严重的。

（1）线路图形基板制造工序中的污染

在制作印制电路板时，线路是在基板的基础上制作的。基板的制作往往是在绝缘树脂面板上敷上一层铜，然后再进行裁剪和磨边。在这个过程中会产生磨削的粉尘，造成环境的污染。有些印制电路板对于表面的粗糙度有一定的要求，这时就需要对表面进行磨平处理，在磨平后一般要用水进行冲洗，这样就会产生有一部分铜水和其他废水，对环境有不同程度的污染。在基板制作完成后就是进行内层和外层线路的加工。在制作的过程中首选药用硫酸将基板上的残留物清洗干净和将表面的金属氧化膜除去，由于是使用酸液进行清洗就会产生酸性气体和酸性废水，进而对环境造成污染。很多的企业为了降低生产成本，往往忽视这些问题，不注重环境的保护，废水没经过集中处理，这样必然会造成环境的污染。在除去基板表面的残留物后就需要进行冷、热压合，压合的过程中会使用不同种类的黏合剂，这些黏合剂一般会散发出有毒的气体，进而产生污染。在将基层基板黏合在一起后就需要做最后的一道工序，进行印制电路板的裁剪和钻孔，这一过程中会产生一些粉尘和噪声。

（2）电镀工序中的污染

印制电路板制作过程中，电镀工序是产污最多的阶段。在进行电镀的时候，首先要将印制电路板溶胀，在溶胀的过程中会使用大量的化工用品，会产生有机废气和有机废液。在完成溶胀工序后需要进行除污处理，一般会采用高锰酸钾溶液进行除污，这样就会产生大量的碱性溶液和微量的酸性废液。之后需要进行解胶，因为在水洗之后，会在胶体的表面留下残留的物质，这样会影响印制电路板的质量，所以必须要用酸性溶液将这些残留物质去除掉，这样就会再次产生酸性液体。进行一次电镀会有母液和电镀液的产生，在母液和电镀液之间都会残留下一部分废液，这样就会造成一定程度的污染。

（3）表面加工工序中的污染

进行表面加工工序，根据不同的要求会采用不同的方法对印制电路板的表面进行处理。一般印制电路板的表面都要求有较高的粗糙度，为此需要将印制电路板的表面磨平，在磨平的过程中就会产生大量的粉尘和一些有害的废液。此外，有些印制电路板还需要钻不同类型的孔，在钻孔的过程中也会产生粉尘，同时还会产生废料。由于印制电路板的制作材料基本都是有机材料，这样就会造成不同程度的污染，影响生产工人的身体健康。

2. 印制电路板的清洁生产

印制电路板在生产的过程中会产生严重的污染，这些污染会严重地影响环境。为此，在制作印制电路板的过程中需要控制好生产用水和污染物的产生。在印制电路板制作过程中有很多污染来源都是液体污染物，所以要节约生产用水，这样不仅可以节约水资源，还能够起到节能减排的作用。由于很多环节都会产生污染，所以必须根据不同的工序制定相应的降污方案，这样才能进行印制电路板的清洁生产。要想做到印制电路板的清洁生产，就需要从以下几个方面做起。

（1）节约生产用水

印制电路板在制作的过程中需要消耗掉很多水，造成很多水被浪费掉。例如在进行清洗的时候是最浪费水的。不仅如此，清洗过后的水都是污水，有的废液还含有有害物质，这些水一旦排放在自然环境，必然会污染环境。怎样才能控制废液的产生呢？就需要节约用水。在生产中有很多工序的清洗可以集中到最后一个工序再进行清洗，不必每一个工序进行清洗。每个工序进行清洗不仅延长了生产的周期，还浪费了很多的水和产生了大量的污染物。对于印制电路板的清洁生产，一定要节约生产用水，只有这样每个产生废液的环节才能够得到有效的控制，也才能从根本上达到清洁生产的要求。

（2）对废水进行治理利用

在生产印制电路板的过程中会产生很多废水，对这些废水进行处理后再次使用，不仅可以节约大量的生产用水，还能够达到节能减排的作用，降低生产废物对环境的污染，最终达到清洁生产的目标。

（3）对废料进行回收利用

在生产的过程中会产生很多废料，这些废料如果不进行回收利用就会对环境造成污染。进行废料的回收既能满足清洁生产的要求，还能够使得资源得到最优化利用，降低生产成本，为企业获得更大的效益。

酸性氯化铜当蚀刻能力降低至一定程度时，蚀刻液就变成了蚀刻废液，必须进行再生处理或更换。每年因印制电路板生产而产生的酸性氯化铜蚀刻废液高达 280 万 t 以上，且该数字还在不断增长中。因蚀刻废液中的铜含量一般在 120～180g/L、盐酸含量在 65～140g/L，故其具有极高的回收利用价值。但因其还含有一定量的其他无机物及有机物等，给其回收利用带来了一定的困难。目前，酸性氯化铜蚀刻废液的处理方法主要分为两大类：其一是大部分企业将蚀刻废液送至特定回收处理中心，采用化学法集中处理，回收其中的铜等；其二是少部分企业采用氧化法处理，使蚀刻废液再生，恢复其原有的蚀刻能力，进而实现循环利用。

①酸性氯化铜蚀刻废液中铜回收处理方法

a. 中和法。在酸性氯化铜蚀刻废液中加入合适的中和剂，使溶液中的盐酸得到中和，并使铜离子生成沉淀而得到分离。目前已研究过的中和剂有碱性氯化铜蚀刻废液、氢氧化钠、碳酸钠等。

b. 金属置换法。由于金属的活泼性上存在差异，将活泼金属如铁粉、铁片或铝粉、铝片等加入到酸性氯化铜蚀刻废液中，使得铜氯络离子解离，Cu^{2+}进而被还原为海绵铜。

c. 溶剂萃取法。在酸性氯化铜蚀刻废液中加入特殊的萃取剂，利用铜离子在互不相溶的溶剂里溶解度不同，将铜离子进行选择性分离。目前已研究过的萃取剂有 β-二酮、羟基肟、Lix54、Lix64N、Lix84 等。

d. 电化学法。分离处理后的酸性氯化铜蚀刻废液通以电流，通过阴阳极表面的氧化还原反应使铜析出，从而实现蚀刻废液中铜回收。

②蚀刻废液的再生处理方法

以酸性氯化铜蚀刻废液再生流程为例，向蚀刻废液中加入适当的氧化剂（目前常用的氧化剂有氯酸钠、氧气等）或采用电解的方法等，使废液中的一价铜离子氧化成二价铜离子，然后再按照新鲜蚀刻废液的配比，定量补加各种添加剂，使其恢复蚀刻能力，从而实现再生。

参考文献

曹白杨，2016. 电子产品工艺设计基础[M]. 北京：电子工业出版社.

曹瑞春，2012. 网版印刷在PCB制作中的应用[J]. 丝网印刷（2）：23-25.

李通，2011. 印制电路板简易制作法[J]. 山西煤炭管理干部学院学报，24（1）：132-134.

林其水，2009. 印制电路板制作中激光钻孔应注意的问题[J]. 印制电路信息（9）：15-18.

刘后传，戚健剑，吕照辉，等，2019. 印刷电路板蚀刻及含铜蚀刻废液处理技术研究进展[J]. 当代化工研究（15）：109-110.

齐忠琪，刘楚湘，2011. 手工制作PCB方法及产品电气特性分析[J]. 中国教育技术装备（30）：103-105.

石万里，2011. 实验室快速制作印制电路板后处理工艺研究[J]. 实验技术与管理，28（6）：47-48，56.

王威，张伟，2019. 高可靠性电子产品工艺设计及案例分析[M]. 北京：电子工业出版社.

王伟东，2009. 印制电路板手工制作方法与技巧[J]. 电子制作（3）：30-31，63，1.

王远昌，2019. 人工智能时代：电子产品设计与制作研究[M]. 成都：电子科技大学出版社.

幸余林，李福，欧汉文，2017. 电路板快速制作[J]. 中国新通信，19（16）：143.

俞国林，2006. 电路板制作方法的比较分析[J]. 科技信息（1）：166-167.

张赪，2016. 电子工艺产品设计宝典可靠性原则2000[M]. 北京：机械工业出版社.

张春香，王敏，2017. 印制电路板制作技巧[J]. 江西化工（6）：7-10.

张经友，2013. 浅谈感光电路板的制作[J]. 电子制作（5）：24.

庄焕镇，2014. 印制电路板产污环节分析及清洁生产研究[J]. 资源节约与环保（1）：53-54.

第4章 焊接技术

焊接是在装配和制造电子产品过程中的一项极其重要和关键的技术，是一种材料连接工艺，可广泛应用于包括机械制造、交通运输、通信、建筑、电力电子、航空航天等在内的各行各业使用的电路控制系统及电子产品中。

焊接质量的好坏，直接影响产品的质量可靠性。电子产品的故障，一方面是由电子元器件本身损坏导致的，另一方面，则是由焊接质量低或焊点性能不稳定造成的。所以，提高焊点可靠性是生产高质量电子产品的前提条件。在现代专业生产过程中，多采用自动化流水线焊接，但在产品研制、设备维修、实习培训以及小型生产厂家中，仍广泛地采用手工焊接方法。

本章首先简要介绍焊接方法的分类、特点及其应用，重点阐述广泛应用的手工锡焊焊接，其次介绍现代电子工艺技术中的表面贴装技术的相关知识。

4.1 焊接基础

4.1.1 焊接的概念

焊接就是通过加热、加压或者两者并用的方法，用或者不用填充材料，使焊件达到原子结合，从而将焊件金属永久地结合在一起的加工方法。

4.1.2 焊接的分类

目前国内外根据各种焊接方法的基本特点，将焊接分为三类：熔化焊、压力焊及钎焊，如图 4-1-1 所示。

1. 熔化焊

熔化焊是将焊件接头加热至熔化状态，不加压使待焊处的金属熔化以形成焊缝的焊接方法。加热时，金属的原子动能增加，加强了原子间的相互扩散，当被焊工件金属加热至熔化状态时，原子间可以充分扩散并紧密接触，当焊件和金属材料被冷却凝固后，即可形成牢固的焊接接头，完成焊接。常见的熔化焊有气焊、电弧焊、等离子弧焊、电渣焊、电子束焊、激光焊等。

（1）气焊

气焊是利用可燃气体与助燃气体混合燃烧生成的火焰为热源，熔化焊件和焊接材料使之达到原子间结合的一种焊接方法。燃烧温度为3000℃左右，适用于较薄工件、小口径管道、有色金属铸铁等。

（2）电弧焊

电弧焊是指以电弧作为热源，利用空气放电的物理现象，将电能转换为焊接所需的热能和机械能，从而达到连接金属的目的的焊接方法。主要方法有焊条电弧焊、埋弧焊气体保护焊等，适用于黑色金属及某些有色金属焊接，尤其适用于短焊缝、不规则焊缝，是应用最广泛、最重要的熔化焊方法，占焊接生产总量的60%以上。

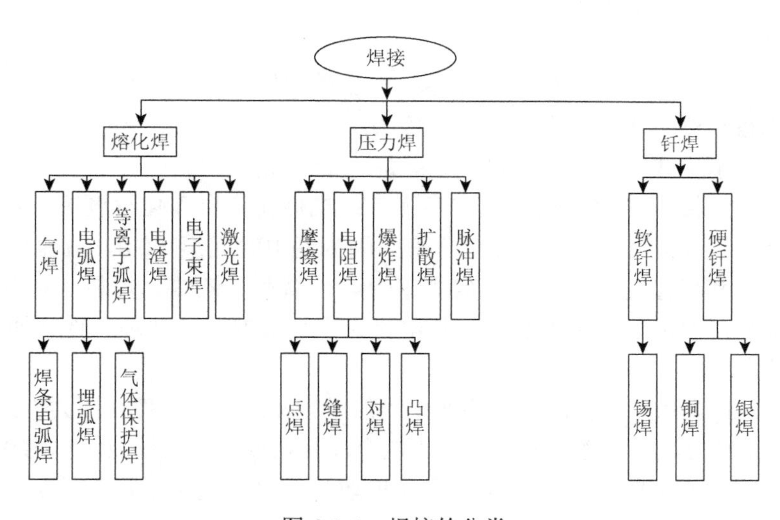

图4-1-1 焊接的分类

（3）等离子弧焊

等离子弧焊是指利用等离子弧高能量密度束流作为焊接热源的熔焊方法。等离子弧焊接具有能量集中（温度可达20000℃）、生产率高、焊接速度快、应力变形小、电弧稳定且适宜焊接薄板和箱材等特点，适合于各种难熔、易氧化及热敏感性强的金属材料（如钨、钼、铜、镍、钛等）的焊接。

（4）电渣焊

电渣焊是利用电流通过熔渣所产生的电阻热作为热源，将填充金属和母材熔化，凝固后形成金属原子间牢固连接的熔焊方法。

（5）电子束焊

电子束焊是指利用加速和聚焦的电子束轰击置于真空或非真空中的焊接面，使被焊工件熔化实现焊接的焊接方法。真空电子束焊是应用最广的电子束焊。

（6）激光焊

激光焊是一种以聚焦的激光束作为能源轰击焊件所产生的热量进行焊接的方法。由于激光具有折射、聚焦等光学性质，使得激光焊非常适合于微型零件和可达性很差的部位的焊接。激光焊还有热输入低、焊接变形小、不受电磁场影响等特点。

2. 压力焊

压力焊是一种不用钎料和焊剂，过程中通过施加压力来完成的焊接技术。其有不加热和加热两种形式。第一种形式是不进行加热，直接通过压力使被焊金属和焊剂之间的原子互相接近而达到互相连接的目的，主要方式有冷压焊、超声波焊和爆炸焊等。第二种形式是通过加热和加压，使被焊金属接触部分加热至塑性状态或者局部熔化状态，使金属原子间互相结合形成牢固的焊接接头，常见的有电阻焊、摩擦焊、扩散焊、脉冲焊等。压力焊中，常用的是电阻焊和摩擦焊。

（1）电阻焊

电阻焊是利用电流通过焊件及其接触处产生的电阻热，将焊件局部加热到塑性状态或部分熔化状态，然后在压力下形成焊接接头。

电阻焊的基本形式有：点焊、对焊、缝焊、凸焊等。

阻焊与其他焊接方法相比较具有许多优点：机械化和自动化程度高，焊接时没有强烈的弧光，烟尘和有害气体少，劳动条件好，因为通电时间短（0.01～10s），又是局部加热，故热影响区和焊接变形小，而且省去了焊条、氧气、乙炔、焊料、熔剂等，故节省材料，成本低廉，但电阻焊设备复杂，耗电量大，焊前要严格清理工件表面。

（2）摩擦焊

摩擦焊，是指利用工件接触面摩擦产生的热量为热源，使工件在压力作用下产生塑性变形而进行焊接的方法。摩擦焊通常由如下四个步骤构成：①机械能转化为热能；②材料塑性变形；③热塑性下的锻压力；④分子间扩散再结晶。通常适用于薄板、管材、棒料等的焊接。

3. 钎焊

钎焊是采用比母材熔点低的金属材料作焊料，将焊件和钎料加热到高于钎料的熔点但低于母材熔点的温度，利用液态钎料润湿母材，填充接头间隙并与母材相互扩散实现连接焊件的方法。相比熔化焊，钎焊时母材不熔化，只有钎料熔化；相比压力焊，钎焊时不对焊件施加压力。钎焊时形成的焊缝称为钎缝，所用的填充材料称为钎料。

（1）钎焊的特点

①钎焊加热温度较低，接头光滑平整，组织和机械性能变化小、变形小，工件尺寸精确。

②可焊同种金属，也可焊异种材料，且对工件厚度差无严格限制。

③有些钎焊方法可同时焊多焊件、多接头，生产率很高。

④钎焊设备简单，生产投资费用少。

⑤接头强度低、耐热性差，且焊前清整要求严格，钎料价格较贵。

（2）钎焊的分类

根据焊接温度的不同，可分为硬钎焊和软钎焊。钎料的熔点小于 450℃为软钎焊，大于 450℃为硬钎焊。

①软钎焊：接头强度较低，一般小于70MPa，多用于电子和食品工业中导电、气密和水密器件的焊接。以锡铅合金作为钎料的锡焊最为常用。软钎料一般需要用钎剂，钎剂的熔点应低于钎料，以清除氧化膜，改善钎料的润湿性能。钎剂种类很多，电子工业中多用松香水进行软钎焊。根据其对工件是否具有腐蚀性可分为无腐蚀性钎剂和腐蚀性钎剂，后者在焊后需要做清洗处理。

②硬钎焊：接头强度较高，一般大于200MPa，有的可在高温下工作。硬钎焊的钎料种类繁多，以铝、银、铜、锰和镍为基的钎料应用最广。铝基钎料常用于铝制品钎焊。银基、铜基钎料常用于铜、铁等零件的钎焊。锰基和镍基钎料多用来焊接在高温下工作的不锈钢、耐热钢和高温合金等零件。焊接铍、钛、锆等难熔金属、石墨和陶瓷等材料则常用钯基、锆基和钛基等钎料。

（3）钎焊的方法

①烙铁钎焊

烙铁钎焊就是利用烙铁头积聚的热量来加热熔化钎料，并加热钎焊处的母材而完成钎焊接头的钎焊方法。烙铁钎焊只适用于以软钎料钎焊薄件和小件，多应用于电子、仪表等工业部门。

②火焰钎焊

火焰钎焊是用可燃气体与氧气或压缩空气混合燃烧的火焰作为热源进行焊接的方法。火焰钎焊设备简单、操作方便，根据工件形状可用多火焰同时加热焊接。这种方法适用于自行车、电动车架、铝水壶嘴等中、小件的焊接。

③波峰钎焊

约250℃温度下熔化的软钎料在一定压力下喷流成焊料波峰，焊件以一定速度掠过波峰以完成钎焊过程的软钎焊方法。其生产效率高，可应用于大批量的印制电路板组装。

④感应钎焊

感应钎焊是利用高频、中频或工频感应电流作为热源的焊接方法。焊件的温度随着内部感应电流的增大而增大，因此大多采用高频感应电流。采用同轴电缆和分合式感应圈可产生交变感应电流，从而可在远离电源的一些特殊场所进行钎焊，如火箭上需要焊接时可采用此方法。

⑤浸沾钎焊

浸沾钎焊是将工件局部或整体浸入熔态的高温介质中加热，进行钎焊的方法。

⑥真空钎焊

是一种在真空环境下对被焊工件进行加热焊接的方法，这种方法要求严格，易氧化的和焊接质量要求高的被焊件可采用该方法。

⑦接触反应钎焊

利用共晶反应原理进行焊接的方法。其作为一种先进的材料连接工艺而得到越来越广泛的应用。

⑧扩散钎焊

扩散钎焊是用两个分离的工件，其焊合面要加工到“镜面”，以保证端面充分接触，然后加热到高温，通过原子间的扩散而实现焊接。扩散焊的特点是，母材虽不熔化，但工件焊合面必须高精度加工，无需用钎料。为防止工件高温氧化，一般必须在真空中进行。

⑨电阻钎焊

电阻钎焊是将焊件直接通以电流或者将焊件放在通电的加热板上，利用电阻热进行的钎焊方法。

⑩炉中钎焊

将工件放入炉中加热的焊接方法。按钎焊过程中所处的气氛不同，可分为空气炉中钎焊、还原性气氛保护炉中钎焊、惰性气氛炉中钎焊及真空炉中钎焊四种。

4.2 锡焊

4.2.1 锡焊的概念

锡焊是属于软钎焊中烙铁焊的一种，锡焊过程是将焊件和焊料共同加热到焊接温度，焊料熔化并润湿焊接面，依靠二者原子的扩散在焊接点形成合金层的连接过程，焊接温度小于450℃。

锡焊操作方法简便，使用工具简单，成本低，容易实现自动化，同时其焊料采用铅锡合金，熔点比较低，共晶焊锡的熔点只有183℃，因此在电子装配中，它是使用最早、范围最广和当前仍占较大比重的一种焊接方法，接下来也将重点介绍锡焊的相关机理、锡焊材料、锡焊工具、锡焊焊接质量分析等内容。

4.2.2 锡焊的机理

在研究锡焊所用的材料和工具之前，需先清楚地了解锡焊的基本原理。从锡焊的过程理解，锡焊可以由润湿、扩散和结合层三个过程来表述。

1. 润湿

润湿是熔化的焊料在固体金属表面充分漫流的一种物理现象。不同液体在不同的固体表面，不一定都能产生漫流，例如：水能润湿玻璃而不能润湿石蜡，水银能润湿铁、铜、锌而不能润湿玻璃。

出现不同的润湿现象，本质上是由于不同液体和固体之间互相作用的附着力和液体的内聚力不同，其合力就是液体在固体表面漫流的力，当力的作用达到平衡时，漫流也就停止，此时液体和固体的交界面会形成一定的角度，称为润湿角或接触角用θ来表示。如图4-2-1所示。一般情况下，$0° < \theta < 180°$，θ越小，润湿越充分，实际中以90°作为润湿和不润湿的分界线。

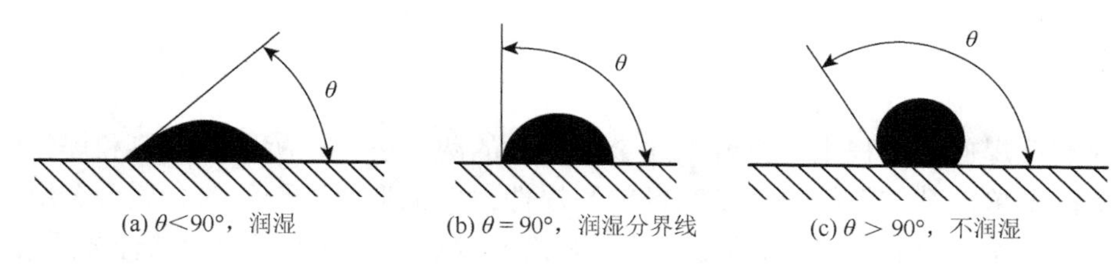

(a) θ<90°，润湿　　(b) θ = 90°，润湿分界线　　(c) θ > 90°，不润湿

图 4-2-1　润湿角示意图

在锡焊中，润湿角指焊料与母材间的界面和焊料熔化后焊料表面切线之间的夹角。一般质量合格的铅锡钎料与印制电路板的最佳润湿角为 20°，实际应用中一般以 15°<θ<45°为焊接质量的标准，超过 90°则认为润湿不良。如图 4-2-2 所示。

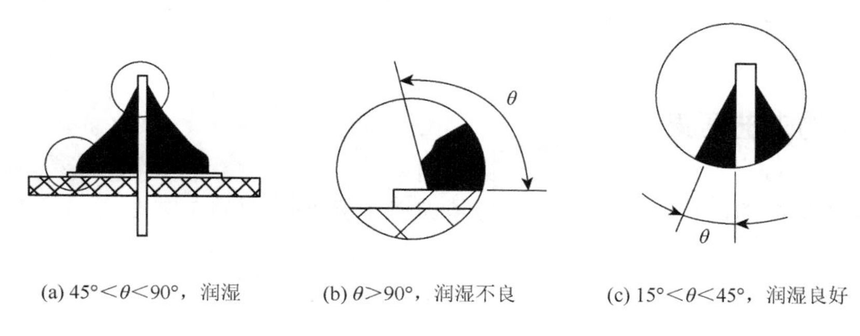

(a) 45°<θ<90°，润湿　　(b) θ>90°，润湿不良　　(c) 15°<θ<45°，润湿良好

图 4-2-2　锡焊润湿角示意图

2. 扩散

根据原子物理学的知识，金属原子以结晶状态排列，原子间的作用力的平衡维持晶格的形状和稳定。当温度升高时，部分原子能从一个晶格点阵移动到另一个晶格点阵，这个现象称为扩散。锡焊时，随着钎料和工件金属表面温度的升高，两者之间的原子在表面扩散并形成新的合金，钎料与焊件扩散示意图如图 4-2-3 所示。钎料和工件之间发生扩散需要具备两个条件：一是钎料和工件之间的距离必须足够小，原子之间的扩散才能出现，所以金属表面的氧化层或其他杂质都会使两者达不到这个距离。二是只有达到一定的温度，材料内部的原子才具有一定的动能，理论上说，温度小于 0K（–273.15℃）时不存在扩散，在常温时原子间的扩散也非常缓慢。

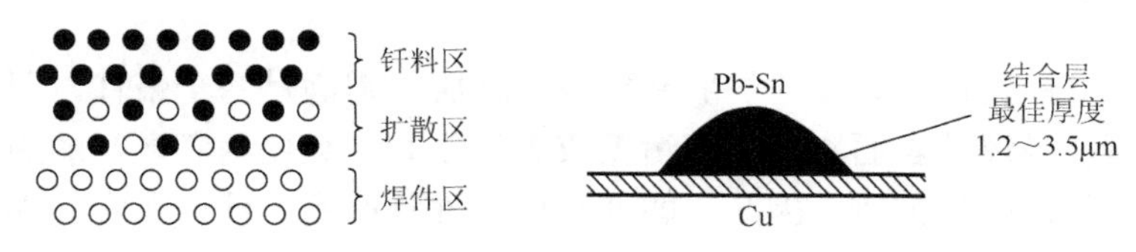

图 4-2-3　钎料与焊件扩散示意图　　图 4-2-4　锡焊结合层示意图

3. 结合层

钎料润湿焊件的过程中，符合上述金属扩散的两个条件，所以在钎料和焊件的界面会产生扩散现象。其扩散结果，是在钎料和焊件界面上形成一种新的金属合金层，也称结合层，如图 4-2-4 所示。结合层是在化学和冶金双重作用下形成的特殊合金固溶体层。钎料和焊件之间就是靠结合层实现金属连接，其同黏结物品的不同之处在于黏结物品是靠固体表面凸凹不平的机械齿合作用，而新的结合层具有可靠的电气连接和牢固的机械连接。

结合层因焊接温度和焊接时间的不同，厚度有所不同，一般在 1.2～10μm 之间，过厚或过薄都达不到最佳性能。结合层小于 1.2μm，强度过低；当大于 6μm 时，会使结合层容易产生脆化，同样降低强度，理想的结合层厚度为 1.2～3.5μm，此时焊料与焊件之间的结合强度最高，导电性最好。

4.2.3　锡焊的工艺要素

为了提高锡焊的焊接质量，必须充分考虑以下几个方面的工艺要素。

1. 焊件的可焊性

可焊性也指润湿性，在合适的温度下，焊件金属表面和焊料在助焊剂的作用下能形成良好的结合，形成合金层。一般情况下，能被焊锡润湿的金属就具有可焊性，但并非所有的金属材料都具有良好的可焊性，例如铬、钼、钨等，其可焊性就非常差。铜是导电性能良好且易于焊接的金属材料，其他材料如银、金等的可焊性好，但价格昂贵，因此常用电子元器件的引线、导线、接头等均采用铜作为制作材料。同时，有一些容易焊的金属，如紫铜、黄铜等，因为其表面在高温下容易产生氧化膜，为了提高可焊性，可采用在其表面镀锡、铜、金或者银等措施。

材料的可焊性，有专门制定的测试标准及测试仪器来衡量。根据锡焊机理中的润湿角 θ，可以衡量金属材料的可焊性，通过采用照片或电影胶片在工具显微镜上进行测量并比较 θ 的大小，便可定量比较不同材料、不同镀层的可焊性。一般共晶焊锡与表面处理干净的铜的润湿角约为 20°，其处于最佳润湿角（15°～45°）区间。

2. 焊件表面的清洁性

为了实现焊件与钎料直接的扩散并形成结合层，需满足两个条件，即一定的温度和足够小的距离。当焊件表面出现任何污垢或氧化物时，会使两者之间的距离达不到要求而阻碍金属原子之间的扩散。因此，即使是可焊性良好的焊件，在实施焊接前也需要清洁表面，以避免虚焊、假焊。轻度的氧化物或污垢可以通过助焊剂来清除，而较严重的污染则需要采用化学或机械的方式来清除。

3. 钎料的选择

当钎料成分中含有的杂质（如锌、铝等）超标时，会影响焊接的质量，因此需选用符合一定规格的钎料进行焊接。

4. 助焊剂的选择

助焊剂是一种略带酸性的易熔物质，其作用是清除焊件表面氧化物并减小焊料熔化后的表面张力，以利于润湿和扩散的进行。不同的焊件，不同的焊接工艺，应选择不同的助焊剂，如镍铬合金、不锈钢、铝等材料，都必须使用特殊焊剂才能实施锡焊。对于手工锡焊而言，采用松香或活性松香能满足大部分电子产品的装配需求，一般是用酒精将松香溶解成松香水使用，在实验过程中，助焊剂的量也不应过多或过少，以使焊接牢固可靠。

5. 温度和时间的控制

热能的作用是熔化焊料，提高焊件金属的温度，加速原子的运动，是焊料润湿工件金属界面，并扩散到工件金属界面的晶格中去，形成合金层的必备条件。焊接过程中，温度需适中，过低会导致焊锡熔化缓慢，流动较差，在还没有湿润引线和焊盘时，焊锡就可能已经凝固而导致虚焊；温度过高，会使焊锡快速扩散开，焊点处存不住焊锡，焊剂分解过快，产生碳化颗粒同样造成虚焊。因此，需控制好焊接时间和温度，温度高时应缩短焊接时间，温度低时适当延长焊接时间。一般情况下，焊接时间不应超过3s。

4.3 焊接材料

焊接材料包括钎料和钎剂。掌握钎料、钎剂的性质、作用、原理及选用原则等，是提高焊接质量的重要因素。

4.3.1 钎料

1. 钎料的概念

钎料是重要的基础加工工艺材料，用来熔合两种或两种以上的金属，使之成为一个牢固整体的金属或合金，俗称焊料。钎料自身的性能及其与母材间的相互作用，在很大程度上决定了焊接接头的性能，因此，选用合适的钎料是提高焊接质量的首要前提。

（1）钎料的要求

①熔点适当。母材的熔点至少要比选择的钎料的熔点高几十摄氏度，以避免母材晶粒过烧或局部熔化；

②润湿性良好。使钎料能在受热之后在母材表面填满钎缝间隙。

③性能稳定。达到一定的力学、化学和物理机械性能。

④经济性。选用材料成本不能过高。

（2）钎料的分类

跟钎焊一样，钎料根据熔点温度是否高或低于 450℃，可分为软钎料（低于 450℃）和硬钎料（高于 450℃），钎料的熔点必须比焊接的材料熔点低。软钎料主要包括铋基、铟基、锡基、镉基、锌基和铅基等钎料。硬钎料主要包括铝基、银基、铜基、锰基、镍基、金基、钯基、镁基、钼基和钛基等钎料。在电子产品的装配和组装中，主要使用锡铅焊料，俗称为焊锡。

2. 锡铅钎料

锡铅钎料是软钎料中用量最大的一种合金材料，主要用于铜、铜合金、碳钢、镀锡板、镀锌板、不锈钢材材料的软钎焊。锡（Sn）是一种有银白色光泽的低熔点金属，其熔点为 231.89℃，颜色和状态随所处温度不同而有所不同，且温度下降到−13.2℃以下，会逐渐变成煤灰般松散的粉末。常温下锡的抗氧化性强，并且容易同多数金属形成金属化合物，其具有惰性，不和空气、水发生反应，无毒，纯锡质脆，机械性能差。

铅（Pb）是一种浅青白色软金属，熔点 327℃，塑性好，有较高抗氧化性和抗腐蚀性，纯铅的机械性能很差。铅属于对人体有害的重金属，在人体中积蓄能引起铅中毒。由于铅的危害性，近年来由于环境保护的要求，锡铅焊料在大多数产品领域属于禁止使用的材料，无铅焊料已经在一些领域替代了有铅焊料。但是目前由于受到无铅钎料性价比的限制，还不能完全淘汰锡铅钎料，一定时期内锡铅和无铅焊料还会共存。

（1）锡铅合金特点

锡铅合金为锡与铅熔合而成，具有一系列纯锡和纯铅不具备的优点。

①熔点低，各种不同成分的锡铅合金熔点均低于锡和铅的熔点，有利于焊接。

②机械强度高，合金的抗张力和折断力等机械性能均优于纯锡和铅，见表 4-3-1。

③表面张力小，黏度下降，增大了液态流动性，有利于焊接时形成可靠接头。

④抗氧化性好，铅具有的抗氧化性优点在合金中继续保持，使焊料在熔化时减少氧化。

表 4-3-1　锡铅焊料的物理和机械性能

锡含量/%	铅含量/%	导电性/%（铜 100%）	抗张力/(N/mm^2)（$9.8N/mm^2$）	折断力/(N/mm^2)（$9.8N/mm^2$）
100	0	13.5	1.49	2.0
95	5	13.6	3.15	3.1
60	40	11.6	5.36	3.5
50	50	10.7	4.73	3.1
42	58	10.2	4.41	3.1
35	65	9.7	4.57	3.6
30	70	9.3	4.73	3.5
0	100	7.9	1.42	1.4

（2）锡铅合金状态图

图 4-3-1 为简易锡铅合金状态图，其表示了不同成分的铅和锡的合金状态。图中，*CTD* 线也叫液相线，当温度在此线上方时，呈液相；*CETFD* 为固相线，当温度在此线下方时，呈固相；图中两个灰色三角形区域内部，呈半熔半固状态。图中虚线表示最适于焊接的温度，其温度高于 *CTD* 液相线 50℃。由图可以看出，合金的熔点和凝固点随着两者比例的不同而不同，且在一定的温度区域内均可融化成液态（纯 Pb、纯 Sn 和共晶合金外）。

（3）共晶焊锡

由图 4-3-1 可见，固相线、液相线和半熔融状态线在 *T* 点处相交，此位置熔点和凝固点一致，*T* 点称为共晶点，*T* 点对应的合金成分是 Pb38.1%，Sn61.9%，称为共晶合金。它的熔点为 183℃，是 Pb-Sn 焊料中性能最好的一种，有以下优点：

①熔点低，可在相对低温时完成焊接，防止元器件损坏；

②熔点和凝固点一致，可提高焊接速度和效率；

③材料受热后流动性好，可提高润湿性和焊点质量；

④强度高，且能提高导电性能。

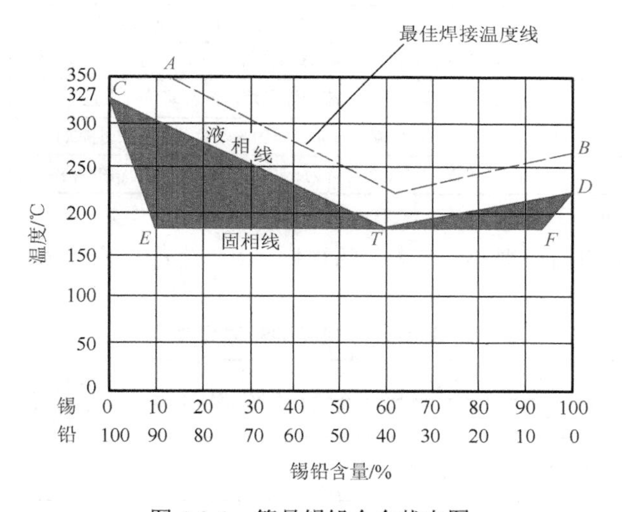

图 4-3-1　简易锡铅合金状态图

在实际应用中，锡和铅的比例不会严格控制在上述理论比例，工业中共晶焊锡被称为 6337 合金，即 Sn 含量 63%，Pb 含量 37%，其熔点和凝固点也不是单一的 183℃，而是处于一定的区间范围内。由于上述优点，共晶焊锡在电子装配中得到广泛应用。

（4）锡铅钎料性能影响因素

由表 4-3-1 可以看出，含 Sn 为 65%的焊料，抗张强度和剪切强度都较优，而含锡量过高或过低性能都不理想。钎焊铜、铜合金时，常用焊锡的含锡量一般为 30%～60%。

焊料中除了铅和锡这两种金属元素之外，不可避免含有少量其他微量金属，这些微量金属作为杂质，超过一定限量就会对焊锡性能产生很大影响。为了提高焊料的热稳定性、机械性能、抗氧化性，可在锡铅合金中加入少量不同的金属元素，如加入少量的锑

(Sb)，可减少钎料在液态时的氧化和提高接头的热稳定性；加入少量银（Ag），可降低钎料对母材镀银层的熔蚀，添加微量磷（P）、镓（Ga），则可防止或减轻熔融钎料表面的氧化，特别适合波峰焊和浸焊。

表 4-3-2 列举了各种杂质对焊锡性能的影响。通常，根据焊料中所含的其他元素的比例，对焊锡的质量标准和等级进行划分。不合格的焊锡可能是成分不准确，也可能是杂质含量超标。实际生产中，大量使用的焊锡应该经过质量认证。

表 4-3-2　杂质对焊锡性能的影响

杂质	对焊锡的性能的影响
铜	熔点变高，流动性变差，易出现桥接及拉尖等缺陷，允许含量为 0.3%～0.5%
锌	含 0.001%产生影响，含 0.005%时表面无光泽，钎料湿润性变差，易出现桥接和拉尖
铝	含 0.001%开始产生不良影响，含 0.005%时流动性变差，发生氧化、腐蚀，产生麻点
金	失去光泽，机械强度降低，焊点呈白色，质变脆
锑	机械强度增大，光泽变好，但变脆，润滑性降低，可加进 5%以下
铋	熔点下降，硬而脆，光泽变差，冷却时产生龟裂，必要时可微量加入
砷	焊料表面变黑，流动性增强，硬度和脆性增加
铁	熔点升高，量很少就饱和，难融入焊料中，大于 1%时，无法焊接，且钎料带磁性
镉	使钎料熔点下降，流动性变差，钎料晶粒变大且失去光泽
磷	少量的磷可增加钎料的流动性，但会产生腐蚀
银	加入 3%的银，可使熔点降为 177℃，且能增强切料的焊接性能和强度

表 4-3-3 是常用的铅锡焊料。市场上的焊锡，由于生产厂家不同，配置比也有所不同。

表 4-3-3　常用的铅锡焊料

名称	牌号	主要成分/%			杂质/%	熔点/℃	抗拉强度/(kg/mm²)	用途
		锡	锑	铅				
10 锡铅焊料	HISnPb10	89～91	≤0.15	余量		220	4.3	钎焊品器皿及医药卫生方面物品
39 锡铅焊料	HISnPb39	59～61	≤0.8		<0.1	183	47	焊电子、电气制品
50 锡铅焊料	HISnPb50	49～51				210	3.8	钎焊散热器、计算机、黄铜制件
58-2 锡铅焊料	HISnPb58-2	39～41	1.5～2			235		钎焊工业及物理仪表等
68-2 锡铅焊料	HISnPb68-2	29～31						
80-2 锡铅焊料	HISnPb80-2					256	3.3	钎焊电缆护套、铅管等
90-6 锡铅焊料	HISnPb90-6	17～19	5～6			277	2.8	钎焊油壶、容器、散热器
73-2 锡铅焊料	HISnP73-2b	3～4	1.5～2		<0.6	265	5.9	钎焊黄铜和铜
45 锡铅焊料	HISnPb45					200	2.8	钎焊铅管

（5）焊料产品

常见的焊锡有块状、管状、带状、丝状及粉末状等几种形状。内部添加了松香等助焊剂的管状焊锡常用于手工烙铁焊接，包含有单芯和多芯结构，前者在使用过程中容易断裂，从而造成局部缺焊剂的现象，而多芯焊丝则可克服这个缺点。这种焊料的成分一般是含锡量 60%～65%的锡铅合金。常用管状焊锡丝中，直径分别为 0.5mm、0.8mm、0.9mm、1.0mm、1.2mm、1.5mm、2.0mm、2.3mm、2.5mm、3.0mm、4.0mm、5.0mm 等。焊锡实物如图 4-3-2 所示。

(a) 管状焊锡

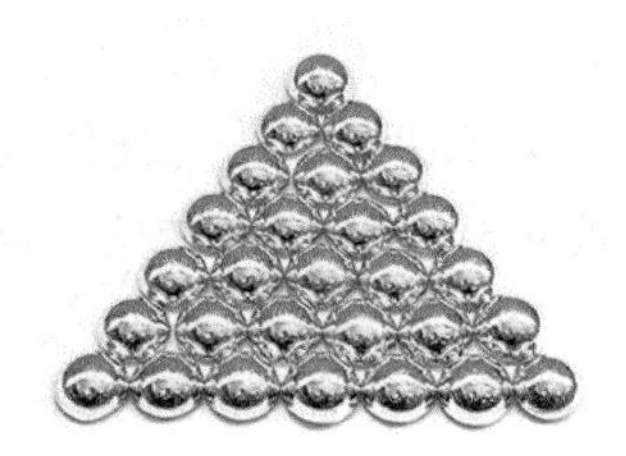
(b) 块状焊锡

(c) 条状焊锡

图 4-3-2 焊锡实物图

3. 无铅钎料

对于铅锡合金焊料，里面含有的铅对人类危害极大，浓度过大时，可能致癌。因此，时代要求无铅产品的诞生。20 世纪 90 年代中叶以来，日本、美国和欧盟都作出了相应的立法。日本规定 2001 年起在电子工业中淘汰铅焊料，美国国家电子制造协会（NEMI）为此专门实施一个名为“NEMI 的无铅焊接化计划”来系统研究无铅装配在电子工业中的使用，欧盟的淘汰起始时间为 2004 年。中国作为高速发展中的国家，其电子微电子工业的规模也日益扩大，针对无铅焊料的研究和使用也越来越重视。

为了获得不同成分能减少危害的合金材料，国际电子工业联接协会（IPC）联合世界上各著名的材料制造商成立了“焊品价值委员会（Solder Product Value Council，SPVC）”，共同研究和比较了各种不同组成成分的合金焊料的性能和可靠性，以找出锡铅共晶合金的最佳替代者。推荐使用的锡铅共晶焊料替代合金见表 4-3-4。

表 4-3-4 锡铅共晶焊料替代合金

组织或机构	推荐的焊料合金
美国电子机器制造者协会（National Electronics Manufacturing Initiative，NEMI）	95.5%Sn/3.9%Ag/0.6%Cu（用于再流焊） 99.3%Sn/0.7%Cu（用于波峰焊）
美国国家制造科学中心（National Center for Manufacturing Science，NCMS）	3.5%Sn/Ag，Sn/Ag/Cu，3.5%Sn/0.5%Ag/1.0%Cu/Zn
国际锡金属研究学会（International Tin Research Institute，ITRI）	Sn/Ag/Cu，2.5%Sn/0.8%Ag/0.5%Cu/Sb，0.7%Sn/Cu，3.5%Sn/Ag
欧盟锡金属协会（BRITE-EURAM IDEALS，EU）	95.5%Sn/3.8%Ag/0.7%Cu 最佳合金，其他有潜力的合金为： 99.3%Sn/0.7%Cu，96.5%Sn/3.5%Ag，SnAgBi
日本电子封装协会（Japan Institute of Electronic Packaging，JIEDA&JIETA）	3.0%Sn/0.5%Ag/Cu

根据环境保护要求及工业实际应用，所选择的电子装配中全面替代锡铅共晶合金的无铅焊料必须满足以下要求。

①低熔点：材料的熔点必须低到能避免有机电子组件的热损坏，同时又必须高到能满足现有装配工艺下具有良好机械性能。

②润湿性：只有焊料与基体金属有着良好的润湿时才能形成可靠的连接。

③可用性：无铅焊料中所使用的金属必须是无毒的和能丰富供给的。

④价格：焊料中所使用的金属的价格是一个因素，同时还要考虑因使用新焊料改变装配线所附加的成本。

根据以上要求，几乎所有的无铅焊料的研究都是以锡为主要成分来发展的，通过添加 In、Ag、Bi、Zn、Cu 和 Al 等元素构成二元、三元甚至四元共晶合金系。其主要原因是共晶合金有单一、较低的熔点。表 4-3-5 给出了几种二元共晶合金焊料的共晶反应温度、共晶成分、抗拉强度等。

表 4-3-5　几种二元合金焊料共晶成分配比及共晶温度

合金系	共晶反应温度/℃	共晶成分（质量分数）/%	抗拉强度/MPa	表面张力/(mN/m)	延伸率/%
Sn-Cu	227	0.7	37.6	491	25
Sn-Ag	221	3.5	53.6	431	48
Sn-Au	217	10	—	—	—
Sn-Zn	198.5	0.9	28.3	518	20
Sn-Pb	183	38.1	31-46	417	—
Sn-Bi	139	57	76	—	87
Sn-In	120	51	—	—	—

由表 4-3-5 可以看出，Sn-In 合金熔点最低，而 Sn-Au 合金则适合高温下使用。但近年无铅材料的研究主要集中在 Sn-Ag、Sn-Zn、Sn-In 系的基础上进行改性，通过添加不同的材料以改善钎料的性能。例如针对 Sn-Zn 钎料的润湿性差等问题，通过加入 Ce 元素即可提高其润湿性；Sn-Ag 系的高熔点可通过加入少量其他组元而降低；通过惰性气体来防止 Zn 系的易氧化性等。为了配合新型钎料的使用和推广，诸多研究者也提出了不同额解决方法，如三元或四元 Sn 基合金的研究，研发配套的钎剂等等。

通过将无铅钎料纳米化，实现钎料熔化温度的急剧下降。上海大学高玉来研究组采用液相化学还原法制备 Sn3.0Ag0.5-Cu 纳米颗粒，通过 DSC 测试发现 Sn3.0Ag0.5-Cu 纳米颗粒的熔化温度明显低于 Sn3.0Ag0.5-Cu 合金，另外该纳米颗粒的固态过冷范围为 82.0～88.5℃，会导致焊点力学性能的提高。纳米粒子的尺寸和分布随着表面剂浓度的增加减小，还原剂对纳米粒子的尺寸和分布也会有明显的影响。30nm 的 Sn3.0Ag0.5Cu 纳米粒子的熔化温度为 201℃，比合金熔化温度低 16℃，理论分析结果表明当纳米颗粒的尺寸达到 10nm 时，熔化温度与 Sn-Pb 共晶合金的熔化温度相当。另外采用自耗电极直流电弧法可以将 Sn3.0Ag0.5-Cu 纳米颗粒的熔化温度降低到 180～190℃，对于无铅钎料纳米化而言无铅钎料的熔化温度可以进一步降低，甚至达到传统的 Sn-Pb 钎料，但是纳米化带来的成本问题也是纳米无铅钎料的主要问题。

4.3.2　钎剂

钎剂俗称焊剂，根据焊剂作用的不同，可分为助焊剂和阻焊剂。当焊接温度在 450℃以下的称为软钎剂，焊接温度大于 450℃时称为硬钎剂，在电子产品装配及常用手工焊接中使用的为软钎剂。

1. 助焊剂

焊接时母材和焊料表面的氧化膜妨碍焊料对母材的润湿，降低焊料和母材的结合强度，严重时甚至使焊料不能润湿母材。因此，在大气中，在保护作用不充分的惰性气氛中、在还原作用不足的还原性气氛中，需要采用助焊剂来去除焊接接头处母材表面和液态焊料表面的氧化膜，保护母材和液态焊剂不再氧化，促进焊料对母材的润湿，减少表面张力从而增加焊剂能够整理焊点形状，保持焊点表面光泽。

（1）助焊剂的功能成分

助焊剂（FLUX），是一种在焊接过程中起到保护和防止氧化的化学剂。其功能成分可分为三部分：一是基质；二是去膜剂；三是界面活性剂。多数助焊剂的功能部分不能明确划分，但是三部分的功能确实存在。

①基质

基质是助焊剂的主成分，其控制着助焊剂的熔点，又是其他功能组元的溶剂。助焊剂的熔点应该低于焊料熔点 10～30℃。如果助焊剂的熔点过低于焊料，则过早地熔化使助焊剂的成分蒸发，使助焊剂失去活性。通过调节基质的成分能使助焊剂和焊料的熔点相匹配。

②去膜剂

母材表面的氧化膜，厚度为 $2\times10^{-9}\sim2\times10^{-8}$ m，助焊剂去膜剂中的氯化物等酸类活性物质同氧化物发生还原反应，从而除去氧化膜。反应后的生成物变成悬浮渣，漂浮在焊料表面。同时焊接过程中，母材和焊料在高温时加快氧化速度，此时液态助焊剂覆盖在母材和焊料的表面，防止母材和焊料再氧化。

③界面活性剂

其作用是进一步降低母材和焊料的界面张力，焊料的表面张力会阻止焊料向母材表面漫流扩展，降低母材的润湿性，当助焊剂覆盖在焊料和母材的表面时，能降低焊料的表面张力，提高润湿性，从而提高焊接质量。

（2）对助焊剂的选用要求

①熔点低于焊料。在焊料熔化前熔融的助焊剂可充分地去除母材和焊料表面的氧化膜。

②黏度小，流动性好。可在母材和焊料表面润湿铺展保护母材和焊料不再氧化。

③密度小。以便于浮出焊料表面起保护作用，同时不会在焊缝中形成夹渣。

④腐蚀性小。助焊剂残渣对母材腐蚀性小，且容易去除。

⑤不产生有害气体和臭味。

（3）助焊剂的分类及应用

根据化学组成，助焊剂可分为无机助焊剂和有机助焊剂。

无机助焊剂由无机酸或无机盐组成，助焊剂的载体为水、乙醇、凡士林等物质。这类助焊剂活性很强，可很好地去除多数黑色金属和有色金属及合金表面的氧化膜。

无机助焊剂具有清洗快，清除氧化物能力强，在焊锡温度下安全有活性等优点，但其产生的化学活性残留物，可能给焊件带来腐蚀或严重的局部失效，在电子类行业的传统或表面安装技术中，不考虑使用。下面主要介绍有机助焊剂。

①有机助焊剂的作用机理

金属表面的氧化物是阻碍熔融焊料润湿铜板表面的主要因素，铜表面的氧化物主要是 CuO，锡基焊料表面的氧化物以 SnO 为主。有机助焊剂的助焊作用机理是依靠有机酸的羧基与氧化物反应生成金属皂的形式除去母材和焊料表面的氧化物，其反应通式可表述为式（4-3-1）。

$$2R\cdot COOH + MeO \rightarrow Me(R\cdot COO)_2 + H_2O \qquad (4\text{-}3\text{-}1)$$

对于铜板而言，以硬脂酸活性剂为例，首先硬脂酸与氧化铜发生反应，见式（4-3-2）。

$$CuO + 2C_{17}H_{35}COOH \rightarrow Cu(C_{17}H_{35}COO)_2 + H_2O \qquad (4\text{-}3\text{-}2)$$

生成的硬脂酸铜为绿色晶体，熔点为 220℃，硬脂酸铜在高温时发生分解，分解过程中从体系中获得氢重新生成硬脂酸，析出活性铜，它溶入焊料当中，促进了焊料的扩展，见式（4-3-3）。

$$Cu(C_{17}H_{35}COO)_2 + 2H^+ + Sn\text{-}Pb \rightarrow 2\ C_{17}H_{35}COOH + Cu\text{-}Sn\text{-}Pb \qquad (4\text{-}3\text{-}3)$$

新生成的硬脂酸可以再与氧化物作用，所以这个过程实际上是发生在焊料、助焊剂和母材界面上的一种多项络合催化反应。

当助焊剂与氧化物接触时，加之一定的温度提供能量，助焊剂中的活性剂与氧化物发生还原反应，在氧化膜较疏松或较薄的地方形成小孔而露出新鲜的金属，助焊剂随后进入小孔，加速了与氧化物的反应。当焊料合金被加热熔化后，氧化层就会因受到液态焊料的压力作用而破裂。这就是助焊剂去除氧化膜的冰壳理论。然后熔融助焊剂形成保护层覆盖在裸露的焊料表面，防止金属的进一步氧化。熔融焊料取代了助焊剂并与焊料金属起作用，形成原子间的结合，焊料层增厚。冷却后焊料凝固形成焊点。

②有机助焊剂的分类

有机助焊剂又包括了非松香基有机助焊剂、松香基类有机助焊剂、水溶性助焊剂和免清洗助焊剂。

松香是松树科植物中的一种油树松脂，主要成分为 $C_{19}H_{29}COOH$，固态时呈惰性，熔化时活化，凝固后又恢复到惰性状态，其熔点为 90～100℃。去除时可采用半水溶剂或皂化水等溶剂进行清除。

高纯松香为一种由 90%的酸性物质和 5%～10%的中性物质等构成的腐蚀性极小的助焊剂。纯松香不会自然存在，需要通过实验室或者精炼工厂分离出来。松香还具有良好的润湿性、传热性、防氧化性和清洗金属，使金属表面光洁度达到较高程度等作用。然而，纯松香在焊接中的活性不足，难以完全去除氧化物，达到良好焊接要求，通常还需要加入一些可以改善焊接速度和无腐蚀性的添加剂作为活性物质，用以加强焊接能力，且加入量是有限，一般的加入物为缓蚀性的有机酸类物质。

为了改善其助焊性能，加入活性剂的松香去氧化的反应式见式（4-3-4）。

$$\mathrm{RCOOH + MX \rightarrow RCOOM + HX} \tag{4-3-4}$$

式中，RCOOH 代表助焊剂中的松香，M 为锡、铅或铜，X 为氧化物、氢氧化物或碳酸盐。

通过加入活性剂提高助焊性能的松香类助焊剂被称为活性松香助焊剂。活性松香助焊剂的性能随其中加入的活性剂的种类和数量而不同，可分别适用于多种不同焊接材料的焊接。其腐蚀性也随添加的活性剂的种类和数量的不同而不同，有些残渣不腐蚀母材和焊料，或者腐蚀性很小，有些具有一定的腐蚀性，则焊接后及时清除干净。常用有机松香助焊剂型号、化学成分、焊接温度及特点见表 4-3-6 所示。

表 4-3-6　常见有机松香助焊剂型号、化学成分、焊接温度及特点

序号	型号	焊接温度/℃	化学成分及质量分数/%	特点
1	FS111B	150～300	松香 100	天然树脂，能溶解银、铜、锡的氧化物，适用于铜、镉、锡、银的焊接
2	FS111A	150～300	松香 25，酒精 75	将松香溶于酒精，能溶解银、铜、锡的氧化物，适用于铜、镉、锡、银的焊接
3	FS113A	150～300	松香 30，水杨酸 2.8，三乙醇胺 1.4，酒精余量	适用于铜和铜合金的焊接
4	RJ12	290～360	松香 30，氧化锌 3，氯化铵 1，酒精 66	适用于铜、铜合金、镀锌铁及镍等材料的焊接
5	RJ112A	200～350	松香 24，三乙醇胺 2，盐酸二乙胺 4，酒精 70	适用于铜、铜合金、镀锌铁及镍等材料的焊接

松香反复加热到超过 300℃或者反复加热后会产生碳化（发黑）而失效，因此发黑的松香是不起作用的。

（4）国产助焊剂配方及性能

几种国产助焊剂配方、性能及适用范围见表 4-3-7。

表 4-3-7　几种国产助焊剂配方、性能及适用范围

品种	配方（质量分数/%）	可焊性	活性	适用范围
松香酒精焊剂	松香（23）无水乙醇（77）	中	中性	印制电路板导线焊接
盐酸二胺焊剂	盐胺二乙胺（4）三乙醇胺（6） 松香（20）正丁醇（10） 无水乙醇（60）	好	有轻度腐蚀性（余渣）	手工烙铁焊接电子元器件、零部件
盐酸苯胺焊剂	盐酸苯胺（4.5）三乙醇胺（2.5） 松香（23）无水乙醇（60） 溴化水杨酸（10）			手工烙铁焊接电子元器件、零部件；可用于搪锡
201 焊剂	溴化水杨酸（10）树脂（20） 松香（20）无水乙醇（50）			元器件搪锡、浸焊、波峰焊

续表

品种	配方（质量分数/%）	可焊性	活性	适用范围
20-1 焊剂	溴化水杨酸（7.9）松香（20.5）丙烯酸树脂（3.5）无水乙醇（8.1）	好	有轻度腐蚀性（余渣）	印制电路板涂覆
SD 焊剂	SD（6.9）松香（12.7）溴化水杨酸（3.4）无水乙醇（77）			浸焊、波峰焊
氯化锌焊剂	$ZnCl_2$ 饱和水溶液			各种金属制品钣金件
氯化铵焊剂	乙醇（70）甘油（30）NH_4Cl 饱和水溶液	很好	强腐蚀性	锡焊各种黄铜零件

（5）各种助焊剂性能比较

各种助焊剂的性能见表 4-3-8。

表 4-3-8　各种助焊剂的性能

类型	成分及质量分数/%	颜色	物理稳定性	pH	黏性	不挥发物含量/%	腐蚀性	铺展工艺性
松香基助焊剂	松香 20，溶剂 70，有机酸活性剂 0.2，三乙醇胺 0.6，树脂 8，附加物 1.2	乳白	合格	6.45	较小	21.5	无	良好
免清洗助焊剂	松香 3，溶剂 80，有机酸活性剂 3，三乙醇胺 0.6，附加物 1.2，成膜剂 0.6	琥珀	良好	5.85	无	14.2	较小	良好
水溶性助焊剂	表面活性剂 1，溶剂 70，活性物质 8，保护剂 1，成膜剂 20，稳定剂 0.1	橙红	良好	6.13	无	11.3	无	较优
国产助焊剂	松香 23，溶剂 77	褐色	良好	5	较大	28.8	严重	良好

2. 阻焊剂

阻焊剂是覆盖在铜线上面的能够防止焊接的一种混合物，可以起到绝缘和保护布线层的作用。其薄膜的厚度、硬度、耐溶剂性以及附着力试验等需符合相关标准。绿油是印制电路板常用阻焊剂之一。

（1）阻焊剂的优点

①阻焊。阻焊剂的覆盖，可以防止靠得很近且不同支路的焊盘产生短路、桥接等现象，降低线路出错率。

②防氧化。阻焊剂的覆盖，可以使印制电路板上的铜箔与空气隔绝，防止铜箔氧化。

③保护铜板。阻焊剂覆盖在印制电路板上，可以减少印制电路板在焊接时受到的热冲击。

④节省焊锡。在焊接时，如果没有阻焊剂，焊锡在熔融时会向四周外溢。确保焊接成果需要不断地熔焊锡在焊点位置，当有阻焊剂覆盖时，焊锡被限制在焊盘上，可以大大节省焊锡。

⑤美观。一般阻焊剂颜色为绿色，且焊锡只被限制在焊盘范围内不外溢，不会造成焊锡坍塌到整个线路上，使印制电路板整体显得整洁美观。

（2）阻焊剂的分类及等级

阻焊剂按工艺加工特点分为：紫外光（UV）固化型阻焊剂、热固化型阻焊剂、液态感光型阻焊剂、干膜型阻焊剂。

阻焊剂分为下列三个等级：1 级、2 级和 3 级，以供不同使用要求或仪器设备选用。对于高可靠性的电子产品，一般采用具有强制性标准和性能优良的 1 级助焊剂；一般工业产品如计算机等则采用较好性能的 2 级阻焊剂；3 级助焊剂一般用于电视机、文娱电子设备非关键性工业控制设备或其他消费类的电子产品。

（3）阻焊剂中有害物质的限定要求

为了确保阻焊剂的安全使用，在生产研发阻焊剂时，需要对一些有害成分进行限定，见表 4-3-9。

表 4-3-9　阻焊剂中各有害物质含量限定值

序号	有害物质	限值/ppm
1	铅（Pb）及其化合物	≤1000
2	镉（Cd）及其化合物	≤100
3	汞（Hg）及其化合物	≤1000
4	六价铬化合物（Cr^{6+}）	≤1000
5	多溴联苯之和（一到十）（PBBs）	≤1000
6	多溴联苯醚之和（一到十）（PBDEs）	≤1000

4.4　焊接工具

锡焊是属于软钎焊中烙铁钎焊的一种，是利用烙铁头上的高温来熔化钎料而完成钎焊的方法。

4.4.1　电烙铁

本节介绍的电烙铁指烙铁钎焊中使用的焊接电烙铁。

1. 电烙铁的分类

电烙铁在手工锡焊过程中，具有加热助焊剂、熔化、运载和调节焊料用量的多重功能，是手工焊接的主要工具，选用合适的电烙铁并正确使用它，是保证焊接质量的重要基础。

由于用途、结构等的不同，电烙铁的分类也有所不同。按功能分有单用式、两用式、恒温式电烙铁等；按加热方式分直热式、感应式、气体燃烧式电烙铁等；按烙铁的功率分 20W、30W、40W、50W、60W、75W、80W、100W、150W、200W、300W 电烙铁等。

常见的电烙铁有直热式、恒温式、吸锡式等。

（1）直热式电烙铁

直热式电烙铁是手工焊接中最常用且性价比最高的电烙铁，根据发热元器件在传热体的内部还是外部，可分为内热式和外热式电烙铁两种，两者的工作原理相似，在接通电源后，加热体升温，烙铁头受热温度升高，达到钎料的融化温度时即可完成焊接。内热式电烙铁比外热式热得快，从开始加热到达到焊接温度一般只需 2～3min 左右，热效率高，可达 85%～95%或以上，适用于小型电子元器件和印制电路板的手工焊接。

图 4-4-1 所示为典型内、外热式电烙铁结构示意图。内热式电烙铁头的后端是空心的，用于套接在连接杆上，用弹簧夹固定。直热式电烙铁主要由以下几部分构成。

①发热元器件。电烙铁中的电能转换为热能的部分，也称烙铁芯。内热式能量转换效率相比外热式更高，因而，对于同样温度的电烙铁，内热式电烙铁的体积更小、质量更轻。

②电烙铁头。通常采用紫铜材料制成，进行热能的存储和传递，且在表面镀有防腐层。长时间使用后，烙铁头会因为腐蚀和焊接残留物的包裹而变得凹凸不平，需经常清理和修整。

③手柄。一般用木料或胶木制成，要求手持舒适且隔热性能良好。

④接线柱。外部电源导线和内部发热元器件的连接处，接线时需确保采用三芯线将外壳连接到保护零线。

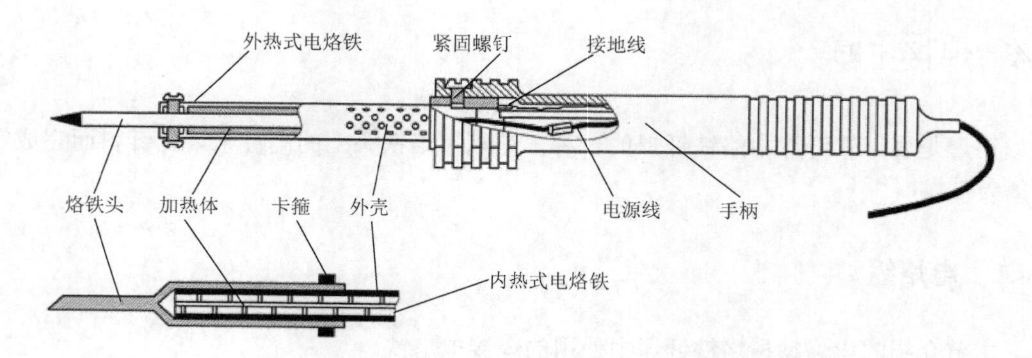

图 4-4-1　内、外热式电烙铁结构示意图

直热式电烙铁的功率越大烙铁头的温度就越高。烙铁心的功率规格不同，其内阻也不同。如外热式电烙铁中，25W 烙铁的阻值约为 2kΩ，40W 烙铁的阻值约为 1kΩ，80W 烙铁的阻值约为 0.6kΩ；如内热式电烙铁 20W 时，对应的阻值为 2.5kΩ。常见内热式、外热式电烙铁实物图如图 4-4-2 所示。

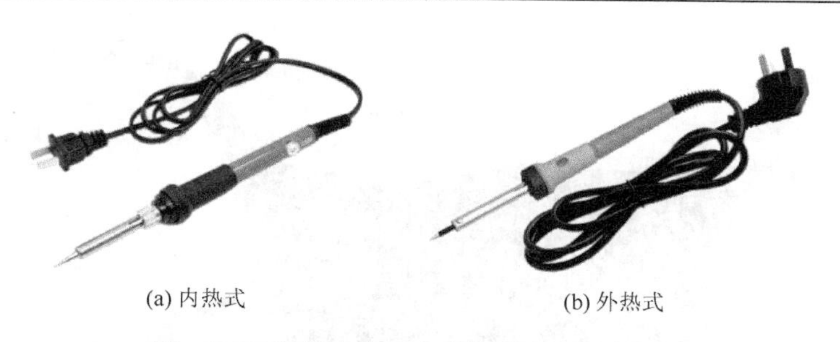
(a) 内热式　(b) 外热式

图 4-4-2　常见内热式、外热式电烙铁实物图

（2）恒温式电烙铁

焊接过程中，温度过高时，会损坏待焊接的元器件，温度过低时，则无法融化钎料进行有效焊接，因此，需要对温度进行合理的控制，使电烙铁头的温度能处于某个区间，内部装有温度控制器的恒温电烙铁可以解决这一问题，其原理是通过控制通电时间或者输出电压就可以实现温控。

①磁控恒温电烙铁

通过在烙铁内装一个强磁体传感器来实现温度的控制，当温度上升到预设的温度时，即传感器的居里点时使其磁性消失，起到“关”的作用，当温度下降基于居里点时，其磁性恢复，起到“开”的作用。如此循环往复，即可实现控制温度的目的。装有不同磁控传感器的电烙铁，便具有不同的恒温特性，只需更换电烙铁头便可在 260～450℃之间选定对应的温度。磁控恒温电烙铁的内部结构和外形图见图 4-4-3。

②热电偶检测控温式自动调温恒温电烙铁（自控焊台）

通过温度传感元器件来监测烙铁头温度，并通过放大器将传感器输出信号放大处理，通过热敏感元器件对温度的感应和输出电压的高低，起到加热过程“开”和“关”的作用。图 4-4-4 为常用热电偶检测控温式自动调温恒温电焊台，是一种台式调温电烙铁，一般功率在 50～200W，烙铁部分采用低压（AC 15～24V），供电温度 200～480℃可调，具有温度指示或温度数字显示，温度稳定性在±1～3℃，大部分电焊台都具有防静电功能。这种电烙铁在安全和焊接性能方面都优于普通电烙铁，常用于要求较高的焊接工作。

③恒温式电烙铁的优点

由于恒温式电烙铁不用持续加热，一方面可以节约用电，同时电烙铁头不会出现过热现象而受到损坏，可以延长其使用寿命；另一方面温升速率快，且不受环境温度等的影响。

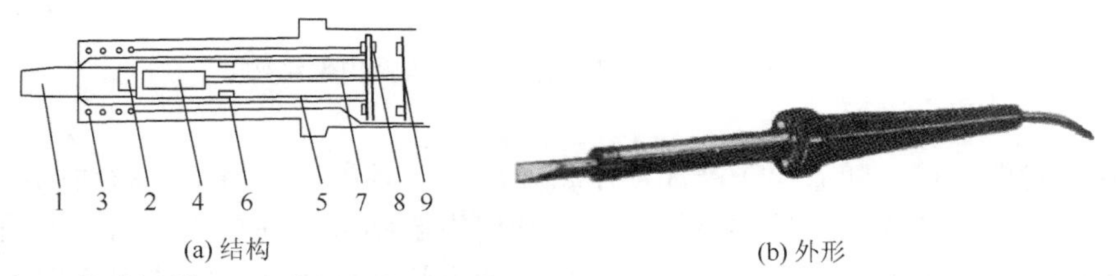

(a) 结构　(b) 外形

1. 烙铁头；2. 软磁金属块；3. 加热器；4. 永久磁铁；5. 非磁性金属管；6. 支架；7. 小轴；8. 接点；9. 接触簧片

图 4-4-3　磁控恒温电烙铁的内部结构和外形图

图 4-4-4　常用热电偶检测控温式自动调温恒温电焊台

（3）其他电烙铁

①智能电烙铁。其是一种应用现代自动化技术控制手工焊接过程的高档电烙铁，除具有一般电焊台的功能外，其主要特点是能够根据焊点焊接工艺需要，迅速调节输出功率，达到最佳焊接条件。例如采用数控 PID 算法调节，可以准确、快速进行焊接温度控制，从而满足各种焊点焊接工艺的要求。这种数控焊接台配备多种烙铁头和附件，一般用于高密度、高可靠性印制电路板的组返及维修等工作。

②吸锡电烙铁。其是将活塞式吸锡器与电烙铁融为一体的拆装焊接工具。当电烙铁熔化焊盘时，焊点上的锡被吸走，使部件的引脚与焊盘直接没有了起到连接作用的焊锡。其缺点是一次只能拆卸和焊接一个焊点，但在拆焊时，能够方便和灵活使用。常用吸锡电烙铁的外观及内部结构如图 4-4-5 所示。

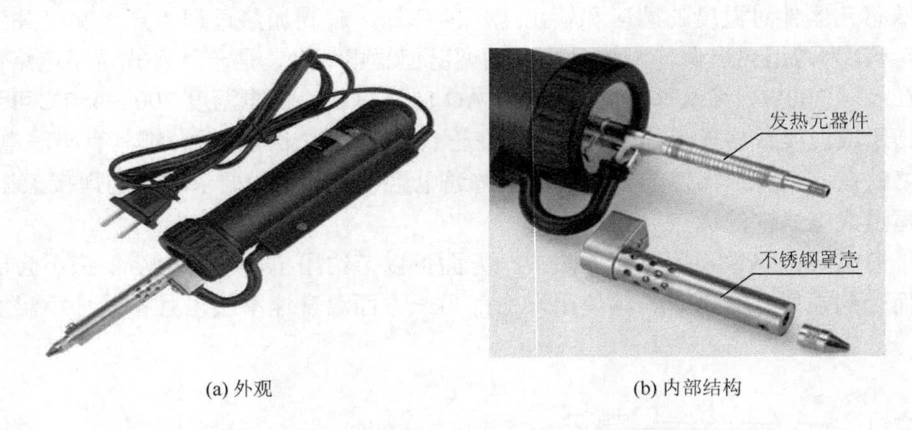

(a) 外观　　(b) 内部结构

图 4-4-5　常用吸锡电烙铁的外观及内部结构

③感应式电烙铁。随着电子产品应用日益广泛，各种新型烙铁不断涌现，感应式烙铁就是其中之一。感应式烙铁俗称焊枪。它利用电磁感应原理在相连的烙铁头的线圈感应出大电流迅速达到焊接所需温度。具有加热速度快和使用方便等特点，但不适合用于一些电荷敏感元器件的焊接。

④储能式电烙铁。在开始焊接之前，将电烙铁插到供电器上进行储能，焊接时，将其取出，依靠储备的能量进行焊接，单次储能只能焊接几个焊点，一般用于有特殊要求如电荷敏感元器件焊接时使用。

⑤碳弧电烙铁。采用蓄电池供电，是一种可除去焊件氧化膜的超声波电烙铁。

⑥燃料电烙铁。采用可燃气体或液体燃料作为能源，适应野外或特殊条件的电路维修等手工焊接操作。

2. 电烙铁的选用

（1）电烙铁的选用因素

在研制、生产、实验中，可根据需求选择不同功率、规格和种类的电烙铁。选用时需要考虑的因素大致包括：①被焊母件的体积，体积大时需要选用概率较大的电烙铁；②被焊母件的吸热、散热状况；③所使用的焊料特性；④便于施焊操作。表 4-4-1 列出了不同类型电烙铁选用的一些参考。

表 4-4-1　电烙铁选用类型参考

焊件及工作性质	选用烙铁	烙铁头温度/℃
阻容元器件、晶体管、集成电路、印制电路板的焊盘，安装塑料导线等	20W 内热式，25～45W 外热式，恒温式	300～400
调试、维修一般电子产品	20W 内热式，恒温式，感应式，储能式，两用式	
焊片，电位器，2～8W 电阻，大电解电容器，功率管	35～50W 内热式，恒温式 50～75W 外热式	350～450
大电解电容器、变压器引脚线、金属底盘、8W 以上大电阻，2 以上导线等较大元器件	100W 内热式 150～200W 外热式	400～550
汇流排，金属板等	300W 外热式	500～630
SMT 高密度、高可靠性电路组装、返修及维修等、无铅焊接	恒温式、电焊台、数控焊接台	350～400

（2）烙铁头的选择及修整

①烙铁头的选择

烙铁头是用纯铜材料制成的，电烙铁通过烙铁头储存和传导热量，其耐温值需比被焊件和钎料的融化温度高很多。烙铁的温度随着烙铁头的体积、形状、长短等的变化而变化，比如当烙铁头长而尖时，则传导的温度越低，从而延长焊接时间。常见的有通用圆斜面型、凿式、半凿式、尖锥式、圆锥型、斜面复合式及变形大功率式，如图 4-4-6（a）所示。

②电烙铁头的修整

正常情况下，电烙铁头的镀层可以保护烙铁头不被氧化生锈。但在长时间的使用之后，表面的氧化层或焊接残留物，会使得烙铁头变得凹凸不平，里面温度无法传导，为提高焊接效率，此时需对烙铁头进行修整。修整方法通常是将烙铁头拿下来夹到台钳上粗锉，修整成符合要求的形状，再用细锉或砂纸进行修平打磨即可。

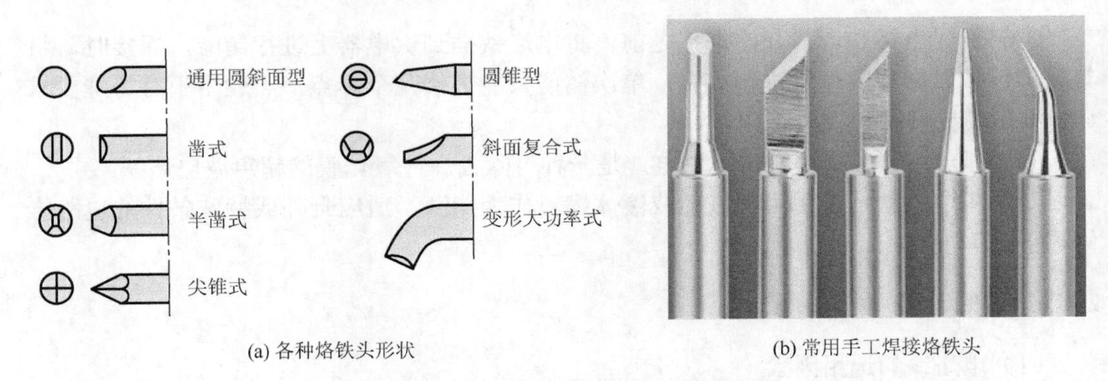

(a) 各种烙铁头形状　　(b) 常用手工焊接烙铁头

图 4-4-6　电烙铁头各种形状外观和实物图

修整后的烙铁头需立即镀上防氧化层。一般在手工焊接中，直接镀上一层焊锡来防止氧化。将烙铁头先放在松香水中浸一下，随后通电加热，融化一些焊锡到烙铁头上后在松香中来回摩擦，以使整个表面都镀上一层锡薄膜，当焊锡过多时，也可在湿布或湿的海绵上摩擦去除多余焊锡。万不能为了去除多余焊锡而用电烙铁或敲击电烙铁，因为这样可能将高温焊锡甩入周围人的眼中或身体上造成伤害，也可能在甩或敲击电烙铁时使烙铁心的瓷管破裂、电阻丝断损或连接变形发生移位，使电烙铁外壳带电造成触电伤害。

此外，新烙铁通电前，一定要将烙铁头先浸松香水，否则表面会生成难镀锡的氧化层。

目前市场上有一种长寿烙铁（防氧化烙铁）。烙铁头罩壳是不锈钢材料做成的，所以这种烙铁不能用上述方法修理。烙铁头不能上焊锡时，可用干净布擦一下或使用专用的锡膏进行处理，然后继续使用。

4.4.2　其他常用工具

各类常用工具如图 4-4-7 所示。

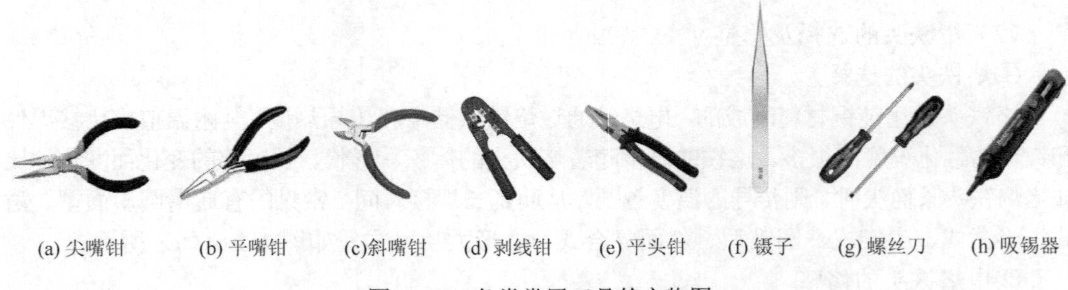

(a) 尖嘴钳　(b) 平嘴钳　(c)斜嘴钳　(d) 剥线钳　(e) 平头钳　(f) 镊子　(g) 螺丝刀　(h) 吸锡器

图 4-4-7　各类常用工具的实物图

1. 尖嘴钳

尖嘴钳，又称修口钳、尖头钳、尖咀钳、水口钳。由尖头、刀口以及钳柄构成，钳柄上一般需套有绝缘套管。主要用于单股导线接头弯圈、剥塑料绝缘层、夹小型金属零件、弯曲元器件引线等，不带刃口的尖嘴钳只能夹捏元器件，带刃口的则能剪切细小零件，是电子产品装配和修理过程中的常用工具。

2. 平嘴钳

平嘴钳的钳口无纹路，呈平直状，可夹弯或拉直元器件的引脚与导线。但平嘴钳的钳口薄而短，一般无法夹持螺母或引脚极粗的元器件。

3. 斜嘴钳

也称剪钳，剪切力强，可用于剪断焊接完成后的引脚或金属丝。常采用 45#、55#和铬钒钢等材质做成。可单独使用，也可与其他工具如尖嘴钳等结合使用，以剥去导线的绝缘皮。

4. 剥线钳

常用于塑料、橡胶绝缘电线、电缆芯线等的绝缘层皮的剥离，包括了刀口、压线口和钳柄三部分，同时为了绝缘，在表面套有耐压值 500V 的绝缘套管。

5. 平头钳（克丝钳）

常用于螺母等紧固件的紧固装配操作。

6. 镊子

镊子根据头部形状通常分为尖嘴镊子和圆嘴镊子两种。前者一般可夹持较细的导线或元器件，用于装配、焊接和拆焊等环节使用；后者常用于弯曲元器件引线，或拆焊时置于引脚下方，当作拆焊支点使用，或避免用手直接撤离被加热元器件时发生烫伤等。

7. 螺丝刀

又称起子、改锥。有“一”字式和“十”字式两种，专用于拧紧或拆卸螺钉。

8. 吸锡器

吸锡器和电烙铁配合使用，可以把焊盘上熔化的焊锡吸走。吸锡器的吸嘴材料需要能耐高温，但吸锡时间不宜过长，需快速移除吸锡器，可延长吸锡器的使用寿命。

4.5 手工焊接工艺

手工焊接适用于小批量电子设备的生产、某些具有特殊要求的或不便于采用自动化设备焊接的场合及在调试和维修中修复焊点和更换元器件、创新研发实验、高校等各类院校的实验实训等。

目前的元器件焊接分为通孔技术（through hole technology，THT）和表面贴装技术（surface mount technology，SMT）两类，经验丰富的生产者总结出了包括材料、工具、方式方法、操作者在内的手工焊接四要素（4M）。本章已经介绍了焊接材料以及焊接工具，接下来分别对 THT 和 SMT 手工焊接方法进行介绍。

4.5.1 THT 手工焊接

1. THT 焊接准备

（1）电烙铁安全检查及清洁处理

①使用前应先检查电烙铁的电源线是否有破损，当发现电源线有破损并裸露出里面的金属铜线时，须及时用绝缘胶处理。

②检查手柄和烙铁头上的紧固螺钉是否出现松动，发现松动时，须及时采用螺丝刀将紧固螺丝拧紧固定。

③一般电烙铁在焊接前，因置于空气中会产生氧化发黑的情况，可将烙铁头在打湿的清洁海绵两面擦拭电烙铁头去除电烙铁头上的氧化物，随后熔化一层焊锡在烙铁头表面。

④焊接操作时，电烙铁一般放在方便操作的右方烙铁架中，与焊接有关的工具应整齐有序地摆放在工作台上，避免因随意放置而烫到身体或熔化导线等物体。

（2）电烙铁的握法

为避免吸入焊接过程中由于钎料及助焊剂等挥发的有害气体，需确保烙铁距操作者口鼻的距离大于 20cm（30cm 最佳）。

手工焊接时，电烙铁的握法通常有三种，如图 4-5-1 所示。

①反握法。该握法焊接时动作稳定，避免长时间拿较重电烙铁焊接时导致的手腕疲劳，适于大功率烙铁的操作。

②正握法。一般在操作台上焊接时，多采用正握法，常适于中等功率烙铁或带弯头的电烙铁。

③握笔法。该握法如同写字时手拿笔的姿势，但长时间操作易疲劳且容易出现抖动现象，多用于小功率的电烙铁。

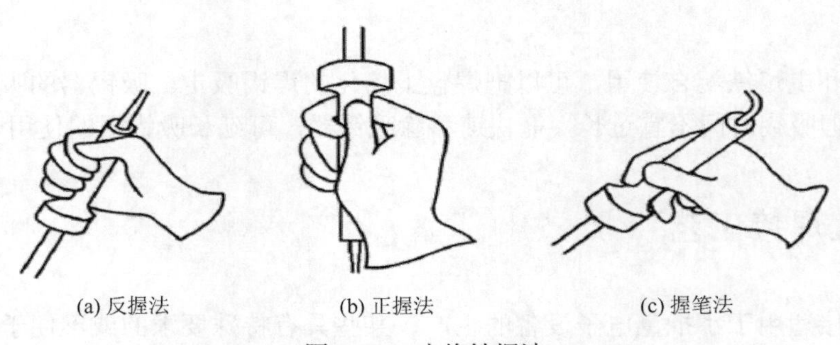

(a) 反握法　　(b) 正握法　　(c) 握笔法

图 4-5-1　电烙铁握法

（3）焊锡丝的拿法

手工焊接时，一般一只手拿电烙铁，另一只手送入焊锡，避免用电烙铁头上的焊锡去焊接，以免造成焊料的氧化、助焊剂的挥发。因为电烙铁的温度一般超过300℃，焊锡中的助焊剂在高温情况下容易分解失效。

拿焊锡丝的方法一般有两种，分别为连续焊锡丝拿法和断续焊锡丝拿法。连续焊锡丝拿法是用拇指和食指拿住焊锡丝，其余手指辅助将焊锡丝连续往前推送，适用于焊点较多的成卷焊锡丝的手工焊接；断续焊锡丝拿法是将焊锡丝置于手的虎口上方，通过拇指、食指和中指来往前推送焊锡丝，适用于焊点较少的小段焊锡丝的手工焊接。

由于焊丝成分中含有一定比例对人体有害的铅，焊接时最好佩戴手套或操作后及时洗手，避免铅误入口中，并在使用完成后将其放于烙铁架上，注意导线等易熔物体不要触碰烙铁的发热芯和烙铁头。焊锡丝的拿法如图4-5-2所示。

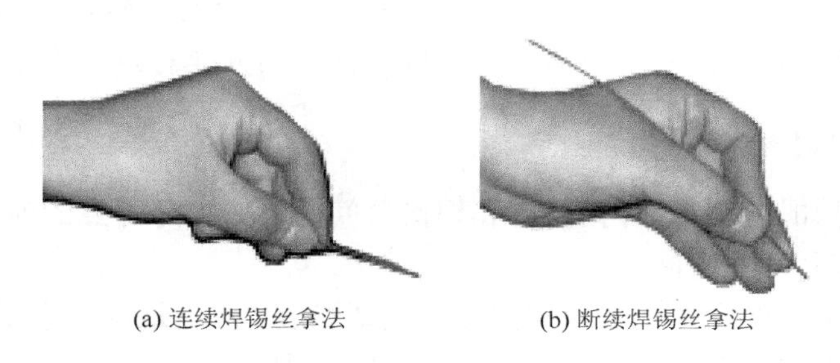

(a) 连续焊锡丝拿法　(b) 断续焊锡丝拿法

图4-5-2　焊锡丝的拿法

2. 焊接五步法

焊接五步法（图4-5-3）是经过实践证明确实颇有成效的方法，尤其对初学者具有实践指导意义，下面介绍焊接步骤。

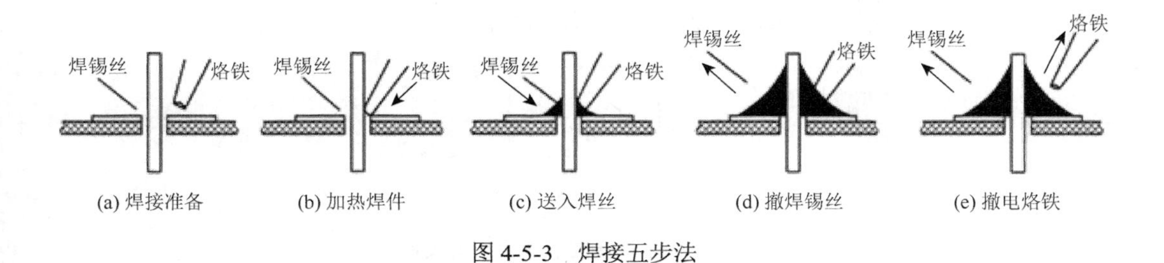

(a) 焊接准备　(b) 加热焊件　(c) 送入焊丝　(d) 撤焊锡丝　(e) 撤电烙铁

图4-5-3　焊接五步法

①焊接准备：准备好焊锡丝和温度合适的电烙铁，进入随时可施焊状态，见图4-5-3（a）。

②加热焊件：加热整个焊件全体，导线与接线柱都要均匀受热，时间1～2s，见图4-5-3（b）。

③送入焊丝：当焊件加热到一定温度后，将焊锡丝从另外一面放入并接触焊件，见图4-5-3（c）。

④撤焊锡丝：融化了适量的焊锡时，向左上 45°的方向撤离焊锡丝，见图 4-5-3（d）。

⑤撤电烙铁：焊锡润湿焊盘后，向右上 45°撤离电烙铁，完成焊接，见图 4-5-3（e）。

对于热容量小的焊件，可简化为三步操作。

①焊接准备：同上面的步骤①。

②加热与送焊丝：将五步法中的步骤②③合为一步，将烙铁头放在焊件上预热数秒后放入焊丝。

③撤焊丝和电烙铁：将五步法中的步骤④⑤合为一步，焊锡融化覆盖焊盘后，立即撤离焊丝并移开烙铁，为提高焊点质量，可将烙铁头离开焊点前，快速地沿着元器件的引脚方向拖带一下，然后迅速地撤离焊点。

在三步法中，整个过程只需 2～4s 的时间，对时序的掌握，动作的熟练，都应通过实践锻炼，并用心体会。有经验者总结了在五步法中，通过数数来控制时间，即烙铁接触焊点后数“1”“2”（约 2s 的时间），送入焊丝后数“3”“4”立刻撤离烙铁。这些经验和方法只能在实践中作为参考，因为电烙铁功率、环境温度、操作者的熟练程度以及焊点热容量等都存在差别，因此应灵活掌握焊接火候，而并非有定章可循。

3. THT 手工焊接操作要领

由锡焊机理可知，适当的焊接温度和焊接时间是形成良好焊点的前提。

（1）焊接温度与加热时间

如图 4-5-4 所示，图中显示了焊接的三个重要温度，温度最高的水平阴影区区域代表烙铁头的标准温度；次高温的水平阴影区表示为了焊料充分润湿生成合金，焊件应达到的最佳焊接温度，其和第一条水平阴影区之间的温差为 50℃；第三条水平线是焊丝熔化温度，焊件达到此温度时应送入焊丝。

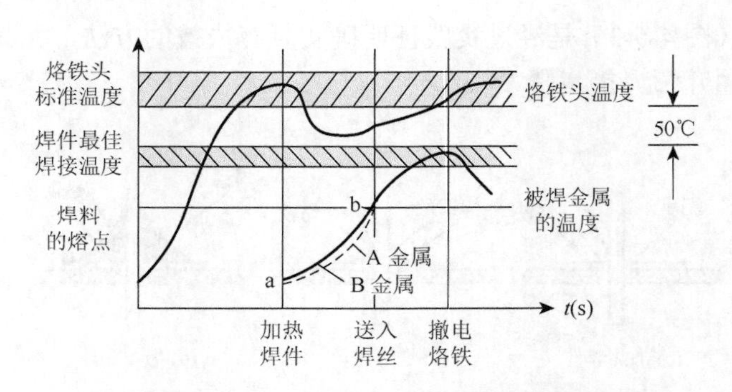

图 4-5-4　关于焊接的三个重要温度曲线

图中的两条曲线分别代表烙铁头和被焊金属的温度变化过程，金属 A 和 B 表示焊件的两个部分（例如铜箔与导线，焊片与导线等）。三条竖直线对应的时间点，分别表示的是焊接五步法中的第二步加热焊件，第三步送入焊丝以及第五步撤电烙铁。

同时，由图 4-5-4 可看出，曲线 a～b 段反映焊接温度与加热时间的关系，随着时间的增加，电烙铁温度上升，通过控制加热时间来实现焊接温度，此外焊接温度还和电烙铁的功率等因素有关。加热时间过长和过短都会带来焊接缺陷。加热时间不足，则可能造成焊料不能充分润湿焊件，形成夹渣（松香），从而容易形成虚焊，影响焊接质量。加热时间过长，则可能造成元器件损坏，并可能引起焊点外观变差，助焊剂分解碳化以及铜箔脱落等缺陷。

因此，准确掌握加热温度和加热时间是获得高质量焊点的前提。

（2）焊接操作技巧

手工焊接由于是受操作者本身因素的影响，因此除了要求操作者长期积累经验之外，可在以下方面提高焊接操作技巧。

①提高接触面积

需要根据焊件形成面的不同而选用不同的电烙铁头，让烙铁头与焊件形成面的接触，避免只有点或线的接触，这样可以增加电烙铁和被焊件的接触面积，如图4-5-5所示。不要用烙铁对焊件施加压力，施压不仅加速了烙铁头的损耗，还可能使板材和元器件产生变形或其他不易觉察的隐患。

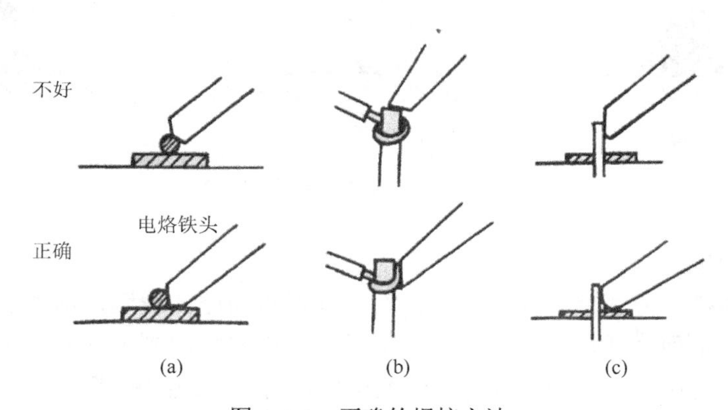

图4-5-5 正确的焊接方法

②借助焊锡桥

手工焊接中，焊件大小、形状、焊盘都有所不同，理论上需要选择不同形状和功率的电烙铁，但实际中，无法实时地更换烙铁头。由此，可以通过焊锡桥来提高烙铁热传递的效率，其指的是在烙铁上保留少量焊锡作为加热时烙铁头与焊件之间热量传递的桥梁，而焊锡液的导热效率远高于空气，由此焊件很快被加热到焊接温度，提高了焊接速度。同时，作为焊锡桥的锡不能过多，否则会传递给被焊件可能导致短路。

③电烙铁撤离方法

实际操作中，可以根据需求采用不同的撤离方式，图4-5-6给出了电烙铁不同的撤离方向情况示意图，如需要将焊点上的焊锡吸除，则可以采取最后两种撤离方法。一般在焊接中，采取向右上方45°的方向及时撤离，不同技巧需要在不断的实践中掌握。

④焊锡凝固前保持焊件不动

这是因为当焊件移动或微动时，会改变结晶条件，造成“冷焊”，使得焊点的表面呈豆腐渣状，焊点内部会有气隙或裂缝，降低焊点的导电和机械等性能。

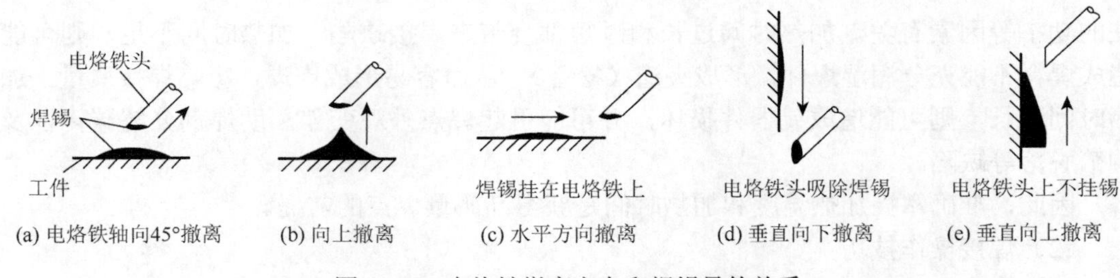

图 4-5-6　电烙铁撤离方向和焊锡量的关系

⑤焊锡量适量

焊锡过多或过少，都会造成一些缺陷，过多时，会造成焊锡材料的浪费，也延长了焊接时间，过量的焊锡还可能会造成相邻焊盘之间短路；过少则不能形成牢固的结合，甚至造成焊盘或导线的脱落，使机械和电气性能均不稳定，如图 4-5-7。

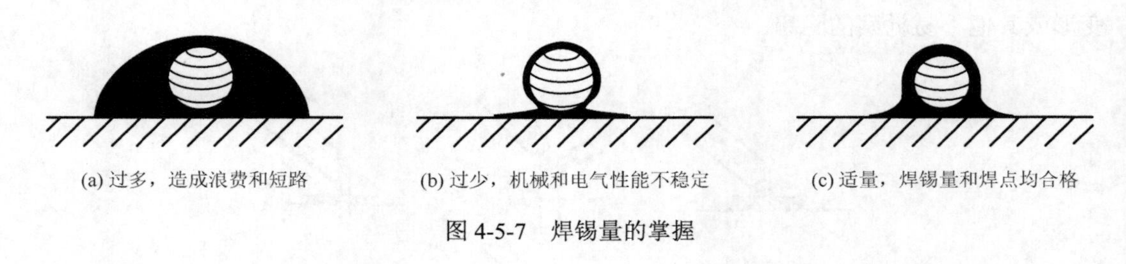

图 4-5-7　焊锡量的掌握

⑥助焊剂适量

过量的助焊剂一方面使得在焊接后需要擦除焊点周围的杂质，增加工作量，而且会延长加热时间，从而降低焊接效率；助焊剂过少，则不能起到很好的助焊作用。对开关元器件的焊接，过量的助焊剂还容易流到触点处，可能造成接触不良。

4. 常用电子元器件的焊接

（1）焊接准备

主要是检查好所有电子元器件和检查印制电路板。按照元器件清检元器件型号、规格及数量是否和原理图相符。戴上防静电手套，检查电烙铁的安全状况。用万用表查看印制电路板本身是否有开路、短路、孔金属化不良等问题，尤其是对于通过热转印方法制备的印制电路板更要仔细检查。

（2）装焊顺序

元器件的装焊顺序一般是由低到高来进行焊接，依次是电阻、电容器、二极管、晶体管、集成电路、大功率管，其他元器件是先小后大，同类元器件要保持高度一致，元器件要排列整齐。做到每个元器件的焊接时间控制在 4s 以内完成。用松香作助焊剂的，需要清理干净。焊接完成，须检查是否有漏焊、虚焊或短路等现象。

（3）装焊方式

常用的电子元器件的装焊方式有贴板安装方式、悬空安装方式和垂直（立式）安装等方式，如图 4-5-8 所示。贴板安装方式的优点是元器件排列整齐，牢固性好，元器件的两端点距离较大，有利于排版布局；但其缺点是所占面积较大。悬空安装方式适用于发热元器件的安装。元器件距印制基板面一般有 3～8mm 的距离。垂直安装方式中，元器件是垂直安装于印制基板面，在安装密度较高、元器件功率小且频率低的印制电路板上可以采用这种方法，但大质量、细引线的元器件不宜采用这种方式。垂直安装的优点是元器件在印制电路板上所占的面积小、安装密度高，缺点是元器件之间会产生互碰，而且密度高散热差，不方便机械化装配。

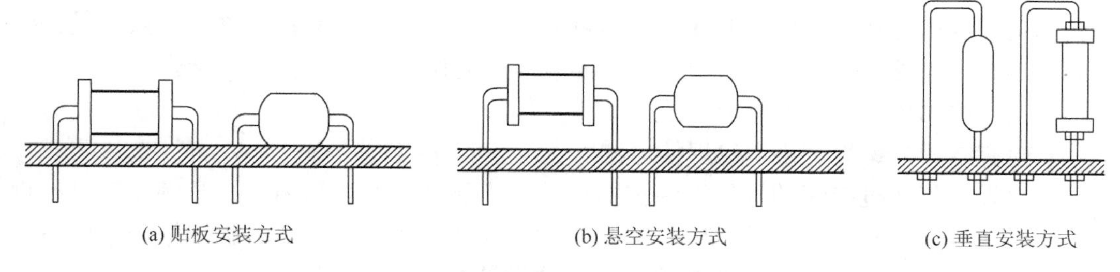

图 4-5-8 电子元器件的装焊方式

（4）对元器件焊接的要求

①电阻的焊接

电阻是没有极性的元器件，只需要按照规格参数准确地装入对应的位置，一般紧贴印制电路板进行焊接，且高度保持一致。确认无误后将引脚齐根剪掉。

②电容器的焊接

电容器分有极和无极电容器，根据其是否有极，将其按参数清单放置到对应位置，一般情况下使得其上的极性标记方便可见。

③二极管的焊接

按照极性和参数要求安装到对应的正确位置。对立式二极管时中最短的引脚焊接时间不要超过 2s。焊接发光二极管时，元器件面的引脚可适当留长，在需要整机安装时可做通电指示。

④晶体管的焊接

注意三极管的 e、b、c 三个的极性，对于大功率三极管，可加装散热片。

⑤集成电路的焊接

集成块一般配备了安装底座，底座无极性，底座可以避免焊接过程中烧坏集成块，且集成块放反时方便取下。先将底座安装焊接好后，再将集成块插装在底座上，按照原理图中的各引脚和其他元器件的电气连接关系，检查集成电路的型号、引脚位置是否和原理图一致。

集成电路由于引脚数目较多、焊盘较小、焊接时间较长，因此在焊接时应防止集成电路温度过高以及引脚之间搭焊，正确的方法是选用尖头的电烙铁头，焊接过程中可以焊部分引脚，待集成电路冷却后再继续焊接。

⑥铸塑元器件引脚的焊接

用有机材料铸塑制作的各种开关、接插件不能承受高温，因此需要尽量降低焊接时间，且争取一步到位，以防元器件失效。此外，在焊接时，烙铁头不能对元器件或印制电路板施加压力，防止塑件变形。

5. 导线和接线端子的焊接

常用的导线有四种，即单股、多股、排线和屏蔽线。单股线内部只有一根导线，多用于不经常移动的元器件的连接（如配电柜中的接触器、继电器的连接用线等）；多股导线的绝缘层内有多根导线，因弯折自如，移动性好又称“软线”，多用于可移动的元器件及印制电路板的连接；排线是将多根多股线排成一排，常用于数据传输；屏蔽线是在绝缘的“芯线”之外有一层网状的导线，有屏蔽信号的作用，多用于信号传送。

（1）导线同接线端子的焊接方法

一般有绕焊、钩焊、搭焊等焊接方法。

①绕焊：把经过镀锡的导线端头在接线端子上缠几圈，再用钳子拉紧缠牢后进行焊接，如图 4-5-9（b）所示。焊接时，导线需要紧贴端子表面，一般导线剥线长度 $L=1$～3mm 为宜，以确保绝缘层不会接触到端子，这种连接可靠性最好。

②钩焊：将经过剥离绝缘层的导线端子弯成钩形，钩在接线端子上并用钳子夹紧后施焊，如图 4-5-9（c）所示，端头处理与绕焊相同。其焊接强度低于绕焊，但操作简便。绕焊、钩焊导线弯曲的形状如图 4-5-9（a）所示。

③搭焊：把经过镀锡的导线搭到接线端子上施焊。其过程最为方便，但其机械强度和可靠性最差，如图 4-5-9（d）所示。

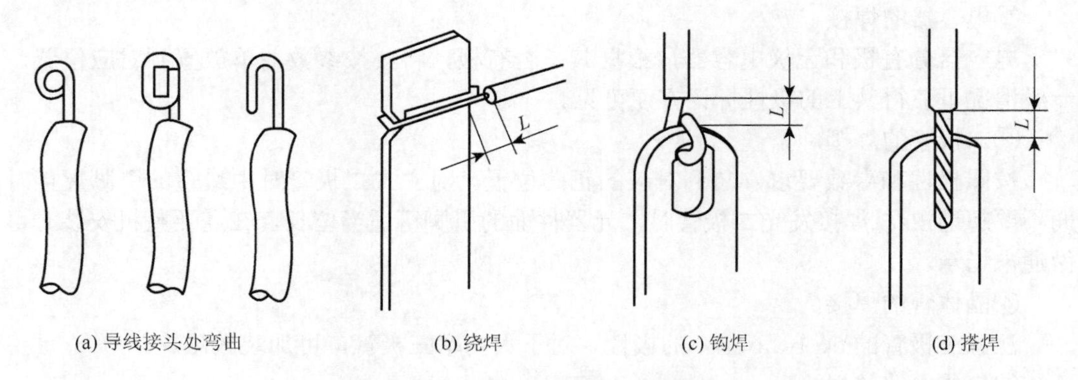

图 4-5-9　导线与接线端子的焊接

（2）导线与导线的焊接方法

导线与导线的焊接，在电子产品装配中经常用到。其主要采用上述三种焊接方法中的绕焊。具体焊接步骤为：

①将两条导线都去掉 1～3mm 长绝缘层的金属端子上锡，并将热缩管套到其中一边导线上，将金属铜线部位互相绞合；

②预热绞合的铜线，并放入焊锡进行焊接；

③将热缩管移至焊接接头处，用电烙铁发热芯位置烫热缩管 1～2s，热缩管受热收缩，移开电烙铁冷却后热缩管即固定在接头处。

对调试或维修中的临时线，也可采用搭焊的办法，因其强度和可靠性都差，一般不用于生产中的导线焊接。图4-5-10为不同直径的导线与导线焊接示意图。

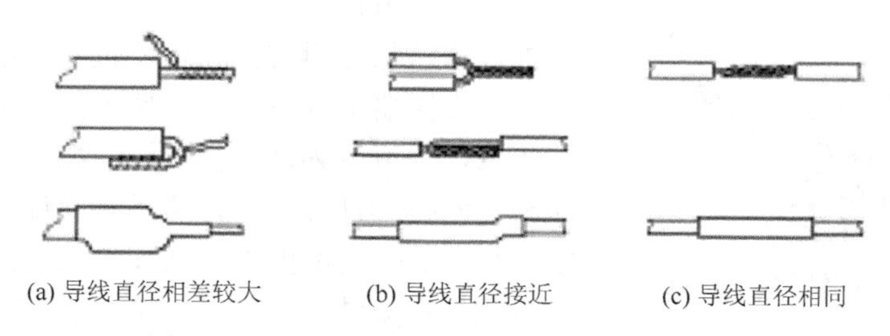

(a) 导线直径相差较大　　(b) 导线直径接近　　(c) 导线直径相同

图4-5-10　不同直径的导线与导线焊接示意图

6. THT手工拆焊

将已焊好的元器件拆下来的过程称为拆焊。调试和维修中常需要更换一些已烧坏或者焊错的元器件，在实际操作中拆焊比焊接难度高。如果拆焊不当，会导致元器件的损坏及印制电路板上的焊盘和导线的翘起与脱落。因此，拆焊也是焊接中一个重要的工艺技术。

（1）拆焊的基本原则

①不损坏待拆焊的元器件及其相邻的元器件。

②不损坏印制电路板上的焊盘与导线。

③对已判定为损坏的元器件，可先将其引脚剪断再拆除，这样可降低拆焊难度并减少其他损伤。

④在拆焊过程中，应尽量避免拆动其他元器件，如有变动，需将其复原。

（2）拆焊工具

常用的拆焊工具除以上介绍的焊接工具外还有以下几种。

①吸锡器

是手工焊接中常用到的拆焊工具，需与电烙铁配合使用。一般右手拿着电烙铁将焊锡熔化时，左手用吸锡器将熔化的液态焊锡吸走。

②吸锡电烙铁

其在对焊点加热的同时，通过按动吸锡活塞按钮把锡吸入吸锡腔内，以完成拆焊。其烙铁头内部是空心的，但多了一个吸锡装置。

③吸锡气囊

如图4-5-11所示为采用吸锡气囊进行拆焊的示意图，左手挤出气囊内的空气，当电烙铁熔化焊锡成液态时，松开气囊，通过气囊内外压力差将液态焊料吸入气囊内。这种气囊所用材料必须为耐高温的特种材料。

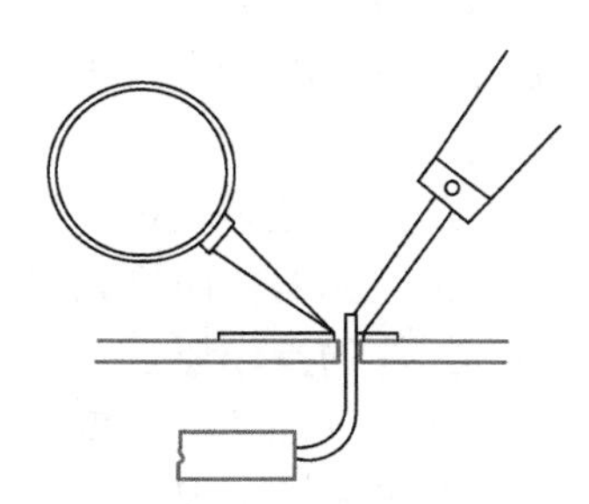

图4-5-11　采用吸锡气囊拆焊示意图

④吸锡材料

用于吸取焊接点上的焊锡，使用时将焊锡熔化使之吸附在吸锡材料，如吸锡绳/吸锡带上，如图 4-5-12 所示。专用的吸锡绳和吸锡带成本较高，可用网状屏蔽线代替。

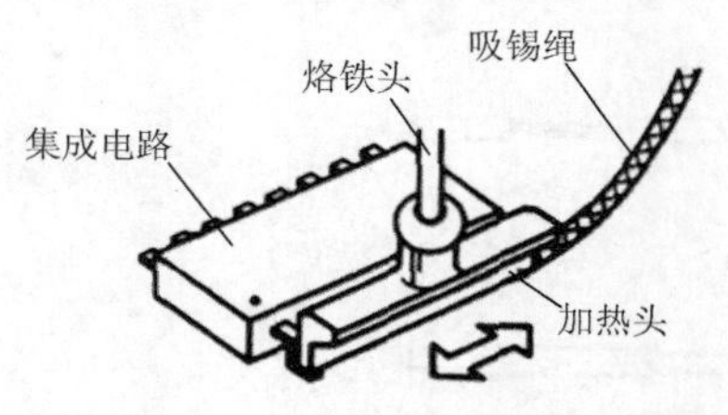

图 4-5-12 采用吸锡绳拆焊示意图

（3）拆焊方法

拆焊方法根据拆焊工具的不同，可以分为电烙铁拆焊方法、吸锡器拆焊方法、热风枪拆焊方法等；根据拆焊的步骤，又可分为逐点拆焊法、集中拆焊法、保留拆焊法和剪断拆焊法等。在直插式元器件的手工焊接和拆焊中，其中以电烙铁拆焊方法和吸锡器拆焊方法最为常见，各种拆焊方法也根据不同的场合交错结合使用。

①逐点拆焊法

对卧式安装的元器件，如电阻等，由于两个焊接点距离较远，无法通过单次同时加热两个焊点，此时可采用逐个焊点的加热与拆焊的方法，如果引脚是弯折的，可用镊子将引脚撬直后再行拆除。由于焊锡在受热时被熔化成液态，液态焊锡对元器件引脚失去束缚力，此时只需用镊子或者尖嘴钳轻轻将元器件引脚撤离即可，如图 4-5-13 所示。

操作中，切记电烙铁熔化焊锡和撤元器件引脚需同步进行，因为焊锡的熔点和凝固点非常接近，一旦电烙铁先撤离，焊锡即刻凝固，无法将元器件拆焊下来。

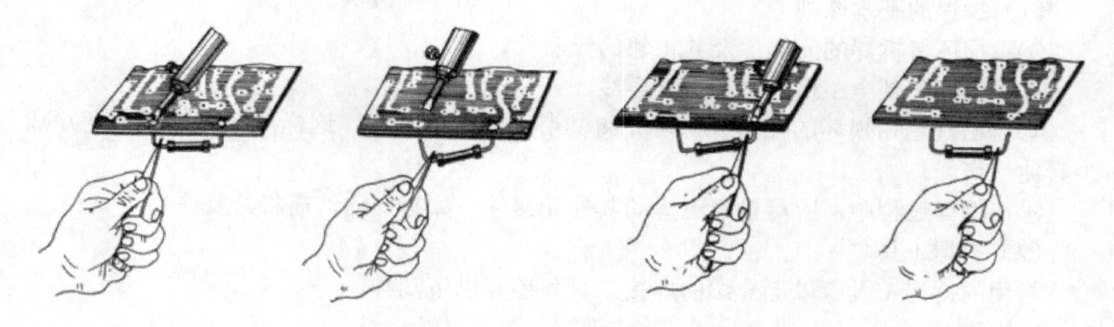
图 4-5-13 逐点拆焊法示意图

②集中拆焊法。针对焊盘间距较小的元器件，可同时快速交替加热多个焊点，待所有焊点上的焊锡熔化后整体拔出。对开关插座等多焊点的元器件，也可直接采用专用的宽烙铁头同时加热所有焊点，待焊锡融化后整体取下。

③保留拆焊法。对需要保留元器件引脚和导线端头的拆焊，可用吸锡器或吸锡电烙铁吸去被融化的焊锡。由于没有了焊锡的固定作用，元器件可以直接采用镊子将其取下。

④剪断拆焊法。被拆焊接点上的元器件引脚及导线如留有余量，或确定元器件已损坏，可直接在元器件面将元器件或导线的引脚剪断，再将焊盘上的线头融化后拆下。

（4）拆焊的操作要点

①严格控制加热的温度和时间。以免将元器件烫坏或使焊盘翘起、断裂。也可采用间隔加热法来进行拆焊。

②拆焊时防止用力过猛。

③巧用吸锡器。提高拆焊效率，降低对元器件的损坏。

（5）拆焊后重新焊接时应注意的问题

①重新焊接的元器件引脚高度、弯折形状和方向，都尽可能恢复得与原来的一致，尤其对于高频电子产品一定要重视这一点。

②拆焊后，焊盘的孔被堵塞，应先用螺钉旋具或镊子尖端在加热下从铜箔面将孔穿通，再插入元器件引脚或导线进行重焊。特别是单面印制板，不能用元器件引线从印制电路板面捅穿孔，容易导致焊盘脱落或者元器件的损坏。

③需将因操作需要而移动过的元器件恢复原状。

④助焊剂在焊接后一般并未充分挥发，反应后的残留物对被焊件会产生腐蚀作用，影响电气性能。对质量要求较高的焊点，在焊接完成后，需要对焊点进行清洗。

4.5.2 SMT 手工焊接

随着科技的发展，SMT 已经成为电子领域的一门新兴的产业，它以体积小、质量轻、工作可靠性高、便于维护等优点受到时代的青睐。使用过程中，贴片元器件也会出现易损坏、或掉件等现象。相比传统的直插式元器件，在焊接材料、工具设备和方法等方面均会有所不同。

1. SMT 手工焊接常用工具

（1）镊子

镊子是一种专用于焊接表面安装元器件（SMC）工具，在焊接时夹住 SMC 的两个焊端，很容易就完成元器件焊接。镊子要求前端尖且平以便于夹元器件。对于一些需要防止静电的芯片，需要用到防静电镊子。

在 SMT 拆焊中，有一种专用于拆焊 SMC 的高档电热镊子，其相当于两把组装在一起的电烙铁，只是两个电热芯独立安装在两侧，接通电源以后，捏合电热镊子夹住 SMC 的两个焊端，通过加热头的热量熔化焊点，很容易把元器件取下来。电热镊子的示意图见图 4-5-14。

（2）电烙铁/恒温电烙铁

手工焊接元器件时，电烙铁是必不可少的工具之一。电烙铁焊头种类很多，焊接贴片元器件时，可以选用尖头和刀头的一般电烙铁或恒温电烙铁，尖细的烙铁头在焊接引脚密集的贴片芯片时，能准确方便地对某一个或某几个引脚进行焊接。但需要注意的是，烙铁头在使用前一定要先挂锡，这样可防止烙铁头被氧化而影响导热；如果长时间使用，需每间隔一段时间后把烙铁头擦干净重新挂锡，以保证焊接工作能正常持续进行。此外，可在电烙铁上配用各种不同规格的专用加热头，用来焊接引脚数目不同的 QFP 集成电路或 SO 封装的二极管、晶体管、集成电路等。

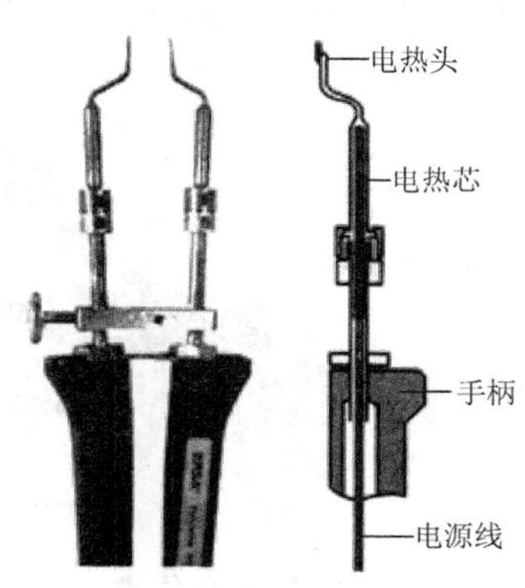

图 4-5-14 电热镊子

（3）真空吸锡枪/吸锡带

真空吸锡枪主要由吸锡枪和真空泵两部分构成。吸锡枪的前端是中间空心的烙铁头，带有加热功能。按动吸锡枪手柄上的开关，真空泵即通过烙铁头中间的孔，把熔化了的焊锡吸到后面的锡渣储罐中。取下锡渣储罐，可以清除锡渣。

在焊密集的多引脚贴片芯片时，很容易导致芯片相邻的两脚甚至多脚被焊锡短路。此时，传统的吸锡器是不管用的，需要用到编织的吸锡带。吸锡带吸除焊点焊锡时，首先将吸锡带前端蘸上松香，然后将随有松香的吸锡带放到需要拆焊的焊点上，再把电烙铁放在吸锡带上对焊点进行加热，焊锡熔化后就会被吸锡带吸走。

（4）焊锡丝

好的焊锡丝对贴片焊接非常重要，如果条件允许，在焊接贴片元器件时，尽可能使用细的焊锡丝，这样容易控制给锡量，从而不浪费焊锡且省掉了吸锡的麻烦。一般使用直径 0.5～0.6mm 的活性焊锡丝比较好，或使用膏状焊料（焊锡膏）。

（5）松香

松香是焊接时最常用的助焊剂，因为它能去除焊锡表面的氧化物，保护焊锡不被氧化，增加焊锡的流动性。松香除了助焊作用外还可以配合铜丝作为吸锡带使用。

（6）放大镜

对于一些引脚特别细小密集的贴片芯片，焊接完毕之后需要检查引脚是否焊接正常、有无短路现象，此时用人眼观察很费力，因此用到放大镜，方便可靠地查看每个引脚的焊接情况。

（7）热风枪/热风台

热风枪/热风台是利用枪芯吹出的热风对元器件进行焊接与拆卸的工具。使用时工艺要求相对较高。从取下或安装小元器件到大的集成电路都可以用到热风枪。在不同的场合，对热风枪/台的温度和风量有不同的要求，温度过低会造成元器件虚焊，温度过高会损坏元器件及印制电路板，风量过大会吹跑小元器件。

热风台的前面板上，除了电源开关，还有“HEATER（加热温度）”和“AIR（吹风强度）”两个旋钮，分别用来调整、控制电热丝的温度和吹风电动机的送风量。两个旋钮的刻度都是从 1 到 8，分别指示热风的温度和吹风强度，如图 4-5-15 所示。

(a) 热风台实物图

(b) 热风台风嘴

图 4-5-15　热风台

2. SMT 手工焊接要求

①在焊接过程中，佩戴防静电腕带可以保护贴片元器件受到静电损伤。

②操作中要求使用防静电烙铁，在教学中一般使用接地良好的普通烙铁。

③片式贴片元器件选择功率为30W左右的烙铁，当采用含铅的焊料时，恒温电烙铁的温度可以控制在296～336℃之间，采用无铅焊料时，电烙铁温度可控制在352～392℃之间。

④焊接表面贴装元器件的先后顺序是：先贴装体积小一点的元器件，后贴装体积大的元器件；先贴装引脚短一点的元器件，后贴装引脚长的。

3. SMT手工焊接方法

在SMT中通过手工焊接表面贴装元器件可以有三种不同的方法，分别是点焊法、拉焊法和拖焊法。点焊法一般适合引脚较少的贴片元器件如：贴片电阻、电容器、二极管等；拉焊法和拖焊法主要适合引脚多的集成电路。下面对这三种手工焊接方法分别进行介绍。

（1）点焊法

点焊法在操作时先焊接元器件的一个引脚，再焊接该元器件的其他几个引脚。图4-5-16为点焊法示意图，一般分为四种点焊操作方法示意图。

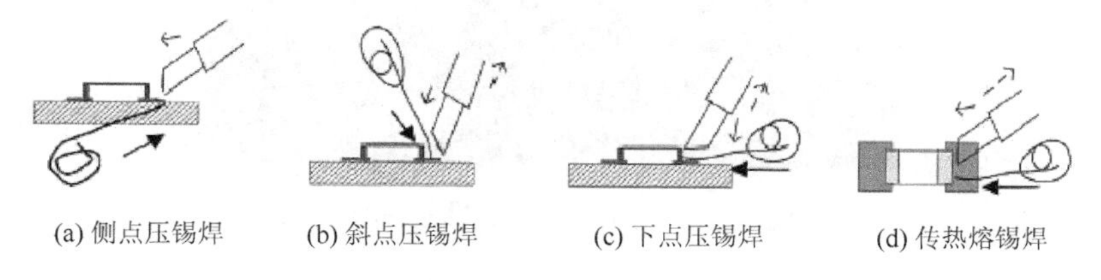

图4-5-16 点焊法示意图

在焊接引脚较少的贴片元器件，如贴片电容器等时，建议采用点焊法进行焊接。点焊法在具体操作时，先在板上对其中的一个焊盘上锡，通过镊子将元器件夹到印制电路板上对应的安装位置，注意元器件的极性，右手拿烙铁靠近焊盘将一端引脚焊好，可以选用上述四种点焊法的任意一种进行操作，如图4-5-17所示。待该端焊锡凝固后元器件

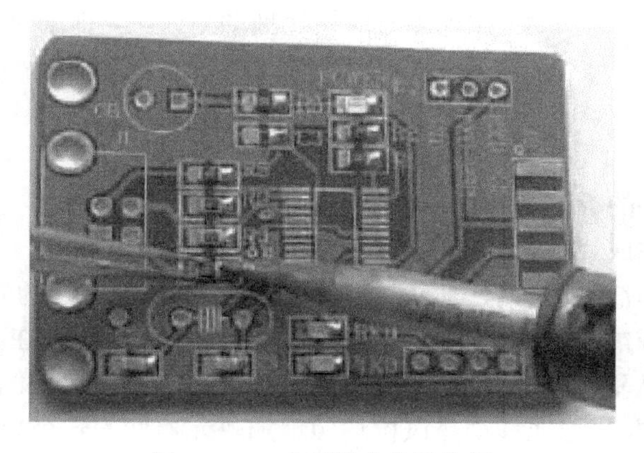

图4-5-17 点焊法实物操作图

已不会移动，随后可进行另外一端的焊接，并对元器件的焊点进行检查，把过多的锡进行去锡处理，直到焊点合格为止。

（2）拉焊法

拉焊法的操作对象主要是多引脚的IC元器件，焊接速度比点焊法要快。对于引脚多的集成芯片，单脚固定容易在焊接过程中造成移位，这时就需要多脚固定，一般可以采用对脚固定的方法，如图4-5-18所示。也可对四个角上的引脚进行焊接固定，从而达到整个芯片被固定的目的。接着用电烙铁继续焊接其他引脚，在焊接时沿同一方向连续拉动焊锡丝和电烙铁，这就是拉焊法的关键操作。在拉焊的过程中，很可能会使相邻引脚连接起来，最后应用烙铁将多余焊锡去除，使每个引脚只与其对的焊盘相连即可。

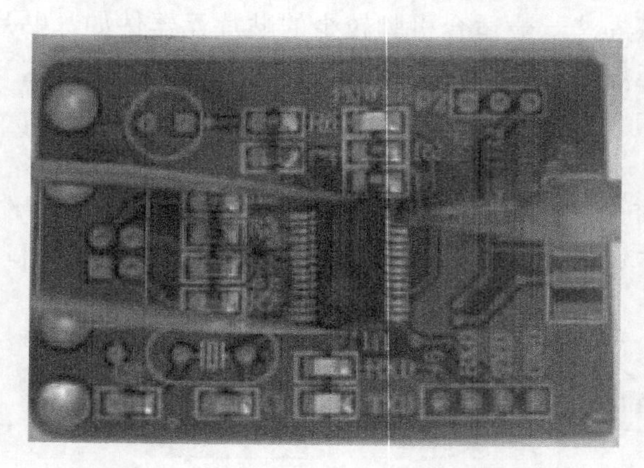

图 4-5-18　多角固定拉焊法实物操作图

（3）拖焊法

拖焊法也主要以多引脚的IC元器件为操作对象，与前面介绍的拉焊法比较相似。两者的区别在于拖焊法中在固定IC元器件的四个拐角时放置的焊锡量较多，如图4-5-19所示。IC元器件固定好后再焊接时不再加锡，而是直接用前面的锡进行拖焊。拖焊时要将印制电路板放置成45°左右，目的是让焊锡能随着烙铁的加热向下流动。在焊接时应快速拖动烙铁头，拖动时使烙铁头成Z形，或采用H形烙铁头，待所有焊点都合格后结束拖焊操作。

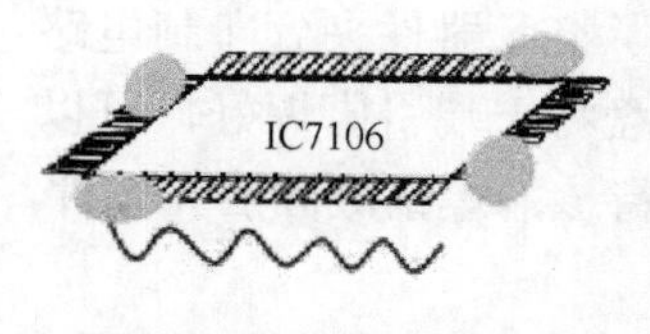

图 4-5-19　拖焊法示意图

4. SMT 手工拆焊

（1）片式元器件的拆焊

可分成两步来完成片式元器件的拆焊：

①清洁并加助焊剂：用防静电刷子清洁并加助焊剂在要拆除的元器件焊盘上；

②使用电烙铁或热风枪拆焊：使用电烙铁时，直接用电烙铁在元器件焊接点处待焊锡融化时，用镊子从垂直方向移除元器件。采用热风枪时，热风枪需要离被拆除元器件0.5cm左右的距离，并平稳地移动热风枪均匀地加热元器件的各个焊点，加热过程不能大于20s，当焊接处焊料融化，快速地使用镊子夹住元器件垂直方向将元器件移除。

（2）集成电路（IC）元器件的拆焊

典型的IC元器件有SOIC、SOP、PLCC、QFP、BGA等，BGA因为结构比较特殊，用手工焊的成功率较低，所以一般用机器焊接，其他几种常用的IC一般采用热风台或带有特殊加热头（如S型、L型、H型加热头）的电烙铁进行拆焊，普通电烙铁因为引脚多，在拆焊完可能导致IC被烧坏的概率很大，可以采用热风台进行拆焊。利用热风台的宽头热风嘴，可以快速对IC进行拆焊。图4-5-20所示为采用热风台拆焊芯片示意图及不同外形的热风嘴。

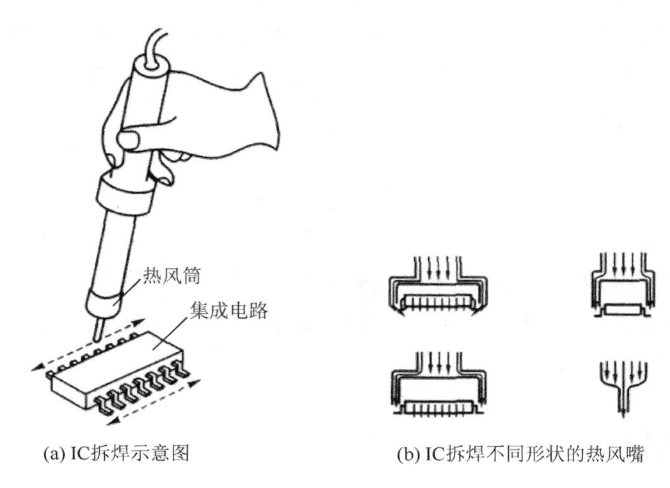

(a) IC拆焊示意图　(b) IC拆焊不同形状的热风嘴

图4-5-20　热风台拆焊芯片示意图及不同外形的热风嘴

4.6　焊接质量要求及分析

4.6.1　焊接质量要求

电子产业是全球化程度最高的行业，在电子工艺技术领域，最有影响力、应用最普遍、技术最先进的标准是IPC标准。其中与焊接质量要求和验收有关的ANSI-STD-001标准（电气与电子组装件焊接要求）和IPC-A-610标准（电子组装件的可接受条件）两项标准是电子互连基础性的标准。标准中，从通用类电子产品到高性能电子产品，对焊点的质量进行了详细、明确的标准规定。

焊点是体现电子设备的电气和机械性能的基础，一个完整的电子产品，焊点的数量上千甚至上万个，只要一个焊点不达标，就会影响整机的质量，甚至导致设备故障或出现故障隐患。手工焊接中，焊点质量的检验，主要考虑以下因素：电气性能、机械性能以及外观。

1. 可靠的电气连接

焊点是电路中实现电气连接的手段。电路要有稳定电流的导通，需要足够的线路连接面积和稳定的焊接结构。焊接是通过结合层达到电连接目的，要避免焊锡堆在焊件表面或并非完整的结合层。在最初的测试和工作中也许不能发现，但随着电子设备在长期使用过程中，就会出现电路接触不良或直接出现断路的情况，而此时观察外表，电路可能依然是连接的。因此，良好的焊点必须具有可靠的电气连接，避免出现虚焊、桥接等焊点缺陷。

2. 足够的机械强度

机械强度指电子产品在使用过程中，不会出现因正常的振动等原因而导致焊盘脱落或松动。常用焊锡材料本身的抗拉强度为 3～4.7kgf/cm^2，仅为普通钢材的十分之一，所以要实现整个电子设备的机械强度，需要一定的焊盘焊接面积和焊接材料以及符合质量要求的焊点。焊接材料过少、焊点不饱满、焊点晶粒、虚焊、裂纹、夹渣等焊接缺陷的存在都会影响设备的机械强度。

3. 合格的外观

良好的焊点外观必须焊锡量适中、光滑、无拉尖和毛刺、无桥接短路等不良现象，焊锡与被焊件之间没有明显的分界线，具有可接受的几何外形尺寸。良好的外观一定程度上能够体现焊接的质量，例如：对于常用的锡钎焊料，表面有金属光泽是焊接温度合适、金属微结构良好的标志。

4.6.2　焊点缺陷检查

1. 良好焊点的标准

良好的焊点外表有金属光泽、焊锡量适中，无拉尖、虚焊等缺陷，外形上具有以下共同特点：①以引线为中心，匀称、成裙形拉开；②表面呈半弓形凹面，接触角尽可能小；③表面有金属光泽且平滑，无毛刺拉尖；④无裂纹、晶粒、针孔、夹渣等。

在单面和双面（多层）印制板中，焊点的形成有所不同，如图 4-6-1 所示为各类板上焊点的外观示意图。在单面印制板上，焊点仅形成在焊接面的焊盘上方，如图 4-6-1（a）；但在双面板及多层板上，熔融的液态钎料会渗透到金属化的多层通孔内，焊点形成的区域包括焊接面的焊盘上方、金属化孔内以及元器件面上的焊盘，其外观如图 4-6-1（b）所示。

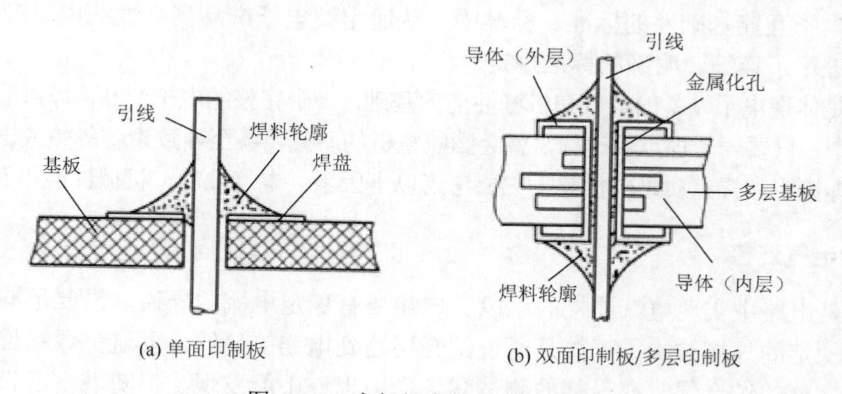

(a) 单面印制板　　(b) 双面印制板/多层印制板

图 4-6-1　良好焊点的外观示意图

2. 焊点的检查

为保证焊接质量，在焊接完成后一般都对焊点进行检查，包括焊点的电气连接特性、机械强度以及外观。在手工焊接中，没有一种机械化、自动化的检查测量方法，因此，外观检查主要借助放大镜、显微镜等工具通过目视的方法进行，机械性能主要通过手触的方法，而电气连接性能则需要采用万用表来检查电路的通断性，或者通过接通电源的方式进行检查。

（1）外观检查

外观检查主要通过目视法进行，检查的内容有：①漏焊现象，漏焊是最容易通过目视法发现的缺陷，但也是危害极大的，一旦出现漏焊，电路可能完全无法工作；②焊点是否光滑；③焊点的钎料是否适量，过多和过少都会带来焊点的质量问题；④是否有残留的焊剂；⑤有没有连焊，即焊料引起导线间短路（“桥接”）；⑥焊料是否拉尖；⑦焊盘有无脱落；⑧焊点有无裂纹、晶粒、针孔、夹渣等。

（2）机械性能检查

手工焊接中，机械性能检查主要通过手触或用镊子进行检查的方法进行，直接用手触摸或用镊子夹住元器件轻轻用力时，观察元器件引脚是否晃动，是否有松动、焊接不牢等现象。

（3）电气性能检查

在外观检查和机械性能检查结束后，需进行电气性能检查，包括静态和动态检查。静态检查指采用万用表的二极管挡或者电阻挡，来检查线路的连通性以及相邻焊盘之间是否存在短路、开路等，确认连线无误。动态检查指通电检查，其是检验电路性能的关键。动态检查能够检测出一些用外观法和静态法无法发现的缺陷。如虚焊、桥接，细微短路等。表 4-6-1 为通电检查结果及原因分析。

表 4-6-1 通电检查结果及原因分析

通电检查结果	可能原因	原因分析
元器件损坏	失效	元器件参数错误、极性接反、过热损坏、烙铁漏电等
	性能降低	元器件参数弄错、极性接反、过热损坏、烙铁漏电等
导通不良	短路	元器件损坏、桥接、焊料飞溅、错焊、引线太长或倾斜等
	断路	元器件损坏、虚焊、漏焊、焊锡开裂、夹渣、导线断、插座接触不良等
	时通时断	元器件虚焊、松香焊、导线断丝、焊盘剥落、焊盘氧化等

4.6.3 常见焊点缺陷及分析

不管是插装元器件的焊接，导线端子的焊接，还是贴片元器件的手工焊接，都会存在着各种不同的焊接缺陷。造成焊接缺陷的因素很多，包括焊接材料、焊接工具以及焊接方式、焊接水平等。

下面分别针对直插式元器件的手工焊接、导线端子的手工焊接以及贴片元器件的手工焊接中的常见焊点缺陷进行描述及分析。

1. THT 手工焊接常见焊点缺陷及分析

表 4-6-2 为直插式元器件手工焊接中，常见焊点的缺陷与分析，可供焊接检查、分析时参考。

表 4-6-2　直插式元器件手工焊接常见焊点缺陷及分析

序号	焊点缺陷	外观特点	危害	原因分析
1	虚焊	焊盘与元器件引线或铜箔之间有明显界限，焊锡向界限凹陷	电气连接及机械性能不牢靠	①元器件引线或印制电路板未清洁好，有氧化层或油污、灰尘；②助焊剂质量不好；③加热时间不够；④电烙铁温度不够或烙铁头未清理好
2	焊料过多	焊料面呈凸形	浪费焊料，且可能包藏缺陷	焊丝撤离过迟
3	焊料过少	焊料未形成平滑面	机械强度不足，虚焊	①焊丝撤离过早；②焊料流动性差且焊接时间又短
4	松香焊	焊缝中夹有松香渣	强度不足、导通不良，有可能时通时断	①加焊剂过多，或已失效；②焊接加热时间不足；③表面氧化膜未去除
5	过热	焊点发白，无金属光泽，表面较粗糙	焊盘容易剥落，强度降低	①烙铁功率过大；②加热时间过长
6	冷焊	表面呈豆腐渣状颗粒，有时可有裂纹	强度低，导电性不好	①焊料未凝固前焊件抖动；②烙铁功率不够
7	润湿不良	焊料与焊件交壤面接触角过大，不平滑	强度低，不通或时通时断	①焊件清理不干净；②助焊剂不足或质量差；③焊件未充分加热
8	不对称	焊锡未流满焊盘	强度不足	①焊料流动性不好；②助焊剂不足或质量差；③助热不足

续表

序号	焊点缺陷	外观特点	危害	原因分析
9	松动	导线或元器件引线可移动	导通不良或不导通	①焊锡未凝固前引线移动造成；②引线未处理好（润湿差或不润湿）
10	拉尖	出现尖端	外观不佳，容易造成桥接现象	①助焊剂过少，而加热时间过长；②烙铁撤离角度不当
11	桥接	相邻导线连接	电气短路	①焊锡过多；②烙铁撤离方向不当
12	针孔	目测或低音放大镜可见有孔	强度不足，焊点容易腐蚀	焊盘孔与引线间隙太大
13	气泡	引线根部有时有喷火式焊料隆起，内部藏有空洞	暂时导通，但长时间容易引起导通不良	①引线与孔间隙过大；②引线润湿性不良
14	焊点剥离	焊点从铜箔上剥离	断路	焊盘镀层不良
15	铜箔剥离	铜箔从印制电路板上剥离	印制电路板损坏，断路	①焊接时间长；②温度过高；③用力过度

2. 导线端子手工焊接常见缺陷

导线端子和其他导线端子或焊盘焊接时，也会出现诸多焊接缺陷，如图 4-6-2 为导线端子上手工焊接导线时的常见缺陷。在焊接导线端子时，需要剥去端子的绝缘层，一般露出的金属铜线长度为 3～4mm 左右，太长或太短会造成图 4-6-2（b）（d）（e）所示的焊接缺陷。在剥去绝缘层时，需要仔细认真，否则会导致断丝［图 4-6-2（f）］、甩丝［图 4-6-2（g）］及芯线散开［图 4-6-2（h）］等缺陷。

3. SMT 手工焊接常见焊点缺陷及分析

SMT 手工焊接中的常见焊点缺陷及分析见表 4-6-3。

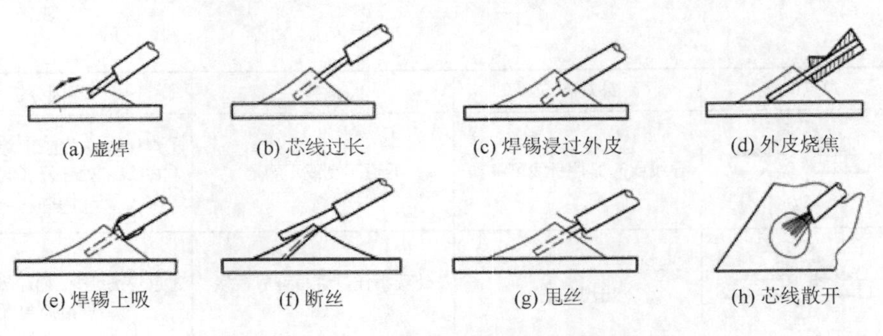

图 4-6-2 接线端子的焊接缺陷

表 4-6-3 SMT 手工焊接中的常见焊点缺陷及分析

序号	焊点缺陷	外观特点	危害	检测工具	判定标准
1	W	元器件两端向上或向下偏移	电气及机械性能不佳	卡尺	1/2 以上
2	E	整体向左或右偏移	开路；电气及机械性能不佳	卡尺	1/2 以上
3	$1/2W$	元器件一端偏移	电气及机械性能不佳	卡尺	1/2 以上
4	$1/2F$	焊锡量过少	虚焊；电气及机械性能不佳	卡尺	1/2 以上

4.6.4 焊点失效分析

一般情况下，焊点在产品的有效期内会正常工作。但在实际使用过程中，可能会出现一些失效情况，可能的原因包括以下的外部因素和内部因素。

1. 外部因素

（1）环境因素

当设备处在某些特殊环境下，其环境会对焊盘造成一定的影响。如在一些含有腐蚀性气体或极其潮湿的环境中，这些腐蚀性气体或水分会浸入有缺陷的焊点，在内部形成电化学腐蚀作用，长时间的作用下，焊点就会慢慢失效。

（2）机械应力

产品在运输或使用过程中往往受到周期性或非周期性的机械振动，导致焊盘上的电子元器件会对焊点施加一个周期性或非周期性的剪切力，反复作用的结果会使有缺陷的焊点翘起、脱落导致失效。

（3）热应力作用

电子设备在使用过程中会反复通、断电，某些大概率元器件会持续产生热量并将热量传递给焊点和整个印制电路板，而不同材料之间热胀冷缩系数的不同，就会对焊点产生热应力，反复作用的结果也会使一些有缺陷的焊点失效。

2. 内部因素

焊点失效的内部因素，正是焊点的焊接缺陷。包括虚焊、漏汗、气孔、裂缝、夹渣、晶粒、冷焊等所有缺陷，往往在初期检查中不易发现，当外部条件达到一定程度时就会使焊点失效。

在焊点的失效成因中，内部因素占据主要原因。因为外部因素需通过内部因素起作用，当内部因素的缺陷存在时，通过外部因素的作用才能最终表现出来。例如电化学腐蚀作用是引起焊点失效的重要因素之一。如果没有不合格的焊点，气体无法浸入焊点，也就不会造成失效。因此，为了提高电子产品的质量和可靠性，排除可能造成失效的内部因素是首要问题。

4.7 表面贴装技术

4.7.1 概述

电子产品的微型化、集成化和智能化是当代技术革命的重要标志，日新月异的各种高可靠、高集成、微型化、智能化的电子产品，标志着现代电子技术的发展。而电子产品的微型化、集成化、智能化需要通过电子组装技术来实现。传统的通孔安装技术还将在相当长一段时期继续发挥作用，自 20 世纪 80 年代以来，一种新型的组装技术——表面贴装技术已经应运而生，直接将元器件贴在基板上，突破传统 THT 通孔技术的性能和效率等方面的约束，在制作工艺和性能上都有较大的提高。

1. 表面贴装技术的概念

表面贴装技术（SMT），又名表面安装技术或表面组装技术。美国是 SMT 的发明地，1963 年世界上出现第一只表面贴装元器件和飞利浦公司推出第一块表面贴装集成电路，SMT 初期主要应用在军事、航空、航天等尖端领域，现广泛应用到计算机、手机、汽车、各类智能设备等电子产品当中。进入 20 世纪 80 年代，SMT 技术迅速发展，已成为国际上最热门的新一代电子组装技术，被誉为电子组装技术一次革命。

表面贴装是将体积缩小的没有或很短引线的片状元器件直接贴装在印制电路板的铜箔上，焊点与元器件在印制电路板的同一面，如图 4-7-1 所示。

从原理上说 SMT 并不复杂，似乎只是通孔技术的简单“改进”，但实际上这种“改进”引发了从电子产品设计理念、设计规则直到具体设计方法的变革，以及从组装材料、工艺、设备到工业环境、企业管理等电子组装技术全过程的变革，使得现代电子设备能够朝着小型化、集成化、自动化和智能化方向发展，完全可以称为组装制造技术的一次革命。现在表面贴装技术已成为现代电子组装制造业的主流技术，几乎所有与电子有关的产品，都离不开 SMT。

图 4-7-1　表面贴装产品图

2. SMT 与 THT

早前的电子产品，主要采用 THT 进行组装，其安装的电子元器件具有较长的引脚或引线，通过通孔将电子元器件在印制电路板的焊接面进行焊接，广泛应用于 20 世纪 90 年代之前。随着半导体集成电路的飞速发展，这种传统的技术已不能满足电子设备小型化、高性能、高速度（信息处理速度）、高可靠性发展的需要。表面贴装技术正是为克服通孔技术的局限性而发展起来的。图 4-7-2 为 SMT 与 THT 安装方式示意图。

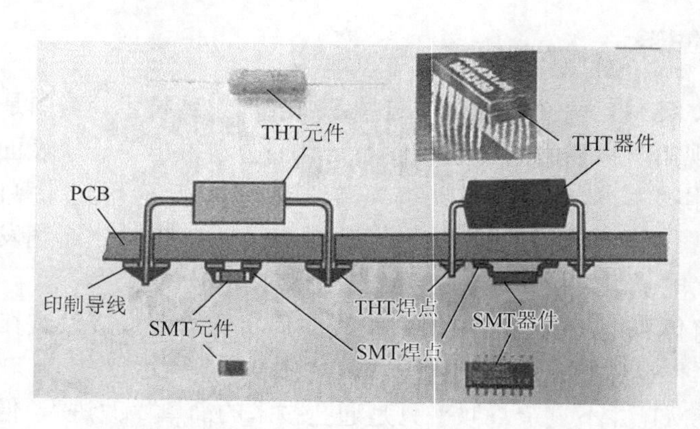

图 4-7-2　SMT 和 THT 安装方式示意图

作为电子组装技术的两种不同工艺技术，它们在很多方面都完全不同，包括所流行的时代、所用的电子元器件的尺寸、是否具有引脚、安装方式、安装设备等方面。近年来，THT一定程度上已经被SMT所取代，仅在小部分的体积和功率过大的元器件焊接中采用THT，未来超过90%的电子产品将通过SMT技术实现。THT和SMT的比较如表4-7-1所示。

表4-7-1 THT与SMT的比较

安装方式	THT	SMT
起始年代	20世纪50年代	20世纪70年代
代表元器件	直插式的晶体管、轴向引线、单双列直插IC，轴向引线元器件编带	SMC、SMD片式封装、VSI、VLSI（超大规模集成电路）
安装基板	单面、双面及多层印制板	高质量表面贴装板
体积	大	小，缩小比约为1/3～1/10
安装方法	手工、半自动、全自动	全自动贴片机
组装方法	穿孔	贴装
焊接技术	浸焊、波峰焊	波峰焊、再流焊

3. 表面贴装技术的特点

（1）高密度性

SMT片式元器件在尺寸和体积上都大大减小，实现相同功能的电路，面积缩小为插孔式的1/3到1/10左右，体积缩小60%～70%，质量减少60%～80%。

（2）高可靠性

随着SMT中贴片元器件的无引脚化和小型化，其能更好地采用全自动化生产方式，且由于元器件是贴着板材安装，提升了抗振能力和可靠性，不良焊点率大大减小，一般小于10%，采用SMT组装的电子产品无故障工作时间大于MTBF，为25万h，能长时间稳定工作。同时，由于用了膏状焊料的焊接技术，可靠性高、抗振能力强，焊点缺陷率低。

（3）高频特性好

SMT组装方式中，寄生电容器的影响大大降低，高频特性得到提升。这是因为采用片式元器件实现的电路最高频率远远超过采用通孔元器件实现的电路，传输延迟时间也大大缩短，由寄生电抗引起的附加功耗可降低20%～30%，减少了电磁和射频干扰。

（4）高自动化程度

采用THT实现全自动化，为避免碰坏元器件，需要采用大于原印制电路板面积的40%才能使自动插件的插装头将元器件插入。而SMT中，自动贴片机的真空吸嘴小于元器件外形，便于实现全线自动化。

（5）低成本

SMT印制使用面积减小，印制电路板面积的减小使成本降低，减少了包装、运输和储存费用；频率特性提高，降低了电路调试费用；安装中省去了引线成型、打弯和剪线等工序，时间成本降低；焊点可靠性高，降低了调试和维修成本；片式元器件成本迅速下降。总体而言，采用 SMT 技术后可使总体成本下降 1/3 以上。

尽管 SMT 具备相当多的优势，在当前的 SMT 大规模生产中也还存一些问题。

①由于所用的元器件尺寸太小，焊接完成后基本较难看出其参数，给维修和更换元器件时带来难度；

②SMT 不能涵盖所有的电子元器件，例如大容量的电容器、大功率元器件等不适用或难以采取 SMT 方式；

③技术难度大，如元器件与印制电路板之间热膨胀系数（CTE）一致性差，且密度太大会带来元器件散热难的问题；

④技术要求高，涉及学科广，对从业人员技术要求高；

⑤建立整个全自动化、柔性化、智能化的生产线的费用昂贵。

4. SMT 相关技术

表面贴装技术通常包括贴装元器件、印制电路板及图形设计、专用工艺材料、表面贴装工艺设备、表面贴装工艺技术以及表面贴装检测技术等六个方面内容。表面贴装元器件和表面贴装印制电路板与表面贴装技术互为基础、互相促进、联动发展。贴片元器件和贴片印制电路板的具体介绍详见本书第 1 章和第 2 章。

从实现贴片产品的角度，一个完整的 SMT 过程涵盖了工艺组装材料、组装工艺设计、组装技术和组装设备。SMT 相关工艺技术如图 4-7-3 所示。

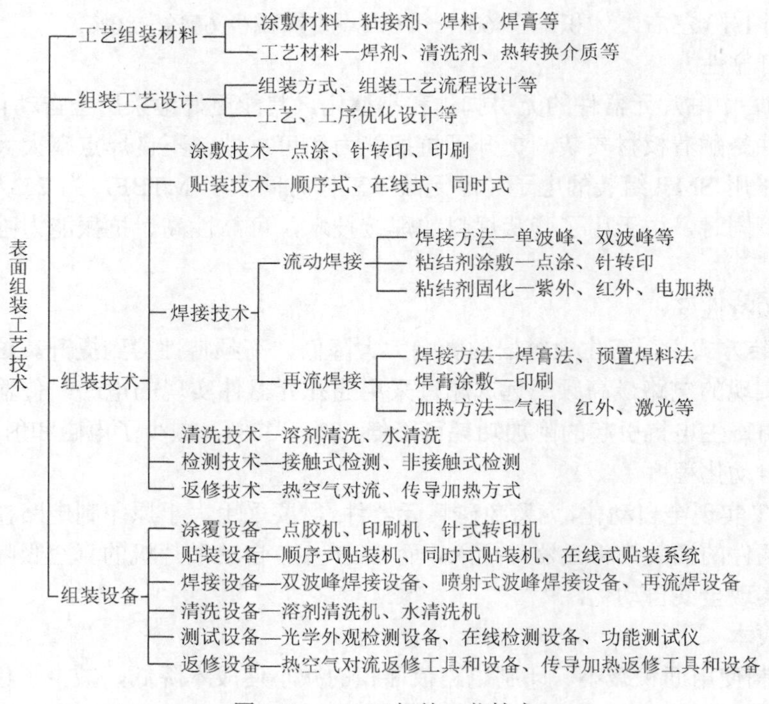

图 4-7-3　SMT 相关工艺技术

5. SMT 生产线简介

SMT 生产线典型配置主要由印制电路板上料装置、焊锡膏印刷机、SMC/SMD 贴片机、检查装置、再流焊接设备、检测设备和印制电路板下料装置组成，如图 4-7-4 所示。

SMT 生产线设计涉及技术、管理、市场各个方面，如市场需求及技术发展趋势、产品规模及更新换代周期、元器件类型及供应渠道、设备选型、投资强度等问题都需考虑。同时，还要考虑到现代化生产模式及其生产系统的柔性化和集成化发展趋势，使设计的 SMT 生产线能与之相适应等。所以，SMT 生产线的设计和设备选型要结合主要产品生产实际需要、实际条件、一定的适应性和先进性等方面进行综合考虑。在已知贴装产品对象的情况下，建立 SMT 生产线前应先进行 SMT 总体设计，确定需贴装元器件的种类和数量、贴装方式及工艺和总体设计目标再进行生产线设计。建议在印制电路板电路设计初步完成后进行 SMT 生产线设计，这样使所设计的生产线投入产出比达到最佳状态。

图 4-7-4 SMT 生产线示意图

按照自动化程度，SMT 生产线可以分为全自动生产线和半自动生产线。全自动生产线是指生产线的设备全部是全自动设备，通过自动送板机、传输带和自动收板机将生产线的所有全自动设备连接起来组成的一条自动生产线；半自动生产线是指主要生产设备没有连起来或者没有完全连起来。

按照生产线规模大小，SMT 生产线可以分为大型生产线、中型生产线、小型生产线。大型生产线主要适合于大型企业，具有较大的生产能力；中小型生产线主要适合于中小型企业，满足中小批量的多品种产品或大批量的单一品种生产需求。

按照线体组装方式，SMT 生产线可分为单线形式生产线、双面形式生产线、SMT 产品集成组装系统。单线形式生产线主要用于印制电路板单面组装；双面形式生产线主要用于印制电路板双面组装；SMT 产品集成组装系统适合于更加复杂、更加多元化的印制电路板组装形式。

此外，按照贴装速度，SMT 生产线可以分为低速、中速和高速生产线；按贴装精度可分为低精度和高精度生产线。

6. SMT 发展简介

（1）SMT 发展简史

从 20 世纪 70 年代开始，SMT 的发展主要可以分成三个阶段。

第一阶段（1970～1975 年）：这一阶段是 SMT 的初始发展阶段，开始将小型化的片式元器件应用在混合电路的产品中，促进了集成电路的制造工艺和技术发展；在此阶段，采用 SMT 生产的电子计算器和石英表等电子设备是这一阶段的标志性产品。

第二阶段（1976～1985 年）：在第二阶段中，随着技术的发展，片式元器件的材料和组装工艺的进一步发展，促进了产品的小型化和多功能化，大量的自动化贴片设备被研制出来并广泛应用。在此阶段，摄像机、收音机等 SMT 产品成为了这一阶段的标志性产品，为 SMT 的迅速发展奠定了基础。

第三阶段（1986 年～至今）：第三阶段是 SMT 的飞速发展阶段，生产成本进一步降低，产品性能进一步改善，SMT 逐渐替代 THT 成为电子设备的主流安装技术。

（2）SMT 的发展趋势

当前，SMT 的发展有着以下几个显著的特征。

①智能化：使信号从模拟量转换为数字量，并用计算机进行程序化处理。

②多媒体化：从传统的文字信息交流的基础上，更多更好地融入了声音、图像信息的交流，使得 SMT 产品更加的人性化和实用化。

③网络化：通过网络技术实现全人类的资源共享。

根据《中国制造 2025》的制定，智能制造是新一轮工业革命的核心技术。SMT 与智能制造理念的融合，建立高效、便捷、柔性及资源共享的 SMT 智能制造模式是电子产品制造业未来的发展方向，新一代的 SMT 全自动生产线即将诞生。

4.7.2　SMT 工艺材料

表面贴装技术有再流焊和波峰焊两类典型的工艺流程，前者采用的主要焊接工艺材料是焊锡膏，后者采用的主要是贴片胶。

1. 焊锡膏

焊锡膏是 SMT 再流焊工艺中不可缺少的焊接材料。焊锡膏在常温下呈膏状，具有一定的黏性。在再流焊之前，将焊锡膏通过自动焊锡膏机将焊锡膏放置到印制电路板的所有焊盘上，然后利用焊锡膏的黏性，将贴片元器件初步固定在正确位置的焊盘上，通过自动再流焊接机流程之后，焊锡膏融化后凝固，即可完成焊接。

（1）焊锡膏组成

焊锡膏主要由合金焊料粉末和助焊剂组成，两者的质量和体积之比分别约 9∶1 和 1∶1。焊锡膏的组成及功能如表 4-7-2，焊锡膏实物如图 4-7-5 所示。

表 4-7-2　焊锡膏的组成及功能

组成		使用的主要材料	功能
合金焊料粉		Sn-Pb、Sn-Pb-Ag 等	元器件和电路的机械和电气连接
助焊剂	焊剂	松香，合成树脂	净化金属表面，提高焊料润湿性
	黏接剂	松香，松香脂，聚丁烯	提供贴装元器件所需黏性

续表

组成		使用的主要材料	功能
助焊剂	活化剂	硬脂酸，盐酸，联氨，三乙醇胺	净化金属表面
	溶剂	甘油，乙二醇	调节焊锡膏特性
	触变剂		防止分散，防止塌边

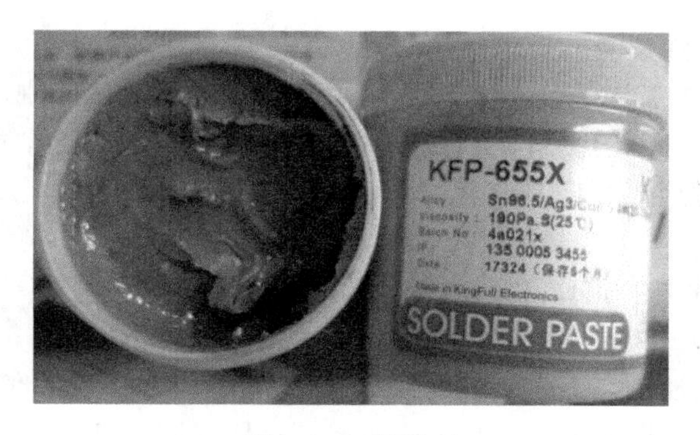

图 4-7-5　焊锡膏

合金焊料粉末是焊锡膏的主要成分。常用的合金焊料粉末的成分包含 Sn-Pb、Sn-Pb-Ag、Sn-Pb-Bi 等，其中，63%Sn/37%Pb 和 62%Sn/36%Pb/2%Ag 为最常用的粉末组合，如表 4-7-3 所示。

表 4-7-3　常用焊锡膏的合金成分、熔点及用途

合金成分/wt%	熔点/℃	用途
Sn63/Pb37	183	适用于普通表面组装板，不适用于含 Ag、Ag/Pa 材料电极的元器件
Sn60/Pb40	183	同上
Sn62/Pb36/Ag2	179	适用于含 Ag、Ag-Pa 材料电极的元器件，不适用于水金板
Sn10/Pb88/Ag2	268	适用于耐高温元器件及需要两次再流焊表面组装板的首次再流焊，不适用于水金板
Sn96.5/Ag3.5	221	适用于要求焊点强度较高的表面组装板的焊接，不适用于水金板
Sn42/Bi58	138	适用于热敏元器件及需要两次再流焊表面组装板的第二次再流焊

通常情况下，焊锡膏的性能取决于合金焊料粉末的形状（球形和无定形）、粒度和表面氧化程度等因素。其粒度一般为 200～400 目，表面氧化程度越低性能越好。

（2）焊锡膏的分类

①按合金焊料粉的熔点分类

可分为高温焊锡膏（熔点 250℃以上）、中温焊锡膏（熔点 178～183℃）和低温焊锡膏（熔点 150℃以下）。

②按焊剂的活性分

有无活性、中度、完全和超活性四种，分别用 R、RMA、RA 以及 SRA 来表征。

③按焊锡膏的黏度分类

焊锡膏黏度介于100～1000Pa·s之间。需要根据不同的施膏工艺手段进行选择，例如，在模板印刷中，选择350～600Pa·s的黏度值；在丝网印刷中，选择200～350Pa·s的黏度值；在分配器中，选择100～200Pa·s的黏度值。

④按清洗方式分类

包括有机溶剂、水、半水以及免清洗类四种，可根据对于电子产品的要求和清洗环境与条件进行选择。

（3）表面组装对焊锡膏的要求

焊锡膏在整个SMT过程中，起到非常关键的作用。其在印刷前需要具有良好的脱模性；印刷时，应有合适的黏度，以使贴片元器件在再流焊接之前能粘在焊盘上；再流焊接过程中，熔化时焊锡膏应具有良好的润湿性；而再流焊接之后，需易清洗，机械强度高。

（4）焊锡膏使用注意事项

①保存方法

焊锡膏的保管要控制在1～10℃的环境下，可在冰箱中储存，但温度不可低于0℃；焊锡膏未开封时的使用期限为6个月；不可放置于阳光照射处。

②使用方法

开封前须将焊锡膏从冰箱拿出后自然解冻至少4h，解冻时不能打开瓶盖，等温度回升到使用环境温度（25℃±2℃）上，须充分搅拌3～5min，再正常使用。

2. 贴片胶

贴片胶是在波峰焊工艺中使用的一种聚烯化合物，常温下，贴片胶为液态，当温度达到150℃时即凝固。其作用是在波峰焊前，能够将元器件粘在印制电路板上，并在焊接时不会偏移或者脱落，一旦焊接完成后，虽然它的功能失去了，但仍保留在印制电路板上，所以贴片胶既要有一定的黏合强度，又要具有很好的电气性能。

（1）贴片胶的类型与组分

①按基体材料分类

可分为环氧树脂和聚丙烯两大类。作为SMT中最常用的贴片胶，环氧型贴片胶主要由环氧树脂、固化剂、增韧剂、填料以及触变剂按一定比例混合而成，例如，环氧树脂、无机填料、胺系固化剂、无机颜料之间按63∶30∶4∶3的质量比混合而成的典型贴片胶。几种成分之间，除了有量的要求，还有粒度的要求，一般要求粒度小于50μm。

另外一个常用的贴片胶是聚丙烯酸类贴片胶，其主要由丙烯酸类树脂、光固化剂、填料组成，常用单组分，是一种固化时间短但强度不及环氧型贴片胶的光固化型贴片胶，在生产中采用2～3kW的紫外灯管。距SMT 10cm高，10～15s即可完成固化。

②按功能分类

贴片胶按功能可以分为结构型、非结构型和密封型三大类。结构型贴片胶具有较高的机械强度，能在一定的荷重下进行黏接；而非结构型和密封型贴片胶分别用于短暂性地固定具有不大负荷的物体以及不承受负荷的物体。

③按化学性质分类

按化学性质分为热固型、热塑性、弹性型和合成型贴片胶四种。热固型贴片胶固化后再加热不会软化；热塑性贴片胶固化后再加热可以软化，形成新的黏合剂；弹性型贴片胶具有较大延展率；合成型贴片胶是由热固型、热塑性、弹性型按照一定比例配制而成。

④按使用方法分类

可分为针式转移式、压力转射式、丝网、模板印刷式贴片胶等。

（2）表面组装对贴片胶的存储及使用要求

对 SMT 工艺来说，为了确保表面组装的可靠性，贴片胶的存储与使用时应注意：需要放置在 2～8℃的冰箱中低温避光密封保存；如需使用时不能直接从冰箱拿出来即用，需要先将其与室温平衡后再打开容器并进行充分的搅拌后使用，以防止贴片胶结霜吸潮，使用完毕后；剩下的贴片胶可以密封好继续低温保存。

（3）表面组装对贴片胶的选用要求

①贴片胶的选用应根据工厂的设备状态及元器件形状来决定。

②环氧树脂型贴片胶：可用回流炉固化，只需添置低温箱；热固化无阴影效应适合不同形状的元器件。

③选用丙烯酸酯型贴片胶时，应满足条件：添置紫外灯；胶点应分布在元器件外围否则不易固化，且有阴影效应。

（4）贴片胶的包装

贴片胶有两种包装形式，注射针管式和听装式。注射针管式可包装成不同容量的包装，从 5ml 到 300ml 不等，且包装容量越大，价格也相对较低，使用时可以采用注射针管将大容量的注射到小包装中使用，且需注意分装时做脱气泡处理以避免混入空气，如图 4-7-6（a）所示。注射针管式一般用于压力注射法点胶工艺中。听装式一般供丝网/模板印刷方式涂布胶用，规格有 1kg/听等，如图 4-7-6（b）所示。

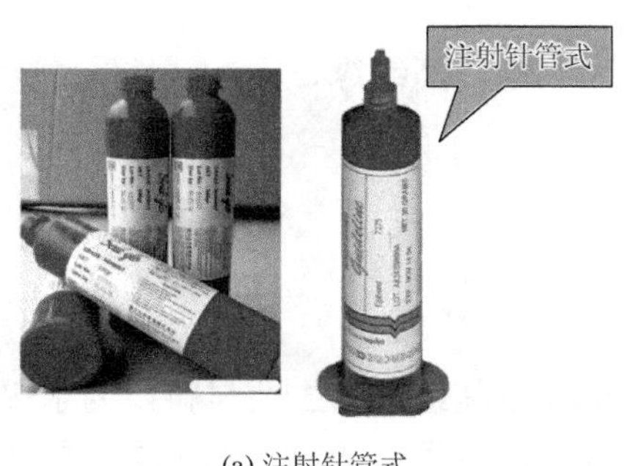

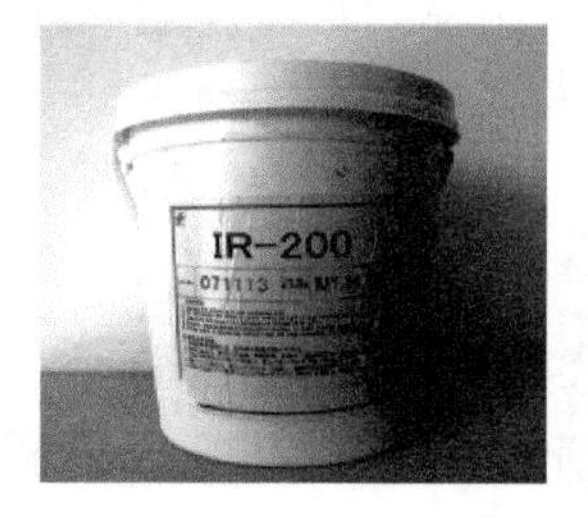

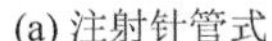

(a) 注射针管式　　(b) 听装式

图 4-7-6　贴片胶包装图

3. 助焊剂

助焊剂是 SMT 中不可替代的辅料，对焊接质量起着举足轻重的作用。在波峰焊中，助焊剂和焊锡膏分别单独使用，但在再流焊中，助焊剂则是焊锡膏的重要组成部分。

（1）助焊剂的组成

传统的助焊剂通常以松香为基体。松香具有弱酸性和热熔流动性，并具有良好的绝缘性、耐湿性、无腐蚀性、无毒性和长期稳定性，是不可多得的助焊材料。

目前，SMT采用的大多是以松香为基体的活性助焊剂。由于松香随着品种、产地和生产工艺的不同，其化学组成和性能有较大差异，因此，对松香优选是保证助焊剂质量的关键。通用的助焊剂还包括：活性剂、成膜物质、添加剂和溶剂等。

（2）助焊剂的分类

①根据化学成分的不同，可分为松香系列、合成以及有机焊剂。

②根据助焊剂活性不同，可分为低、中等、高和特别活性四个等级，分别用R、RMA、RA、RSA表征。

③根据对残留物的溶解性能，可分为有机溶剂清洗、水清洗、半水清洗和免清洗等。

（3）助焊剂的作用

①去氧化层的作用。焊接前的首要任务是去掉焊接表面的氧化层，助焊剂中的活性剂等物质可与表面氧化物发生氧化还原反应，从而起到去氧化的作用。

②防止再氧化。助焊剂可以使被焊金属和焊料表面与空气隔绝，这样可以有效防止金属在高温下再次氧化。

③促进传热。降低熔融焊料的表面张力，促进焊料的扩张和流动，从而促进了热量的传递、加快扩散速度。

（4）表面贴装对助焊剂的性能要求

①具备基本的去氧化、防再氧化、促进传热、无毒以及易于稳定储存等特性。

②其熔点要比焊料和母件材料低。

③扩展率大于等于90%，黏度和密度要比焊料小，熔化后比焊料更快地润湿扩散。

④焊后不沾手、残渣易于去除，残留物不具有腐蚀、吸湿和导电性能。

（5）助焊剂的选用

助焊剂的选用原则是助焊效果好、无腐蚀、高绝缘、无毒、性能稳定，具体选用要求要根接工艺来定。

4. 清洗剂

（1）清洗剂的组成

目前清洗剂主要分别以三氟三氯乙烷和甲基氯仿为主要材料，为了提升清洗剂的储存稳定性，改善清洗效果，会加入如甲醇、乙醇等低级醇和乙醇酯、丙烯酸酯等各类稳定剂。

（2）清洗剂的分类

①根据采用的清洗介质，可分为溶剂和水清洗两类。

②根据清洗工艺和设备不同，又可分为批量式（间隙式）清洗和连续式清洗两种类型。

③根据清洗方法不同，还可以分为高电压喷洗清洗、超声波清洗等几种形式。

对应于不同的清洗方法和技术，有不同的清洗设备系统，可根据产量和要求进行选择。

（3）SMT 中对清洗剂的要求

一般说来，一种性能良好的清洗剂应当具有以下特点。

①能有效溶解松香及油脂等物质。

②润湿性强，稳定性强，能稳定储存。

③无毒、无腐蚀性、易挥发、无残留、不燃爆。

4.7.3　SMT 工艺流程

1. 基本工艺流程

在 SMT 中，焊接一般有再流焊和波峰焊两类基本工艺流程。

（1）再流焊工艺流程

再流焊也称回流焊，简化的工艺流程是：焊锡膏印刷—贴装元器件—再流焊—检验、清洗，如图 4-7-7 所示。再流焊工艺中，焊接材料为焊锡膏，焊锡膏首先预置到印制电路板上的所有焊盘，由于焊锡膏有一定的黏性，可以初步固定片式元器件，随后通过再流焊工艺环节，将焊锡膏预热、保温、再流焊熔化和冷却凝固，从而完成焊点的焊接。该工艺流程的特点是简单、快捷，有利于产品体积的减小，由于各流程都可以选用全自动化设备，因此易于实现全自动化生产，是 SMT 中焊接的主流工艺技术。

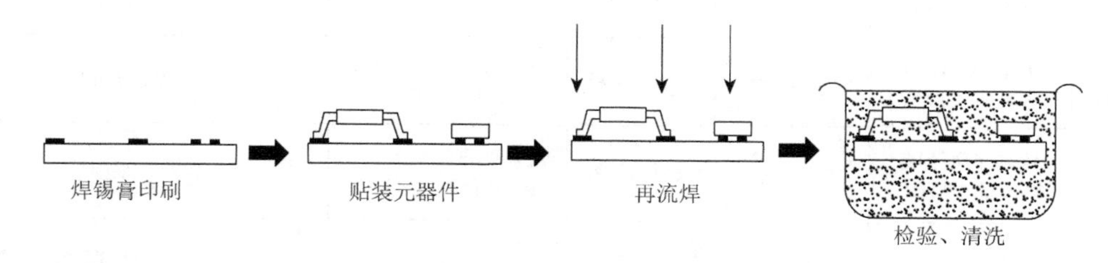

图 4-7-7　再流焊简化的工艺流程

（2）波峰焊工艺流程

波峰焊是在浸焊的基础上发展起来的。波峰焊的工艺流程根据需求的不同会有所差异，一般简化的工艺流程为：贴片胶涂敷—贴装元器件—固化—波峰焊—检验、清洗，如需要加入通孔元器件时，则在固化后需要加入翻转和插入通孔元器件这两个步骤，如图 4-7-8 所示。首先通过点胶机将贴片胶滴到贴片元器件的中心位置，以固定元器件；随后将点胶好的元器件放置到极性正确的焊盘上；经固化炉将贴片机和元器件进行固化；后通过波峰焊机经预热、波峰焊、冷却等环节完成焊接。

该工艺中可以充分利用双面板的空间，并可以使用部分通孔元器件，方便一些必需使用通孔元器件的产品，价格低廉，但在波峰焊中较难实现高密度组装。

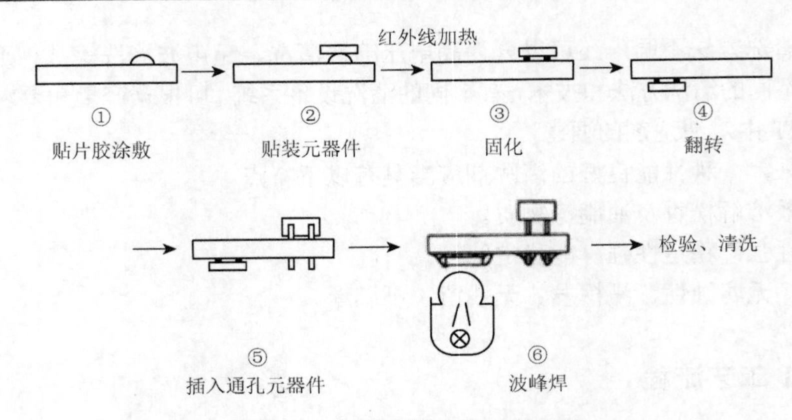

图 4-7-8　波峰焊简化的工艺流程

2. SMT 元器件安装方式

将上述两种基本工艺流程混合与单独使用，可以演变成单面混装、双面混装和全表面组装 3 种类型共 6 种组装方式工艺流程，如表 4-7-4 所示。

表 4-7-4　SMT 元器件安装工艺流程

组装方式		示意图	电路基板	焊接方法	特征
单面混合组装	SMC/D 和 THC 都在 A 面	A B	双面印制板	先 A 面再流焊 后 B 面波峰焊	一般先贴后插，工艺简单
	THC 在 A 面，SMC/D 在 B 面	A B	单面印制板	B 面波峰焊	PCB 成本低，工艺简单，先贴后插。如果先插后贴，工艺复杂
双面混合组装	THC 在 A 面，A、B 两面都有 SMC/D	A B	双面印制板	先 A 面再流焊，后 B 面波峰焊	适合高密度组装
	A、B 两面都有 SMC/D 和 THC	A B	双面印制板	先 A 面再流焊，后 B 面波峰焊、波峰焊	工艺复杂，很少采用
全表面组装	单面表面贴装	A B	单面印制板、陶瓷基板	单面再流焊	工艺简单，用于小型、薄型简单电路
	双面表面贴装	A B	双面印制板、陶瓷基板	双面再流焊	高密度组装、薄型化

（1）单面混合组装

在单面混合组装方式中，通孔元件（THC）与表面安装元器件（SMC/D）可分布在印制电路板的单面或两个面上，具体又可以有如下两种组装方式。

①先贴法。先在印制电路板的 A 面贴装 SMC/D，后从 A 面插装通孔元器件。为先贴后插的流程，所用板材为双面板，A 面和 B 面分别采用再流焊和波峰焊工艺。

②后贴法。先在印制电路板的 A 面插入 THC，后在 B 面贴装 SMC/D。所用板材为单面印制板，可以直接在 B 面采用波峰焊技术，先插后贴法的工艺较先贴后插法复杂。

（2）双面混合组装

在双面混合组装方式中，SMC/D 和 THC 可以是 SMC/D 在同一面，THC 在另外一面，也可以是两面都有两种元器件的混合。采用的均是双面印制板、波峰焊与再流焊结合使用。双面混合组装方式多用于计算机主板等消费类电子产品的组装。

依据元器件放置的位置，双面混合组装方式也可分为：

①THC 在 A 面，SMC/D 两面都分布的方式，其适用于高密度组装。

②SMC/D 和 THC 在两个面全部分布的方式，这种方式由于工序复杂，在实际生产中很少使用，在有特殊需要时可以采用。

在双面混合组装方式中，也存在先贴后插和先插后贴的方式，需要根据具体产品设计的情况而定，一般采用先贴后插法较多，其工艺流程示意图如图 4-7-9 所示。该组装方式由于可以把不方便采用贴装的直插式元器件进行焊接安装，可以提高组装密度。

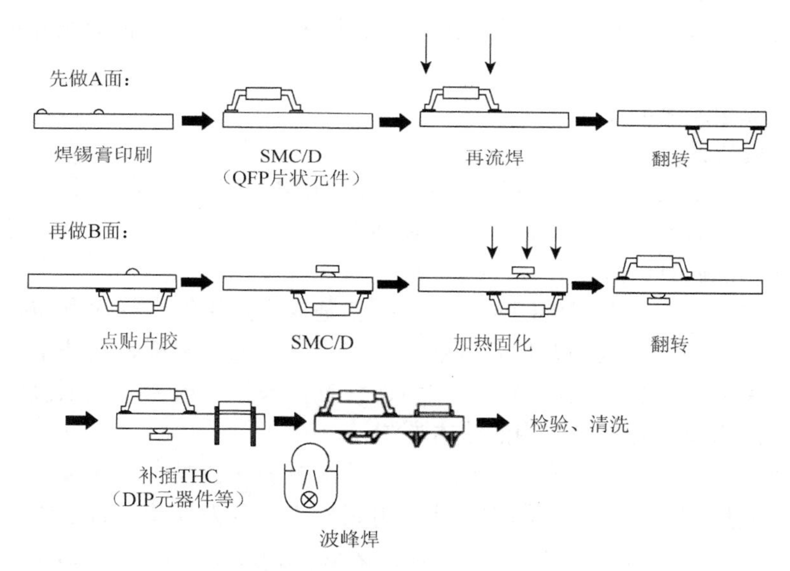

图 4-7-9 先贴后插法双面混合组装方式示意图

（3）全表面组装

全表面组装是在印制电路板上只有 SMC/D 而无 THC。板材采用印制电路板或陶瓷基板，可以单面或者双面贴装，一般多采用再流焊接工艺，单面和双面分别适用于小型简单电路和高密度的复杂电路。如图 4-7-10 所示为双面贴装全表面组装方式。

4.7.4 SMT 工艺技术与设备

1. SMT 涂覆工艺与设备

表面涂覆工艺是把一定量的锡膏或贴片胶按要求涂覆到印制电路板上的过程。涂覆工艺是利用涂覆设备和钢模板将锡膏准确涂覆到印制电路板规定的位置上；贴片胶涂覆

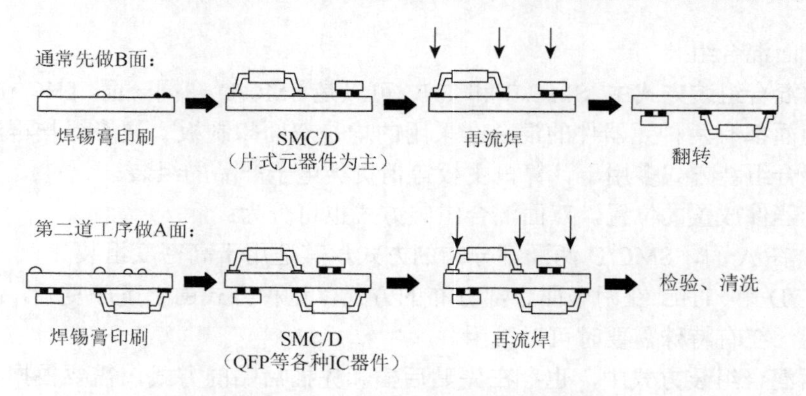

图 4-7-10 双面贴装全表面组装方式示意图

工艺是利用点胶机或印刷设备，将贴片胶准确涂覆到印制电路板规定的位置上。印刷机是印刷工艺中的主要印刷设备，点胶机是注射点涂法的主要设备，下面分别介绍印刷和点涂工艺与设备。

（1）印刷涂覆工艺与设备

①印刷涂覆方法

印刷涂覆是指通过相应的印刷设备将焊锡膏等焊接材料准确漏印到印制电路板所有焊盘上的过程。其具有工艺简单，涂覆位置准确、均匀、效率高等特点，可分为模板印刷法和丝网印刷法两种类型。

模板印刷法是一种接触式的印刷法，网板和基板直接接触进行锡膏印制。印刷时，移动刮刀把锡膏填充到网板的开口处，锡膏转移到基板上。模板印刷法主要用于大批量生产，组装密度高及引脚多的产品，其质量比较好，模板一般为不锈钢模板，其使用寿命较长，是表面涂覆工艺中最常用的涂覆方法。

丝网印刷法也称非接触印刷法，该方法中的网板和基板没有直接接触，两者之间有一定的间隙，利用刮刀将焊锡膏印刷到印制电路板上。刮刀在使用过程中，因来回摩擦而易损坏感光胶膜和丝网，缩短其使用寿命，因此这种方法已经较少应用。

②印刷涂覆工艺流程

印刷涂覆工艺流程如图 4-7-11 所示，印刷前的准备工作包括熟悉产品的工艺要求，检测印刷设备；然后进行印刷各项参数的输入和调整；参数调整好后开始焊锡膏印刷；印刷好后采用不同的检测工具和方法进行检测，在发现有印刷质量问题时，应停机检查，调试好后再重新印刷；在完工后对场地和材料、仪器进行整理，关闭印刷机。

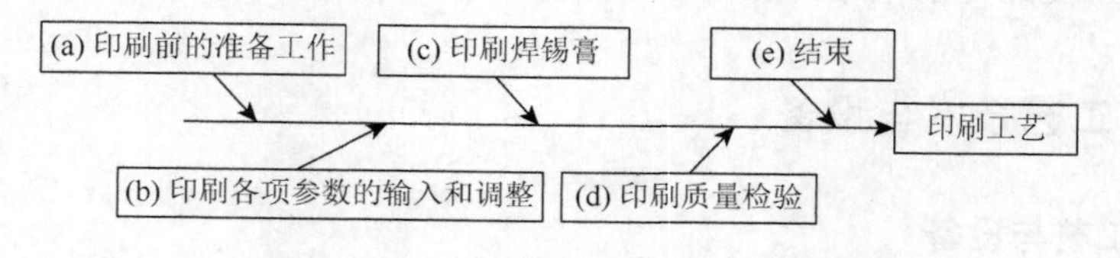

图 4-7-11 印刷涂覆工艺流程示意图

印刷机位于 SMT 生产线的最前端，对 SMT 的生产质量起着举足轻重的作用。

③印刷机的分类

根据其自动化程度，可分为手动、半自动和全自动印刷机，如图 4-7-12 所示。

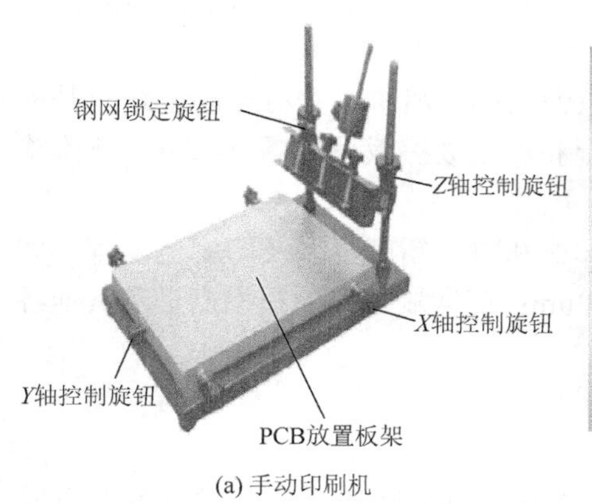

(a) 手动印刷机

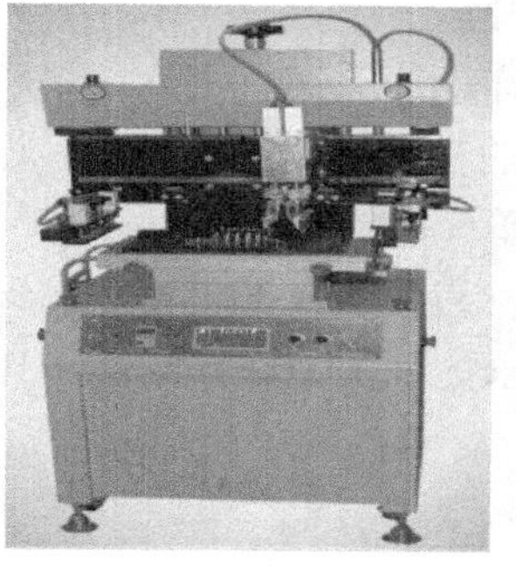
(b) 半自动印刷机

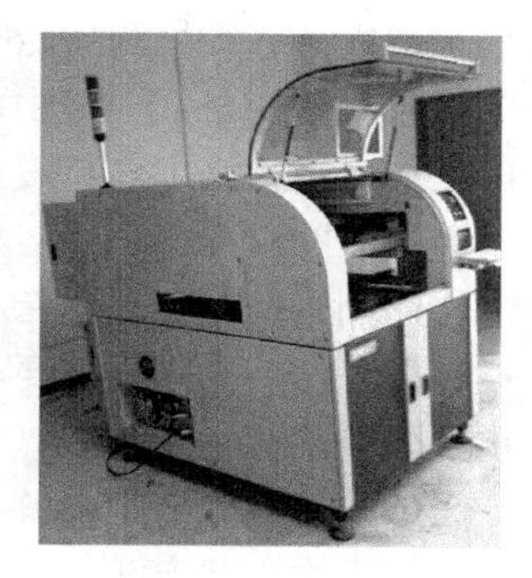
(c) 全自动印刷机

图 4-7-12 印刷机

手动印刷机的放板、定位、印刷、出板过程都是纯手工完成的，一般用于小批量生产或电路简单的产品。手动印刷机价格便宜、生产速度低、定位精度差，不适应高密度组装、大批量生产。

半自动印刷机是指手工装卸印制电路板，印刷、钢网分离的动作由印刷机自动完成。由于部分过程需要人工手动操作，无法直接与全自动化的贴装和焊接设备相接，但这种方式设备简单，成本较低，所以在科研院所及样板制作或小批量生产时，较为实用。

全自动印刷机是指装卸印制电路板、视觉定位、印刷等所有动作全部自动由计算机程序控制完成，没有人工的参与，印刷完成后，印制电路板直接被自动送入下一个工序——贴片工艺，可实现产品各工序流程的全自动化生产。目前市场上被广泛采用的印刷机品牌有日立、MPM、EDK、BV 等，不同品牌技术指标会有所不同，适应的产品也不同，如日立牌的 NP-04LP 全自动印刷机的各项技术指标如表 4-7-5 所示。

表 4-7-5 日立 NP-04LP 全自动印刷机技术指标

序号	技术指标	全自动印刷机	序号	技术指标	全自动印刷机
1	基板尺寸	最大 460mm×360mm，最小 50mm×50mm	8	刮刀倾角	60°固定
2	基板厚度	最大 3mm，最小 0.4mm	9	刮刀机构	自由平衡
3	钢网尺寸	最大 750mm×750mm，最小 650mm×550mm	10	定位精度	正负 15μm
4	印刷模式	刮刀向前后交替式印刷	11	印刷间距	0.0（不可调）
5	印刷速度	0.5～200mm/s	12	电源	三相、AC380V、50Hz
6	印刷周期	约 8s	13	空气压缩机	0.5MPa
7	工作节拍	约 15s			

④印刷机的结构和技术指标

印刷机可以根据具体情况配置各种功能，以便提高印刷精度。例如：视觉识别功能、调整印制电路板传送速度功能、工作台或刮刀 45°角旋转功能（适用于窄间距元器件），以及二维、三维检测功能等。

自动印刷机，一般由印刷头系统，丝网或模板及其固定机构，夹持印制电路板基板的工作台，提高印刷精度的视觉对中系统，干、湿和真空吸擦板系统以及二维、三维检量系统，网板固定和清洁单元等构成。

印刷机的主要技术指标包括最大印刷面积、印刷和重复精度，以及印刷速度等。印刷和重复精度一般分别要求达到±0.025mm 和±10μm；而印刷速度则根据产量和其他各项具体要求确定。

（2）点涂工艺与设备

①点涂工艺方法

点涂法主要用于波峰焊中，点涂法有手工和利用自动化设备两种方式，手工方式用注射针头从贴片胶容器里吸取一些贴片胶或焊锡膏，随后把它点涂到焊盘之间或元器件的焊端之间，手工法跟操作者的熟练程度息息相关。使用自动化设备时，吸取和挤压贴片胶都由点涂设备完成，需要注意的是在贴片胶装入注射器后，应排空注射器中的空气，避免胶量大小不匀甚至空点。在现代化的 SMT 产品生产中，大多采用自动化的点涂设备。

②点涂设备

点涂式设备有活塞式滴胶泵、阿基米德式滴胶泵和台式点胶机等。

活塞式滴胶泵是通过活塞上冲时压缩空气的同时吸入贴片胶，活塞下冲时从针嘴挤出贴片胶。这种滴胶泵的点涂速度高、胶剂的黏度对其稳定性影响较小，为点涂设备中常用的滴胶方式。

阿基米德式滴胶泵的原理与活塞式滴胶泵相似。阿基米德式滴胶泵通过以固定时间和速度旋转的螺杆对胶剂形成的剪切力使胶剂流出。阿基米德式滴胶泵具有胶点点径无固定限制的灵活性，且胶量和滴胶速度均可通过软件控制；缺点是需要滴大胶点时，由于螺杆旋转时间长，出胶速率也会降低，从而机器的产量受限，且其稳定性受胶剂的黏度的影响。

在大批量生产中，一般都采用由计算机控制代替人工操作的台式点胶机。实际生产过程中，并非单一的注射器，如图 4-7-13 所示，是根据元器件在印制电路板上的位置，通过针管组成的注射器阵列，一次性挤出的贴片胶并非单一的，且针管尺寸、加压时间和力度决定出胶量。图 4-7-14 是全自动台式点胶机实物图。

2. SMT 贴装工艺与设备

（1）贴片工艺

SMT 贴片工艺是指在不损坏元器件和印制电路板的前提下，采用人工或自动贴片的方式完成元器件的贴放过程。本节主要介绍自动贴片方式与过程。

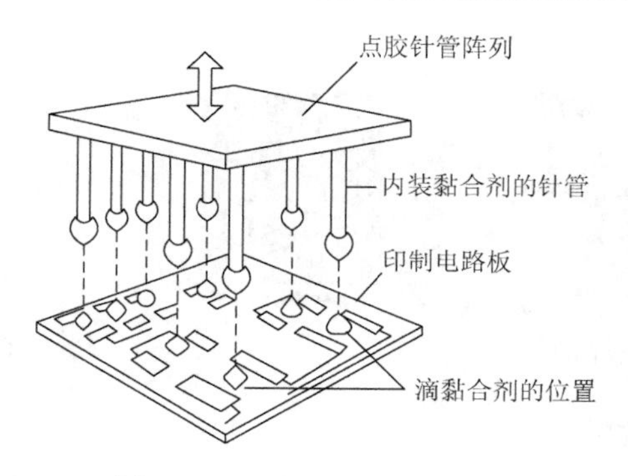

图 4-7-13 自动点胶机原理图

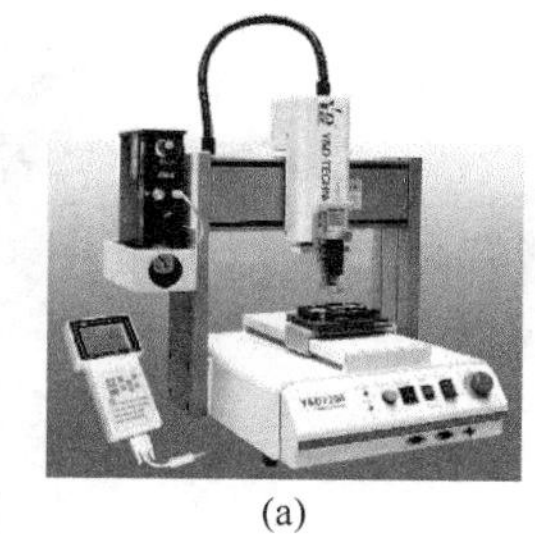
(a)

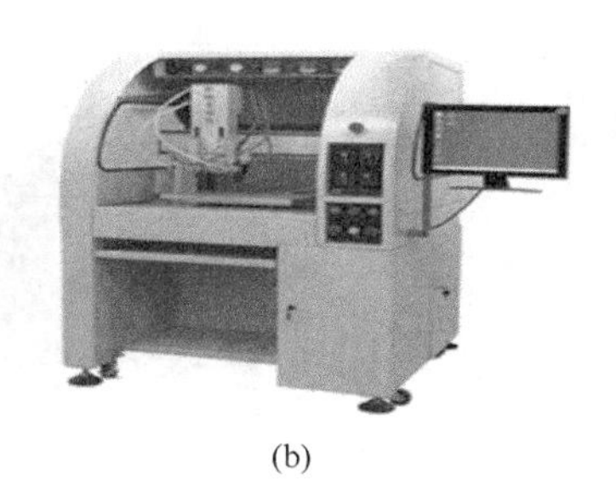
(b)

图 4-7-14 全自动台式点胶机实物图

①SMT 对贴片工艺的要求

贴片过程中，一般需要考虑多个工艺要求：包括贴装元器件的极性、参数等都需要和原理图、装配明细表等保持完全一致；贴装时，为了确保元器件在完成焊接之前不脱落，需确保元器件有 1/2 的高度浸入焊锡膏；贴放时，尽量使元器件和焊盘位置不产生严重偏移，尤其在较近的焊盘之间，需要确保在经过再流焊或波峰焊之后不会导致短路或开路。

②贴片的工作内容

自动贴片机的工作流程简单示意图如图 4-7-15 所示，具体流程为：在基板自动被送入时，通过贴片机上的照相机准确确定印制电路板上已经标识出的两个位置进行定位停板；随后在由计算机控制的供料器按照程序提供相应的元器件，并通过控制贴片头拾取相应的元器件；再通过机械或光学方式进行准确定位，并在计算机程序控制下贴放元器件；在完成上述全部过程后，基板会自动被送入下一贴片流程。

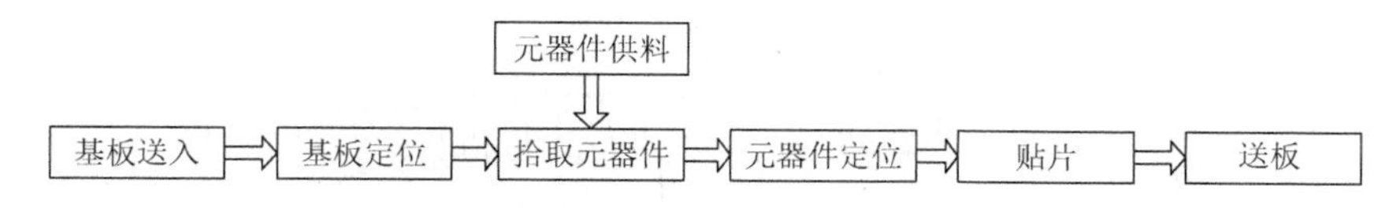

图 4-7-15 自动贴片机工作流程简单示意图

③贴片设备

自动贴片机相当于机器人的机械手，能按照事先编制好的程序把元器件从包装中取出来，并贴放到印制电路板相应的位置上。

贴片机的基本结构包括设备本体、片状元器件供给系统、印制电路板传送与定位装置、贴装头及其驱动定位装置、贴片工具（吸嘴）、光学检测与视觉对中系统、计算机控制系统、报警灯、传感系统、送料器预设器、显示器、手持键盘等。

（2）贴片机的分类

①根据贴片机的动作方式，可分成拱架型和转塔型。拱架型贴片机根据贴装头在拱架上的布置情况可以细分为动臂式、垂直旋转式与转塔式三种。

②按照自动化程度，可分为手动、半自动、全自动（机电一体化）贴片机，如图 4-7-16 所示。

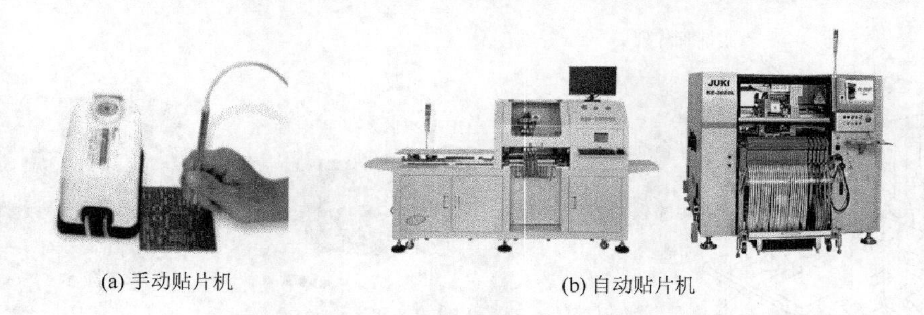

(a) 手动贴片机　　(b) 自动贴片机

图 4-7-16　贴片机

③根据贴片机的功能和速度，可分为高精度多功能贴片机和中等精度贴片机。

④根据贴装头的数量，又可分为大型、中型、小型和复合型机。

⑤根据贴装元器件的工作方式又可分为：顺序式、同时式、流水作业式和顺序-同时式四种。可以根据需要选择不同的作业方式，常规使用的一般多用顺序式贴片机。

⑥根据贴装速度可分为高速机和中速机，前者多用于贴装各种 SMC 和较小的 SMD（尺寸小于 25mm×30mm）。

（3）贴片机的主要技术指标

贴片机的主要技术指标包括其精度、速度和适应性。

①精度

精度体系主要包括了贴片精度、分辨率和重复精度三个方面。其中，贴片精度又包括平移和旋转误差，平移误差产生的主要原因是 x-y 定位系统不够精确，旋转误差则主要由贴装工具以及对中机构误差等因素决定，如图 4-7-17 所示。精度与贴片机的对中方式有关，其中以全视觉对中的精度最高。

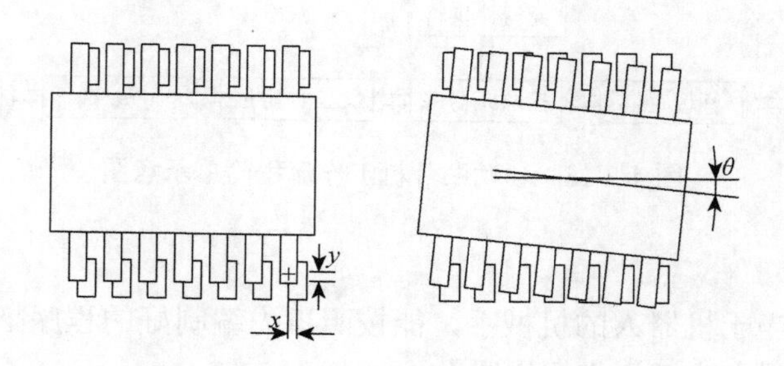

图 4-7-17　贴片机的平移误差和旋转误差

分辨率指的是贴片机分辨相邻最近两个焊盘直接距离的能力，用来度量贴片机运行时的最小增量。而重复精度是贴装头重复返回标定点的能力。

②贴片速度

有多种因素会影响贴片机的贴片速度，包括印制电路板的设计布局，供料器、贴装头的数量与位置，贴装头的速度等。目前贴片速度可以超过 20 片/s；贴片速度又包括了贴装周期、贴装率和生产量几个指标。

精度与速度之间相互制约，高速贴片机往往需要降低精度的要求来实现，因此在具体生产过程中，需要综合考虑指标要求。

③适应性

适应性是贴片机适应不同贴装要求的能力，如贴装种类广泛的元器件的比仅能贴装SMC或少量SMD的适应性强。适应性与贴片精度、贴装工具、定位机构与元器件的相容性，以及贴片机能够容纳供料器的数目和种类等因素均有关。

3. SMT焊接工艺及设备

在SMT中，有再流焊和波峰焊两种基本工艺流程。

（1）再流焊工艺

再流焊指通过对再流焊机内部温度的控制，熔化并冷却凝固预置到印制电路板焊盘上的焊锡膏，实现元器件焊端或引脚与焊盘之间机械与电气连接的软钎焊。

由于再流焊工艺有“再流动”及“自定位效应”的特点，使再流焊工艺易于实现高速焊接以及高度自动化。再流焊是一种适合自动化生产的电子产品装配技术，是SMT印制电路板组装焊接技术的主流工艺。

①再流焊工艺的特点

再流焊工艺跟波峰焊相比，工艺简单，元器件不浸渍在熔融的高温焊料中，因此受到的热冲击小。再流焊中，焊料的量通过机器自动给定，提高了焊点的一致性，可靠性高，焊点返修率低。由于熔融的焊料具有“自定位效应”，在其表面张力的作用下，元器件可以一定程度上自动校正偏差，降低焊接缺陷。在同一印制电路板上，可以采取不同的焊接方法进行局部加热。

②焊接温度曲线

再流焊机内部，是通过调整和控制温度的变化，来实现对焊锡膏的熔化与凝固等工艺流程，实现焊接，这种温度随时间的变化情况，称为焊接温度曲线，其决定焊接效果与焊点质量。焊接温度曲线一般分为预热区、焊接区（再流区）和冷却区三部分，其中预热区包含升温区、保温区和快速升温区，如图4-7-18所示。

升温区：通常是指由室温升温至100℃左右的区域，升温速率一般小于2℃/s，一般占加热总长度的1/4～1/3。由于印制电路板上的元器件的比热容差异，因此各元器件的实际温度提升速率也有所不同。在这个阶段，焊锡膏中的低沸点溶剂和抗氧化剂挥发，化成烟气排出；同时，焊锡膏中的助焊剂润湿，焊锡膏软化塌落，覆盖了焊盘和元器件的焊端或引脚，使它们与氧气隔离；并且，印制电路板和元器件得到充分预热，以免它们进入焊接区因温度突然升高而损坏。

保温区：温度维持在100～150℃，温升速率为1.2～3.5℃/s，此阶段中，焊锡膏中的活性剂开始作用，去除焊接对象表面的氧化层。同时由于不同元器件的温升速率差异，在此阶段，可以确保所有焊盘能够加热到均匀的温度。

快速升温区：经过保温区使温度均匀后，使温度快速拉升，温升速率为1.2～3.5℃/s。

焊接区（再流区）：温度逐步上升，最高温度需要超过焊锡膏熔点温度的30%～40%，如常用的Sn-Pb焊锡的熔点为183℃，其最高温度需要设置在234～256℃之间，峰值温

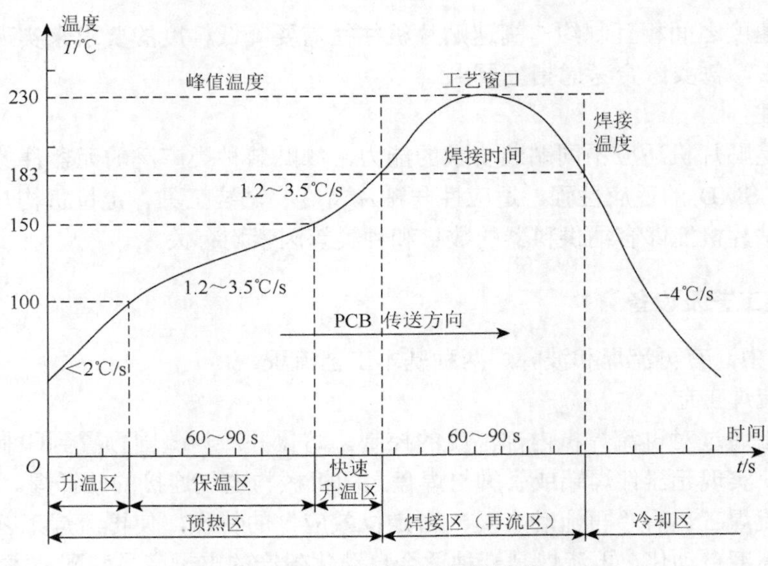

图 4-7-18　再流焊接温度曲线

度持续时间一般短于 10s，膏状焊料在热空气中再次熔融，润湿元器件焊端与焊盘，此阶段时间大约 60～90s。

冷却区：降温速度为–4℃/s，经过高温再流焊阶段之后，需要降温使焊料冷却凝固完成焊接。

③再流焊接设备

再流焊机是完成 SMT 再流焊的设备。

再流焊机一般主要由以下几部分组成：炉体、上下加热源、传送系统、空气循环系统、冷却装置、排风系统、温度控制系统以及计算机控制系统等组成。如图 4-7-19 所示为再流焊接机的结构示意图。

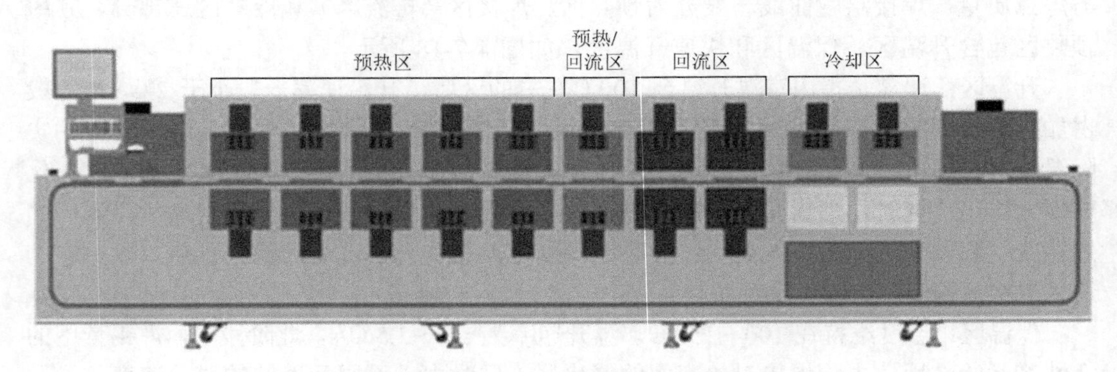

图 4-7-19　再流焊机结构示意图

再流焊机内部结构具体包括：加热器（石英发热管组）；保持炉内热量均匀的热风电动机；冷却装置主要为冷却与散热风扇；传送系统的传输带驱动电动机、驱动轮和 UPS（不间断电源）等。外部结构包括了 380V 三相四线制电源；印制电路板传输部件；信号指示灯（绿灯、黄灯、红灯分别亮表示正常使用、正在设定中或尚未启动以及存在故障）；抽风口；设备操作接口（显示器、键盘等）；紧急开关等。

再流焊机有辐射和对流两种加热方式；按照加热区域，又可分为对印制电路板整体和局部加热两种。整体加热主要有红外线、气相加热法、热风加热法和热板加热法等；局部加热主要有激光加热法，红外线聚焦加热法、热气流加热法、光束加热法等。根据加热方法的不同，再流焊接机的结构也有所不同。

在小批量生产或者科研机构和高校等使用中，简易红外线热风再流焊机较常使用，其内部只有一个温区的小加热炉，能够焊接的印制电路板最大面积为400mm×400mm。炉内的加热器和风扇受单片机控制，温度随时间变化，印制电路板在炉内处于静止状态。使用时打开炉门，放入待焊的印制电路板，按下启动按钮，印制电路板连续经历预热、再流和冷却的温度过程，完成焊接。控制面板上装有温度调整按键和 LCD 显示屏，焊接过程中可以监测温度变化情况，如图 4-7-20（a）所示。图 4-7-20（b）所示为常用的自动再流焊机。

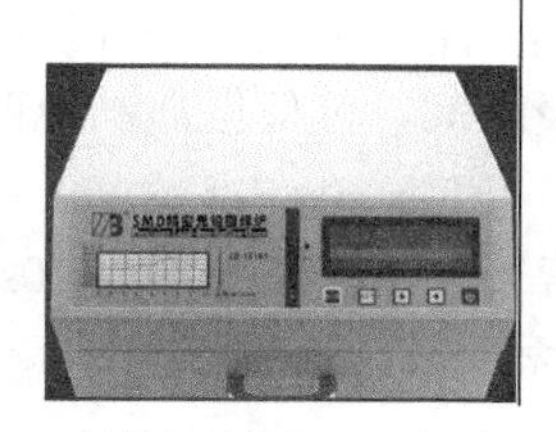

(a) 简易红外线热风再流焊机

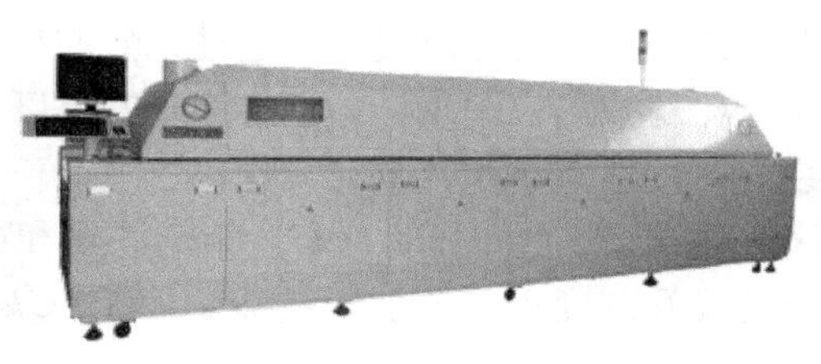

(b)自动再流焊机

图 4-7-20　再流焊机

（2）波峰焊工艺

波峰焊也称为群焊或流动焊接，是由早期的热浸焊接发展而来，至 20 世纪 80 年代仍是装联工艺的主流；尽管近 40 年来出现了极具优势的再流焊工艺，但在 SMT 的混装工艺中，波峰焊技术仍将继续存在并使用。

波峰焊是指将熔化的软钎焊料（铅锡合金），经电动泵或电磁泵喷流成设计要求的焊料波峰，亦可通过向焊料池注入氮气来形成，使预先装有元器件的印制电路板通过焊料波峰，实现元器件焊端或引脚与印制电路板焊盘之间机械与电气连接的软钎焊。

①浸焊

浸焊是直接将整块插装好电子元器件的印制电路板与焊料面平行地浸入熔融焊料缸中进行焊接的方法。如图 4-7-21 所示，印制电路板浸入后停留一定时间，再从另一方向离开焊料缸。由于高温焊料直接暴露在空气中，极易产生焊料的氧化，导致焊料利用率低。此外，采用热浸焊接时，浸入深度需要有效控制，过深和过浅分别会导致报废和漏焊现象。

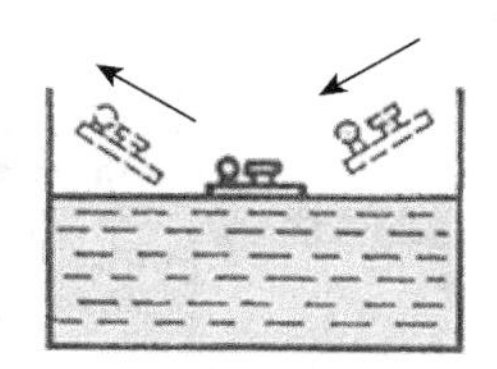

图 4-7-21　浸焊

浸焊的设备较简单，操作也容易掌握，但焊渣不易清除，质量不易保证。会出现多种缺陷，包括印制电路板翘曲不平以及漏焊等情况的发生。因此，浸焊大多采用两次焊接法：第一次热浸焊接后，采用快速旋转的专用刀片剪切引脚，留下一定的引脚长度，随后采用第二次焊接改善第一次浸焊中出现的漏焊等。早期的国产电视机、收录机等，正是采用这种方法。

②波峰焊工艺

与浸焊不同的是，波峰焊是在预热之后，印制电路板采用单波或双波高温焊料峰进行焊接。印制电路板进入波峰时，焊锡流动的方向和板子的行进方向相反，可在元器件引脚周围产生涡流，将上面所有助焊剂和氧化膜的残余物去除，在焊点到达润湿温度时形成润湿。

典型工艺流程为：印制电路板冶具安装—喷涂助焊剂—预热—一次波峰焊—二次波峰焊—冷却—切除多余插件脚—检查。

双波峰焊焊接温度曲线如图 4-7-22 所示。一般分为预热、焊接和冷却三个区域。实际的焊接温度曲线可根据具体需求进行调整。

在预热区内，温度一般可以设置为 130℃、150℃和 160℃等不同温度，在此阶段，氧化层会被助焊剂和活化剂分解去除，通过充分的预热，能避免在急剧升温的焊接阶段，印制电路板和元器件被热应力损坏。预热阶段的温度及时间，可根据印制电路板的尺寸、厚度以及贴装元器件的大小和数量来设计。

在焊接区，温度最高为 260℃左右，第一波峰和第二波峰的时间差为 10s。

冷却阶段的温升速度也可分别为–2℃/s、–3.5℃/s 和–5℃/s。

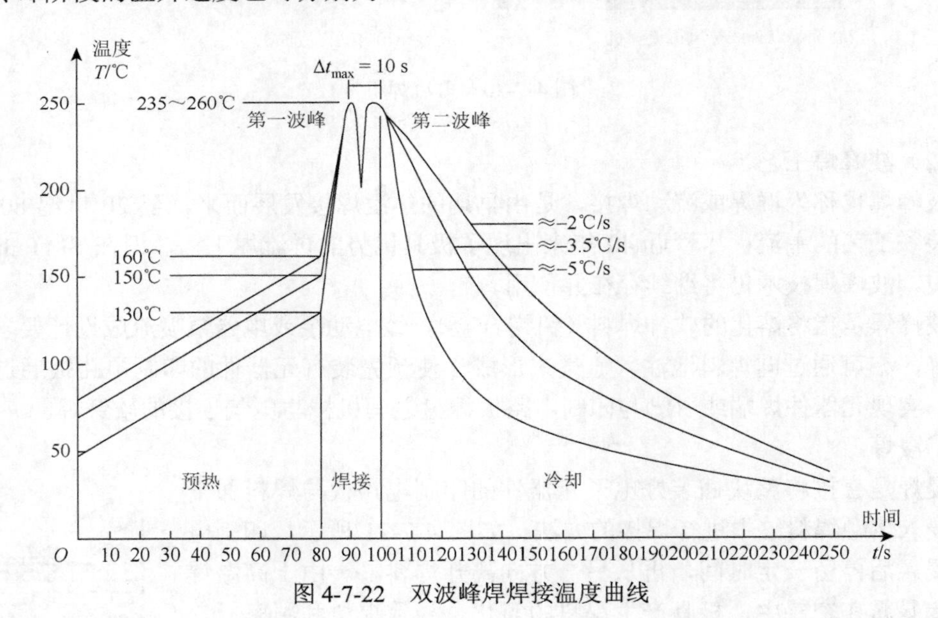

图 4-7-22　双波峰焊焊接温度曲线

③波峰焊设备

波峰焊的主要设备是波峰焊机，波峰焊机的内部结构及外观分别如图 4-7-23 和图 4-7-24 所示。

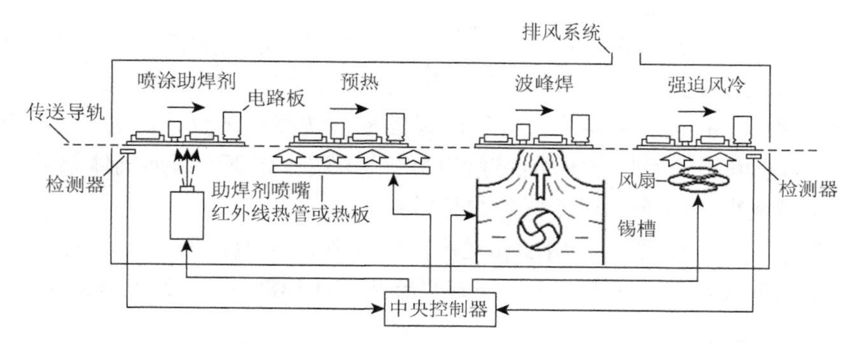

图 4-7-23 波峰焊机内部结构示意图

图 4-7-24 波峰焊机外观图

几十年来，波峰焊机的波峰形式从单波峰发展到双波峰，三波峰和复合波峰四种。图 4-7-25 和图 4-7-26 分别为单波峰和双波峰焊机示意图。

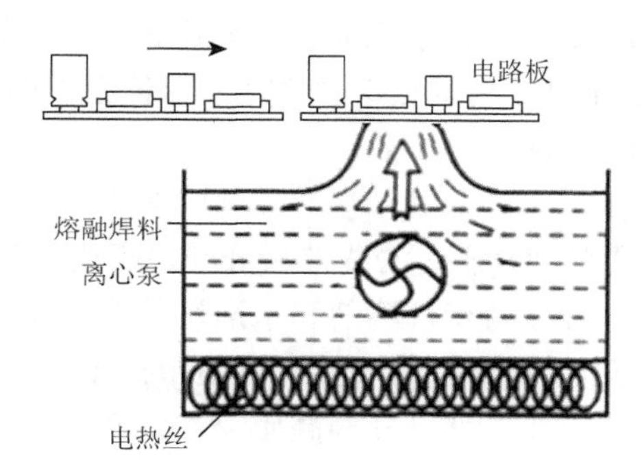

图 4-7-25 单波峰焊机示意图

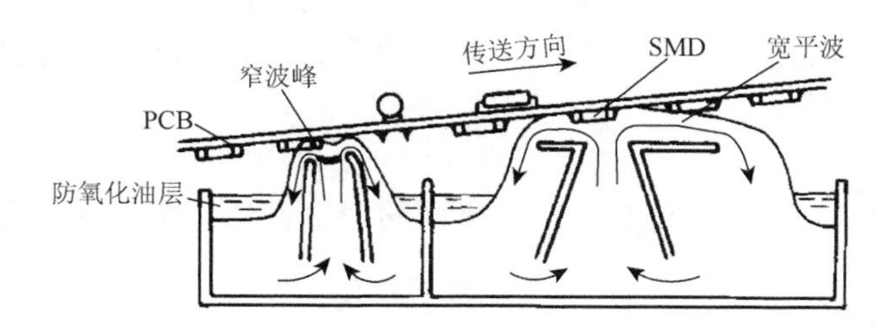

图 4-7-26 双波峰焊机示意图

在单波峰焊中，在元器件很焊盘密集的地方，焊料可能会无法及时渗透到每个焊盘，即产生“阴屏效应”。会造成漏焊或桥连。因此，需要采用双波峰焊。

在双波峰焊中，有前、后两个波峰，波峰较窄，波高与波宽之比大于 1，峰端有 2～3 排交错排列的小峰头，因此在不断快速流动的湍流波作用下，焊剂气体都被排除掉，表面张力作用也被削弱，从而获得良好的焊接效果。

此外，为了提高组装密度、精度和适应的元器件的类型，研究人员又进行了相应的改进，实际采用的双波峰类型有：λ 形波、T 形波、Ω 形波和 O 形旋转波等。

4. SMT 清洗工艺及设备

（1）清洗的必要性与作用

电子产品焊接后通常会受到污染而影响产品的电气指标、可靠性和使用寿命。这样的污染物包括助焊剂，锡膏和黏合剂的残留物，制造流程中的尘土，操作员手上的油脂、汗液以及其他交叉污染等。所以 SMT 组装后都有清洗的必要，特别是一类电子产品，如军事电子设备、空中使用的电子设备、医疗电子设备等高可靠性要求的 SMT，以及二类电子产品，如通信、计算机等耐用电子产品的 SMT，组装后都必须进行清洗，去除污染物，保证产品质量。而三类电子产品，如家电和某些使用了免清洗工艺技术进行组装的二类电子产品可以不清洗。随着组装密度的提高，控制 SMT 的洗净度显得非常重要，焊接后的 SMT 的洗净度等级关系到组装的长期可靠性，所以清洗也是 SMT 工艺技术中的重要环节。

贴装后清洗 SMT 的主要作用有：

①防止电气缺陷的产生，如漏电等。

②清除腐蚀物的危害，腐蚀物本身在潮湿的环境中可以导电，会使 SMT 发生短路。

③在 SMT 测试过程中能保证测试点接触良好，保证组件的电气测试。

④使贴片产品更加清洁美观。

（2）清洗技术方法分类

清洗技术方法可以按清洗剂介质、清洗方法分类、清洗工艺和设备分类等进行分类。

①按所用清洗剂介质，可分为有机溶剂和水清洗。对于不同的污染物，根据污染物的性质，在把污染物清除干净的前提下，选择相对应的清洗介质。

②按清洗方法分类，清洗技术可以分为高压喷洗清洗、超声波清洗。高压喷洗清洗是采用高压原理来清除污染物。

③按清洗工艺和设备分类，清洗技术可以分为批量式清洗、连续清洗。批量式溶剂清洗系统采用蒸汽清洗技术来进行清洗，连续清洗的原理和批量式清洗相同，整个过程在清洗设备中连续完成。

（3）清洗设备

对于不同的清洗方法和清洗技术，有不同的清洗设备系统，下面简单介绍超声波清洗机和水清洗机。

①超声波清洗机

超声波清洗是一种洗净效果好、价格经济、有利于环保的清洗工艺。超声波清洗机可以应用于清洗各式各样体形大小、形状复杂、清洁度要求高的许多工件，特别是SMT的焊后清洗。

超声波清洗的基本原理是“空化效应”。当高频超声波信号通过换能器之后，以高频机械振荡的方式在清洗液中传播时，促使清洗液在流动的过程中产生数量极大的气泡，其形成、生长和迅速闭合的现象称为“空化现象”。闭合过程中会产生一个超过1000个大气压的气压，通过这个大气压，使得表面的污物迅速剥落，完成清洗过程。

采用超声波清洗，具有不少突出的优点，包括：效果全面，清洁度高，工件清洁度一致；清洗速度快，清洗效果好，提高了生产率；不损坏被清洗物；减少了人手对溶剂的接触机会，提高工作安全度；可以清洗采用其他方法清洗时达不到的部位，对深孔、细缝和工件隐蔽处也能清洗干净；降低成本；等等。

超波清洗机一般包括了信号发生器和清洗槽。前者产生高频信号，后者一般由耐腐蚀性强的不锈钢材料制成，并装有将超声波信号转换成超声波机械振荡的超声波换能器，从而使清洗槽中的溶剂受超声波作用对污垢进行洗净。超声波清洗机的外观图如图4-7-27（a）所示。

(a) 超声波清洗机

(b) 水清洗机

图4-7-27 SMT清洗设备

②水清洗机

采用纯净水清洗是一种很环保的清洗方法，水清洗机如图4-7-27（b）所示。其用于采用水溶性焊剂的贴片产品，纯净水清洗又可以分为纯水清洗方式和纯净水中加入皂化剂、表面活性剂两大类。纯水清洗工艺过程：放板—纯水或水基皂化液—纯水清洗—纯水漂洗—干燥—出板。其具有清洗成本低、污染小等优点。

5. SMT检测、返修工艺与设备

（1）表面贴装检测工艺与设备

随着现代电子产品的小型化、集成化、密集化的发展趋势，印制电路板上的布线也越来越密，BGA、CSP、FC也广泛使用，SMT组件越来越复杂。用SMT工艺技术生产的产品，对质量检测技术提出了很高的要求。表面组装检测工艺内容包括组装前来料检测、组装工艺过程检测（工序检测）和组装后的组件检测三大类。近年来，相应的检测技术也有了飞速发展。SMT表面组装技术中的检测技术主要包括：人工目检（MVI）、自动光学检测（automatic optical inspection，AOI）、在线检测（in circuit test，ICT）、自动X射线检测（automatic X-Ray inspection，AXI）、功能测试（functional test，FT）、飞针测试（flying probe test，FPT）等方法。

①人工目视检验法

人工目视检验法简便直观，是检验评定焊点外观质量的基本方法。目检是借助带照明、放大倍数2～5倍的放大镜，用肉眼观察检验印刷、贴片及SMA焊点质量，是一种能够快速发现一些直观缺陷的不损坏印制板的简单且成本低的检查方法，但其无法发现焊接过程中产生的内部缺陷，且检查结果跟检查人员的水平、经验等息息相关，所以存在一定的局限性。在工业化的批量生产中的应用受到限制，但在生产实践中仍是大多数电子企业不可或缺的检测方法。图4-7-28为带光源的人工目视放大镜。

②自动光学检测（AOI）

由于人工目视检查法的缺陷，目前，生产厂家广泛采用全自动化的检测设备。自动光学检测（AOI）主要用于工序检验；其可以进行元器件缺漏检查、元器件识别、SMD方向检查、焊点检查、引线检查、反接检查等，并将检查出来的缺陷通过显示器直观显示出来。其基本构造主要包含视觉系统、机械系统、软件系统。其中，视觉系统的作用是执行图像采集功能；机械系统的作用是将所检物体传送到指定的监测点；软件系统的作用是将所采集的图像进行分析与处理。自动光学检测机如图4-7-29所示。

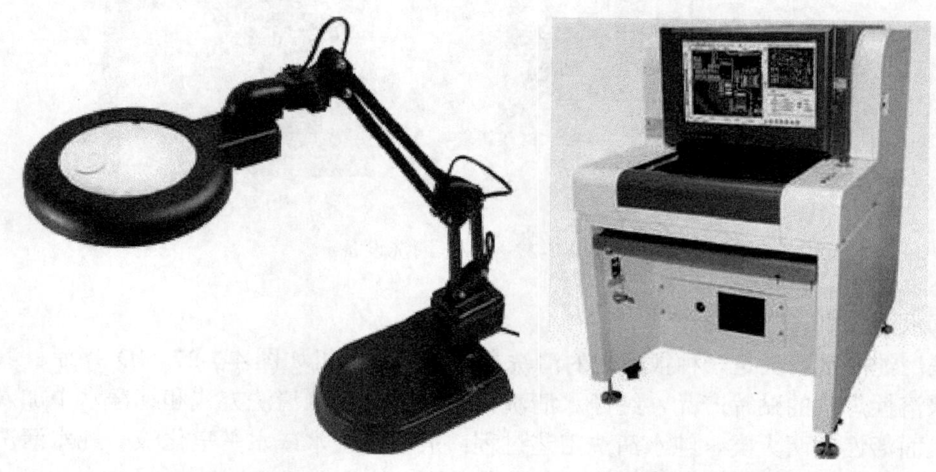

图4-7-28　带光源的人工目视放大镜　　图4-7-29　自动光学检测（AOI）机

③自动X射线检测（AXI）

AOI系统依靠检测系统的光学分辨率，进行的是外观检查，对于内部缺陷和电性能方面，存在检测上的不足，AXI检测是利用X射线穿透被检测对象，通过在物质内部发生的衰减特性来检测是否存在缺陷，可以探测焊点内部的相关缺陷，后发展到2D、3D透射X射线检验法，其可对印制电路板两面的焊点独立成像。AXI的检测原理如图4-7-30所示。

④ICT在线测试

ICT是在线测试仪的简称。ICT可分为针床ICT和飞针ICT两种。针对SMT产品，除了焊点内部和外部缺陷外，还会存在大量的包括元器件极性、参数、型号等错误因素的存在，从而导致产品故障，此时，在生产中不可避免地要通过 ICT 进行性能测试。飞针一般进行的是静态测试，可检测电阻、电容、电感、元器件的极性，及检查短路和开路（断路）等故障。而针床式 ICT，除此之外，还可进行元器件的逻辑功能测试，且测试速度快，因此对缺陷的检查更加完善，因此是在大批量生产 SMT 产品中采用的主流检测设备。ITC 实物图如图 4-7-31 所示。

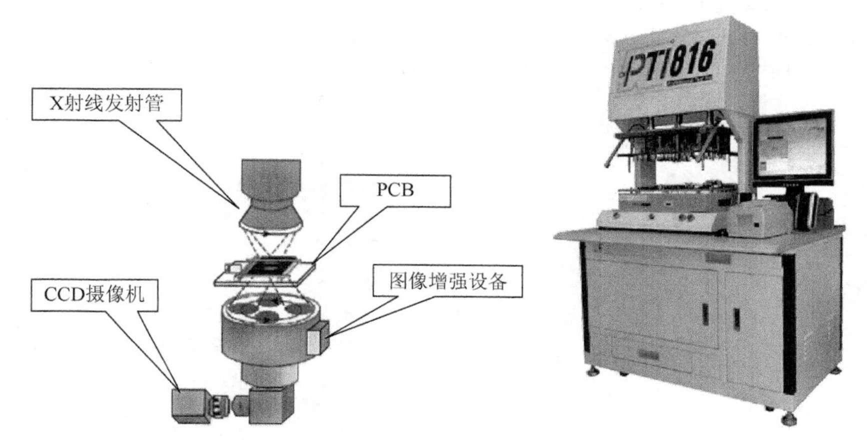

图 4-7-30 AXI 检测原理示意图　　图 4-7-31 ICT 实物图

（2）返修工艺与设备

随着现代组装技术水平不断提高，生产中产品的一次合格率也不断提高，但由于种种原因，合格率只能接近但不可能达到 100%，少量不合格品经过返修，大部分可以达到合格。对于简单印制电路板元器件的返修，采用手工拆焊和焊接都可以完成。但随着电子产品越来越复杂，组装密度越来越高，特别对密间距 IC 和底部引线的印制器件 BGA、QFN，采用一般手工工具返修难度很大，需采用专业返修设备进行返修。

返修设备实际是一台集贴片、拆焊和焊接为一体的手工与自动结合的机、光、电一体化的精密设备，一般是台式设备，通常称为返修台。其能对 BGA、CSP、PLCC、MICRO-SMD、QFN 等多种封装形式的芯片进行起拔和焊接，是现代各类电子设备印制电路板返修必不可少的焊接和拆焊工具，也可用于小批量生产、产品开发、新产品测试及印制电路板维修等工作。返修台检测、定位系统与贴片机类似，加热机理与再流焊机相同。根据热源不同，有红外返修台和热风返修台两种，其中热风返修台适应面广、综合性能占优势，是当前返修设备主流。图 4-7-32 为热风返修台实物图。

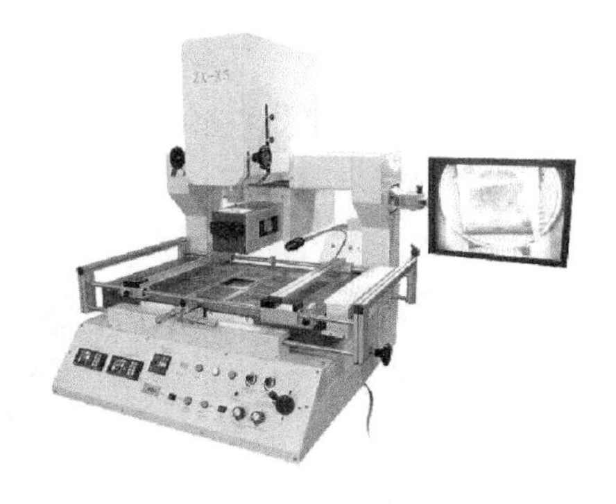

图 4-7-32 热风返修台实物图

参考文献

高先和，卢军，2018. 表面贴装技术及应用[M]. 合肥：中国科学技术大学出版社.

郭云岭，颜芳，2015. 电子工艺实习教程[M]. 北京：机械工业出版社.

何丽梅，2012. SMT：表面组装技术[M]. 北京：机械工业出版社.

贺文雄，张洪涛，周利，2010. 焊接工艺及应用[M]. 北京：国防工业出版社.

王天曦，王豫明，2009. 现代电子工艺[M]. 北京：清华大学出版社.

詹跃明，2018. 表面组装技术[M]. 重庆：重庆大学出版社.

张红琴，王云松，2019. 电子工艺与实训[M]. 2 版. 北京：机械工业出版社.

张金，周生，2016. 电子工艺实践教程[M]. 北京：电子工艺出版社.

第5章　调试与检测

5.1　常用电子产品测试仪器

在电子产品的设计中，各种仿真软件中元器件的参数一般是理想化的；此外，在印制电路板布线中也考虑了电磁干扰等环境因素。但是，电子产品是由许多元器件组成的，由于元器件参数的离散性以及装配工艺的不确定因素等影响，电子产品的性能可能达不到预期的技术指标。因此，各类电子产品在装配完成后，应依据技术指标对其进行调试与检测，使电子产品达到预期技术指标要求。

在调试与检测过程中，在对电子产品中的可调元器件（可调电阻、电位器、可调电容器、可调电感器等）进行调整时，利用万用表、示波器等的测量结果来发现问题。根据“测量—分析判断—调整—再测量”的一系列操作过程，使电子产品符合设计的技术指标要求。

如图5-1-1所示，如果调试与检测的工作环境中有触电危险时，调试人员还要事先考虑屏蔽问题，设置防静电装置。

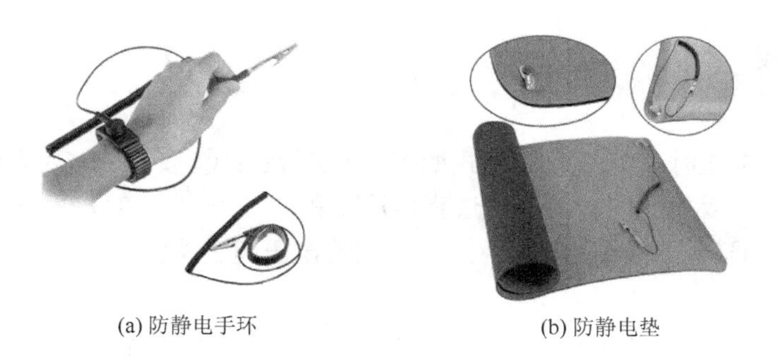

(a) 防静电手环　　(b) 防静电垫

图5-1-1　防静电装置

在实验室中，我们通常采用一些操作简单、通用性强的测试仪器对电子产品进行检测。选择测试仪器时应注意：①它们的测量精度应符合技术文件的规定，工作误差要求小于被测参数的1/10；②它们的量程和灵敏度应符合被测参数的数值范围；③在接入被测电路后，它们的输入阻抗不会改变电子产品的工作状态；④它们的适用频率范围（或频率响应）应符合被测电子产品的频率范围（或频率响应）。

常用电子产品测试仪器有：数字万用表、数字示波器、信号发生器等。

5.1.1　数字万用表（台式）

数字万用表一种多功能、多量程的测试仪器，它既可以测量交、直流电路的电压和电流，又可以定性检测晶体管、集成电路、电阻、电容器和电感器等元器件。它是检测电子产品的必备仪表。数字万用表的测量值在液晶显示屏以数字的形式显示。

为了测量具体数量值，我们需要将测试功能设置到相应的范围或高于预期的测量值。如果我们不能确定数量范围，可以从最低可能范围开始。如果万用表中的读数显示“1”（溢出），这需要将旋钮移动到下一个更高的值。当然，如果在测量晶体管时出现这种情况，则可能万用表的表笔接反了。

我们已经在第 1 章讲述了手持式万用表的使用。现在，我们以 Suin SA5052 为例（图 5-1-2），来讲解台式万用表的使用。Suin SA5052 台式万用表如图 5-1-2 所示。

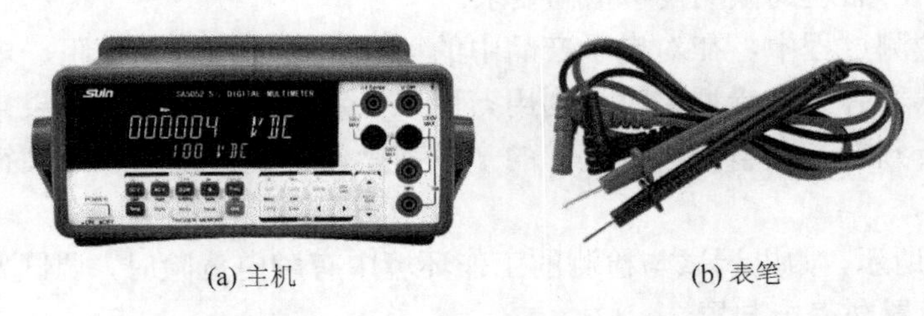

(a) 主机　　(b) 表笔

图 5-1-2　Suin SA5052 台式万用表

1. 直流电压测量

测量方法：

①测量直流电压时表笔的连接方式如图 5-1-3 所示；②按下“DCV”键，测量直流电压；③按下“∧”或“∨”键，手动选择电压量程。按下“AUTO/MAN”键选择自动量程；④如果显示屏显示“OVRFLW”，说明测量电压超过量程。

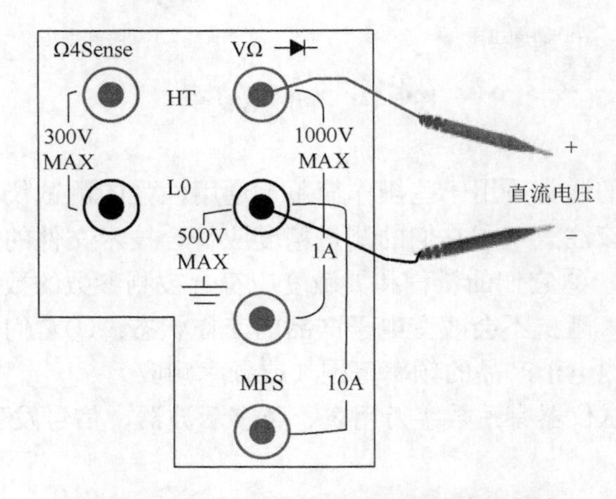

图 5-1-3　测量直流电压时表笔的连接方式

2. 直流电流测量

测量方法：

①测量直流电流时表笔的连接方式如图 5-1-4 所示。②按下“Shift”“DCV”键，测量直流电流。③按下“∧”或“∨”键，手动选择电流量程。按下“AUTO/MAN”键选择自动量程。自动范围设定到 1A，如需测试大于 1A 的电流。则手动按下“∧”键，调整到 10A 量程，同时表笔插孔插入到 10A 输入端。④如果显示屏显示“OVRFLW”，说明测量电流超过量程。

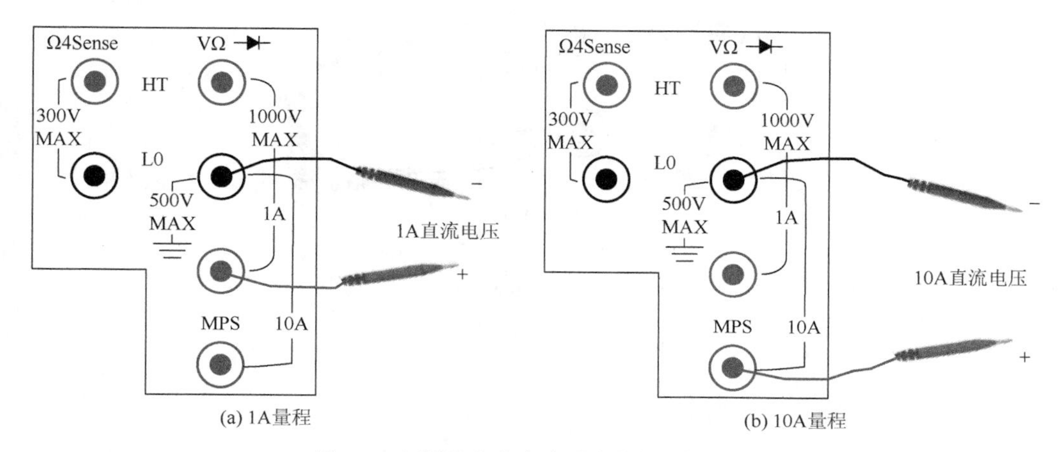

(a) 1A量程　(b) 10A量程

图 5-1-4　测量直流电流时表笔的连接方式

3. 交流电压测量

测量方法：

①测量交流电压时表笔的连接方式如图 5-1-5 所示。②按下“ACV”键，测量交流电压。③按下“∧”或“∨”键，手动选择电压量程。按下“AUTO/MAN”键选择自动量程。④显示屏如果显示“OVRFLW”，说明测量电压超过量程。

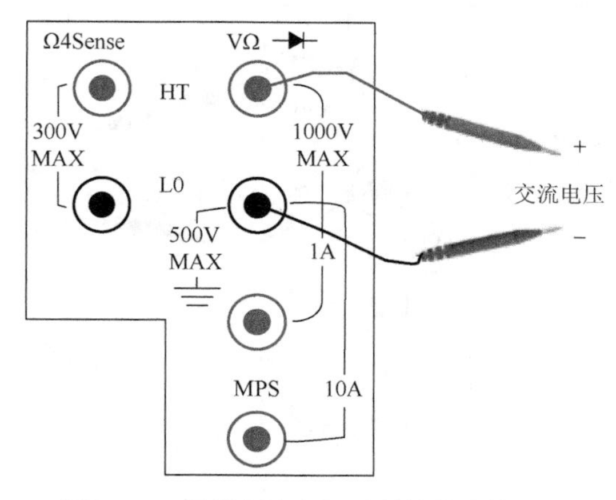

图 5-1-5　测量交流电压时表笔的连接方式

4. 电阻测量

测量方法：

①测量电阻时表笔的连接方式如图 5-1-6 所示。②按下“Ω2W”键，测量电阻。③按下“∧”或“∨”键，手动选择电阻量程。按下“AUTO/MAN”键选择自动量程。④如果显示屏显示“OVRFLW”，说明测量电阻超过量程。

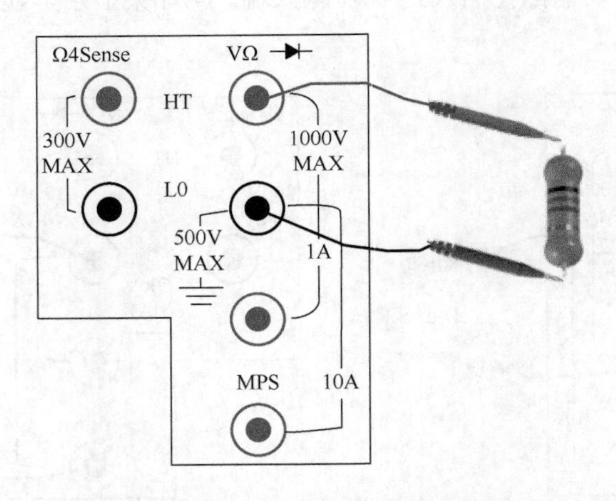

图 5-1-6　测量电阻时表笔的连接方式

5. 导通性（闭路或开路）测量

测量方法：

①测量导通性（闭路或开路）时表笔的连接方式如图 5-1-7 所示。②按下“•))”键，测量导通性（闭路或开路）。③如果听到“嘀嘀”声，则表明电路导通，如果没有听到声音，则表明电路开路。

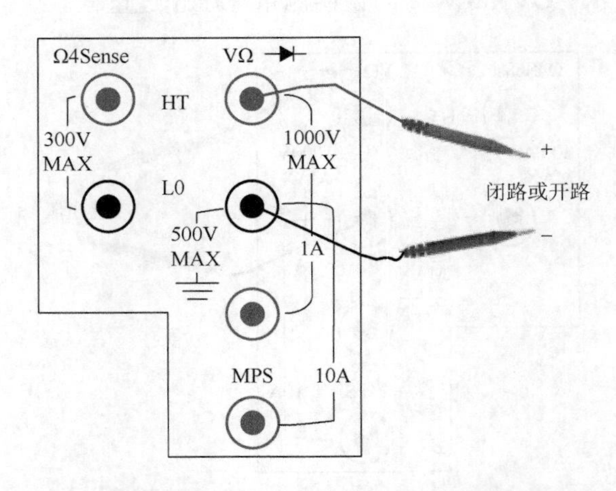

图 5-1-7　测量导通性（闭路或开路）时表笔的连接方式

6. 二极管测量

测量方法：

①测量二极管时表笔的连接方式如图 5-1-8 所示。②按下“—▶|—”键，测量二极管性能。③如果显示屏显示一个具体的数字，则表明被测试的二极管性能良好。具体情况视不同的二极管而定，可参考第一章内容。④如果显示屏显示“OVRFLW”，说明测量表笔接反了，或者，二极管损坏。

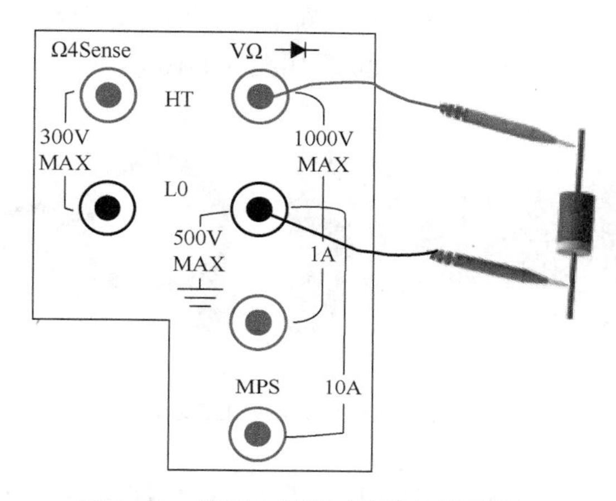

图 5-1-8　测量二极管时表笔的连接方式

7. 电容测量

测量方法：

①测量电容时表笔的连接方式如图 5-1-9 所示。②按下“Shift”和“Temp”键，测量电容功能。③按下“∧”或“∨”键，手动选择电容值量程。按下“AUTO/MAN”键选择自动量程。手动测试时，电容值小于当前量程的 1/10，显示 LOWER。④如果显示屏显示“OVRFLW”，说明测量电容超过量程。

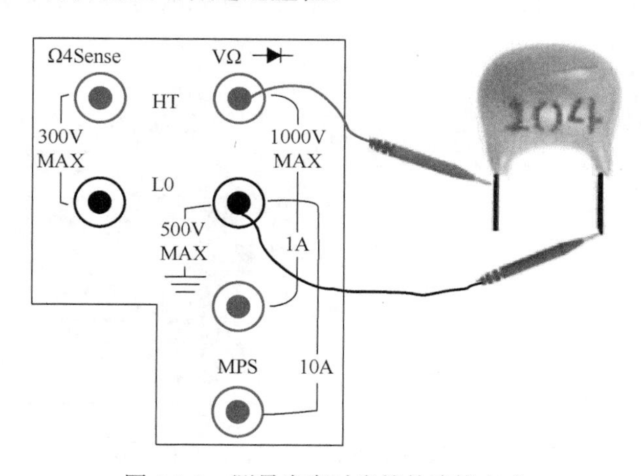

图 5-1-9　测量电容时表笔的连接方式

5.1.2 数字示波器

数字示波器可以测量随时间变化的信号，它可以确定电压幅度、频率（周期信号）。因此，示波器可用于观测、分析、记录电路中关键点的信号，通过显示屏等将信号波形或电参数的变化显示出来。在大多数应用中，垂直轴表示电压，横轴表示时间。我们可以使用示波器测量信号的振幅、周期和频率。此外，示波器还可以确定脉冲波形的脉冲宽度、占空比和幅度。大多数示波器可以在屏幕上同时显示至少两个信号，这样可以观察它们的时间关系。RIGOL DS1102E 示波器如图 5-1-10 所示。

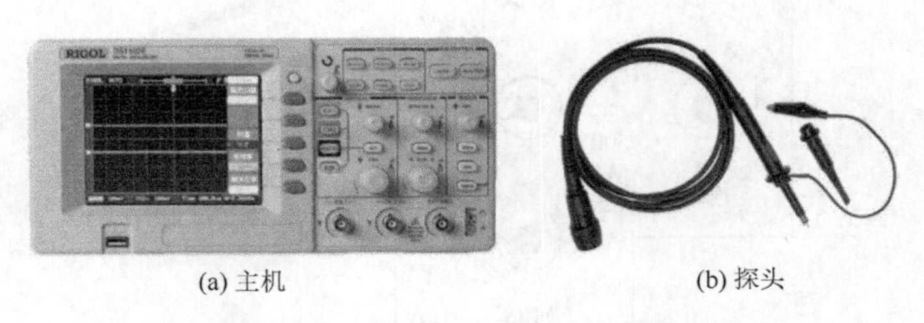

(a) 主机　　(b) 探头

图 5-1-10　RIGOL DS1102E 示波器

通常情况下，我们采用示波器检测电子产品时，还需与信号发生器配合使用。当测试点的信号与根据电路原理图所得出的信号不一致时，即可判断故障就发生在信号输入点与测试点之间。由于采用示波器对故障点进行检测具有准确、迅速等优点，因此，采用示波器检测比采用万用表检测更容易判断出故障点。

1. 数字示波器功能检查

（1）接通数字示波器电源

将随机附带的电源线一端与仪器相连，另一端连接至交流电中。按下仪器顶部的电源开关，使仪器通电。如图 5-1-11 所示，仪器将自动完成自检并显示开机画面。

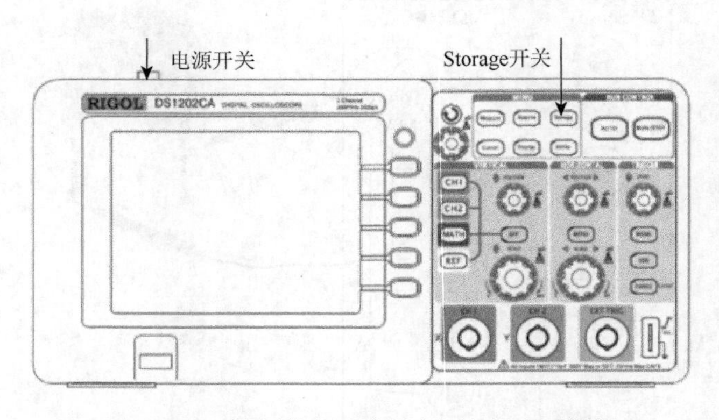

图 5-1-11　接通数字示波器电源与调出厂设置

（2）调出出厂设置

如图 5-1-11 所示，按“Storage”—“存储类型”—“出厂设置”—“调出”，调出出厂设置。

（3）接入信号

如图 5-1-12 所示，将探头连接器的 BNC 接头垂直插入“CH1”同轴电缆插接件（BNC）接口，向右旋转拧紧，并调整探头上的衰减系数为“10×”。

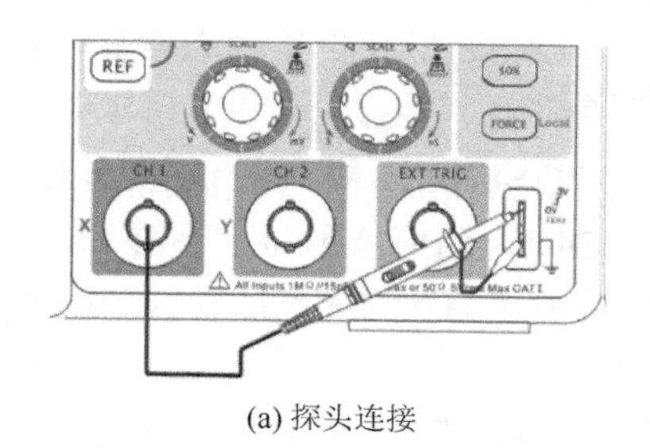

(a) 探头连接

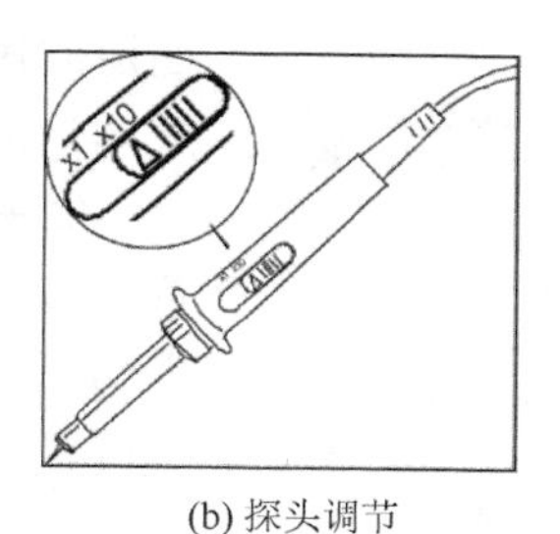

(b) 探头调节

图 5-1-12　接入信号

按照 CH1 探头“10×”设定示波器的探头衰减系数。此系数将改变仪器的垂直挡位比例，从而确保测量结果能够正确反映被测信号的电平（默认的探头菜单衰减系数设定值为“1×”）。

将探针与探头补偿器的信号输出连接器相连，基准导线夹与探头补偿器的地线相连。按下“AUTO”键，几秒钟后，可看到方波显示（1kHz，峰峰值约 3V）。

用同样的方法检查通道 2（CH2）。按“OFF”键或再次按下“CH1”键可关闭“CH1”，按“CH2”键打开“CH2”，重复上述步骤。

（4）探头补偿

首次将探头与任一输入通道连接时，需要进行此项调节，使探头与输入通道相配。未经补偿或补偿偏差会导致测量误差或错误。调整探头补偿，请按如下步骤进行。

①将仪器的探头菜单衰减系数及探头上的开关均设定为“10×”，并将示波器探头与“CH1”连接。若使用探头钩形头，应确保探头与“CH1”接触紧密。

②将探针与探头补偿器的信号输出连接器相连，基准导线夹与探头补偿器的地线相连，打开“CH1”，按下“AUTO”键，几秒后，可看到方波显示。

③如图 5-1-13 所示，检查显示波形的形状，确定探头补偿是否正确。

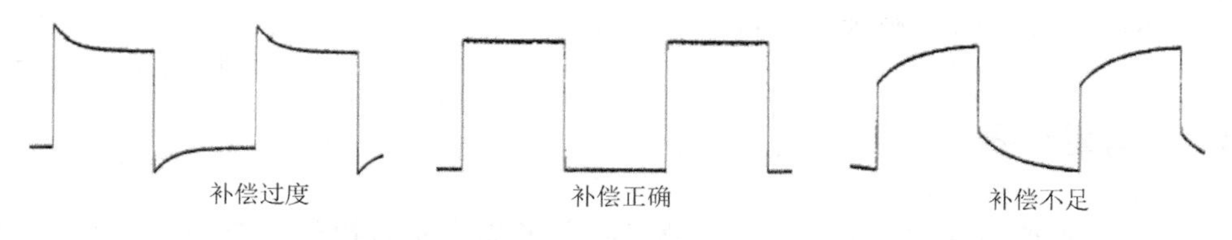

图 5-1-13　补偿波形

④如必要，用非金属质地的改锥调整探头上的可变电容，直到屏幕显示的波形如图 5-1-13 中的“补偿正确”。

2. 垂直控制区调节

如图 5-1-14 所示，垂直控制区（VERTICAL）设有一系列的按键和旋钮，用于设置“CH1”“CH2”“数学运算功能”“参考波形功能”，调节波形显示的垂直位置和垂直挡位“Volts/div（伏/格）”。

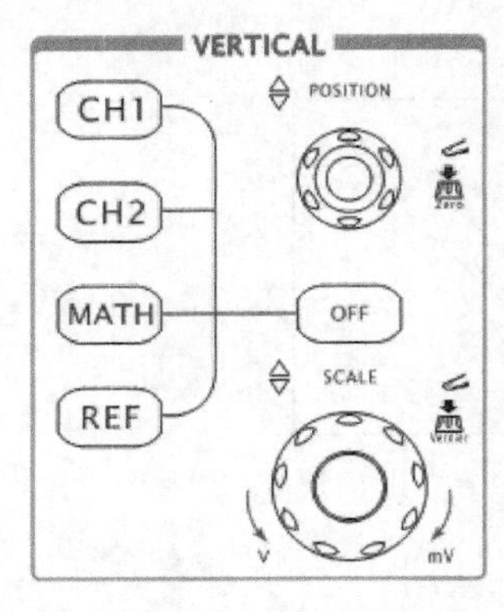

图 5-1-14　垂直控制区

①按“CH1”“CH2”“MATH”“REF”，屏幕将显示对应通道的操作菜单、标志、波形和挡位状态信息。按“OFF”键关闭当前选择的通道。

②垂直旋钮POSITION用于控制波形显示的垂直位置。转动POSITION，当前波形将上下移动，不改变幅度。界面左下角的位移标识也将实时变化，显示当前波形所处的垂直位置。

③垂直旋钮SCALE用于改变垂直挡位“Volts/div（伏/格）”设置。转动SCALE，界面下方将实时显示对应波形显示的挡位变化。挡位调节分为粗调和微调，电压灵敏度连续微调，使波形垂直幅度收缩。

3. 水平控制区调节

图 5-1-15 所示，水平控制区（HORIZONTAL）设有一个按键和两个旋钮，用于设置水平参数及水平时基，调节波形显示的水平位置。

①水平旋钮POSITION用于控制波形显示的水平位置。转动POSITION，当前波形将左右移动，不改变幅度。界面左下角的位移标识也将实时变化，显示当前波形所处的水平位置。

②按下“MENU”键，显示 Time 菜单，可设置延迟扫描功能的开关状态、时基模式及触发位移。

③水平旋钮SCALE用于改变水平挡位“s/div(秒/格)”设置。转动SCALE，界面下方的状态栏将实时显示对应波形显示的挡位变化，时间灵敏度细调，使波形的水平宽度收缩。水平扫描速度 2ns～50s，以 1—2—5 的形式步进。

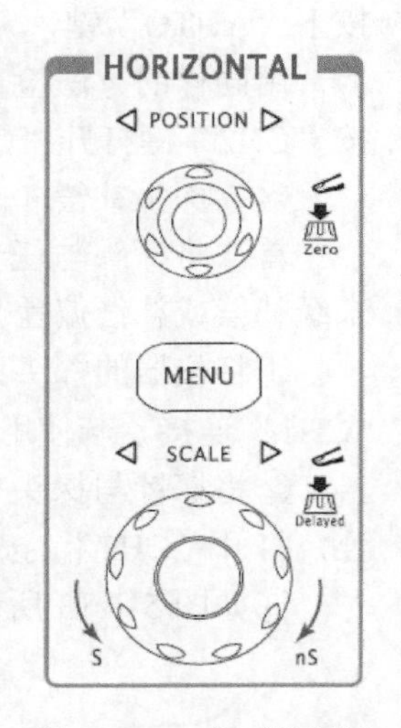

图 5-1-15　水平控制区

5.1.3　信号发生器

信号发生器是在测试和调试电子电路及设备的电参量时提供符合一定技术要求的电信号仪器，是电子产品装配中常备的检测仪表。信号发生器是一种用于产生诸如脉冲波、正弦波、锯齿波和三角波等不同类型的信号，并且可以调节这些波形的频率和幅度。图 5-1-16 为 SUING 数英 TFG6030 DDS 函数信号发生器。

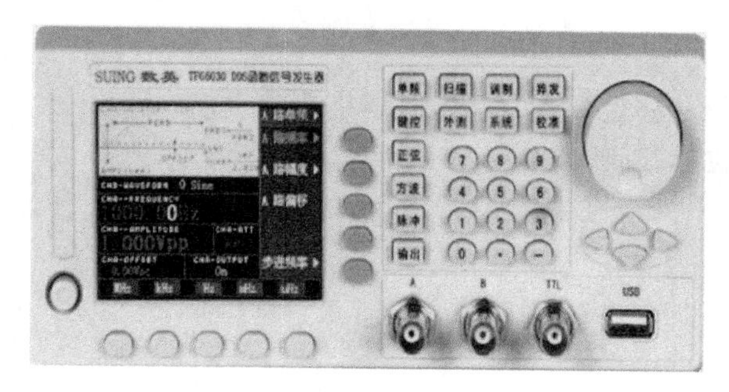

图 5-1-16　SUING 数英 TFG6030 DDS 函数信号发生器

1. 前面板介绍

如图 5-1-17 所示，仪器前面板上共有 38 个按键。根据作用的不同，它们可分为以下五类。

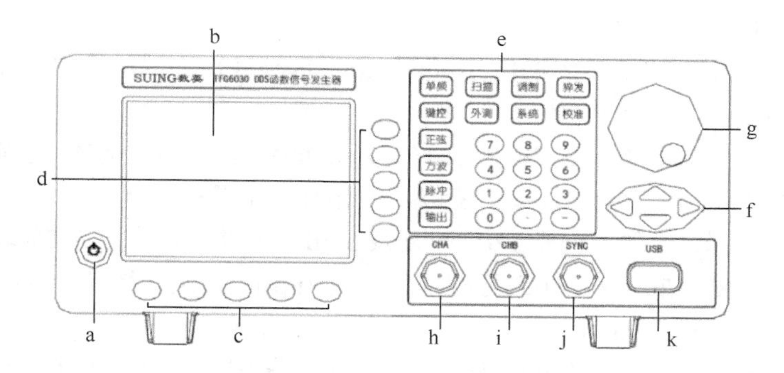

图 5-1-17　SUING 数英 TFG6030 DDS 前面板

a. 电源开关；b. 显示屏；c. 单位键；d. 选项软键；e. 功能软键，数字键；f. 方向键；g. 调节旋钮；h. 输出 A 端口；i. 输出 B 端口；j. 同步输出端口；k. 设备 USB 端口

（1）功能键

“单频”“扫描”“调制”“猝发”“键控”键，分别用来选择仪器的五种功能。

“外测”键，用来选择频率计数功能。

“系统”“校准”键，用来进行系统设置及参数校准。

“正弦”“方波”“脉冲”键，用来选择 A 路波形。

“输出”键，用来开关 A 路或 B 路输出信号。

（2）选项软键

屏幕右边有五个空白键〖〗，其功能随着选项菜单的不同而变化，称为选项软键。

（3）数据输入键

“0”“1”“2”“3”“4”“5”“6”“7”“8”“9”键，用来输入数字。

“ • ”键，用来输入小数点。

“–”键，用来输入负号。

（4）单位软键

屏幕下边有五个空白键〖〗，其定义随着数据的性质不同而变化，称为单位软键，数据输入之后必须按单位软键，表示数据输入结束并开始生效。

（5）方向键

“＜”键：光标位左移键，数字输入时退格删除键。

“＞”键：光标位右移键。

“∧”“∨”键：用来步进增减 A 路信号的频率或幅度。

2. 基本操作

（1）A 路单频

按“单频”键，选中“A 路单频”功能。

①A 路频率设定：比如，设定频率值 2.0kHz，如果采用数字键入法，则按〖选项 1〗软键，选中“A 路频率”，按“2”“•”“0”〖kHz〗，再按单位键〖kHz〗确定；如果采用旋钮调节法，则按“＜”或“＞”键移动数据中的白色光标指示位，左右转动调节旋钮，使指示位的数字增大或减小。

②A 路周期设定：比如，周期值 1.0ms，按〖选项 1〗软键，选中“A 路周期”，按“1”“ • ”“0”〖ms〗。

③A 路幅度设定：比如，设定幅度有效值为 2.0mVVpp，按〖选项 2〗软键，选中“A 路幅度”；按数字键“2”“0”再按单位键〖mVpp〗（不要按 Vrms）。

④A 路衰减选择：比如，选择 2.0Vpp 衰减 30dB，首先，按〖选项 2〗软键，选中“A 路幅度”；按数字键“2”“•”“0”再按单位键〖Vpp〗。其次，按〖选项 2〗软键，选中“A 路衰减”，按“30”〖dB〗。

⑤A 路偏移设定：在衰减为 0dB 时，设定直流偏移值。比如，选择-2V，按〖选项 3〗软键，选中“A 路偏移”，按“–”“2”〖Vdc〗。或调节旋钮选择偏移量，单位〖Vdc〗。

⑥A 路波形选择：正弦、方波、脉冲。比如，选择正弦波，按“正弦”。

⑦A 路脉宽设定：比如，设定脉冲宽度 30μs，按〖选项 4〗软键，选中“A 路脉宽”，按“3”“0”〖μs〗。

⑧A 路占空比设定：比如，设定脉冲波占空比为 35%，按〖选项 4〗软键，选中“占空比”，按“3”“5”〖%〗。

⑨A 路步进频率设定：比如，设定频率步进为 40Hz，按〖选项 5〗软键，选中“步进频率”，按“4”“0”〖Hz〗，再按〖选项 1〗软键，选中“A 路频率”，然后每按一次“∧”键，A 路频率增加 10Hz，每按一次“∨”键，A 路频率减少 10Hz。A 路幅度步进与此类同。

（2）B 路单频

按“单频”键，选中“B 路单频”功能。

①B 路频率设定：B 路的频率的设定与 A 路相类同，但是 B 路不能进行周期设定。

②B 路幅度设定：B 路幅度只能设定峰峰值 Vpp、没有衰减和直流偏移功能。按〖选项 3〗软键，选中“B 路幅度”。再按数字键或调节旋钮选择幅度，单位〖V〗、〖mV〗。

③B 路波形选择：比如，选择三角波，按〖选项 3〗软键，选中“B 路波形”，按“2”，再按单位软键〖ok〗。B 路波形从 CHB 端口输出。

（3）A 路谐波设定

使 B 路信号作为 A 路信号的 N 次谐波。比如，设定 B 路频率为 A 路的两次谐波，按〖选项 4〗软键，选中“A 路谐波”，按“2”〖time〗。

（4）AB 相差设定

比如，设定 AB 两路信号的相位差为 45°，可用数字键或调节旋钮设置 AB 两路信号的相位差（在 A 路频率为 10Hz～100kHz 范围内有效）。按〖选项 4〗软键，选中“AB 相差”，按“4”“5”〖°〗。

（5）两路波形相加

A、B 两路信号是完全独立的，A 路和 B 路波形线性相加，由 A 路输出。按〖选项 5〗软键，选中“AB 相加”。

A 路输出信号变为 A、B 两路信号的线性相加，这种功能在滤波器实验和波形分析中是非常有用的。再按〖选项 5〗软键，选中“AB 独立”，A、B 两路信号恢复独立输出。（A、B 两路信号的相加功能只能在“B 路单频”功能时使用，在其他功能时，A、B 两路信号是完全独立的）。

（6）频率扫描

按“扫描”键，选中“A 路扫频”功能。“输出 A”端口即可输出频率扫描信号。输出频率的扫描采用步进方式，每隔一定的时间，输出频率自动增加或减少一个步进值。扫描始点频率，终点频率，步进频率和每步间隔时间都可自行设定。

①按〖选项 1〗软键，选中“始点频率”，再用数字键或调节旋钮设定终点频率值。（终点频率值必须大于始点频率值）。比如，设定始点频率值 30kHz 按〖选项 1〗软键，选中“始点频率”，按“3”“0”〖kHz〗。

②终点频率设定：比如，终点频率值 80kHz，按〖选项 1〗软键，选中“终点频率”，按“8”“0”〖kHz〗。

③步进频率设定：比如，步进频率值 100Hz，按〖选项 1〗软键，选中“步进频率”，按“1”“0”“0”〖Hz〗。

④扫描方式设定：比如，往返扫描方式，按〖选项 3〗软键，选中“往返扫描”。

⑤间隔时间设定：设定间隔时间 10ms，按〖选项 4〗软键，选中“间隔时间”，按“1”“0”〖ms〗。

⑥手动扫描设定：比如，手动扫描方式，按〖选项 5〗软键，选中“手动扫描”，则连续扫描停止，每按一次〖选项 5〗软键，A 路频率步进一次。如果不选中“手动扫描”，则连续扫描恢复。

⑦扫描频率显示：按〖选项 1〗软键，选中“A 路频率”，频率显示数值随扫描过程同步变化，但是扫描速度会变慢。如果不选中“A 路频率”，频率显示数值不变，扫描速度正常。

5.2　电子产品调试

电子产品调试的目的在于发现设计缺陷和安装错误，并改进与纠正，或提出改进建议。通过调整电路参数，避免因元器件参数或装配工艺不一致，而造成电路性能的不一致或功能和技术指标达不到设计要求的情况发生，确保产品的各项功能和性能指标均达到设计要求。图 5-2-1 表示电子产品调试流程。

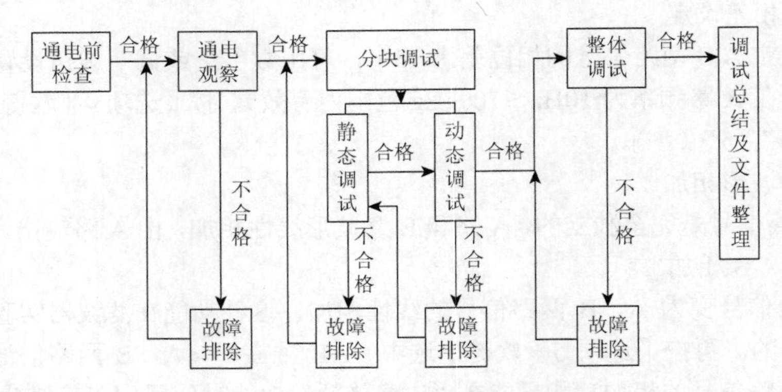

图 5-2-1　电子产品调试流程

在调试过程中应遵循以下原则：①先调试电源，后调试电路的其他部分；②先静态观察，后静态测试；③先分块调试，后整体调试；④先电路调试，后机械部分调试。

5.2.1　调试前的准备工作

在电子产品调试之前，应做好调试之前的准备工作，如场地布置、测试文件和仪器仪表的合理选择。

①场地布置应符合保护人身安全及仪器使用便捷的原则。保护人身安全方面主要是防止触电及烫伤。仪器使用便捷方面应合理摆放仪器仪表的位置，便于操作。

②测试文件是电子产品调试工作的依据。它包括电路原理图、元器件安装图、印制电路板图、技术说明书、调试工艺文件等，以便让调试人员仔细阅读，了解各参数的调试方法和步骤。

③仪器仪表应当按照测试文件的规定，正确、合理地进行选择。仪器仪表在使用前必须检查、校对，只有符合测试精度及技术要求的仪器仪表，才能用于电子产品调试。

5.2.2　通电前检查

通电前检查能够发现的常见错误有元器件安装情况错误和电路连线情况错误。

1. 元器件安装情况错误

如图 5-2-2 所示，以时钟电路为例，通过电子产品实物与元器件安装图反复比对，检查元器件的规格型号及极性是否有误。比如通过读取电阻上的色环来识别电阻的标称值与元器件安装图上的标识是否一致；有极性的元器件，如发光二极管、电解电容器、整流二极管等，以及三极管的引脚是否对应，其极性或方向连接是否有误；额定电压、额定功率是否与设计抑制；外形相近的元器件之间有没有误用；引脚之间有无短路故障；等等。

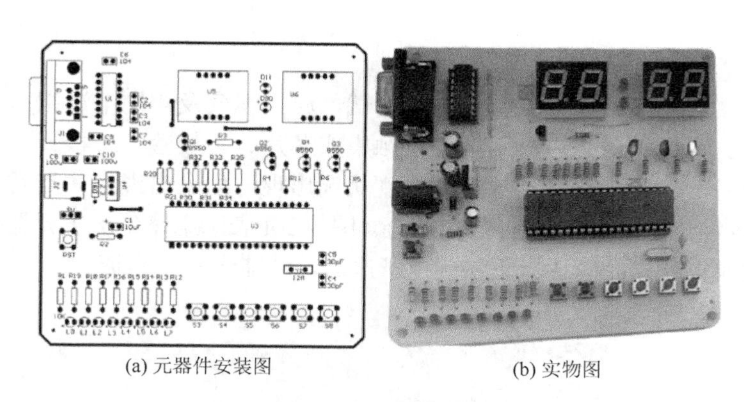

(a) 元器件安装图　　(b) 实物图

图 5-2-2　时钟电路

2. 电路连线情况错误

如图 5-2-3 所示，电路连线情况要借助数字万用表的测量导通性功能来完成。一方面，按照实际线路对照电路原理图进行，以元器件为中心进行查线。把每个元器件引脚的连线一次查清，检查每个去处在电路原理图上是否存在；另一方面，我们还可以检查印制电路板中的电气连接情况。比如，连接导线有无接错、漏接、断线等现象；铜箔有无脱落、断线、严重氧化等现象；各焊接点有无漏焊、桥接、虚焊、氧化、短路等现象；飞线有无漏接或与其他元器件金属部位短路的故障。

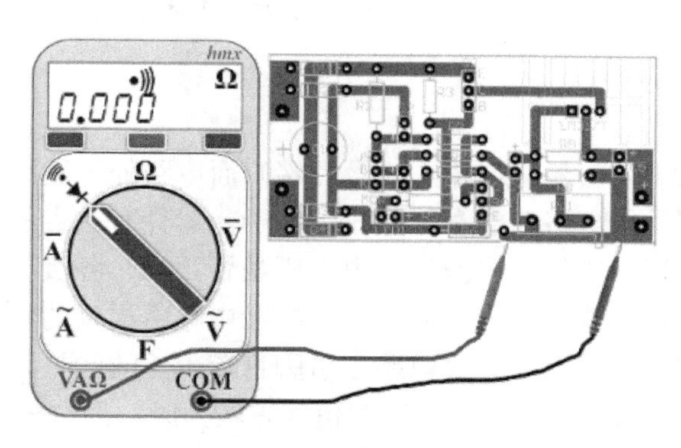

图 5-2-3　稳压电源电路导通性测试

5.2.3　通电测试

通电测试一般包括通电观察、静态调试和动态调试。通电观察正常的电子产品，才能进一步按照先静态后动态的步骤进行测试。

对于结构复杂的电路系统，可将电路系统人为地划分成若干相对独立的子电路单元（模块），然后针对每个单元模块进行分别调试，各个模块功能调试完成后，再将电路系统作为一个整体进行调试。

1. 通电观察

将电子产品接入电源，不要急于进行测试，应当观察及辨别电源指示灯是否正常、有无异常气味、冒烟、爆破声；用指尖接触集成芯片、三极管、二极管、场效应管、功率电阻等重点元器件，判断有无异常的温度状况出现。如果出现上述异常，说明电路内部存在严重故障，须立即断电进行故障排查。图 5-2-4 表示电路中电子元器件出现烧毁现象。只有通过通电观察而确认为正常的电子产品，才能进行正常调试。

图 5-2-4　电路中电子元器件烧毁

2. 静态测试

静态指没有外加输入信号（或输入信号为零）而电路处于稳定状态时，电路的直流工作状态。静态测试是指电路在静态工作时，电子元器件有关点的直流电位（电压）和有关支路中的直流电流。比如，电源的供电电压是否正常、各级单元模块的静态工作电流是否正常；通过测量晶体管各级直流电压，判断电路所提供的偏置电压是否正常、晶体管本身是否工作正常；通过对集成电路各引脚直流电压的测量，判断集成电路本身及其外围电路是否工作正常。当测得值与正常值相差较大时，经过分析可找到故障。

（1）直流电压测试法

通过测量电路关键点的直流电压，可大致判断故障所在的范围。此种测量方法是检测与维修中经常采用的一种方法。关键点直流电压是指对判断故障具有决定作用的那些点的直流电压值。不同的电子电路其关键点直流电压是不同的，判断关键点所在需要有扎实的电子线路知识。

直流电压的测试方法通常采用将电压表或数字万用表直接并联在待测电路的两端点

上测试。如图 5-2-5 所示，数字万用表上显示电阻 R1 两端电压值为 15.63V。我们发现，在 SCR 触发时，这个测量值与正常值（约 14.8V）相差较大。我们初步判断，SCR 已经损坏，它可能击穿而造成内部短路。

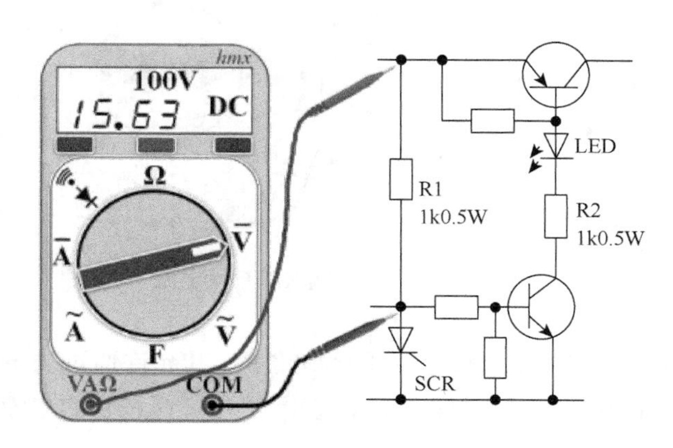

图 5-2-5　直流电压测试

此外，经过计算，我们发现电阻 R1 的所耗功率约为 0.25W（15.63×15.63/1000W），而电阻 R1 的额定功率为 0.5W，这说明电路的设计很合理。因为，根据电阻额定功率的选择标准，理论计算功率接近某标称值时，该电阻应选用高标称值的额定功率。也就是，我们不能选用 1kΩ 0.25W 的电阻，而必须选用 1kΩ 0.5W 的电阻。

直流电压测试的注意事项如下。

①直流电压测试时，应注意电路中高电位端接表的正极，低电位端接表的负极；电压表的量程应略大于所测试的电压。

②根据被测电路的特点和测试精度，选择测试仪表的内阻和精度。

③使用万用表测量电压时，不得误用其他挡，特别是电流挡和欧姆挡，以免损坏仪表或造成测试错误。

④在工程中，一般情况下，称“某点电压”均指该点对电路公共参考点（地端）的电位。

（2）直流电流测试法

直流电流检测法是指用万用表的电流挡去检测电子电路的整机电流、单元电路的电流、某一回路的电流、晶体管的集电极电流及集成电路的工作电流等，并与其正常值进行比较，从中发现故障所在的检测方法。直流电流检测法比较适用于由于电流过大而出现烧坏保险管、烧坏晶体管、使晶体管发热、电阻过热及变压器过热等故障的检测。

直流电流的测试方法通常采用直流电流表或数字万用表进行测试。测试方法主要有两种，即直接测试法和间接测试法。

①直接测试法

如图 5-2-6 所示，采用直接测试法，必须先将原电路断开，然后将电流表串联接入被测电路。待测试完成后，我们再将分段处焊接好。这种直接测电流的方法较烦琐，易损伤元器件或印制电路板。

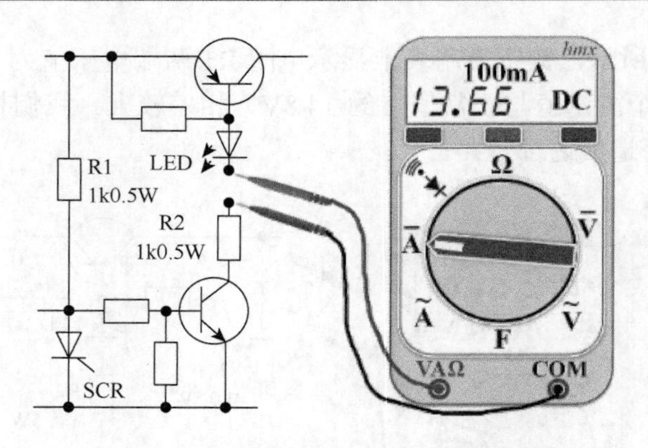

图 5-2-6　直接测试法测直流电流

一般通用的发光二极管（LED）的压降约为 2V，其允许通过的电流约为 5～50mA，也就是说，当通过它的电流小于为 5mA 时，它不发光；通过它的电流大于为 50mA 时，它将被损坏。

在本次测试中，我们发现，通过该发光二极管的电流为 13.66mA。这说明电路设计合理，发光二极管能正常工作。

②间接测试法

如图 5-2-7 所示，对于接有电阻的支路，通过测量电阻上的电压，再应用欧姆定律进行换算，便可计算出该支路的电流值。本次测试表示通过间接法可估算出发光二极管上的直流。

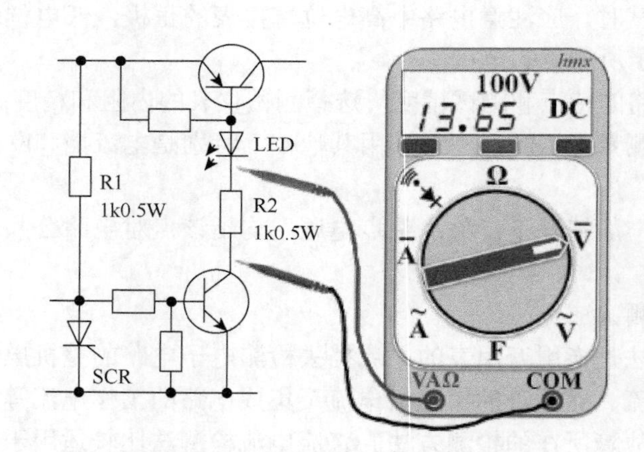

图 5-2-7　间接测试法测直流电流

在本次测试中，我们可以计算出，通过该发光二极管的电流约为 14mA（13.65A/1000）。因此，在发光二极管正常的情况下，它将发光。而且，在这个工作条件下，发光二极管不容易损坏。

直流电流测试的注意事项如下。

①直接测试法测试电流时，必须断开电路将仪表串入电路；同时使电流从电流表的

正极流入，负极流出。②合理选择电流表的量程（电流表的量程略大于测试电流）。③根据被测电路的特点和测试精度要求选择测试仪表的内阻和精度。④利用间接测试法测试时必须注意：被测量的电阻两端并接的其他元器件，可能会使测量产生误差。

3. 动态测试

动态是指电路的输入端接入适当频率和幅度的信号后，电路各有关点的状态随着输入信号变化而变化的情况。

动态测试以测试电路的信号波形和电路的频率特性为主。在电路的输入端接入适当的信号，按照信号走向，逐点测试信号链路上各个重要观测点的信号波形。有时也测试电路相关点的交流电压值、动态范围等。

动态测试过程中，主要会用到信号源、示波器、逻辑分析仪、频谱仪、扫频仪、失真度仪等基本的测试仪器。

应用示波器检测法的同时再与信号源配合使用，就可以进行跟踪测量，即按照信号的流程逐级跟踪测量信号。当前面测试点的信号正常而后面测试点的信号不正常时，即可判断故障就发生在前后两个测试点之间。

（1）测试电路的信号波形

波形测试仪器是示波器，它可以测量电压或电流的变化波形并直观地显示出来，由此观测到信号的变化幅度、周期、频率以及是否失真等情况。

测试信号波形分为电压波形和电流波形两种方法。

①电压波形测试

如图 5-2-8 所示，将示波器电压探头直接与被测试电压电路并联，即可在示波器显示屏上观测波形。

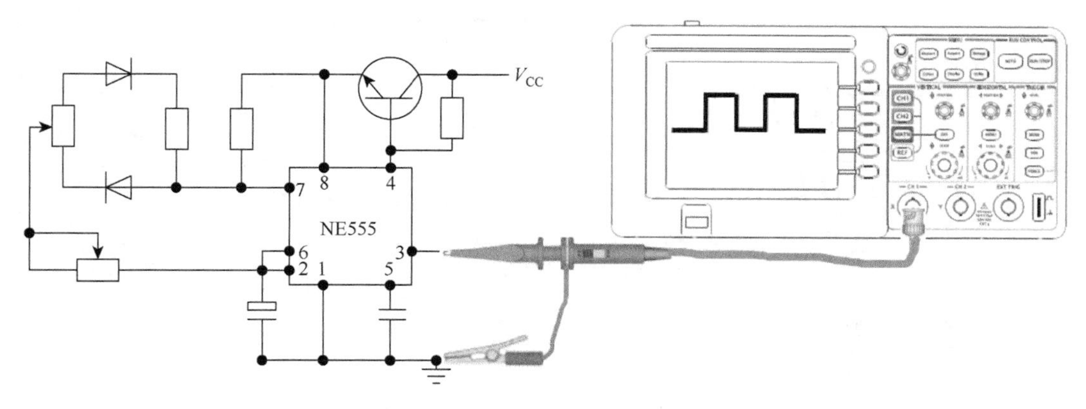

图 5-2-8　示波器电压波形的测试

图 5-2-8 中的示波器是测试 NE555 时基芯片 3 脚输出波形。该电路的原理是，如果 NE555 工作正常，它的 3 脚输出的是方波，而且，调节电位器，可实现方波的占空比可调。

②电流波形测试

电流波形的测试分为直接测试法和间接测试法。

a. 直接测试法。如图 5-2-9 所示，将示波器改装为电流表的形式。即并接分流电阻，将探头改装成电流探头。然后用电流探头将示波器串联到被测电路中即可观察到电流波形。

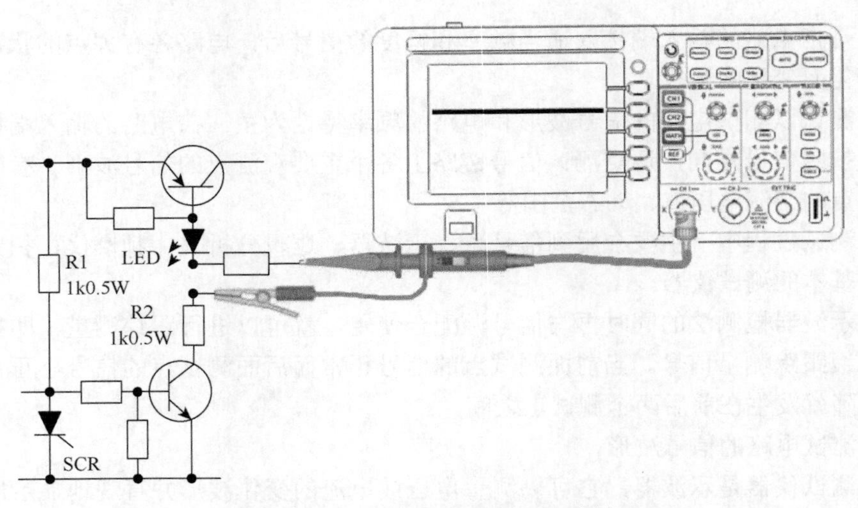

图 5-2-9　示波器直接测试法测电流波形

b. 间接测试法。如图 5-2-10 所示，在被测回路串入一无感小电阻，将电流变换成电压，则在示波器看到的电压波形反映的就是电流变化的规律。

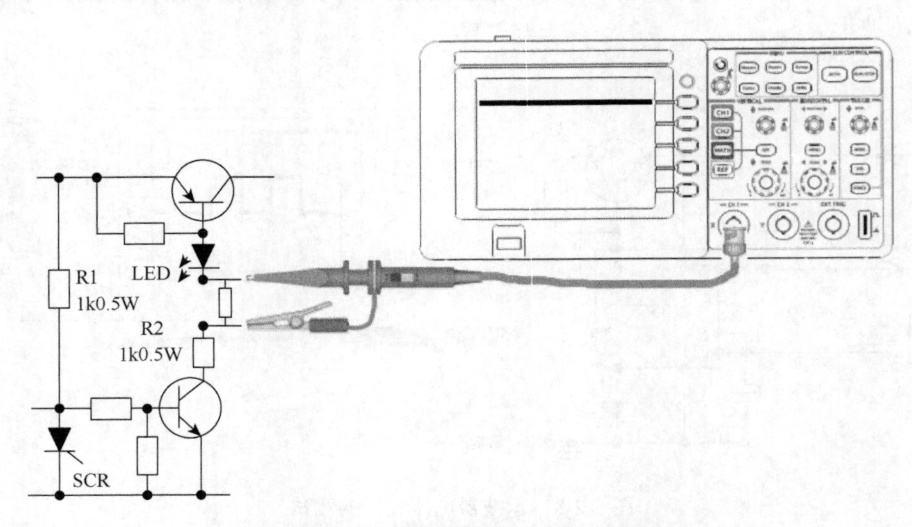

图 5-2-10　示波器间接测试法测电流波形

（2）测试电路的频率特性

频率特性是指当输入信号电压幅度恒定时，电路的输出电压随输入信号频率的变化而变化的特性。频率特性的测试实际上就是幅频特性曲线的测试，常用的方法有：点频法、扫频法和方波响应测试法。

①点频法

如图 5-2-11 所示，点频法是用信号源（常用正弦波信号源），向被测电路提供所需的输入电压信号，用电子电压表（示波器）监测被测电路的输入电压和输出电压。

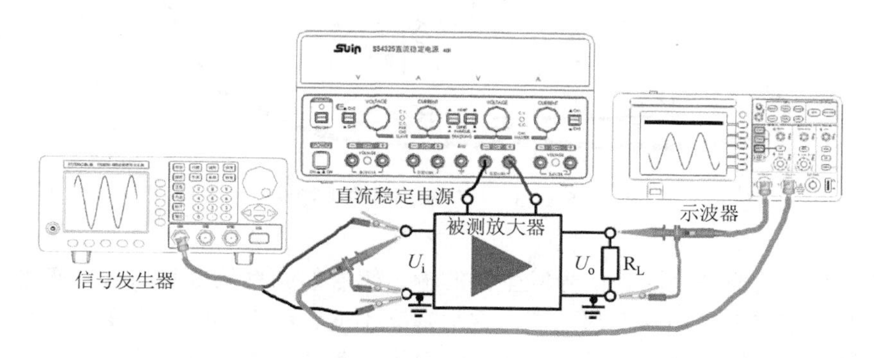

图 5-2-11　点频法测量频率特性

在测试过程中，测试时需保持输入电压不变，逐点改变信号发生器的频率，并记录各点对应的输出幅度的数值。如图 5-2-12 所示，在直角坐标平面描绘出的电压-频率曲线，这就是被测网络的频率特性。

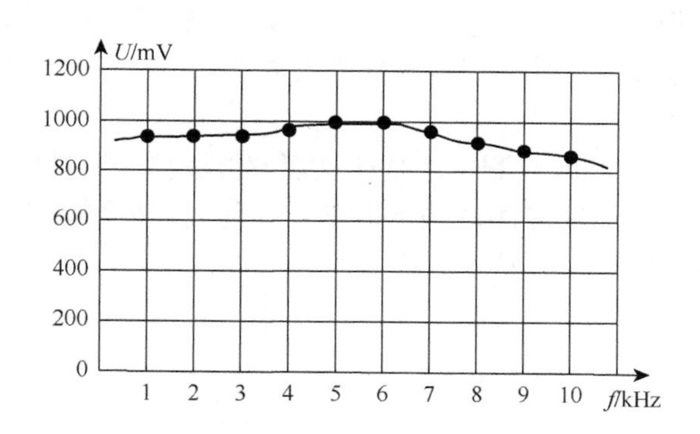

图 5-2-12　点频法测量的频率特性曲线

点频法的优点是准确度高。缺点是烦琐费时，而且可能因频率间隔不够密，而漏掉被测频率中的某些细节。测量精度和工作量与测试点的选择数量有关，测试点少，精度不够高；测试点多，工作量大。而且点频法不能反映电路的动态幅频特性。

②扫频法

扫频法是在点频法的基础上发展出来的一种测试方法，采用专用的频率特性测试仪（又叫扫频仪），实现频率特性的自动和半自动测试。高频电路一般采用扫频法进行测试。如图 5-2-13 所示，被测电路的频率特性曲线直接测量并显示在显示屏上。

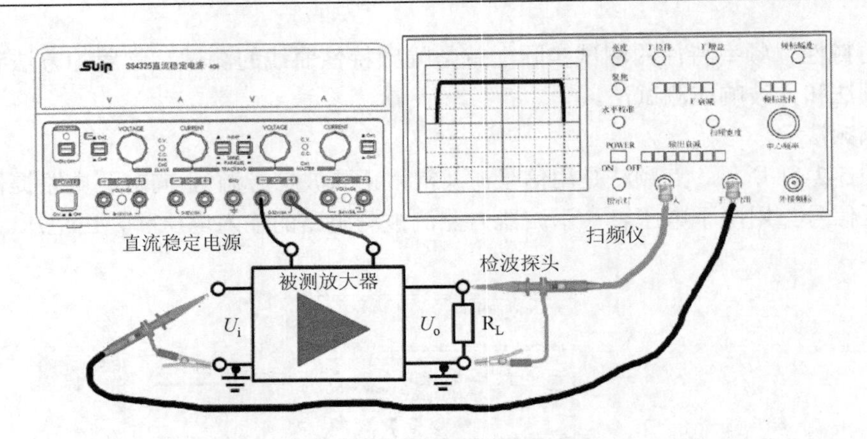

图 5-2-13　扫频法测量频率特性

扫频法测量的原理是因为信号发生器的输出信号的频率从低到高重复变化，并保持输出信号的幅度在任何频率下都不变，这个幅度不变、频率不断重复变化的输出信号被送到被测放大器的输入端，由于被测放大器对不同频率信号的放大倍数不同，因而在被测放大器的输出端得到的信号波形幅度大小是不同的，输出信号波形的包络的变化规律与被测放大器的幅频特性相一致，被测放大器的输出信号输入到扫频仪，经过包络（峰值）检波器取出的包络线信号即是被测放大器的幅频特性。

扫频法可实现网络的频率特性的简捷、快速测量，不会出现点频法中的频率点离散而遗漏掉细节的问题；扫频法得到的是被测电路的动态频率特性，更符合被测电路的应用实际。但是，用扫频法测出的动态特性与用点频法测出的静态特性相比，存在一定的测量误差。所以，应按技术文件的规定选择测量方法。

③方波响应测试法

如图 5-2-14 所示，方波响应测试法是通过观察方波信号通过电路后的波形，来观测被测电路的频率响应。方波响应测试法可以更直观地观测被测电路的频率响应，因为方波信号形状规则，出现失真很容易观测。

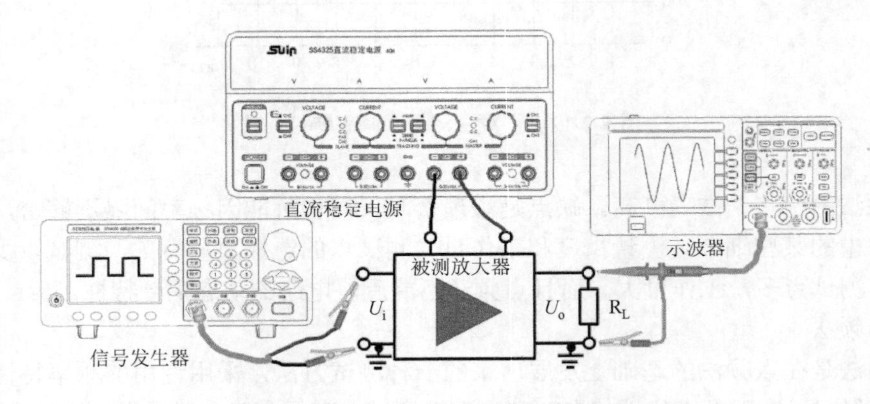

图 5-2-14　方波响应测试法测量频率特性

5.3　电子产品调试实例

5.3.1　直流可调稳压电源的调试

直流可调稳压电源的方框图如图 5-3-1 所示，该电路主要由整流电路、滤波电路、过流控制电路及稳压电路四部分组成。

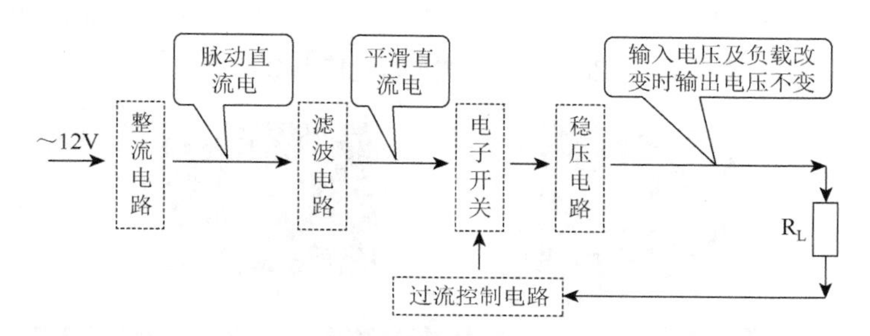

图 5-3-1　直流可调稳压电源的方框图

5.3.1.1　直流可调稳压电源原理

12V 交流电经桥式整流并通过电容器滤波后，得到较平滑的直流电。在电子开关的控制下，该直流电传输至稳压电路；稳压电路主要由 LM317 和电位器及其外围电路组成，调节电位器，输出电压可从 1.25V 调至 7.5V；当稳压电路输出的电流超过额定过保护电流值时，过流保护电路触发，电子开关切断稳压电路的供电，从而实现过流保护功能。

5.3.1.2　直流可调稳压电源调试流程

1. 通电前检查

（1）检查元器件

如图 5-3-2 所示，通过直流可调稳压电源实物与电路原理图比对，检查印制电路板上的所有元器件安插是否正确，如二极管、三极管、可控硅、集成稳压芯片 LM7 的型号和引脚，电解电容器的极性、容量、耐压值以及电阻的阻值、额定功率等。尤其是，外形相近的元器件 LM317 与 TIP42、可控硅与三极管，它们彼此之间不能混淆。

（2）检查直流可调稳压电源焊点质量

检查印制电路板的焊接面，观察各焊点有无出现如图 5-3-3 所示的常见焊接缺陷。比如，漏焊、冷焊、焊锡少、焊锡多、桥接、焊盘剥离等现象。对于值得怀疑的焊点，我们要采用数字万用表来检查电路的导通性，以排除断路及短路故障。

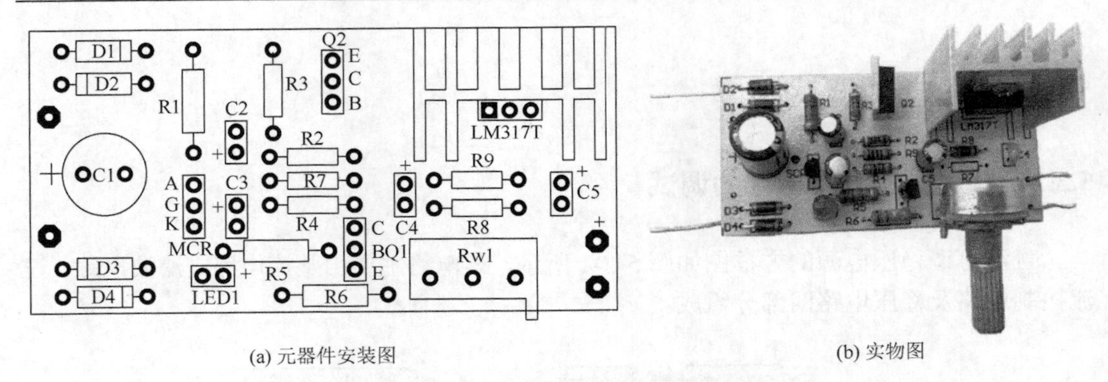

(a) 元器件安装图　　(b) 实物图

图 5-3-2　直流可调稳压电源

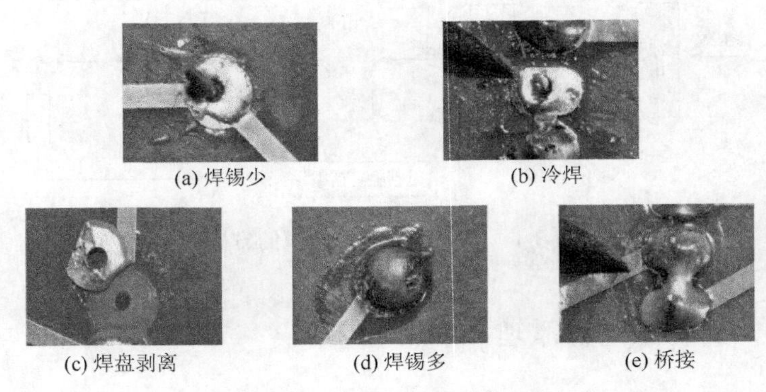

(a) 焊锡少　(b) 冷焊　(c) 焊盘剥离　(d) 焊锡多　(e) 桥接

图 5-3-3　常见焊接缺陷

2. 通电检查直流可调稳压电源

通电后，如果电路没有出现异常现象，我们可按依次进行以下的调试和测量。

（1）输出电压调试

通电后如电路没有出现异常现象，可测试输出电压范围。如图 5-3-4 所示，调节电位器（从小值到大值）。理论上，输出电压应为 1.25～7.5V。

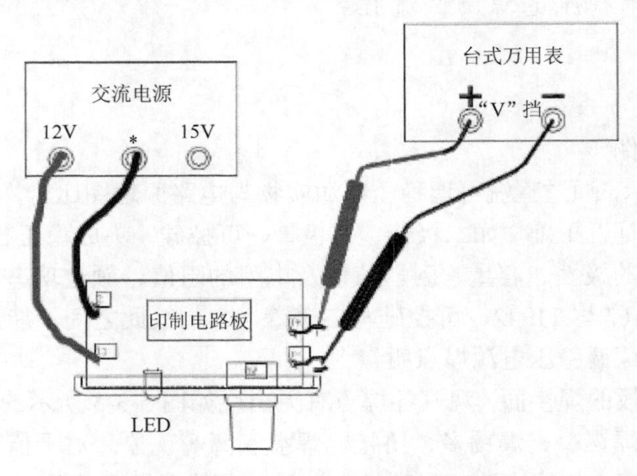

图 5-3-4　输出电压调试

（2）纹波电压测试

如图 5-3-5 所示，在输出 6V/0.5A 的条件下，并联在输出端的交流毫伏表测出输出的交流电压（纹波电压），纹波电压大约在 0.05～2mV。

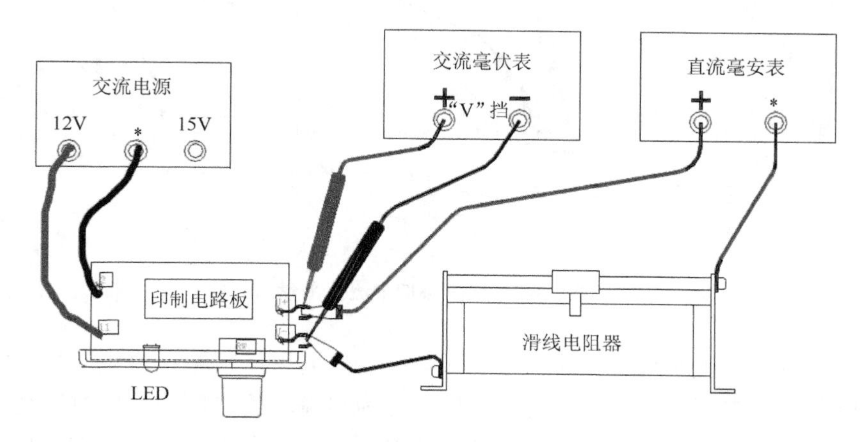

图 5-3-5 纹波电压测试

（3）动态内阻测量

如图 5-3-6 所示，电压表并在输出端、电流表串在输出端，输出电压调至某一数值（例如 6V），电流调至某一数值（例 0.5A）记录电压和电流值，再将电流减小到某一数值，记录相对应的电压值。则可按下式计算动态内阻：

动态内阻 = 输出电压变化量/输出电流变化量，动态内阻在 0.05～0.1Ω。

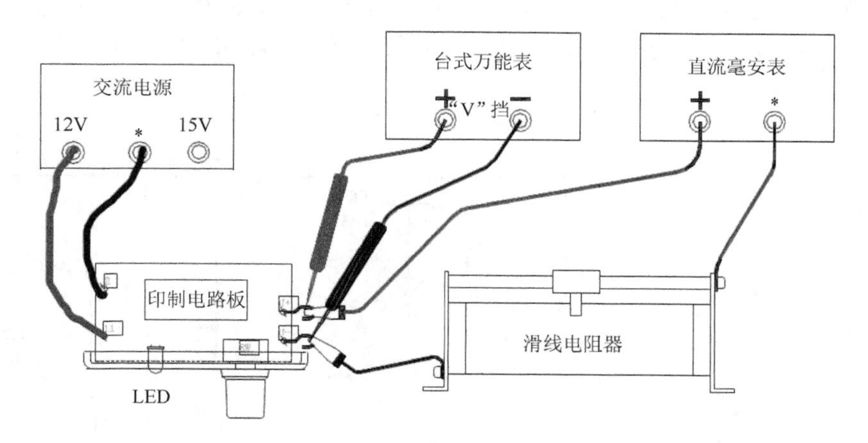

图 5-3-6 动态内阻测量

（4）过流保护电流值测量

如图 5-3-7 所示，电流表串接一滑线电阻，再串接于输出电路中，调节滑线电阻，使输出电流升至某一数值后突然变为 0，则数值变为 0 之前的最大电流值即为过流保护电流值。过流保护电流值大约在 0.55～0.6A。

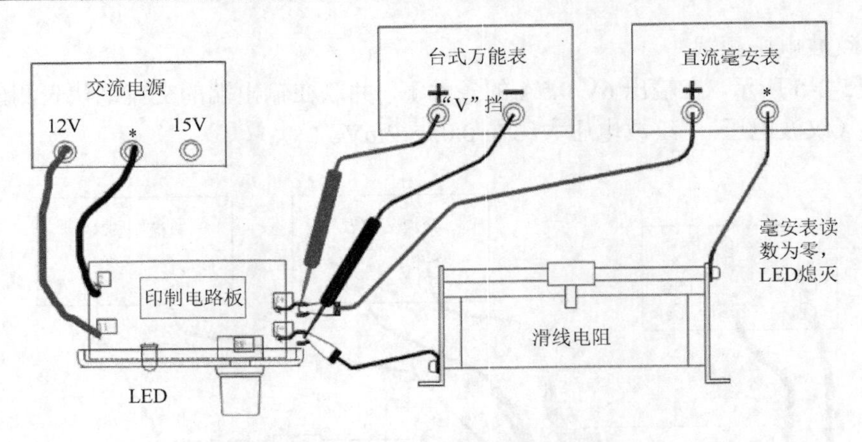

图 5-3-7　过流保护电流值测量

（5）电路各点电压的测试

测试电路各点电压，主要的目的是：验证直流可调稳压电源的输出效果是否达到设计的性能要求；了解电路出现哪些故障，初步判断哪些元器件工作不正常；验证某些元器件的参数，如额定电压、额定功率、标称值等，是否与理论估算值一致；验证三极管截止或饱和导通时的外围偏置电压要求。

电压测试点分布如图 5-3-8 所示，将测试数值填入表 5-3-1 对应的空格中。在本章所要求的测试中，红表笔接第一个字母表示的测试点，黑表笔接第二个字母表示的测试点，数字表示半导体元器件的序号。如 U_{E2O} 表示第二个三极管（Q2-TIP42）的发射极对 O 点的电压，即红表笔接 Q2-TIP42 的发射极（E），黑表笔接 O 点；如果没有第二个字母符号，则红表笔接第一个字母表示的测试点，黑表笔接地。如 U_{B1} 表示第一个三极管（Q1-9013）的基极对地的电压，即红表笔接 Q1-9013 的基极（B），黑表笔接地。

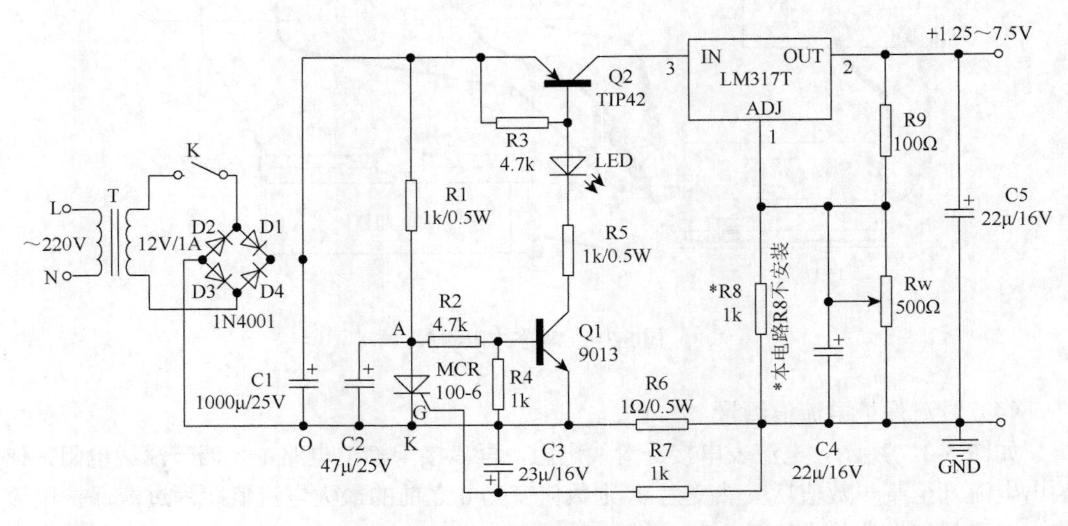

图 5-3-8　电压测试点分布

表 5-3-1　测试点电压值

	U_{E2O}	U_{AK}	U_{B1}	U_{BE1}	U_{E2}	U_{B2}	U_{EB2}	U_{EC2}	U_{C2}
空载									
过流保护									
6V/500mA									

当电路正常工作时，在空载和 6V/500mA（满载）条件下，根据电路理论，U_{E2O} 的数值约为 15V。由于 Q1-9013 和 Q2-TIP42 饱和导通，U_{AK} 的数值约为 13V；在过流保护条件下，U_{E2O} 的数值约为 15V。但由于 Q1-9013 和 Q2-TIP42 截止，U_{AK} 的数值约为 0.8V。

在测试完各测试点的电压值之后，将它们与对应的电路估算值进行比较，判断误差是测量仪表引起的，还是前一级测量数据对后一级测量数据造成的偏差，或者是电子元器件出现故障。从而加深对电路理论、电子元器件性能、测量仪表的选用、实验误差分析等的理解。

5.3.2　防盗报警器的调试

一种防盗报警器的电路原理图如图 5-3-9 所示，防盗报警器电路主要由超低频振荡和音频振荡两部分构成。

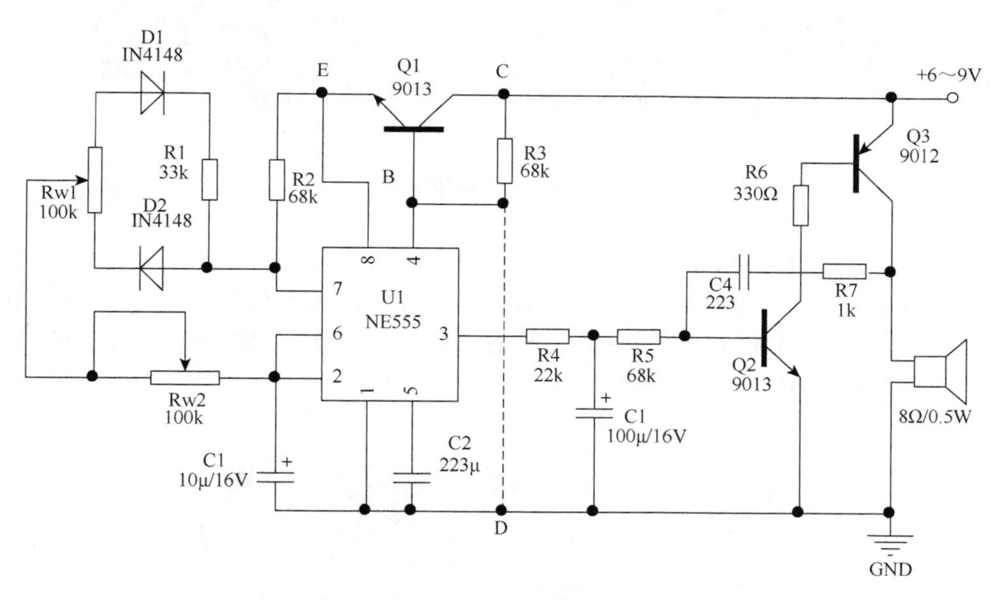

图 5-3-9　防盗报警器电路原理图

5.3.2.1　防盗报警器原理

超低频振荡电路由 NE555 时基芯片及外围元器件电阻 R1、R2 及电容 C1 等元器件组成，根据555时基电路无稳态工作原理，当电容C1两端电压介于$1/3V_{CC}$和$2/3V_{CC}$之间，NE555时基芯片3脚输出高电平；当电容器C1两端电压低于$1/3V_{CC}$或者高于$2/3V_{CC}$，NE555时基芯片3脚输出低电平。这样，NE555的第3脚输出超低频矩形波。

音频振荡电路由三极管Q2、Q3及电容器C4、电阻R7等元器件组成，振荡的中心频率可由电容器C4、电阻R7数值确定，并随Q2管的基极偏置电流大小而变化。因此，由电容C3和电阻R4组成积分电路产生的锯齿波，经音频振荡电路而形成变频波，从而在喇叭中产生低—高—低—高音调变化的报警声。

5.3.2.2　防盗报警器调试流程

1. 通电前检查防盗报警器

（1）检查元器件

如图5-3-10所示，通过防盗报警器实物与电路原理图比对，检查元器件的规格型号及极性是否有误。如电解电容器、整流二极管、三极管的引脚是否对应，其极性是否有误；晶体管9012、9013之间有没有误用；NE555的安装是否错误。

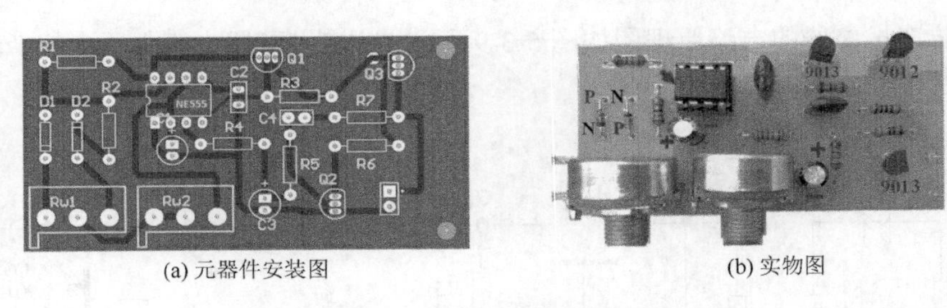

(a) 元器件安装图　　(b) 实物图

图5-3-10　防盗报警器

（2）检查防盗报警器焊点质量

如图5-3-11所示，检查防盗报警器的焊接面。首先，观察线路及焊盘的黏连、断裂等情况，如出现导通性问题，则需要做合理的修复；其次，检查NE555芯片底座的焊接；最后，检查各焊点有无出现焊接缺陷。

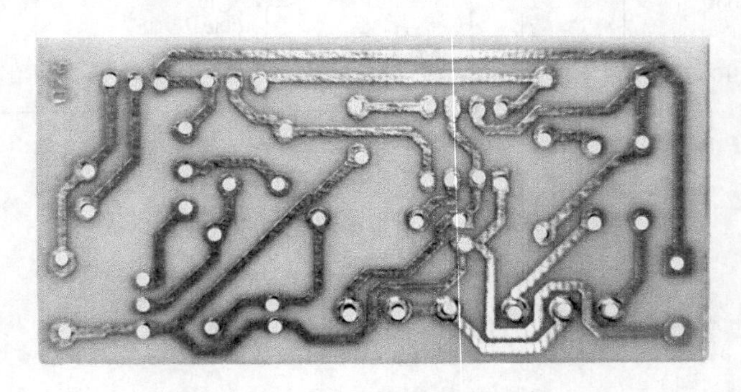

图5-3-11　防盗报警器焊接面

对于已经观察到和检测到的焊接故障，一定要将焊接故障修复，千万不能置之不理。否则，贸然进行通电检查，会引起元器件烧毁或爆炸，对电路造成严重损坏。

2. 通电检查

（1）防盗报警器测试流程图

根据防盗报警器的原理，印制电路板的制板工艺、手工焊接工艺、电子元器件的性能，结合教学实践。我们制定了如图 5-3-12 所示的防盗报警器测试流程图。

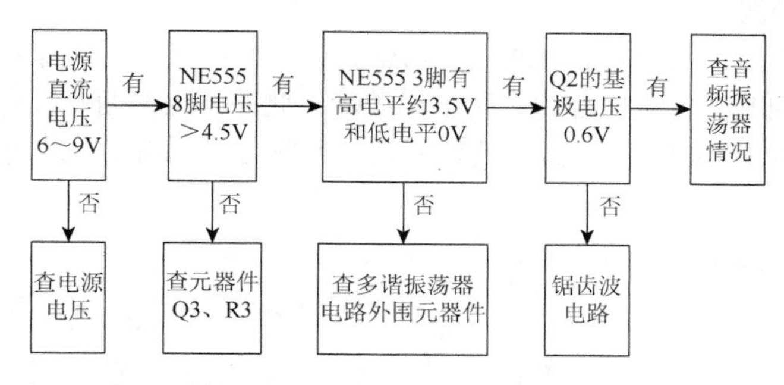

图 5-3-12　防盗报警器测试流程图

（2）数字万用表测试直流电压

防盗报警器电路中主要的直流电压测试点如图 5-3-13 所示。通过直流电压测试，我们可以判断：①电源的供电电压是否正常；②晶体管本身是否工作正常；③集成电路本身及其外围电路是否工作正常。当测得值与正常值相差较大时，经过分析可找到故障。

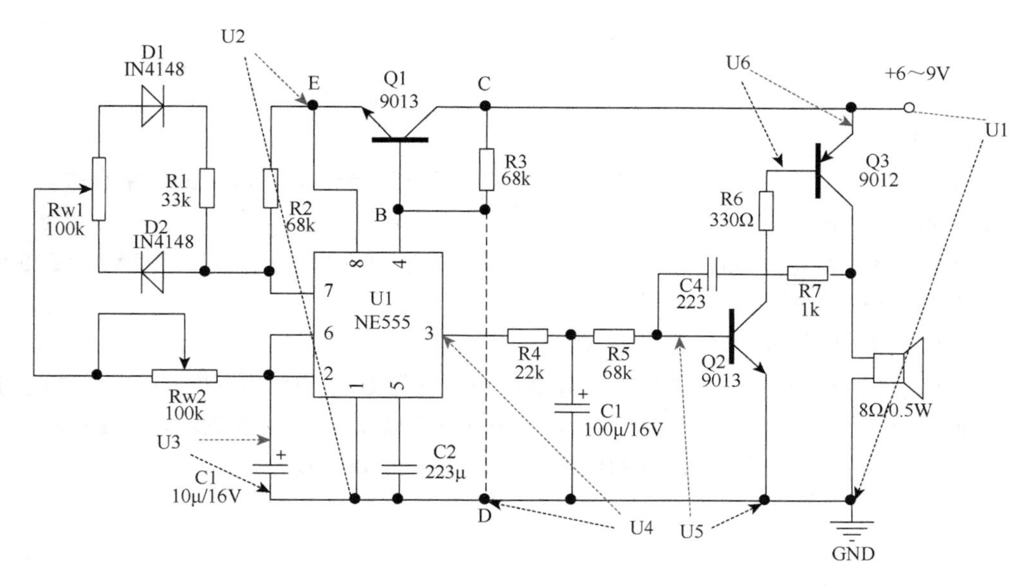

图 5-3-13　数字万用表测直流电压

根据防盗报警器测试流程图，测试直流电压。按 $U1$ 到 $U6$ 顺序进行测试。$U1$ 为直流供电电压，$U1=6\sim9V$；$U2$ 为 NE555 时基芯片的直流供电电压，$U2=5\sim8.8V$（一般应大于 4.5V）；$U3$ 为电容器 C1 的两端电压，该电容器一直处于充放电状态，而且根据 NE555 时基芯片无稳态工作要求，$U3=1/3\sim2/3V_{CC}$。比如，$V_{CC}=6V$ 时，则 $U3=2\sim4V$；$U4$ 为 NE555 时基芯片 3 脚输出电压，它是方波信号，幅值 $U4=0\sim5V$；$U5$ 是三极管 Q2（9013）的基极发射极与之间的电压，Q2 正常工作时，$U5=0.4\sim0.7V$；$U6$ 是三极管 Q3（9012）的发射极与基极之间的电压，Q3 正常工作时，$U6=0.4\sim0.7V$。

（3）示波器测波形

防盗报警器电路中主要的信号波形测试点如图 5-3-14 所示。如果某测试点的信号不正常，我们可以判断产生该信号的电路出现故障；此外，当前面测试点的信号正常而后面测试点的信号不正常时，即可判断故障就发生在前后两个测试点之间。

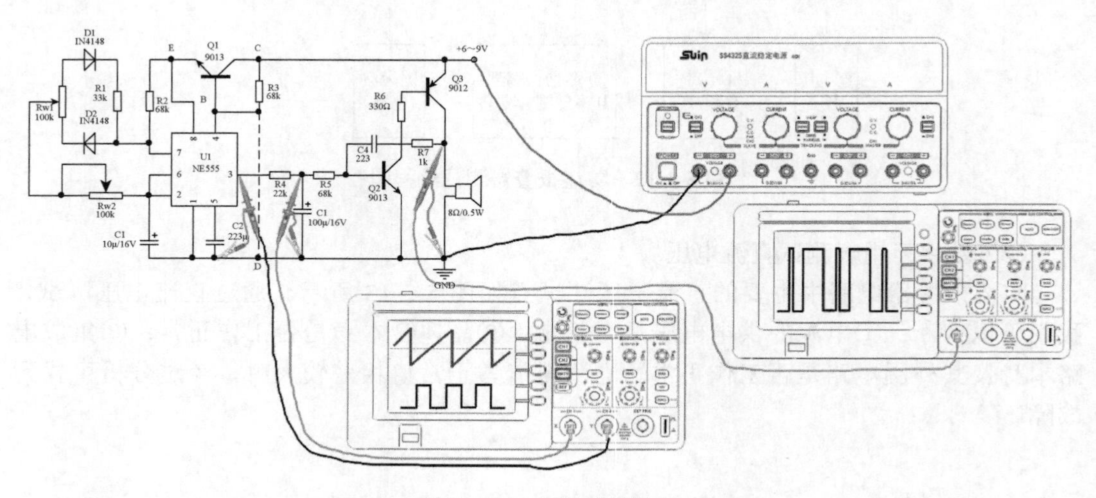

图 5-3-14　示波器测波形

①NE555 时基芯片 3 脚输出方波信号

它是低频信号，它的幅值约为 3.7V，具体数值与 NE555 时基芯片的规格有关。

②电容器 C3 两端电压波形为锯齿波

由电容器 C3 和电阻 R4 组成积分电路，根据数学函数的积分知识，相当于，555 时基芯片 3 脚输出方波被积分成锯齿波。

③喇叭两端电压波形为低频变频波

根据防盗报警器的原理，信号中心频率可由电容器 C4、电阻 R7 数值确定，并随 Q2 的基极偏置电流大小而变化。因此，由 Q2 基极输入的锯齿波形成变频波。该变频波的周期比较长，因为它是声频信号，它的频率范围为 20～20 000Hz。

第 6 章　电子产品的整机总装及生产线

6.1　电子产品的整机总装

电子产品的整机总装是指依据设计文件，按照工艺文件的工序安排和具体工艺要求，将成功通过检验的零部件进行装配和整合，并经调试、安装成整机、检验直至组成具有完整特定功能的合格产品的过程。电子产品质量的好坏，除了电路设计的因素，关键还在于电子产品的整机总装设计，整机结构没有设计好，将严重影响该设备的各项技术指标。所以，电子产品不仅要有良好的电气性能和牢固的机械外壳，还要有可靠的总体结构设计，才能在长时间的使用过程中承受各种因素的考验。

6.1.1　电子产品整机结构的组成

电子产品的整机结构，大致包括机箱、机柜、面板组件、底板组件和其他一些如导向定位、显示和操作控制等模块，有时也包括探头，外部接线柱等附件。

机箱是电子产品的重要组成部分，是把电子产品的各个零部件结合成机械整体的主体，通过它来保证整机的机械结构强度。其一般包括主体框架、上下盖板、前后面板和左右侧板，有的机箱根据具体使用环境，也可不采用框架，而是将一整块薄板根据设计尺寸直接折弯形成。框架是机箱强度的主要载体，设备所有插件、盖板、面板和侧板等都固定在其上面，因此其强度、刚度决定了整台设备工作的安全可靠性。

根据不同的环境条件和技术要求，可采用不同形式的机箱结构。机箱有多种结构形式，其中固定式机箱，多用于固定设备和安装于运载工具上的中小设备；背负式机箱，多用于野外及军用设备；而高精密的中小型电子仪器设备常常采用台式机箱。机箱材料的选用根据要求的不同而不同，可选用塑料、合金和复合材料等材料。

对于结构复杂且体积庞大的电子产品，直接采用一个机箱可能较难安装和检修，此时可将整个设备分成多个分机或插箱后，再一起组装到一个安装架上，简称机架。当该机架将机架、面板、盖板、侧板等采取全封闭的组装方式时，称为机柜。机柜是整台电子产品的机械强度的承载部分，配置的门、侧板、面板和背板可根据需要，制成可或不可拆卸的样式，因其机械强度要求高，其一般采用冷轧钢板或合金等材料制成。

机柜根据不同标准可分为以下类型。

①按功能：可分为防火柜、防磁柜、电源柜、监控机柜、屏蔽柜、安全柜、防水机柜、保险柜、多媒体控制台、文件柜、壁挂柜等。

②按适用范围：可分为户外机柜、室内机柜、通信柜、航空柜、工业安全柜、低压配电柜、高压柜、电力柜、服务器机柜等。

③按扩展：可分为控制台机柜、电脑机箱机柜、控制台机柜、不锈钢机箱、监控操作台机柜、工具柜、标准机柜、网络机柜等。

面板组件则包括了面板、挂耳、把手、面板显示屏、门组件、面板支架等。同时，面板上根据需要可安装操作控制装置、显示装置和开关控制等装置。面板与机架、底板、侧板、通过组装成一整体，构成机柜或者机箱，能够有效保护和安装电子产品设备内部线路，同时也对电子产品设备外观起着决定性的作用。

底板组件包括了底座、底座支架、插槽架等，其是机箱或机柜的核心部分之一，起到支撑和固定的作用。

6.1.2　电子产品的整机结构设计

1. 整机结构设计要求

电子产品的整机结构设计包含广泛的理论和技术相关的内容，在新世纪逐渐成为一门交叉边缘学科，融合了力学、机械学、材料学、自动化、物理学、化学、光学、工程心理学、美学、环境科学等多个相关学科。

由于电子技术的迅猛发展，组成设备的元器件越来越多，体积越来越小，集成度越来越高，使用范围越来越广，技术越来越更新，设备所处的工作环境条件越来越复杂，对设备的使用精度和可靠性要求也越来越高。在这样的时代背景下，电子产品的整机结构设计将直接影响到电子产品的功能能否实现、可靠性是否长久、维护维修的便利性和产品的美观性，并在一定程度上直接影响用户的购买和使用心理。由此，电子产品的整机结构设计已成为电子产品设备设计的排头兵，对其提出的要求也越来越高。

一般来讲，电子产品的整机结构设计的基本要求体现在以下方面。

（1）首先确保实现电子产品的技术指标

电子产品的性能主要体现在产品的各项指标是否达标，各项指标包括电气连接性能、散热性能、电磁兼容性能、防腐蚀性能、可靠性、使用寿命稳定性等。整机结构设计必须采取各种措施保证指标的实现。

①电气连接性能

电子产品中存在大量的固定或者活动的电气接触点。电气连接问题是产品设计中首要的问题，没有有效的电气连接，电子产品的性能就无从谈起。构成产品电气性能的所有电子元器件需要以焊接等方式连接在一起，因此，整机设计时，首先需要设计正确的连接方法和工艺。

②散热性能

电子产品内的长时间高温会导致内部电子元器件和各个组件容易损坏，出现各种焊点缺陷问题、设备绝缘性能退化问题等，因此在开始设计时，需要将散热方法考虑进去，可采取自然冷却、强迫风冷或液冷等使设备内外环境进行空气循环的方式，以降低内部运行时的温度。

③电磁兼容性能

电子产品在运行过程中，会产生电磁辐射、电磁感应和干扰等不良现象，并在不同设备和元器件之间产生相应的干扰，因此，在进行整机结构设计时，电磁干扰等不利因素需要同步考虑进去，可采取电磁屏蔽、接地等电磁兼容设计。

④防腐蚀性能

腐蚀是电子设备结构材料最主要的损坏形式之一，它是整机结构设计中不可忽视的重要因素。在进行整机设计时，需要考虑腐蚀对设备构件的侵蚀作用，需要采用一定的防腐蚀措施，以降低或防止腐蚀环境对电子设备的不利影响。

⑤使用寿命稳定性

此外，电子产品的整机结构设计必须考虑其使用寿命。消费者选择一个产品时，一般都会优先考虑可靠使用时间长的电子产品，因此通过合理的设计，优化电子元器件和组件的参数，选择安全耐用的材料等因素以提高产品的使用寿命，是对电子产品进行结构设计时需要考虑的重要因素。

（2）设备操作、安装及维修的便利性

一切电子设备的价值都是通过使用体现出来，因此在进行整机结构设计时，需要确保设备方便操作、维护和维修。在使用电子设备时，一般都需要通过各种旋钮、开关和指示装置来进行操作控制。在整机结构设计时，要合理地安排操作控制部分，做到操作简便、合理和可靠，使设备的结构设计符合消费者的心理预期和使用习性等特点，同时还要求结构装卸方便，缩短维修时间，以及考虑保护操作人员的安全等。

（3）良好的结构工艺性

在设计产品的过程中，应当对当前的工艺水平有全面的了解。当考虑采用某种结构时（从结构形式到具体的结构要素），必须考虑实现这种结构的工艺可能性和工艺合理性。在进行整机结构设计时，能够在最小的体积上实现最大的功能，提高设备的紧凑性，选用轻质材料并尽量简化其结构，最大限度地降低设备的体积和质量，使结构紧凑，由此才能设计出具有良好结构工艺性的电子产品。

（4）标准化、模块化

标准化是一项重要的技术经济政策和管理措施，有利于保证产品的质量、促进产品质量的提高、保证产品互换性和生产技术的协作配合以及便于使用和维修、加强企业管理。标准化元器件的使用可有效提高生产效率，降低生产线投入和维修成本。因此，在整机设计中尽可能地不采用特殊的零部件，而更多地使用通用化、标准化、规格化的电子零部件。

标准化的进一步发展，就是模块化。不同的模块，可以组成一个具有完整结构的功能模块或系统，相比标准化元器件来讲，其体积和功能更加完整，在进行维护维修时，也更加方便拆卸。因此相比零件级别的标准化元器件，模块化的部件级和子系统级的模块通用性和兼容性更高。

（5）良好的人机交互性

一台性价比高的电子设备，既要达到上述的电气连接性能、可靠性、防腐蚀性能、电磁兼容性能等各项性能指标，又要使消费者在外观上感到设备使用起来非常方便、灵活且安全，在感官上觉得设备美观且大方。因此，在进行整机结构设计时，要从人的生理、心理、操作习惯等特点出发，设计出综合性价比高的人性化的结构和外观。

2. 整机结构设计步骤

整机结构设计所涉及的面非常广，需要考虑的层面很多，总的来讲，设计的步骤有以下几个。

（1）熟悉工艺文件的各项技术指标

技术指标是电子产品的设计、制造与使用的唯一依据，也规定了该产品的质量客观标准。设计人员在进行整机结构设计之前，须详细阅读了解并研究工艺文件中规定的每一个技术指标，了解设备工作的环境条件、运输、贮存条件等，了解国内外同类产品或相近类型产品的结构与使用情况，然后再确定整机结构的具体形式。

（2）结构方案设计

根据设备工艺文件中的电路原理方框图，合理地设计其结构方框图，分析是否将设备划分为若干个分机，如设备较简单也可划分为几个单元或部分。划分时应确定各模块或组件的输入和输出端；明确高频、高压等特殊电路的处理方案。同时，也需要对设备的防腐、散热、机箱内重心点、操作面板等问题进行全面分析和设计。

（3）机箱机柜的尺寸和所用材料

首先，应确定机箱（机柜）内部各零部件、模块、组件等需要的确切空间，同时，设计的外形尺寸应符合 GB/T 3047.1—1995《高度进制为 20mm 的面板、架和柜的基本尺寸系列》及部标的有关规定。根据工艺文件中限定的设备的质量和使用环境等条件，确定合适的机箱、机柜的材料。在选用有关材料时，应对其特点、性能有所了解，以便结合实际情况选用。常用的材料有钢、铝型材、复合材料和塑料等。根据电子产品的应用需求，可以尝试设计多种不同的方案，经过讨论分析和比较而确定其机箱机柜的类型。同时机箱/机柜尺寸是按其内部元器件的大小而定，也可先选用标准的外形尺寸，再进行内部的元器件布局。

（4）总体布局

根据工艺文件中的电路原理图及其使用要求，确定插箱、面板、侧板、底板等上各操作、控制、显示装置等的布置。根据整机要求，考虑采用自然通风、液冷或强迫通风还是其他冷却方式，如利用自然通风还应考虑进、出口位置的布置；如用强迫通风应考虑风机的位置及风路。根据使用要求，应考虑整机是否安装减振器及各部分的减振措施。考虑整机各屏蔽部分的要求及电气连接的布置。根据设备的工作环境，还应考虑整机采取“三防”措施。最后确定机箱、机柜及其侧板、面板和底板等的结构型式，是采用固定式还是活动式等，在绘制设备整机结构草图的过程中逐步优化完善。

3. 整机结构设计的组成

电子产品的整机结构设计，指的是机箱/机柜的结构件，包括面板、底板、箱体、背板等组件和导轨、插槽等附件的设计。

（1）面板组件设计

面板组件的设计主要包括了面板、挂耳、把手、面板支架、门组件等的设计。

①面板

设备的面板是和使用、操作人员相联系的主要部分，也是设备外观装饰的重要部分。

所以要求设计得美观大方，面板上的排列匀称不乱，符合使用人员的操作习惯。通常，对面板上操作元器件排列、指示元器件排列以及面板材料的要求如下：

A. 对面板上操作元器件排列的要求

a. 面板上主要放置使用频率较高的控制开关，对于不能裸露在机箱外部的调节器，可安置在机箱内部，通过螺丝刀即可伸进去调节。

b. 操作旋钮和控制开关尽可能使其功能多样化，可减少开关的个数。

c. 面板上的旋钮排列尽可能地符合操作者的操作习惯和使用便利性，并与面板上的指示或显示模块靠近，避免造成视线遮挡或错误读数。

d. 面板的尺寸和选材，需与设备的负载、质量、体积、运动或旋转的速度和精度，以及工作环境相匹配。

e. 面板上的各个旋钮，对于其旋转方向、角度、数值以及量程等，都须有明确标识。

f. 对于有对应波段数值的开关，须设计有定位坑，避免数值和对应旋转的挡位错位。

B. 对指示元器件排列的要求

a. 面板上设置的指示装置，标识需明确、清晰、不易误解，且标识需符合使用者的操作习惯。

b. 面板一般与使用者的视线垂直，或略微倾斜但角度不宜过大。

c. 指示仪表尽可能使其功能多样化，可减少指示仪的个数。

d. 不同的读数指示装置可采用相同或不同的型号、形状和尺寸，但排列时，应尽可能对称并在同一行排列，使眼睛可以左右移动观察。

C. 对面板材料的要求

a. 面板材料的选择，必须和设备的机械强度符合，且与底板、机箱、侧板等可靠连接，并方便打开或拆卸，且在具体特定的环境下，能够方便密封。

b. 铝合金材料因其质量轻，强度和刚度适中，方便加工等特点，常在电子产品中被选为机箱的面板材料。

②挂耳

为方便实用，有时需要在面板上设计挂耳，其可以单独做成零件置于面板上，也可与面板熔接为一体，但均要符合 GB/T 3047.2—1992《高度进制为 44.45mm 的面板、机架和机柜的基本尺寸系列》的相关标准。

③把手

设计时，针对把手的选择，可参考《机械设计通用件标准库》里的参数，同时把手的螺钉在面板内、外侧均选择沉头钉，以确保固定性，且在后续使用过程中，不影响螺丝钉的拆卸与装配。

④面板支架

面板支架起到支撑面板及其附件，连接机箱与面板的作用，需要确保三者之间的电气接触。需要在面板上开孔时，可采用《机械设计通用件标准库》里的通用件。

⑤门组件

门组件一般由门、玻璃、门铰等几部分组成。为方便监视观察门内指示灯的运行情况，需要在门上设计一个装有玻璃门的观察窗；门铰的作用是连接机箱箱体与门，在设计时可以做一些开和关的仿真模拟，确保门不与机箱其他部件产生碰撞或出现卡住等情况，设计时采用《机械设计通用件标准库》里的通用件。

（2）底板组件设计

底板组件一般由底座、底座支架和插槽架等组成，是机箱机柜的机械承重的核心构件。

①底座

底座作为电子产品的核心构件，机械内部的各种电子元器件、组件和模块等都需要安装并固定在底座上。因此，底座的材料根据不同电子产品的不同要求可采用铸造、塑料或板料冲压等底座。

设计底座时，一般要求：

a. 承重力强，机械强度高，抗振动和冲击能力强；

b. 为方便后续设备的安装、调试和维修，设计时需要预留一定的空间，方便装配工具如上螺钉的扳手或各种螺丝刀等的操作空间；

c. 各类小孔需选用标准库中的通用件，且尽可能选择的种类较少，以保持外观的对称整洁美观；

d. 能够起到机箱的公共接地点的作用，导电性能优良；

e. 采用通用标准件，方便加工，降低成本。

②底座支架

机箱与底座是依靠底座支架通过螺孔来固定，底座支架与底座的外形基本相近，设计时要注意螺孔孔位的防反设计。

③插槽架

插槽架的作用有两个，其一是承担支撑前压条的作用，其二是辅助散热系统的散热。为了辅助散热，插槽架一般设计成中间镂空的形式，且与机箱散热系统做成一体，方便机箱内外空气的流通。

（3）箱体组件

箱体是整个机箱的关键部件之一，既要起到保护、屏蔽、固定机箱内各组件的作用，而且还负责将不同电子元器件的连接线固定到位。对于箱体与其他部件之间的对接焊缝，焊点之间的距离不得超过 50mm。同时，必须处理泄漏的狭长焊隙，可以减少焊点之间的距离或固定螺钉之间的距离，还可以增加弹片。

（4）背板组件

背板是机箱的后挡板，I/O 机架等各类进出口都是固定在背板上。有些设备为加强空气流通，在背板上会留出风口，在导线较多的情况下，还会设计出线孔。背板也可以设计成可拆卸的形式，并与箱体内保持良好的导电性。

4. 整机内部布线设计

整机内部布线设计主要是设计机箱内各组件、部件和模块之间的电气连接，满足整机的电气性能指标，并提供制造工艺设计文件。仔细设计布线极其重要，要消除各种不利的干扰，在有限的空间，实现最大化的布线能力。

除了符合布线设计的原则，还需要使布线统一、美观，使组装的机器看起来符合消费者的审美要求。

（1）整机内部布线的原则

整机布线设计时需要遵循诸多原则，如：

①根据导线传送信号的类型，频率、功率等的不同，分类捆扎成不同的线束，最大限度地防止线间耦合串扰，且线束经过锐角等有可能折断线束的地方，需要采取一定的保护措施，避免线束损毁；

②布线时优先走直线，或以导线连线距离最近为指导原则；

③最大程度地减小电流环路的面积（尤其针对布地线时）；

④引线需要与其他导线进行隔离，双绞线和屏蔽线设计为多点接地；

⑤直流电路导线和控制电路导线应分开，并放在各自的线束内；

⑥隔离输入、输出信号线，不要把它们放在同一线束内；

⑦具有较大电磁辐射干扰的导线，单独加以屏蔽；

⑧数字电路的输入、输出线需要将其与电源线和控制线进行隔离；

⑨在同一插座内，数字地和模拟地的导线要分开布设；

⑩数字信号的回流不要接到模拟信号的地线上，如果将数字信号布线在模拟部分上形成交叉，或将模拟信号布线在数字部分上形成交叉，会出现数字信号对模拟信号的骚扰，布线时应注意避免这种情况；

⑪采用扁平电缆传送信号时，可采用地线和信号线交替排列的方式，这样不仅能有效抑制干扰，也可明显提高抗干扰能力；

⑫发热较严重的元器件附近，不要放置线束，避免线束受损；

⑬对敏感性的导线，不要靠近电源、变压器或其他高功率元器件的布线束；

⑭同一电缆线束内，不要同时放置不同电的高、低电平和非屏蔽的电缆；

⑮机箱外部的电缆，也需要做到屏蔽层与屏蔽机箱之间的低阻抗搭接；

⑯音频高电平信号线采用双绞线或屏蔽线在信号源端接地，高频和前后沿小于5μs的脉冲信号线采用屏蔽线多点接地，而低电平低阻抗输出线则采用屏蔽线在接收端接地；

⑰防止线束中的屏蔽线与主地线之间因疏忽形成地回路。

此外，机箱的内部结构安排，除了上述的电气布线原则之外，还需要从有利于抗振、耐冲击以及提高装配、调试、运行、维修的安全和可靠性等方面进行考虑。

可以根据工作原理，把比较复杂的产品分成若干个功能电路；每个功能电路作为一个独立的单元部件，在整机总装前均可单独装配与调试。对于多块印制电路板，可以采用总线结构，通过插接件互相连接并向外引出。拔掉插头，就能使每块电路分离，把印制电路板拿出来测量检查，有利于维修与互换。对于大面积的单块印制电路板，最好采用铰链合页或抽槽导轨固定，以此方便在维修时可以将印制电路板抽出或移动来检查印制电路板的两面。这样不仅适合于大批量的生产，维修时还可通过更换单元部件及时排除故障。

此外，组件安装布局应使整机重心较低，并应尽可能落在底层中心。需要互连的部件应相对靠近放置，以避免过长的往复连接；固定件必须满足抗冲击防振的要求；易损部件尽可能安装在便于更换的地方。印制电路板与插座连接时，需要配备长度至少为印制电路板长度三分之二的导轨，并在插入印制电路板后采取紧固措施。

（2）内部布线

大型设备整机内部的连线往往比较复杂，不仅有印制电路板之间的连接、印制电路板与设备机箱之间的连接，还有印制电路板上元器件之间的电气连接。

电路零部件或组件、模块等相互之间的连接方式有插接式、压接式、焊接式等。插接式在三种连接方式中，是最便于装配和维修的方式，且更换时不易接错线。其适用于小信号、引线数量多的场合。压接式通过接线端子实现电路部件之间的连接，该连接方式接触好、成本低，适用于需要通过大电流的元器件之间的电气连接。焊接式把导线端头装上焊片与部件相互连接，或者把导线直接焊接到部件上，焊接式的成本较低且可靠性高，但装配和维修难度较大，适合连线少或便携式的产品。采用焊接式连接方式时，为避免焊头的脱落或折断，要将导线固定好。在进行整机内部的连接时，还须注意以下方面的问题。

①连接同一部件的导线应该捆扎成把，捆绑线扎时，要使导线在连接端附近留有适当的松动量或空间，保持自由状态，避免拉得太紧而受力拉扯。

②电缆扎带必须固定在机架上，不得随意交叉或在机箱内彼此跨越。如果导线需要穿过底座或面板等上的金属或非金属孔时，孔必须配有绝缘护套，且扎带经过结构件的锋利边缘时，必须加装保护套或绝缘层。

③选择导线颜色时，推荐正电压和高压采用红色；负电压采用蓝色；信号线采用黄白色；中性线和地线采用黑色。

④注意导线的载流量，载流量必须与导线规格匹配。

5. 整机防护设计

为确保设备有效运行，需要适应并克服周围环境的不利影响。为了实现这一目标，必须实施相应的防护设计，主要包括散热、防电磁场干扰、防振、防潮、防腐等措施。

（1）散热设计

随着设备中大功率元器件的发热量不断增加，通过封装外壳散热将无法满足散热需求。要想达到有效散热，就需要合理选择散热方式，使电子元器件的温度控制在规定的可工作温度值范围之内。散热设计可以从以下几个方面入手。

①印制电路板的散热设计

印制电路板的优化设计有利于内部散热。优先选择耐热性优良的工业级以上元器件，并合理布置零件。一般将热损耗低的元器件放在中央，热损耗高的元器件放在板的外围。建议优先使用双列直插元器件。为提高散热性和导热性，根据温控指标确定印制电路板走线的宽度和铜箔层的厚度。芯片可以填充导热硅脂，消除气隙并降低接触热阻。印制电路板的最佳尺寸可由散热速度、导热宽度、元器件尺寸、密度等因素来确定。

通过提高机柜的对外传热能力，对机柜的热传导进行氧化热处理，通过涂刷有机涂料，可以进一步改善辐射散热。此外，可以通过加工机箱壁翅板的散热形状，增加机箱的整体散热面积。使用时，将电源模板设置在机箱底板上，使用机箱底板通电，并在上方贴上带孔的金属散热板，以增加接触面积。

②导热板的设计

采用导热系数高的紫铜板。芯片一般金属引脚处发热比较大，优先选用排列整齐的双列直插元器件，能够使元器件引脚穿过导热系数高的紫铜板，元器件引脚和导热板表面紧贴，从而可有效使元器件散热。

③散热器的设计

在设计散热器时，需要综合考虑电子元器件结构的风压、成本、加工工艺、散热效率等条件。散热器助片很薄，可能会导致加工过程中出现问题。通过增加助片的高度，可有效增加散热面积，进而可以增加元器件的散热。

④风机的选择

风机温度控制的方式包括自然冷却、强制风冷、强制液冷、蒸发冷却及热点冷却等多种类型。

（2）电磁兼容性设计

随着电子产品自动化程度的提高，其内部的信号传输和处理的自动化程度也相应提高，因此，采取电磁屏蔽、接地等兼容性设计，确保系统内部具有可靠的抗干扰能力，意义重大。

一般而言，实现电路、设备和系统的电磁兼容性，可以采取的技术措施有两个。不同的元器件，其电磁兼容性也不同，有的抗干扰能力强，因此第一个措施是可以优先选择此类元器件，并进行合理的布局与装配；第二个措施是可直接采取电磁屏蔽、滤波、搭接或接地等技术方法来抑制或隔离电磁干扰。两个措施密切相关，结合使用能够起到更好地提高电磁兼容性的效果。

（3）接地设计

电子设备在通电后出现故障的原因很多，其中可能的原因就是受到地线的干扰。因此，确保地线有效接地，是降低设备故障的必要条件之一。

在整机的接地设计时要考虑以下要点。

①地线设计时最好走直线，无法直线时尽量走线短且粗，且阻抗要小。

②地线焊点要接触好且牢固。

③公共地线设计时尽可能靠近大负载电流的电路。

④优先采用永久式、直接式接地。

⑤如用接地线作主地线，其长宽比要小于5∶3。

⑥尽量采用同类金属接地，不同类金属接地时，要选其电化学序列尽量靠近的金属。

⑦接地面要清洁，做到能防腐防潮。

⑧信号线、信号线屏蔽体、电源地应相互绝缘，只做一个公共点。

⑨对于数字电路，信号地和模拟地尽量远离主地。例如，如果同一个插座同时具有信号地和模拟地，则此时不要在同一点焊接到主地，必须单独焊接到插座两侧的主接地线上。

⑩大电流电路的接地和低电平电路的必须相互隔离，并与其他接地回路隔离。

⑪导弹系统设施需设计有以大地为基准，且与其他防雷地分开的接地点。

（4）环境设计

恶劣的天气会对电子产品中的金属和非金属材料造成腐蚀、老化和发霉，从而导致严重的性能下降和各种损坏。因此，需要根据设备所处环境中影响因素的种类和影响的大小，设计相应的防护措施或结构。具体须考虑以下因素。

①湿度。湿度和温度都会对元器件性能产生不利影响，尤其是对绝缘和介电参数产生的不利影响较大。可以用防潮漆浸渍印制电路板并灌封，在金属零件上涂防锈漆，密封机箱使机箱内部的零件与潮湿环境隔离，实现防潮。外壳内也可放置硅胶吸湿剂，以保持印制电路板和元器件干燥。

②霉菌。微生物产生的霉菌对电子产品的侵蚀影响在长时间的使用过程中也是不可小觑。由于电子元器件的原材料可选择的范围较广，品种多，出于功能可实现性和经济成本的考虑，经常会选用加工成本低但是可能易发霉的材料。由此，霉菌侵蚀不可避免，对电子材料进行有效的防霉处理亦必不可少。

③防腐。整机的防腐措施，主要是指防止包括机箱金属箱体在内的所有金属部件腐蚀的方法。一般有多种防腐措施，如进行化学处理、金属电镀、油漆涂覆等。

（5）防振设计

对于运动中的设备，如运载工具中使用的电子产品，应具有足够的强度、刚度和抗震性能。当电子产品无法有效地克服因振动等机械力引起的材料疲劳、结构谐振等对设备电性能产生的影响或损坏时，则要采取有效的隔振与缓冲措施，以尽量减免上述因素造成的性能劣化。

6. 整机外观设计

随着工业设计的发展及广大受众对外观设计认知的提升，外观设计成为产品第一感官认知要素，在产品设计中起着举足轻重的角色。产品的色彩、形态、材料，能够给人最为直观的感受。这些基本的要素直接影响人们对产品的第一印象，也是产品能否推向市场的一个重要因素。因此，良好的外观设计是产品的首席推销员，对产品有着深远影响。外观设计的特征主要从三个方面来分析，即材料、色彩、形态。

（1）材料

进行电子产品设计时，需要结合成本、质量、尺寸、强度等多方面的因素来综合选用材料。材料的加工工艺、表面处理工艺、外部油漆工艺等产品的视觉表现要素，在产品设计时都需要经过仔细考量，从材料来分析，不同规格的产品需要进行面板的材料整合设计。

（2）色彩

随着工业设计的高速发展，色彩设计在产品外观设计中越来越重要。色彩通过用户的视觉感官系统，直接将产品的设计信息传达给用户。色彩对用户的产品选择有着至关重要的影响。色彩的涂镀，既是对材料的一个保护作用，也是对产品的美化和装饰。所以，在产品外观设计过程中，要根据使用环境和客户需求，选择合适的色彩，来提升电子产品的市场竞争力。

（3）形态

产品的形态是外观设计的核心，是呈现给消费者最直观的视觉特征。形态设计是产品的生命，是用户选购产品的最直接的因素。从视觉传达设计的角度来分析，可以分为点、线、面三个要素。点元素以“点”的形态特征分布于设备中；“线”元素体现为机箱内的布线设计和电缆的走线设计；“面”的元素在电子产品中体现为面板、门板等，这些元素大面积呈现在用户眼前，其色彩、形态、涂覆等在一定程度上影响用户的接受性。

人机工学研究不同作业中人、机器及环境三者间关系的协调。人机工学的核心是“以人为本”。在外观设计中，往往以“人-机-环境”三者为基础进行设计。三者联系紧密又互相影响。外观设计时，既要考虑产品形态、色彩，也需要结合实际使用情况，从人机关系的角度进行综合考虑，以达到二者的一致性。

6.1.3　电子产品的整机总装工艺

电子产品质量的好坏，除了电路设计的因素，关键还在于电子产品的装配技术。同型号的电子产品，如果装配工艺好，各项技术指标就能达到设计要求；如果装配工艺不好，其性能指标就达不到设计要求。

1. 整机总装概述

（1）整机总装的内容

整机总装（整机装配）是指依据设计文件，按照工艺文件的工序安排和具体工艺要求，将调试、检验合格的零部件进行装配、连接，并经调试、检验直至组成具有完整功能的合格产品的整个过程。

（2）整机总装的基本原则

电子产品的整机总装有多道工序，这些工序的完成顺序是否合理，直接影响到设备的装配质量、生产效率和操作者的劳动强度。

电子产品整机总装的基本原则是：先小后大、先轻后重、先铆后装、先装后焊、先里后外、先低后高、上道工序不影响下道工序、下道工序不改变上道工序的装接，并应注意前后工序的衔接，使操作者方便、省力和省时。

（3）整机总装的基本要求

①各工序的装配工应按照工艺指导卡进行操作。工艺指导卡阐明了每个工位的操作内容和操作程序，能够正确指导操作人员进行装配。

②安装零部件的方向、位置、极性应正确，零部件的装配要端正牢固。

③操作时，不损伤元器件和零部件，不碰伤面板、机壳表面的涂敷层，保持表面光洁；不破坏整机的绝缘性，确保产品电性能的稳定和足够的机械强度。

④装配过程中，不能将焊锡、线头、螺钉、垫圈等异物落在机器中。

⑤在产品的流转生产中，应将待插的连线插头放入机壳内，防止在流转中因卡入传动带或链条而损坏。

⑥在总装流水线上应做到均衡生产，保证产品的产量和质量。

2. 整机总装工序

整机总装的工序因设备的种类、规模不同，其构成也有所不同，但工序基本相同。其过程大致可分为装配准备、装联、调试、检验、包装、入库或出厂等几个阶段，据此可制订出整机总装的最有效工序。一般整机总装工艺的具体操作流程如图 6-1-1 所示。

由于产品的复杂程度、设备条件、生产场地条件、生产批量、技术力量及操作工人技术水平等情况的不同，生产的组织形式和工序也并非一成不变，要根据实际情况进行适当的调整。例如，小批量生产可按工艺流程的主要工序进行；大批量生产时，其装配工艺流程中的印制电路板装配、机座装配及线束加工等几个工序可并列进行。在实际操作中，要根据生产人数、装配人员的技术水平等条件编制最有利于现场指导的工序。

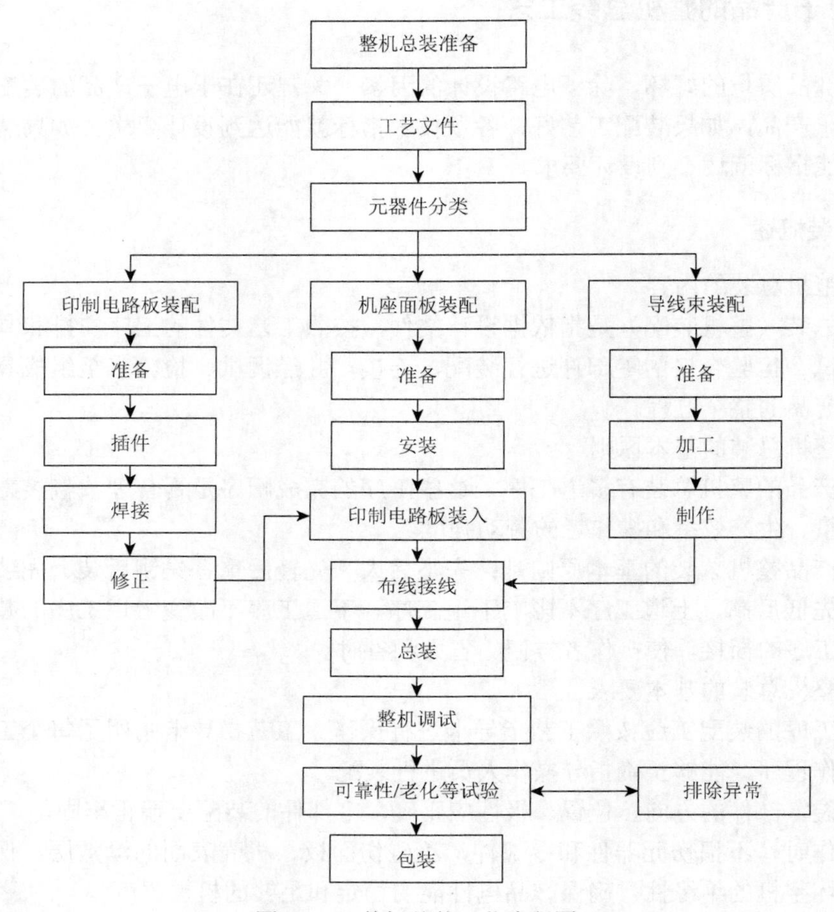

图 6-1-1 整机总装工艺流程图

3. 总装接线

总装接线是指在电子产品的整机总装中，用导线或线扎在各零部件之间进行电气连接的过程。总装接线工艺是整机总装过程中的一个重要工艺，它是按接线图、导线表等工序卡指导文件的要求进行。

4. 电子产品的可靠性及老化实验

为了验证终端产品的性能寿命，通常需要设计一系列的可靠性及老化实验项目，真实地模拟产品在实际使用中的场景，通过实验结果评估产品的各方面性能。然而实验项目多种多样，如何合理地安排实验项目的顺序，以及分配项目样品的数量，从而达到最优的实验效果，是一个值得研究的课题。

可靠性及老化实验主要可分为 7 个类型，分别是结构可靠性、加速寿命可靠性、接口可靠性、包装可靠性、防护等级可靠性、表面可靠性、气候可靠性。各项测试都需要按照对应的质量标准进行。图 6-1-2 和图 6-1-3 分别为结构可靠性和防护等级可靠性的实验测试流程示意图，测试时一般需要多个样品进行。

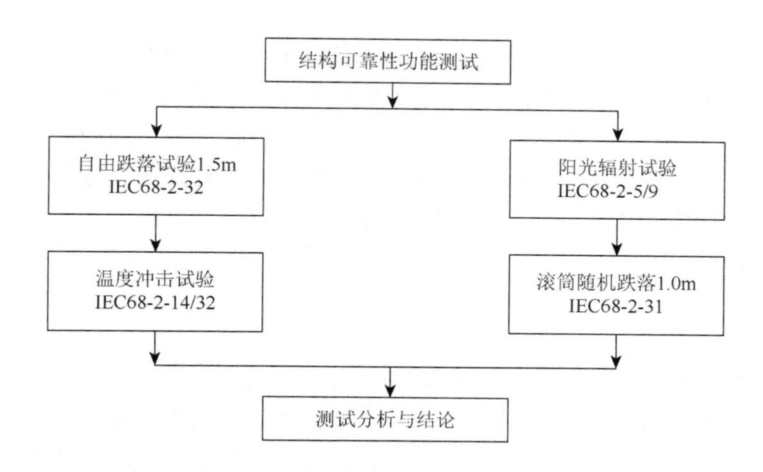

图 6-1-2　结构可靠性的实验测试流程图

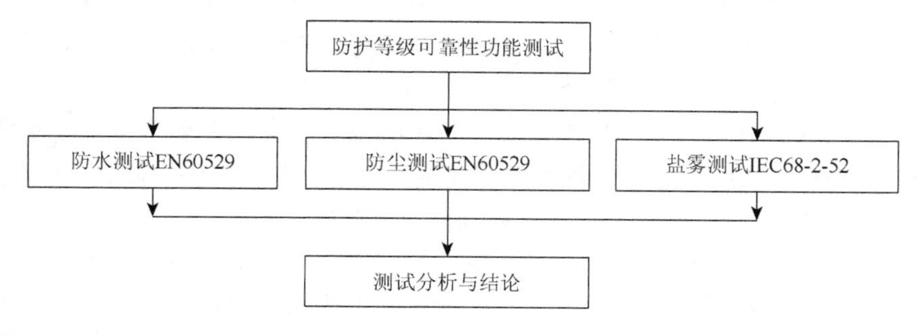

图 6-1-3　防护等级可靠性的实验测试流程图

6.2　电子产品的生产线

6.2.1　电子产品的生产线简介

1. 概述

电子产品是由元器件、零件、组件、模块等通过连接与调试组装成的整机。元器件和零件通过焊接装配形成组件和模块，再由组件和模块组装成一个整机。一般而言，电子产品的生产线不是只能单一地生产某一种或某一类的产品，而是可以由多种非标准化的流水线，通过不同的组合构成不同的产品生产系统，称之为电子产品的生产线。

电子产品的生产线属于非标准化的组装线，即没有完全统一的设计要求或流水组装线。工厂根据客户的实际需求来针对性地调试定制生产线，每个公司的实际生产条件差异很大，因此不存在统一的衡量标准。即使不同厂家生产同一类型的产品，流水线的设计也存在差异，如生产线的空间布置、产能、运行速度、人力等各软硬件条件等都有所不同。

电子产品的生产线由各种遵循特定设计原则的非标准化装配线组成。一般常用设备包括：PVC 带式输送线、链板输送机、滚筒式输送线、双速度链输送线和防静电工作台等。以上是电子产品组装线的常用的几种设备，但在现代产品生产线上，增加了更多现代化智能化的生产设备和环节。电子产品的生产线是高度复杂的非标配生产线，牵涉到来料控制、工位控制、站控、调度、分流、仓储等多个环节，使得整条生产线的设计制造难度具有挑战性。

2. 生产线的分类

根据自动化程度，电子产品的生产线可分为手动生产线和自动化生产线两种。手动生产线是指生产环节包括插件、修补焊接、检查返工等都由人工完成的生产线；而自动化生产线是在常用装配线和自动化专用机械的组合下，逐步发展而形成的机电一体化的工作系统。自动化生产线均设有气动、液压、电气、传感器、电气控制系统，将各种自动化专用机连成一体，根据具体的制造工艺，采用自动传送系统等辅助设备，各部分协同工作，形成一个完整的工作系统。该系统自动运行，连续稳定地生产出满足技术要求的特定产品。自动化生产线又分为全自动和半自动生产线。

自动化生产线具有自动化的控制系统与特定的生产节奏，实现整个生产系统物料和信息传输的自动化，在整个生产过程中保持高度的连续性和稳定性，显著缩短生产周期，使产品生产过程达到优化调度控制，并满足制造商的生产要求。

自动化生产线的发展能够在手工生产线的基础上，提高生产力、通用性和灵活性，满足多种多样的生产需求。自动化生产线已发展为可快速调节自动化生产线，能够更好地满足制造商及时提出的变化的生产要求。自动化生产线中，通过融入数控机床、工业机器人、计算机控制系统等相关领域的现代前沿技术应用，提高了生产过程中的灵活性，能够高效适应不同品种和中小批量生产的实时调度。种类繁多的可调式自动化生产线技术的发展，降低了自动化生产线生产的经济成本，在机械制造行业得到越来越广泛的应用，也将继续向高度自动化的柔性制造系统演变。

6.2.2　SMT 生产线

1. SMT 生产线简介

随着电子信息产业的快速发展，作为其中重要组成部分的电子元器件表面组装产业，也取得了快速发展。由表面涂装设备、自动贴片机、焊锡机、清洗设备、自动检测维修设备等组成的 SMT 生产系统，通常称为 SMT 生产线。SMT 生产线的功能是将各种贴片元器件贴装和焊接到印制电路板上，完成电子元器件组装的过程。在当代电子信息半导体行业迅速发展时期，SMT 生产线的发展水平决定了现代信息技术的发展水平，是现代电子产品的核心生产制造来源。

当前，表面组装元器件的类型和规格在逐步完善，可能需要在表面贴装组件（SMA）中使用一些通孔元器件。因此，一般来说，表面组装元器件有插装元器件和贴装元器件两种。采用了两种元件的装配也称为混合装配；所有安装元器件均采用贴片元器件的装配称为全装配，全采用贴片元器件贴装的产品市场占比较小。如图 6-2-1 所示，一条 SMT 生产线的一般配置主要有印制电路板送料机、锡膏印刷机、贴片机、检测设备、再流焊设备、测试设备、印制电路板下料设备等。

图 6-2-1　SMT 生产线示意图

根据组装方式、工艺和对象的不同，SMT 生产线可分为不同的组装线。例如：按照印制电路板是单面印制板还是双面印制板、多面印制板的不同，可分为单面组装、双面组装和多面组装等；根据生产线上是全部贴片元器件还是贴片和插装元器件一起时，可分为混合生产线和全贴装生产线；根据采用的是否为免清洗设备，可分为免清洗和非免清洗 SMT 组装线。不同的组装线，需要添加不同的工艺设备，例如：当插装元器件和贴装元器件兼有时，还需在图 6-2-1 所示生产线基础上附加插装元器件组装线和相应设备；当使用的不是免清洁组装工艺时，需要额外地加入焊后清洁设备。如今，一些大公司拥有计算机控制的送料车和SMT产品集成组装系统，这能形成更加先进的SMT生产线的高端组装形式。

SMT生产线的流程大致为：涂覆印刷或点胶、贴装、固化、再流焊或波峰焊、清洗和检测。具体的生产线也会因厂家和客户需求的不同而灵活匹配。

（1）印刷

印刷是SMT生产线采用再流焊时的第一道工艺流程，印刷是通过焊锡膏印刷机将焊锡膏漏印到印制电路板的焊盘上，焊锡膏印刷机有自动、半自动和纯手动印刷机，自动印刷机可以一次性地将焊锡膏漏印到待焊元器件的焊盘上，相比手动印刷的效率更高。

（2）点胶

当采用波峰焊时，SMT生产线的第一道工艺流程是点胶，点胶是采用点胶机将胶水滴到印制电路板的焊盘上，在进行波峰焊时，胶水凝固后元器件就可以固定在印制电路板的焊盘上。其基本原理与焊锡膏的漏印技术相同。

（3）贴装

贴装指的是采用贴片机将贴片元器件准确地贴装到印制电路板的焊盘上，为SMT生产线的第二道工艺流程，贴装也有全自动、半自动和手动贴片之分。

（4）固化

固化工艺是在贴片工艺的后面，固化的对象是贴片胶，采用固化炉将贴片胶固化后，可以使贴片元器件与印制电路板的焊盘黏接在一起。

（5）再流焊

在完成元器件的贴装后，需要采用再流焊接机将焊锡膏在升温过程中熔化，随后温度下降焊锡膏随即凝固，凝固后的焊锡膏使贴片元器件和焊盘牢固地连接在一起，起到了物理连接和电气连接的双重作用。

（6）清洗

由于在焊接好后的焊盘和印制电路板上，留下了一些焊接残留物和失效的助焊剂等污物，此时需要采用清洗机将残留物清洗干净，避免造成电路短路、影响板的外观或其他缺陷。所用清洗设备也有全自动和非全自动之分。

（7）检测

在完成焊接和清洗等工艺流程之后，并不能保证所生产的贴片印制电路板百分百不出现故障，为了避免故障板进入下一流程，需要对组装好的表面组装组件进行相应的检查。所用设备有放大镜、显微镜、在线测试仪（ICT）、飞针测试仪、自动光学检测（AOI）仪、自动X射线检测（AXI）和功能测试仪等。

（8）返修

针对采用上述检测设备检查出来的故障板，根据其故障严重程度进行划分，故障可以挽回的一般可进行返修或返工，故障过于严重的板则直接报废。一般返修、返工的设备可以采用电烙铁和自动化的返修工作站等。

2. SMT生产线分类

根据自动化程度，SMT生产线可分为全自动生产线（含超高速、高速、中速、低速）、半自动生产线和手动生产线，其自动化程度主要取决于贴片机、运输系统和线控计算机系统。表 6-2-1 所示为根据自动化程度和产量划分的 SMT 生产线的类型。

表 6-2-1　SMT 生产线类型（按自动化程度和产量划分）

自动化程度		手动	半自动	全自动			
				低速	中速	高速	超高速
		一般<1000 片（点）/h	500～2000 片（点）/h	<4500 片（点）/h	4500～9000 片（点）/h	8000～40000 片（点）/h	>40000 片（点）/h
研究实验		**	**	*		*	
小批量	少品种	*	**	*	**	**	
	多品种	**	*		**	**	
中/大批量	少品种				*	**	**
	多品种				*/**	**	**
变量品种		*			**	**	

注：表中**代表优选，*代表次选。

全自动生产线是指生产线上的所有设备均为全自动设备，包括自动送板机、输送带、自动接板机等。将生产线的所有全自动设备连接起来即组成一条自动生产线；半自动生产线是指部分生产设备没有采用全自动的生产设备，需要人工参与才能完成整条生产线的生产。

SMT 生产线按规模分为大型生产线、中型生产线、小型生产线。大型生产线主要适用于生产能力大的大型企业。中型、小型生产线一般适用于满足多品种的中小批量生产或少量品种的大批量生产需求的中小型企业。

流水线组装方式不同，分类方式也不同，可分为单面生产线、双面生产线以及 SMT 产品集成组装系统。单面和双面生产线分别适用于单面印制板和双面印制板的组装；SMT 产品集成组装系统适用于更复杂多元化的印制电路板组装形式。

此外，也可根据贴装速度和精度进行分类，按贴装速度 SMT 生产线可分为低速、中速和高速生产线。按贴装精度可分为低精度、中精度、高精度生产线。

3. SMT 生产线总体设计

SMT 生产线设计涉及技术、管理、市场各个方面，如市场需求及技术发展趋势、产品规模及更新换代周期、元器件类型及供应渠道、设备选型、投资强度等问题都需考虑。同时，还要考虑到现代化生产方式及其生产系统的柔性化和集成化发展趋势，使设计的 SMT 生产线能与之相适应等。因此，SMT 生产线的设计和设备选型要结合主要产品生产实际需要、实际条件、一定的适应性和先进性等几方面进行综合考虑。在已知贴装产品对象的情况下，建立 SMT 生产线前应该先进行 SMT 总体设计，确定需贴装元器件的种类和数量、贴装方式及工艺和总体设计目标再进行生产线设计，而且最好在印制板电路设计初步完成后进行 SMT 生产线设计，这样可使所设计的生产线投入产出比达到最佳状态。

无论是全 SMT 产品，还是传统 THT 产品的改进，在总体设计中，都应该结合产量和投资规模，以及对 SMT 生产工艺及设备的调研了解，合理地选择元器件类型，设计出产品贴装方式和初步工艺流程。

（1）元器件（含基板）的选择

元器件（含基板）选择是决定贴装方式、工艺复杂性和生产线及设备投资的第一因素。尤其是在我国 SMC/D 类型不齐全、大部分依靠进口的现有发展水平下，元器件的选择显得格外重要。例如，当 SMA 上插装 THC 只有几个时，可采用手工插焊。如果插装元器件多，则尽量采用单面混合贴装工艺流程。元器件选择过程中必须建立元器件数据库和制定元器件工艺要求，表 6-2-2 为某 SMT 产品的元器件数据库，设计中需要注意以下几点。

①要保证元器件品种齐全，否则将使生产线不能投产，为此，应有后备供应商。

②元器件的质量和尺寸精度应有保证，否则将导致产品合格率低，返修率增加。

③不可忽视 SMC/D 的贴装工艺要求。注意元器件可承受的贴装压力和冲击力及其焊接要求等。如 J 形引脚可编程逻辑控制器（PLC），一般只适宜采用再流焊。

④确定元器件的类型和数量、元器件最小引脚间距、最小尺寸等，并注意其与贴装工艺的关系。

表 6-2-2　某 SMT 产品的元器件数据库

序号	名称	封装	数量/个	引脚数/个	引脚间距/mm	焊接要求	包装	备注
1	0.125W 电阻	1005	30	2	—	260℃10s	8mm	***厂生产
2	0.5W 电阻	1005	20	2	—	260℃10s	8mm	
3	0.1uf 电容器	1608	10	2	—	260℃5s	8mm	
4	1.5uf 电容器	1608	5	2	—	260℃5s	8mm	
5	三极管	SOT23	5	3	1.9	260℃5s	16mm	
6	D/A	SOP24	2	24	1.27	250℃3s	管式	***厂生产
7	CPU	PLU84	1	84	1.27	250℃2s	散装	***厂生产
8	ROM	QFP80	2	80	0.8	250℃2s	散装	***厂生产
9	放大器	THC	5	2	—		带装	
10	运放	THC	5	2	—		带装	散热

（2）贴装方式的选择与确定

贴装方式是决定生产工艺复杂性、生产线规模和投资强度的决定性因素。同一产品的贴装生产可以用不同的贴装方式来实现。确定贴装方式时既要考虑产品贴装的实际需要，又应考虑发展适应性需要。在适应产品贴装要求的前提下，一般优选单面混合贴装或单面元器件的全表面组装方式。

元器件的种类繁多而且发展很快，原来较合理的贴装方式，因元器件的发展变化，过了段时间可能会变为不合理。若已建立的生产线适应性差，则可能造成较大的损失。为此，在优选单面混合贴装方式设计生产线的同时，还应考虑所选择的设备能适用于双面贴装方式。另外，一般只有在产品本身是单一的全表面组装型，而且元器件供应又有保障的情况下，才选择全表面组装方式及工艺流程。表 6-2-3 列出了贴装方式对产品品质和生产线的影响。

表 6-2-3　贴装方式对产品品质和生产线的影响

提高目标	影响因素	贴装方式			
		全表面组装技术	双面混合组装技术	单面混合组装技术	传统型
缩小体积	单面	4	3		0
	双面	4	3.5	2.5	0
自动化程度	新生产线成本负担	4	2	0	1
	由传统生产线转换的成本负担	0	2	4	
	产量能力	3	1	4	0
	弹性能力	4	2	0	0
功用	用到 VLSI	4	4	0	0
	高频应用	4	4	0	0

备注：表中的数字代表对应的实用性指数。

贴装方式确定之后，即可初步设计出工艺流程，并制定出相应的关键工序及其工艺参数和要求，如贴片精度要求、焊接工艺要求等，便于设备选型之用。如果不是按实际需要而盲目设计、建立一条生产线，再根据该生产线及其设备来确定可能进行的工艺流程，就有可能造成大材小用，或是一些设备闲置不能有效利用，或是达不到产品质量要求等不良后果。为此，应充分重视“按需设计”这一设计原则。

（3）设备选型

SMT 生产线的设计的另外一项重要工作就是设备选型。建立生产线的目的是要以最快的速度生产出优质、富有竞争力的产品，要以效率最高、投资最小、回收年限最短为目标。为此，SMT 设备的选型应充分重视其性能价格比和设备投资回收年限。在尽量争取少投资的同时，又要注意不单纯地为减少投资选择性能指标差的设备或减少配置，必须考虑所选设备对发展的可适应性。

设计过程中，可根据总体设计中的元器件种类及数量、组装方式及工艺流程、印制电路板尺寸及拼板规格、线路设计及密度和自动化程度及投资强度等，来进行设备选型。一般应设计两个以上方案进行分析比较。因贴片机是生产线的关键设备，其价格占全线投资的比重较大，所以，一般以贴片机的选型为重点，但不可忽视印刷、焊接、测试等设备。应以实际技术指标、产量、投资额及回收期等为依据进行综合经济技术判断，并确定最终方案。设备选型应注意以下几个问题。

①性能、功能及可靠性

设备选型首先要看设备性能是否满足技术要求，如果要贴焊 0.3mm 间距的 QFP 则需采用高精度贴片机，波峰焊机一般也不能满足要求。第二是可靠性，有些设备新用时技术指标很高，但使用时间不长就降低了，这就是可靠性问题引起的，应优选知名企业的成熟机型。第三是功能，如果说性能主要由机械结构保证，那么功能一定要适用，不应一味地追求功能齐全而实际用不上，造成投资成本增加。

②可扩展性和灵活性

设备组线的可扩展性和灵活性主要是指功能的扩展、指标提高、生产能力的扩大，以及良好的组线接口等。如一台能贴 0.65mm 的 QFP 的贴片机，能否通过增加视觉系统等配件后用于 0.3mm 的 QFP；BGA 元器件能否与不同型号的设备共同组线；等等。中速多功能贴片机组线是 SMT 设备组线的常用形式，具有良好的灵活性、可扩展性和可维护性，而且可减少设备的一次性投入，便于少量多次的投资。为此，中速的功能贴片机组线是一种优选组线方式。

③可操作性和可维护性

设备要便于操作，计算机控制软件最好采用中文界面；对中/高精度贴片机，一定要有自动生成贴片程序功能。设备要便于维护、调试和维修，应把维修服务作为设备选型的重要标准之一。

6.2.3 智能制造生产线

1. 概述

制造系统的生产线从 20 世纪 60 年代的大规模生产、70 年代的低成本制造、80 年代的产品质量、90 年代的市场响应速度、21 世纪的知识和服务，到如今以德国“工业 4.0”的兴起而进入智能化的时代。表 6-2-4 所示为生产线的发展历程，包括不同发展阶段的主要标志和主要生产设备及系统。

表 6-2-4 生产线发展历程

工业 x.0	时代划分	主要标志	生产设备及系统	生产线特点
工业 1.0	蒸汽时代（1784 年）	蒸汽机动力应用	集中动力源的机床	机械化
工业 2.0	电气时代（1870 年）	电能和电力驱动	普通机床、组合机床	标准化、刚性自动化
工业 3.0	信息化时代（1970 年）	数字化信息技术	数控、复合机床、FMS、CIMS	柔性化、数字化、网络化
工业 4.0	智能化时代（当今）	新一代信息技术（I-Internet，IOT，AI，BD，CC 等）	智能化装备、增材制造、混合制造、云制造赛博物理生产系统等	人-机-物联网，自感知、自分析、自决策、自执行

智能制造系统是在智能时代发展趋势的背景下，由智能机器设备和人类专家组成的

人机集成系统。其突出了在制造的各个环节，通过借助计算机模拟人类的智能活动，进行分析、判断、推理、构思和决策，取代或延伸制造过程中人类的部分脑力劳动，同时，通过收集、存储、完善、共享、继承和发展人类的制造智能，使现代自动化生产技术更具高度柔性化与集成化。由于这种制造模式突出了知识在制造活动中的价值地位，而知识经济又是继工业经济后的主体经济形式，所以智能制造就成为影响未来经济发展过程的制造业的重要生产模式。

（1）智能制造的特征

①自律能力

自律能力指的是智能制造生产线上的智能机器，可以自动收集并分析强大的知识库和知识模型以及自身的信息，从而规划自身行为的能力。在某种程度上，智能机器具有独立性和自我分析判断的特性，强大的知识库和基于知识的模型是智能机器具有自律能力的前提。

②人机一体化

智能管理系统（intelligent management system，IMS），不仅是一个“人工智能”系统，还是一种人机一体化的混合智能系统。相比智能管理系统，智能机器可以进行机械推理、预测和判断，也可以进行逻辑和形象思维，但无法做到顿悟思维。而人类的专业人士能同时具备以上多种思维能力。所以，利用人工智能在制造过程中完全取代人类专家的智能，是不切实际的。人机一体化通过融合智能机器和人在制造系统中的无可替代的优点，使人机协同工作，发挥各自的潜能，在平等基础上相互“理解”与合作，使他们能够在不同的层次上发挥作用并相互补充。

因此，在智能制造系统中，需要将智能机器与人类专家相结合，才能更好地发挥各自的潜能与优势，将两者真正地融合与协同。

（2）智能制造与自动化生产线的区别

智能制造与自动化生产线的区别如表6-2-5所示，从表中可以看出，智能制造相比自动化生产线的优势在于可以适应多种相似产品的混线生产和装配，能够自动剔除不合格品，自动调节好生产线，柔性度更高，也是电子产品生产线的未来趋势所在。

表6-2-5　智能制造与自动化生产线特点比较

序号	自动化生产线	智能制造生产线
1	主要进行批量生产，有足够大的产量，适合产量需求高的产品	可进行小批量、定制加工。可匹配多批量、多品种相似产品的混线生产和装配，灵活性高
2	通过改善生产线工艺、流程来提高产品质量。适合大批量生产，劳动生产率、稳定性、产品质量高	能够自我感知、自我学习、自我分析，提高产品质量。可通过机器视觉和各类传感器进行在线自动检测不合格的产品，并自动剔除，并对采集的质量数据进行信息物理系统统计过程控制（SPC）分析，找出原因并加以改善
3	生产线不灵活、工艺相对固定。工艺稳定、可靠，长期基本不变	更高的灵活性、更智能的生产和运营流程。可自动采集数据，并实时显示生产状态。生产线一旦出现设备故障时，可灵活调整设备生产线，柔性度更高

2. 智能制造具体形式

（1）产品智能化

产品智能化是指将传感器、处理器、内存、通信模块、传输系统等集成到多种产品中。这为产品提供了动态存储、感知和通信功能，以实现产品可追溯、可识别和定位等功能。

（2）装备智能化

融合先进制造、信息处理、人工智能等技术，可以形成具有感知、分析、推理、决策、执行等自组织和自适应功能的智能设备和智能生产系统。

（3）生产方式智能化

智能制造系统下，由于是个性化和服务型的定制生产，因此会在供应商、客户、销售商与生产企业之间，形成新的生产方式和供求关系。这种新的生产体系，对于市场的信息流、产品流和资金流都进行了重建，因而也形成了新的产业链和新的生产生态系统。

（4）生产管理智能化

由于纵向、横向以及端到端一体化的不断深化，使得企业的生产管理和企业数据更具准确性、高效性和科学性。

（5）服务智能化

随着时代的发展，生产制造企业也意识到良好的产品服务对企业的重要性，逐步由纯粹的生产制造企业转型为生产与服务兼备的企业。由此，智能服务也成为了智能制造的重要环节。

3. 智能制造生产线信息化系统

纵向集成和网络化制造系统将工厂或设备的所有要素，依据“ANSI/ISA-95 企业控制系统集成”标准的 5 层级结构，划分为现场层、基本控制层、监视控制层、执行层和计划层。如图 6-2-2 所示。从现场层级的底层感知和执行设备开始，通过控制层级的 PLC

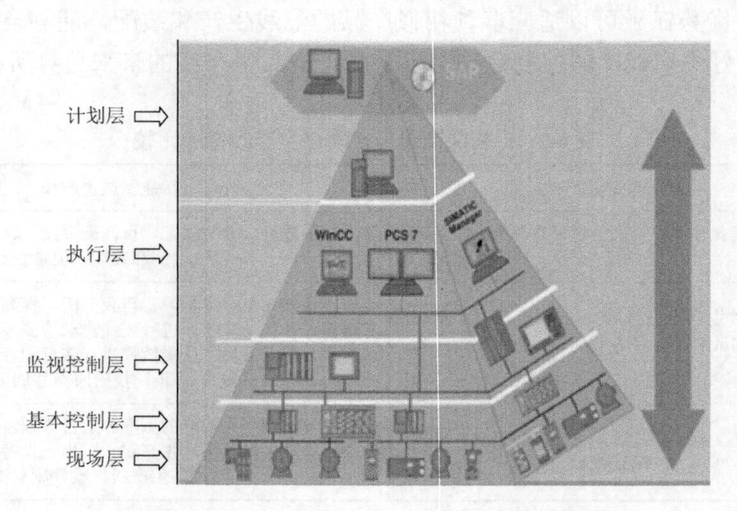

图 6-2-2　智能制造生产线信息化系统框架图

和执行层级的 SCADA/HMI/DCS 等，连接到企业顶层计划层级的 MES 和 ERP，构建成一个网络化制造系统，从而实现各个资源要素的纵向贯通和集成。

（1）现场层

ISA 95 Level0 定义了实际的物理生产过程及其感知、操作的工艺和设备，现场层包括了执行器、传感器、数控机床、工业机器人等生产制造过程中所需要的各类生产或检测设备。

（2）基本控制层

ISA 95 Level 1 定义了感知和操纵物理过程所涉及的活动，主要实现对车间底层各种现场设备运行的自动化控制。基本控制层包括了分布式控制系统 DCS、分布式数控系统 DNC、可编程控制器 PLC 等在内的各种生产车间里的基础控制系统。

（3）监视控制层

ISA 95 Level 2 定义了监视和控制物理过程的活动，其任务是实现对生产过程进行监测（monitoring）、监控（supervisory control）和自动控制（automatic control）。监视控制层包括了人机接口 HMI、数据采集与监视控制系统 SCADA 等，其通过组态将上一层的数据可视化。

（4）执行层

ISA 95 Level 3 定义了生产所需最终产品的工作流（work flow）活动等。其主要包括了为面向制造企业车间的制造执行系统 MES。

（5）计划层

ISA 95Level 4 定义了管理制造过程所需的与业务相关的活动等。是智能制造生产线的最高层，主要包括了企业资源计划 ERP 系统和产品生命周期管理 PLM 系统。

4. 智能制造生产线的基本构成

（1）智能设备

①自动化传送设备

指在生产线上按照生产任务要求，自动完成物料从原位置移动、搬运、传送到指定位置的自动化设备，主要包括传输带式、滚筒式、悬挂式、托盘式以及自动导引式等，传输带式、滚筒式和悬挂式传送装置如图 6-2-3 所示。

(a) 传输带式

(b) 滚筒式

(c) 悬挂式

图 6-2-3　智能制造生产线自动化传送设备

②工业机器人

工业机器人是用于工业领域的铰接式机械手或者多自由度的机械装置，它利用自身的动力及控制能力自动执行各种功能。生产线上的工业机器人可以用于搬运、包装、组装等生产过程中的各个环节，如图 6-2-4 所示。

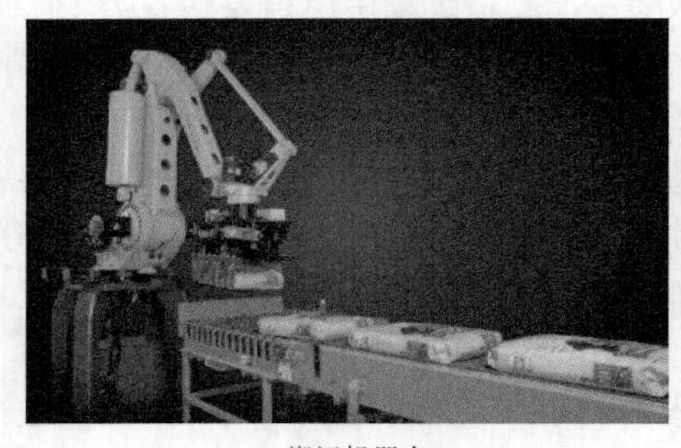

(a) 搬运机器人

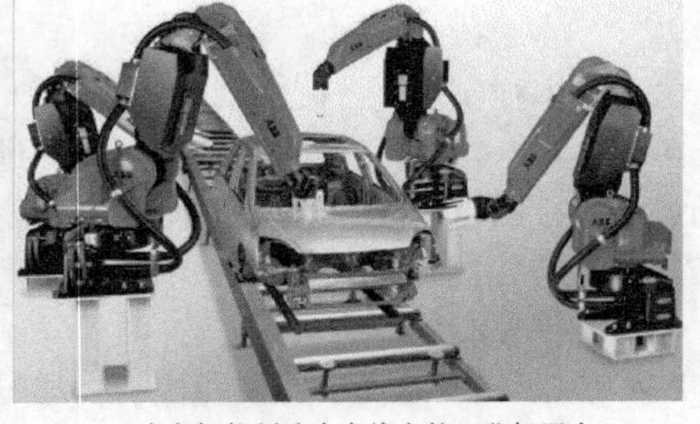

(b) 汽车智能制造生产线上的工业机器人

图 6-2-4　智能制造生产线上常用的工业机器人

（2）产品条码读写设备

射频识别（RFID）是一种无需在识别系统与目标之间建立直接的机械或光学接触，即可通过无线电信号识别特定目标并读写相关数据的通信技术。

（3）计算机数控（CNC）自动化加工设备

计算机数控（CNC）自动化加工设备其通常是指装有程序控制系统的自动化数控机床，如图 6-2-5 所示。

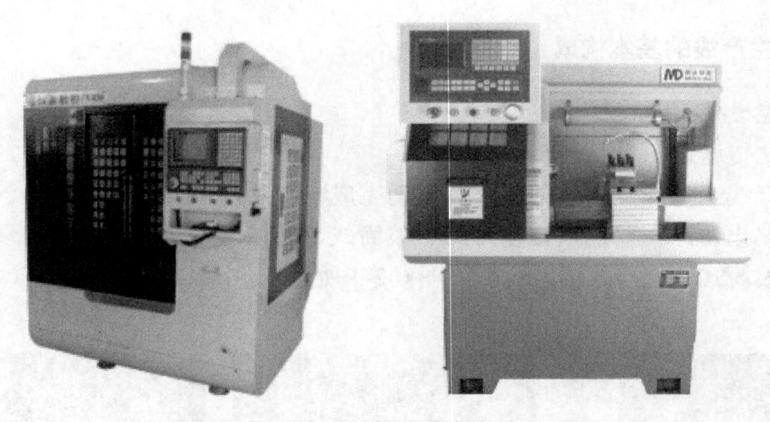

图 6-2-5　自动化数控机床

（4）各类传感器及自动开关

传感器（sensor 或 transducer）是一种能够感应被测信息的检测装置，可将感应到的信息转换成电信号或其他需要的信号形式，以使信号能够被准确有效地传输、处理、显示、记录和存储，其通常由敏感元器件和转换元器件组成。图 6-2-6 为传感器的信号转换框图。

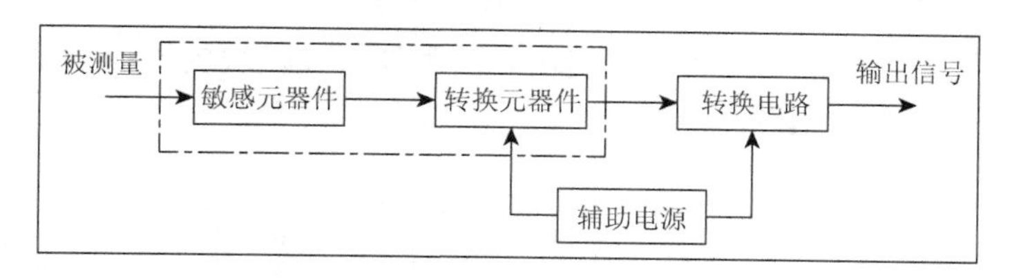

图 6-2-6　传感器的信号转换框图

智能制造生产线中常用的传感器有应变式测力传感器、压电式加速度传感器、光纤位移传感器、霍尔传感器等，具有如下功能和特点：①自校零、自标定和自校正；②自动补偿功能；③自动采集和数据预处理；④自动检验、自动量程和自寻故障；⑤数据存储、记忆与信息处理功能；⑥双向通信、标准化数字输出适配接口；⑦判断、决策处理功能。

（5）数据采集与监控模块

数据采集和监控模块包含了数据采集和监控两个层次的功能。它可以对现场的运行设备进行监视和控制，实现数据采集、设备控制、测量、参数调节以及各类信号报警等功能。

（6）自动化立体仓库

自动化立体仓库是原材料和加工产品的自动化存储和收集仓库，是物流仓库的新概念。它主要由一个 3D 货架、一个履带式堆垛机和一个进/出托盘输送系统组成。其主要包括条码读取系统及通信系统、自动控制系统、计算机监控和管理系统等辅助设备。智能制造生产线自动化立体仓库如图 6-2-7 所示。

图 6-2-7　智能制造生产线自动化立体仓库

5. 智能制造生产线系统设计

在设计智能制造生产线时，各个部分是相辅相成的，一般包括基础保障模块、自动物料库模块、智能生产模块、智能设计模块以及智能管控模块的设计。图 6-2-8 为智能制造生产线系统设计思路示意图。

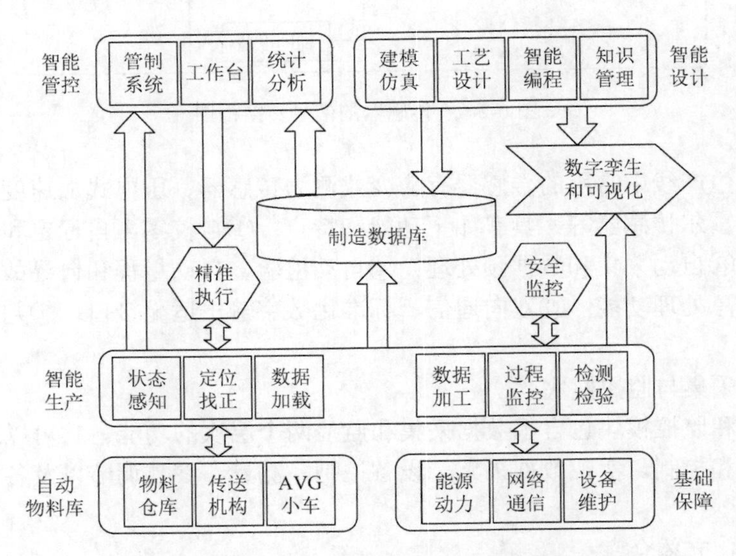

图 6-2-8　智能制造生产线系统设计思路示意图

传统的电子产品自动化生产线问题比较严重，比如获取生产必不可少的现场设备状态、计划执行进度、物料周转、产品质量状态等信息时面临着“黑盒子”的问题，无法及时解决。因此，能做到收集现场信息，并根据实时数据建立直观、可视化的监控系统，提高生产效率和全生命周期的柔性生产的智能制造成为电子产品生产的发展方向。

参 考 文 献

克劳森，2008. 装配工艺：精加工、封装和自动化[M]. 熊永家，娄文忠，译. 北京：机械工业出版社.

李晓麟，2011. 整机装联工艺与技术[M]. 北京：电子工业出版社.

刘怀兰，孙海亮，2020. 智能制造生产线运营与维护[M]. 北京：机械工业出版社.

刘强，2021. 智能制造概论[M]. 北京：机械工业出版社.

柳明，2019. 电子整机装配工艺项目实训[M]. 北京：机械工业出版社.

宋广远，高先和，卢军，2018. 表面贴装技术（SMT）及应用[M]. 合肥：中国科学技术大学出版社.

杨启洪，杨日福，2012. 电子工艺基础与实践[M]. 广州：华南理工大学出版社.

第7章　基本电子工程图表

7.1　工艺质量标准及标准化

7.1.1　标准及标准化概况

1. 标准与标准化的定义

标准与标准化是“标准科学技术”学科中最基本的两个概念。标准是标准化系统最基本的要素，是通过标准化活动，按照规定的程序经协商一致制定，为各种活动或其结果提供规则、指南或特性，供共同和重复使用的文件。标准是基于科学、技术和经验的三者综合作用的结果。

标准化是在既定范围内获得最佳秩序，针对实际或潜在问题建立共同使用和重复使用的条款，以及编制、发布和应用文件的活动。标准化就是在标准的制定、发布和实施中实现统一，建立条款并共同遵循，以达到最佳效益。根据定义，标准是标准化活动的结果。标准是民主的，是有关各方协商一致的结果，体现了各方的共同意志。标准是权威的，标准必须按照规定的程序制定，并由能够代表各方利益并得到社会认可的权威机构批准发布。标准具有系统性，需要协调处理标准化对象各要素之间的关系，统筹考虑，优化系统性能和秩序；标准是科学的，来源于人类社会实践活动，是基于科学研究和技术进步的结果，是实践经验的总结。

2. 标准与标准化的作用

从标准的定义和属性来看，标准在各国经济社会发展中起着不可替代的重要作用。我国也于2002年开始，将技术标准列为我国的三大国家战略之一。概括来讲，标准的作用包括：

①有利于促进我国经济社会各方面的协调和可持续发展；

②有利于推动我国的技术和科技创新，以及成果的产业化；

③有利于提升企业的竞争力，促进企业科学管理。

标准化的重要意义在于以先进标准要求、规范和改进产品、过程和服务的适用性，以便于开放、交流、贸易和合作，其最根本的目的就是提高经济效益和社会效益。先进的技术标准是先进技术成果的总结，在当今世界经济发展日益激烈的竞争中，在具体产业、产品和贸易往来上的一个重要体现就是标准化水平、标准化程度和标准化的科技含量。

标准化的作用主要包括：

①能够科学有效地组织各行各业的现代化生产；

②是合理发展产品品种，引导产业结构优化调整，组织专业化生产的前提；

③是进行科学和现代化管理的基础；

④是实现科技成果转化，新技术、新工艺推广的必要条件和桥梁；

⑤是提高产品质量、服务质量，保障安全、卫生，引导消费的技术保证；

⑥通过标准化管理，促进产品资源共享，推进产品绿色化、生态化；

⑦可以消除贸易障碍，维护国际、国内的贸易公平，促进贸易的发展。

3. 标准的分类

标准是法律的延伸，基于不同的目的（如应用、研究等），可从不同的角度或按标准的属性对标准进行分类。

（1）按法律对标准的约束程度分类

根据标准实施过程中法律对其约束程度，可把标准分为强制性标准、试行标准和推荐性标准。

①强制性标准。强制性标准是根据法律或法规规定应强制实施的标准。强制性标准的强制性不是标准固有的，而是法律法规所赋予的，通过法律强制实施。

②试行标准（指导性技术文件）。试行标准是由一个标准化机构制定并公开发布试行的文件，以使其作为一个标准，在应用中获得必要的经验。试行标准一般应规定一个试行期限，试行期内达不到的某些要求和指标，可呈报有关部门酌情放宽执行。

③推荐性标准。推荐性标准是推荐采用、自愿执行的标准。推荐性标准的内容一般是具有指导意义，但又不宜强制执行的技术和管理要求。

按标准实施的约束力，《中华人民共和国标准化法》（以下简称《标准化法》）把标准分为“强制性标准”和“推荐性标准”，我国强制性标准代号为 GB，推荐性标准代号为 GB/T，其表示方法如图 7-1-1 所示。

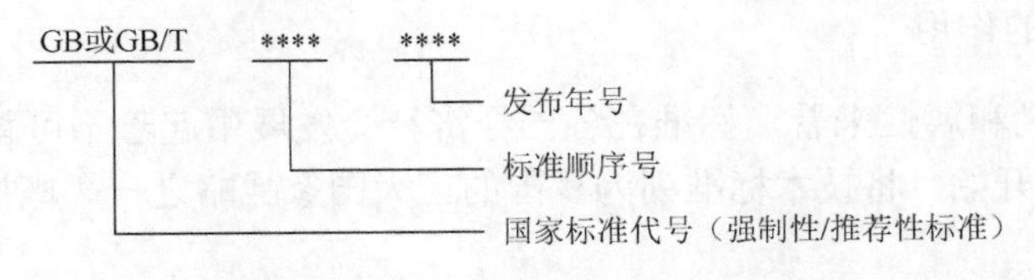

图 7-1-1　国家标准编号的表示方法

（2）按标准化层次、适用范围分类

按照标准化层次、标准适用范围（作用的有效范围），可以将标准划分为不同层次和级别的标准。如国际标准、区域标准、国家标准、行业标准、地方标准和企业（组织）标准。我国《标准化法》将标准划分为国家标准、行业标准、地方标准和企业标准四级。

①国家标准：对需要在全国范围内统一的技术要求，由国家标准化行政主管部门制定颁布；

②行业标准：对没有国家标准而又需要在全国某个行业范围内统一的技术要求，由国家有关行政主管部门制定的标准；

③地方标准：对没有国家标准和行业标准而又需要在省、自治区、直辖市范围内统一的工业产品的安全、卫生要求，由省、自治区、直辖市标准化行政主管部门制定的地方标准；

④企业标准：企业生产的产品没有国家标准或行业标准的，由企业制定标准，作为组织生产的依据；对于已经有国家标准或行业标准的，国家也鼓励企业制定严于国家标准或者行业标准的企业标准，在企业内部适用。

4. 标准国际化的必要性

标准国际化是一个不分行业、不分国家地区、不分领域的纯技术理念。对于现代电子制造产业而言，采用先进的标准更是刻不容缓，极具必要性。

①随着当今世界全球化、国际化程度的提高，与国际接轨的先进标准是各行各业国际化的入场券。

②没有严格的标准就没有产品的一致性和质量保证，没有先进的标准就不可能制造出高品质产品。

③实现优化的工艺控制及资源利用，提升企业竞争力。

④运用先进工艺标准，可以规范生产管理过程，提高投入产出率，保证产品质量，提升产品档次，降低产品成本，从而提升企业竞争力。

⑤并行设计、异地设计、全球采购、全球制造的格局依赖标准化做保证。

7.1.2　工艺标准化

工艺标准化是根据企业的生产特点，运用标准化的手段把产品制造的工艺过程、操作方法及加工的工艺要求等进行统一和简化，通过提高工艺文件质量，缩短工艺文件编制周期，加强工艺科学管理来提高产品质量、降低成本的一系列活动。由于不同行业在工艺上差别很大，工艺标准化的内容也依行业和企业的生产类型、生产规模和生产工艺的特点而有所不同，但从大的方面划分基本一致。

标准化是工艺管理的基本要素，其目的不只是保证产品的加工质量，同时可以促进提升生产效率、降低成本。工艺标准化内容一般有以下几个方面。

1. 名词术语和常用符号

统一工艺工作的名词术语和常用符号，其标准化工作主要是解决因术语和符号的不统一而产生的理解上不一致而导致的混乱状况，保证工艺工作顺利进行。

工艺工作的名词术语就是工艺语言，这些语言是工艺标准、文件制定和指导生产等工作中经常使用的基本信息和共同语言。以电子装联工艺术语为例：单点工艺如再流焊焊接、波峰焊焊接、压接、螺装等，工艺状态如新工艺、现行工艺、落后工艺，还有新工艺研究中常碰到的预研、可行性研究、工艺导入状态区分等。

2. 典型工艺

在电子组装中，尽管每个单板组件特征不同，都有自己的工艺流程和加工工序，但总有相同或相似的工序，即共用或典型工艺。对于这些典型工艺，为提高组装质量和生产效率，结合企业情况规定通用的工艺要求，对该工艺作业规范化和标准化是十分必要的。一般以工艺规程或通用工艺规范进行命名。

3. 工艺要素

工艺要素是工艺方法顺利实施的重要因素。例如，再流焊焊接工序的温度、时间和升降温速率，这些要素在温度曲线不同部分都应有一定的范围要求，板上所有元器件的焊接参数必须符合要素的标准化要求。

4. 工艺文件的格式和管理方法

工艺文件承载着各种产品操作活动的“法令”，是所有工艺管理要求的书面体现，故文件的正确性、完整性和规范性显得极为重要。标准化工作的重点是对工艺文件的类别、格式和内容等方面的编制设定相应规则，有助于文件的统一和规范。工艺文件目录树、工艺文件模板，以及标准化审核等都是工艺文件标准化工作内容。

5. 工艺规程

工艺规程是工艺规范的典型化，即工艺规范的标准化。对于加工装配企业来说，工艺规范典型化通常是指对一些结构、形状、尺寸相似，工艺特点相似的零件，或对不同零件的同一工艺，编制统一的典型工艺规范，以指导工人进行操作和制造的过程。

7.1.3 电子工艺国内外标准

1. 国际标准

与电子工艺相关的国际标准组织主要有国际标准化组织（International Organization for Standardization，ISO）、国际电工委员会（International Electrotechnical Commission，IEC）、美国国家标准学会（American National Standards Institute，ANSI）、美国电子工业协会（Electronic Industries Alliance，EIA）、封装与互联协会（Institute for Packaging and Interconnect，IPC）等。

（1）ISO

ISO 是世界上最大的政府标准化机构，由来自一百多个国家的成员组成，在国际标准化方面处于领先地位。制定国际标准的工作通常由 ISO 技术委员会完成，与 ISO 保持联系的各种国际组织（官方或非官方）也可以参与这项工作。

随着国际贸易的发展，对国际标准的要求越来越高。ISO 要求其所有标准每五年审查一次，并根据标准使用中发现的问题和广泛征求的意见对标准进行总结和修订。技术委员会通过的国际标准草案提交成员组进行投票，参与投票的成员组至少要获得 75%的通过率，才能正式作为国际标准发布。

ISO 质量标准包括 ISO9000、ISO10000、ISO14000 三个系列。其中 ISO9000 明确了质量管理和质量保证标准，ISO10000 为从事和审核质量管理和质量保证体系提供了标准，ISO14000 明确了环境质量管理体系、标准。

随着越来越激烈的市场竞争，质量体系认证作为提高企业管理水平和信誉的一种手段，已被越来越多的企业接受。目前，我国为质量体系认证提供的依据标准有 ISO9000、ISO14000 及 QS9000 体系标准等。

（2）IEC

IEC 于 1906 年成立，为全球成立的首个非政府性国际电工标准化机构。1947 年 ISO 成立后，IEC 并入 ISO，作为其电工部门，但在技术和财务上仍保持独立。根据 1976 年 ISO 与 IEC 之间的新协议，两个组织都是法律上独立的组织，IEC 负责有关电工、电子领域（如印制电路板、电子元器件和电子或电机械组装接口）的国际标准化工作，其他领域（包括质量标准和机械接口标准）则由 ISO 负责。

IEC 现已制订国际电工标准 3000 多个。例如：跟印制电路板及基材测试方法相关的标准有：IEC60326、IEC61189、IEC60326—2；印制电路板组装件标准有 IEC61188、IEC61190 和 IEC61192；印制电路板材料标准有 IEC61249、IEC62090 和 IEC62326—1 等。

IEC 和 ISO 的共同点是，它们使用共同的技术工作准则，遵循共同的工作程序。在信息技术方面，ISO 和 IEC 成立了联合技术委员会（JTCD），负责制定信息技术领域的国际标准。秘书处由美国国家标准协会（ANSD）负责。它是国际标准化组织和国际电工委员会最大的技术委员会。该委员会有 20 多个小组委员会，它所制定的最著名的开放系统互连标准（OSI）已成为各种计算机网络之间接口的权威技术，为信息技术的发展奠定了基础。IEC 和 ISO 利用共同的信息中心为国家和国际组织提供标准化的信息服务，彼此之间的关系越来越密切。IEC 和 ISO 最大的区别是工作模式不同。ISO 的工作模式是分散的，其技术工作主要由各国技术委员会秘书处管理，ISO 中央秘书处负责谈判协商。只有到国际标准草案（DIS）阶段，ISO 才干预。IEC 采用集中管理模式，即所有文件从一开始就由 IEC 中心办公室管理。

（3）ANSI

ANSI 是一个非营利性私营标准化组织，已成为美国的国家标准化中心，并充当政府与私营标准化系统之间的桥梁。一些组织（如 EIA、IPC、军队等组织）与 ANSI 联手，共同制定并发布了一系列与 SMT 相关的标准。最初的六个标准是工艺相关的 ANSI/J-STD-001、元器件可焊性相关的 ANSI/J-STD002、基板可焊性相关的 ANSI/J-STD003、助焊剂 ANSI/J-STD004、焊膏相关的 ANSI/-STD-005 和固体焊料相关的 ANSI/J-STD-006。后来又开发了倒装芯片相关的（FC）ANSI/-STD012 和球栅阵列相关的（BGA）ANSI/J-STD-013 等标准。

美国工程标准委员会（AESC）成立于 1918 年，1969 年 10 月 6 日更名为美国国家标准协会（ANSD）。ANSI 目前拥有约 200 个工业学会、协会和其他团体成员，以及约 1400 家公司（企业）会员。其资金来源于会费和标准材料的销售收入，没有政府资金。美国国家标准局（NBS）的工作人员和美国政府其他许多机构的官方代表也通过各种渠道参与美国标准协会的工作。

ANSI 促进美国国家标准的国际推广和应用。它是世界两大标准化组织 ISO 和 IEC 中唯一代表美国的组织。ANSI 作为 ISO 秘书处，是 ISO 的基本成员之一，主要从事管理活动。此外，ANSI 还是 ISO 的五个定期常务会议成员之一。ANSI 通过美国国家委员会（USNC）加入 IEC，该委员会是 IEC 管理委员会的 12 个成员之一。

（4）EIA

EIA 成立于 1924 年，现在有 500 多个 EIA 会员，代表美国电子行业制造商，成为一个纯粹以服务为导向的全国性贸易组织。ELA 成员的职位对所有在美国从事电子产品制造的制造商开放，其他一些组织经批准后也可成为 EIA 的成员。

电子器件工程联合会（Joint Electron Device Engineering Council，JEDEC）是隶属于 EIA 的半导体工程标准化组织，其标准涵盖整个电子行业。JEDEC 由 EIA 于 1958 年创立，当时只涉及分立半导体元器件的标准化。1970 年以后，范围扩大，增加了集成电路。JEDEC 有 11 个主要委员会和多个分委员会。目前已有 300 多家公司会员加入 JEDEC，包括半导体元器件等相关领域的制造商和用户。

（5）IPC

IPC 由 300 多家电子设备和印制电路制造商以及原材料和生产设备供应商组成，并设有多个技术委员会。表面贴装设备制造商协会（SMIEMA）现已并入 IPC。IPC 还包括 IPC 设计师协会（主要是 PWB 印刷电路板的设计师）、互联技术研究所（ITRI）和表面贴装委员会（SMC）。

SMEMA 制定了 6 项表面贴装设备的设计制造标准。它们是 SMEMA1.2《机械设备接口标准》、SMEMA3.1《基准标记标准》、SMEMA4《回流术语和定义》、SMEMA5《丝网印刷术语和定义》、SMEMA6《清洁术语和定义（关于印制电路板的清洁）》、SMEMA7《点涂术语和定义》。

IPC 的关键标准包括工艺相关的 IPCA-610、焊盘设计相关的 IPCSM782、湿敏元器件相关的 IPC-SM786、表面贴装胶相关的 IPC-SM-817、印制电路板验收标准相关的 IPCA-600、电子组装返工相关的 IPC7711、印制电路板维修和更换相关的 IPC-7722，术语和定义相关的 IPC-50。此外，还有一份测试方法手册 IPC-TN650，其中定义了所有推荐的测试方法。IPC 的其他标准涉及印制电路板设计、元器件放置、焊接、可焊性、质量评估、组装工艺、可靠性、数量控制、返工和测试方法。

每个月，IPC 都会通过互联网发布一些有关标准制定、修改或进展的信息。IPC 采用会员制。想加入 IPC 的企业或个人，只要缴纳一定的会员费，就可以得到很多服务，比如低价购买标准，及时获取标准的修订信息等。

2. 国家标准

随着电子技术的飞速发展，积极推进标准化在推动技术进步、规范市场秩序、提高产业和产品竞争力、促进国际贸易等方面发挥了重要的作用。在电子行业，经过多年努力，我国已经制定了比较完整的标准体系，包括中国国家标准（GB 或 GB/T）、国家军用标准（GJB）、电子行业标准（SJ/T）以及企业标准等，以下是部分有关电子工艺相关的常用标准：

（1）SJ/T 10668—****（****代表发布的最新标准的年份）《表面组装技术术语》：其包括了一般术语，元器件术语、工艺、设备及材料术语，检验及其他术语 4 个部分；

（2）SJ/T 10670—****《表面组装工艺通用技术要求标准》：规定了电子技术产品采用 SMT 时应遵循的基本工艺要求，适用于以印制电路板为组装基板的表面贴装组件的设计与制造，陶瓷基或其他基板的 SMA 的设计和制造也可作为参考；

（3）GB/T 19405.2—****《表面安装元器件的运输和贮存条件——应用指南》；

（4）GJB 3835—****《表面安装印制电路板组装件通用要求》；

（5）SJ 20882—****《印制电路组件装焊工艺要求》；

（6）SJ 20883—****《印制电路组件装焊后的清洗工艺方法》；

（7）SJ 20896—****《印制电路板组件装焊后的洁净度检测及分级》；

（8）SJ/T 10669—****《表面组装元器件可焊性试验》：其规定了表面贴装元器件可焊性实验的材料、装置和方法，适用于表面贴装元器件焊端或引脚的可焊性实验；

（9）SJ/T 10666—****《表面组装组件焊点质量评定》：规定了表面贴装元器件的焊端或引脚形成的焊点和软纤焊接连接形成的焊点质量评定的一般要求和规则。适用于表面组装元器件焊点的质量评估；

（10）SJ/T 10574—****《焊铅膏焊料标准》：其规定了焊锡膏的分类、命名、技术要求、实验方法、检验规则和标志、包装、运输及存储，适用于表面贴装元器件和电子电路互连的软钎焊用的各类焊锡膏；

（11）SJ/T 10534—****《波峰焊接技术标准》：其规定了印制电路板组装件波峰焊的基本技术要求、工艺参数及焊后质量检验；

（12）SJ/T 10565—****《印制电路板组装件装联技术》：其规定了印制电路板组装件装联技术要求，适用于单面印制板、双面印制板及多层印制板的装联，不适用于表面安装元器件的装联。

7.2　电子技术文件

电子产品的生产，是通过技术图纸、表格和文字说明去指导、规范和系统组织整个生产制作过程。这些技术图纸、表格和文字说明统称为电子技术文件或电子工程文件。了解技术文件的组成、要求及特性是掌握电子技术的前提条件。在电子产品生产过程中，产品的技术文件具有生产法规的效力，必须严格遵守。

电子技术文件按其特点可分为设计文件、工艺文件和研究实验文件，设计文件是产品研究、设计、试制和生产过程中积累的图案和技术文件，它规定产品的形式、结构、尺寸、原理、制造、验收、使用、维护和维修过程所必须的技术资料，是组织生产的基本依据。工艺文件是实施产品生产线、计划、调度、原材料准备、劳动力组织、定额管理、质量管理等的技术基础。研究实验文件一般用于小批量的生产制样或者科学研究。

电子技术文件的种类很多，仅设计文件就多达二十多种（可参见 SJ/T 207《设计文件管理制度》)。而对于工艺文件，有SJ/T 10320—1992《工艺文件格式》和SJ/T 10324—1992《工艺文件的成套性》作为电子行业标准。

因工作性质、标准和要求的不同，技术文件也相对应地形成了专业制造和普通应用两个不同的应用领域。

专业制造是指专业从事电子产品规模生产的领域。其产品技术文件具有生产法规的效力，必须执行统一的严格的标准，实行严明的管理，不允许个人的“创意”和“灵活”，生产部门完全按图纸进行工作，一条线、一个点的失误都可能造成成千上万金额的损失；技术部门分工明确、等级森严、各司其职；一张图一旦通过审核签署，便不能随便更改，即使发现错误，操作者也不能改动，在专业制造领域，技术文件的完备性、权威性和一致性表现得淋漓尽致。

普通应用则是一个极为广泛的领域，它泛指除专业制造以外所有应用电子技术的领域，包括学生电子实验设计和制作、业余电子科技活动、高校和科研院所研发、企业技术改革等。普通应用领域，其技术文件始终是一个单件、小批量作坊式的生产模式且不断完善的过程，使技术文件的严肃性和权威性大打折扣，一个小组，甚至一个人，既搞设计，又管工艺，甚至采购制作和调试一条龙；电子技术文件的管理具有很大随意性，文件的编号、图纸的格式很难正规和统一；显然，这里的电子技术文件与专业制造领域的要求和标准相差极大。

虽然专业制造领域电子技术文件的完备、标准和严谨无可挑别，但如果拿来要求普通应用领域则不现实。因此，在普通应用领域中对技术文件有自己的要求和特点。

7.2.1　电子技术文件特点

产品技术文件是企业组织和实施产品生产的“基本法”，规模化专业领域的生产组织和质量控制对产品技术文件有严格的要求。

1. 符合相关标准

标准化是产品技术文件的基本要求。针对电子技术文件，标准化的依据是关于电气制图和电气图形符号的国家标准。这些标准包括了GB6988.*—****《电气技术用文件的编制》；GB4728.*—****《电气图形符号标准》；GB5465.*—****《电气设备用图形符号》；以及其他相关标准等。

上述标准详细规定了各种电气符号、各种电气用图以及项目代号文字符号等，覆盖了技术文件的各个方面。标准基本采用IEC国际标准，考虑了技术发展的要求，尽量结合国内实际，具有先进性、科学性、实用性和对外技术交流的通用性。

产品技术文件要求全面、严格执行国家标准，不能有丝毫的“灵活”或另外标准。“企业标准”只能是国家标准的补充或延伸，而不能与国家标准相左。技术成果的验收、产品的鉴定，都要进行标准化审查。

同时，针对技术文件的格式，包括图样编号、图幅、图栏、图幅分区等其中图幅、图栏等采用与机械图兼容的格式，便于技术文件存档和成册，也需符合国家标准。

2. 文件严格管理

产品技术文件由企业技术管理部门进行管理，涉及文件的审核、签署、更改、保密等方面，都由企业规章制度约束和规范。

技术文件管理和控制的目的是保证在用文件的唯一性、时效性和统一性，避免过时文件或多个版本文件存在而误导生产作业，引起不必要的损失。文件管控的内容应该覆盖从制定直至报废或被替代的整个生命周期。

（1）文件新建

文件新建需求一般来源于新开发产品、新的工艺引入或现有工艺指导文件中遗漏需要补充要求等地方。文件制定可由生产、设备、研发、质量或工艺人员自身等发起。工艺部门在得到需求后，首先要组织需求评审，评估需求的合理性和可行性，然后安排人力开展文件制定的需求分析、前期调研和文档拟定等相关工作。完成文件初稿后，接下来需企业相关文件割定管控要求进行会签、审核及审批工作。为提升效率，可将文件按其覆盖范围或重要性进行分类，以最短的时间做好发布前的准备工作，做好高效生产的第一步。另外，为保证前后一致性和唯一性，文件封面后须记录相关的新建、修订或废止等相关信息，所有文件在文件格式和内容描述上必须符合标准化要求

（2）文件发布

根据企业具体情况，文件可通过电子流或书面进行发布，公示新文件将从某年某月某日在相关业务范围内正式启用，宣布文件的有效性。

（3）文件归档

审批通过和文档齐套性是文件归档的前提。在文件拟定过程中，会产生需求说明、文件评审等相关过程信息记录，为便于后期使用和维护，这些过程文档需连同新文件一并归档。

（4）文件存放

在文件以书面方式下发后，使用部门需对文件进行规范的存放管理，可制定相应存放规则，对文件按使用场地差异、有效性状态进行分类，以便于检索、使用和维护为原则。

（5）文件变更

因产品升级或技术更新，文件变更或升级在文件控制工作中无法避免，甚至在某些特定行业中成为一种常态。如何取利去弊，评估和减少变更而带来的影响是文件变更中务必要考虑的事情。在对文件变更前，一般要对变更影响进行专门分析，系统评估变更可能带来的影响，对于不利影响如何进行规避，是否涉及其他相关文件的协同变更，等等，最终形成变更影响分析报告，作为文件重新发布后进行归档的主要文档之一。

为简化变更管理工作，也可根据变更情况将文件分类处理。例如，对于临时变更，可由需求部门提出申请，在工艺人员审核后直接进行变更处理。而对于永久性变更，则须严格执行按上述要求进行变更评估，并完成会签、审批和发布后方可发放使用。

（6）文件废止

文件废止一般是发生在产品停产或工艺淘汰等情况下，现行文件无存在的价值，需

要做失效和回收处理。但文件废止也是非常谨慎的，与文件变更一样，同样要进行需求分析、废止评估等相关工作。

技术文件中涉及核心技术的资料，尤其工艺文件是一个企业的知识产权。对技术文件进行有效管理和对有保密需求的技术文件进行保密是十分必要的。

7.2.2　设计文件

设计文件是由企业设计部门制定的产品技术文件，它规定了产品的组成、结构、原理，以及产品制造、调试、验收、储运全过程所需的技术资料，也包括产品使用和维修资料。

1. 产品分级

电子产品根据结构特征分为 8 级，分别是成套设备为 1 级；整件包含了 2、3、4 级；部件包含 5、6 级；零件包含 7、8 级。产品的分级说明见表 7-2-1。

表 7-2-1　产品的分级及说明

等级	级的名称	等级说明
0	通用文件	反应文件的不同目的、要求、作用
1	成套设备	成套设备明细表。由若干单独整件相互连接而共同构成的成套产品，以及其他较简单的成套设备
2～4	整件	整件明细表。由材料、零件、部件等经装配连接后所组成的具有独立结构或用途的产品，以及其他较为简单的整件
5～6	部件	由材料、零件等组成的可拆卸或不可拆卸的产品，其是在装配较为复杂的产品时必需的中间装配产品，及一些较为简单的部件和整件
7～8	零件	不采用装配工序而制成的产品
9		暂时没有用到，作为候补

2. 设计文件分类

根据表达内容的不同，设计文件可以分为以投影关系绘制的图样、图形符号为主的简图以及文字表格；按使用特征来分，设计文件可分为草图、原图和底图，底图又可进一步分为基本底图、副底图和复制底图。按形成过程的不同，设计文件可以分为试制文件和生产文件。

3. 设计文件的组成

设计文件的编号必须完整成套。一般按产品技术特征分为 10 级，每级分为 10 类，每类分为 10 型，每型又分为 10 种（均标识为数字 0～9）。在特性标记前加企业代号，特征标记后加三位数字表示登记号，最后是文件简号（拼音字母）。图 7-2-1 为设计文件的名称编号示例。

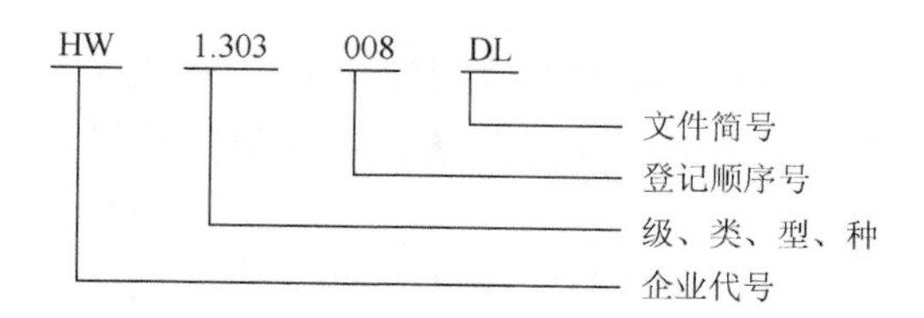

图 7-2-1　设计文件的名称编号方法

7.2.3　工艺文件

工艺文件是组织和指导生产、开展工艺管理等各种技术文件的总称，是根据设计文件，结合企业的设备、布局和职工技能等实际情况制定出的指导工人操作和用于生产、工艺管理等的技术文件。它规定了实现设计文件所要求的具体工艺过程，体现高质量、低成本、高效益的原则。工艺文件是企业进行生产准备、物料供应、计划管理、生产调度、人员分配、工模具管理、工艺管理、经济核算和质量控制的主要依据。

1. 工艺文件的分类

工艺文件规定和描述了在印制电路板设计和制造工程中所有的工艺操作和管理要求。在生产环节，工艺文件贯穿于生产准备、生产和半成品输出的整个过程，尽管所用文件数量庞大，但其种类不外乎于以下几种。

（1）工艺规程

工艺规程侧重于各类单板工艺路线中通用的某个工艺过程，是用于指导编写某类工艺文件的指导性技术文件，如企业标准或行业标准。

（2）工艺过程卡

工艺过程卡主要描述印制电路板的加工工艺路线，规定各个工序顺序，用于指导生产安排和资源调度。

（3）工艺卡

工艺卡主要描述在某一工艺阶段（如 SMT）的相关工艺要求，规定本阶段各道工序所涉及的工艺技术、设备、工装和工艺参数及具体操作要求。

（4）工序卡

工序卡主要规定某一工序的具体工艺要求，包括操作、技术要求和注意事项等。工序卡也称工艺指导卡或作业指导书，常通过图文结合的方式，以精炼和简单易懂的方式指导生产操作。

2. 工艺文件的编制原则

工艺文件既是组织生产又是指导生产的技术资料。编制工艺文件时，应该结合企业的实际情况，在保证产品质量、稳定生产、提高效率、保证生产安全、降低材料损耗和生产成本的前提下，以最经济合理的工艺手段进行加工为原则进行具体的编制。因此要做到以下几点。

①根据产品的批量大小和复杂程度来编制相应的工艺文件。

②根据生产车间的具体组织形式和设备条件以及员工的操作水平进行编制，确保工艺文件的可行性。

③对于未定型的产品，可以制作临时工艺文件，或者进行现场督导，不进行工艺文件的编写。

④工艺文件应以图形示例为主，加入必要的文字说明。尽量做到一目了然，便于操作。

⑤凡是属于装配工人应知应会的基本工艺规程内容，可以不用编入工艺文件。

工艺文件在内容上不仅要满足产品工艺设计要求，也要确保工艺过程的合理性。工艺文件编写是个非常严谨的工作，一般要有严格的编写和审批流程。在接到需求后，由工艺部门承担文件编写的主导工作，生产、质量和设计等其他部门的人员参与会签，最后由工艺技术主管批准后方可实施。

3. 工艺文件的内容

一般电子产品工艺文件包括的完整性内容如表 7-2-2 所示。

表 7-2-2　工艺文件内容的完整性表

序号	工艺文件名称	模样阶段	初样阶段	试样阶段	定型阶段
1	工艺总方案		△	△	△
2	工艺路线表	+ +	○	△	△
3	工艺装备明细表		○	△	△
4	材料消耗工艺定额明细表	+	○	○	△
5	辅助材料定额表		+	+	△
6	外协件明细表		+	+	+
7	非标准仪器、仪表、设备明细表		○	△	△
8	关键、重要零部件明细表		○	△	△
9	关键工序明细表	○	+	△	△
10	生产说明书		+	△	△
11	各类工艺过程卡	+	○	△	△
12	各类工艺卡片		○	△	△
13	各类工序卡片		○	△	△
14	各类典型工艺（工序）卡片		+	+	+
15	毛胚下料卡片		+	+	+
16	检验卡片		○	△	△
17	产品工艺性分析报告		△	△	
18	专题技术总结报告		△	△	△
19	工艺评审结论		△	△	△

续表

序号	工艺文件名称	模样阶段	初样阶段	试样阶段	定型阶段
20	工艺定型总结报告				△
21	专用工艺装备设计文件	+	△	△	△
22	非标准设备设计文件		△	△	△
23	工艺文件目录		+	△	△

注：表中“△”为必备的工艺文件；“○”表示可代替的或补充相应的工艺文件；“＋”为酌情自定的工艺文件。

7.3　电子工程图表

7.3.1　电子工程图表分类

电子工程图表按其使用范围和功能大体上可分为原理图表和工艺图表两大类，如图 7-3-1 所示。其中原理图表中的电路原理图或逻辑图、明细表及工艺图中的装配图、印制电路板图（简称印制板图）、机壳底板图，为任何一种电子产品项目必备的技术资料。

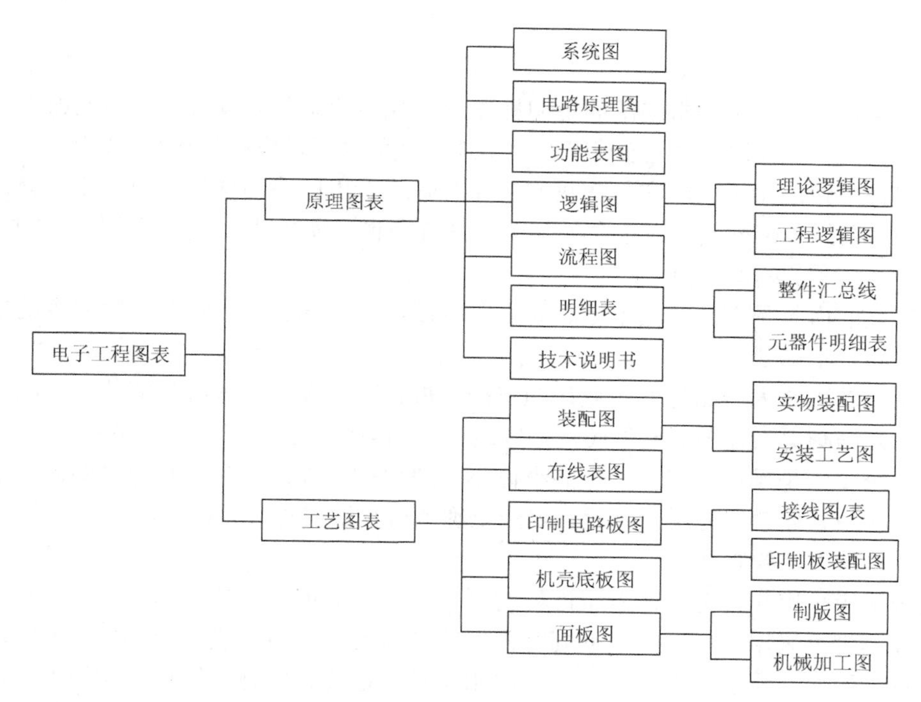

图 7-3-1　电子工程图表的分类

另一种具有实际意义的分类方法是按电子工程图表本身特性，分为工程性图表和说明性图表两大类。在图 7-3-1 中，逻辑图、印制电路板图、电路原理图、装配图、机壳底板图和面板图均为工程性图表，其余为说明性图表。

工程性图表是为产品的设计、生产而用的，具有明显的“工程”属性，这一类图表的最大特点：一是严格“循规蹈矩”，不允许丝毫灵活机动；二是这类图表是企业的技术资料，除产品说明书外一般不对外公开。电子工程图的绘制必须严格依照电气制图和电气图形符号的国家标准进行。相关的标准有 GB6988《电气技术用文件的编制》、GB/T4728《电气简图用图形符号》等。

说明性图表用于非生产目的，如技术交流、技术说明、教学、培训等方面。这类图表“自由度”相对比工程图大，如图纸的比例、图幅图栏以及签署、更改等都可根据需求调整。

7.3.2 原理图表简介

用图形符号和辅助文字描述电路原理及工作过程的一类图和表，称为原理图表，其是电子工程图表的核心。原理图表中，一般包括了系统图、电路原理图、功能表图、电气原理图、逻辑图、流程图、明细表（包含元器件材料表和整件汇总表）和技术说明书等。

1. 系统图

系统图是一种应用非常广泛的说明性图形，其用简单的方框代表一组元器件、一个部件或者一个功能模块，并用连线简单明了地体现信号通过电路的途径。如图 7-3-2 所示为某数字钟电路的系统图，它能让我们快速准确地看出电路的全貌、用文字注释方框表示系统的主要组成部分及各级电路的功能。系统图也习惯性地被称为概略图或方框图。

（1）系统图的基本特点

①描述的内容是产品的基本组成和主要特征，非全部组成和特征；对内容的描述是概略的，而不是详细的。

②系统图可作为产品进一步设计的依据。根据项目按功能依次分解的层次绘制出系统图，就为编制更为详细的电气图，如电路图、功能图等提供了基本的依据。

③系统图还是操作、培训和产品维修不可缺少的文件，因为只有通过阅读系统图，对产品结构的总体情况有所了解后，才能正确地进行操作与产品维修。

（2）系统图的绘制

系统图应采用图形符号或者带注释的框，表示组成项目的各个单元的内容和功能。框内的注释可以采用符号、文字或同时采用符号与文字。用连线表示信号的流向，信号流向是从左到右，从上到下；若信号流向相反时，连线必须画上箭头。连线上可标注信号名称、电平、频率、波形等。

系统图布局应清晰，并利于识别过程和信息的流向。通过文字标示其功能特性，用方框表示，在布图上各功能方框按处理信号的顺序排列，方框间的连线表示信号的通道。

系统图在实际使用过程中，也可和其他图组合起来。

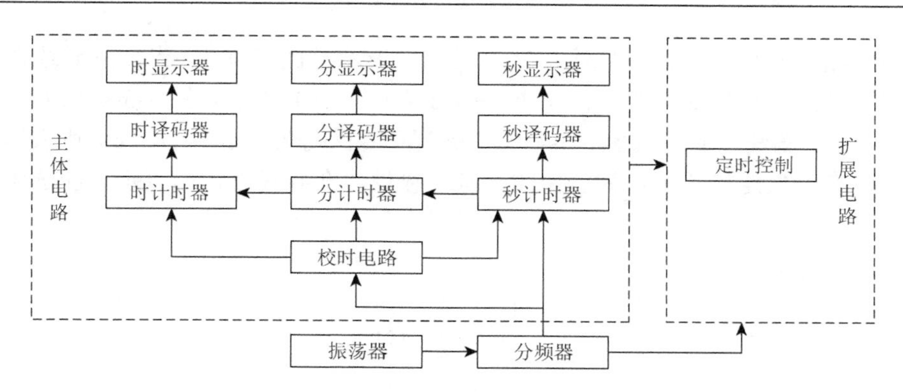

图 7-3-2　某数字钟电路的系统图

2. 电路原理图

电路原理图又称电子线路图，简称电路图。它是用规定的图形符号表示元器件，并按其工作原理进行电路连接的简图。电路图着重表示电路连接性能，它通过详细展示电路中元器件相互连接关系，为分析其工作原理特性、计算电路、测试和排除故障等提供详细信息。同时又是绘制印制电路板图、接线图等工艺图的依据，是必不可少的技术资料。

电路原理图不表示电路中各元器件的形状或尺寸，也不反映这些元器件的安装、固定情况。所以，一些辅助元器件如紧固元器件、接线柱、焊片、支架等组成实际产品必不可少的东西，在电路图中都不画出来。

电子元器件的图形符号应按 GB/T-4728 规定绘制。常用的电子元器件图形符号在第 2 章已作介绍，下面主要介绍电路图中的连线（实线与虚线）、省略画法及电路图的绘制。

（1）电路图中的实线

电路图中元器件之间的电气连接，是通过图形符号之间的实线连接来表达的，为使条理清楚、表达无误，应该遵循下列规则。

①线要尽可能画成水平或垂直的，如图 7-3-3（a）所示，斜线不代表新的含义。在说明性电路图中，为强调电路接地点位置有时会特意将其画成斜线，如图 7-3-3（b）所示。

②相互平行线条的间距不要少于 1.6mm，若二平行线间带文字注释，其最小间距应是二倍字高度并至少 3.2mm。较长的连线应按功能分组画出，线间应留出 2 倍的线间距离，如图 7-3-3（c）所示。

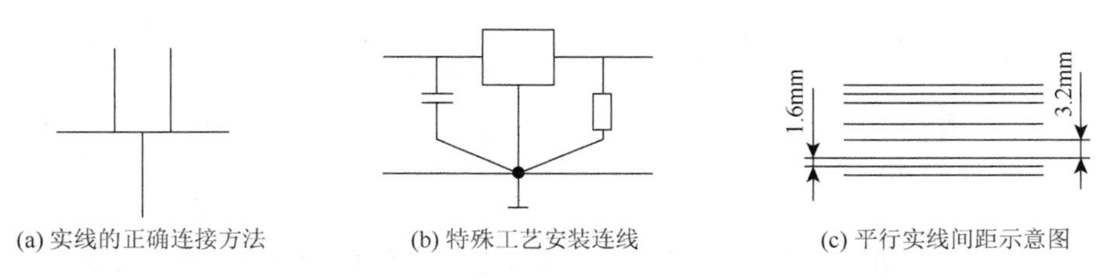

(a) 实线的正确连接方法　(b) 特殊工艺安装连线　(c) 平行实线间距示意图

图 7-3-3　电路图中实线的连接

③导线相互连接表示：二导线在交点上连接表示见图 7-3-4；当二条导线在该处交叉连接时，其交叉位置必须加“.”，如图 7-3-4（a）（c）所示，图 7-3-4（c）也可采取图 7-3-4（d）的画法，但相比图 7-3-4（c）缺乏简洁直观性；图 7-3-4（b）则表示两条导线在该处没有电气连接关系。为了使图具有一致性，在导线连接的表示上应选用其中一种画法。

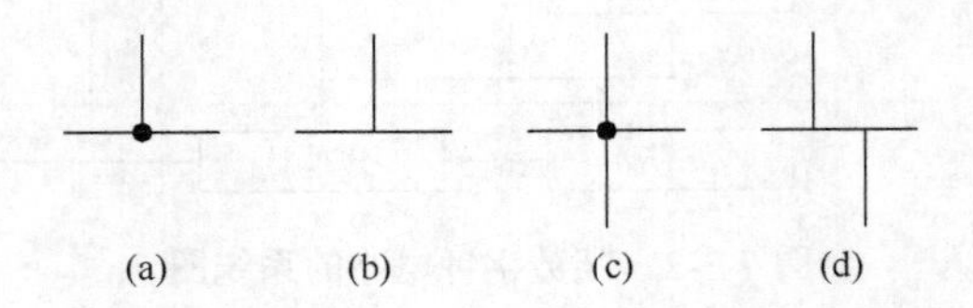

图 7-3-4　电路图中实线的互接

④线条粗细如果没有说明，不代表电路连接的变化。

⑤连线可以任意延长或缩短。

（2）电路图中的虚线

在电路图中，虚线一般是作为一种辅助线，没有实际电气连接的意义。它的辅助作用如下。

①表示元器件中的机械联动作用，如图 7-3-5 所示标识为 S 的联动开关。

②表示一组封装在一起的元器件，如图 7-3-6 所示的 Q1 和 Q2 为封装在一起的元器件。

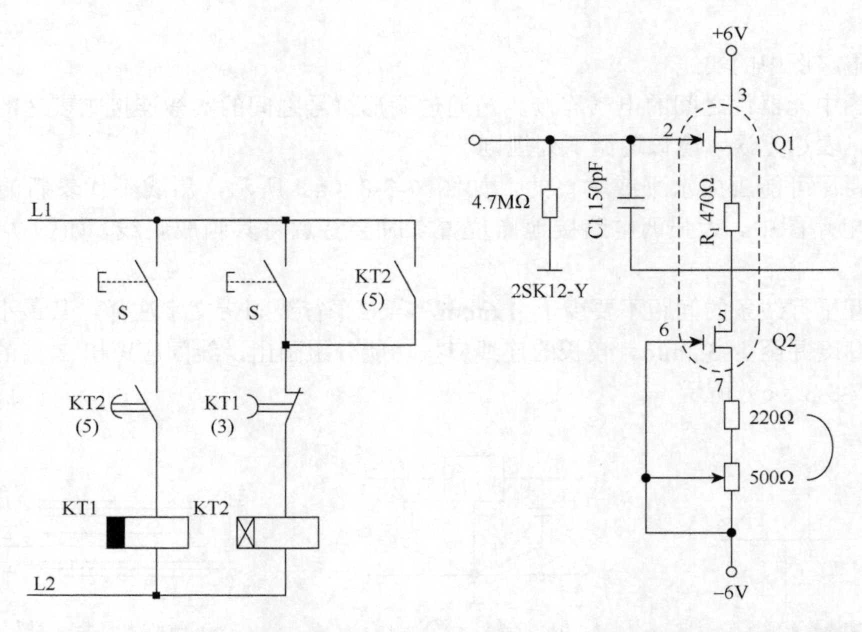

图 7-3-5　用虚线表示机械联动　　　图 7-3-6　虚线表示封装在一起的元器件

③虚线表示屏蔽，如图 7-3-7 所示。

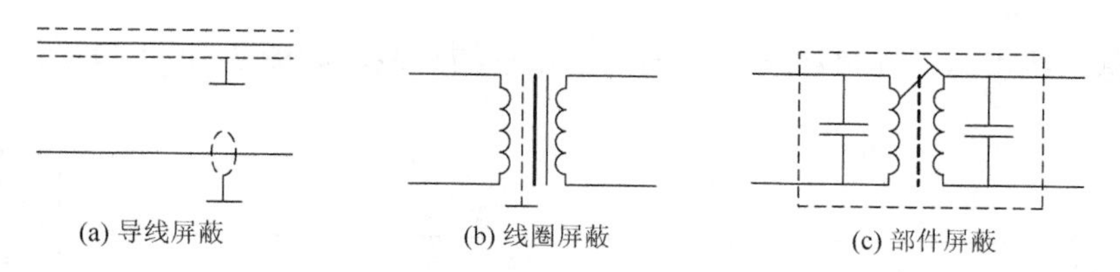

图 7-3-7　用虚线表示屏蔽

④其他作用：表示一个复杂电路划分成若干个单元，或印制电路板分隔为几块小板的界限，等等，常用点画线表示，也可以用虚线，一般需要附加说明。

（3）电路图中的省略与简化

在一些比较复杂的电路如数字电路中，如果将所有的连线和节点都画出来，图形就会过于密集，线条太多反而不容易看清楚。因此，人们采取各种办法简化图形，很多省略方法已被公认，使画图、读图都更为方便。

①连接线的中断与省略

在图中距离较远的两个元器件、部件之间的连接线（特别是成组连线），要穿过图的大部分幅面或稠密区域时，为简化电路，方便识图，可采用中断的方法来表示。中断可以是在一个电路图内或者一个产品中两个或多个模块之间连线的中断，如图 7-3-8（a)（b）分别表示了一个电路图内及两个不同模块之间连线的中断示意图，断开处标出连接点标号，说明相应的去向或来源；多模块或多幅图之间的连接点，则还需加注连接具体图或模块的序号和连接点的标号。

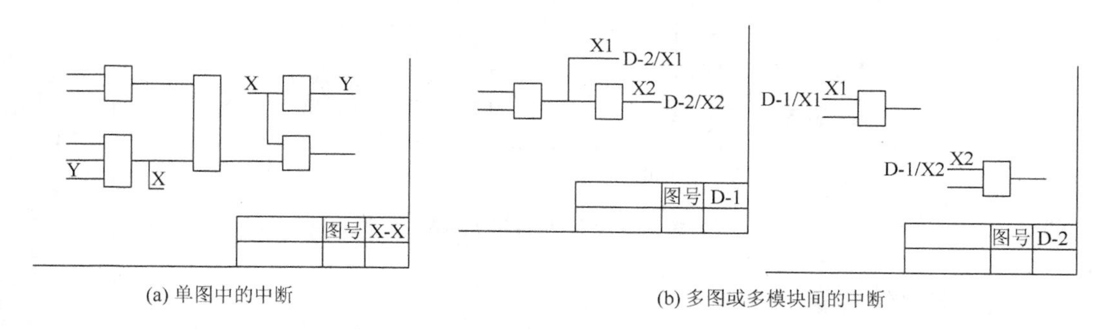

图 7-3-8　线的中断示意图

②多线简化为单线

多线简化的方法有多种，一般来讲，可包括以下方法。

a. 多根平行连接线可采用一根单线来表示。可以在平行线被中断处，留出一点间隙画上短直线，如果接线顺序没有改变，则可标或不标出接线端子的序号，如图 7-3-9（a)，如果改变了接线序号，则需对应标上不同的接线端子，以防接错，如图 7-3-9（b)，间隔之间的一条单线表示的是线束。

b. 将成组的平行线用单线来表示。用数字标识出线束交汇前或交汇后线的数量，交汇处用斜线来表示，如图 7-3-9（c）所示。

c. 信息总线表示：连接线表示传输几个信息的总线，如图 7-3-9（d）所示。

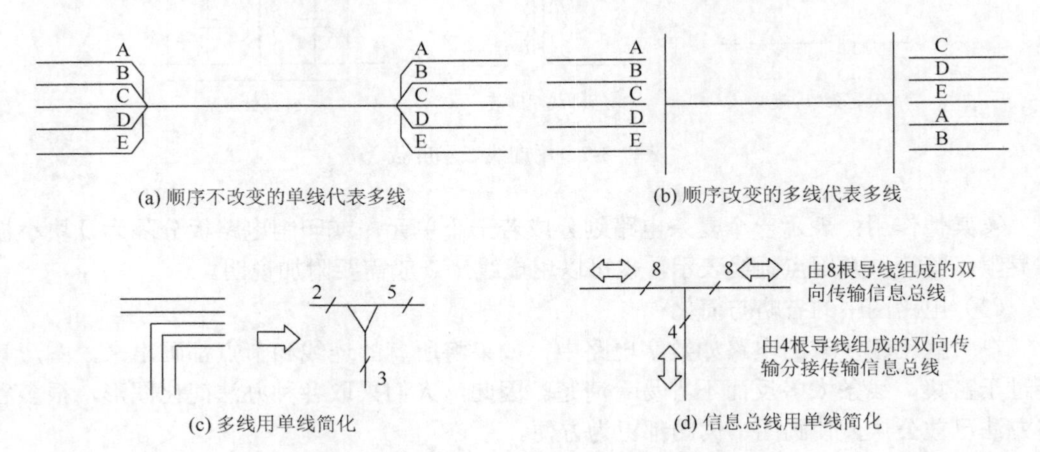

图 7-3-9　多线简化示意图

③电源线省略

在分立元器件和集成电路中，电源接线均可以省略，只需标出接点，如图 7-3-10 所示。

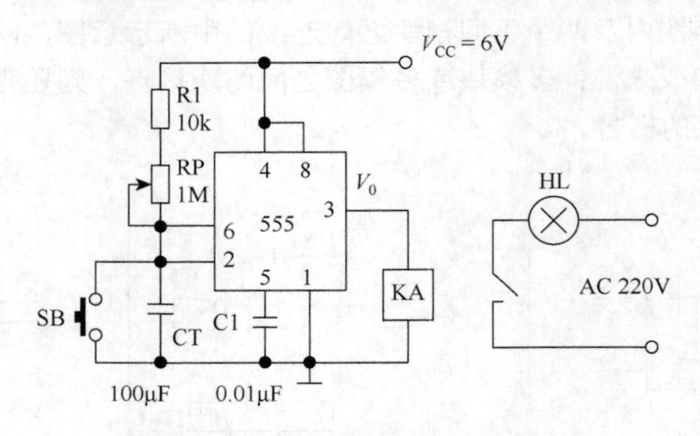

图 7-3-10　电源线的省略

④同种元器件或模块的简化

在电路原理图中，尤其是复杂的电路中，会存在相同的元器件及参数或者相同模块在电路中出现多次，此时在电路中，可采取某种标识或方框代表该元器件或模块，以简化电路，必要时可以加以一定的注释，避免发生误解。如图 7-3-11 所示为电路中多次出现同种模块 A 的简化画法，当 A 为同种的元器件时，则在方框内画出该元器件的符号和参数即可。

（4）电路图的绘制

绘制电路图时，要做到布局合理、简单易懂、条理清晰。由于本书第 2 章有专门介绍采用软件绘制原理图的详细方法，本节只对电路原理图的基本绘制原则做简要介绍。绘制电路图时，需要注意以下几个方面：

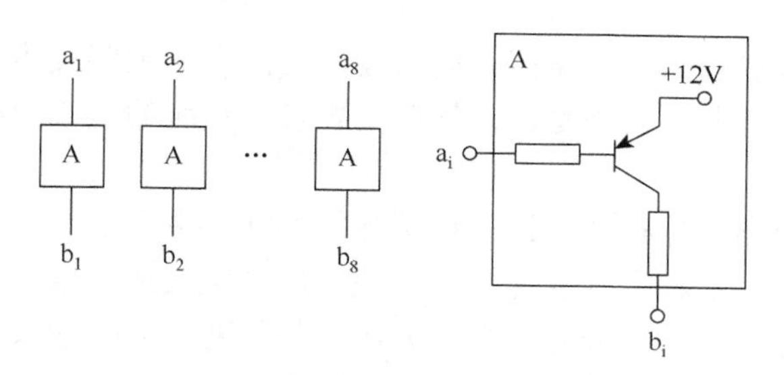

图 7-3-11　同种元器件或模块的省略示意图

①在正常情况下，电信号采用常规的从左到右、自上而下的顺序，使输入端设在图纸的左上方，输出设在图纸的右下方；复杂电路分单元绘制时，各单元电路应标明信号的来龙去脉，同样需遵循自左至右，自上而下的顺序。

②每个图形符号的位置，应能体现电路工作时各元器件和工作顺序。

③元器件串联应画到一条直线上，并联时各元器件符号中心对齐，见图 7-3-12。

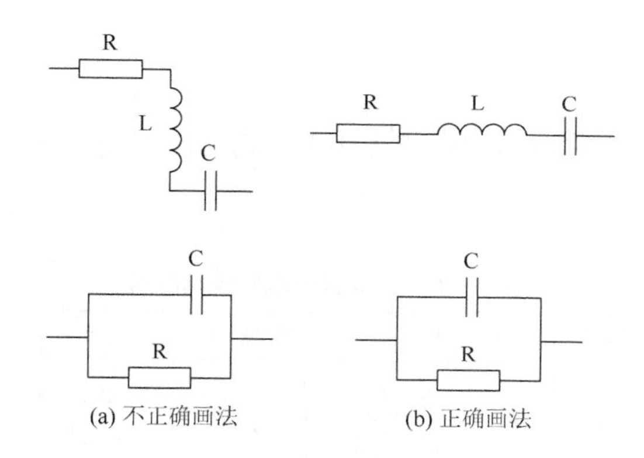

图 7-3-12　元器件串并联排列位置布局示意图

④图形符号线条的粗细、大小不影响其含义，但在同一张图上应选用同一线形和大小，用同一模数比例表示。

⑤元器件编号和技术参数的标识。编号应标在元器件的上方或左方；技术参数标于位置代号的下方或左侧。元器件编号一般由元器件的汉语拼音或英语的字头的文字符号加数字序号组成，如电阻用 R1、R2，电容用 C1、C2 等；元器件的技术参数只简略表示，如集成电路、半导体元器件的型号，阻容元器件的阻值和容量等。

一般工程用图只标元器件编号，而元器件型号及详细的技术参数，则另附材料明细表。

⑥根据电路图的需要，也可在图中附加一些调试或安装信息，如电压值、电流值、波形图、某些元器件外形图等。

3. 功能表图

（1）功能表图的概念与作用

功能表图是通过采用少量图形符号加文字说明的方式，全面描述一个电气控制系统的控制过程、作用和状态。与电路图不同的是，功能表图主要描述原则和方法，不提供具体技术方法。与系统图不同的是，系统图主要表达系统的组成和结构，而功能表图则表述系统的工作过程。

功能表图采用图形符号和文字说明相结合的办法，主要是因为系统工作过程往往比较复杂，而且往往一个步骤中有多种选择，完全用文字表述难以完整准确，同样，完全采用图形则需要规定大量图形符号，功能表图正是将两者结合起来，通过图文结合且相对简单的方式，正确表述系统的工作过程。功能表图有两方面的作用：①为系统的进一步设计提供框架和纲领；②技术交流和教学、培训等。

（2）功能表图组成

功能表图的图形非常简练，有步、转换和有向连线三种。

①步：将系统工作过程分解为若干清晰连续的阶段，每个阶段称为步。

②转换：步和步之间满足一定条件时实现转换，因此转换是步之间的分隔。

③有向连线：指的是步与转换、转换与图形符号之间的连线。

4. 逻辑图

（1）逻辑符号

逻辑图是表示数字电路中用逻辑符号代表逻辑功能的图，它是二进制数字系统一种重要的设计文件。常用逻辑符号见表 7-3-1。

表 7-3-1　逻辑图中常用逻辑符号

符号名称	国家标准	国际标准	其他常见	符号名称	国家标准	国际标准	其他常见
与门	&		Z A B Y	与非门	&		Z A B
或门	≥1		Z + A B	或非门	≥1		Z + A B
非门	1		Z Z	异或门	=1		Z ⊕ A B

表 7-3-1 中，“国家标准”和“国际标准”分别指国家和国际标准中常用的逻辑符号；“其他常见”指在大量的译著中常见到的逻辑符号。在逻辑符号中，“。”加在输入和输出端的意义各不同，当“。”加在输入端时，表示的是低电平、负脉冲或下跳变等作用；当“。”加在输出端时，一般用以表示“非”或者“反相”的意思。

（2）逻辑图的分类

逻辑图可分为理论逻辑图和工程逻辑图两种。理论逻辑图是一种只反映逻辑状态，不反映逻辑电平的图，常用于培训、教学等说明性领域，见图 7-3-13。它用以表达系统的功能、逻辑连接关系以及工作原理，也是绘制详细逻辑图的依据，其不涉及实现逻辑功能的实体元器件，因此对于正负电平只能采用逻辑符号，而不能采用极性指示符号绘制。

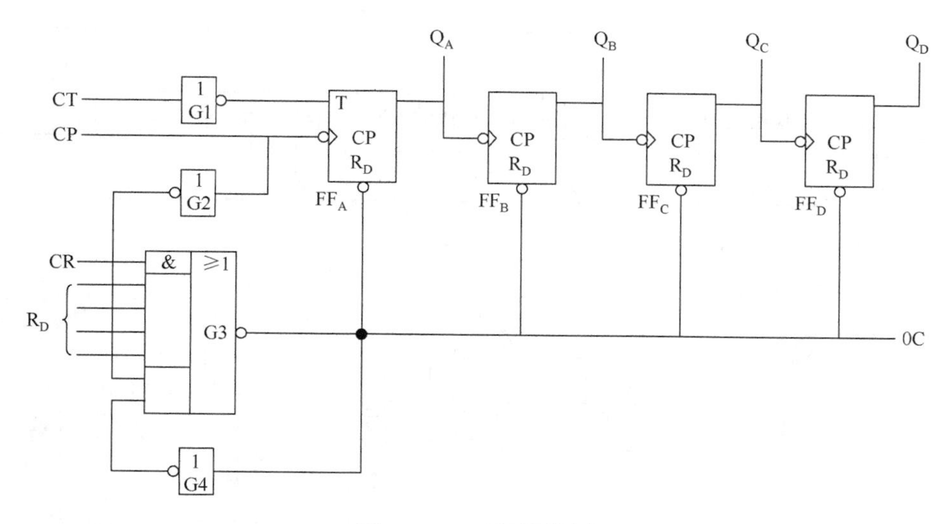

图 7-3-13　理论逻辑图

工程逻辑图也是用逻辑符号绘制的一种简图，见图 7-3-14。它不仅要表明系统的功能、逻辑关系和工作原理，而且要确定实现逻辑功能的实体元器件和工程化的内容，工程逻辑图比理论逻辑图复杂得多，因此也被称为详细逻辑图，其属于工程用图。

工程逻辑图的绘制涉及实现逻辑功能的实体元器件，所以它既可以采用逻辑符号，也可以采用极性指示符号。

在大规模的基础电路的应用中，详细的电路原理图绘制起来会非常的繁琐，一定程度上，逻辑图取代了数字电路中的电路原理图，且在数字逻辑占主要部分的数字模拟混合电路中，将其工程逻辑图称为逻辑图或电路原理图。

（3）逻辑图的绘制

绘制逻辑图同电路原理图一样，要层次清楚，分布均匀，容易读图。尤其中、大规模集成电路组成的逻辑图，图形符号和连线均很多，布置不当容易造成读图困难和误解。

①基本规则

a. 符号统一。同一图中不能有一种电路两种符号，尽量采用国标符号，但大规模电路的引脚名称一般保留外文字母标法（图 7-3-13）。

b. 出入顺序、信号流向要从左向右、自下而上，当不符合该规则或特殊情况下时，可直接以箭头来表示信号的流向。

c. 连线成组排列。逻辑电路中很多连线规律性很强，应将相同功能关联的线排在一组并且与其他线有适当距离，例如计算机电路中的数据线、地址线等。

d. 引脚标注，对中大规模集成电路来说，引脚名称和标号都需要有明确的标识。为简化逻辑图，针对多个相同模块或集成块的芯片，可只详细标在其中之一，其他系统芯片的具体信息可以省略，如图 7-3-14 中的 U3～U5。

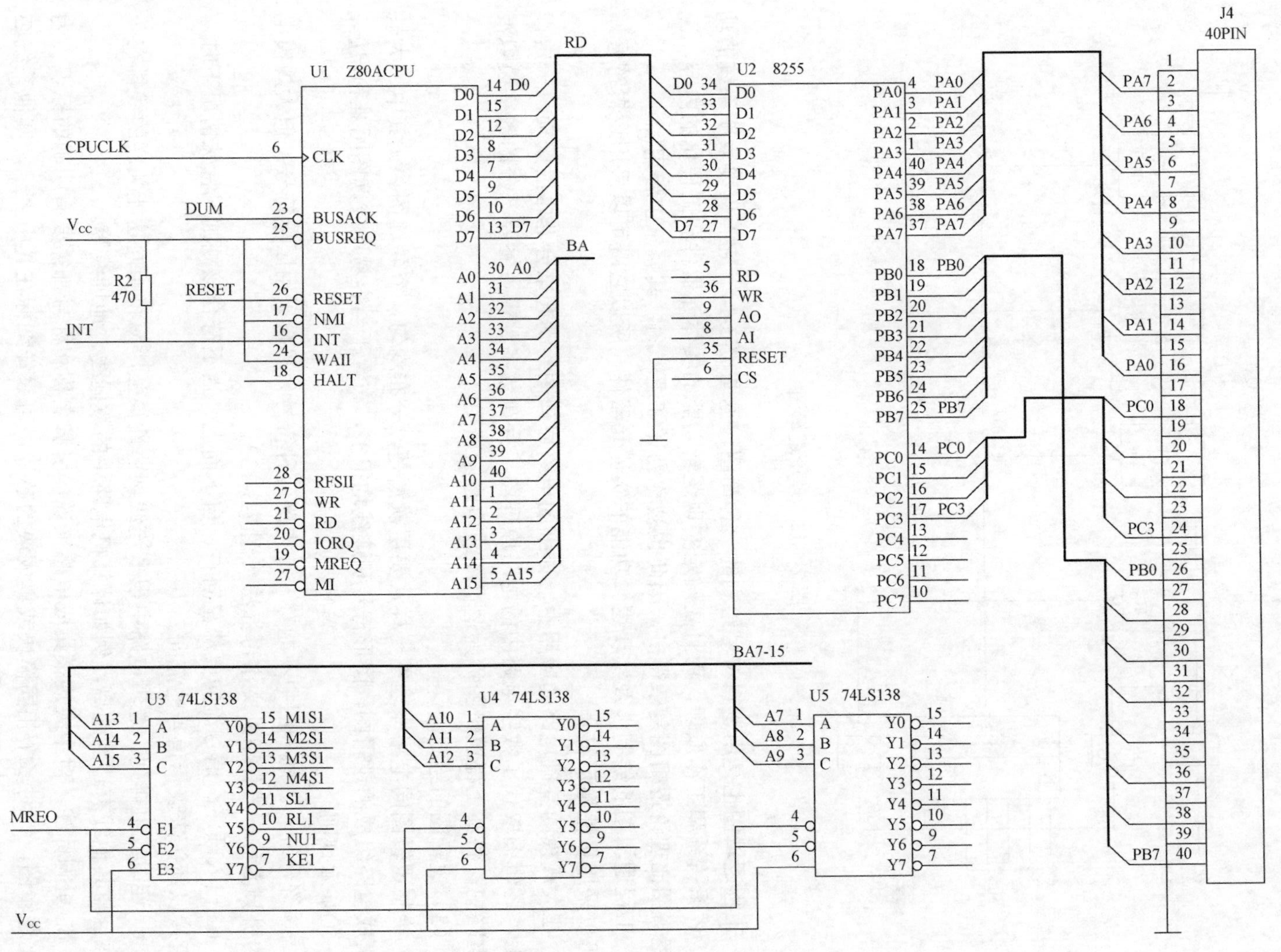

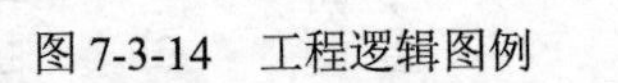
图 7-3-14　工程逻辑图例

②简化方法

电路原理图中讲述的简化方法，都适用于逻辑图。此外，由于逻辑图连线多而有规律，可采用一些特殊简化方法。

a. 同组线只画首尾，中间省略。由于此种图专业性强，不会发生误解，如图 7-3-14 中 U2 到 J4 间的连线。

b. 断线表示法，对规律性很强的连线，可采用断线表示法，即在连线两端写上名称而中间线段省略，如图 7-3-14 中的 A7～A15 线就采用这种方式。

c. 多线简化成单线。对成组排的线，可采用图 7-3-14 所示的方法，在电路两端画出多根连线而在中间则用一根线代替一组线，如图 7-3-14 中 U3～U5 的连接；也可在表示一组线的单线上标出组内线数。

5. 流程图

流程图是信息处理流程图的简称，它用一组规定的图形符号表示信息的各个处理步骤，用一组流程线（简称“流线”）将这些图形符号连接起来，表示各个步骤的执行次序。常用图形符号如下表 7-3-2 所示。图形符号大小和比例无统一规定，可以根据内容多少确定，但图形形状是不允许随意变动。图形符号内外都可根据需要标注文字符号。

表 7-3-2　常用流程图图形符号

名称	图形符号	作用
终端	⊂⊃	表示入口点或出口点
处理	▭	通用符号，表示各种处理功能
判断	◇	流程分支选择或表示开关
准备	⬡	处理的准备，常用于判断
输入/输出	▱	表示输入/输出功能，提供处理信息，常用处理取代
连接	○	连接记号，一般加上字母符号

在绘制流程图时，一般采取自上而下、自左向右的顺序，箭头的方向代表流向，流向可以交叉、分叉，也可以汇合。图 7-3-15 为某单片机电路的流程图示例。

6. 明细表与技术说明书

（1）明细表

在电路图中，一般将元器件的型号、规则参数等在图中适当位置标注即可，但在生产环节，每一个流程都是不同人员操作，相关的电子元器件需要专门的采购人员进行，因此需要提供采购人员能够读懂的明细表，因此明细表应该提供材料的详细清单，包括：元器件名称及型号、规格、数量以及是否需要制定品牌或厂家，是否可以用其他型号的同类型元器件替代等信息。

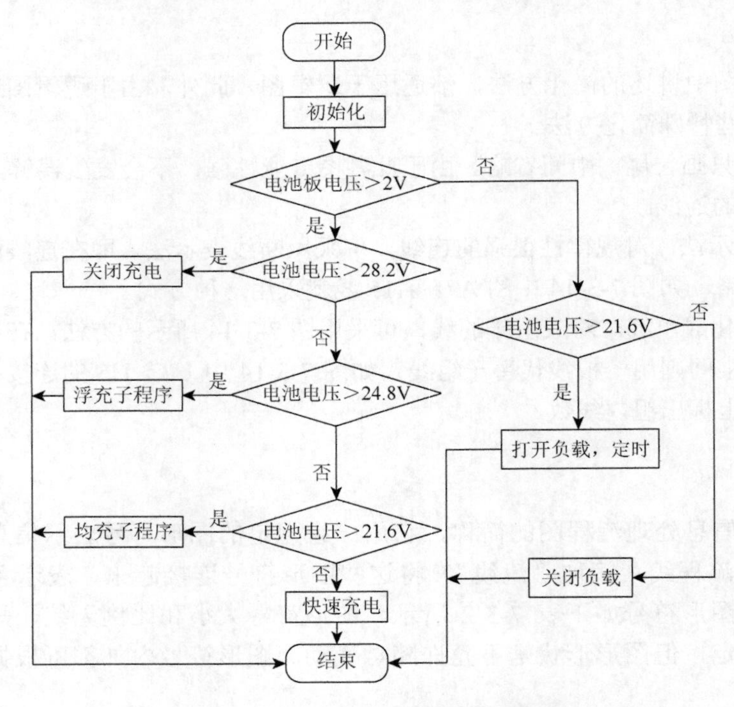

图 7-3-15　某单片机电路的流程图示例

明细表给定的是产品所有电子元器件的详细信息，但是对于生产整机而言，还需要有整个设备的全部明细清单，包含如：机壳、底板、面板；包装材料；导线及绝缘材料；机械加工件、外购部件；备件及工具；标准件以及技术文件等在内的整机汇总表。

此外，BOM 是现代企业管理和生产的可以通过计算机识别的产品结构数据文件，也是企业信息化管理制造资源计划和企业资源计划的主导文件，简称物料清单。其是原材料、半成品、配套件、易耗品、产品等与生产该产品有关的物料的简称，包括了元器件明细表和整机汇总表的全部内容，但是又有不同的区别，表 7-3-3 为明细表与 BOM 的区别。

表 7-3-3　明细表与 BOM 的区别

序号	对比项	明细表	BOM
1	零件顺序	编写方便，不严格要求	符合实际加工的装配顺序
2	内容	电子工程图表上的零件	与产品有关的所有物料
3	材料定额	限产品图上的零件	包含在采购件的用量中
4	零件编码	面向单个产品，相对唯一性	面向整个企业的产品，严格唯一性
5	可识别性	人工识别	人工＋计算机识别
6	属性	技术文件	管理文件＋技术文件

（2）技术说明书

产品的技术说明书，是从产品的技术角度出发撰写的文档，一般是供产品的维护人员使用的，内容是产品的技术参数、安装、调试、维护等。其具有科学性、真实性、条理性和实用性等特点，技术说明书的格式一般包含标题、首页、正文、落款和附件等。有别于产品的使用说明书的是后者是供产品的使用者阅读的，内容都是操作说明。

7. 原理图表的相互关系

电子工程图表是表达设计思想、指导生产过程的重要资料。包括系统图、功能表图、电路图、逻辑图、流程图等在内的所有原理图表，各有不同的作用与侧重。在实际应用的过程中，往往单一图表不能完全表达所有思想，有时甚至用多张图也无法全面地表达清楚。但是将几种图结合在一起灵活运用，就能比较完整地表达设计思想。特别是在学术交流、教学演示等介绍性用图中，常常是在原理图中画有实物，系统图中套有元器件的接线图，等等。由于绘图目的和读图对象的不同，实际运用各类原理图表并不是完全独立的，可以通过相互结合与渗透的方法，以清楚表达设计意图、方便读图、有利交流为原则。如图 7-3-16（a）（b）所示均为原理图表互相结合使用示例图。

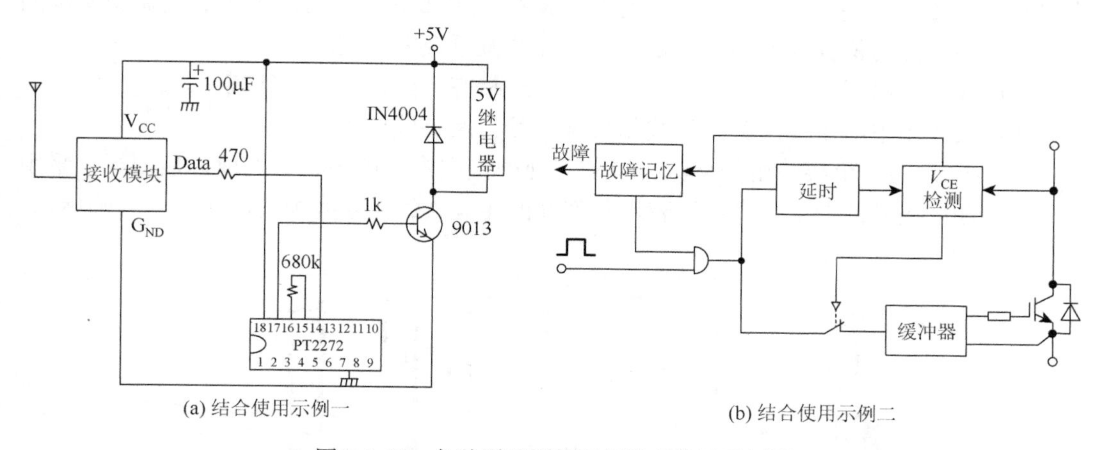

(a) 结合使用示例一　(b) 结合使用示例二

图 7-3-16　各种原理图的互相结合使用示例图

7.3.3　工艺图表

在电子工程图表中，原理图表更侧重体现设计意图和工作原理，而工艺图表则侧重于为操作者提供其生产、加工以及操作的依据。通过工艺图表，操作者可以获得工艺参数要求和操作步骤等具体细节。

工艺图表包含装配图（含实物装配图、印制电路板装配图）、印制电路板图（包括接线图、接线表和线束图）、布线表图、机壳底板图和面板图（含机械加工图和面板控制信息）等。

1. 装配图

装配图主要包括实物装配图、印制电路板装配图等。印制电路板装配图将在印制电路板图中介绍。

实物装配图是工艺图中最简单的图，它以实际元器件形状及其相对位置为基础画出产品装配关系。这种图一般只用于教学说明或为初学者的制作说明。有时在产品装配中为了更清晰地对某局部进行详细说明，此类实物图也使用，采用实物画法，装配时一目了然，不易出错。

2. 布线表图（接线表图）

布线表图用来表示各零部件之间相互连接情况，是整机总装时的主要依据，也习惯称其为接线表图。常用的接线表图有直连型接线图、简化型接线图和接线表等，其主要特点及绘制方法如下。

（1）直连型接线图

这种接线图类似于实物图，将各个零部件之间的接线用连线直接画出来，对于简单电子产品既方便又实用。采用直连型接线图时，需要注意以下几个方面。

①由于接线图主要是把接线关系表示出来，所以图中各个零件主要画出接线板、接线端子等与接线有关的部位，其他部分可以简化或者省略。同时，也不必拘泥于实物的比例，但各零件的位置及方向等一定要同实际的位置及方向相同。

②连线可以用任意的线条表示，但为了图形整齐，建议采用直线表示。

③在接线图中应该标出各条导线的规格、颜色及特殊要求等。

图 7-3-17 为一个实验用的交流电源的直连型接线图。图中设备的前、后面板，采用从左到右连续展开的图形，直观地表示各部件的相互连线，导线规格已在图中明确标识。

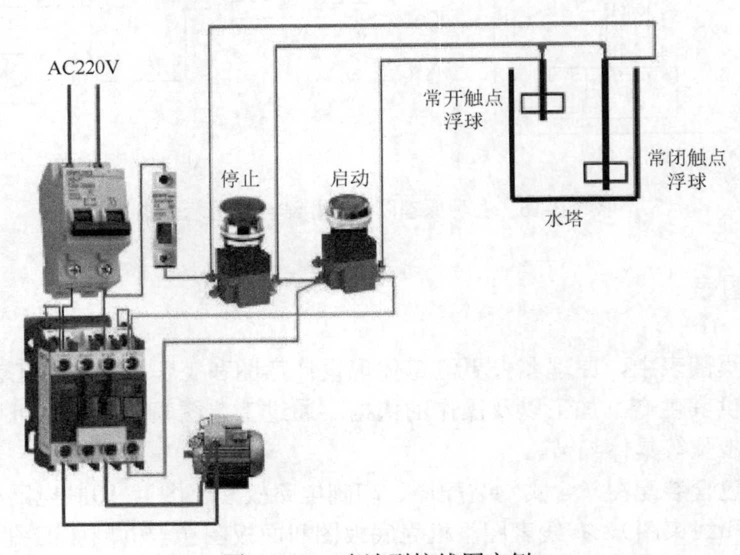

图 7-3-17　直连型接线图实例

（2）简化型接线图

直连型接线图虽有读图方便、简单明了的优点，但对于复杂产品来说，不仅绘图非常费时，而且连线太多并互相交错，增加了误读概率。基于此，原理图中的一些简化方法，在接线图中也可以采用。简化型接线图的要求和主要特点如下。

①零部件以结构的形式画出来，即只画出简单轮廓，不必画出实物。如用图形符号来代表元器件，用单线表示导线，与接线无关的零部件在接线图中不体现出来；

②导线汇集成束时，直接用单线表示，导线汇合处用圆弧或 45°线表示。用粗线表示线束，其形状及走向与实际的线束相似；

③每根导线的两端，应该标明端子的号码，每条导线编号，导线编号在规律排列时，不造成误解的情况下，可以简化成只标出起始序号，如图 7-3-18 是一个控制实验装置的简化型接线图，其导线 1～15 以及 CZ 中的 1～5 均采用了此方式，此外，在简化型接线图中，也可以直接标出导线的规格、颜色等要求。

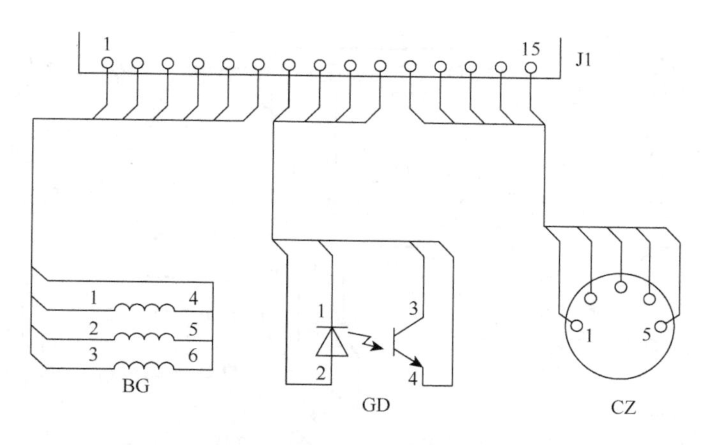

图 7-3-18　简化型接线图

（3）接线表

在工艺装接时，除接线图外，还附有接线表。接线表主要反映导线编号、导线引向的元器件及连接端子、连接导线规格等相关信息。表 7-3-4 为图 7-3-18 的接线表，如表中显示出连接线号 1 的导线两端分别为 BG 的端子 1 和 J1 的端子 1 及导线的相关数据。

表 7-3-4　接线表示例

连接线号	连接的端点		导线数据	线长/mm	规格
1	BG：1	J1：1	AVR-1×0.3（红）	300	AVR1×0.28
2	GD：1	J1：7	AVR-1×0.3（黄）	300	AVR1×0.28
……	……	……	……	……	……

3. 印制电路板图

印制电路板图简称印制板图，是电子工艺设计中最重要的一种图，是用于表示导电图形、结构要素、标记符号、技术要求的图样。印制电路板图能提供最合理的电气联接，能将复杂电路按功能实现单元化，使产品实现小型化。印制电路板图的分类、设计及制作详见本书第 2 章，印制电路板图的绘制详见本书第 8 章。

印制电路板图是按实际元器件尺寸设计的，因此，需要特别注意某些元器件的尺寸，并在提供给加工时，注明并或强调安装尺寸，并在必要时注明公差。

（1）印制电路板装配图

印制电路板装配图是用于指导工人装配焊接印制电路板的工艺图。印制电路板装配图一般分成两类：输出导线层和标识层的印制电路板装配图及不输出导线层只输出标识层的印制电路板装配图，如图 7-3-19 和图 7-3-20 所示。

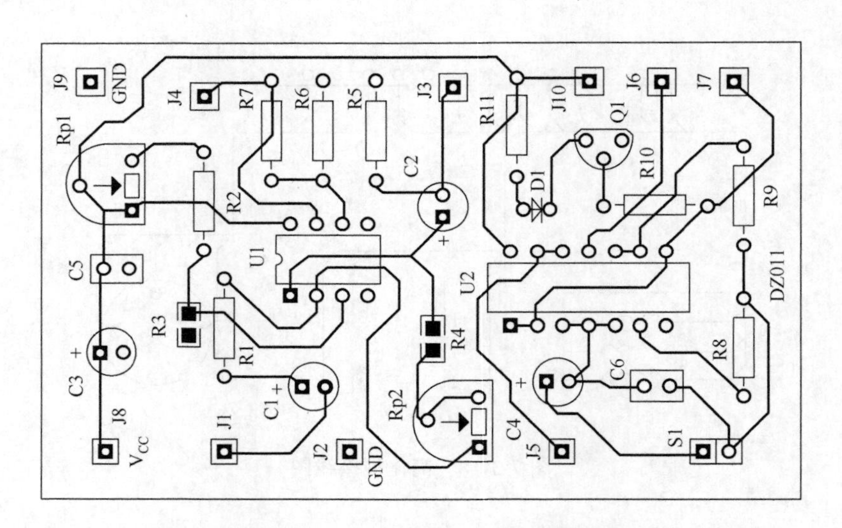

图 7-3-19　输出导线层和标识层的印制电路板装配图

在现代电子技术高速发展的今天，很多过程和功能都通过计算机快速便捷地实现，印制电路板的设计与绘制也是如此，设计结果可通过打印机或绘图仪输出。在打印输出图纸时，可以在打印前设置并选择需要打印的层，可以实现“叠层打印”，也可以采用“分层打印”。如叠层打印印制电路板顶层标注层和焊接面导线层的，可以提供给初学者练习装配焊接使用。绘制此类装配图时，需注意：

①有极性的元器件需要标识清楚各个端的极性或端口；

②元器件的外形可以用标准图形符号或实物外形图，也可以是两者的结合；

③相同元器件较多时，可以用代号进行表征该元器件，再用注释写明代号的内容；

④如有元器件尺寸、焊点大小、焊接要求等特殊工艺要求的，需加以注明。

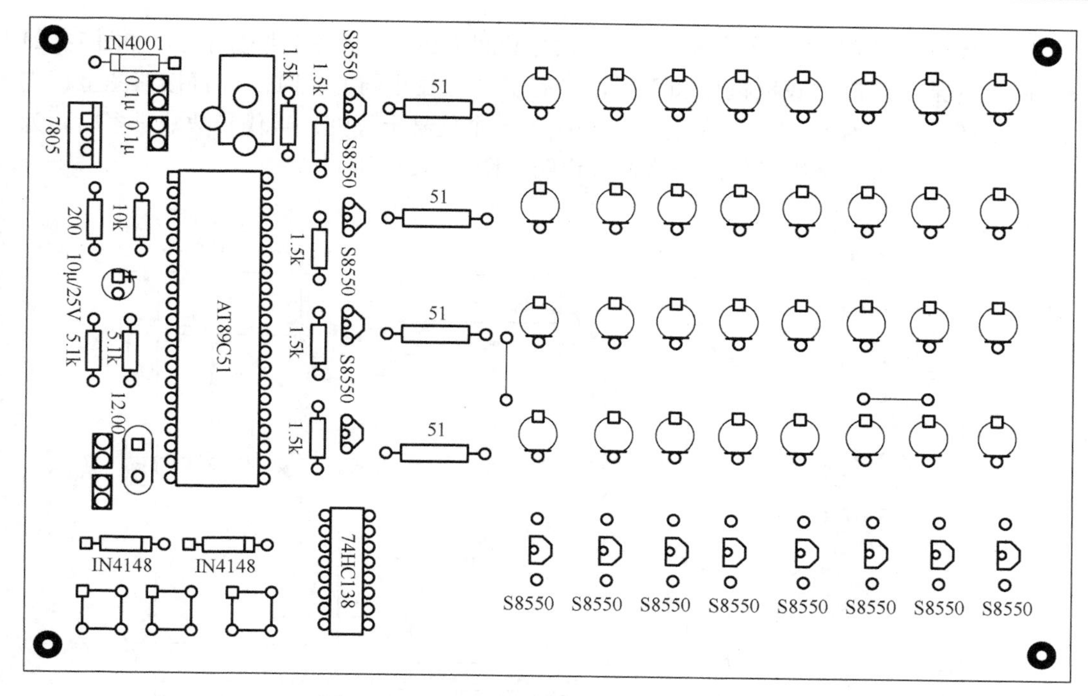

图 7-3-20　输出标识层的印制电路板装配图

当只输出印制电路板顶层标注层的图纸，则在图纸上没有印制导线存在，只有安装元器件的板面作为正面，画出元器件的图形符号及其位置，用于指导装配焊接。如图 7-3-20 所示。这类印制电路板的电路多用于数字电路，元器件的排列和在板上的安装孔位很有规律，对照印制电路板的标注层图纸装配不会产生误解。

（2）绘制印制电路板装配图注意事项

①元器件全部用图形符号表示，能表现清楚元器件的外形轮廓和装配位置，不必画出细节。

②有极性的元器件要按照实际排列标出极性和安装方向。二极管、三极管、电解电容器和集成电路等元器件，表示极性和安装方向标志的半圆平面或色环不能画错，如图 7-3-20 中的二极管 IN4148 和三极管 S8550 等。

③集成电路要画出引脚顺序的标志，且其大小要和实物成比例，如图 7-3-20 中的 AT89C51，起始的 1 引脚以方形符号表示。

④一般在每个元器件上标出代号。

⑤对某些规律性较强的元器件，如数码管等，也可以采用简化表示方法。

4. 机壳底板图

机壳底板图用来表达机壳、底板的安装位置，应当按照机械制图的标准进行绘制。在电子仪器外壳图的表达方法中，常常采用一种等轴图，其通过投影辐射的方法，将整个机壳的外形起到视图表达的补充及说明作用不同投影角度下，则有获得不同投影角度下的等轴图。

在底板机械加工图中，各个孔的大小、尺寸和间距都在底板图中明确标定，如图 7-3-21（a）所示为某一产品的底板机械加工图，当有多个孔径相同的孔时，可直接在图上标出代号，如图中代号为 A、B、C 的孔径可在图内一个代号上标注，当代号数非常多时，为了简化工艺图，也可采用另外的表格进行说明［图 7-3-21（b）］。

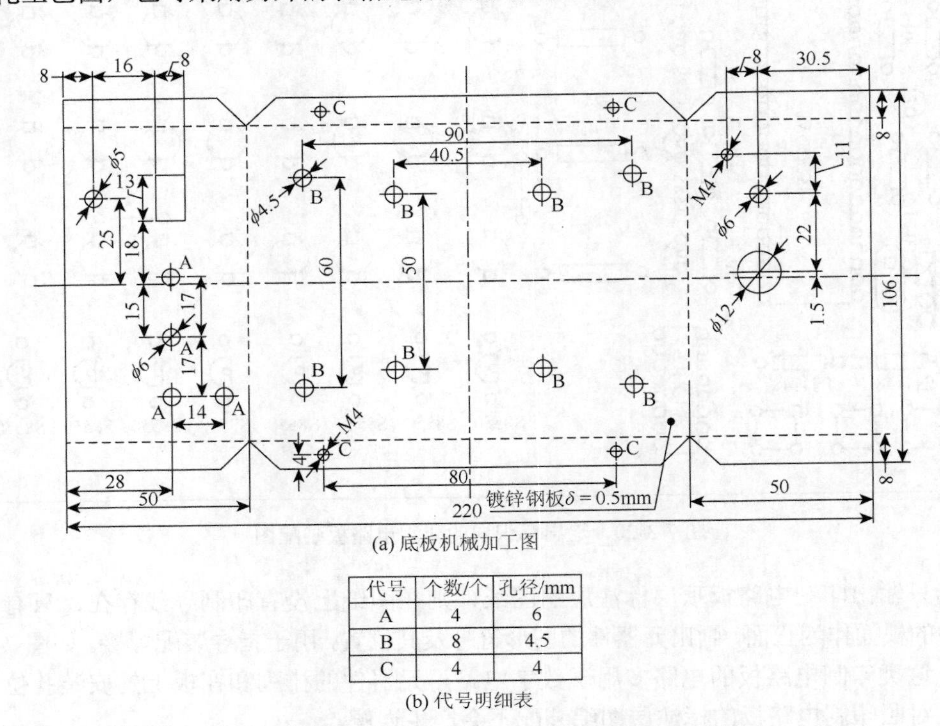

(a) 底板机械加工图

代号	个数/个	孔径/mm
A	4	6
B	8	4.5
C	4	4

(b) 代号明细表

图 7-3-21　底板机械加工图及代号明细表

5. 面板图

面板图是工艺图中要求较高、难度较大的图。其在满足人机工程学要求的基础上，既能实现操作要求，又要讲究美观悦目。面板图形的设计，本书第 6 章已有相关介绍。下面主要介绍如何绘制出符合加工要求的面板图。

一般来讲，面板图包含两方面内容：机械加工图和面板控制信息。

（1）机械加工图

机械加工图其是表达面板上所安装仪表的零部件、控制件等的安装尺寸、装配关系，以及面板本身同机壳的连接关系，需要严格遵循机械加工图的要求。

机械加工图说明的内容包括：面板和安装孔的外形尺寸；机械加工要求；面板材料、规格；文字及符号位置、字体、字高、涂色；表面处理工艺及要求、颜色；其他特殊情况说明，如某孔需要配合钻孔，所附配件等。

（2）面板控制信息

面板控制信息指的是面板上文字、图形、符号表述的各种操作、控制信息。它要兼顾操作习惯和外形美观等问题。

在一般小批量生产中，也可以将两部分内容绘制在一起；但在比较复杂的面板或在大批量生产中，要求将上述两方面的内容分别用图纸表达出来。有关文字和图形的表达，要注意以下几点。

①字符号（汉字、拼音、数字等）的大小应该根据面板的大小及字数的多少来协调确定。同一面板上的同类文字，大小应当一致，同一面板上的文字规格不宜过多。

②出口产品的面板上，文字表达应该符合国内用户的习惯，采用国内标准，且文字应当尽量简单明确。

③控制操作部件的说明文字位置，要符合操作习惯。例如，在一个竖直工作的面板上，把文字说明放在操作按钮的上方可以避免把说明放在下方或右方时遮住操作者的视线。

④控制部件的操作方向要符合用户习惯，图 7-3-22 是几个常见的例子。

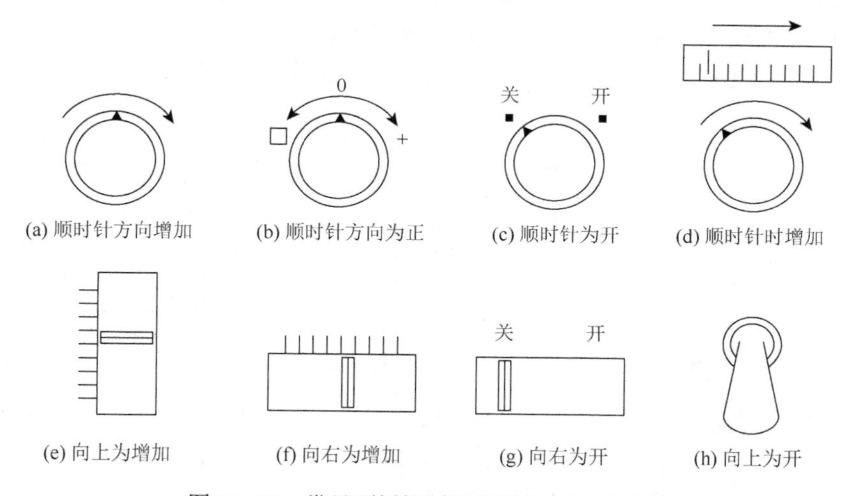

图 7-3-22　常见面板控制操作部件设计示意图

参 考 文 献

刘哲，付红志，2015. 现代电子装联工艺学[M]. 北京：电子工业出版社.

柳明，2019. 电子整机装配工艺项目实训[M]. 北京：机械工业出版社.

宋广远，高先和，卢军，2018. 表面贴装技术（SMT）及应用[M]. 合肥：中国科学技术大学出版社.

孙惠康，冯增永，2010. 电子工艺实训教程[M]. 3 版. 北京：机械工业出版社.

王天曦，王豫明，2009. 现代电子工艺[M]. 北京：清华大学出版社.

王新泉，邬燕云，2011. 安全生产标准化教程[M]. 北京：机械工业出版社.

杨启洪，杨日福，2012. 电子工艺基础与实践[M]. 广州：华南理工大学出版社.

詹跃明，2018. 表面组装技术[M]. 重庆：重庆大学出版社.

第8章　实用电路制作

8.1　具有过流保护的直流可调稳压电源

1. 电路原理

本电路将交流电（适用 AC 195～245V）转换成直流电压，输出电压 1.25～7.5V 连续可调，具有过流保护（过流保护电流 0.6A 左右）、输出纹波电压小（6V/0.5A 条件下，纹波电压<2mV）、动态内阻低（0.05～0.1Ω）等优点。

具有过流保护的直流可调稳压电源电路原理图如图 8-1-1 所示。

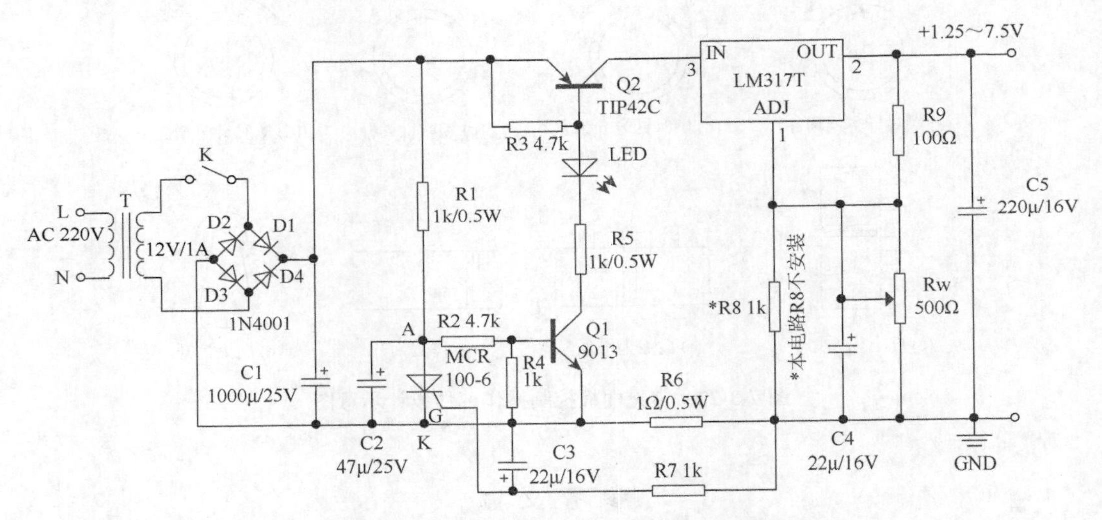

图 8-1-1　具有过流保护的直流可调稳压电源电路原理图

（1）电路组成

电路由整流滤波电路、过流保护电路及稳压电路三部分组成。

①整流滤波电路：由 D1～D4 四只二极管组成桥式整流电路，整流输出经电容器 C1 滤波后，得到比较平滑的直流电压，此电源经小功率三极管 Q1（9013）与大功率三极管 Q2（TIP42C）组成的电子开关电路，送至三端稳压器的输入端。

②过流保护电路：由过流取样电阻 R6 及 R7、C3 组成延时电路、单向可控硅 MCR100-6 及电子开关电路组成过流保护电路。当稳压器输出的电流增大并超过额定值的 20%时，过流取样电阻 R6 上的电压上升并使可控硅触发导通，可控硅的压降 U_{AK} 降至 0.8V 左右，此电压经电阻 R2 与 R4 分压后，Q1 的 U_{be1} 降至 0.2V 左右，此电压低于硅管的死区电压（0.5V），使 Q1 和 Q2 同时截止而切断稳压管 LM317 的供电电压。

③稳压电路：由集成稳压块LM317与取样电路组成，LM317的输出端（2脚）与调整端（1脚）之间的电压恒定为1.25V，取样电阻R9（100Ω）接在输出端与调整端之间，由此得到了12.5mA取样电流，此电流与调整端电流（50μA）共同流经Rw（500Ω）所产生的电压降大约可以从0V调至6.25V，使稳压输出可从1.25V调至7.5V。

（2）电路中各电子元器件的作用

①D1～D4：整流二极管组成桥式整流。

②C1：滤波电容器，滤去纹波电压，使整流输出电压较为平滑。

③R1：限流电阻，用来限制可控硅触发导通后的电流，但阻值不能过大，应保证可控硅导通电流大于其维持电流。

④R2、R4：组成分压器，在过流时，可控硅触发导通后的导通压降大约0.8V，经R2、R4分压后加至Q1的U_{BE1}≈0.14V，Q1可靠截止。

⑤R5：Q1集电极限流电阻，以保证Q1与Q2的安全并且可以减小电路的静态功耗，但是R5的阻值不能过大，应保证有足够的I_{B2}使Q2（TIP42C）的集电极电流大于0.5A。

⑥R3：用来提高Q2的温度稳定性，由于R3的接入，可使Q2的穿透电流大大地减小。

⑦R6：过流取样电阻，其阻值大小取决于过流保护电流的设定值，要求R6的阻值准确、稳定，而且要有足够的耗散功率。

⑧R7、C3：组成延时电路，其作用是将R6上的电压延迟一段时间后才加至可控硅的触发极，以避免接通电源瞬间由于稳压电源输出端滤波电容器C5及外接负载电路滤波电容器有较大的充电电流流过R6所产生的附加压降，从而引起可控硅的误触发，由于MCR100-6可控硅的触发电流极小，所以R7上的压降很小。

⑨R8、R9、Rw：稳压电源取样电路，其中R9决定了流过取样电路电流的大小，R8接在Rw两端可以限制稳压输出电压的最大值，实习过程中不安装（输出电压值为1.25～7.5V），也可选择安装（输出电压值为1.25～5.4V）；如果在R8不安装的情况下将Rw的阻值由500Ω改为1kΩ时，输出电压为1.25～13.75V。

⑩C4：用来进一步减小稳压输出端的纹波电压（即交流成分）。这是由于C4对交流的旁路作用，使稳压输出端的交流成分全部加至LM317的输出端与调整端之间，这样可通过LM317内部的比较放大器及调整电路的自动调整来达到降低输出纹波电压的目的。

（3）电路各点电压值：AC 12V经桥式整流及大电容电容器滤波后，直流电压范围约（0.9～1.414）×12V，其大小取决于滤波电容器及负载电流的大小，空载或轻载时，整流输出电压可达到1.414×12V≈17V左右。在数百毫安负载时，约在1.2×12V≈15V左右。

①额定负载条件下：U_{R6}<0.6V，可控硅处于截止状态，U_{AK}≈13V，U_{BE1} = 0.7V，U_{CE1} = 0.1～0.3V，U_{EB2} = 0.7V，U_{EC2}<0.5V。

②过流保护状态下U_{R6}>0.6V，可控硅处于导通状态，U_{AK} = 0.8V，U_{BE1} = 0.14V，U_{CE1}>15V，U_{EC2}>15V，U_{C2} = 0V，稳压输出电压为0V。

2. 印制电路板图设计参考

印制电路板图设计参考见图 8-1-2。

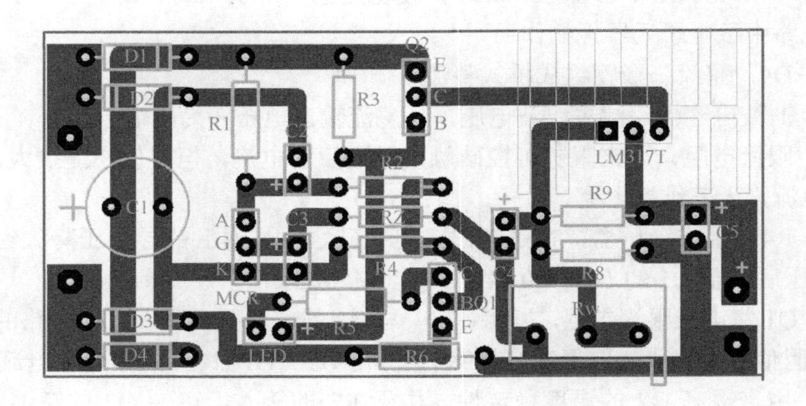

图 8-1-2 印制电路板图

3. 印制电路板元器件的安装及检查

印制电路板元器件安装如图 8-1-3 所示。

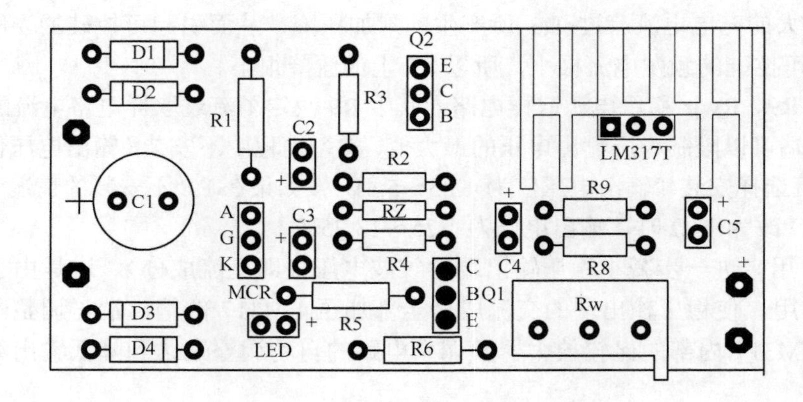

图 8-1-3 元器件安装图

安装焊接好印制电路板后，应仔细检查所装的元器件是否有差错，特别要注意：

①整流二极管，发光二极管（LED）、电解电容器的正负极是否接反；

②三极管的引脚是否正确；

③外形很像的元器件不用互换（LM317T 与 TIP42，MCR100-6 与 9013）；

④电阻要根据原理图的阻值大小对号入座。

各个焊接点是否牢靠的前提下才能进行通电调试，在接入 12V 电源前，一定要清晰区分所焊印制电路板的输入及输出端，若将二者接反，将造成电容器 C5 爆炸。

4. 故障分析

空载时测量 TIP42 的 E 脚对电源负端的电压 U_{E2}≈17V，说明整流滤波电路工作正常；测量输出端的电压应随调节电位器 Rw 的阻值变化（旋转手柄）而变化，变化范围为 1.25～7.5V；测量可控硅 A、K 两端的电压，如果可控硅不导通，电压为 13V 左右，如果可控硅导通，电压则为 0.8V 左右。

①空载时接通电源，测量 TIP42 的 E 脚对电源负端的电压 U_{E2}≈17V，电压正常，但指示灯不亮。可能发生以下故障：

a. LED 坏或反接；

b. 9013 坏或引脚接错；

c. 过流保护起作用（可控硅坏或 R6 开路或输出端短路）；

d. R5 开路。

②输出电压正常，变化范围为 1.25～7.5V 左右，但无过流保护功能。可能发生以下故障：

a. 可控硅坏或引脚接错；

b. 9013 坏或引脚接错；

c. R6 短路；

d. R7 开路；

e. C3 两端短接。

③接通电源，发出爆破声。可能发生以下故障：

a. C1 反接或耐压不够；

b. C5 反接或耐压不够；

c. 整流二极管（全部或其中一个）反接。

④整流二极管发烫，甚至烧毁——二极管反接。

⑤输入线发热，变压器有低沉的“嗡嗡”电流声——变压器初级与次级反接。

⑥过流保护延时时间太长——整流二极管之一接触不好或损坏。

⑦输出电压高端电压正常，低端为 1.7V 左右——电位器 1、2 脚不相连。

⑧输出电压高端、低端电压均偏低，但可调——C4 接反。

⑨输出电压 10V 以上，且可调范围小——R8（1kΩ）与 R9（100Ω）对调安装。

⑩空载输出电压正常，接上负载后，电流在 500mA 以下——LM317 性能差。

5. 调试方法

如图 8-1-4 所示为连接好的调试接线图，通电并进行以下①～⑥项的测试，记录所测数据，如果测试数据与技术指标相差较大，必须查明原因并加以解决。

①空载通电测试：不接负载的状态下，通电后，LED 灯亮，用万用表测量输出电压，旋转电位器 Rw1，输出电压大约在 1.25～7.5V 之间变化。

②动态内阻测量：动态内阻 = 输出电压变化量/输出电流变化量。先旋转电位器 Rw1 将输出电压调至 6V（U_{o1}），调节滑线电阻器使输出电流为 0.5A（I_{o1}），然后再调节滑线电阻器使输出电流为 0.2A（I_{o2}），测量对应的输出电压值（U_{o2}），用下式进行计算：

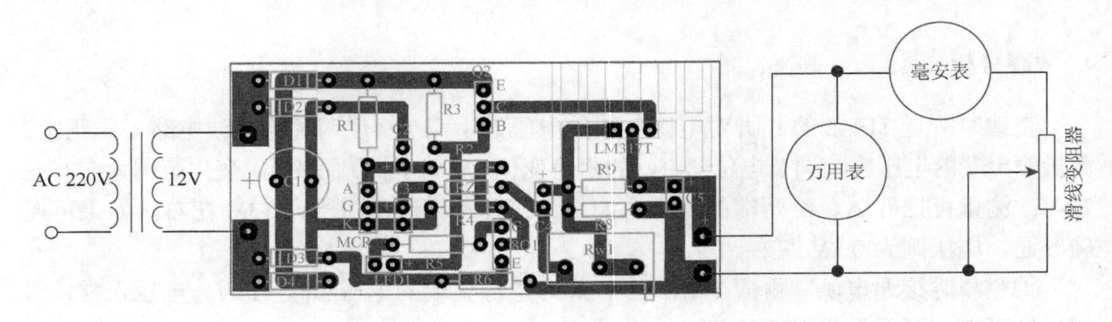

图 8-1-4　调试接线图

$R_0 = \Delta U_O/\Delta I_O = |(U_{o1}-U_{o2})/(I_{o1}-I_{o2})|$，本电路动态内阻为 0.05～0.1Ω。

③测量过流保护电流值：调节滑线电阻，使输出电流升至某一数值后突然变为 0，同时 LED 灯灭，则该最大电流值即为过流保护电流值，此值大约在 0.55～0.6A 之间。

④额定状态和过流状态电路各点电压的测试：在空载、额定电流（0.5A）与过流保护后三种情况下分别测量括号内标出的电压值（即 U_{E2}、U_{AK}、U_{B1}、U_{BE1}、U_{E2}、U_{B2}、U_{EB2}、U_{EC2}、U_{C2}），如表 8-1-1 所示进行记录。

表 8-1-1　电路各点电压测量值

	U_{E2}	U_{AK}	U_{B1}	U_{BE1}	U_{E2}	U_{B2}	U_{EB2}	U_{EC2}	U_{C2}
空载									
额定电流（0.5A）									
过流保护									

⑤稳压输出纹波电压：如图 8-1-5 所示连接好调试接线图，在输出 6V/0.5A 的条件下，由并联在输出端的交流毫伏表测出稳压输出交流电压通常称之为纹波电压，大约在 0.05～2.0mV 之间。直流稳压电源的纹波电压越小，性能越佳。

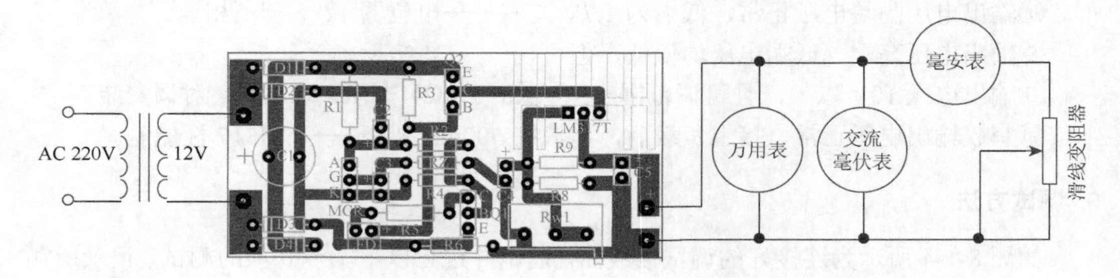

图 8-1-5　测纹波电压接线图

⑥适合的市电电压范围为 195～245V，如果市电电压过低，会使稳压性能变差，输出端的纹波电压明显增大等，如果电网电压过高，则会导致滤波电容器击穿，或晶体管、三端集成稳压块等元器件因功耗过大而损坏。检测方法：改用调压器供电，将调压器输出电压从 220V 慢慢调低至某一电压时，稳压输出纹波电压将明显趋于上升，这一电压即

为允许的最低供电电压；最高供电电压一般可定在 250V，使加在各个滤波电容器上的电压值不大于其耐压值及各元器件的功耗不会过大即可。

6. 整机安装注意事项及接线图和面板钻孔图

整机安装接线图如图 8-1-6 所示，面板钻孔图如图 8-1-7 所示，底盒左右侧面钻孔图如图 8-1-8 所示。

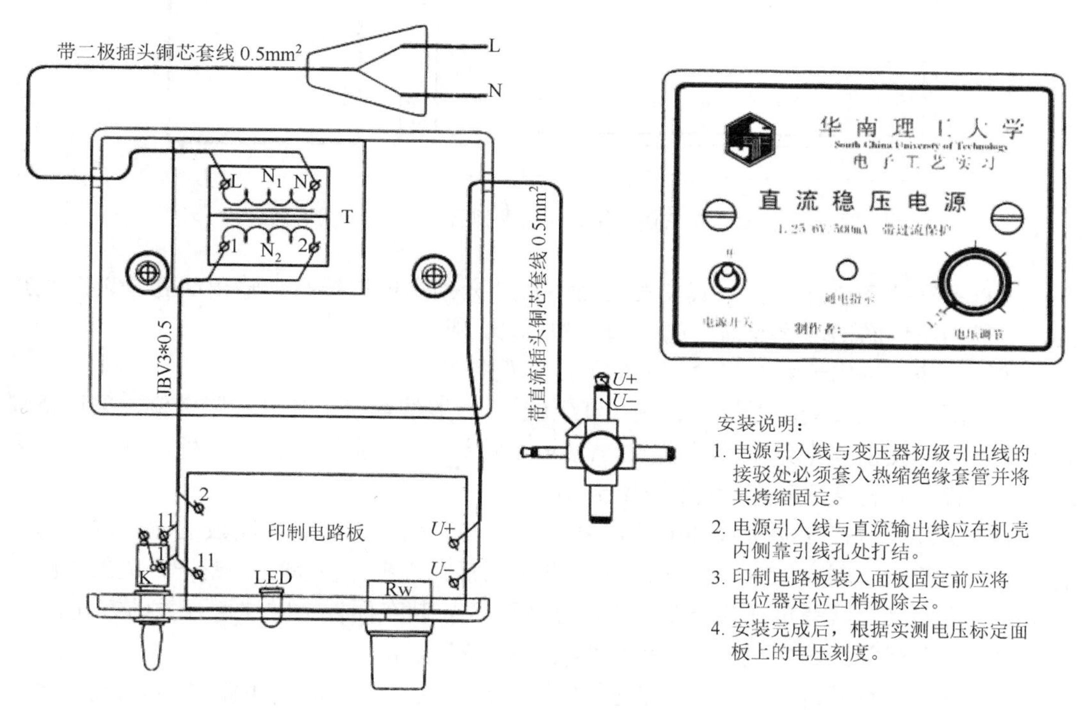

图 8-1-6　整机安装接线图

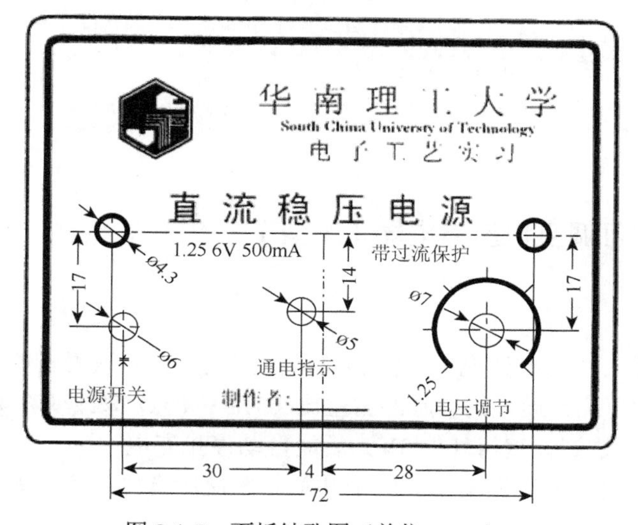

图 8-1-7　面板钻孔图（单位：mm）

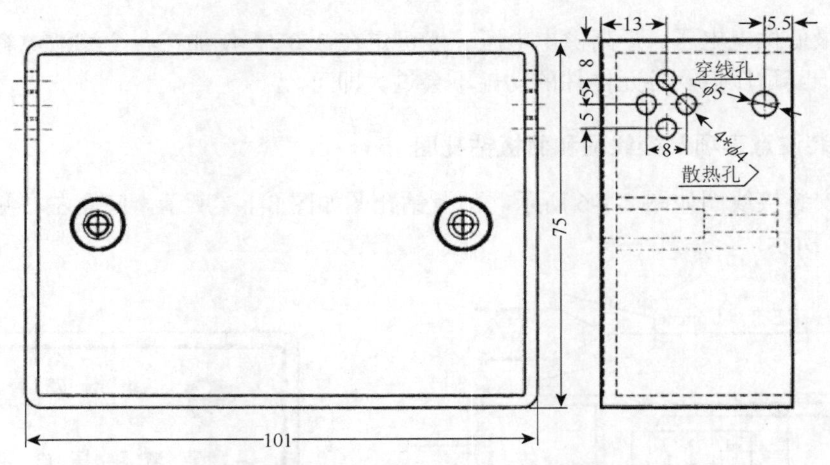

图 8-1-8　底盒左右侧面钻孔图（两侧孔对称）（单位：mm）

①参考钻孔图进行钻孔，底盒的左右两边须分别钻电源线孔、输出线孔，以及散热孔。一般为左进右出，底盒前后的大圆孔勿拆开，应保留。

②输入线、输出线要在机盒内相应的线孔处打结。

③电源输入线接变压器初级线圈（红色线），多股线焊接前务必绞紧镀锡，采用搭焊方式即可。焊接前先把绝缘热缩套入红色线，焊接好后把套管套住焊点处，用烙铁的中部加热套管，套管遇热收缩后起紧固绝缘作用。

④钮子开关应接在次级线圈的输出线上，一端直接焊在印制电路板的输入端，另一端须从中间剪断，剥离绝缘胶层 3～4mm 并镀锡后焊在钮子开关上。钮子开关的中间一个端子一定要接，两旁再任接一个端子。钮子开关安装在面板上时注意开关的方向。

⑤面板上开关孔、二极管孔、电位器孔的孔径各不相同。

⑥先在机盒底板划好变压器固定孔的位置，钻孔直径 4.2mm，用螺母固定好变压器。

⑦印制电路板的固定：发光二极管折弯对准其面板孔，电位器板去定位，稍后用螺母与面板固定。

⑧安装完成后，通电标定电压刻度值。

8.2　充电器

8.2.1　电流脉冲可调且恒流充电器（A 型）

1. 电路原理

电路采用脉冲占空比改变充电电流和自动停充装置，可取得较好的充电效果并有利于延长电池的使用寿命。通过调节脉冲占空比（3%～98%）来改变充电电流的大小（4～120mA），充电电压达到设定值（如 3V）后能自动停止充电。

电路由整流滤波、多谐振荡器、电子开关、恒流源及自动停止充电电路等组成，见图 8-2-1。

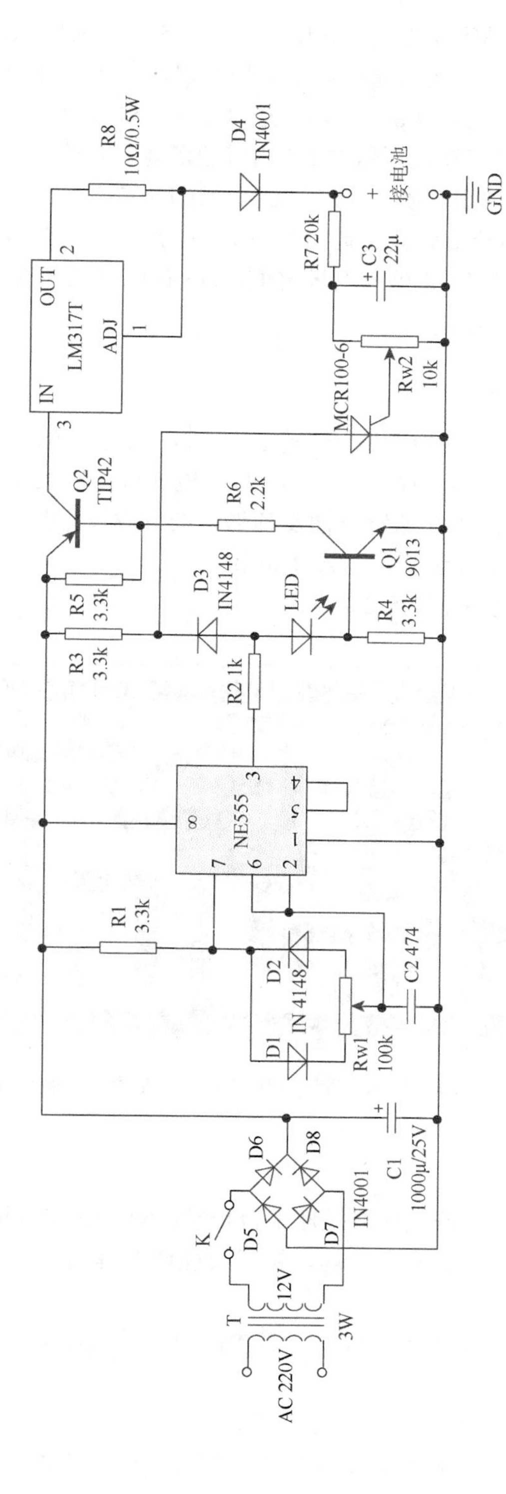

图 8-2-1　电流脉冲可调且恒流充电器（A 型）电路原理图

由D5～D8组成桥式整流，C1起滤波作用。NE555与R1、Rw1、C2、D1、D2组成频率不变（20～30Hz）、占空比可调的矩形波振荡器，NE555输出的脉冲电压通过R2及LED1（作充电指示）加到Q1的b极，用来控制由Q1与Q2组成的电子开关的通断，R6起限流作用。LM317可调三端稳压器与R8构成恒流源，可通过改变R8阻值来改变输出电流的大小，D4起隔离作用。R7、Rw2、C3、MCR100-6（单向可控硅）、R3及D3组成控制电路，使电池电压充到设定值时（如3V）能自动停止充电，C3起滤波作用，R7与Rw2组成取样电路，调Rw2可改变设定值，D3在电路处于充电状态时起隔离作用，处于停充状态时起箝位作用。

2. 印制电路板设计思路

①D1、D2位置应保证顺时针方向旋转Rw1时，充电电流增大。

②设计时应保证顺时针调节微调电位器Rw2能使可控硅触发电压增大。

③NE555采用IC座，应注意定位槽及各脚位的方位及排列。

④电位器Rw1放置在板边缘，以方便调节。

参考设计印制电路板图见图8-2-2。

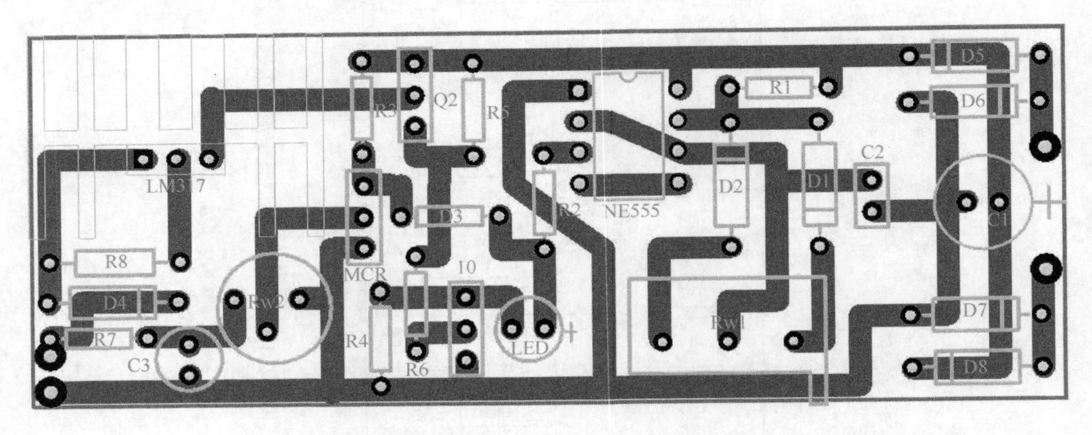

图8-2-2 电流脉冲可调且恒流充电器（A型）印制电路板图

3. 调试方法

①注意整流管极性、滤波电容器极性是否正确，NE555定位槽及各个脚位是否正确，各个晶体引脚是否正确，是否存在漏焊、错焊或虚假焊等问题。

②采用AC 12V供电。

③NE555的最高工作电压为18V，设计电路时一般控制其工作电压不大于15V，以确保安全。

④先将Rw2动端调到地端，使可控硅不起作用。

⑤用示波器观测NE555输出端的脉冲波的幅度、周期（频率20～30Hz）及占空比的调节范围（3%～98%）；将测试数据记录下来。

⑥用直流毫安表 DC 200mA 挡接到充电器的输出端，测试充电电流的调节范围（4～120mA）。

⑦调节停止充电电压值：先用滑线变阻器（阻值调至 50Ω 左右）并接在输出端，再用数字万用表 DC 20V 挡并接在输出端，调节充电电流使输出端电压为 3V。慢慢调节 Rw2 使可控硅触发导通，此时充电指示的 LED 熄灭。

复检方法：将充电电流调到最小（即将占空比调至最小），再用一条导线将可控硅的 A 与 K 极短接一下就放开，使可控硅由导通转为截止状态，充电指示灯发亮，再通过调节占空比使充电电流慢慢增大，输出端电压随之增大，当增大至设定值时 LED 立即熄灭，这表明输出电压（充电电压）在达到 3V 的设定值时电路确能自动停止充电。

8.2.2　电流脉冲可调且恒流充电器（B 型）

1. 电路原理

B 型充电器与 A 型电路不同之处，在于用晶体管组成的带电流串联负反馈的恒流源替代三端稳压器组成的恒流源，使制作成本降低。与 A 型一样，B 型电路也是由整流滤波器、多谐振荡器、电子开关、恒流源及自动停止充电电路等部分组成，如图 8-2-3 所示。

电路图中由 NE555 时基电路与 R1、Rw1、C2、D1、D2 组成频率不变、占空比可调的矩形波振荡器，NE555 输出的脉冲电压通过 R2 及 LED（兼作充电指示灯）加到 Q1 的 b 极，用来控制 Q1 的导通与截止。R6 是限流电阻。Q2、Q3 与 R7 构成恒流源（分析其恒流原理），改变 R7 阻值可改变输出电流数大小。R8、Rw2、C3、MCR100-6、R8 及 Rw2 组成触发电压取样电路，调节 Rw2 可改变充电电压设定值。D3 起隔离及箝位作用，R3 用来提供维持可控硅导通的电流（它应大于可控硅维持电流 IH）。图中 R4、R5 都是用以减小管子的穿透电流和提高晶体管工作的稳定性。

2. 印制电路板图参考（采用贴片元器件）

可供参考的印制电路板图见图 8-2-4。

3. 表面贴装技术（SMT）

（1）表面贴装元器件（SMD）

几种常见 SMD 见图 8-2-5。

（2）SMT 制作流程

SMT 制作流程如图 8-2-6 所示。

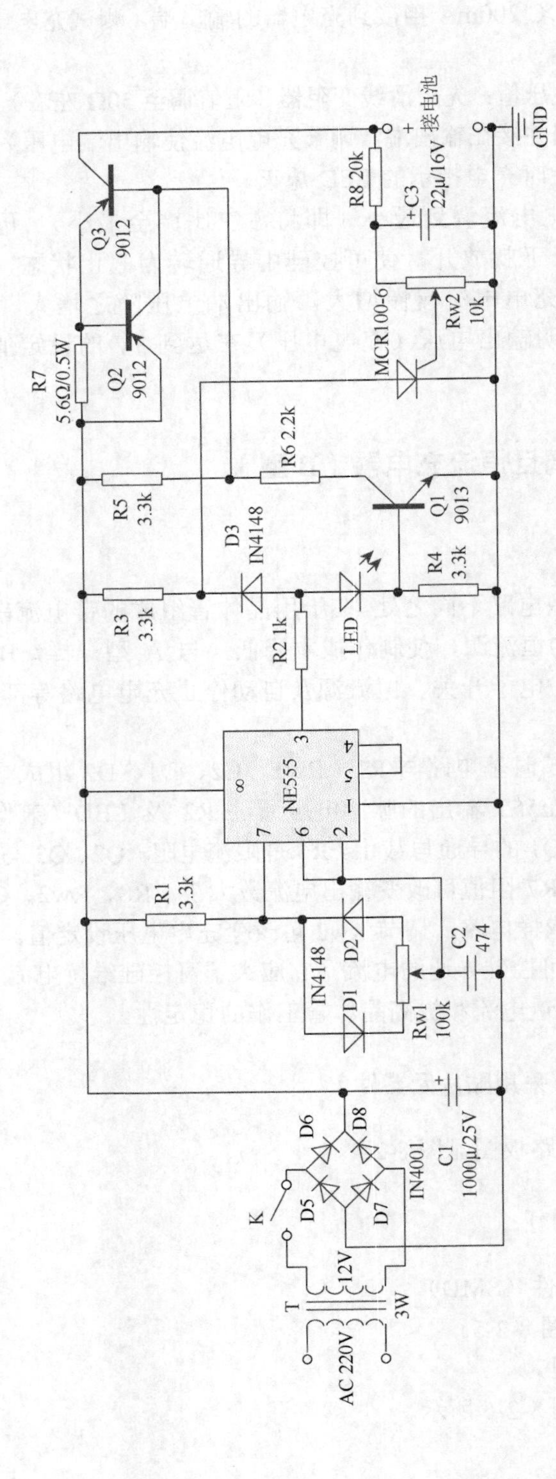

图 8-2-3　电流脉冲可调且恒流充电器（B 型）电路原理图

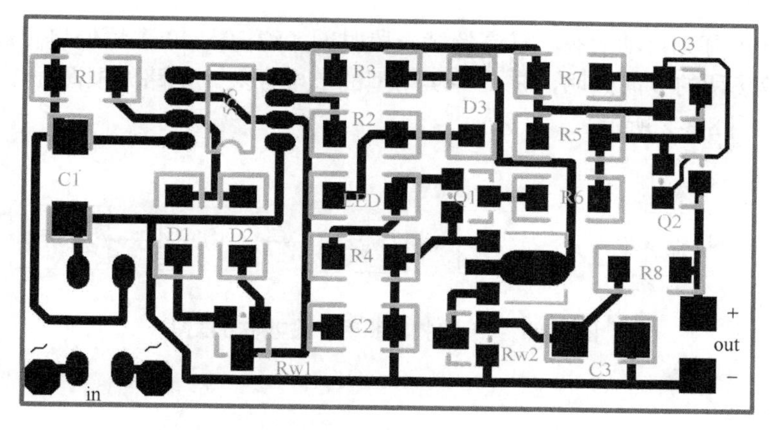

图 8-2-4　电流脉冲可调且恒流充电器（B 型）印制电路板图

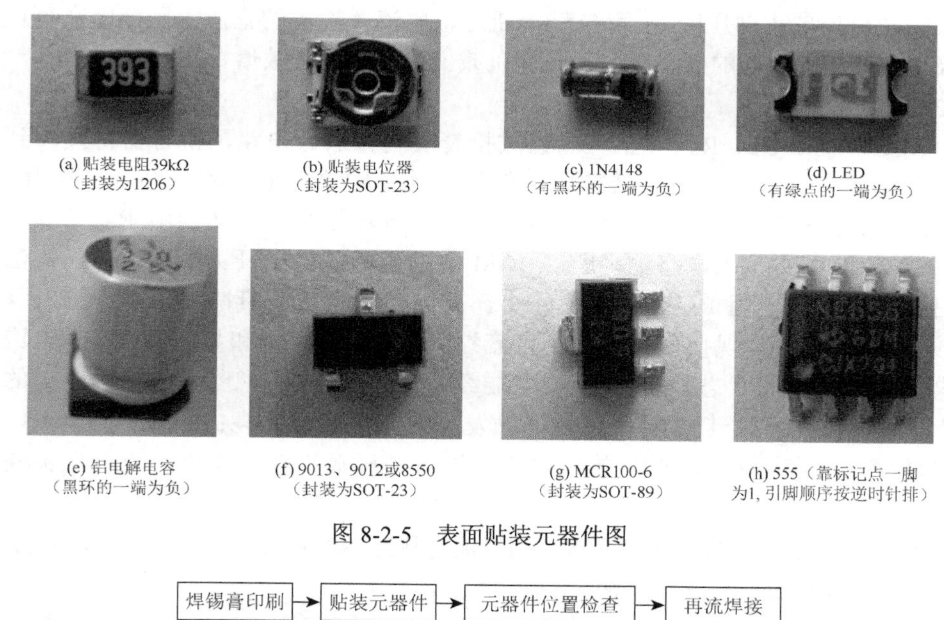

图 8-2-5　表面贴装元器件图

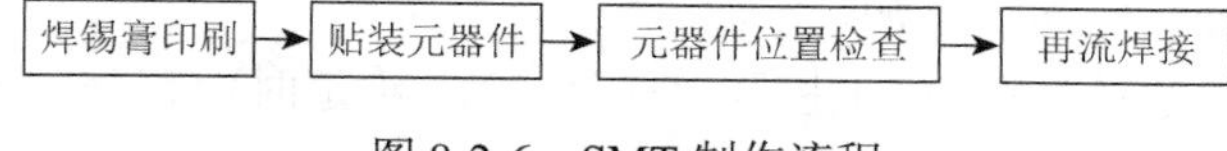

图 8-2-6　SMT 制作流程

4. 调试方法

调试方法与 A 型相同。

8.3　灯光控制电路

8.3.1　声–光控制照明开关

1. 电路原理

本电路在较暗的环境下（启动照度≤2 lx）接收到声响（如脚步声、击掌声等）时（启动声强≥40dB）灯光自动启亮，灯亮持续一段时间（约 30～40s）后便自行熄灭。适用于走廊和楼梯等场所的夜间照明，是一种实用型的节电开关。电路方框图如图 8-3-1 所示，电路原理图如图 8-3-2 所示。

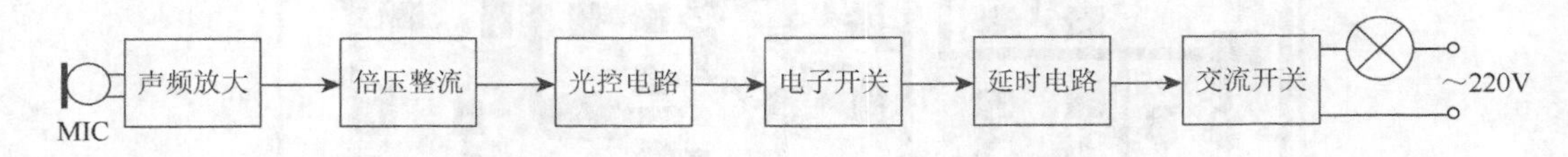

图 8-3-1　声-光控制照明开关电路方框图

（1）主电路

由 D5～D8、MCR100-6 组成交流开关。可控硅导通后，电源电压全加在负载两端（忽略二极管及可控硅正向压降）；可控硅关断时，整流桥输出的直流电压全降在可控硅的 A-K 极上；改变可控硅的导通角，可改变负载上交流电压有效值。

（2）控制电路

由 MIC、Q1、C1、R1、R2、R3 组成拾音及音频放大电路，拾音器将接收到的声音信号（脚步声、击掌声等）转换成电信号，经音频放大电路放大后，送到由 C2、C3、D1、D2 组成的倍压整流电路，将其转换成直流控制电压加到由 R4、R5、RGM（或光敏管）组成的光控电路上。R5、RGM 上的压降是电子开关的控制电压：当光照较强时，由于光敏电阻 RGM 的阻值较小，直流控制电压被衰减，Q2 处于截止状态；光线较弱时，RGM 呈现很大的阻值，直流控制电压使 Q2 饱和导通并使 Q3 也饱和导通，电子开关呈导通状态，C5 储存的电能经 Q3 及 D3 向 C4 迅速放电，C4 上的电压经 R8 限流后加到可控硅 G 极使可控硅触发导通，灯将被启亮；C4 储存的电能经 R8 向可控硅 G 极缓慢放电，直至放电电流小于可控硅最小触发电流，可控硅关断，灯熄灭。

可控硅关断时，经 D5～D8 整流后的直流电压经 R9 降压后通过 D4，并经 ZD、C5 稳压滤波后，作为控制电路的电源。

可控硅被触发导通后，D4 将主控回路隔离，D3 将延时电路与电子开关隔离。C6 用以消除灯光的抖动现象。

2. 电路调试

①提高声响灵敏度：应选用 β 值较高（一般 β＞100）的 Q1 或适当提高 R3 的阻值。

②光响应灵敏度调整：提高（减少）R5 阻值，可使灵敏度提高（降低）。

③延时时间调整：一般可通过增大 R8 阻值延长延时时间，但 R8 的阻值将受到可控硅最小触发电流限制，故不能太大，提高 ZD 的稳压值及增大 C5 与 C4 的电容量也可延长延时时间。

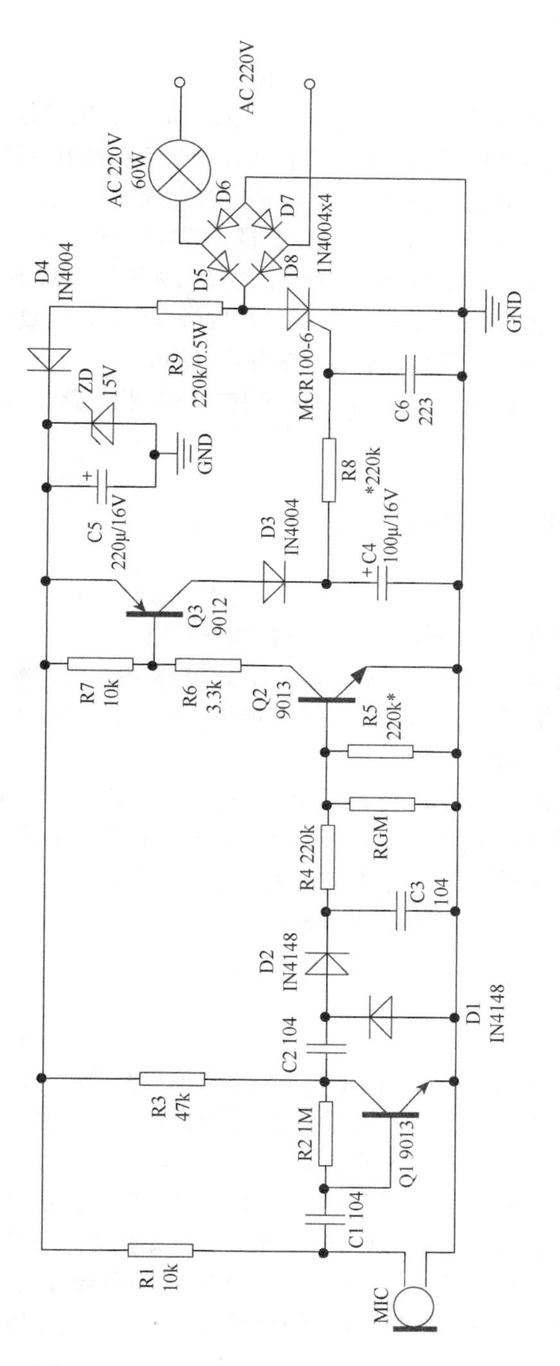

图 8-3-2　声-光控制照明开关电路图

8.3.2 声-光控及调光台灯电路

1. 电路原理

本电路具有声-光控制启灯、延时自动熄灯及对灯光亮度进行连续调节等功能。

电路原理图如图 8-3-3 所示，在 8.3.1 节的电路上加入移相触发调光控制电路，其主电路共用，通过（Rw + S）所带的开关（Rw + S）B 进行功能转换。当该开关断开时为声光控制功能，由（Rw + S）A、R10、R11、C7 组成的阻容移相触发电路，在交流电压过零后，整流输出电压经（Rw + S）A 和 R10 向 C7 充电，当 U_{C7} 充至约 1.6V 时经 R11、R12 分压加到可控硅控制极当触发电压 U_G≥0.55～0.6V 时可控硅触发导通，负载得电。改变（Rw + S）A 的大小，即可改变可控硅的导通角，从而改变负载上的电压。当该开关闭合时为调光控制功能。可控硅控制极所并接的二极管 D4、D5 可使声光控制电路与调光控制电路相互隔离。

2. 印制电路板图

印制电路板图如图 8-3-4 所示。

3. 安装焊接

元器件安装图如图 8-3-5 所示，特别注意如下几点：

①MIC 有正负极，其中有猫须标志一端为引负极。采用欧姆挡测量结果应该为 1～2kΩ；光敏二极管用数字万用表（黑表笔接长引脚）测量，用黑盖子盖住时，其电阻值显示为 5～8MΩ，不盖时为 20～50kΩ 左右；

②ZD 为稳压二极管；将 ZD 与 IN4148 区别开来，ZD 外形上有一个引脚短一个引脚长；同时用万用表测试其正向压降时，ZD 比 IN4148 的正向压降高 0.16V 左右；

③安装光敏二极管要长引脚接地，LED、光敏二极管、MIC 最高点到板的距离分别保留 2.2cm、2cm、1.4cm，以方便整机安装。

4. 电路调试

（1）低压调试

①准备与通电：焊接完成确认各元器件极性及位置无误后，在电阻 R9 处并接焊入一个 100Ω 的电阻；负载接入 AC 24V 小灯泡（接上小灯泡之前，先直接将小灯泡接到 AC15V，确认其本身可以亮），接入 AC 15V 电源。

②调光电路调试：顺时针旋转可变电阻（Rw + S）B，灯变亮；逆时针旋转（Rw + S）B，灯变暗；说明调光电路基本正常。若不能调光，则按 4 进行检查。

③声光电路调试：逆时针旋转（Rw + S）至尽端使所带开关（Rw + S）A 分断；然后遮盖光敏管 DG1，轻击 MIC 时灯亮，经延时后灯灭，说明电路基本正常。

（2）整机安装复测：拆去并联于 R9 处的 100Ω 的电阻，将印制电路板装入加工好的台灯，用绝缘胶布或者绝缘套将连接处的裸露多股线缠好，装好整机后接入 AC 220V 进行测验：重复（1）步骤②，旋转（Rw + S）B 观察调光功能；重复上步骤③（可免电位

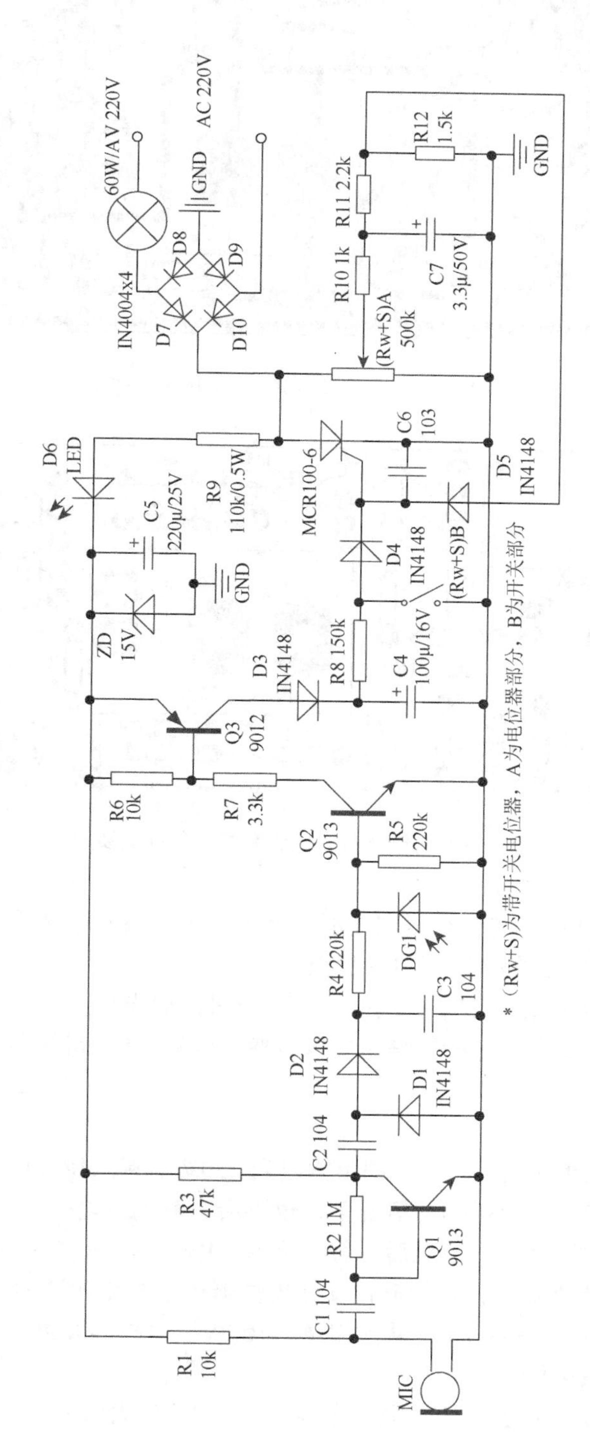

*（Rw+S)为带开关电位器，A为电位器部分，B为开关部分

图 8-3-3　声-光控及调光台灯电路原理图

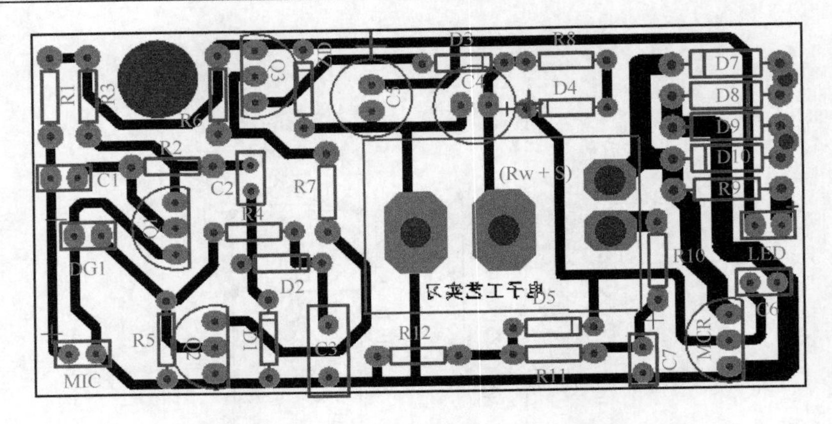

图 8-3-4　声-光控及调光台灯印制电路板图

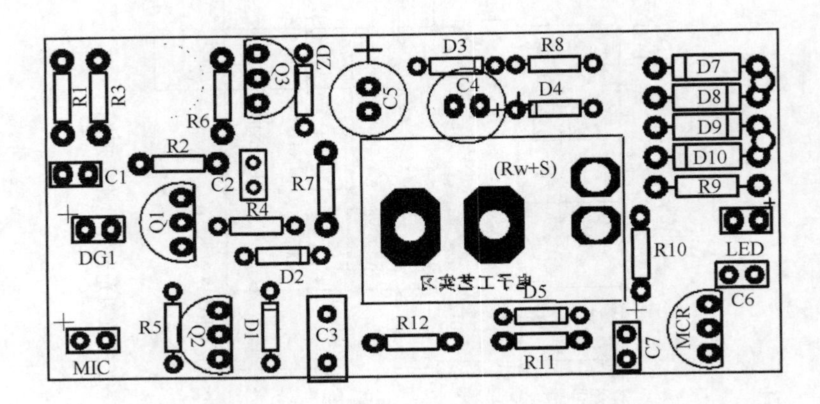

图 8-3-5　声-光控及调光台灯元器件安装图

测试），逆时针旋转（Rw + S）至尽端使所带开关（Rw + S）A 分断；遮盖光敏管后，击掌或轻敲盒盖，灯即亮，约 40s 后自动熄灭。

注：由于可控硅的 I_G 与 U_{AK} 成反比，故低压时，调光范围窄、声光控延时时间短。若高压接入后声光控制电路性能不满足要求可参照 8.3.1 节电路的调试方法进行调整。

5. 故障检查指引

用带隔离变压器的电源，通电并调至输出为 220V 后接入待检电路，采用带隔离变压器的电源供电，在单手带电操作的情况下，也不会有触电危险。

①先检查调光电路功能，通电后，将电位器（Rw + S）B 顺时针旋转：

a. 灯亮但亮度不能调节：可控硅击穿或电位器出现短路（这种情况一般较少发生）。

b. 灯不亮，测量 $U_A \approx 198V$：若测得 $U_G > 0.7V$，可控硅开路；若测得 $U_G = 0V$，调光控制回路有虚焊或电位器开路。

c. 灯光可调但亮度不足：电位器顺时针旋至尽，阻值较大但不为零，应更换电位器 RW。

②检查声光控制回路。调光电路工作正常，声光控制电路工作不正常，故障则出在控制回路。检查方法：先保证控制回路的电源正常，即 $U_{ZD} \approx 15V$ 后，再从后向前逐级检查：

a. 用镊子短接一下 Q3 的 C、E 两极，此时灯即亮并延时约 40s 后自动熄灭，说明触发延时电路工作正常。否则该部分电路有问题：多为虚焊或二极管接反。

b. 用镊子短接一下 Q2 的 C、E 两极，此时灯亮，说明 Q3 及该级电路工作正常。否则该级有问题：多为三极管损坏或电路有虚焊。

注：当确定该级正常，在灯亮后，用镊子将电容 C4 两极短接，使灯熄灭以缩短调试时间。

c. 遮挡光敏二极管光线（或先焊离），用镊子短接一下 Q1 的 C 极与 Q2 管的 B 极两点，灯即亮，说明 Q2 工作正常。否则 Q2 损坏或虚焊。

d. 遮挡光敏二极管光线（或先焊离），用镊子触碰一下 Q1 的 B 极，灯即亮，说明 Q1 及倍压整流电路工作正常。否则应检查 Q1 是否损坏、二极管是否接反、元器件有无虚焊。

e. 遮挡光敏二极管光线（或先焊离），轻敲 MIC 外壳灯不亮，但用镊子触碰一下 MIC 的输出端，灯即亮，说明 MIC 极性可能接反或灵敏度太低，也有可能是电路连线断开或有虚焊。

f. 各级电路工作正常后，将光敏二极管光线遮挡，轻敲 MIC 外壳，灯即亮并延时熄灭；而当光敏二极管光线射入时，轻敲 MIC 外壳，灯不会亮。电路检查完成。

6. 安装接线图及面板钻孔图

采用模板画线定出各孔位置并按孔径要求进行钻孔加工，整机总装图见图 8-3-6。

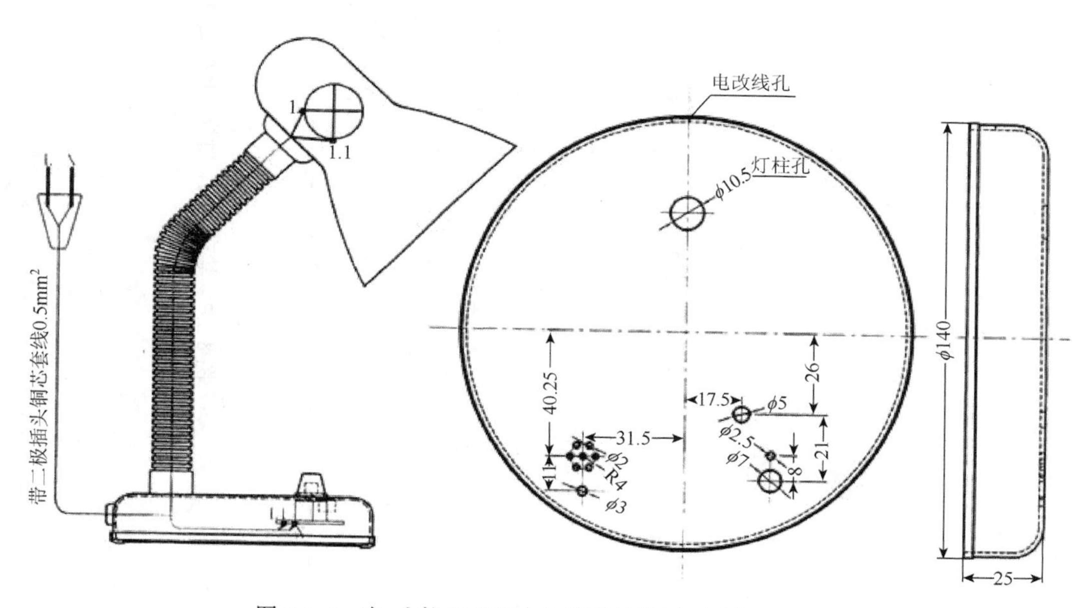

图 8-3-6　声-光控及调光台灯整机总装图（单位：mm）

8.3.3　具声、光、触摸一体的延时节电开关

具声、光、触摸一体的延时节电开关的电路图如图 8-3-7 所示，通电后节电开关即处于守候状态，UD 输出低电平，可控硅关断，灯不亮。Q1、UA、UB 为声、光控通道，白天图中 A 点为低电平，UB 被封锁，夜间 A 点为高电平，声音通过话筒 MIC 转换成音

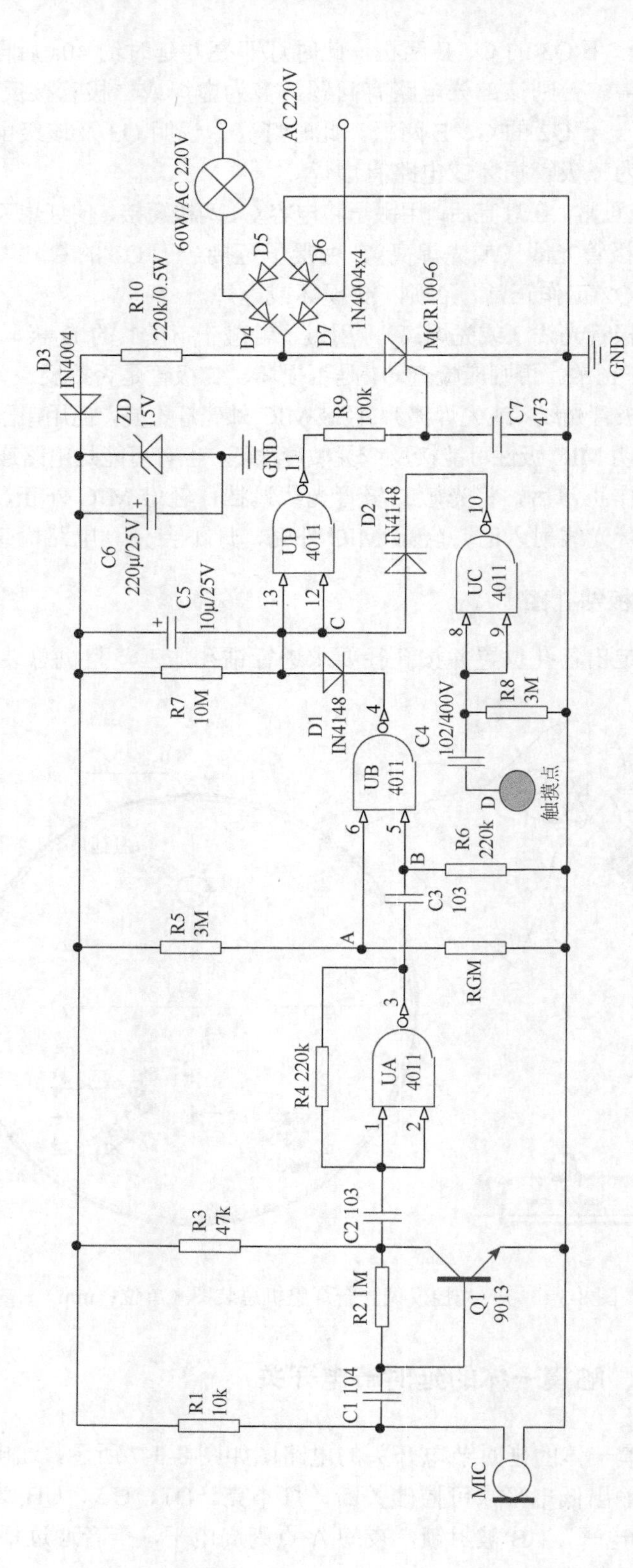

图 8-3-7　具声、光、触摸一体的延时节电开关的电路图

频电压，经 Q1 和 UA 放大后送至 UB，UB 输出低电平，C5 通过 D1 和 UB 充电，C 点变为低电平，使 UD 输出高电平触发可控硅导通，灯亮。与此同时，C5 经 R7 缓慢放电，C 点电压逐升高，直至 UD 输出翻转为低电平，可控硅关断灯灭。改变 C5 或 R7 可改变灯亮时间，取图中值时为 60s 左右，R5 可调整声控灵敏度，R6 可调整光控灵敏度，声、光控灵敏度独立调节，互不牵连，C7 为抗干扰电容器，用以消除光抖动现象。

触摸控制通道由 UC、D2、R8 及 R7 构成，触摸 D 点，UC 输出由高电平变低电平，完成上述灯亮过程，这一过程不受光线影响，任何时候都能触摸开灯，从而扩大了开关的使用范围。

8.4　单片机控制电路

8.4.1　单片机控制 LED 流动显示电路

1. 电路工作原理

单片机控制 LED 流动显示电路如图 8-4-1 所示，使用单片机 STC89C52RC 编程控制，端口 P2.4、P2.5、P2.6、P2.7 输出到 Q12、Q11、Q10、Q9，分别控制 LED 的 4 段显示；

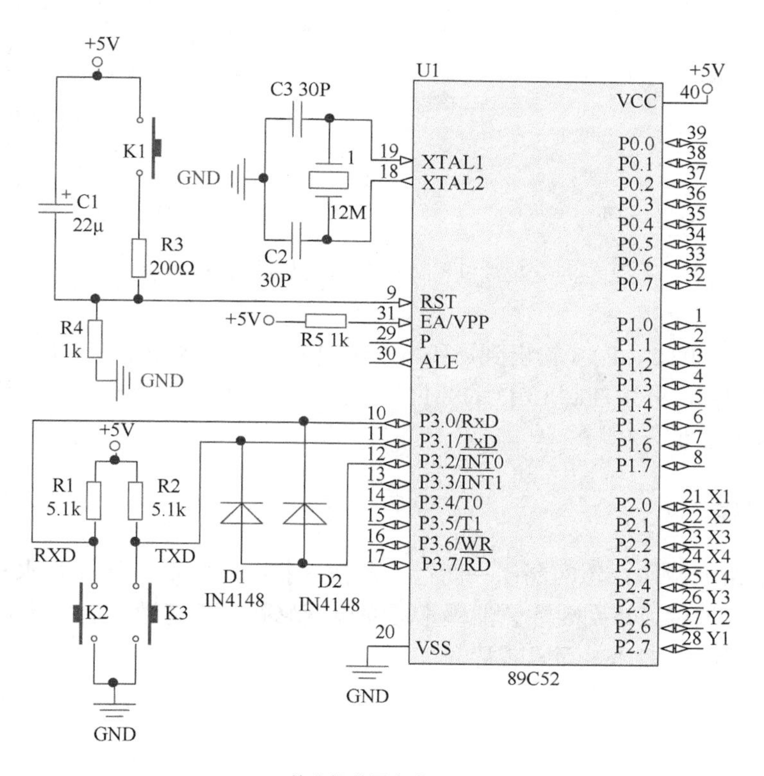

(a)单片机外围电路

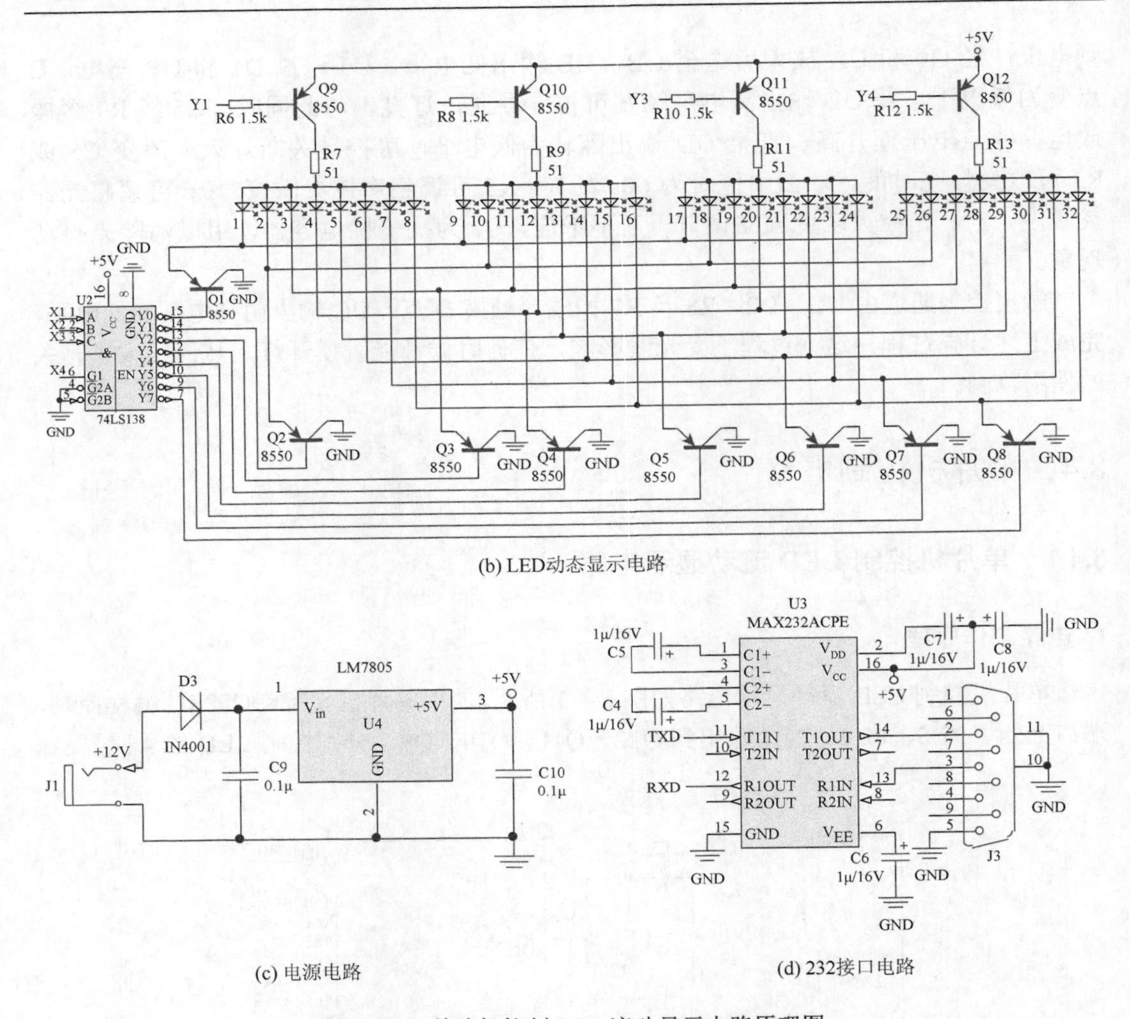

(b) LED动态显示电路

(c) 电源电路

(d) 232接口电路

图 8-4-1　单片机控制 LED 流动显示电路原理图

端口 P2.0、P2.1、P2.2、P2.3 输出到译码器 74LS138，译码器输出到 Q1、Q2、Q3、Q4、Q5、Q6、Q7、Q8，分别控制 LED 的 8 位显示，通过段与位的组合可以灵活控制发光管进行多种模式的显示。

2. 电路制作过程

①印制电路板制作：丝网漏印—腐蚀—清洗—打孔—打磨—涂松香水—晾干—元器件焊接—安装—调试（特别要注意油墨干后先检查修补，再腐蚀，后打孔）。

②软件：编程—编译—写入芯片。

3. 安装焊接

元器件安装如图 8-4-2 所示，特别注意事项：

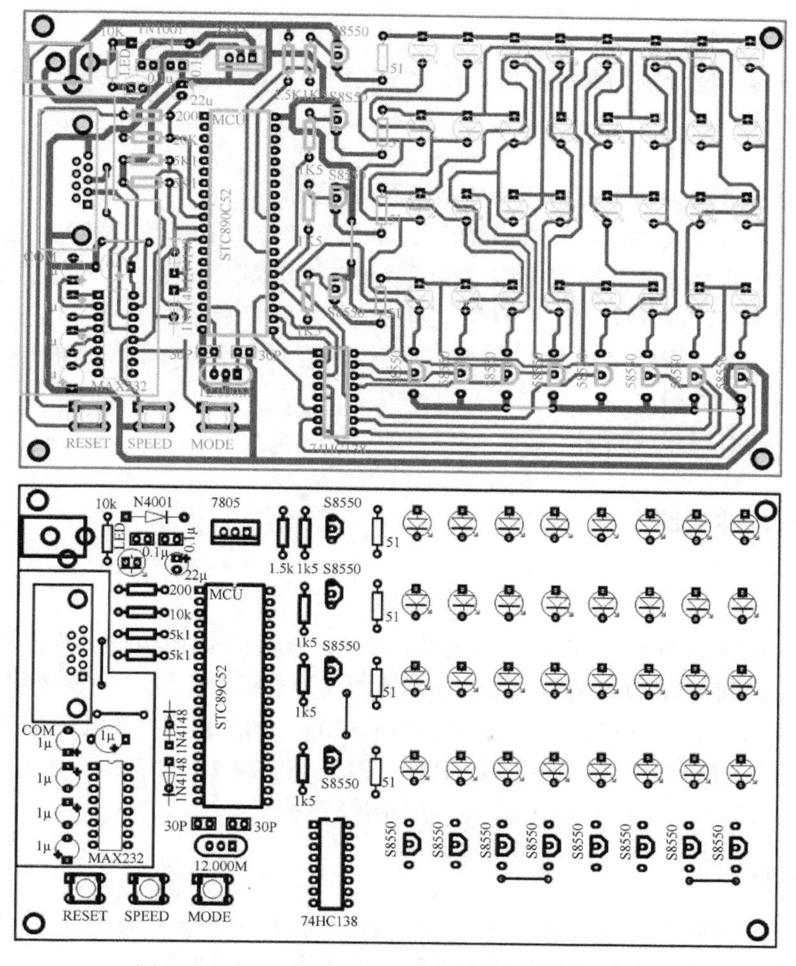

图 8-4-2　单片机控制 LED 流动显示元器件安装图

①STC89C52RC 和 74LS138 芯片一定要安装底座，还要注意 IC 座缺口、LED 正负极、三极管引脚、LM7805 等正确方向。

②电阻要根据电路标示阻值对应安装。

③不要遗忘飞线。

4. 电路调试

（1）接通电源

电源电压要 8V 以上，注意正负极。

（2）按顺序检查各点电压：

①LM7805 的 1 脚输入端电压（电源电压），3 脚输出电压（5V）。

②89C51 的 40 脚（5V），20 脚接地。

③89C51 的晶振两端分别对地电压均为 2.2V 左右。

④74LS138 的 6 脚电压应为 5V，4 脚和 5 脚接地。

（3）测试 3 个按键的功能

左中右按键功能分别为系统复位、显示模式转换、LED 流动速度控制。

5. 故障检测

（1）LED 全不亮，或某行灯不亮，或某列灯不亮。

①用镊子把该行或该列对应的三极管 C、E 脚短路，如果能亮，故障主要是对应的三极管基极的电压为高电平，原因在该三极管基极前面电路（例如，译码器 74LS138 引脚连接有短路或断路，或 STC89C51 的端口到三极管之间有断路）。

②用万用表的二极管挡检查线间短路和连线断路，短路蜂鸣器发出声音。

（2）按钮不起作用

按钮脚连接有短路或断路。

8.4.2 电子时钟电路

1. 电路原理

电子时钟电路如图 8-4-3 所示，使用单片机 STC89C52 编程控制，端口 P2.3、P2.4、P2.6、P2.7 输出到 Q3、Q4、Q1、Q2，分别控制 4 个数码管电源，P2.5 控制 2 个发光二极管；端口 P0.0、P0.1、P0.2、P0.3、P0.4、P0.5、P0.6、P0.7 输出控制数码管的“a”“b”“c”“d”“e”“f”“g”和“dp”段；P1.0、P1.1、P1.2、P1.3、P1.4、P1.5、P1.6、P1.7 分别控制 8 个 LED 多种模式流动显示，作为闹钟指示。

2. 电路制作过程

①印制电路板制作：丝网漏印—腐蚀—清洗—打孔—打磨—涂松香水—晾干—元器件焊接—安装—调试（特别要注意油墨干后先检查修补，再腐蚀，后打孔）。

②软件：编程—编译—写入芯片。

3. 安装焊接

元器件安装如图 8-4-4 所示，特别注意事项：

①STC89C52RC 和 MAX232 芯片一定要安装底座，还要注意 IC 座缺口，LED 正负极，三极管引脚、LM7805 等正确方向。

②两个两位数码管不用倒着安装（小数点向上）。

4. 电路调试

S3：闹钟功能。按下之后按 S5 选择改变的数码管位，S6 和 S7 加减功能，设定好闹钟时间，然后再按一下 S3 确定。闹钟的提醒方式为 8 个 LED 闪烁，提醒时间 1min，如果闹钟正在提醒的时候想关掉提醒（此时没有实际关闭闹钟），按下 S8 即可。闹钟停止提醒以后，此时再按 S8 对应的是切换显示年月日的功能。如果想实际关闭闹钟，请把闹钟时间设置到 00：00 这个时间。

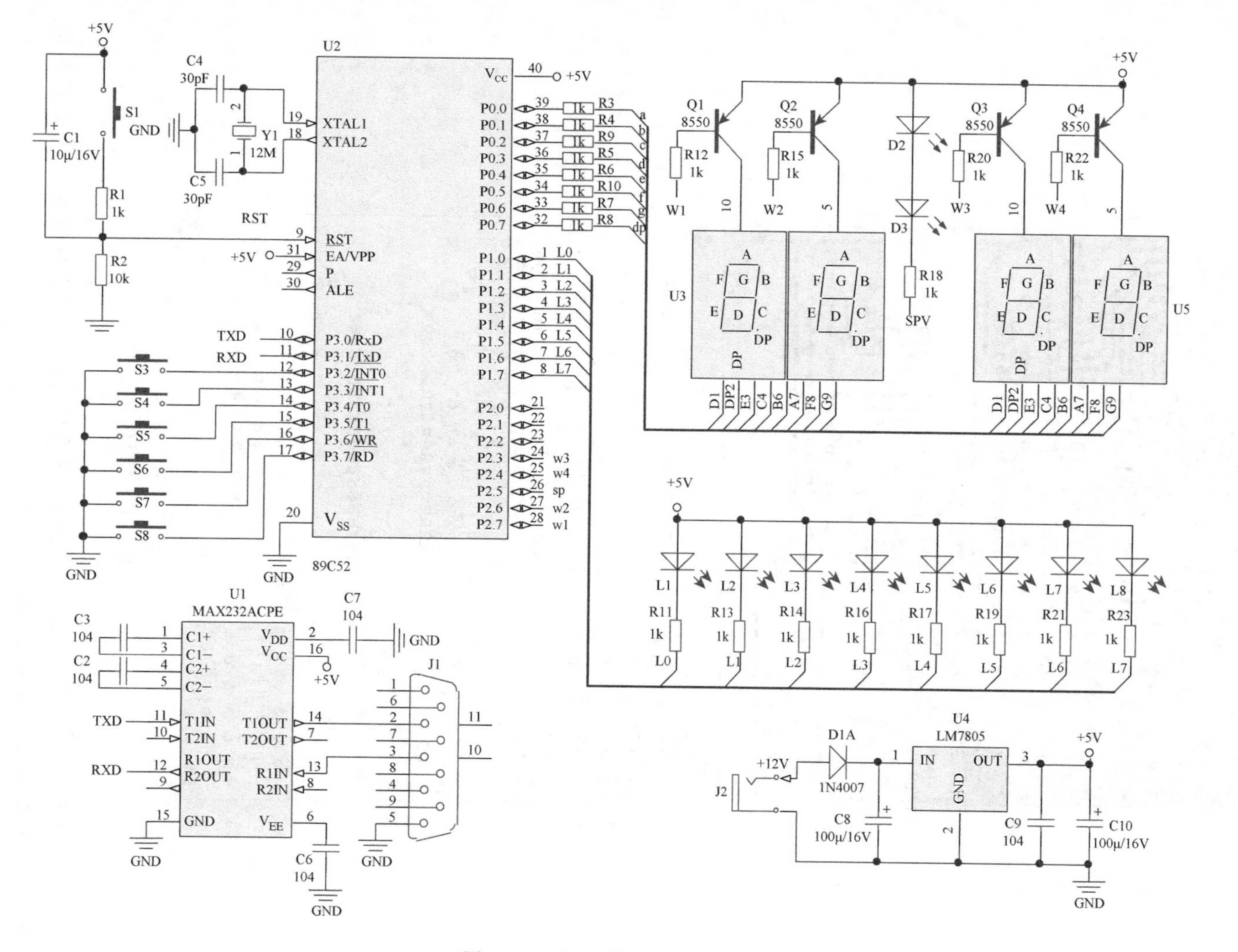

图 8-4-3　电子时钟电路原理图

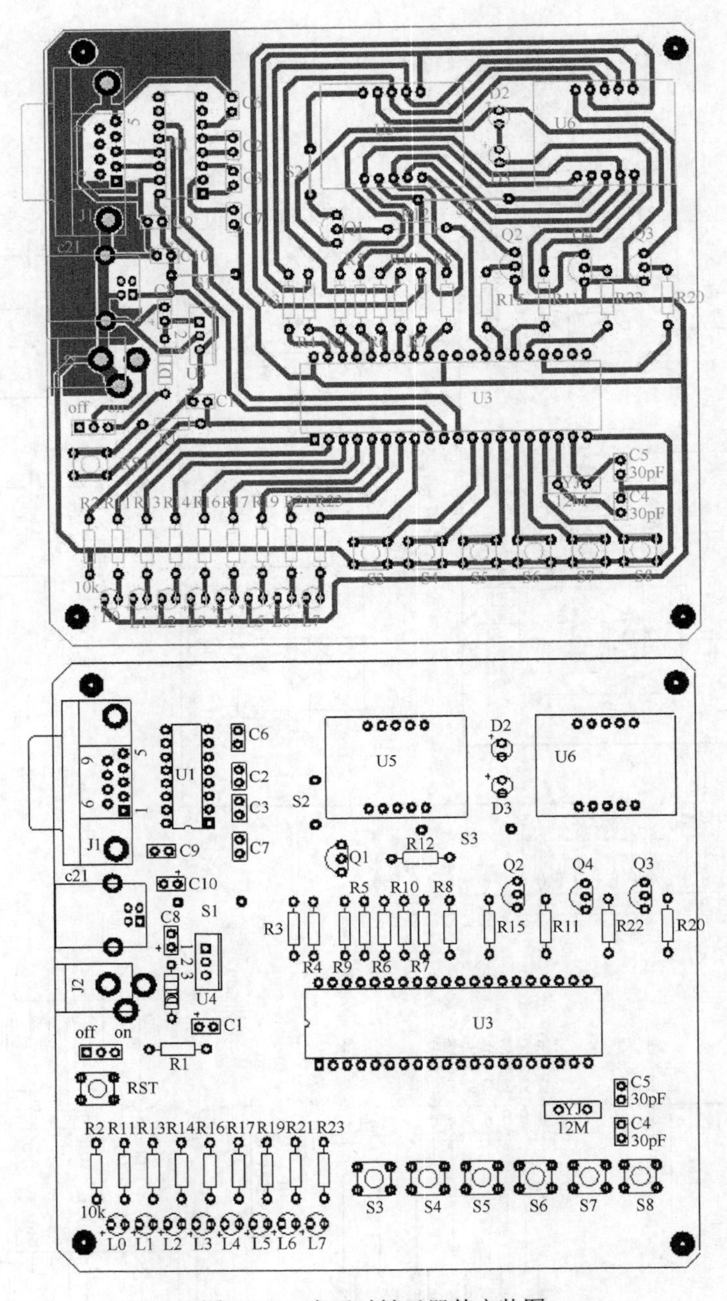

图 8-4-4　电子时钟元器件安装图

S4：秒表功能。按下之后进入秒表，按下 S8 开始计时，再按 S8 停止，再按 S8 新的一次计时，按下 S4 此时退出秒表功能。

S5：校时位选。按下之后选择需要改变的位，对应位则处于修改状态。

S6：数值加。如果一直按下可以实现连加。

S7：数值减。如果一直按下可以实现连减。

S8：切换功能。按下切换到分秒，再按下切换到月日，再按下切换到年，再按下切换回原来的界面，即时分界面。

最后还有一个功能，由于单片机速度和晶振、外部干扰、温度等有关，所以设置了可以改变时钟快慢的功能，以适应不同环境影响。我们使用的是中断 1000 次为 1s，由于中断一次不可能是绝对的 1ms，所以我们设置了中断次数可以改变，从而实现微小的调整大约 0.001s 来实现改变时钟快慢，校时的时候按下 S5 位选最后一位的时候，四个数码管会同时跳动，这时候按下 S6 和 S7 实现的就是中断次数的改变，开机默认 1000，中断次数不可见，所以不要随便改变这个值，如果发现这个值被设置忘记了或者走时不准，可以断开电源重新连接或者复位。再按一下 S5 位选即确认所有设置，返回到开机界面即时分界面。

注：因按键个数有限，S8 在不同界面有不同功能，不能嵌套使用。在开机界面即正常界面是切换功能，在秒表功能的界面作用是计数停止功能。

8.5　防盗报警器

1. 电路原理

本防盗报警器具有电路简单、工作可靠、静态功耗低及使用、安装简便等特点，适用于房间门窗监控报警。电路原理图见图 8-5-1，电路是由超低频振荡和音频振荡两部分电路构成，图中 NE555 时基电路与 R1、R2 及 C1 等元器件组成频率为 1Hz 左右的脉冲波振荡器，由 NE555 的第 3 脚输出矩形波，经 R4 对电容器 C3 进行充、放电，从而在 C3 上形成锯形波电压经 R5 加至 Q2 的基极上，以提高 Q2 的基极偏置电流。由三极管 Q2、Q3 及 R7、C4 等组成音频振荡器，其振荡的中心频率可由 R7、C4 数值确定，并随 Q2 管的基极偏置电流大小而变化，使音调由低逐渐升高，然后再由高逐渐降低，周而复始，从而形成由低—高—低—高音调变化的报警声，只要合理地选择 R1、R2、C1 及 R4、C3 等元器件参数，即可产生警车报警声效果。

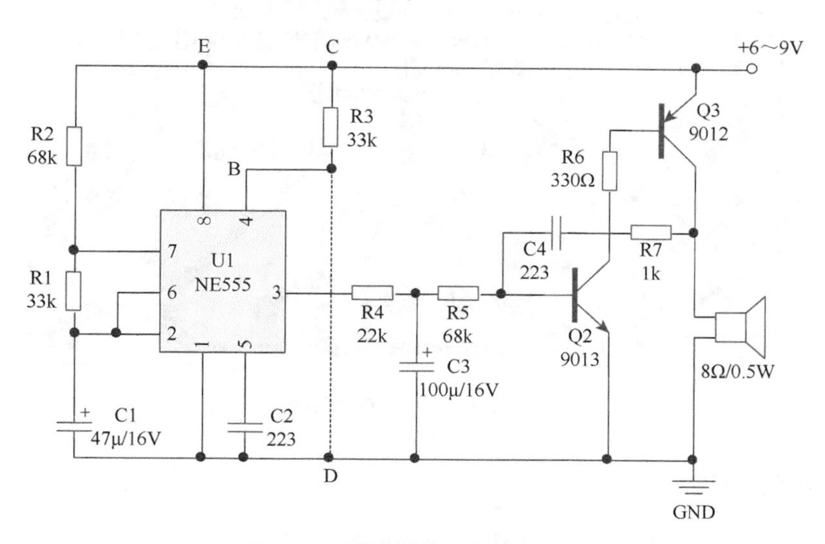

图 8-5-1　防盗报警器电路原理图

为了进一步降低静态功耗，可采用 CMOS 型的时基电路（如 7555），也可以将图中的 E、C 两点间的连线切断，再用一只 NPN 型三极管（如 9013）的发射极、基极、集电极分别接至 E、B、C 三点，这样可使静态电流降低到 0.2mA 以下，图 8-5-2 为改进型防盗报警器电路原理图。

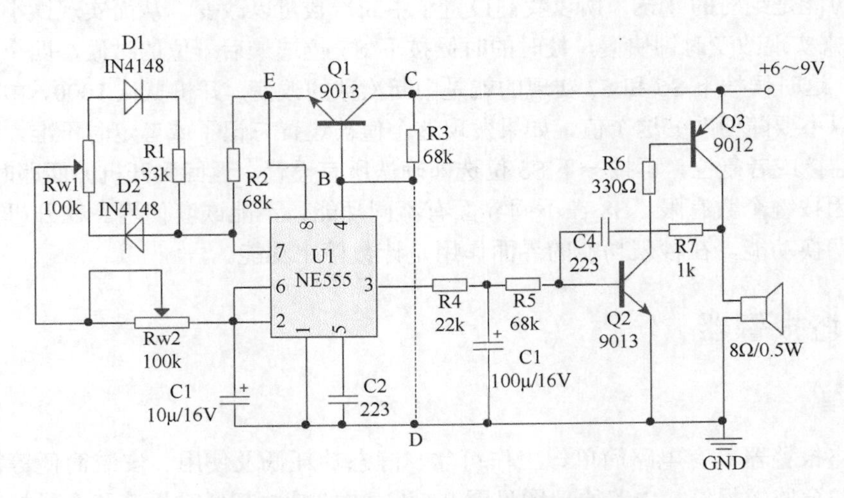

图 8-5-2　改进型防盗报警器电路原理图

2. 印制电路板图

改进型防盗报警器印制电路板图如图 8-5-3 所示，设计印制电路板图时一定要特别注意 NE555 脚位方向，并弄清各个三极管的引脚排列，以免设计时出差错。布线板图应注意电源，喇叭及监控线接入端口位置要设置在板的边缘。

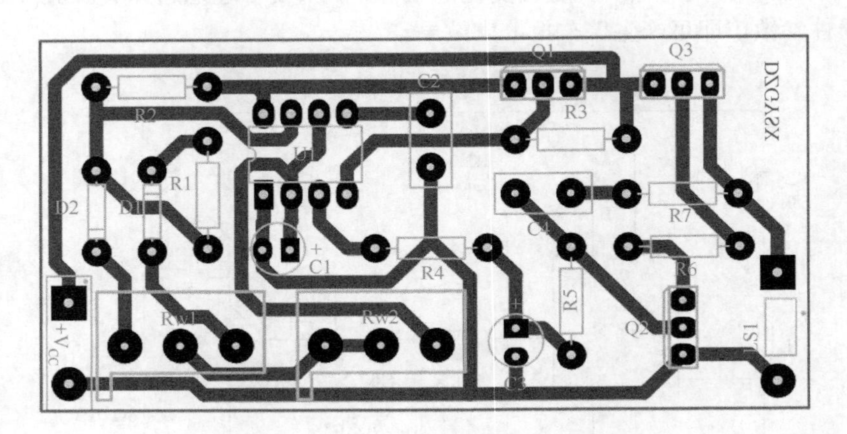

图 8-5-3　改进型防盗报警器印制电路板图

3. 电路安装焊接调试

改进型防盗报警器元器件安装图如图 8-5-4 所示。

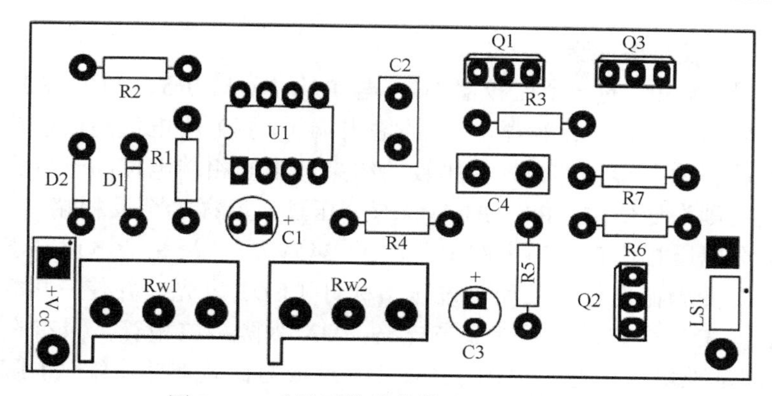

图 8-5-4　改进型防盗报警器元器件安装图

调试要求：正常情况下，B、D 两点未接入监控线时，通电后应发出报警声，这时可用示波器观测 NE555 时基电路输出端（3 脚）输出波形应该为矩形波，记录电压的高、低电平的幅值，并计算出峰值与供电电压的百分比，再观察扬声器两端的波形，应当是一种调频窄脉冲波。

8.6　保护器

8.6.1　通用家电保护器

1. 电路原理

通用家电保护器电路当电网过压（>245V）或欠压（<170V）能自动切断用电器电源，当电网电压恢复正常电压（175～240V）时需经延时（5～8min）后再自动接通用电器电源。保护器采用 4 个 LED 分别表示过压、欠压、延时及正常工作状态，便于生产过程中的调试与检修；当转换开关置于延时，可保护电冰箱压缩机免受电网频繁通断的损坏，因此也称为冰箱保护器；当转换开关置于不延时，即为普通的过压，欠压保护器。该电路带负载能力小于等于 500W，自身功耗小于 2W。

通用家电保护器电路主要由整流滤波器、过欠压取样电路、基准电路、过压和欠压比较及指示电路、延时控制电路等部分组成，A 型如图 8-6-1 所示。

（1）整流滤波器

AC 12V 路径二极管 D1 整流和电容器 C1 滤波后提供主电路的工作电压；另一路经二极管 D2 整流和电容器 C2 滤波后加至过欠压取样电路，使取样电压受电路工作状态变化时的影响较小。

（2）过欠压取样电路

由 R1、Rw1、R5 组成过压取样电路，由 Rw1 滑动端的电压加至一个比较器的反相端与同相端的基准电压（$V_{DZ}=5.1V$）相比较；由 R9 与 Rw2、R12 组成欠压取样电路，由 Rw2 滑动端的电压加至另一个比较器的同相端的基准电压相比较，电容器 C3 与 R9 组成短瞬间的欠压状态，从而保证保护器都先经延时数分钟才接通电器电源。

（3）过欠压比较与指示器

由双比较器 LM393 的一个比较器 U1A 与 R1、Rw1、R5、R10、R3、D3、LED1 等组成过压比较与指示器，比较器 U1A 的输出端（1 脚）的电位高低取决于同相输入端（3 脚）与反相输入端（2 脚）相比较的结果，当同相端电位高于反相端地，输出为高电位，反之则为低电位，R1、Rw1、R5 分压过压取样加至反相端（2 脚）与同相端（3 脚）基准电压相比较，当电网电压高于 245V 时，反相端电位高于同相端，使输出端出高电位变为低电位，从而使过压指标灯 LED1 发光，并使三极管 Q1 导通，其中 R10、R3、D3 组成过压回差调节电路，D3 为隔离二极管，只有在过压状态时 D3 才导通，即基准电压才通过 R10、R3、D3 组成与比较器输出端（1 脚）和地端构成电流通路，使 R10 产生下正，上负的电压降，从而使同相端（3 脚）有电位降低，可调节 R3 阻值来改变，即调 R3 来控制过压回差，R7 限流电阻，比较器 U1B 与欠压指示灯 LED2、欠压回差调节电路 R11、D4 以及欠压取样电路 R9、Rw2、R12 等组成欠压比较与指示器，当电网电压低于 170V 时，U1B 输出端（7 端）由高电位变为低电位，从而使欠压指示灯发光，并且 Q1 管导通，调节 Rw2 可改变欠压值，调节 R11 阻值可改变欠压回差。

（4）延时电路

由时基电路 NE555 与定时电容器 C4 及定时电阻 R14 等组成。在正常工作状态下，NE555 的（2 和 6 脚）电压为低于 2.5V，其输出端（3 脚）则为高电平，使正常指示发光，并且使 Q2 导通，使继电器吸合，使用电器通电，R6 为限流电阻；无论当电网出现过压或是欠压状态，都会使三极管 Q1 导通，直流电压经 R8、D6 对 C4 快速充电，使 NE555 的（2 和 6 脚）电压高于（5 脚）电压（5.1V），从而使输出端变为低电位，这时正常指示灯熄灭，Q2 截止，则继电器断开而切断用电器电源，NE555 的放电端 7 脚为低电平，由于 Q1、D5 导通，使延时指示 LED3 两端箍位在 1V 左右，因而不会发光，当电网电压由过压欠压状态转为正常时，则 Q1 截止，保护器处于延时状态，延时灯 LED3 发光，这时电容器 C4 上的电压开始通过 R14 放电，当 C4 上的电压下降至 2.5V 时，NE555 的输出变为高电平，延时结束，恢复正常工作状态。

B 型电路原理如图 8-6-2 所示，电路特点与功能和 A 型基本相同，但因只采用一块价格较低的 IC，所以成本较低。

2. 调试方法

对应图 8-6-1 通用家电保护器（A 型）电路原理图，调试方法如下。

①将保护器电源插至调压器上。

②欠压值的调节：将调压器电压调至 170V 后，再调节 Rw2 滑动端直至欠压指示灯亮为止。

③过压值的调节：将调压器电压调至 245V 后，再调节 Rw1 滑动端直至过压灯亮为止。

④欠压回差与过压回差的调节：一般回差值控制在 5～10V，可分别调节电阻 R3、R11 达到。

⑤延时时间的调节：延时时间应大于 5min，一般通过加大 R14 来增大延时时间。

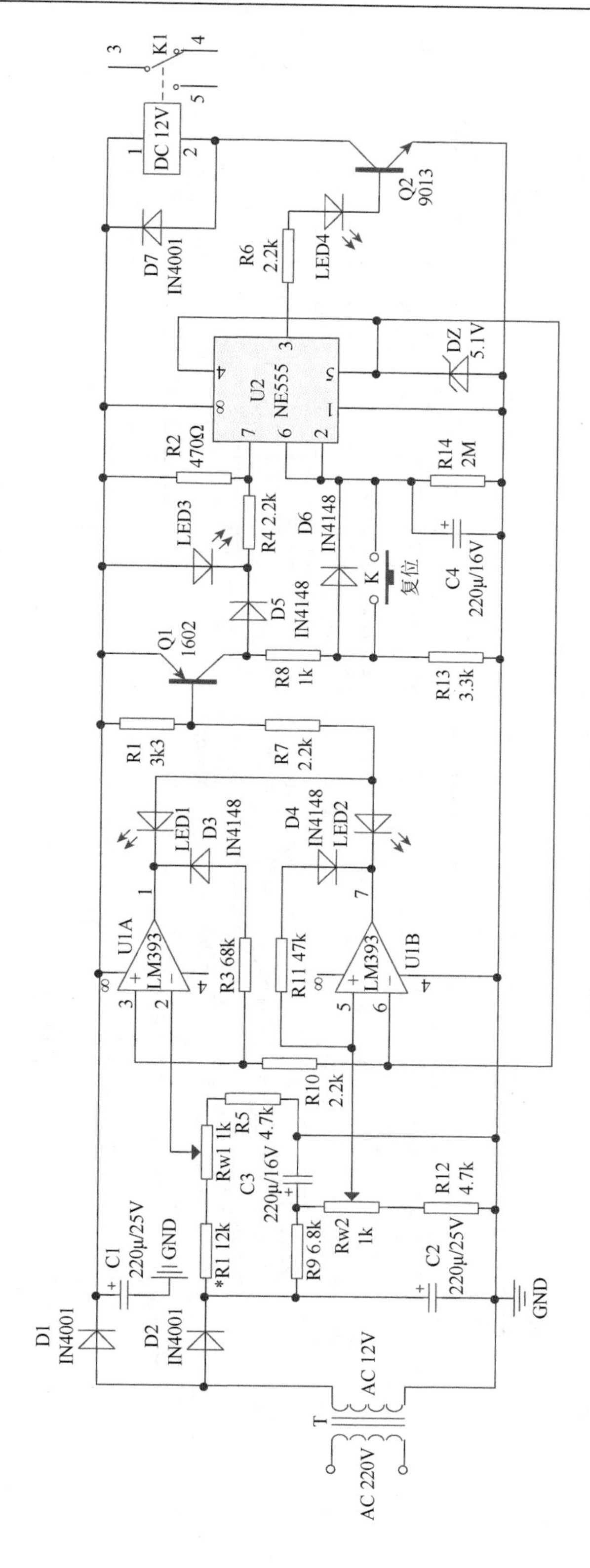

图 8-6-1　通用家电保护器（A 型）电路原理图

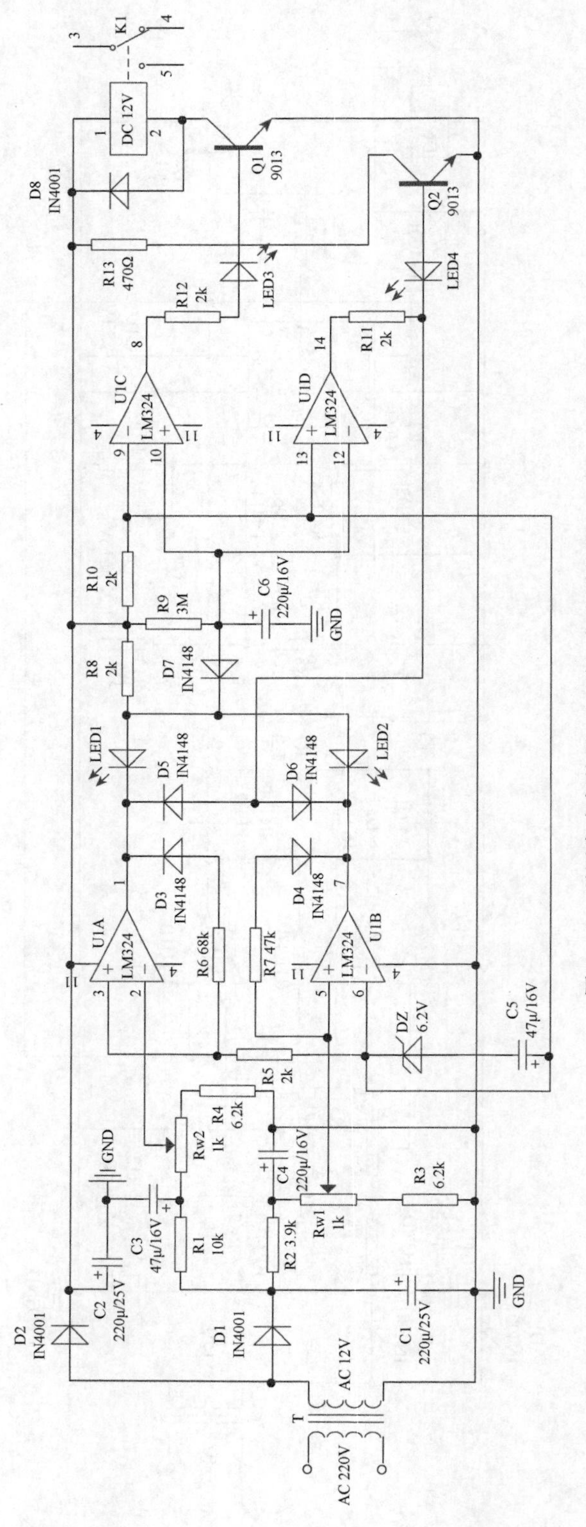

图 8-6-2　通用家电保护器（B 型）电路原理图

8.6.2 过压过流保护器

1. 电路原理

过压过流保护器电路原理图如图 8-6-3 所示，由过压检测、过流检测、控制及工作状态指示等部分构成，其中由过压取样电路（R1、R2、R4、微调电位器 Rw 和 R6）、NE555 时基电路等组成过压检测电路，在正常市电电压（即≤240V）情况下，NE555 的 6 引脚电压 U_6 低于 5 引脚（即 $U_6 < U_5 = 6.2V$），使输出端（3 引脚）输出 U_0 为高电平（约为工作电压的 70%），经限流电阻 R7、发光管 LED2 加至固态继电器的控制输入端，使内部双向可控硅触发导通，使用电器保持供电状态。而当电网电压大于设定值（约 240～259V 之间取值）时，将使 NE555 的 $U_6 > U_5 = 6.2V$，则输出 $U_0 = 0$，使固态继电器关断，从而起到过压保护的作用，而此时 7 引脚相当于接地，使 LED1（红色）发光，用以指示过压保护状态，从而可减少由于电感应高压或由于电网波动所造成的损坏。

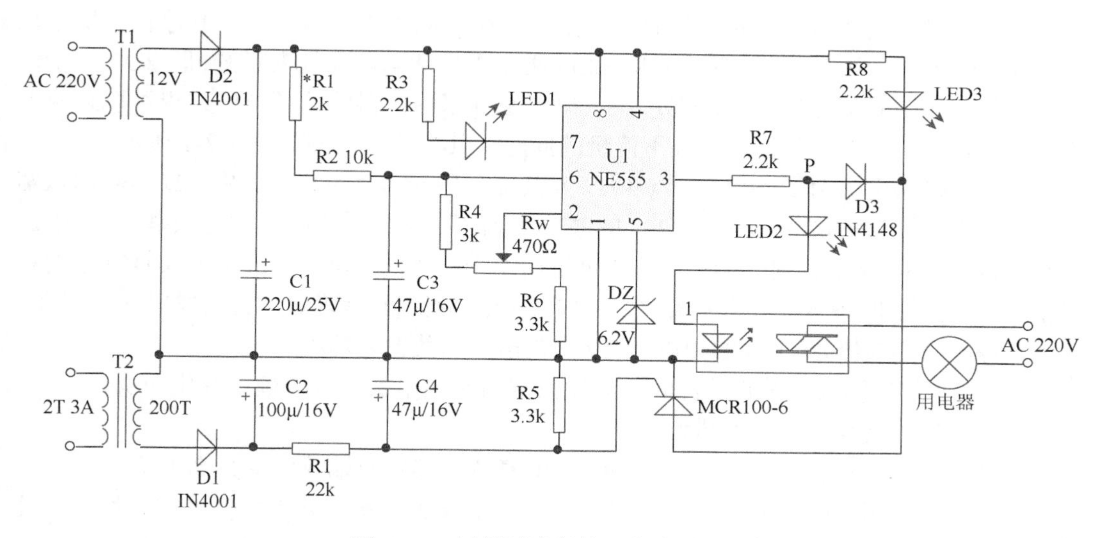

图 8-6-3　过压过流保护器电路原理图

由电流互感器 T2，整流滤波器（D1，C2），分压延时电路（R9、R5、C4）及可控硅组成过流检控电路，只有当负载电流超过设定值时，才能使可控硅触发导通，当可控硅触发导通后，其导通压降 U_{AK} 约为 1V，二极管 D3 处于正向导通，其正向压降约为 0.6V，使 P1 点的电压降至 $U_P = 1.6V$ 左右，由于 LED1（绿色）及固态继电器需有 3V 电压才能正常工作，因此固态继电器处于状态关断，起到过流保护作用，LED3（红色）发光表示处于过流保护状态。

2. 电路调试

①过压点设定值一般可在 240～250V 之间选取。

②过流设定值应根据用电器的功率来确定，例如用在 500W 负载时，可取 3A 作过流设定值，用于 1000W 负载时，可取 5～6A 作过流设定值。固态继电器的允许电流应大于设定值。

③过压设定值调试：用调压器将变压器 T1 的输入电压调至 245V，用数字电压监测 U_6，通过调节 R1 使 $U_6 \geqslant U_5 = 6.2V$，输出 $U_0 = 0$，LED2 熄灭，表示固态继电器关断，而 LED1 灯亮，则表示处于过压保护状态。图中微调电位器 Rw 是用来调节回差电压值，一般设定回差电压在 5～10V 之间。

④过流设定值调试：用一只输出电压 2～3V，电流可达 10A 的低压变压器，将其初级接至调压器，次级过电流表再并接到 T2 的初级，然后调节调压器使电流为设定值，再改变 R9 阻值至使可控硅触发导通为止。图中 R9 与 C4 具有一定延时作用，以防开机瞬间的脉冲电流引起可控硅误触发。

8.7 循环定时器

循环定时器的性能特点是开机时间固定，停机时间可以分段选择，其停机开机之比可为 1∶1～9∶1 中的任何一种，并用 LED 指示工作状态，绿灯表示开机，红灯表示停机。这种循环定时器适用于控制电风扇，电热毯等家用电器的循环开停，也可以解决一些电冰箱存在的冬天不开机或夏天不停机的问题。其电路原理图如图 8-7-1 所示。

循环定时器电路由 CD4060、CD4017 及其他一些元器件组成。其中 CD4060 起振荡和分频作用，由其内部的门电路和外接的 R3、C3 组成自激振荡电路，振荡频率为 27.3Hz，经 CD4060 的 14 级二进制分频后，从 3 脚输出 1 个正脉冲（每 10min），送 CD4017 的第 14 脚（CP 端为-时钟脉冲输入端），CD4017 是时序分频器/译码器，它与拨码开关配合，可以获得所需要的停开比，CD4017 有 10 个输出端，其主要功能如下：

①当 CP 端每输入一个正脉冲时，其输出端的高电平状态就按顺序变化一次。

②任何时刻仅有一个输出端为高电平。

③当第 15 脚加上高电平后，CD4017 立即复位，其输出端 3 脚变为高电平。

④停开比和循环的原理：设初始状态时，两个集成电路均处于复位状态，拨码开关置于 1（即接 CD4017 的第 4 脚），此时 4017 的输出端第 3 脚为高电平，于是 Q1 管（S90113）导通，继电器通电吸合，其常开触点 K1 闭合，市电加至冰箱，同时 Q1 的导通使 LED1 点亮指示开机状态。

在 10 分钟以后，CD4060 的第 3 脚输出正脉冲，使 CD4017 的 14 脚为高电平，使输出端第 3 脚变为低电平，于是 Q1 截止，继电触点 K1 断开，电冰箱停机。

再经过 10 分钟，CD4017 的第 4 脚（即拨码开关 1）为高电平，经拨码开关 1 加至第 15 脚，立即使 CD4017 复位，从而使输出端第 3 脚的高电平，K1 闭合，冰箱又通电，于是达到循环开停的目，其停开比为 1∶1，若将拨码开关置于 2 的位置，则为开机，停机 20min，其停开比为 2∶1，其他停开可以此类推。

当 R4 换成 22kΩ，开机时间将变为 15min，同时停机时间也按比例加长，但停开比不变，达到省电的目的，定时器自身的耗电小于 15W。

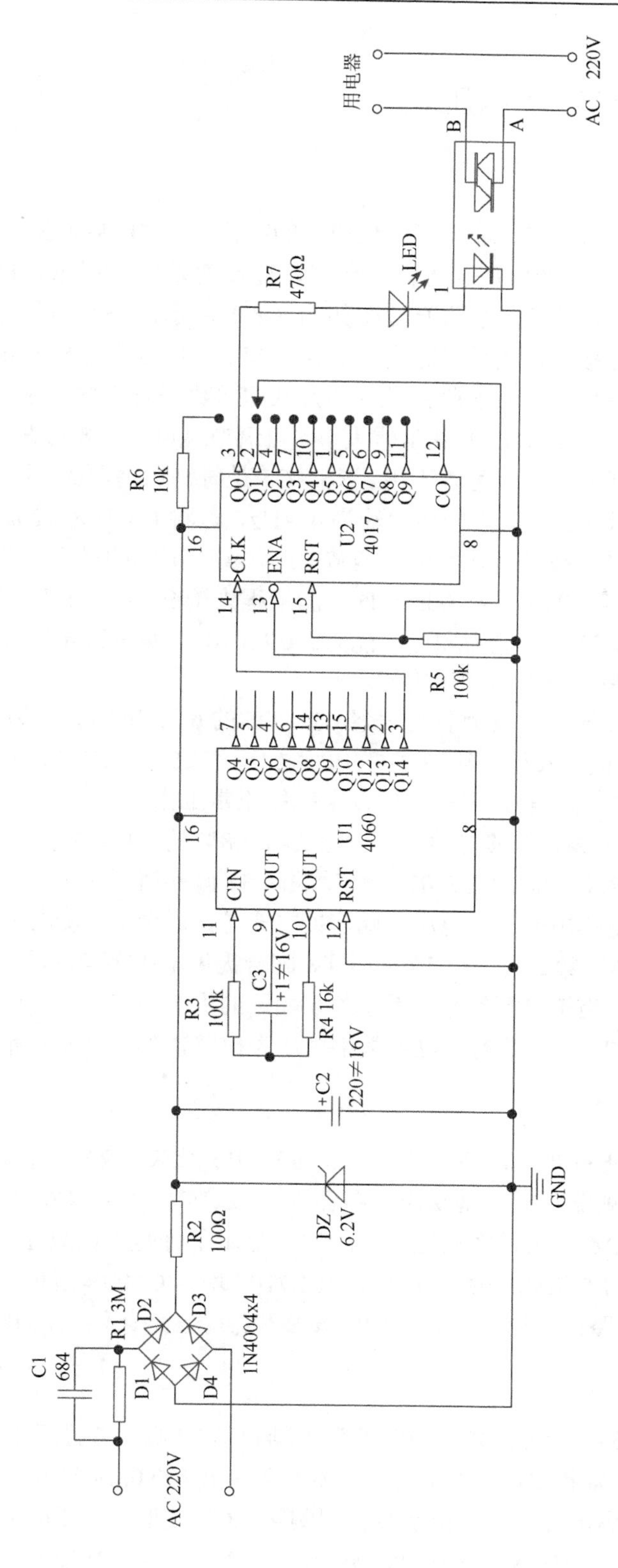

图 8-7-1　循环定时器电路原理图

8.8　自制三位半数字电压表

1. 电路原理

ICL7107 是一种高性能、低功耗、低成本的三位半 A/D 转换芯片。该芯片内部集成了 A/D 转换、时钟、参考电压、七段译码显示驱动等功能，用 ICL7107 制成的三位半满量程 200mV 数字电压表，电路原理图如图 8-8-1 所示，待测信号通过 ICL7107 芯片的 30 脚和 31 脚差分接入，然后经过内部的自动校零、信号正向积分和反向积分等处理，最后将得到的数字信号经 2～25 脚外接的 4 片共阳极数码管完成显示。

R4 为数码管限流电阻，改变其阻值大小，可调节亮度，一般可在 39～68Ω 范围内选择。K 是数据保持开关，一般可以不用。R6、C5 是时钟振荡器的 RC 网络，用以决定振荡频率，按图中所示参数，振荡频率大约为 48kHz，若将 R6 改为 120kΩ 时，则振荡频率约为 40kHz。R2、R3、Rw1 是基准电压调节电路，实现不同的量程。当 VREF + = 1V 时，满量程为 1.999V；当 VREF + = 100mV 时，满量程为 199.9mV。R7、C6 是输入端滤波电路，用以提高仪表的抗干扰能力和过载能力。C2（104）是基准电容器。C3 是自动调零电容器。R5 和 C4 是积分电阻和电容器。

本电路采用内部的 48kHz 时钟信号经 CD4096 的 6 反相器进行整形，缓冲后再经 C8、D2、D3、C7 倍压整流，取得大约–3.2V 的电压加至第 26 脚。ICL7107 需用±5V 双电源，但它对–5V 要求不严，一般只要有–2V 以上就能正常工作。

模拟公共端（32 脚）能够提供比正电源低约 2.8V 的电压，第一种，当与反向信号输入端（30 脚）相连时，此时 ICL7107 会自动关闭 32 脚的恒压作用，从而实现信号的差分输入方式，以消除电路中的共模电压。此连接方式尤其适合于检测与外电路处于不同的供电系统下的信号输入。第二种，与 35 脚相连，配合提供电压参考，以消除来自于参考源的共模电压。第三种，当待检测信号与系统处于相同的供电系统下时，该脚可以悬空。直接利用 ICL7107 内部 2.8V 基准的三位半数字由压表电路，如图 8-8-2 所示。

2. 安装要求

有些元器件的质量要求较高，其中 R2、R3、R5 及 R6 应采用金属膜电阻，C5 应采用稳定性较好的高频瓷介电容器或云母电容器，C2、C3、C4、C6 可用聚丙烯电容器或优质涤纶电容器，DZ 采用精密稳压管 TL431。显示部分是用四只 12.7mm（0.5in）共阳数码管，电路中使用的集成电路 CD4069、ICL7107 均为 CMOS 型集成电路，故焊接时应按照 CMOS 集成电路操作原则，为了便于安装和维修，故采用 IC 插座。

3. 调试要求

接通电源（ + 5V），连通 ICL7107 的第 1 脚和第 37 脚，若显示 1888，表示拉接线良好，再把 R5 的输入端接 Rw1 的 A 点调节 W1 至显示 100.0mA 即可，此时整个数字电压表即调整好了。在调试时，也可用示波器观测第 38 脚波形，正常时为频率 48kHz、幅度 4.5V 的方波，用数字电压表测量第 26 脚电压，正常时为–3.2V 左右。

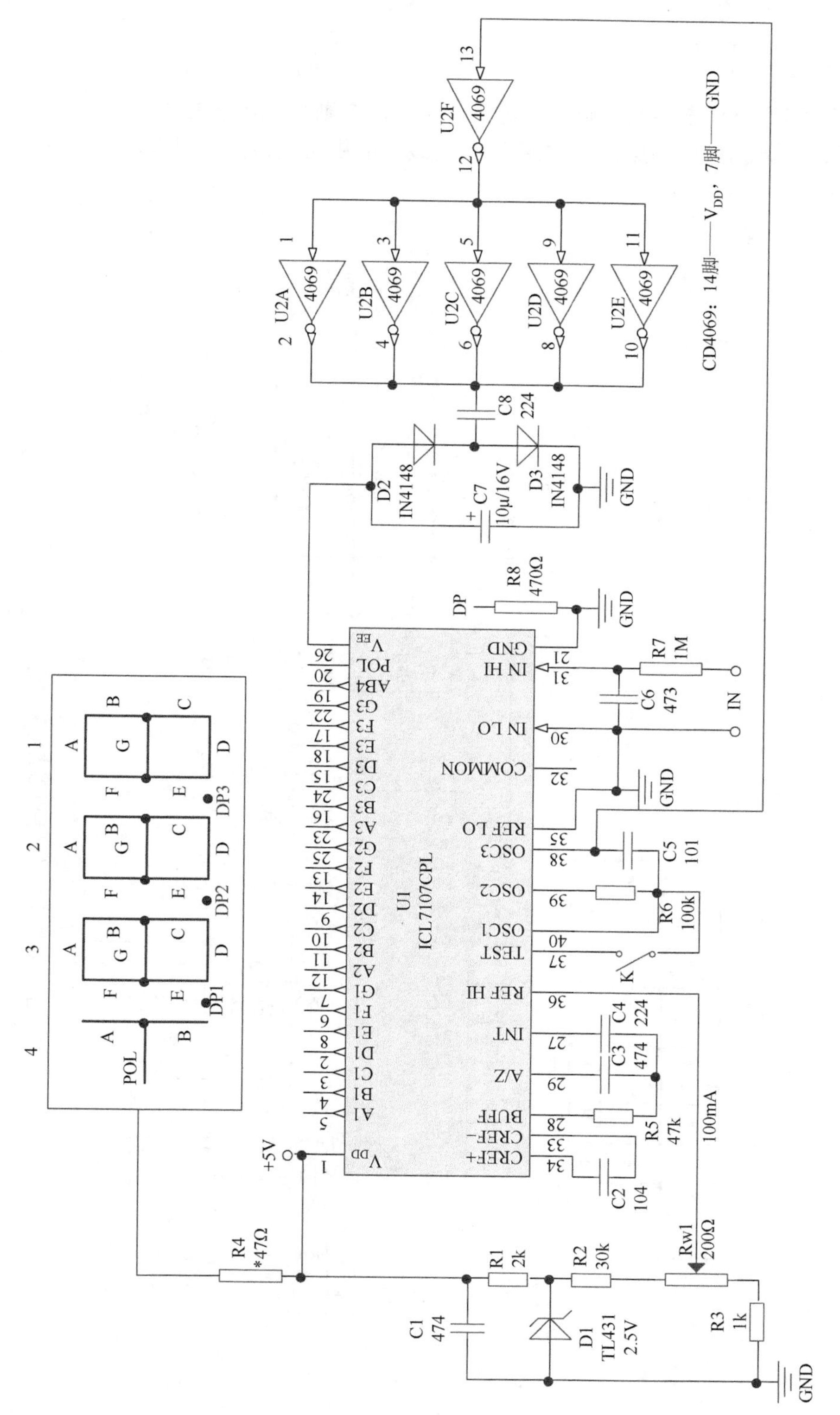

图 8-8-1　数字电压表电路原理图

4. 注意事项

①调试时 + 5V 电源的正负极绝对不能接反，否则会烧坏 ICL7107。

②输入地线与电源地线不能共用一根引线，应用两根线分别引入。

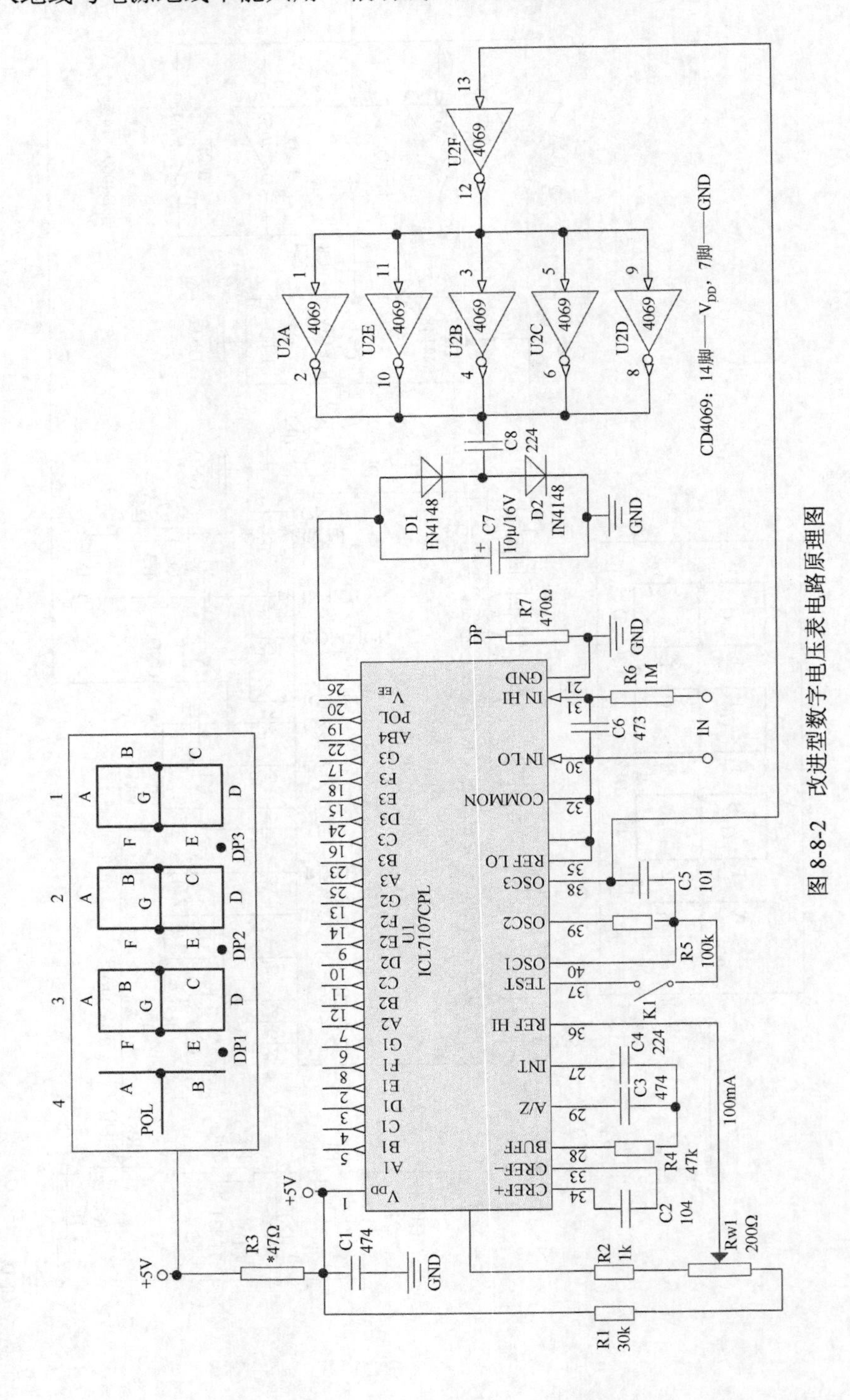

图 8-8-2　改进型数字电压表电路原理图

8.9　数字式温度计

1. 温度传感器

测量温度常用方法有电阻法（采用热敏电阻作温度传感器）和电压法（采用热电偶、硅二极管或三极管作温度传感器）两种，下面介绍用硅二极管和三极管测温的原理及数字温度计的典型电路。

PN 结的正向电压 V_F 具有负的温度系数，当正向电流 I_F 保持不变时，V_F 随温度的升高而减小，随温度的降低而增大。硅二极管大约是–2.1mV/℃，即温度升高 1℃，V_F 大约减小 2.1mV，这种变化规律非常稳定，而且在–50～150℃范围内保持良好的线性度。

①硅三极管测温传感器：利用发射结正向压降 V_{be} 随温度变化的特性，制成温度传感器，与一般的测温热电偶相比，它具有灵敏度高、线性度好（0.1%～0.5%），稳定性高，热响应速度快，体积小，成本低等优点，可采用小功率硅三极管（如 9014、3DG6）发射结作测温传感器。

②专用 PN 结温度传感器：目前，国内外专门一种测温用晶体管，其线性度在国外产品中已达到 0.1%，国内产品一般为（0.2%～0.5%）。

2. 实用测温电路原理

利用数字表头与 PN 结测温传感器可以组成数字温度计，准确最高可达 0.1℃。

数字温度计（A 型）电路如图 8-9-1（a）所示，其测温准确度可达 0.2～0.5℃，设 PN 结温度传感器的灵敏度为 α_t（取绝对值），应调整 A/D 转换器基准电压 $V'_{RFE} = \alpha_t V_{RFE}$，即可直读温度。例如，若 $\alpha_t = 2.17\text{mV/℃}$，则取 $V'_{RFE} = \alpha_t V_{RFE} = 2.17\text{V} \times 100 = 217.0\text{mV}$ 基准电压调整电路由 R4、Rw2、R5 组成，由于数字表头内部基准电压（V + —COM）为 2.8V，调节 Rw2 的滑动触头可使基准电压 $V'_{RFE} = 217.0\text{mV}$。R5 用于限制低端电压，把 Rw2 的调节范围尽量缩小，以提高调节精确度及稳定性，$V'_{RFE} = 2.8\text{V} \times 75\text{k}\Omega/$（$1\text{M}\Omega + 10\text{k}\Omega + 75\text{k}\Omega$）～$2.8\text{V} \times 85\text{k}\Omega/$（$1\text{M}\Omega + 10\text{k}\Omega + 75\text{k}\Omega$）$= 193.5$～$219.4\text{mV}$ 可调。

R1、R2、Rbe、Rw1 组成测温电桥，其中 Rbe 是发射结正向电阻，7106（或 7107）的内部基准电压源就作为电桥的电源。

数字温度计调试方法：把密封后的 PN 结温度传感器置于冰水中（0℃），调整 Rw1 使电桥满足平衡条件：$R1 \times R\text{b} =$（$R2 + R\text{a}$）$\times R\text{be}$。

电桥的输出电压也是测温仪表输入电压 $U_{IN} = 0\text{V}$，显示“00.0”，然后把传感器放到 100℃开水中，调整 Rw2 至显示为“100.0”，在测量低于零度时，数字温度计将自动显示负值。

为减小外界干扰，温度传感器的引起宜采用屏蔽线，金属屏蔽接模拟地 COM。温度传感器可密封在细铜管内。

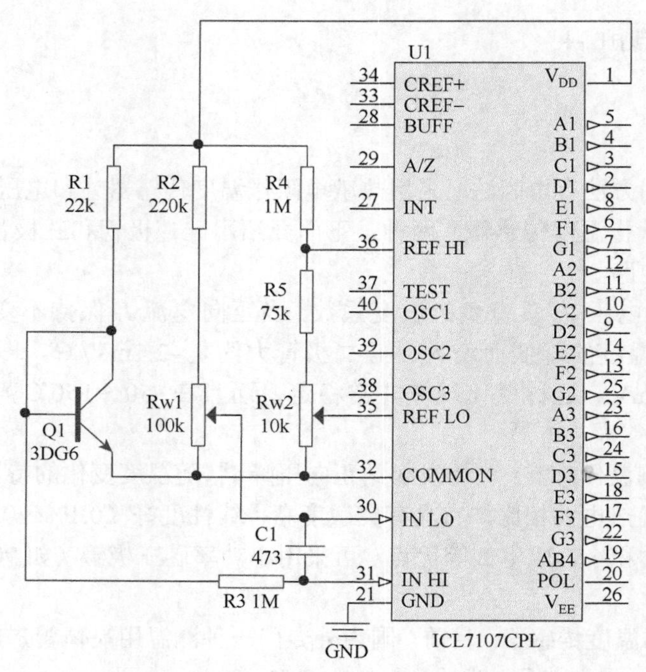

(a) 数字温度计(A型)

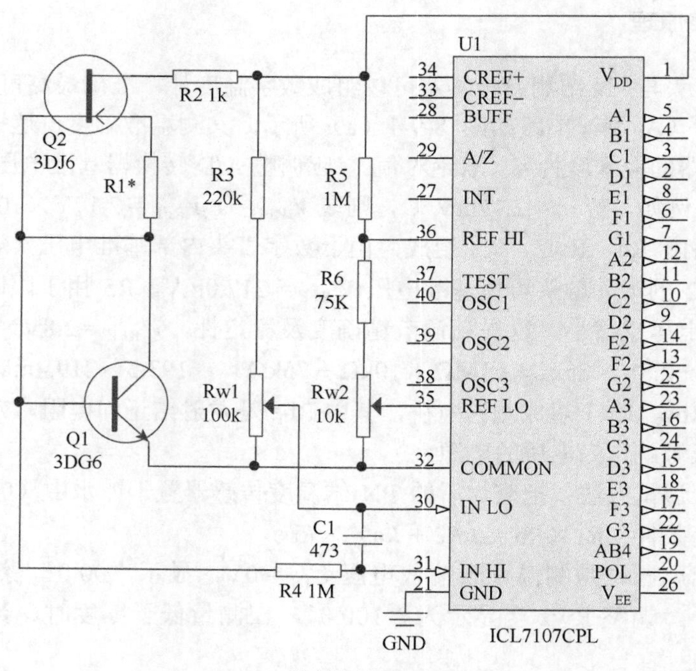

(b) 数字温度计(B型)

图 8-9-1　测温电路原理图

3. 恒流源电路

为了提高测温的准确度，应当控制发射结正向电流 I_{be} 在整个测温范围内保持不变。因为 I_{be} 的变化会影响 V_{be} 值。利用恒流源向发射结提供正向电流，此外还需要把测温三极管的 b、C 极短接，使集电结压降 $V_{be}=0V$，硅管呈临界饱和状态，因为集电极电流也具有恒流特性，所以温度传感器的线度大为改善，其准确度比二极管高 10 倍以上。

数字温度计电路（B 型）利用结型场效应管可组成恒流源电路，如图 8-9-1（b）所示，它是 R_1 臂串接场效应管恒流源，从而可提高测温的准确及稳定性，调整源极电极 Rs，即可改变漏极电流 I_D，为了获得较理想的恒流效果，可调节 Rs 阻值恒流约为 0.1mA。应注意两点：第一，ID 应小于场效应管的饱和漏电流 I_{DSS}；第二，把场效应管设计在零温度系数下工作。要得到零温度系数，应按下式选取 I_D：

$$I_D = I_{DSS}(0.64V/V_P)^2$$

式中，V_P 为夹断电压。

注意：普通硅三极管 V_{be} 值的温度系数存在离散性，一般为 2.0～2.2mA/℃，应以实测值为准。

8.10 模拟电子开关电路

模拟电子开关是一种无触点开关，按动单触点轻触开关就可进行开关转换，具有使用安装灵活方便，使用可靠寿命长等特点。若采用 CD4017 与 CD4051 组合，可作八选一转换开关，若采用 CD4017 与多个 4052 或 CD4066（四双向开关）组合，则可组成各种各样的转换开关。芯片引脚图见图 8-10-1。

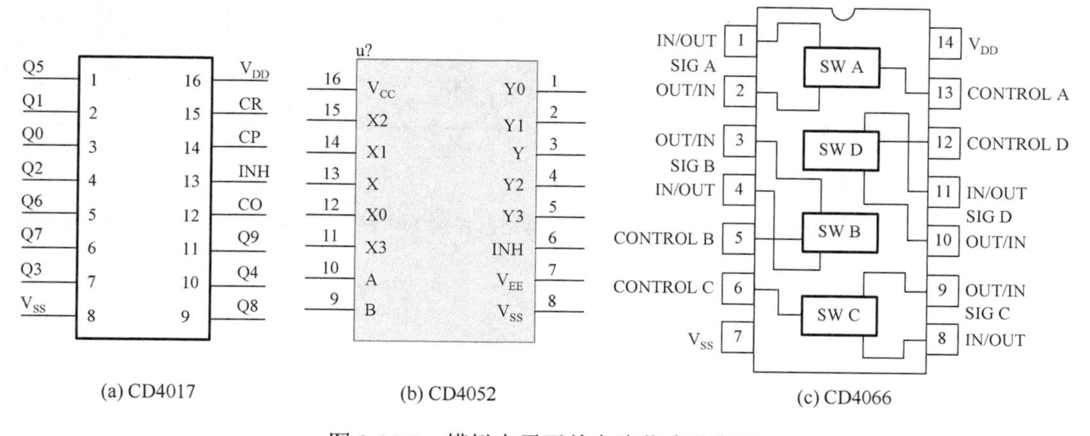

图 8-10-1 模拟电子开关电路芯片引脚图

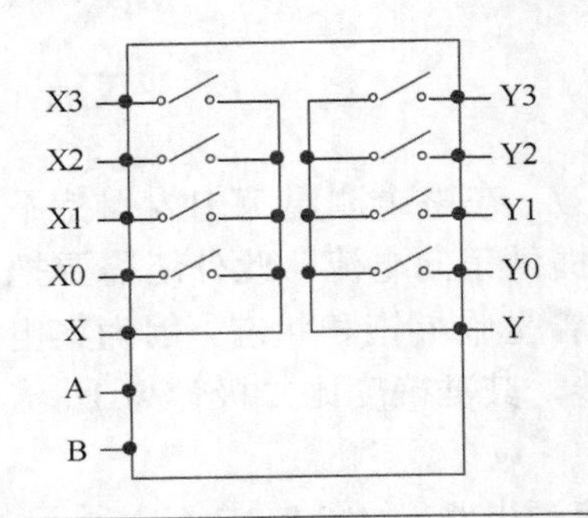

B	A	开关通道
0	0	X0　Y0
0	1	X1　Y1
1	0	X2　Y2
1	1	X3　Y3

图 8-10-2　CD4052 框图和真值表

CD4017 是一种十进制计数器。Q0～Q9 计数脉冲输出端，CP 时钟输入端、CR 清零端、INH 禁止端，CO 进位脉冲输出。

CD4052 是一个双 4 选 1 的多路模拟选择开关，相当于一个双刀四掷开关，具体接通哪一通道，由输入地址码 AB 来决定，1、2、4、5 为 Y 通道输入/输出端，11、12、14、15 为 X 通道输入/输出端，9、10 为 A、B 地址端。框图和真值表见图 8-10-2。

CD4066 是四双向模拟开关，有 4 个独立的模拟开关，每个模拟开关有输入、输出、控制三个端子，其中输入端和输出端可互换。

下面提供两种模拟电子开关实用电路原理图（图 8-10-3、图 8-10-4）供制作参考。

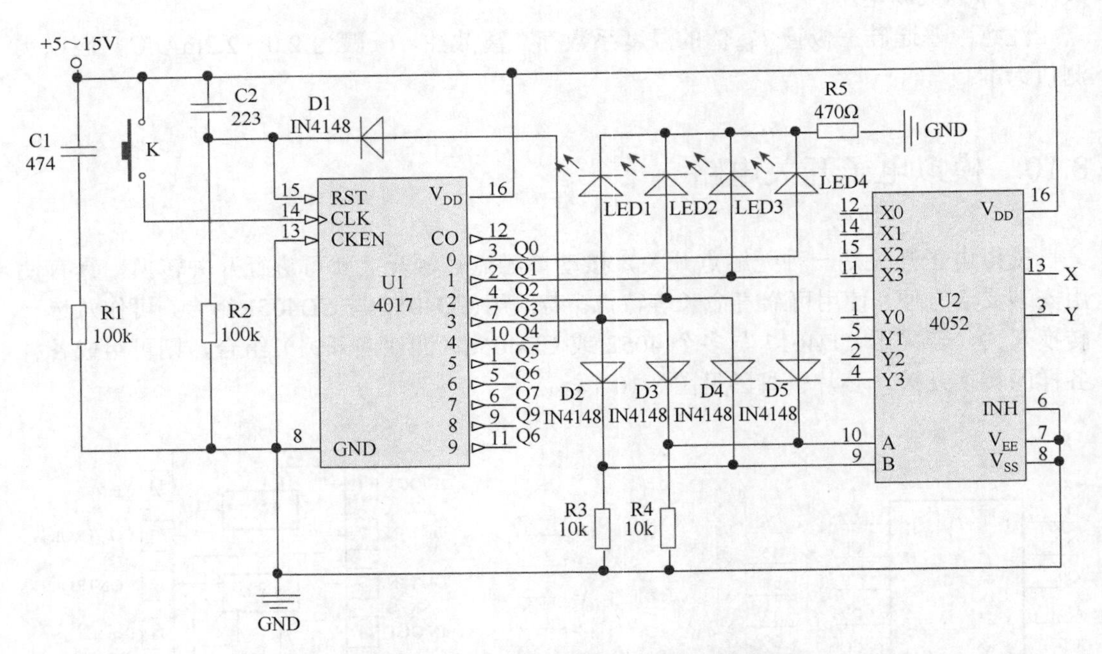

图 8-10-3　模拟电子开关电路（A 型）电路原理图

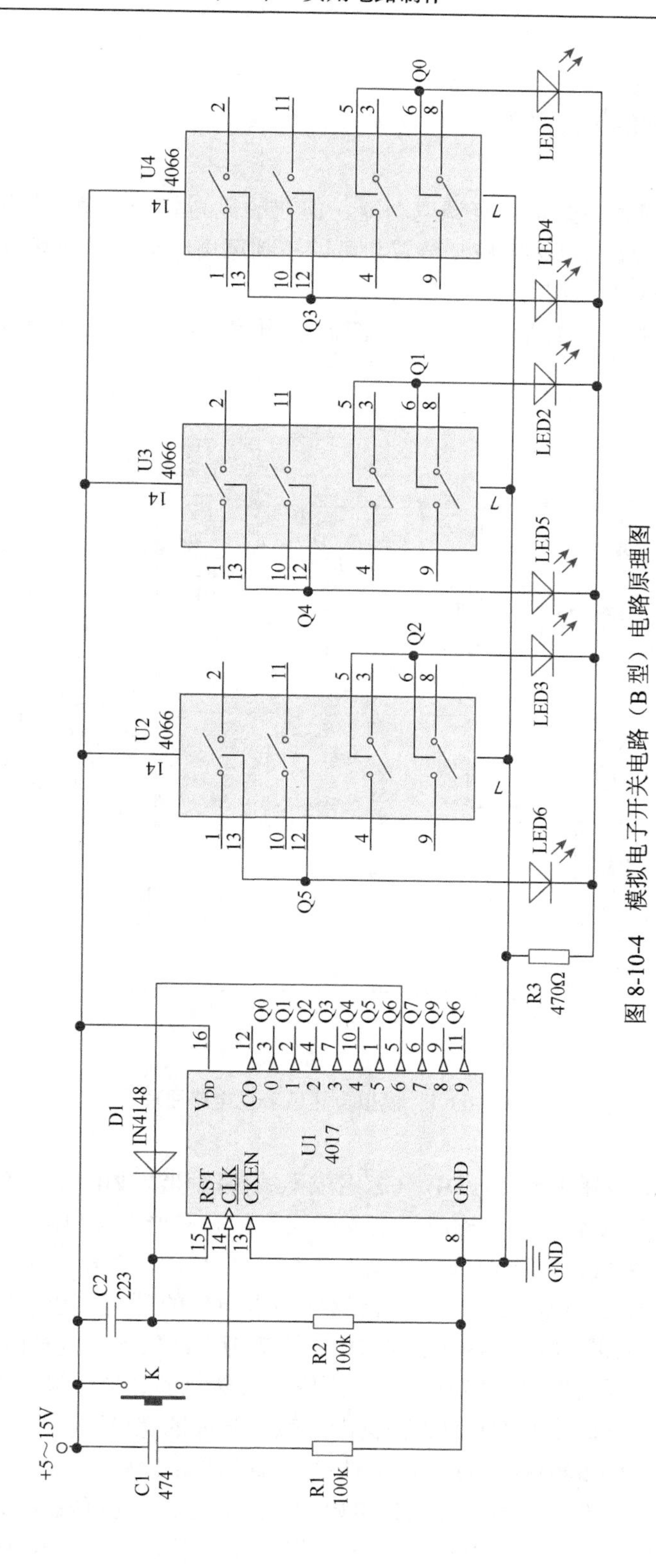

图 8-10-4　模拟电子开关电路（B 型）电路原理图

8.11　模拟自然风装置

电风扇虽然绝大多数都具有调速功能，但它的风力单一、恒定，无法与大自然吹来的阵阵凉风相比。模拟自然风控制装置，可以控制风扇电动机，使其有规律地时转时停，从而产生阵阵的模拟自然风。

该模拟自然风装置主要由降压、整流滤波电路、时基电路和双向可控硅组成，如图 8-11-1 所示。

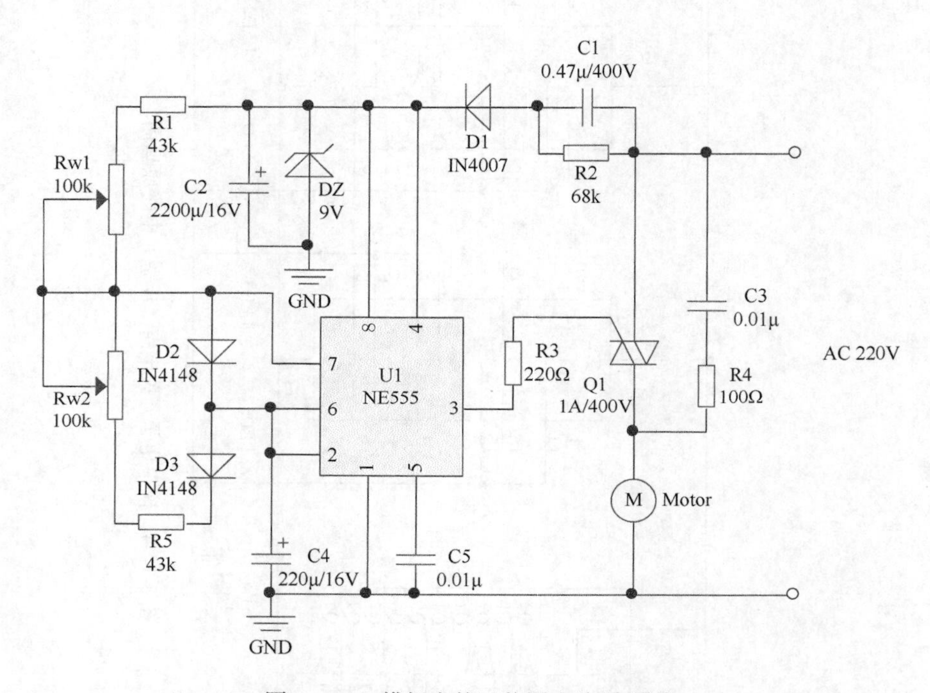

图 8-11-1　模拟自然风装置电路原理图

图中 R2、C1 为降压电路，D1、C2 组成半波整流和滤波电路，直流电压由 DZ 稳定在 9V，Rw2、R5、C4 和 U1 构成间接反馈式无稳态多谐振荡电路。接通电源后，由于 C4 两端电压不能突变，U1 的 6 脚（2 脚）电位小于 1/3Vcc 时电路置位，U1 的 3 脚输出高电平，Q1 触发导通，电机 M 运转。随着 C4 两端电位的升高，达到 2/3Vcc 时电路翻转，U1 的 3 脚输出低电平，C4 两端电压通过 U1 的 7 脚内部放电，电扇停止运转。电路按如此循环充放电，电风扇电机时转时停，达到模拟自然风的效果。调节 Rw2 可改变 C4 充放电的时间常数，从而改变 U1 的 3 脚输出的触发脉冲的宽度，以控制 Q1 双向可控硅的导通时间。C3、R4 是减小 Q1 每次导通时对电机的冲击电流。

调试时先用 60W/220V 白炽灯代替电扇。接入市电后，便可发现白炽灯时亮时灭（表示电扇的运转与停止）。调整 Rw1 可改变白炽灯亮、灭的快慢。本机设计灯亮（电扇运转）的时间约为 7～18s，灯灭（电扇停止）的时间约为 3～13s，通过调整 Rw2 的组值，可改变电扇的间歇时间。调试正常后，接入电扇，观察实效。

8.12　经典的多谐振荡器

经典的多谐振荡器电路原理图如图 8-12-1 所示，三极管 Q1 和 Q2 轮流导通和截止，产生持续振荡，令两个 LED 灯轮流闪烁。

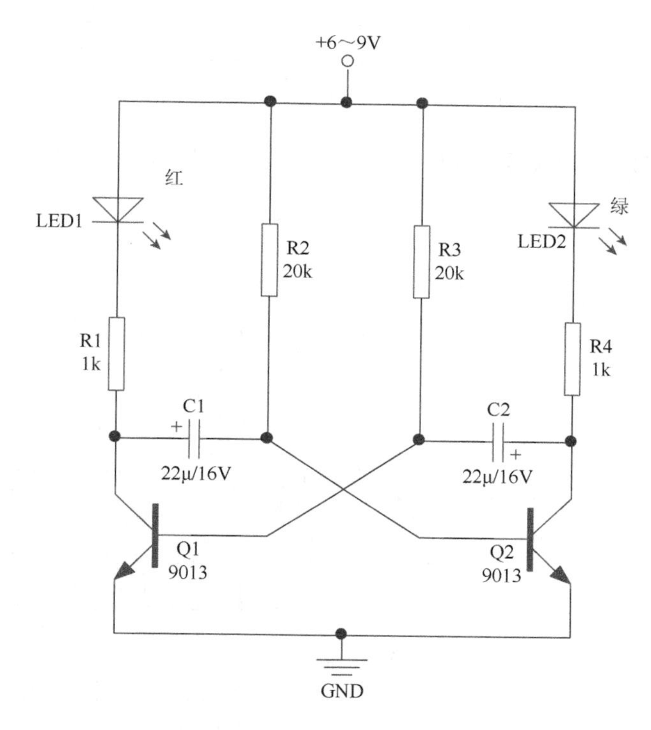

图 8-12-1　经典的多谐振荡器电路原理图

8.13　振荡频率和占空比可调的方波发生器

振荡频率和占空比可调的方波发生器电路原理图见图 8-13-1、图 8-13-2。

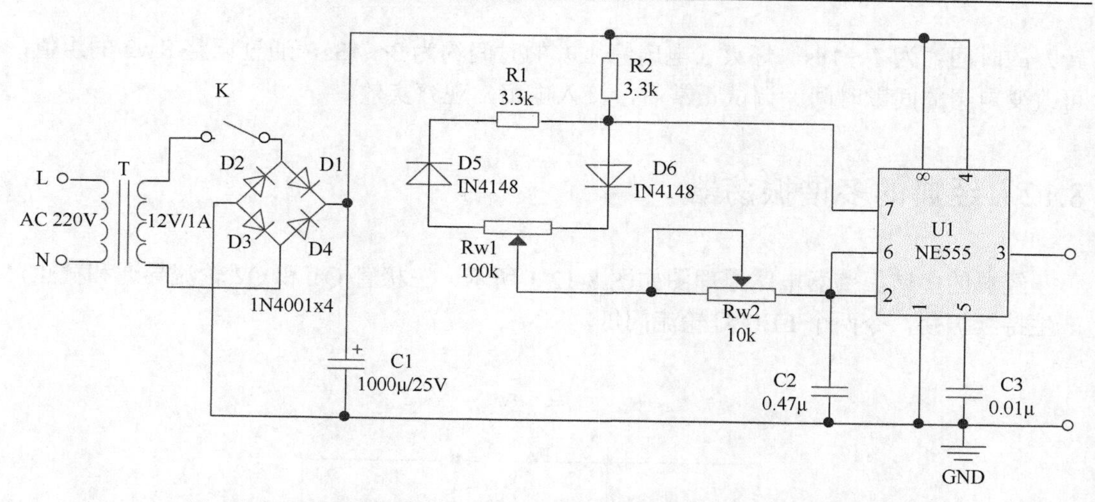

图 8-13-1　振荡频率和占空比可调的方波发生器（A 型）电路原理图

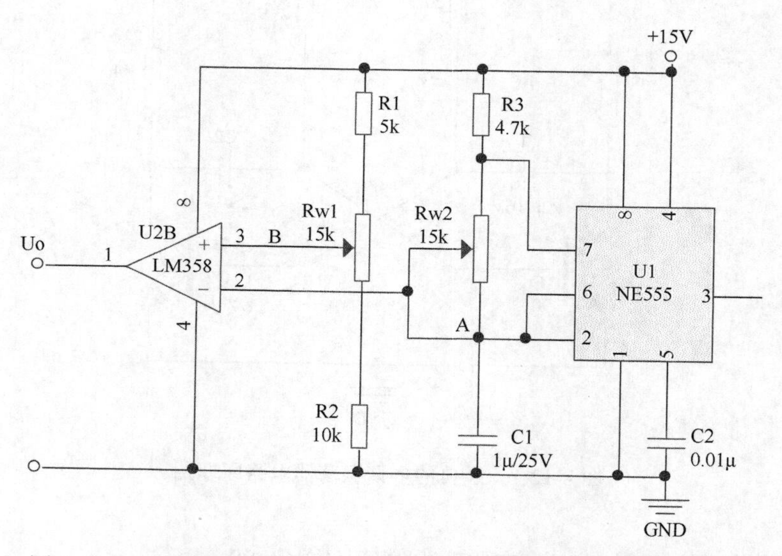

图 8-13-2　振荡频率和占空比可调的方波发生器（B 型）电路原理图

8.14　遥控器简易检测器

遥控器简易检测器电路原理图见图 8-14-1。

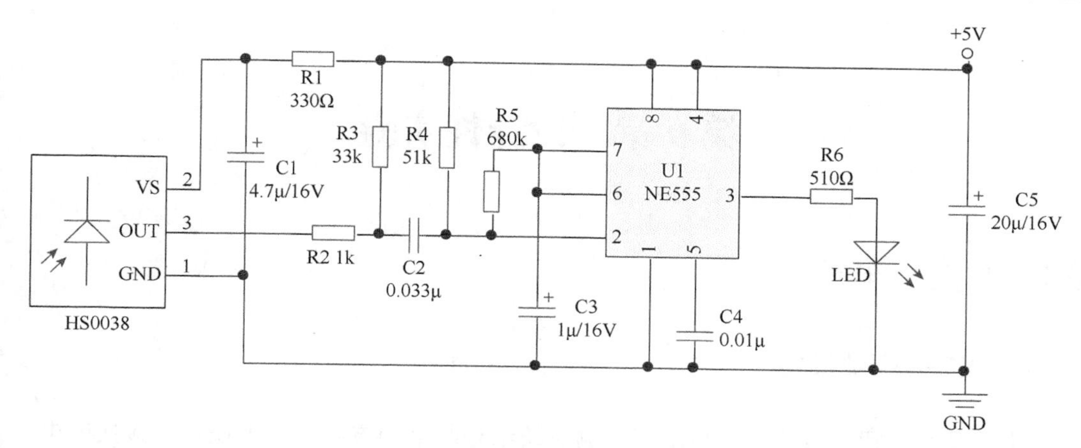

图 8-14-1　遥控器简易检测器电路原理图

参 考 文 献

杜永峰，2014. 数字温度计工作原理及设计[J]. 电子技术与软件工程（4）：263-264.

范少慧，刘锐，2020. 基于 555 时基电路设计循环定时计数器[J]. 湖北农机化（2）：182.

蒋雪桃，高玉洁，万意，等，2019. 智能直流稳压电源[J]. 电子设计工程，27（18）：54-58.

渠海荣，2013. 基于三位半直流数字电压表头的设计与制作[J]. 电子制作（14）：1-2.

苏神保，2016. 基于 Multisim 的三角波发生器仿真与实验[J]. 集成电路应用（10）：43-45.

王春武，程礼邦，刘春龙，等，2015. 电子技术课程设计选题研究：以“基于 ICL7107 的温度检测系统设计”为例[J]. 高师理科学刊，35（9）：38-41.

韦彩志，2020. 路灯自动节能控制系统的电路设计、安装与调试[J]. 电子制作（7）：70-71，51.

韦秋凤，2017. 电压表的设计[J]. 黑龙江科技信息（13）：120.

文华兵，陈常婷，刘频，2014. 基于 NE555 方波脉冲发生器的设计及应用[J]. 现代电子技术，37（11）：138-139，144.

杨俊，2017. 基于 NE555 方波脉冲发生器的设计和应用[J]. 电子技术与软件工程（4）：104.

杨利，陈柳松，2020. 基于热电阻的温度计设计与调试[J]. 计算机产品与流通（2）：281.

杨启洪，杨日福，2012. 电子工艺基础与实践[M]. 广州：华南理工大学出版社.

詹立春，2016. 基于 NE555 的幅频可调发生器的设计[J]. 电子制作（11）：74-75.

张华，罗蓬，朱军，2018. 基于 RTD 和湿敏电容的温湿度测量模拟电路设计[J]. 自动化与仪器仪表（11）：100-103.

张兴贵，2011. 模拟自然风控制装置的制作[J]. 电子制作（1）：51-52.

张玉娟，梁伟超，2018. 基于数字电路的密码锁设计与实现[J]. 电脑与电信（11）：71-74.

赵斌，2017. 简易八路数字抢答器的设计与制作[J]. 内江科技，38（2）：52-53.

第 9 章　设计性实验

9.1　智能小车类

9.1.1　遥控小车测温度

本产品利用智能遥控小车与温度检测系统结合起来的方式，实现在不直接接触电气设备的情况下进行温度检测。

1. 功能需求分析

①红外遥控功能。
②可前或后直线行进。
③可任意曲线行进。
④具有 4 个速度挡位，可根据需要进行手动遥控调整，并通过指示灯显示速度。
⑤可进行温度检测，对异常情况进行自动报警。

2. 系统设计提示

该系统采用以 STC89C52 单片机为核心的控制电路、模块化的设计方案，利用红外遥控器能够轻松自如地实现小车的启动、停止、左转、右转、前进、后退、提速、降速等功能，同时可以控制温度检测模块对异常情况进行报警。每个模块都相互独立又相互协调配合，实现了小车的智能控制。系统控制框图如图 9-1-1 所示。

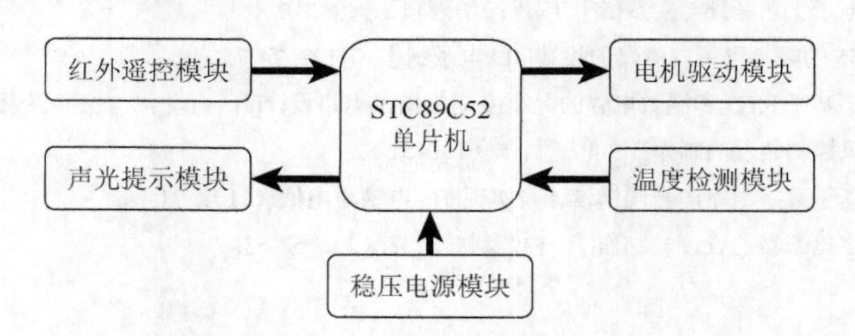

图 9-1-1　遥控小车系统控制框图

9.1.2　综合智能小车

1. 功能需求分析

基于 51 单片机，将红外遥控、红外避障、超声波避障、自动循迹和数码管显示功能融为一体，用户可以通过一个遥控器对所有功能进行控制。

如图 9-1-2 所示，小车底盘采用高强塑料制成，并配有多个通孔，方便布线和安装；小车前方还有 4 个传感器，用于发送和接收红外信号，确定周围障碍，并及时反馈信息；数码管用于实时显示小车的正常运行状态；电压表用于显示电源的输出电压，便于用户及时进行充电；舵机和超声波模块可用于测距，以及避障功能；驱动系统由四个电机组成，选用质量较轻的橡胶轮胎，在一定程度上为小车减轻负重，并增大与地面的摩擦，提高稳定性。

另外，通过 FreeRTOS 实时操作系统对所有模式进行管理，选择合适的优先级，方便用户选择，并优化传感器和超声波模块的算法，大大提高灵敏性。最后，通过脉冲宽度调制（PWM）可以改变智能小车的速度和显示管的灯光亮度，给用户更好的体验。

图 9-1-2　综合智能小车实物图

2. 系统设计提示

系统控制框图如图 9-1-3 所示，采用以 STC89C52RC 单片机为核心的控制电路、模块化的设计方案，利用红外遥控器能够轻松自如地实现小车的启动、停止、左转、右转、前进、后退、提速、降速等功能，同时可以利用遥控器使得小车切换至红外循迹、红外避障、超声波避障以及数码管显示（用于表征小车的正常运行状态）功能。每个模块都相互独立又相互协调配合，实现了小车的智能控制。

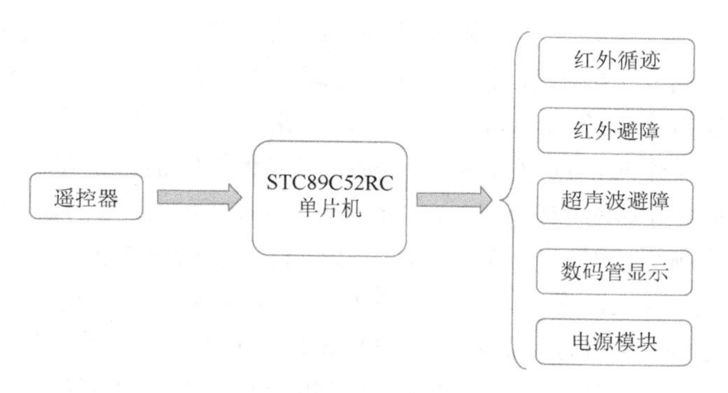

图 9-1-3　综合智能小车系统控制框图

主控板如图 9-1-4 所示，总体功能：①集成 USB 烧写下载程序功能；②集成 4 路直流电机驱动模块；③集成 4 路红外传感器模块；④集成 4 位共阳数码管；⑤集成蓝牙功能接口；⑥集成 Wi-Fi 功能接口。

图 9-1-4　主控板

9.1.3　智能避障小车

目前市场上的避障小车主要采用超声波探测或者红外线探测方式避障，通过单片机判断传感器与障碍物间的距离来选择下一步的运动模式，可选择的运动方向较少且方向选择具有随机性。

现有的遥控小车主要为通过操作编码器将上位机的指令信号加载到射频信号上，向空中辐射。接收机接收含有指令信号的载频信号，把指令信号从高频信号中分离并还原为指令信号，送到解码器中，解码器输出到单片机，之后单片机根据指令产生相应的电信号，通过放大器放大来控制相应电机工作来完成有关指令操作。现有的遥控小车都不存在辅助避障系统，无法实现小车的自主避障保护。

1. 功能需求分析

①可以根据上位机的信号，在自主避障和手动控制两个模式中自由切换，同时在手动控制时具有辅助避障的功能以保证小车的安全性。本实验系统运用仿生学原理，构建了分级调节机制，设计并制作了一种双控制系统的遥控避障小车。低级神经系统具有一定的自主性，反应迅速，应激性较好，能够处理一些简单工作；而高级神经系统可以处理各种情况，但是需要较长的时间。本系统在正常情况下可以分为自动避障和手动操作两种模式，当手动操作时，就好比高级神经系统控制效应器，但是当车子即将陷入危险时，自动避障功能将打断遥控模块对电机的控制，在自动避障后再转接到手动控制模式。

②采用超声波测距与利用探测臂两种方式结合实现避障功能。两个超声波传感器分别被安装在舵机与底盘上，在小车行驶过程中，每隔 0.8s 启动一次超声波模块，对前方与下方路况进行检测，当前方障碍物小于 20cm 时，小车自动停止，转动舵机使超声波传感器分别检测 0°、30°、60°、90°、120°、150°和 180°共 7 个角度的空旷距离，并判断出最空旷的方向，小车左右舵机差速转动使小车转向；当下方距离过大即悬空时，小车立

即停止前进并后退至安全区域，上方超声波传感器再次检测并选择左右其中一个方向前进。探测臂部分通过在小车前端安装两根触须，当前方障碍物高度过低而使小车超声波传感器无法探测时，小车触须碰撞障碍物后将压下点动开关，将信号发送至单片机并判断障碍物位置，控制小车转动，继续行驶。

③控制部分通过 Wi-Fi 信号或蓝牙信号对小车进行控制，终端可连接手提电脑或者智能手机。使得小车的遥控方式多种多样，控制方便简单，更加个性化。

④将传感器安装在云台上，实现了对传感器的有效利用，提高了传感器的使用效率，降低了成本。

⑤系统从机械结构到电子程序均大幅度模块化，同时使用常见的 Arduino 控制系统，使得系统具有较好的拓展性，适应性得到明显增强，同时降低了维护难度，使得系统鲁棒性增强。

2. 系统设计提示

通过使用云台超声波探测装置、触须探测装置及固定超声波探测器探测外部环境，及时将收集到的信息反馈到 AVR 单片机中，进行实时的处理分析，自动判断小车目前的环境与状态，自主选择最佳的运动模式来工作。当有操作指令下发时，自动由自动避障切换至手动操作，同时自动检测小车的环境参数，当监测到操作会使小车发生危险时打断遥控操作，自动寻找并移动至安全位置后，提示操作者可以继续操作，在保证遥控操作的自由性的同时对小车进行保护，避免小车由于操作失误而导致损坏。

（1）机械部分

整车结构布局合理、简单紧凑，主要由上下基板、左右 360°连续旋转角度舵机、两个超声波探测器以及前端两根触须组成，如图 9-1-5 所示。

图 9-1-5　智能避障小车车身结构

（2）电子电路部分

如图 9-1-6 所示，系统的运动模块包括两个 360°连续旋转舵机和一个 180°舵机，两个连续旋转舵机分别安装在车身两侧，驱动左右轮转动，而 180°舵机则驱动云台旋转。

传感器模块包括超声波传感器和复合限位开关，一个超声波传感器（head detector）安装在顶部云台，用于探测较远处障碍物，另一个超声波传感器（bottom detector）安装在小车底盘的前方，用于探测离地距离，两个复合限位开关分别安装在车头两侧，与两个探测臂配合工作。

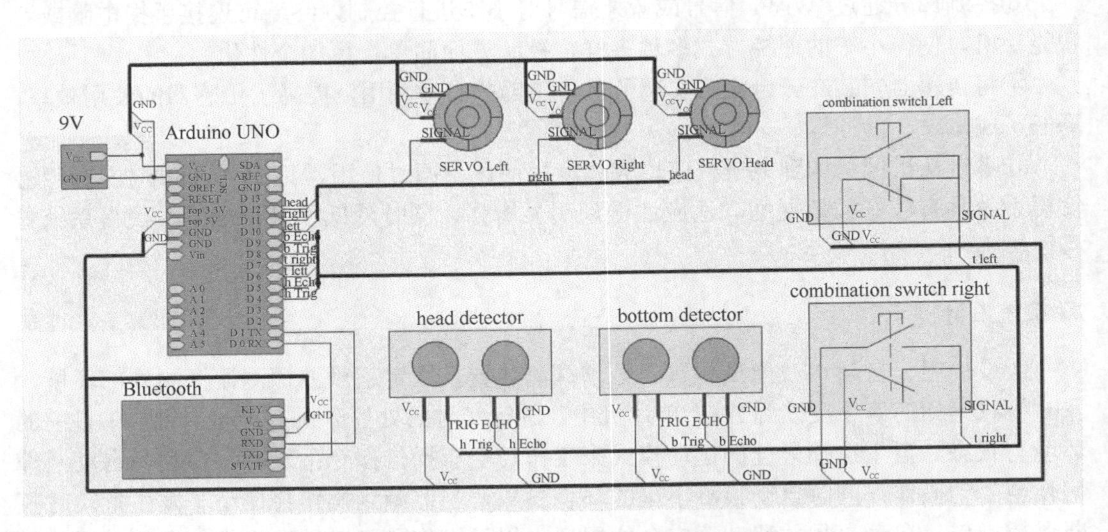

图 9-1-6　智能避障小车电路原理图

智能避障小车电子电路的组成部件主要有 Arduino UNO 单片机模块、蓝牙模块、超声波测距模块、复合限位开关、360°连续旋转舵机、180°舵机以及电源模块。

9.1.4　光电循迹智能车

1. 功能需求分析

光电循迹智能车以 NXP 公司的 K66P144M180SF5RMV2 芯片为内核，由 K66 最小系统部分、调试模块、无线通信模块、电机驱动部分、电源管理部分和摄像头模块组成。利用摄像头采集的赛道信息，计算出车身与赛道中线的偏差来修正位置，实现在高速运动过程中准确巡线，在巡线的同时还能够让两轮车保持直立状态，并且创新性地融合了两种传感器（摄像头与电磁）的信息来进行循迹。

关于自平衡智能车的研究最早可以追溯到 20 世纪 80 年代，日本通信大学的山藤根据倒立摆模型设计出自动平衡机器人。而后随着控制理论的不断进步以及电子技术的不断发展，两轮自平衡车得以实现。两轮自平衡车由于具有体积小、转向灵活、轻便等优点，引起了企业的注意。21 世纪初，就有不少企业研制出了两轮自平衡车这一新型交通工具。

自动驾驶早在 20 世纪就有数十年的研究，但是直到 21 世纪才逐渐呈现出实用化的趋势。目前，自动驾驶车辆已经进入了市场，虽然如此，仍然时常听说关于自动驾驶车辆的安全事件。这也说明了该项技术与安全驾驶还有一定的差距。

2. 系统设计提示

整个作品分为硬件部分和软件部分。

硬件部分的框架图如图 9-1-7 所示。

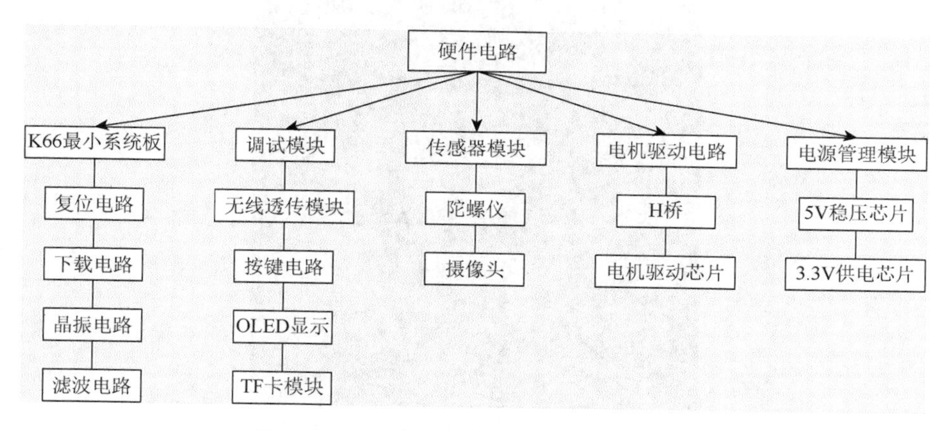

图 9-1-7 光电循迹智能车硬件部分框架图

软件部分的框架图如图 9-1-8 所示。

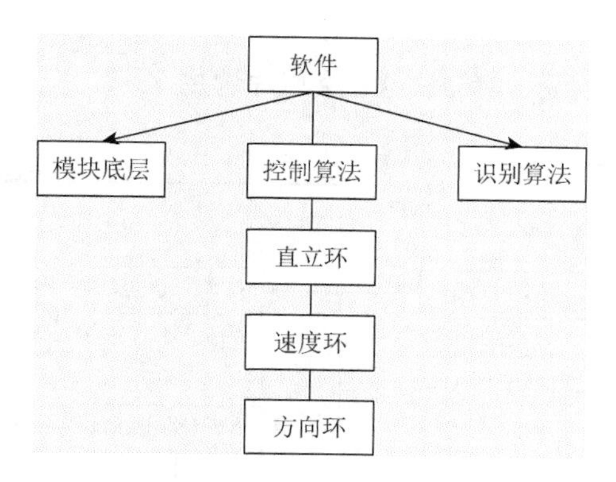

图 9-1-8 光电循迹智能车软件部分框架图

实物如图 9-1-9 所示。

9.1.5 基于无线充电的电磁巡线小车

1. 功能需求分析

许多工科类的比赛都会以小车竞速形式进行，其中以巡线小车最为流行。本实验在传统的电磁巡线小车上加上无线充电功能。通过无线充电功能给小车供电跑完 50m 的赛道。

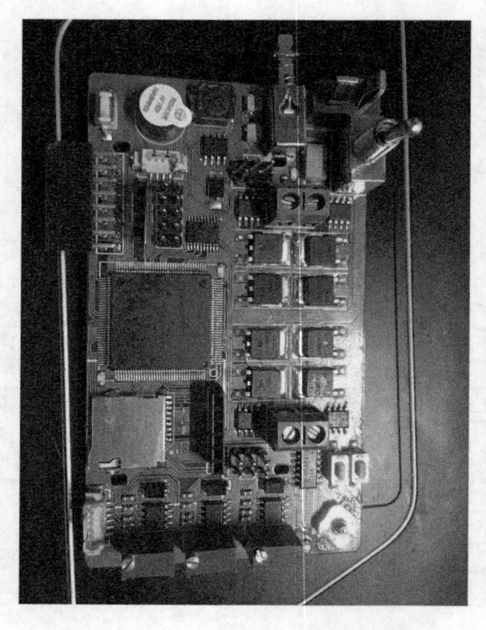

图 9-1-9 光电循迹智能车实物图

2. 系统设计提示

（1）供电框架

供电框架如图 9-1-10 所示。单片机主控芯片选用 K66。

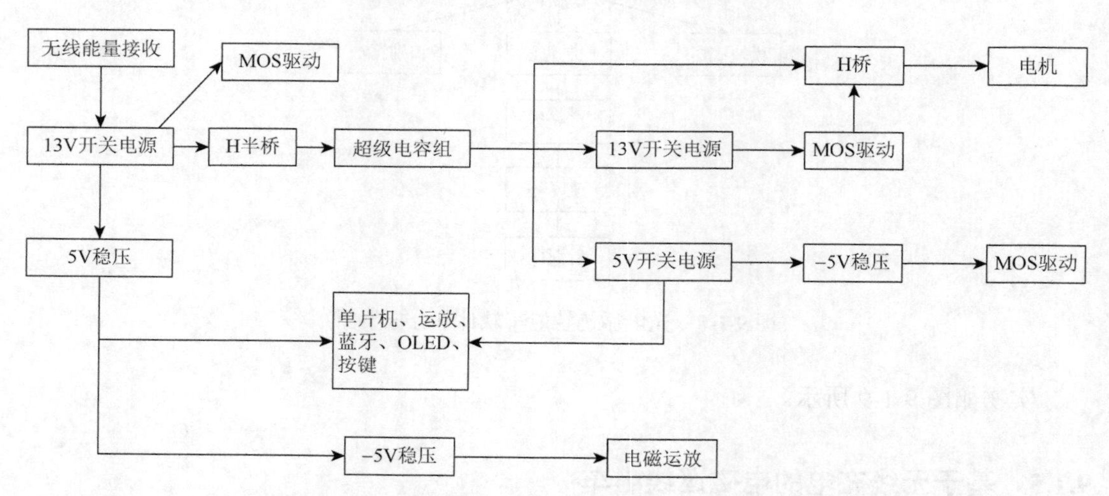

图 9-1-10 基于无线充电的电磁巡线小车供电框架图

程序框架如下。

①系统时钟、有机发光显示器（OLED）、模拟数字转换器（ADC）、PWM、定时器初始化；

②电感信号的采集和滤波；

③电机的模糊差速控制。

（2）核心板外围电路

包括核心板的排针、五项开关、拨码开关、陀螺仪接口、电源指示灯、干簧管以及电源开关。核心板的排针用于插 K66 核心板。五项开关、拨码开关用于参数设置。陀螺仪接口用于外接陀螺仪。有 5V、锂电池、3.3V 等的电源指示灯。

（3）H 桥电路

运用 H 桥来进行电机的驱动，为了增大 PWM 信号的驱动能力和防止电流倒灌，使用了 HC244 芯片对 PWM 信号进行隔离。

（4）电磁信号运算放大电路

运用仪表放大器 ina128 对采集到的电磁信号进行放大。

（5）升降压模块

为了提供 12V 电压给 H 桥工作，提供 5V 驱动 OLED，提供 3.3V 给单片机，主要做了三种稳压，即 12V、5V、3.3V 稳压，分别用 LM3478、LM2940、AMS1117 芯片。

（6）功率检测模块

功率检测根据 $P = U \times I$ 的原理，对充电时的接收线圈的电压、电流进行检测，计算出接收端的功率，以达到恒功率充电的目的。

①电压检测

除了检测接收线圈的电压外，还对充电电容器两端的电压进行了检测。用 LM321 制作电压跟随器，对电压进行串联分压后读取电压值。

②电流检测

在电路中接入 20MΩ 的采样电阻，测量电压后除以 20MΩ 计算出接收线圈流过的电流。

（7）开关电源

芯片选用 LM5176，通过选择外围电路实现了 4～20V 稳压 12V 的功能，开关电源的印制电路板布局十分讲究。它的 MOS 管、采样电阻、稳压电容器形成的回路要尽量短，而且 MOS 管附近会有大电流流过，铺线要足够粗。

9.1.6 基于卡尔曼滤波的平衡小车

1. 功能需求分析

由于车体只有两个车轮与地面接触，自身稳定能力极差，在重力作用下极容易倾倒。小车的倾斜角度作为输入参数，通过控制马达的转速来保证小车的自平衡，通过负反馈调节，利用小车上放置的陀螺仪 MPU6050 传感器和加速度传感器对小车的当前姿态进行实时测量，微控制器分析后控制车轮的旋转，抵消倾斜力矩可以达到维持小车平衡的目的。

2. 系统设计提示

（1）电源供电部分

给各个元器件按对应所需电压进行供电，MPU6050 模块–3.3V，蓝牙串口 5V，电机编码器 5V。

（2）主控制器部分：STM32F405RGT6

本作品采用的是意法半导体公司的高性价比控制芯片STM32F405RGT6是32位处理器，使用低功耗CORTEX-M3的32位ARM核心，自身带有512kB的flash，具有优良的低功耗性能。

该款控制器有144个引脚，本作品使用20MHZ的贴片晶振作为时钟源。电压供电电压范围为3.0～3.7V电源供电；电源供电一脚为通用输入输出引脚内部的各类器件进行供电。

本方案采用的外设有：PIO/USART/SPI/JTAG/TIM。

（3）陀螺仪传感器部分：反馈角度与角速度数据给主控，以IIC方式通信

直接采用正点原子MPU6050模块使用不同的测量范围和测量速度，陀螺仪可以设置范围–250～250dps、–500～500dps、–1000～1000dps，加速度计可以设置范围–2～2*g*，–4～4*g*，–8～8*g*。本作品采用–1000～1000dps的精度，使用IIC接口与mpu6050进行通信。

MPU6050模块分别对陀螺仪传感器和加速度传感器使用了一个16位精度的模数转换器，可以将模拟信号量转化为可以输出的数字信号量。

（4）马达驱动电路

采用TB6612FNG模块，根据主控消息控制车轮正/反转。

（5）测速部分

通过霍尔传感器反馈小车转速，接入STM32定时器输入捕获通道编码器模式。AB相正交解码模式，可检测电机的转速/正反转/本作品采用电机外加霍尔传感器作为编码器。盘上同时安装一个带磁性的块状物体，在旋转路径外环安装一个霍尔检测器开关，马达旋转时，霍尔检测期间开关则可以相应定时的电磁信号，形成pulse信号。

（6）蓝牙通信模块：HC-05

通过与电脑连接查看小车当前情况，即倾角/速度/初始化情况等数据。

9.1.7　无线灭火消防车

1. 功能需求分析

近几年来，火灾事故频繁发生，给人们带来了极大的生命威胁与经济损失。特别是在大型商场中，传统的商场防火体系由于构造简单，对火灾的预警较为被动，使大型商场很难对火灾进行及时发现并消除，这无疑会给大型商场带来极大的安全隐患。如今，科学技术的发展使防火系统体系产生了很大改变，不仅构造开始变得复杂起来，还能对大型商场中的火灾进行主动预警，该防火系统体系能够对火灾进行自动检查与自动报警，并和消防系统体系进行连接，实现自动化的灭火。

本书提出一种基于STC89C52和NXP Kinetis K66单片机的火灾报警器，对这种火灾报警器进行简要的介绍，进而探讨该火灾报警器的设计思路，在此基础上对该火灾报警器的设计实现及其测试进行分析，测试结果表明，基于单片机的大型火灾报警器能够通过与传感器等其他配件的配合使用来进行声光报警，并能够在报警的同时进行自动排烟与灭火。

2. 系统设计提示

如图9-1-11所示，每个独立的智能的灭火器箱都具有一块印制电路板控制板，每个灭火器装置都配有灭火器，装有电动装置，可以根据程序控制移动，且可以控制报警系统的运行。每个灭火器装置都拥有火焰传感器，可以检测到火焰光近似的波长，如若检测到，便立即向控制器发送消息，通知发生了火灾；也可以通过放置多个火焰传感器，判断发生火灾的方位。然后，灭火器就可以向火灾方向移动了。每个灭火器装置都拥有烟雾传感器，或大或小的火灾都伴随着一定的烟雾，烟雾传感器可以灵敏地检测到周围烟雾中成分的变化，进而判断是否发生火灾。灭火器装置还有手动报警装置，触摸报警开关，就可以触发整个报警系统；还有自动检测灭火器状态的传感器，当灭火器被拿走后，就可以触发整个报警系统。

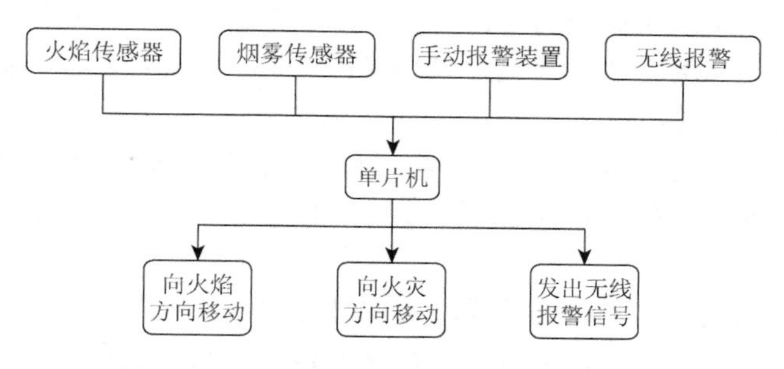

图9-1-11　无线灭火消防车系统整体框架图

通过无线传输系统，可以将一定区域内的灭火器装置拼装成一个物联网，成为一个智能的报警系统，可以大幅度地提升火灾信息的传递，以及灭火器位置的提示作用，可以有效地防止火灾的蔓延。无线灭火消防车成品图如图9-1-12所示。

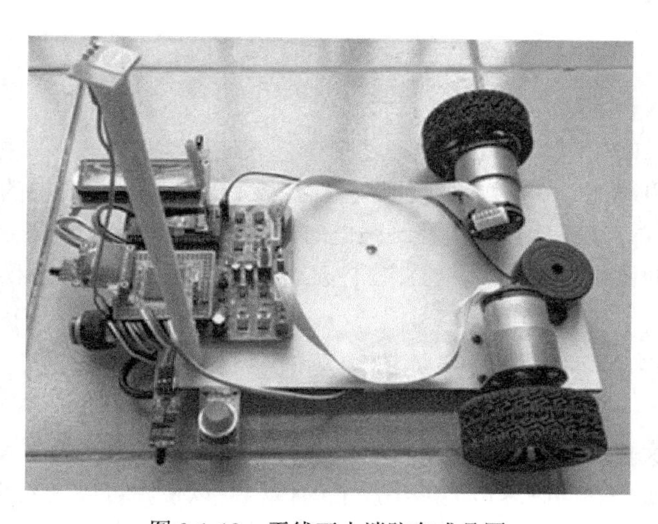

图9-1-12　无线灭火消防车成品图

9.2 智能家居类

9.2.1 智能家庭灯光

随着人们生活水平的提高以及计算机技术的发展，智能家居逐渐成为未来家居生活的发展方向。智能家庭灯光控制系统利用手机 APP 和感应模块实现灯光的多向控制，具有相当的便捷性以及人工智能性；智能家庭灯光使住户的控制更高效，更能为家庭的日常活动节约不必要的能耗。

1. 功能需求分析

①通过固定开关实现对灯光的直接控制。每个灯光都有一个对应的开关，固定开关分为普通开关和亮度开关，普通开关可以实现传统的灯光开闭功能，亮度开关可以实现对特殊灯光的亮度调节功能。

②通过手机 APP 对灯光进行无线遥控，包括近距离与远距离两种控制模式。在室内可通过蓝牙近距离控制，在室外可通过连接服务器远距离控制，从而实现了 APP 双模式控制家庭灯光。

③通过红外感应模块和光敏传感模块实现灯光的自动控制。当夜间光线不足时，若红外感应模块感应到有人经过，可以实现灯光的自动开启，一段时间后若监测到无人状态，灯光自动熄灭。

④定时功能。用户可通过手机 APP 设定固定的时间，实现定时开关灯。

⑤多种通信方式。智能家庭灯光控制系统 APP、短信、电话语音三种方式配合使用，便于把用电器使用情况的相关信息及时地传送给用户，以及用户对灯光的智能化控制，实现了高效的双向通信。此外，人性化的短信提醒功能能够避免无人时电灯仍处于工作状态的电能浪费。

2. 系统设计提示

系统设计流程图如图 9-2-1 和图 9-2-2 所示，系统由手机客户端、控制电路和家庭灯光组成。手机客户端是用户控制系统的平台，其核心部分为自主研发的 APP。控制电路的硬件部分有 51 单片机、实现弱电控制强电的光耦继电器、实现远程控制的以太网模块、实现近距离控制的蓝牙模块、实现检测室内是否有人的人体红外感应模块。

9.2.2 基于 APP 的家用电器开关控制及电量计量

在智能家居这一大背景下，利用日渐普及的手机为控制器，通过 APP 对家用电器进行相关的控制与操作。同时尽可能缩小产品的体积，以使其可以嵌入绝大多数家用电器之中，在不影响原有电器的外观的基础上还能达到智能控制的相关目的。

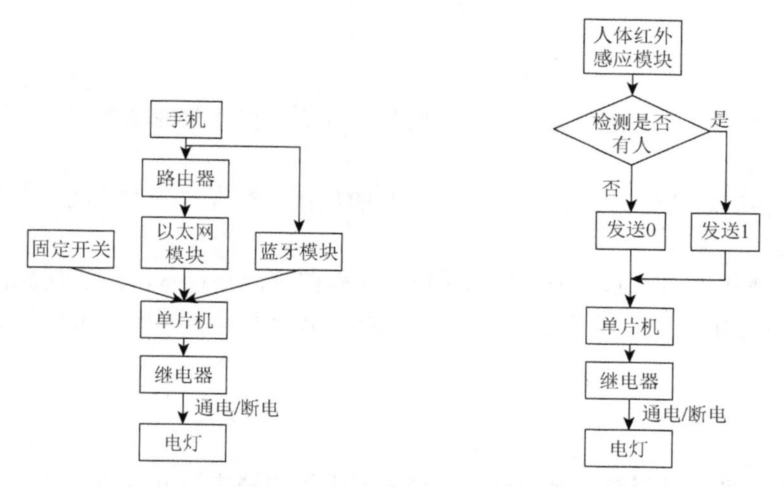

图 9-2-1　智能控制灯光系统设计流程图　图 9-2-2　红外感应自动灯光系统设计流程图

1. 功能需求分析

①可以利用手机 APP 实现对家用电器的相关控制与监测，能够利用手机 APP 端进行硬件通信及数据互传。

②可以实现对家用电器进行实时的监测，通过电量计量电路对家用电器的用电量进行实时监控。

③利用反馈系统，将电量计量电路测量到的数据反馈回手机 APP。

2. 系统设计提示

系统框图如图 9-2-3 所示，单片机产生时钟信号、ADDA 地址转换信号，电量计量触发脉冲信号，驱动 ADC0809 模块工作，另一方面读取 ADC0809 转换数据、计算电能消耗、处理手机 APP 端发来的指令、整理发送数据。

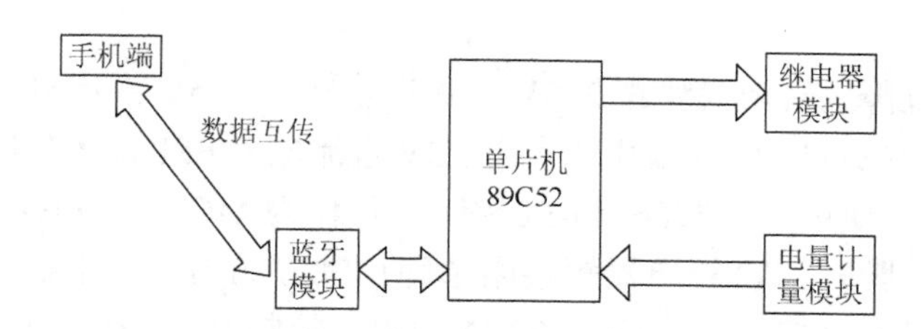

图 9-2-3　基于 APP 的家用电器开关控制及电量计量系统框图

9.2.3　基于安卓 APP 远程控制的智能家电开关

在智能家居以及智能手机广泛普及的大背景下，本实验提出一种基于安卓 APP 具有远程监视和控制功能的智能家电开关系统，以实现使用安卓智能手机作为控制终端，远程控制家用电器开关的功能。

1. 功能需求分析

①家电设备状态显示。手机 APP 上会实时显示和更新接入智能家电开关系统的所有家电的状态和信息。

②远程开关控制。通过对安卓智能手机 APP 的操作可实现对接入智能家电开关系统的所有家电的远程开关控制。

③实现通过外网（移动通信或外网 Wi-Fi）远程控制内网设备，或者局域网（内网 Wi-Fi）直接控制家电开关，从而实现对接入智能家电开关系统的所有家电的远程开关控制。

2. 系统设计提示

智能家电开关系统以智能插座为载体，嵌入式控制电路主要分为两大部分，即供电部分与控制部分，如图 9-2-4 所示。

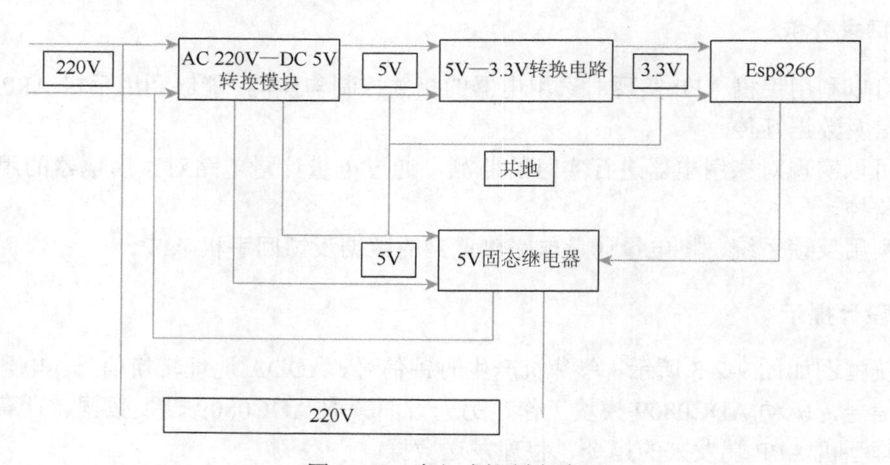

图 9-2-4　嵌入式控制电路

供电部分：通过降压转换模块将 220V 交流市电转换为 5V 直流电为 5V 继电器供电，5V 直流电再通过 AMS1117 稳压芯片转换成 3.3V 直流电为 ESP8266 Wi-Fi 控制芯片供电。

控制电路部分：使用 ESP8266 Wi-Fi 控制芯片作为 MCU，GPIO 控制口接到 5V 继电器的信号端（IN 脚），5V 继电器短接帽选择控制方式为高电平触发，输出接口选用 COM 口和 NO 口（常开接口）串联入 GND 线中。控制时，手机 APP 根据用户指令发送对应数据至服务器，ESP8266 Wi-Fi 控制芯片按照周期自行联网下载数据并转换为 GPIO 口的相应电平，从而控制 5V 继电器的通断，即控制了插座的接入和断开 220V 交流市电。

9.2.4　扫地机器人

打扫清洁一直都是一件费时费力的工作，特别是在房间的某些角落，例如餐桌、柜子、沙发的底部，一些肉眼可见的灰尘，往往需要清洁者弯下腰，甚至趴在地上，使用各种工具才能打扫干净。而随着科技的发展，小巧灵活，可以智能地穿梭于房间的各个角落扫清各种灰尘的扫地机器人横空出世，在很大程度上解放了人们的双手，解决了人们在打扫卫生时的烦恼。

1. 功能需求分析

（1）进行室内打扫

使用编码器对电机进行闭环控制，实现稳定的速度输出；使用单电机带动扇叶进行归中打扫。

（2）具有防碰撞、防缠绕的功能

①防碰撞：使用 2～3 个红外传感器对障碍进行检测。

②防缠绕：对电机进行速度检测，若速度小于阈值，便认定扇叶被卡住，此时进行电机反转，把缠绕物解除。

（3）使用上位机或手机控制，向上位机发送实时的工作状态

使用蓝牙将实时数据传上上位机显示。

（4）按弓形路径进行高效清扫

机器人正常状态下向前行走，碰上障碍就转 90°行走一小段距离（不超过机器自身的宽度），再在同一方向转 90°后行走，直至碰上障碍，又向反旋转一个 90°行走一小段距离，再继续旋转 90°后行走，直至碰上障碍物一直这样循环。

（5）可设置定时打扫

2. 系统设计提示

（1）电路部分

扫地机器人以 MK60DN512ZVLQ10 芯片为主控制器，采用红外传感器进行障碍检测，使用驱动电机上附带的编码器进行电机转速检测，并通过 PWM 技术精确控制电机驱动机器人向前运动。同时，吸尘部分所使用的吸尘风机自带 PWM 控制模块，可以通过 PWM 输入控制吸尘功率。前置驱动毛刷的电机则由 MOS 管模块控制转速。另外，系统还拓展了 OLED、蓝牙模块以及键盘作为人机交互界面，以便于机器人的设置与远程操作。

（2）机械部分

扫地机器人分为底盘与吸尘盒部分。底盘部分由 AUTOCAD 绘制，通过激光切割加工 6mm 厚度层板制作而成，并事先预留好各外设的安装孔位；吸尘盒部分使用 SolidWorks 建模，使用 3D 打印机打印 PLA（聚乳酸）材料制作而成。两部分为可拆卸设计，方便在实际使用中倾倒灰尘。扫地机器人的动力布局为常见的双电机驱动 + 尾部万向轮布局。实物图如图 9-2-5 所示。

图 9-2-5　扫地机器人实物图

9.3　温湿度测控类

9.3.1　温湿控制节能浴霸

浴霸逐步进入我们的日常生活中。但在快速普及的同时，浴霸面临能耗大，安全性堪忧等问题。一种基于单片机、温度传感器 DS18B20 以及温湿度传感器 DHT11 的闭环微机反馈控制电路，可以在浴室温度达到用户设定温度值时自动进入相应的保温状态；同时，当浴室湿度过高时，及时控制排气扇通风。

1. 功能需求分析

①人性化的温度设定。不同用户对洗浴温度的要求是不一样的，青年人可能喜欢 18～22℃的洗浴温度，而老年人相对而言喜欢 24℃以上的洗浴温度。通过按键可以对浴室预期的温度进行设定，以满足不同人群的需要。

②节能的保温功能。自动检测用户设定的预期温度值以及当前的室内温度值，当室内温度达到预期温度值时，通过已经设定好的保温程序自动开启相应的保温程序。且不同的保温温度，其保温的节能效果不同，通过合理地配置加热灯的工作数量以达到最大效益的用电节能。

③温度记录提醒功能。实时记录用户的洗浴温度，并将其显示在显示屏以供用户查看。同时也会统计用户的洗浴温度情况，并给出合理的建议。

④安全的湿度控制。通过检测室内湿度，当室内湿度大于等于 85%时自动开启排气扇，进而使室内湿度降低，以达到安全用电的作用。

⑤节能的风扇开闭设定。当室内湿度大于等于 85%，排气扇打开使室内湿度下降；当室内湿度小于等于 75%，排气扇关闭以达到用电节能的作用。

⑥实时记录用户的浴室湿度，并将其显示在显示屏以供用户查看。同时也会统计用户的室内湿度情况，并给出合理的建议。

2. 系统设计提示

嵌入式吊顶光暖浴霸如图 9-3-1 所示，节能浴霸系统框架图如图 9-3-2 所示。电路的主要设计思路是让用户可以设定自己预期的浴室温度，通过 51 单片机和传感器组成的闭环反馈系统来控制灯泡打开的数量，进而在保证浴室温度不低于用户设定温度的情况下，通过减少常亮灯泡数量以达到节能的目的。

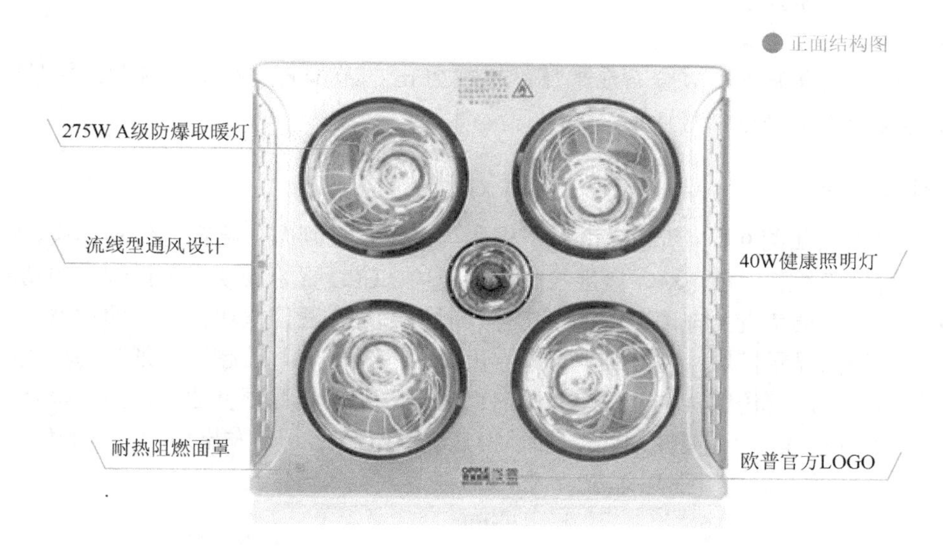

图 9-3-1　嵌入式吊顶光暖浴霸

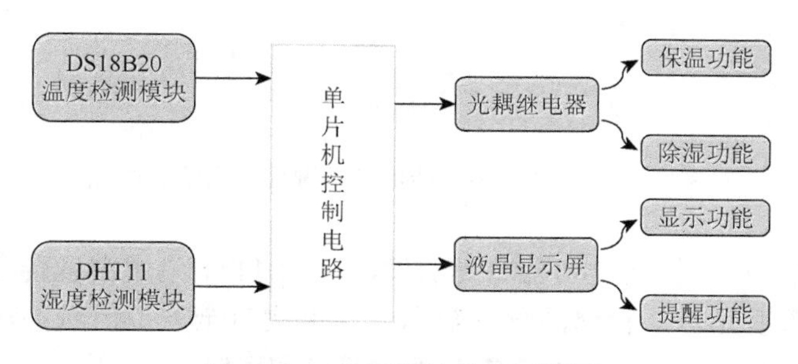

图 9-3-2　节能浴霸系统框架图

同时，可以设定科学的用电器安全湿度阈值以及合理的湿度下限值，当室内湿度大于 85%时打开排气扇，当室内湿度低于 75%关闭排气扇，在保证用电器以及沐浴者安全的前提下，进一步实现排气扇的用电节能。

9.3.2 可视化多功能电子温湿度计

温度和湿度是两个最基本的环境参数，准确测量温湿度在生物制药、食品加工、造纸等行业更是至关重要。因此，研究温湿度的测量方法具有重要意义。

1. 功能需求分析

①有日期、时间等显示功能。

②用户可以自行设置温度上下限，超出范围时会报警提示，在超出温度上限时，会驱动小风扇进行工作，使温度降低到设定的范围内。

③可设置屏幕显示状态。

④完备的可视化菜单。

⑤多个温度传感器可以分布在半径不超过 2km 的范围内进行温度测量，并且将测量的温度与主控制器进行信号通信，并进行反馈。

2. 系统设计提示

系统总框图如图 9-3-3 所示。由 7 个模块组成：主控制器、温湿度传感模块、键盘输入模块、时钟模块、通信模块、风扇控制驱动模块、LED 显示模块。主控制器的功能由单片机来完成，主要负责处理由温湿度传感器、时钟芯片、通信模块传递来的数据，并把处理好的数据送向显示模块。主控制器分析温度是否超过上限，若超过，则驱动小风扇进行温度的调整。温湿度传感器主要用来完成时间的调整，设定温湿度适宜范围。报警装置是由 LED 显示屏组成，当温度超出设置的预警值湿，LED 显示屏发出声音，变颜色。

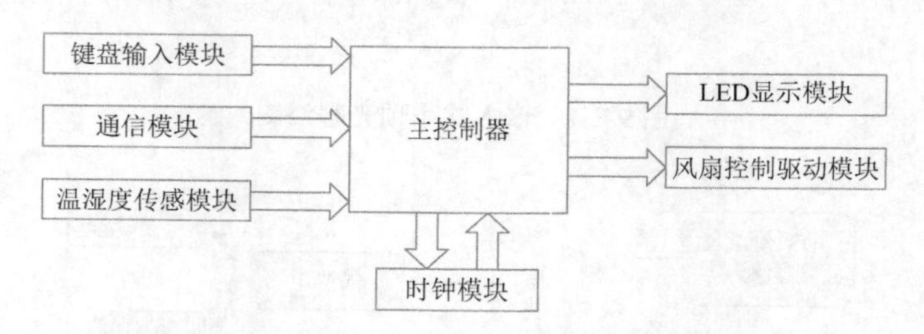

图 9-3-3 可视化多功能电子温湿度计系统总框图

以 STM32 系列单片机为主要控制元器件，以 DHT11 为温湿度传感器的新型数字温湿度计，具有温湿度显示、存储温湿度数据、温度实时全方位监测并对温度做出相应调整等功能。同时，本作品还具有独特的可视化菜单和可触摸显示屏，便于操作。

9.3.3 可视化多功能温湿度检测仪

对温湿度的监测和控制是生产过程不可或缺的一环。本可视化多功能温湿度检测仪可适用于所有家庭、大部分存储仓库、温度控制范围在 0～50℃的生产基地等场合，有着适用范围广、适应能力强的特点。

1. 功能需求分析

为了满足广大用户的需求，本产品不仅能够实现实时监测环境的温度和湿度，还能允许用户自定义温度和湿度阈值，若超出阈值则自动报警。

2. 系统设计提示

本产品主要由初始模块、温湿度感应模块、预警模块、显示模块和单片机模块组成，功能流程图如图 9-3-4 所示。

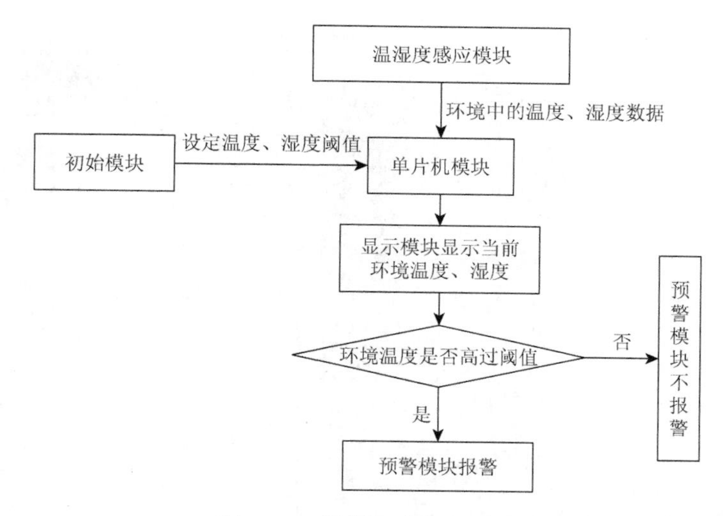

图 9-3-4　检测仪功能流程图

9.3.4　智能化变电房温度湿度控制器

变电房一般建设在大型小区或商业区等人口密集的区域，承担着对周围用户的电力供应的责任，所以变电房的安全运行至关重要。变电房中变电设备的稳定运行和设备周围的温度、湿度密切相关，温度太高会导致绝缘提前老化影响设备寿命，湿度太大会导致绝缘材料表面吸附水汽从而使击穿电压降低，影响设备的安全运行。

1. 功能需求分析

本产品可以检测变电房内的温度、湿度数据，通过单片机算法控制风扇和冷却系统的运行从而达到使变电房中的设备工作温度、湿度都低于限制的最大值，保证变电房中的设备工作安全可靠。

该产品可收集变电房内的温度、湿度信息，用户可以通过程序预设温度、湿度阈值，若变电房内的温度高于设定值则启动冷却装置对变电房内的设备进行降温，若变电房内的湿度高于设定值则启动除湿装置干燥变电房环境，最终使得变电房内的设备工作在适宜的温度、湿度下，提高设备运行的安全性和稳定性。

2. 系统设计提示

本产品由数据收集、动作输出端和数据显示端两个部分组成。

（1）数据收集、动作输出端

如图 9-3-5 所示，该部分由温度、湿度传感器完成温度、湿度的数据收集功能，继电器 RL1 对冷却装置进行控制，继电器 RL2 对除湿装置进行控制完成动作输出功能。

LCD 显示温度、湿度数值，负责数据的现场显示，D1、D2 两个指示灯分别指示继电器 RL1 和 RL2 的通断。

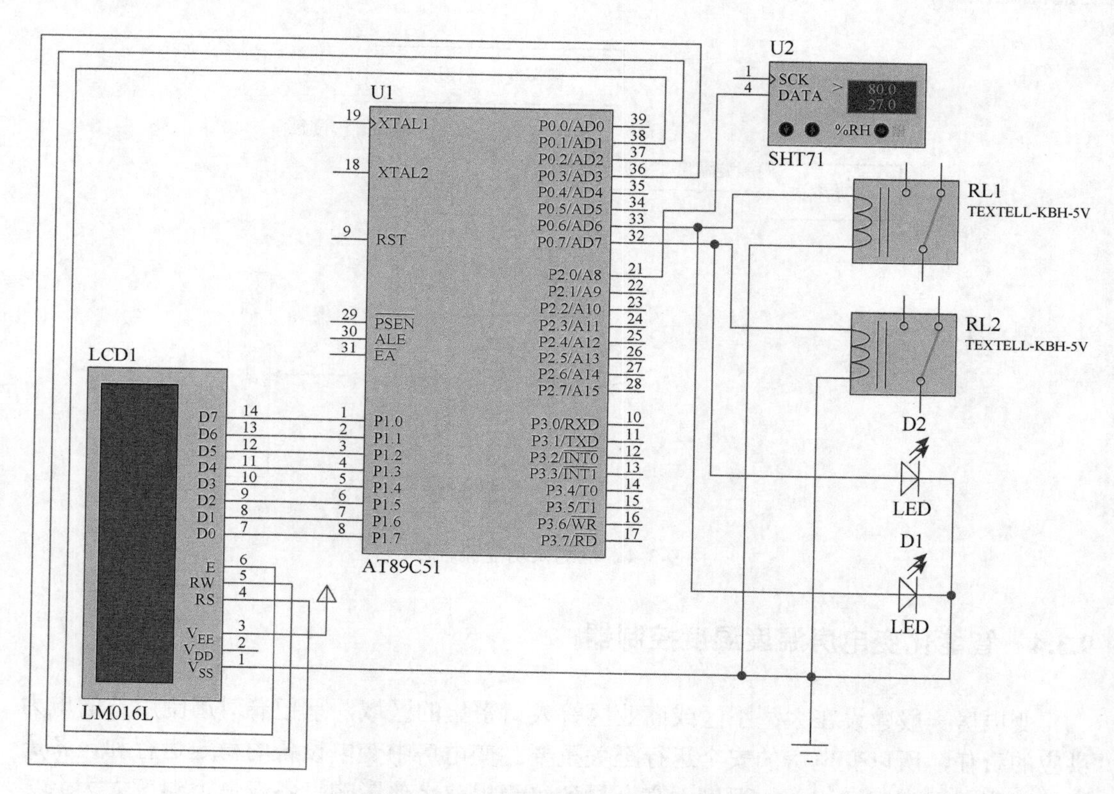

图 9-3-5　数据收集端单片机原理图

（2）数据显示端

如图 9-3-6 所示，该部分由 LCD 显示屏显示数据收集、动作输出端所收集的数据，LED D1 负责指示继电器 RL1 的工作状态，LED D2 负责指示继电器 RL2 的工作状态。

（3）两部分的连接

传统的连接方式是将 I 部分单片机的 RD 端、WR 端和Ⅱ部分单片机的 RD 端、WR 端交错连接。我们的产品将两部分的 RD 端、WR 端分别连接各自的无线模块，通过两个无线模块连接，实现了温度湿度以及设备动作的远程监控。

9.3.5　智能温室调控系统

现代农业讲究种植的高效性和经济性，温室大棚是其中的一项典型技术。温室大棚技术较之传统农业大大提升了种植效率，但目前我国的大棚技术管理粗放，对于资源的消耗比较大。

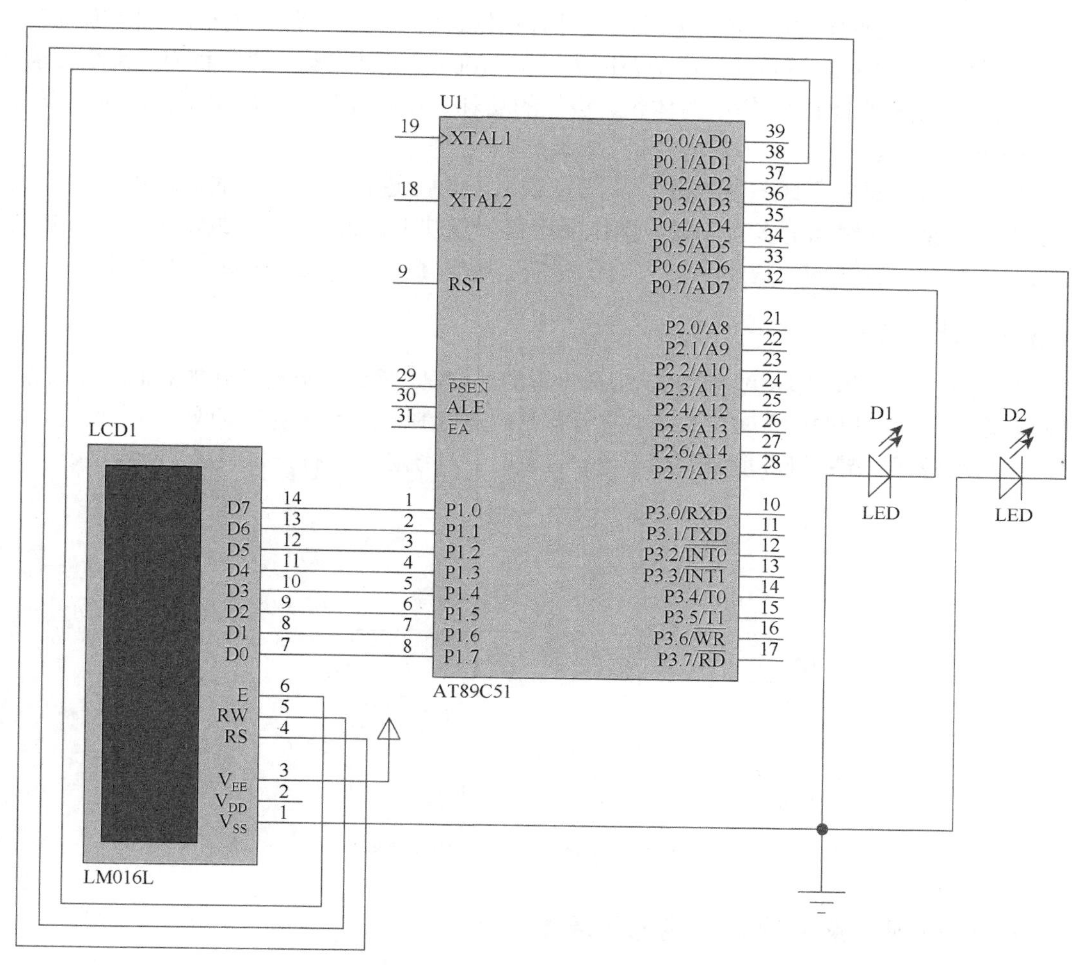

图 9-3-6　数据显示端单片机原理图

1. 功能需求分析

本产品的控制系统分为两部分：温控系统和湿控系统。温控系统包括排风扇、加热灯、温度感应器。湿控系统配合排风扇而调节湿度及降低室内温度。

另外，本产品采用了蓝牙模块连接手机 APP，可以直接在手机上显示精确的温湿度，同时也可以使用手机终端对整个环境进行调控。更加方便了用户的使用，具有可视化输出与很高的可操作性，与传统方法相比具有控制方便、简单和灵活等优点。

总之，不论在温室方面还是其他方面，对环境进行调控都是一个重要的课题，本产品在此方面具有更大的便利性。

本产品采用了温度传感器 DS18B20 以及温湿度传感器 DHT11 来进行对环境的数据采集，然后将数据传到单片机再通过蓝牙模块 HC-05 传输到手机 APP，在手机上实现温度、湿度的数据显示，并且用户可以在手机 APP 上对系统进行操作，输入适当的温湿度来进行调整，使之保持在一个合理的范围之内。

温度传感器 DS18B20 具有体积小、硬件开销低、抗干扰能力强、精度高的特点。测量的温度精度达到 0.1℃，测量的温度的范围为–20～100℃，可以完美地适应我们的系统要求。

温湿度传感器 DHT11 超小的体积、极低的功耗，使其成为该类应用中，在苛刻应用场合的最佳选择。

以往的智能温室系统只能够在一块固定的显示屏上进行温度湿度的显示以供人们进行参考和调整，在空间上多有不便。本作品用蓝牙模块 HC-05 将温室数据与手机 APP 进行实时的交换，在空间上提供了更大的便利性，降低了劳动强度，提高了工作效率。

2. 系统设计提示

如图 9-3-7 所示，当环境温度低于用户设置的温度时，系统会自动打开加热器进行加热；当环境温度高于用户的设置时，系统会打开排气扇进行制冷；当环境湿度低于用户设置时，系统会自动进行加湿；当环境湿度高于用户设置时，系统会自动打开排气扇进行排湿。

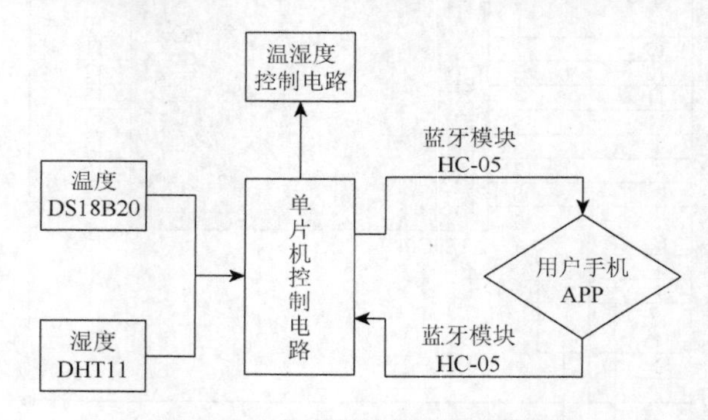

图 9-3-7　智能温室调控系统框图

9.3.6　带可视化菜单的多功能电子温湿度计

温度和湿度与人们的生活息息相关。在工农业生产、气象、环保、国防、科研等部门，经常需要对环境温度与湿度进行测量及控制。准确测量温湿度在生物制药、食品加工、造纸等行业更是至关重要。传统的温度计是用水银柱来显示温度的，虽然结构简单、价格便宜，但是它的精确度不高，不易读数。传统湿度计采用干湿球显示法，不仅复杂而且测量精度不高。而采用单片机对温湿度进行测量，不仅具有控制方便、简单和灵活等优点，而且可以提高温湿度的测量精度。用 12864 液晶显示屏来显示温湿度的数值和时间，看起来更加直观。

测量温湿度的关键是温湿度传感器。过去测量温度与湿度是分开的。随着技术的进步和人们生活的需要，温湿度传感器出现了。温度传感器的发展经历了 3 个阶段：传统的分立式温度传感器、模拟集成温度传感器、智能集成温度传感器。目前，国际上新型温度传感器正在从模拟式走向数字式，从集成化走向智能化、网络化。湿度传感器也是经历了这样一个阶段逐渐走向数字智能化。

总之，无论在日常生活中还是在工业、农业方面都离不开对周围环境进行温湿度的测量。因此，研究温湿度的测量具有非常重要的意义。

1. 功能需求分析

①有日期、时间等显示功能。

②用户可以自行设置温度上下限，超出范围时会报警提示。

③可存储并查看温湿度。

④可设置屏幕显示状态。

⑤完备的可视化菜单。

2. 系统设计提示

按照系统设计功能的要求，确定系统由 7 个模块组成：主控制器模块、温湿度传感模块、键盘输入模块、时钟模块、存储模块、LCD 显示模块和蜂鸣器模块。

主控制器的功能由单片机来完成，主要负责处理由温湿度传感器、时钟芯片传递来的数据，并把处理好的数据送向显示模块，以及把数据发给存储芯片和接受存储芯片发来的数据。温湿度传感器主要用来完成时间的调整，设定温湿度适宜范围，存储和查询温湿度。这里需要四个按键，两个用来调节，两个用于进入下一级菜单及返回上一级菜单。报警装置是由一个蜂鸣器和一个 LED 灯组成，当温度超出设置的预警值湿，蜂鸣器（蜂鸣器报警功能可选择开启或关闭，默认为关）发出声响，LED 灯亮起。

9.3.7　智能浴室调控系统

1. 功能需求分析

本产品可实现人进浴室自动断电，人离上电的自动化过程，从底层直接断电，有效避免人们洗澡时忘记断电而可能导致的各种危险问题。同时，也对电器进行了物联网改造，可随时随地控制热水器的加热，定时等功能。

2. 系统设计提示

该产品基于 STM32F103C8T6 及 ESP8266 两款芯片，加上其他一些组件，实现远程控制，自动断电，定时开关等功能。下面详细介绍各部分的功能。

（1）STM32F103C8T6 芯片组

STM32F103C8T6 是一款基于 ARM Cortex-M 内核 STM32 系列的 32 位的微控制器，程序存储器容量是 64kB，需要电压 2～3.6V，工作温度为–40～85℃。成本极低但性能不俗，该作品所有控制均通过这款芯片。

（2）ESP8266 Wi-Fi 模块芯片组

ESP8266 的工作温度范围大，且能够保持稳定的性能，能适应各种操作环境。集成了32位Tensilica处理器、标准数字外设接口、天线开关、射频balun、功率放大器、低噪放大器、过滤器和电源管理模块等，仅需很少的外围电路，可将所占印制电路板空间降低。专为移动设备、可穿戴电子产品和物联网应用而设计，通过多项专有技术实现了超低功耗。具有的省电模式适用于各种低功耗应用场景。

我们利用该模块通过路由器与ONENET物联网平台连接（https://open.iot.10086.cn/），实现远程开关，远程定时，倒计时显示等功能，且通过编辑可视化交互界面，具有较为舒适的使用体验。

（3）人体红外检测模块

HC-SR501是基于红外线技术的自动控制模块，采用LH778探头设计，灵敏度高，可靠性强，超低电压工作模式，广泛用于各类自动感应电气设备。

这里我们用来监测浴室内是否有人，达到人进断电，离开上电的功能，提高电热水器的安全性与自动化等级。

（4）4位数码管

实时显示定时后的倒计时，实现数据可视化，可进一步改装为OLED或触摸板等。

（5）实时显示定时后的倒计时

实现数据可视化，可进一步改装为OLED或触摸板等。

（6）电磁继电器

使用DC 5V继电器JQC-3FF-S-Z，耗能小，可控制10A，AC 250V；15A，AC 125V，主要利用物联网平台和红外检测反馈信号给单片机处理后进行控制。

9.4　基于STM32的全彩旋转LED显示屏的设计

在现今的生活中LED显示屏已经广泛地应用于各个行业以及众多的公共场合，本实验提出了一种基于视觉残留原理的旋转LED彩色显示屏。相比于传统的单色LED屏，本显示屏能够实现全彩显示。所使用的每个彩色LED都具有RGB三种颜色，由STM32最小模块组和DM132芯片控制LED在不同位置的色彩灰度及亮灭情况，在合适的旋转频率下，就可以看到完整显示的彩色图案。

1. 功能需求分析

①实现了全彩显示。首先，提取图片的灰度值，通过STM32的最小模块组和DM132芯片来控制彩色LED在每一个位置的色彩灰度和亮灭情况，从而显示彩色图案。

②旋转式LED显示屏在显示相同信息量上，使用的发光二极管数量更少，可有效降低能耗和维修成本。

③采用无线供电模块。若用锂电池为STM32最小模块组供电，印制电路板会变得非常笨重，而且当转速比较快时，锂电池也会有飞出去的危险。采用无线供电则能够解决以上的问题，减轻印制电路板的质量，提高安全性。

④使用霍尔传感器来增强显示图像的稳定性。在底座固定一块磁铁，每当霍尔传感器从磁铁的上方经过的时候，图像就会被重置，从而减少图像的失真，增强图像的稳定性。

2. 系统设计提示

主要由三个模块组成：转动单元、控制单元和显示单元，如图 9-4-1 所示。

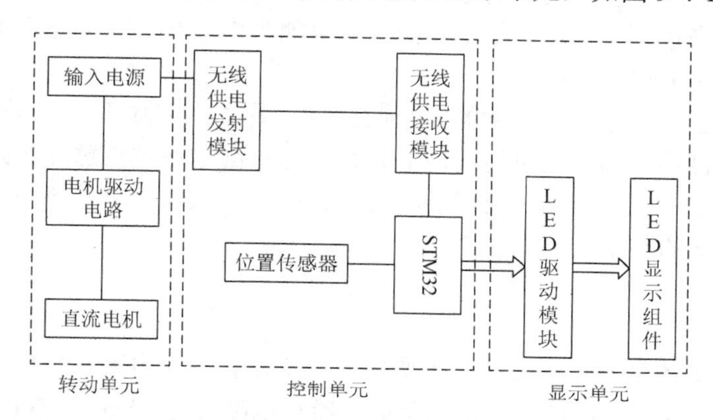

图 9-4-1　基于 STM32 的全彩旋转 LED 显示屏总体设计框图

（1）转动单元

转动单元由输入电源、整流模块、电机驱动电路、直流电机组成。整流模块将 220V 的室电转换为 12V 的直流电压，通过电机的驱动电路进行适当的分压来驱动直流电机。

（2）控制单元

控制单元由无线供电模块、STM32 最小模块组和 DM132 组成。无线供电模块为 STM32 最小模块组进行供电。首先，STM32 最小模块组将得到的图片的灰度值串行输入到 DM132 中。每个 DM132 有 16 个输出口，每 3 个输出口控制一个 RGB 彩色 LED。每个输出口输出一个十位的灰度值数据。当输入的时钟信号处于高电平的时候，DM132 输入一个灰度值数据，当一个十位的灰度值数据输入完毕后，捕获输入的数据，然后移至下一位。再输入另外一个数据。再捕获、移位一直到输入了 16 个数据为止。然后再输出。

（3）显示单元

显示单元由全彩的 LED 组成，每个 LED 有 RGB 三种颜色的灯泡，DM132 的一个输出口控制一个灯泡。即三个输出口控制一个 LED。

9.5　移动电源

移动电源可用于为移动设备提高续航能力。我们设计了该款可更换电池的移动电源，在实际运用中其主要可以实现以下功能：对外部设备通过标准 USB 接口供电；可使用各类充电适配器对电源自身充电；可通过自带的指示灯获取电池电量信息；可自保护，避免电池出现过充、过放、电流过大、温度过高等危险情况。

1. 功能需求分析

①废旧电池得到利用，体现物尽其用的原则，也体现低碳环保的理念。大多数人手

中都有不少旧手机，把它们扔了又可惜，卖给二手商又怕泄露隐私，平时也不会去使用它，最好的方式是尽可能地把它们的零件利用起来。将它们的电池用来作为移动电源是个可行的方案。另外，移动电源的电量也是重要的一个参数。通常大电量的移动电源体积惊人，携带起来也稍有麻烦，如果以旧手机电池为内电池，则可缩个电源体积，从而可以携带多个电池来扩大容量。

②以保证安全。如今移动电源的安全性是用户最关心的因素，层出不穷的充电宝爆炸事件让人忧心忡忡。为防止可能出现的各种引起移动电源发生意外的因素，本移动电源设置了多种保护方式，包括过充保护、过流保护、过放保护、过热保护，以此来尽可能地避免意外情况的发生。

2. 系统设计提示

移动电源的主体是锂离子电池，主要由充电电路、放电电路以及电量显示电路三部分组成。充电电路输出与电池相接，电源适配器将市电转为USB 5V直流输入充电电路，经保护电路完成对电池的充电。放电电路主要为升压单元，将电池电压经DC-DC变换芯片MC34063升高到标准USB电压5V后输出。电量显示电路利用四比较器芯片LM339，设置参考电压相比较来判断电池电压范围，比较器输出高低电平，再由LED的亮灭得到生动直观的显示。同时利用比较器控制电池的通断，以防止电池过度放电造成损害，产品的原理概念图如图9-5-1所示。

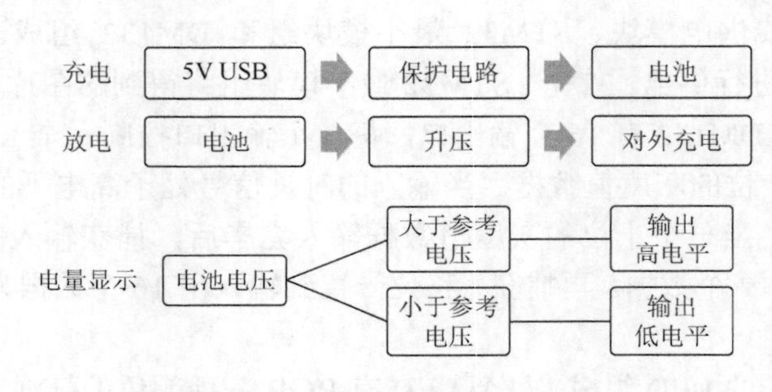

图 9-5-1　产品原理概念图

①充电电路：充电电路主要由二极管1N4001、PTC正温度系数电阻RUEF110、100μF电解电容器构成。

②放电电路：锂电池的正常工作电压范围为2.7～4.2V。为了输出5V直流电压，需要进行升压。放电电路的主体是集成芯片MC34063构成的升压电路。

③电量显示电路：电量显示电路的主体为四输入比较器LM339。

9.6　基于单片机的智能视力保护装置

长期以来大多数人没有养成良好的用眼习惯，在使用手机、电脑或阅读书籍时没有注意眼睛与屏幕及书籍的距离，导致视力问题成为了日趋普遍的社会问题。

1. 功能需求分析

通过该装置，当检测到有人体距离桌面或手机、电脑屏幕过近时，装置发出提示声；照明装置开启的同时，根据光照强度计算所需灯光亮度，从而自适应调节环境亮度至人眼适宜值。此装置通过检测人体与屏幕或桌面的距离，可以帮助人们养成良好的用眼习惯，实现保护视力的目的，具有可持续性和推广性。

2. 系统设计提示

系统流程图如图 9-6-1 所示，从保护视力与减少电能损耗入手，设计一种基于 51 单片机开发板（含蜂鸣器作为报警器和定时系统）、LCD1602 显示屏（显示已工作时间）、HC-SR04 超声波模块（检测人体与书桌的距离）、光敏传感器、D/A 转换器的智能视力保护装置。

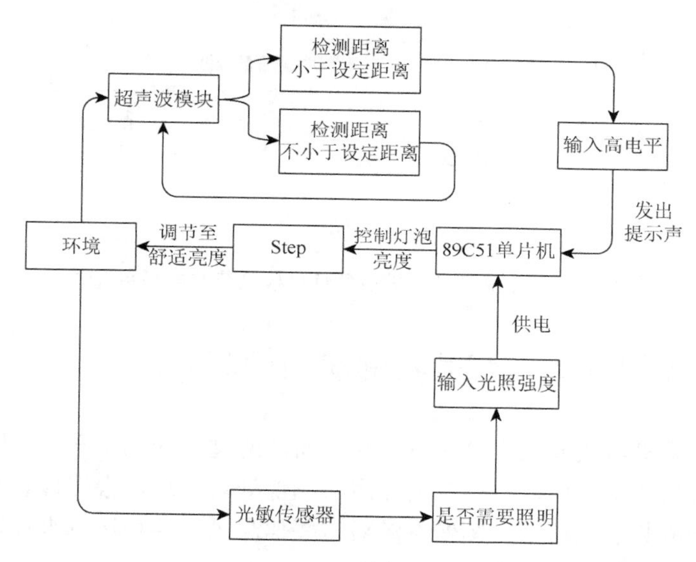

图 9-6-1 基于单片机的智能视力保护装置系统流程图

9.7 基于无线通信的应急灯自检系统的设计

消防应急照明，是消防应急中最为普遍的一种照明工具，应急时间长、高亮度且具有断电自动应急功能。

1. 功能需求分析

为方便对应急灯进行检查，减少人力耗费，急需能实现应急灯自检并能将监测数据反馈到监测端的系统，因此我们设计了这一套应急灯自检的系统。上位机发出检测指令后，下位机会对应急灯的相应功能进行检测，并通过无线网络（Wi-Fi）将数据传输至上位机，检测人员可通过回传的数据判断相应应急灯的功能是否符合要求。

2. 系统设计提示

电路系统框图如图 9-7-1 所示，ESP8266-Wi-Fi 模块作为无线信号的传输端及接收端，接收到检测请求后，通过串口传至 MCU，MCU 控制继电器切断应急灯主电开始检测，应急灯切换至应急状态，由电池供电。ADC0809 每 50ms 采样一次电池电压值，当电池电压开始下降，判断为应急灯亮起，由此确定应急转换时间。MCU 发送应急转换时间。AD 模块继续采样电池电压，当检测到电池电压上升，判断为应急结束，发送最终电压和应急时间。

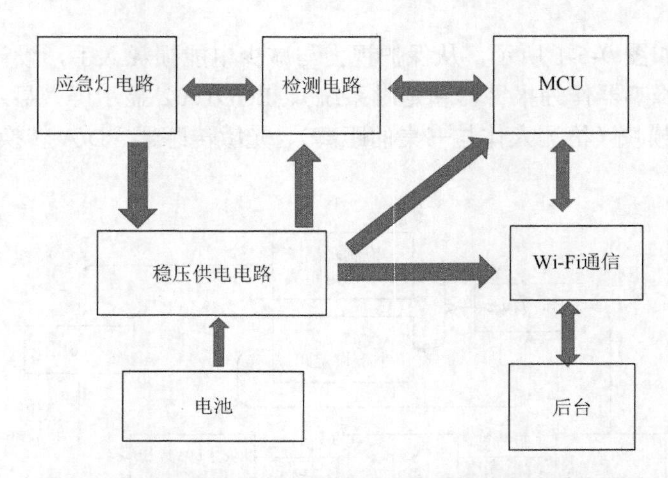

图 9-7-1　基于无线通信的应急灯自检系统的电路系统框图

9.8　基于机器视觉的工艺品轮廓缺陷检测系统

机器视觉是用机器代替人眼来做测量和判断，通过机器视觉产品（图像摄取装置）将被摄取目标转换成图像信号，传送给专用的图像处理系统，根据像素分布和亮度、颜色等信息，转变成数字化信号；图像系统对这些信号进行各种运算来抽取目标的特征，进而根据判别的结果来控制现场的设备动作。

1. 功能需求分析

（1）无人值守

在智能充斥的现代生产中，如何解放人力，以最少的人为参与换取最大的生产效率无疑是值得探索的。在加入视觉检测系统后，我们可以不再时不时地查看生产机器的工作状态，只需开机、导入模型、调节参数，便可远程监控。为了进一步减少生产过程中可能需要的人为参与，我们可以设置只在出现故障或者精度出现严重偏差时，检测系统会自动报警，同时，对模型的偏差进行识别，当误差较小时，进行偏差修正，当误差较大时，通过机械臂将出错的产品清除，然后自动启动程序，再次生产。

（2）误差检测

机器视觉的最大应用之一，便是误差检测。对于一些精度可达 0.1mm 生产产品要求，人眼无法识别出模型与理想状态的差异。而从机械角度出发，对比图像、分析数据、修正偏差，相对来说，都是较为简便且精准的事情。

2. 系统设计提示

首先要利用opencv软件，通过工业级摄像头对生产中的具体模型进行实时监控，每间隔固定时间截取照片；然后通过边缘检测和色彩检测等方法，对已经生产出来的模型进行截取识别，并转换成数字信息和已有的原模型进行对比；其中对于模型的比例，可以设置参考体，以参考体比例为标准，改变模型的大小，提升检测的精度；最后通过信息对比对生产机器进行调节，一旦发现误差超过限定值，则进行报警，并停止生产。组成模块如下。

（1）运动模块

步进电机通过同步带带动多个同步带轮使平台平稳旋转。通过控制信号周期的高电平脉冲持续的时间即可控制速度和正反转及停转，依次旋转一定的度数，可以获得不同的角度的生产产品二维平面图片。

（2）检测模块

图像获取主要是由工业相机来执行，后传输到计算机，通过opencv等软件及算法进行轮廓提取，与理想模型进行比较，获得缺陷及误差等信息。

（3）光源模块

通过多边反射器，无影灯能够达到无影照明要求。本产品由各个反光并且照亮整个术区的许许多多反射面组成，由此使许许多多的光影叠合，形成一个绝对同源的光柱，减少阴影给机器视觉检测带来的干扰。

程序框图如图9-8-1所示。

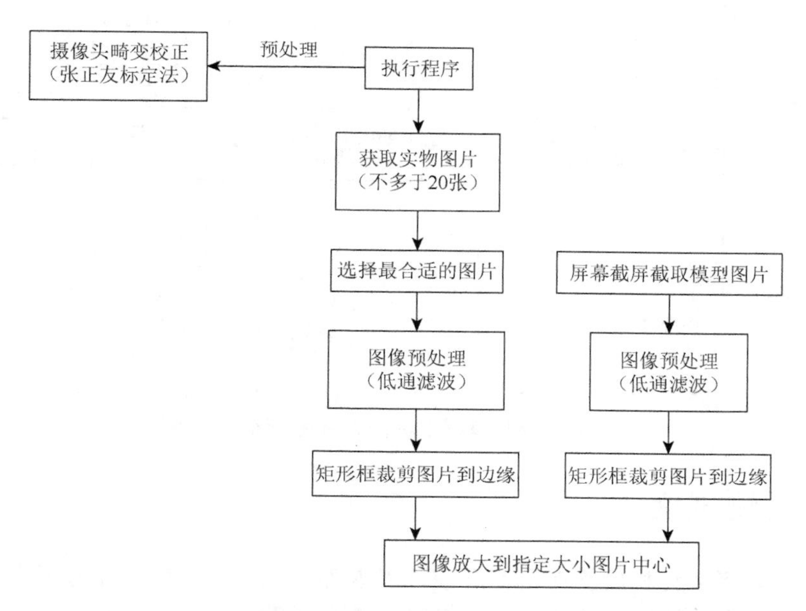

图9-8-1　基于机器视觉的工艺品轮廓缺陷检测系统程序框图

9.9　智能教室区域化控制系统及其手机 APP

通过对教室灯光、风扇、空调的分区域控制，提高节能效率的同时，加强高校教室中的节电管理，不仅能为学校减少不必要的能耗，从而节省一笔开支，更重要的是其符合现代化的教室绿色设计观念，可以引导学生培养良好的用电观念，以达到绿色环保、节能减排的目的。另外，该系统智能化的同时又紧贴时代的进步，设置以手机 APP 为主体的查询模块，其能引导学生选择适合自习、又符合节能条件的教室。

1. 功能需求分析

①教室电器智能区域控制。通过安装在教室内的传感器，将教室的信息（温度、湿度、光强、人数）传输到控制中心和云服务器中，并以该信息为判据，对教室的电器（电灯、风扇、空调）进行控制，实现教室内人-环境-电器三者的绿色合理协调。

②手机 APP 查询。通过调用云服务器中的教室信息数据，用户可在手机 APP 中查询当前教学楼各教室的人数、室内的温湿度，以便他们选择教室。

2. 系统设计提示

智能教室系统的结构框图如图 9-9-1 所示。它由座椅端和教室控制端组成。教室控制端以 STM32 为主控制机，另外包括无线接收器、译码器、温湿度传感器、用户与系统互动的触摸屏以及对电器进行直接控制的光耦继电器；座椅端作为该系统的从机，以 STC89C52 为控制器，另外包括无线发射器、编码器、亮度检测模块以及人数检测模块。

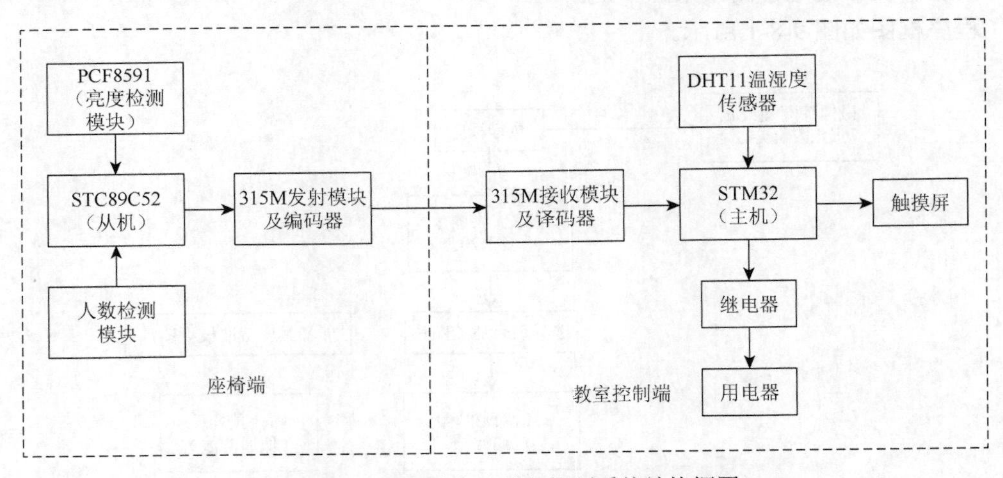

图 9-9-1　智能教室区域化控制系统结构框图

9.10　脉搏测试仪

目前，中国老龄化程度正在日益严峻，老人养生这一方面的产品有很大的市场。因此，系统如果做得足够好、功能全面，相信会很受市场欢迎。

1. 功能需求分析

本系统分为两个部分，分别为脉搏测试模块和体温测试模块，主要用于日常家庭人员的常用的一些体质参数的测试。主要是针对老弱群体设计的。整个系统是通过增强型 51 单片机 STC12C5A60S2 进行控制的，通过 12864 液晶对参数进行显示，通过按键进行切换。

2. 系统设计提示

（1）体温模块

体温模块主要用到了传感器 DS18B20 进行温度测量其特征如下。

①独特的单线接口仅需一个端口引脚进行通信。

②每个器件有唯一的 64 位的序列号存储在内部存储器中。

③简单的多点分布式测温应用。

④无需外部器件。

⑤可通过数据线供电。供电范围为 3.0～5.5V。

⑥测温范围为–55～125℃（–67～257℉）。

⑦在–10～85℃范围内精确度为±5℃。

⑧温度计分辨率可以被使用者选择为 9～12 位。

⑨最多在 750ms 内将温度转换为 12 位数字。

⑩用户可定义的非易失性温度报警设置。

⑪报警搜索命令识别并标志超过程序限定温度（温度报警条件）的器件。

⑫与 DS1822 兼容的软件。

⑬应用包括温度控制、工业系统、消费品、温度计或任何热感测系统。

（2）脉搏模块

脉搏测量模块用的传感器为：红外接收三极管和红外发射二极管。

传感器由红外发射二极管和红外接收三极管组成。采用红外发射二极管作为光源时，可基本抑制由呼吸运动造成的脉搏波曲线的漂移。红外接收三极管在红外光的照射下能产生电能，它的特性是将光信号转换为电信号。在本设计中，红外接收三极管和红外发射二极管相对摆放以获得最佳的指向特性。

从光源发出的光除被手指组织吸收以外，一部分由血液漫反射返回，其余部分透射出来。光电式脉搏传感器按照光的接收方式可分为透射式和反射式两种，其中透射式的发射光源与光敏接收元器件的距离相等并且对称布置，接收的是透射光，这种方法可较好地反映出心律的时间关系。因此本系统采用了指套式的透射型光电传感器，实现了光电隔离，减少了对后级模拟电路的干扰。

9.11　基于蓝牙的体温监测耳机系统设计

人体体温实时反映人体的健康状况，本产品基于蓝牙的体温检测耳机系统，采用

AS18b20 数字温度传感器采集温度数据，并用蓝牙 HC-05 实现数据传输，输出的数据可在 Android 系统手机显示，实现了体温的实时监测。

1. 功能需求分析

人们为了从外界获取信息，必须借助感觉器官，而人们自身的感觉器官，在研究自然现象和规律以及生产活动中远远不够。为了适应这种情况，就需要传感器。传感器是一种检测装置，能感受到被测量的信息，并能将检测感受到的信息按一定规律变换成为电信号或者其他形式的信息输出，以满足信息的传输、处理、储存、显示、记录和控制等要求。传感器是以一定的精度和规律把被测量的感受转换为与之有确定关系的、便于应用的某种物理量的测量装置，它是实现自动测量和自动控制的首要环节。温度是反映物体冷热状态的物理参数，它与人类生活的环境有密切关系。早在 2000 多年前，人类就开始为检测温度进行了各种努力。在人类社会中，无论工业、农业、商业、科技、国防、医疗及环保等部门都与温度有密切的关系。在工业生产自动化流程中，温度测量点一般要占全部测量点的一半左右。因此，人类离不开温度传感器。传感器技术因而成为许多应用技术的基础环节，成为当今世界多数国家普遍重视并大力发展的高新技术之一，它与通信技术、计算机技术共同构成了现代信息产业的三大支柱。

蓝牙这项技术标准，是以公元 10 世纪统一了丹麦和挪威的丹麦国王 Harald Blatand（Bluetooth）的姓氏命名的，寓意实现通信与计算机工业的无缝衔接。事实上，它很快从最初的电缆替代延伸为面向个人无线网（WPAN）的应用标准。蓝牙这项技术的出现是以因特网为代表的数据通信和移动通信技术高速发展的结果。专家指出，现代信息社会走过了计算机时代、互联网时代，全球通信网络基础设施已初步形成。现代信息社会的高级阶段，应当是保证每个人、每件智能设备都能随时随地方便地连接在网络上，蓝牙技术正是面向这一目标，它定位在现代通信网络的最后 10m，像一种无处不在的、数字化的神经末梢一样、把现有的各种信息化设备在近距离内连接起来。

2. 系统设计提示

系统主要由主控模块、温度采集模块、数据传输模块、手机 APP、电源模块五个部分组成。使用者将带有温度传感器 DS18b20 的耳机戴上，手机蓝牙连接本系统蓝牙，正常工作时，温度传感器从人的耳道获取人的体温信息，通过 PBO 口将数据发送给主控模块，主控模块将数据处理成使用者可接受的数据形式，最后通过蓝牙模块将数据传输到使用者的手机上。

3. 硬件电路设计

（1）CPU 核心控制模块

如图 9-11-1 所示，本设计采用 STC89C51 单片机作为控制器，STC89C52RC 是 STC 公司生产的一种低功耗、高性能 CMOS8 位微控制器，具有 8kB 系统可编程 Flash 存储器。STC89C52 使用经典的 MCS-51 内核，但是做了很多的改进使得芯片具有传统的 51 单片机

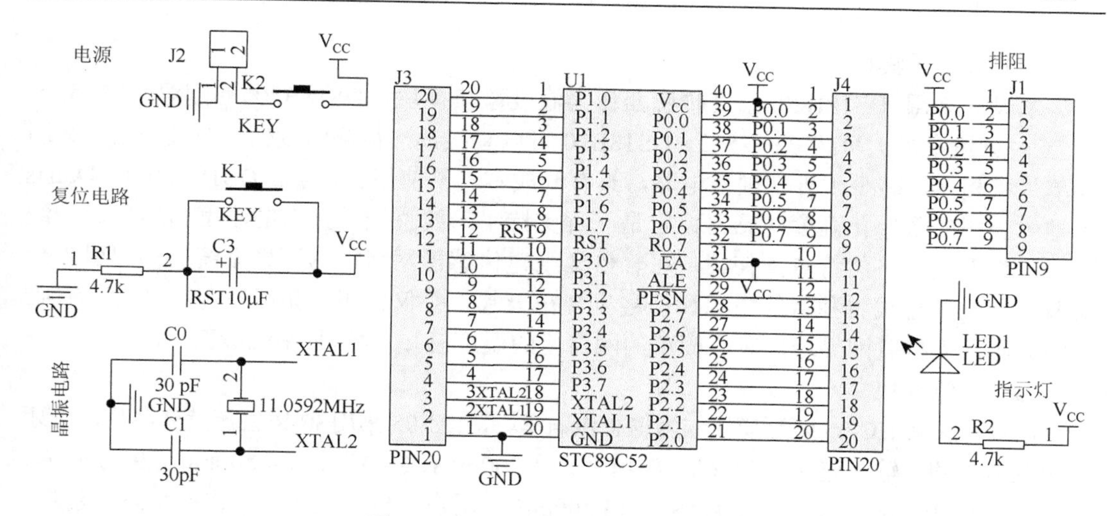

图 9-11-1　CPU 核心控制模块原理图

不具备的功能。在单芯片上，拥有灵巧的 8 位 CPU 和在系统可编程 Flash，使得 STC89C52 为众多嵌入式控制应用系统提供高灵活、超有效的解决方案。

STC89C52 具有以下标准功能：8kB Flash，512 字节 RAM，32 位 I/O 口线，看门狗定时器，内置 4kB EEPROM，MAX810 复位电路，3 个 16 位定时器/计数器，4 个外部中断，一个 7 向量 4 级中断结构（兼容传统 51 的 5 向量 2 级中断结构），全双工串行口。另外 STC89C52 可降至 0Hz 静态逻辑操作，支持 2 种软件可选择节电模式。空闲模式下，CPU 停止工作，允许 RAM、定时器/计数器、串口、终端继续工作。掉电保护方式下，RAM 内容被保存，振荡器被冻结，单片机一切工作停止，直到下一个终端或硬件复位为止。最高运作频率 35MHz，6T/12T 可选。控制模块的工作流程图如图 9-11-2 所示。程序流程图如图 9-11-3 所示。

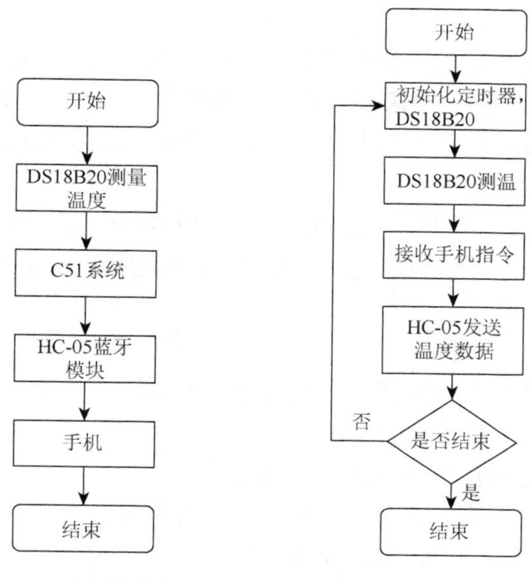

图 9-11-2　工作流程图　　图 9-11-3　程序流程图

（2）温度采集模块

本设计采用 DS18B20 温度传感器作为温度采集模块，DS18B20 的测温范围–55～125℃，分辨率最大可达 0.0625℃。DS18B20 可以直接读出被测温度值。而且采用 3 线制与单片机相连，减少了外部硬件电路，具有低成本和易使用的特点。DS18B20 是 Dallas 半导体公司的数字化温度传感器，它是一种支持“一线总线”接口的温度传感器。一线总线独特而且经济的特点，使用户可轻松地组建传感器网络，为测量系统的构建引入全新概念。一线总线将独特的电源和信号复合在一起，并仅使用一条线，每个芯片都有唯一的编码，支持联网寻址，具有简单的网络化的温度感知，零功耗等待等。

（3）传输模块

本设计采用 HC-05 蓝牙模块作为信息传输模块，HC-05 采用 CSR 主流蓝牙芯片，蓝牙 V2.0 协议标准，输入电压 3.6～6V，波特率为 1 200bit/s、2 400bit/s、4 800bit/s、9 600bit/s、19 200bit/s、38 400bit/s、57 600bit/s、115 200bit/s，用户可自主设置。带连接状态指示灯，LED 快闪表示没有蓝牙连接；LED 慢闪表示进入 AT 命令模式。板载 3.3V 稳压芯片，输入直流电压 3.6～6V；未配对时，电流约 30mA；配对成功后，电流大约 10mA。可用于 GPS 导航系统、水电煤气抄表系统、工业现场采控系统。可以与蓝牙笔记本电脑、电脑加蓝牙适配器等设备进行无缝连接。HC-05 具有两种工作模式：命令响应工作模式和自动连接工作模式，在自动连接工作模式下模块又可分为主（master）、从（slave）、回环（loopback）三种工作角色。当模块处于自动连接工作模式时，将自动根据事先设定的方式连接的数据传输；当模块处于命令相应工作模式时能执行 AT 命令，用户可向模块发送各种 AT 指令，为模块设定控制参数或发布控制命令，通过控制模块外部引脚输入电平，可以实现模块工作状态的动态转换。

9.12　智能人数统计系统

智能人数统计系统可用于计算所有封闭性场所内的人数。特别是在商场、超市、博物馆、展览馆等流动人员多且需限制人数的中小型公共场所中，该系统将发挥重要作用。智能人数统计系统可以统计场所内人数，同时将统计数据通过无线传输至后台监控设备，以供场所管理人员随时查看。

通过该系统得到的准确的量化的数据，不但可以获得商场、购物中心、博物馆或者飞机场完整的正在运行的状况，而且还可以利用这些高精度的数据，进行有效的组织运营工作。

1. 功能需求分析

①通过统计主要楼层人流量状态，从而进行店面的合理分布。

②统计各个区域的吸引率和繁忙度。

③有效评估所举行的营销和促销投资的回报。

④根据人流量变化，更有效分配物业管理、维护人员。

⑤通过人流量人群转化率，提高商场服务质量。

⑥通过人流量人群购买率，提高营销和促销的效率，计算人流量人群的平均消费能力。

⑦客观决定租金价位水平。

⑧评估和优化宣传广告和促销预算。

⑨根据来访顾客数量的多少来决定回馈顾客资金的使用。

⑩根据统计数据可决定开关店的最佳时间。

⑪显示当前人流量状态和变化趋势，管理人员可以对流量比较大的区域采取预防突发事件措施，并可实施观察商场当前的实际人数，等等。

2. 系统设计提示

智能人数统计系统由计数单元、显示单元以及通信单元三部分组成。计数单元由激光对射传感器和单片机组成，作为智能人数统计系统的实时数据采集装置。每当来访者经过安装有传感器的出入口，必将遮挡激光，从而使激光传感器的输出信号发生变化，单片机根据两个传感器信号变化的顺序判断来访者的行走方向，进行相应的数据加减。通信单元由无线传输模块和单片机组成，作为智能人数统计系统的无线通信装置。当不同出入口的传感器感应到人数变化时，将通过单片机发送相应的加减信号，由无线模块传输至另一出入口设备的单片机中，单片机根据接收到的信号进行相应运算，使人数得到实时更新。同时，利用单片机内部时钟设置定时器，后台监控设备每 1min 将接收到来自单片机的人数数据。此外，由于不同场所可容纳的具体人数不同，该上限值可由后台设备经过无线传输模块发送至单片机，作为显示单元显示内容的依据。显示单元由液晶显示屏和单片机组成，作为智能人数统计系统的输出装置。通过将场所人数与设置的上限值对比，单片机输出相应电平信号使液晶显示屏显示对应说明。系统设计框图如图 9-12-1 所示。

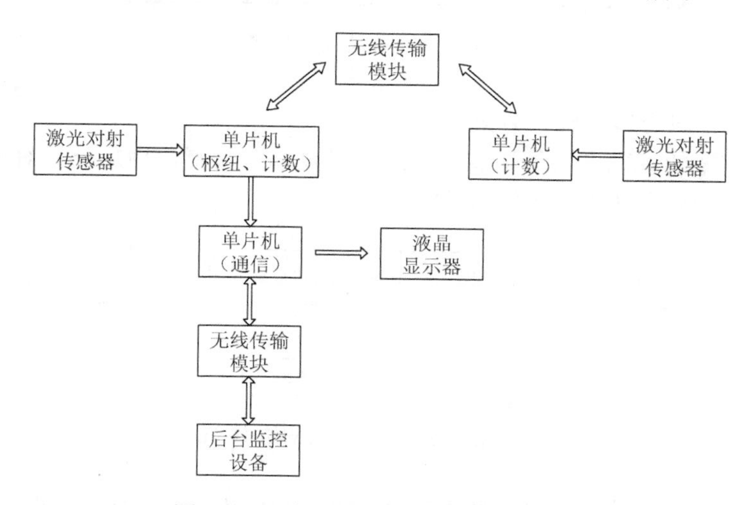

图 9-12-1　智能人数统计系统设计框图

9.13　基于单片机的电子秤设计

随着人们生活水平的不断提高，人们对商品的度量速度和精度也提出了新的要求。目前，商用电子计价秤的使用非常普及，可能会逐渐取代传统的杆秤和机械案秤。

本产品体积较小适合随行李携带，并且采用 USB 接口提供电源，较为方便，通过运用现阶段较为成熟的技术手段，可以实现高精度的测量。

1. 功能需求分析

①对 0～10kg 的物体进行准确的称重。

②根据不同外界条件干扰，实现称重校准。

③为适应不同的称重条件，可以实现去皮、校零等功能。

④对于超重等不符合要求的称重能进行警报提示。

⑤通过输入不同的单价信息，可以自动计算出对应物品的总价。

2. 系统设计提示

（1）方案一：数码管显示方案

如图 9-13-1 所示，此方案利用数码管显示物体质量，简单可行，可以采用内部带有模数转换功能的单片机。由此设计出的电子秤系统，硬件部分简单，接口电路易于实现，并且在编程时大大减少程序量，在电路结构上只有简单的输出输入关系。缺点是硬件部分简单，虽然可以实现电子秤基本的称重功能，但是不能实现外部数据的输入，无法根据实际情况灵活地设定各种控制参数。由于数码管只能实现简单的数字和英文字符的显示，不能显示汉字及其他的复杂字符，不能满足显示购物清单的要求。

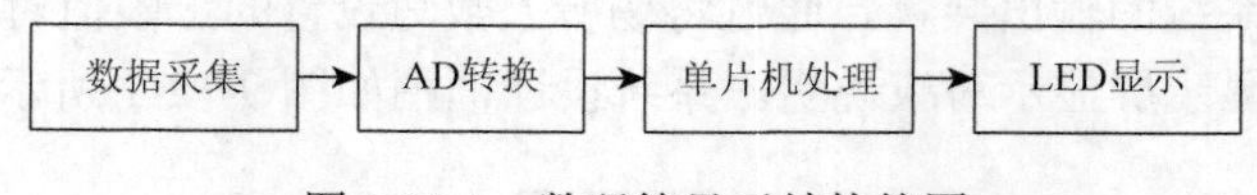

图 9-13-1　数码管显示结构简图

（2）方案二：带有键盘输入方案

在前一种方案的基础上进行扩展，增加一键盘输入装置，增加外界对单片机内部的数据设定，使电子秤实现称重计价的功能。

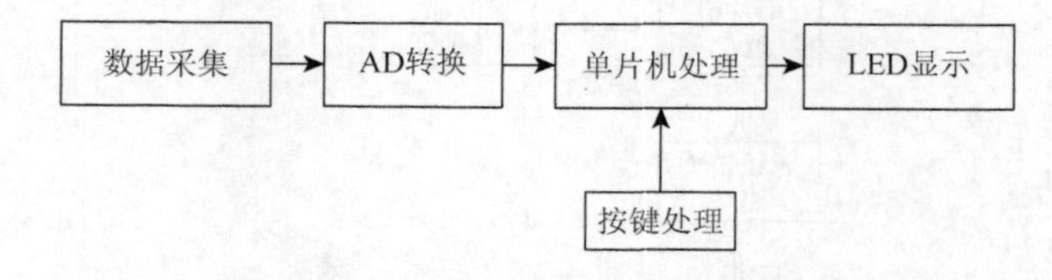

图 9-13-2　带有键盘输入的结构简图

如图 9-13-2 所示，此方案设计的电子秤，可以实现称物计价功能，但在显示质量时，如果数码管没有足够的位数，那么称量物体质量的精度必受到限制，所以此方案需要较多的数码管接入电路中。这样在处理输入输出接口时需要另行扩展足够多的 I/O 接口供数码管使用，比较麻烦。

（3）方案三：带有键盘输入及液晶显示结构方案

前端信号处理时，如图 9-13-3 所示，选用放大、信号转换等措施来增加信号采集强度；

显示方面采用具有字符图文显示功能的 LCD 显示器。这种方案不仅加强了人机交换的能力，而且满足设计要求，可以显示购物清单、所称量的物体信息等相关内容。

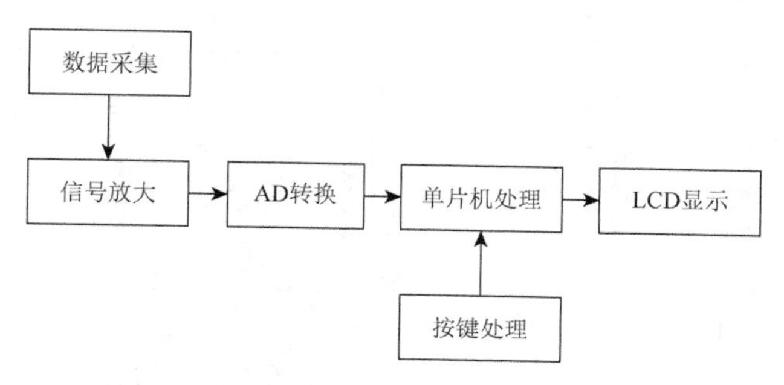

图 9-13-3　带有键盘输入及液晶显示结构简图

9.14　基于 STM32 的自动酸奶机设计

1. 功能需求分析

随着人们生活水平的提高，酸奶作为一种钙含量高、蛋白质含量高的健康饮品逐渐被人们所重视。然而，市面上的酸奶绝大多数均加了过量的糖及各种调味剂以改善口味，对于健康的追求使自制酸奶的市场越来越大。

酸奶制作需要经过一个 40℃左右恒温发酵的过程，持续 8h 左右；制成的酸奶需要尽快饮用或是在 4℃左右的环境存放。市面上现有的酸奶机均只有恒温发酵过程，需手动将其放入冰箱。鉴于发酵时间过长，本酸奶机设计实物如图 9-14-1 所示，具有以下功能。

①自动加热至发酵温度并保温。

②自动降温至冷藏温度，持续冷藏。

③实时温度显示。

图 9-14-1　自动酸奶机实物图

2. 系统设计提示

（1）最小系统的设计

此部分使用了LQFP-64封装的STM32F103RBT6芯片作为控制器，有满足必要数量的IO 口资源、内部 Flash 及 SDRAM，成本较低，如图 9-14-2 所示。

（2）电源及温控元器件控制

电源输入输出接口为稳定的镀金 XT30 接插件，牢固可靠，能够承受最大 30A 的电流。电源部分加入 10A 保险丝，确保使用安全。针对系统中各个部分的供电电压，进行了电源转换，其中 5V 降压电路对嵌入式无线蓝牙及 LCD 显示屏供电，3.3V 稳压电路为单片机供电。

两个半桥组成的 H 桥电路能够为半导体制冷片 12706 提供电流正反双向供电。其中的半导体开关为超低内阻的 NMOS 管 PSMN1R5-30YLC，最大工作电压 30V，最大电流 100A，导通内阻 Rds 低至 1.5mΩ，功率损耗极小，为 LFPAK 封装，体积很小。如图 9-14-3 所示。

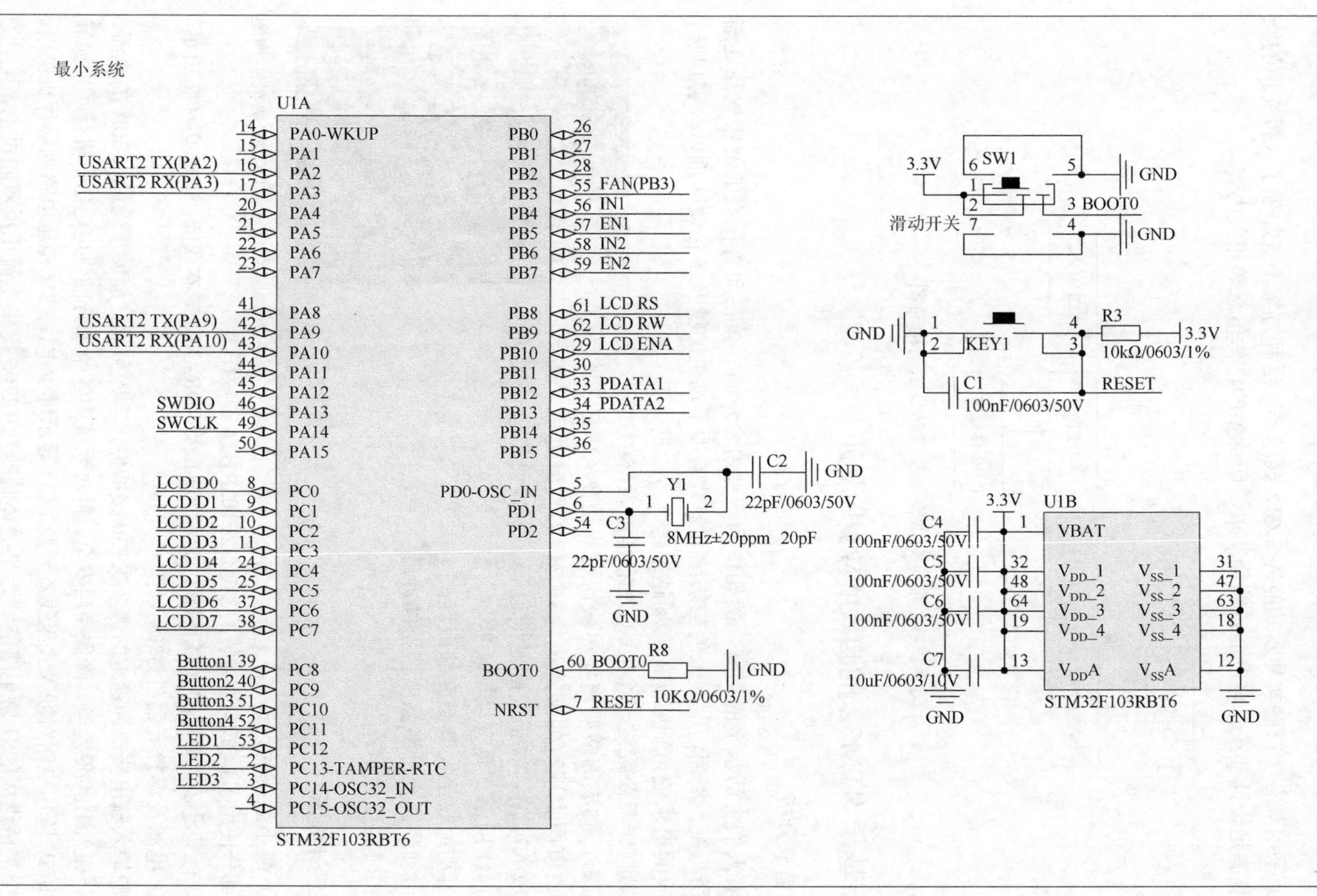

图 9-14-2　最小系统原理图

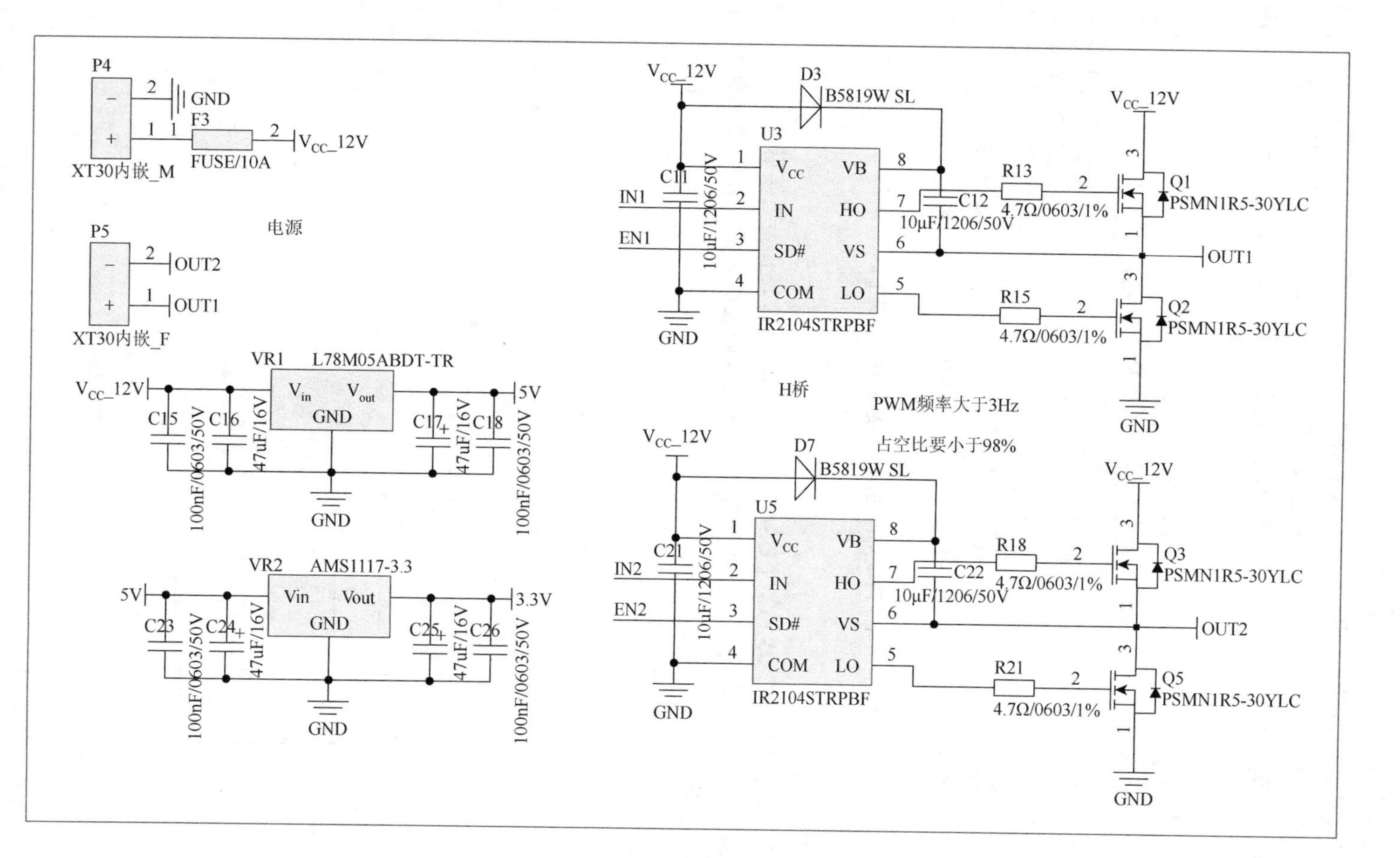

图 9-14-3　电源及温控元器件控制原理图

（3）调试接口与温度传感器接口

调试接口包括 SWD 接口、串口 1，可以用监控状态及下载程序等，温度传感器则做了冗余，使用的 DS18B20 传感器可以使用总线通信的方式，多个并联，但依旧留了两个单片机 IO 口，确保温度数据稳定、准确地反馈，确保产品的安全性。如图 9-14-4 所示。

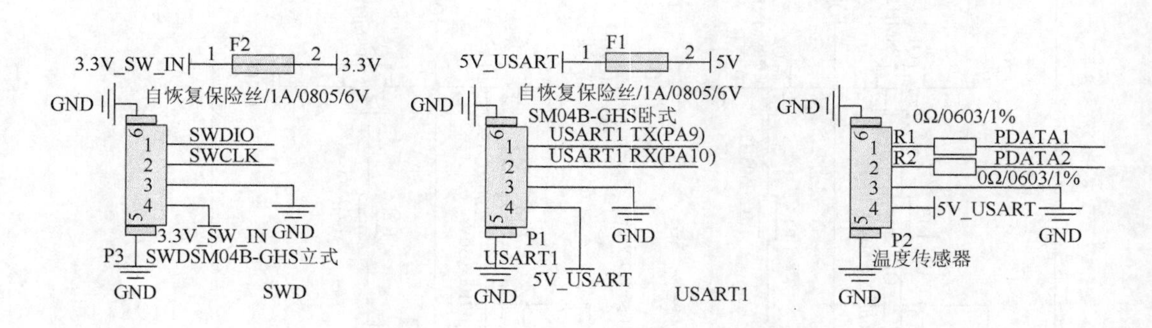

图 9-14-4　调试接口与温度传感器接口原理图

（4）无线蓝牙模块

使用 2.4G 蓝牙模块 HC-05，通过 USART 串口与 STM32 通信，连接后能够在手机等设备上显示酸奶机状态、温度、时间等数据，并且可以通过此方式，在线更新酸奶机固件。如图 9-14-5 所示。

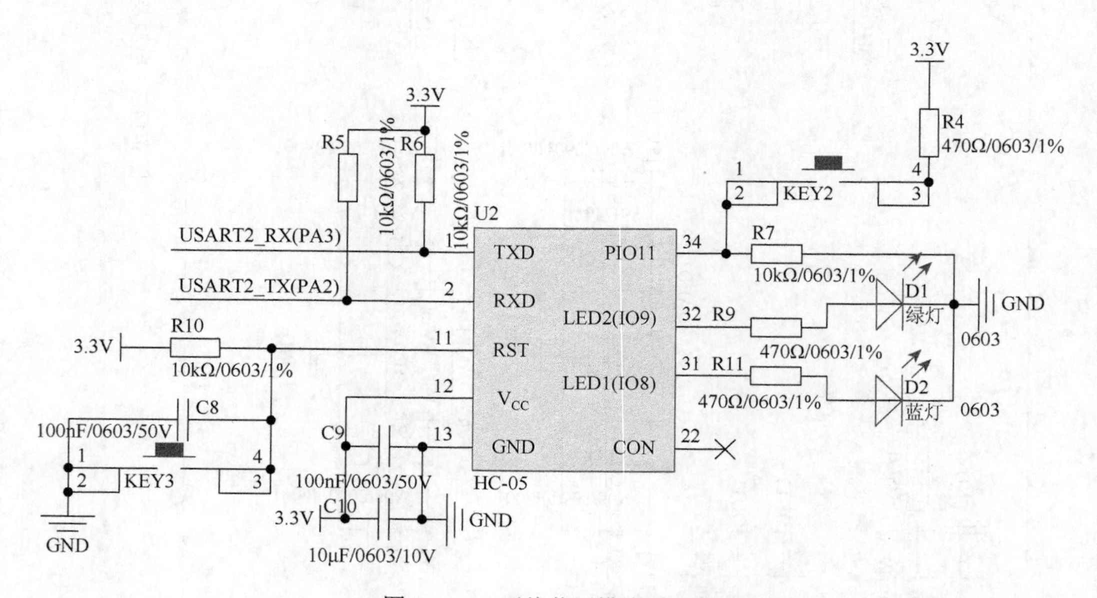

图 9-14-5　无线蓝牙模块原理图

（5）输入按键、状态指示灯、液晶显示器等

此部分主要是与用户交互的部分，通过 4 个按键对工作模式进行操作与设置，3 个可调

节状态指示灯能够反应工作状态。LCD液晶显示器上还有当前模式、实时温度等大量信息。风扇也为可控制设计，能够在特合适的时候进入休眠状态，保持安静。如图9-14-6所示。

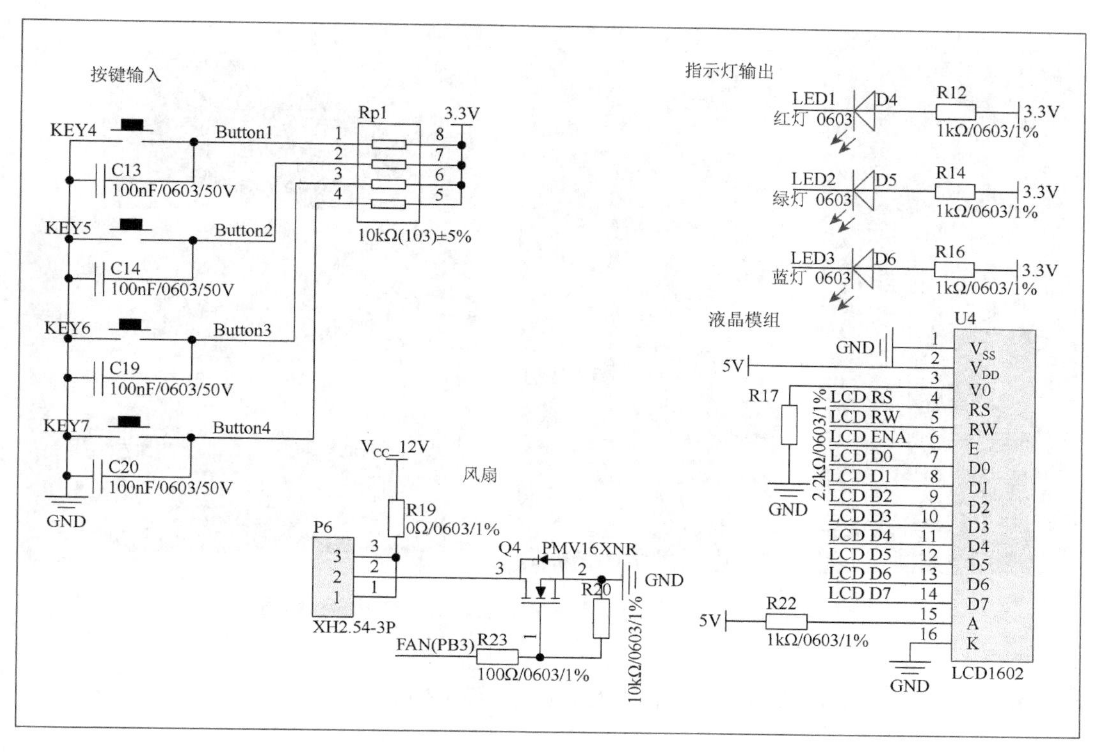

图9-14-6 输入按键、状态指示灯、液晶显示器等原理图

9.15 无线智能门禁系统

1. 功能需求分析

在一些工厂或者公司的员工宿舍，管理者需要知道员工宿舍什么时候用电，什么时候不用电。本项目通过无线收发模块组网的方案，实现在每个房门上安装一个子节点，通电、断电时触发子节点，子节点发送信号，把通电或者断电的信息通过众多子节点组成的网络发送给插在电脑上的主节点，而电脑上运行的上位机程序则可以和主节点通信，实现了监控每间房间的用电情况。

2. 系统设计提示

硬件电路主要包括STM32F103C8T6最小系统电路、电源电路、串口电路和2.4G模块电路。为了实现可拓展性，以及减小印制电路板的重复设计制作，主节点和各个子节点采用相同的印制电路板电路设计，在电路焊接时省略不必要的模块（串口）即可。为了实现模块间的2.4G无线通信，采用工业上常用的SI24R1 2.4G芯片和外围电路，采用

Wiggle 天线作为印制电路板天线设计规格，设计出印制电路板电路。主节点印制电路板图和实物图如图 9-15-1 所示。

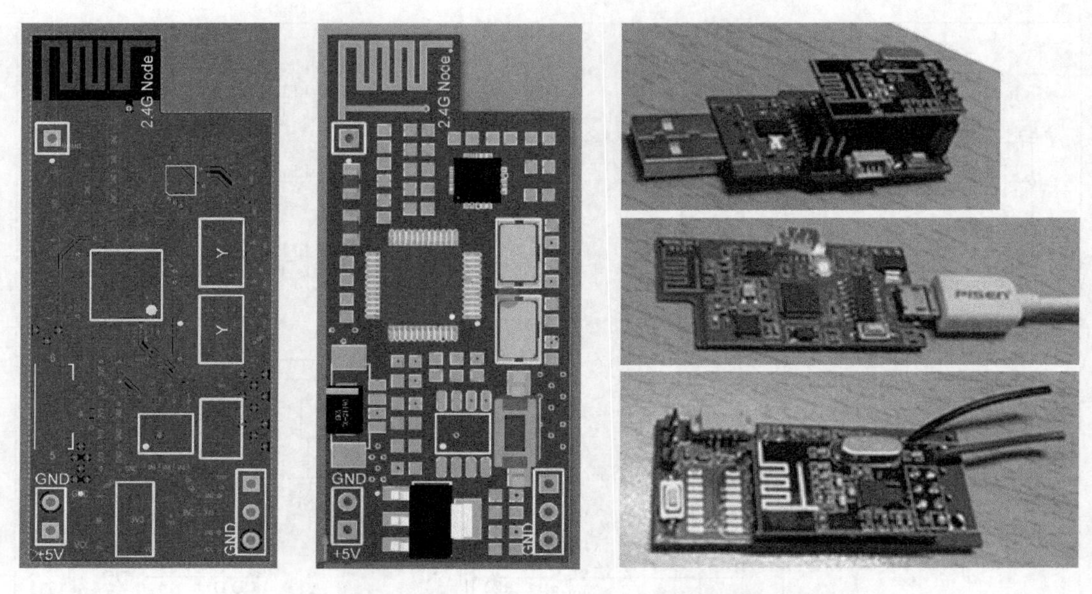

图 9-15-1 无线智能门禁系统主节点印制电路板图和实物图

9.16 基于 STC89C52 单片机的电子琴设计

1. 功能需求分析

电子琴是现代电子科技与音乐结合的产物，是一种新型的键盘乐器，在现代音乐发展中担当着重要的角色。但是市面上成熟完善的电子琴价格普遍较高，功能较少不适合初学者使用。单片机拥有强大的控制功能和灵活的编程实现特性的特点，让它融入现代人们的生活中，成为不可替代的一部分。基于单片机设计的电子琴在前人的努力下已经有很多种实现方案，但普遍在实现按键发音的基础上就多增了一两个功能，如 LED 灯跟随显示，数码管显示数字，或者播放储存在里面的一两首歌曲。但都比较分散，缺少一个整合起来的设计，将多种功能有机糅合在一起。

本产品的主要内容是用 STC89C52 单片机为核心控制元器件，设计一个电子琴。以单片机作为主控核心，与键盘、蜂鸣器、LED 灯、数码管、切换开关等模块组成，在键盘模块上设有 8 个按键，在切换开关模块上有若干自锁开关，作为功能切换或音乐播放开关。在兼顾前人已实现功能基础上，增加拨音开关实现低中高音切换、流水灯音乐伴奏等功能，同时在硬件布局上力求做到整洁美观，尽可能充分使用已有 IO 口。

2. 系统设计提示

基于 STC89C52 单片机的电子琴，通过 Keil4 软件，运用 C 语言编写程序，该程序通过电脑上的烧录软件和连接线连接单片机芯片进行烧录，通过 DC005 电源线通电后，即可实现按键发音弹奏、低中高音切换、音乐播放、流水灯音乐伴奏等功能。我们制作流程如图 9-16-1 所示，软件主程序框架如图 9-16-2 所示，成品如图 9-16-3 所示。

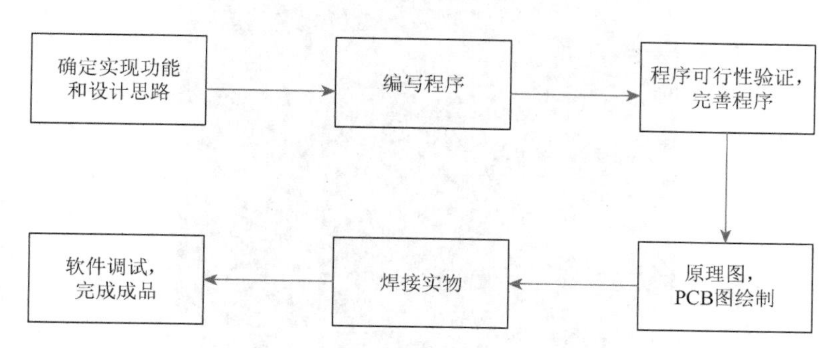

图 9-16-1　基于 STC89C52 单片机的电子琴制作流程图

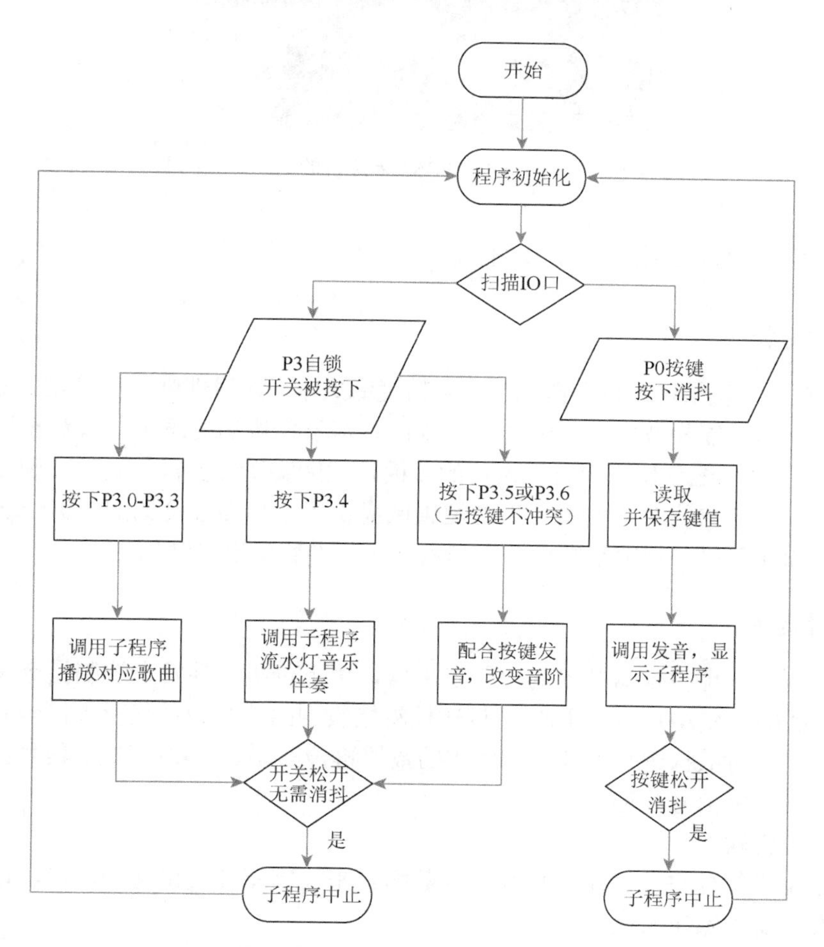

图 9-16-2　基于 STC89C52 单片机的电子琴软件主程序框架

图 9-16-3　基于 STC89C52 单片机的电子琴成品图

9.17　基于 FPGA 的信号发生器

1. 功能需求分析

基于 FPGA（现场可编程门阵列）的高精度低成本、通用性强的信号发生器，旨在解决信号发生器高性能与低成本之间的矛盾难题。基于模块化的思想，只需设计功能子板以及 FPGA 程序，配套使用现有已设计的载板，就能实现上位机、固件、硬件之间的联系，实现输入与输出的对应关系。为测控领域提供了一种高性价比的方案，实现了硬件资源集成化和通用化、测试系统自动化和网络化、参数整定实时化。

2. 系统设计提示

本项目为基于虚拟仪器技术的信号发生器，由上位机软件发送控制指令及数据，数据通过 USB2.0 传入 AD9742 调试板，调试板将接收到的数据通过载板接口传入 FPGA 芯片，FPGA 芯片对数据进行处理后将所需的数据再传回 AD9742 调试板信号波形发生电路，最终输出目标信号波形。

（1）上位机软件

通过上位机软件来发送命令指令以及数据，来控制硬件发出何种波形，以此来模拟传统信号发生器的操作面板。

（2）AD9742 调试板

调试板是以 AD9742 芯片为核心搭建起来的功能子板，它能进行高速的数模转换，把从 FPGA 发出的数字信号转换为模拟信号，得到目标波形；除此之外，调试板还搭载了一个赛普拉斯芯片，使硬件通过 USB2.0 与上位机通信。AD9742 功能板实物图如图 9-17-1 所示。

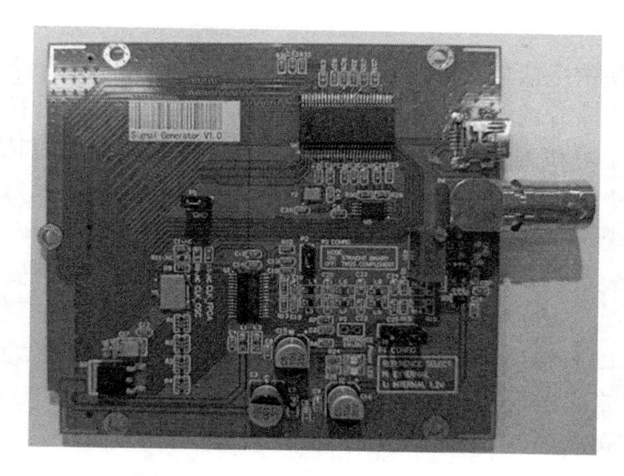

图 9-17-1　AD9742 功能板实物图

（3）FPGA

FPGA 主要进行逻辑处理、数据的存储与发送以及控制波形。上位机向 FPGA 发送控制信号与信号波形一个周期内的数据，FPGA 进行处理后，将波形一个周期的数据存入 FPGA 芯片片内的 SRAM（静态随机存储器）中。再以一定的周期从 SRAM 中循环读取数据输出给 AD9742 调试板，从而达到输出波形的效果。

（4）载板

具有串口接发口、FPGA 烧录接收口等部件，功能为联系上位机、FPGA 和功能子板。实物如图 9-17-2 所示。

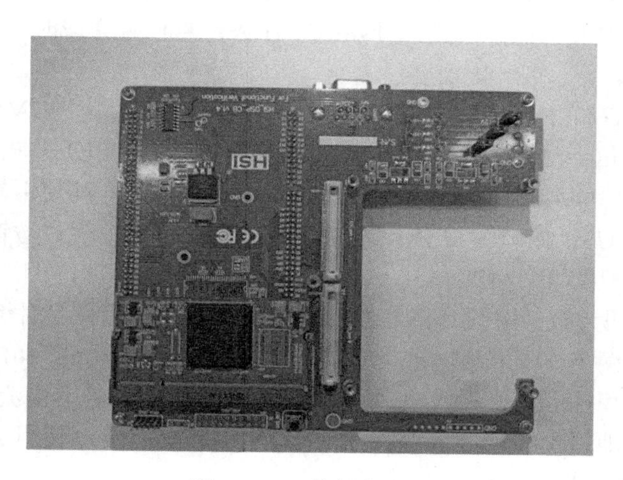

图 9-17-2　载板实物图

9.18　基于 STM32 单片机的番茄钟系统

1. 功能需求分析

在如今越来越快的生活节奏下，如何提高工作和学习效率是每个人都不得不思考的问题。本文结合时下流行的番茄工作法，并且有意使整套系统的运行尽量独立于手机，让人们更能专注于学习和工作本身。番茄工作法只计算精力集中的时间，可以有效地让人们在频繁的任务中断、重复的活动、迫近的期限中感到更少的压力，并且合理地利用个人高效工作时间段。

此外，在各种装置设备层出不穷的现代，繁杂的使用说明和僵硬的使用方法往往让人感到麻烦，基于此，本文设计的使用方法和功能不求繁多复杂，只求精简方便。本节使用高性能、低成本、低功耗的 STM32F103C8T6，最高工作频率 72MHz，程序存储容量 64kB，芯片集成定时器、CAN 总线、ADC、SPI、I2C、UART、USB 等多种功能，基本满足本文的使用需求。

2. 系统设计提示

本系统主要有时钟、番茄钟和任务管理三个功能。

时钟为 STM32F103C8T6 自带的 RTC 功能，RTC 模块及其时钟配置在有后备电源的情况下，可以掉电不丢失。RTC 模块包括一个 32 位向上计数器，其时钟源可来自外部高速时钟 128 分频、低速内部设计中和低速外部时钟。本设计采用 32.768kHz 的低速外部时钟，可以很容易实现分频。

番茄钟通俗来说就是一个定时器，默认为 25min 的工作时间和 5min 的休息时间，25min 往往是个人注意力连续集中的极限，每 6 个番茄钟为一个任务周期。

任务管理功能是手机发送任务到系统中，系统记录并显示在 OLED 中，当在系统中选定任务时，自动进入番茄钟模式，开始执行任务；当任务完成时，会记录任务花费时间并反馈至手机端。

本产品使用 STM32F103C8T6 作为 MCU，其最高工作频率 72MHz，程序存储容量 64kB，用到串口通信、SPI 通信、I2C 通信、USB 通信和 GPIO 的输入输出功能；使用 SPI 通信协议的 128×64 分辨率的 OLED，并自带中文字库，其使用常见的 SSD1306 驱动芯片驱动；通过 USB 接口和 JLINK 接口下载和调试程序；通过按键、MPU6050 模块和蓝牙模块进行人机交互，MPU6050 为整合性的 6 轴运动处理组件，以数字输出 6 轴或 9 轴的旋转矩阵、四元数、欧拉角格式的融合演算数据，可用作各种姿态识别。

考虑到目前有两节 14500 锂电池，所以本文电源电路使用 LM2940 稳压芯片，LM2940 为国产低压差三端稳压芯片，最大输入 26V，输出 5V，内含静态电流降低电路、电流限制、过热保护、电池反接和反插入保护。输出 5V 电压之后，再使用 AMS1117 稳压器将电压稳到 3.3V 给单片机供电。

系统的总体结构框图如图 9-18-1 所示。软件框架图如图 9-18-2 所示。

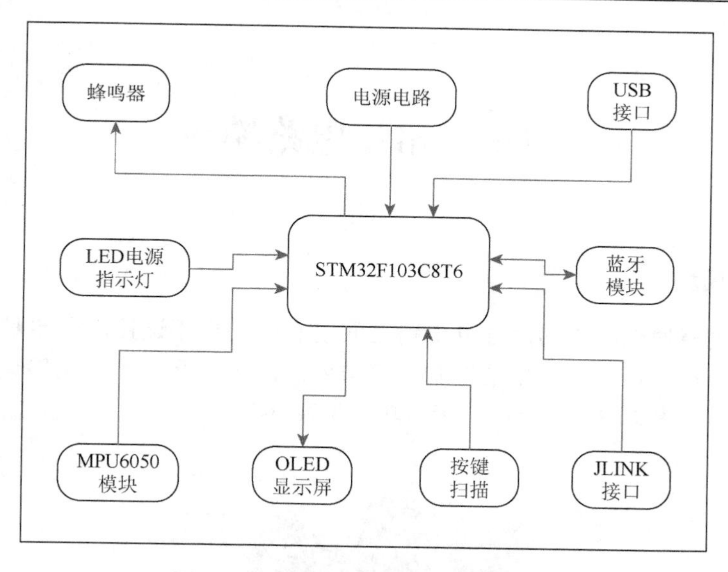

图 9-18-1　番茄钟系统总体结构框图

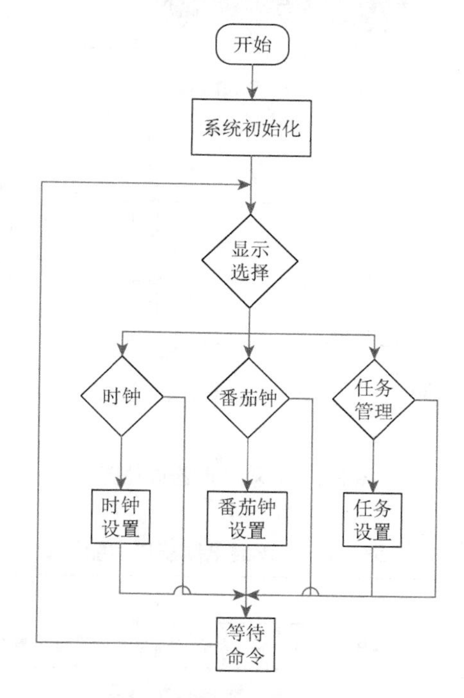

图 9-18-2　番茄钟系统软件框架图

附录　常用电路模块

1. 光耦继电器模块

光耦隔离电路使被隔离的两部分电路之间没有电的直接连接，主要是防止因有电的连接而引起的干扰，特别是低压的控制电路与外部高压电路之间。光耦继电器实物图如图 F-1 所示，原理图如图 F-2 所示，接口功能见表 F-1。

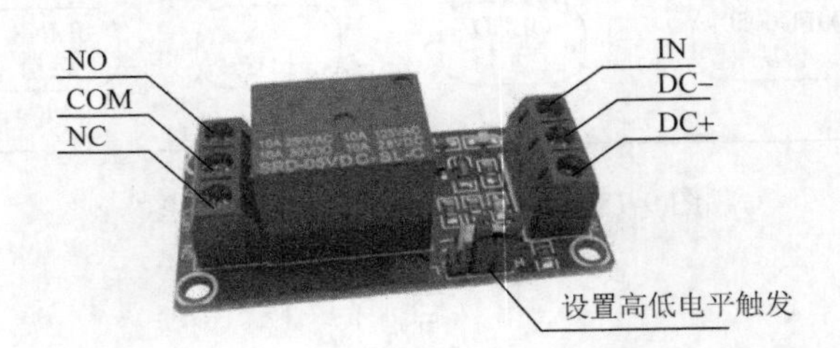

图 F-1　光耦继电器实物图

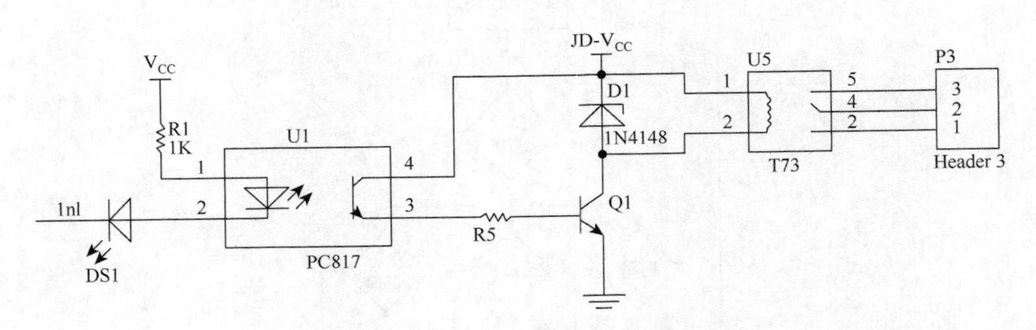

图 F-2　光耦继电器原理图

表 F-1　光耦继电器接口功能

接口	说明
NO	继电器常开接口，继电器吸合前悬空，吸合后与 COM 短接
COM	继电器公用接口
NC	继电器常闭接口，继电器吸合前与 COM 短接，吸合后悬空
DC +	接电源正极（电压按继电器要求，有 5V、9V、12V 和 24V 选择）
DC−	接电源负极
IN	可以高或低电平控制继电器吸合

2. 以太网模块

W5500 芯片以太网模块实物图如图 F-3 所示，引脚功能见表 F-2，是一款采用全硬件 TCP/IP 协议栈的嵌入式以太网控制器，它能使嵌入式系统通过 SPI（串行外设接口）接口轻松地连接到网络。为了降低系统功率的消耗，W5500 提供了网络唤醒和休眠模式。

图 F-3 以太网模块实物图

表 F-2 以太网模块引脚功能

引脚	说明
3.3V	3.3V 电源输入引脚
MISO	SPI 主机输入从机输出引脚
MOSI	SPI 主机输出从机输入引脚
SCS	SPI SLACE 选择引脚（低电平有效）
5V	5V 电源输入引脚
GND	电源地引脚
RST	W5500 硬件初始化引脚（低电平有效）
INT	W5500 中断引脚（低电平有效）

3. 蓝牙模块

HC-06 蓝牙模块实物图如图 F-4 所示，引脚功能见表 F-3，低功耗、低成本、体积小、外围设计电路简单，组网简单方便，具有高性能无线收发系统。

图 F-4　HC-06 蓝牙模块实物图

蓝牙信号受周围影响很大，如树木、金属、墙体等障碍物会对蓝牙信号有一定的吸收或屏蔽，所以建议不要安装在金属外壳之中。

表 F-3　蓝牙模块引脚功能

引脚	说明
RXD	接收端，蓝牙模块接收从其他设备发来的数据
TXD	发送端，蓝牙模块发送数据给其他设备
GND	接电源负极
V_{CC}	接电源正极

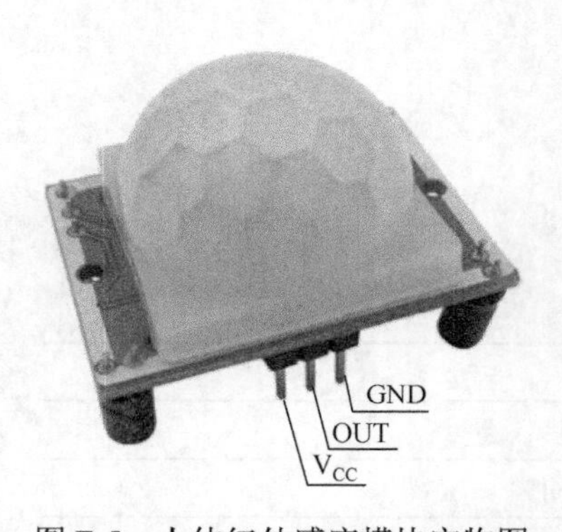

图 F-5　人体红外感应模块实物图

4. 人体红外感应模块

人体红外感应模块实物图如图 F-5 所示，引脚功能见表 F-4，HC-SR501 是基于红外线技术的自动控制模块，灵敏度高，可靠性强，具有超低电压工作模式。无论人体是移动还是静止，感光元器件都可产生极化压差，感光电路发出有人的识别信号，达到探测人体的目的。

表 F-4　人体红外感应模块引脚功能

引脚	说明
V_{CC}	电源正极
OUT	OUT 信号输出
GND	电源负极

5. DS18B20 温度传感器

DS18B20 温度传感器封装图如图 F-6 所示，电路原理图如图 F-7 所示。DS18B20 是常用的温度传感器，具有体积小，硬件开销低，抗干扰能力强，精度高的特点。温度范围−55～125℃，在−10～85℃时精度为±0.5℃。其封装图见图 F-6，仿真电路原理图见图 F-7。

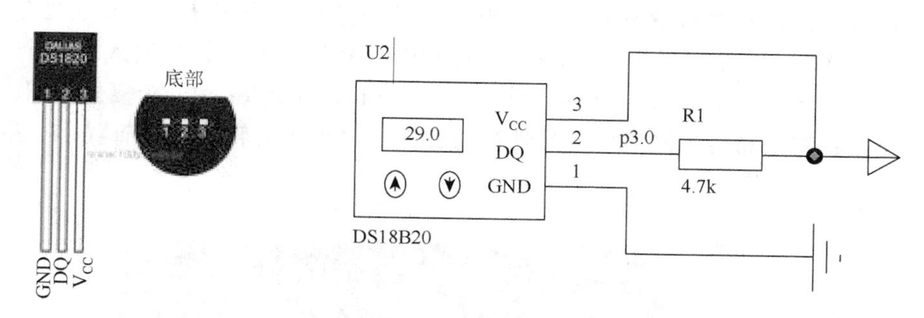

图 F-6　DS18B20 温度传感器封装图　　　图 F-7　DS18B20 温度传感器电路原理图

6. DHT11 温湿度传感器

DHT11 温湿度传感器如图 F-8 所示，引脚说明如表 F-5 所示，是一款含有已校准数字信号输出的温湿度复合传感器，它应用专用的数字模块采集技术和温湿度传感技术，确保产品具有极高的可靠性和卓越的长期稳定性。精度湿度±5%RH，温度±2℃，湿度量程 20%～90%RH，温度量程 0～50℃。

DHT11 只用于浴室湿度的采集。对于温度的采集，DS18B20 温度传感器具有更高的精度，故不通过 DHT11 进行温度采集。

图 F-8　DHT11 温湿度传感器实物图

表 F-5　DHT11 温湿度传感器引脚说明

引脚号	类型	引脚说明
1 V_{CC}	电源	正电源输入，DC 3～5.5V
2 Dout	输出	单总线，数据输入/输出引脚
3 NC	空	空脚，扩展未用
4 GND	地	电源地

7. Arduino UNO 单片机模块

Arduino UNO 模块如图 F-9 所示，Arduino UNO 是 Arduino USB 接口系列的最新版本，作为 Arduino 平台的参考标准模板。UNO 的处理器核心是 ATmega328，同时具有 14 路数字输入/输出口（其中 6 路可作为 PWM 输出），6 路模拟输入，一个 16MHz 晶体振荡器，一个 USB 口，一个电源插座，一个 ICSP header 和一个复位按钮。单片机模块负责接收并判断传感器信号，同时控制后轮 360°连续旋转舵机和前置 180°舵机的转动角度。

图 F-9　Arduino UNO 正面外观

8. 超声波测距传感器

HC-SR04 超声波传感器如图 F-10 所示，超声波模块有 4 个引脚，分别为 V_{CC}、Trig（控制端）、Echo（接收端）、GND；其中 V_{CC}、GND 接上 5V 电源，Trig（控制端）控

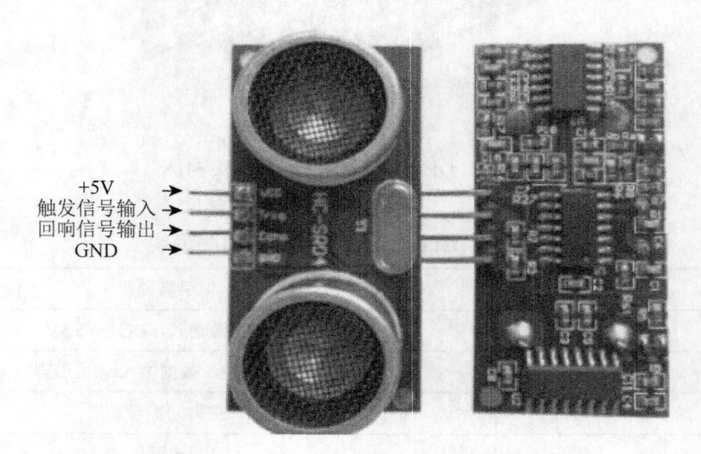

图 F-10　HC-SR04 超声波模块正反面图

制发出的超声波信号，Echo（接收端）接收反射回来的超声波信号。电气参数如表 F-6 所示，其基本原理是通过超声波发射装置发出超声波，根据接收器接到超声波时的时间差就可以知道障碍物的距离。距离低于预定值时，输出高电平；否则输出低电平。

表 F-6　HC-SR04 超声波传感器电气参数

电气参数	HC-SR04 超声波模块
工作电压	DC 5V
工作电流	15mA
工作频率	40kHz
最远射程	4m
最近射程	2cm
测量角度	15°
输入触发信号	10μs 的 TTL 脉冲
输出回响信号	输出 TTL 电平信号，与射程成比例
规格尺寸	45mm×20mm×15mm

超声波模块由发射电路和接收电路组成。其中发射电路由 Em78p153 单片机、MAX232 及超声波发射头 T40 等组成，接收电路由 TL074 运算放大器及超声波接收器 R40 等组成。探测时，超声波发射器发射出频率为 40kHz 的超声波信号。此信号被物体反射回来由超声波接收器接收，接收器实质上是一种压电效应的换能器。它接收到信号后产生 mV 级的微弱电压信号，电压信号再在核心控制模块中转换为数字信号。设超声波脉冲由传感器发出到接收所经历的时间为 t，超声波在空气中的传播速度为 c，障碍物距离的计算公式是：距离＝高电平维持时间×超声波传播速度/2。

9. 复合限位开关

Endstop RAMPS 1.4 机械限位开关如图 F-11 所示，安装简易、款式比较常用。采用 22AWG 的导线，可以耐 2A 电流，300V 电压，低电平有效。绝缘层的温度范围很宽，可以达到 80℃。其中接线为：红线连接 V_{CC}，黑线连接 GND，绿线连接 SIGNAL。

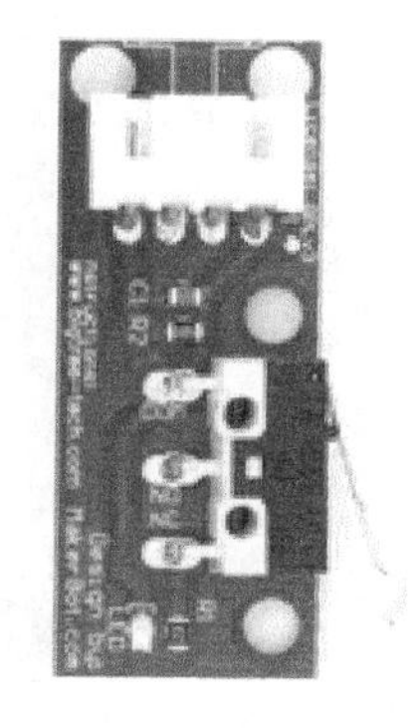

图 F-11　Endstop RAMPS 1.4 机械限位开关

10. 360°连续旋转舵机

DS04-NFC 360°舵机如图 F-12 所示，通过信号端输入一个 50Hz 的方波信号，控制信号周期的高电平脉冲持续的时间即可控制速度和正反转及停转。一个高电平脉冲持续的时间对应一个速度。高电平为 1～1.5ms 时，舵机正转（1ms 时正转速度最快，越接近 1.5ms 越慢，1.5ms 时舵机停转），高电平为 1.5～2ms 时舵机反转（1.5ms 时舵机停转，越接近 2ms 反转的速度越快，2ms 时以最快的速度反转）。

图 F-12　DS04-NFC 360°舵机外观图

11. 180°舵机

Tower Pro 9g 舵机如图 F-13 所示，工作原理如图 F-14 所示，反应速度是 0.2s/60°（4.8V），工作电压的范围是 4.8～6.0V。硬件连接上共有三根线，使用方便，分别为电源线、地线及控制输入线。

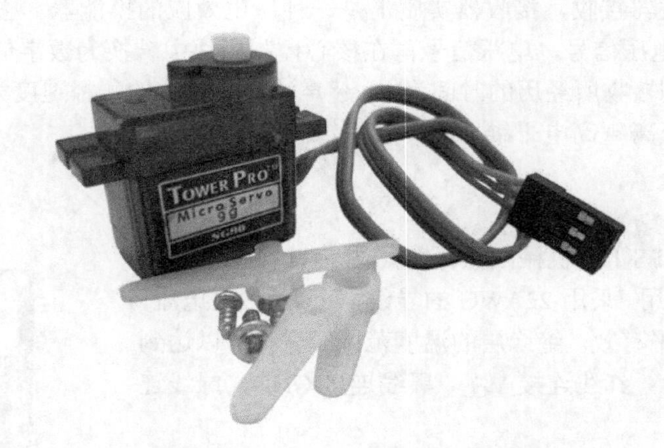

图 F-13　Tower Pro 9g 舵机

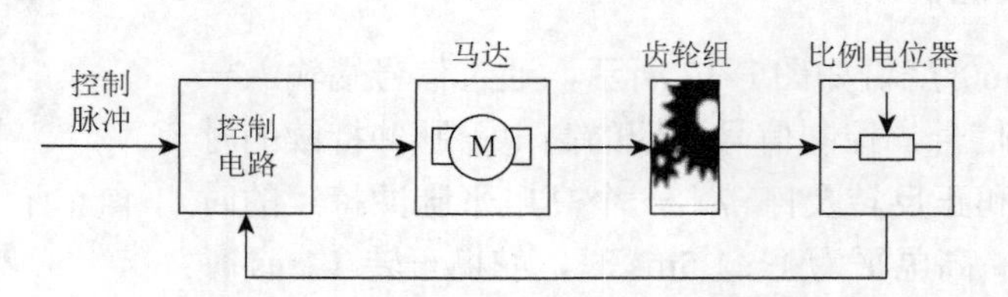

图 F-14　Tower Pro 9g 舵机工作原理

12. 运动模块

使用 L298N 电机驱动模块驱动普通直流电机作为动力输出，普通直流电机如图 F-15 所示。

图 F-15　普通直流电机　　　图 F-16　L298N 电机驱动模块

L298N 电机驱动模块如图 F-16 所示，L298N 芯片内部包含 4 通道逻辑驱动电路，是一种二相和四相的专用驱动器，内含两个 H 桥的高电压大电流双全桥驱动器，接收标准 TTL 逻辑电平信号，符合两轮驱动和单片机控制。它可驱动 46V、2A 以下的电机，满足小车马达的驱动要求。

L298N 驱动 2 个电机，2、3 脚和 13、14 脚之间分别接 2 个电动机。5、7、10、12 脚接输入控制电平，控制电机的正反转，ENA（6 脚），ENB（11 脚）接控制使能端，控制电机的停转。原理图如图 F-17 所示。

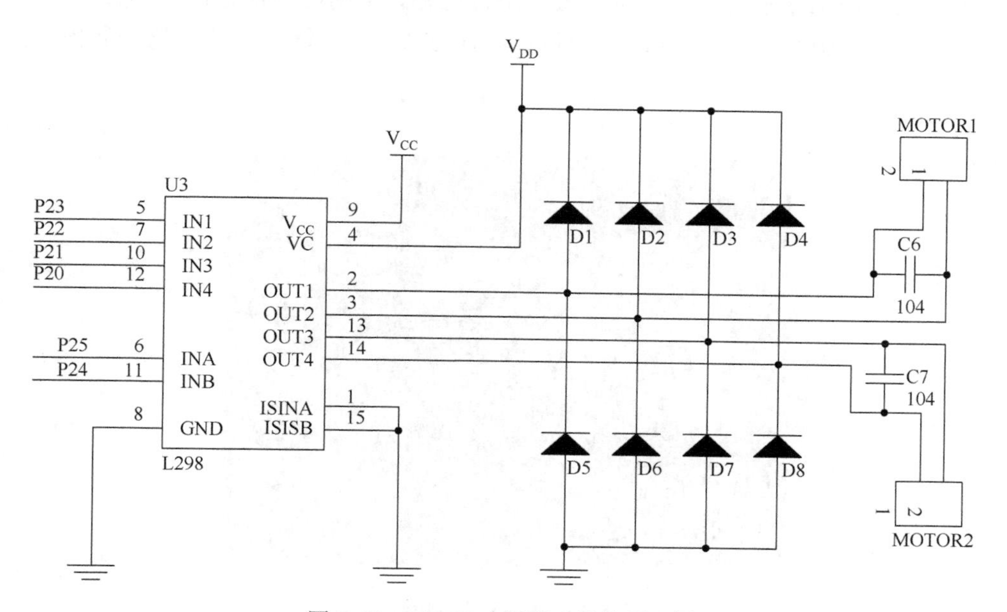

图 F-17　L298N 电机驱动模块原理图

13. LCD1602

LCD1602 模块实物图如图 F-18 所示，是一种工业字符型液晶，能够同时显示 16×02 即 32 个字符。1602 液晶也叫 1602 字符型液晶，它是一种专门用来显示字母、数字、符号等的点阵型液晶模块。它由若干个 5×7 或者 5×11 等点阵字符位组成，每个点阵字符位都可以显示一个字符，每位之间有一个点距的间隔，每行之间也有间隔，起到了字符间距和行间距的作用。

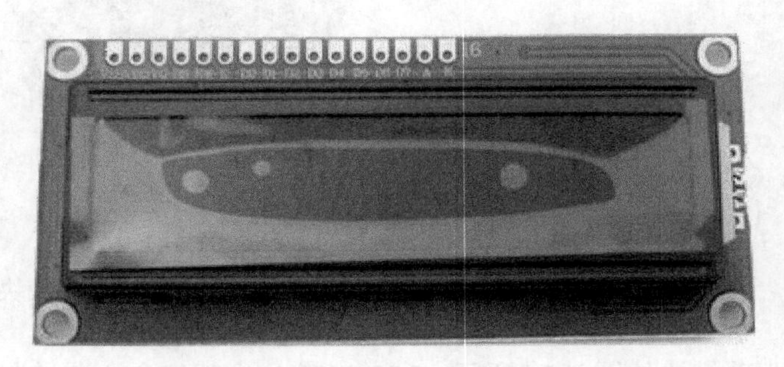

图 F-18　LCD1602 模块实物图

14. 光敏感应控制电路

YL-3 光敏传感器如图 F-19 所示，原理图如图 F-20 所示，可以进行房间内光线强度的采集，通过 I/O 口输入到单片机内，进而通过 89C51 单片机内已编好的程序对 LED 灯光电路进行控制，根据当前光照强度进行 LED 亮度的调节。

YL-3 光敏传感器模配备灵敏型光敏电阻传感器，采用比较器输出，具有信号干净，波形好，驱动能力强（超过 15mA）的特点。通过 YL-3 光敏传感器采集公厕内的光照强度。

图 F-19　YL-3 光敏传感器

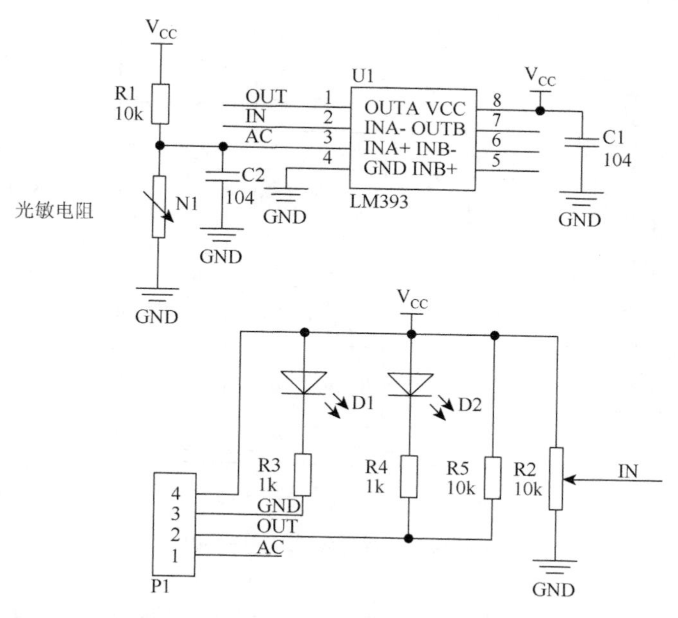

图 F-20　YL-3 光敏传感器原理图

15. A/D 转换器

通过 A/D 转换器把数字信号转换为模拟信号。A/D 转换器引脚如图 F-21 所示，A/D 转换器实物图如图 F-22 所示，内部结构图如图 F-23 所示。

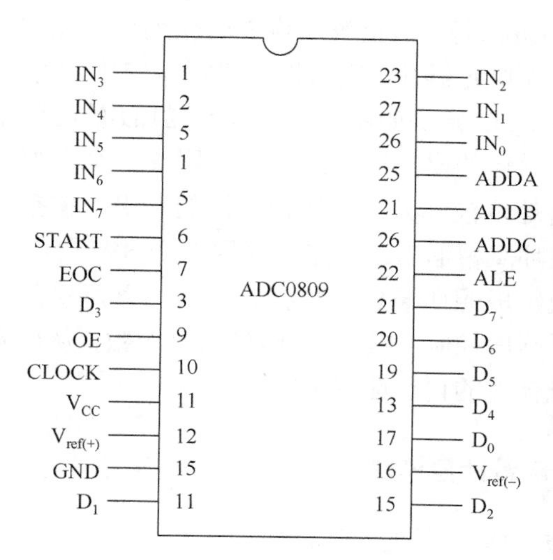

图 F-21　A/D 转换器引脚图

图 F-22　A/D 转换器实物图

ADC0809 是带有 8 位 A/D 转换器、8 路多路开关以及微处理机兼容的控制逻辑的 CMOS 组件，它是逐次逼近式 A/D 转换器可以和单片机直接接口。

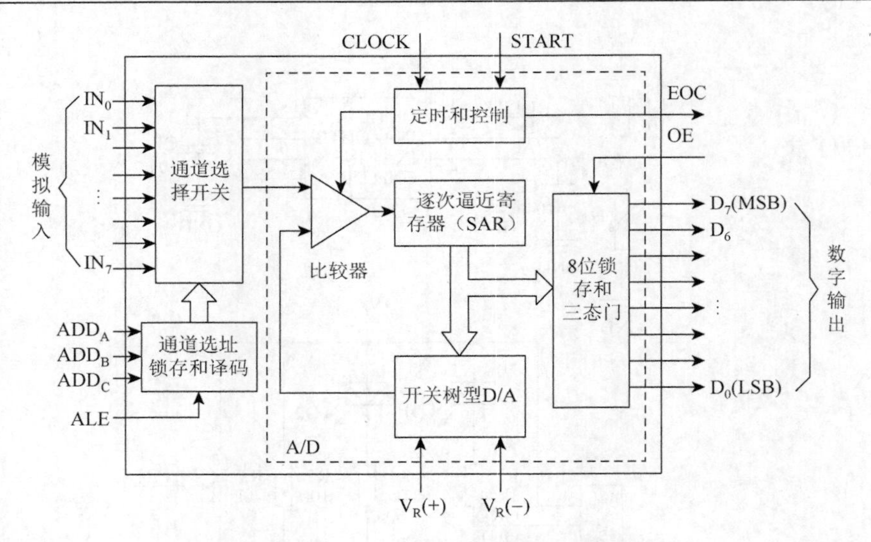

图 F-23　A/D 转换器内部结构图

ADC0809 由一个 8 路多路开关、一个地址锁存与译码器、一个 A/D 转换器和一个三态输出锁存器组成。多路开关可选通 8 个模拟通道允许 8 路模拟量分时输入共用。

A/D 转换器进行转换。三态输出锁存器用于锁存 A/D 转换完的数字量当 OE 端为高电平时才可以从三态输出锁存器取走转换完的数据。

16. 可控 LED 灯光电路

图 F-24　3W 白色 LED 模块

LED 是一种能够将电能转化为可见光的固态的半导体元器件，它可以直接把电转化为光。3W 白色 LED 模块如图 F-24 所示，LED 的心脏是一个半导体的晶片，晶片的一端附在一个支架上，一端是负极，另一端连接电源的正极，使整个晶片被环氧树脂封装起来。采用 3 个 3W 白色 LED 模块组成照明装置，根据光敏传感器所检测到的光照强度控制 LED 模块组的点亮个数，从而实现灯光亮度的自适应调节。

17. 电量计量模块

电量计量模块 ADC0809，几个关键引脚输出信号的说明。

（1）OE

数据输出允许信号，高电平有效（即当 OE 接高电平时才允许将转换后的结果，从 ADC0809 的 OUT1～OUT8 引脚输出，否则，在内部锁存）。

（2）ADC0809 的 ALE 信号（22 引脚）

ALE 称为“地址锁存允许信号”，高电平有效。即 ALE = 1 时，允许将 ADDA～ADDC 的地址输入到 ADC0808 的内部译码器，经过译码后选定外部模拟量的输入通道。

（3）START 信号（6 引脚）

向 START 送入一个高脉冲，其上升沿使 ADC0809 内部的“逐次逼近寄存器 SAR”复位，其下降沿可以启动 A/D 转换，并同时使 EOC 引脚为低电平（START 信号有效部分只是上升沿和下降沿）。

（4）EOC

A/D 转换结束的标志信号，在 A/D 转换结束时呈现高电平（EOC 是靠 START 的下降沿清零的）。

18. 433M 通信模块

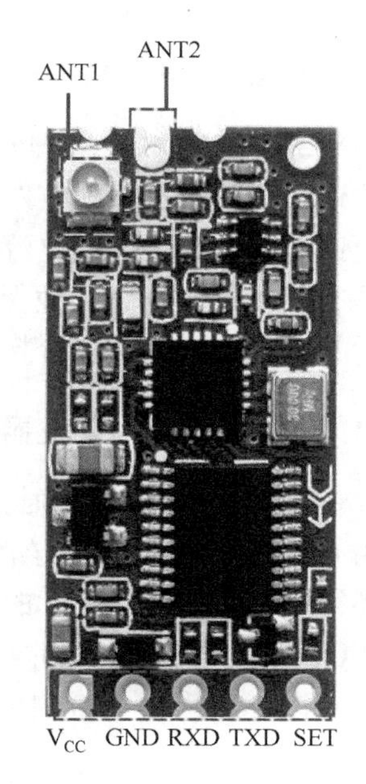

图 F-25 HC-12 SI4463 实物图

HC-12 SI4463 元器件实物图如图 F-25 所示，引脚功能如表 F-7 所示，这是一款高度集成的无线 ISM 频段收发芯片。极低的接收灵敏度（–126dBm），再加上业界领先的 + 20dBm 的输出功率保证扩大范围和提高链路性能。同时内置天线多样性和对跳频支持可以用于进一步扩大范围，提高性能。

表 F-7 HC-12 SI4463 引脚功能图

VCC	3.2～5.5V
GND	地
RXD	TTL 电平输入口
TXD	TTL 电平输出口
SET	参数设置控制脚，低电平有效
ANT1	印制电路板天线座
ANT2	天线焊接孔

19. TFT LCD 触摸液晶屏模块

NT35310 是一个单芯片的低功耗 LCD 控制器/驱动器的 26 万色 a-Si TFT-LCD，480 门 320×RGB 液晶显示器柱，它有一个 345600 字节的显示 RAM 和一整套控制功能。nt35310 支持移动显示数字接口（MDDI），MIPI 接口，RGB 接口，8/9/16/18 位 80 系统界面、串行外设接口（SPI）接口。指定的窗口区域可以有选择地更新，以便可以显示运动图像。同时有独立的静止图像区域。NT35310 也能够使 γ 校正设置，产生更高的显示质量。该 IC 具有内部存储 320×RGB×480 点阵 26 万色的图像，以及内部驱动 LCD 驱动电压，增殖电阻和电压和跟随电路的 LCD 驱动器。深度待机模式时还支持低功耗。NT35310 还支持背光控制。它能降低显示模块的总功耗。

20. 通信芯片 SN65HVD230

SN65HVD230 引脚分布图如图 F-26 所示，可用于较高干扰环境下。该元器件在不同的速率下均有良好的收发能力，其主要特点如下：完全兼容 ISO 11898 标准；高输入阻抗，允许 120 个节点；低电流等待模式，典型电流为 370μA；信号传输速率最高可达 1Mb/s；具有热保护，开路失效保护功能；具有抗瞬间干扰，保护总线的功能；斜率控制，降低射频干扰（RFI）；差分接收器，具有抗宽范围的共模干扰、电磁干扰（EMI）能力。

21. CTM1051MA 收发器芯片

CTM1051MA 引脚封装如图 F-27 所示，引脚含义如表 F-8 所示，是一款带隔离的通用 CAN 收发器芯片，该芯片内部集成了所有必需的 CAN 隔离及 CAN 收、发器件，这些都被集成在不到 3cm^2 的芯片上。芯片的主要功能是将 CAN 控制器的逻辑电平转换为 CAN 总线的差分电平并且具有 DC 2500V 的隔离功能。

该芯片符合 ISO 11898 标准，可以和其他遵从 ISO 11898 标准的 CAN 收发器产品兼容。

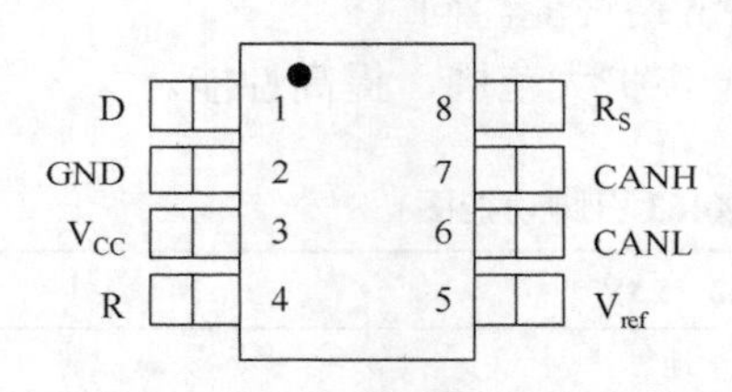

图 F-26　SN65HVD230 引脚分布图

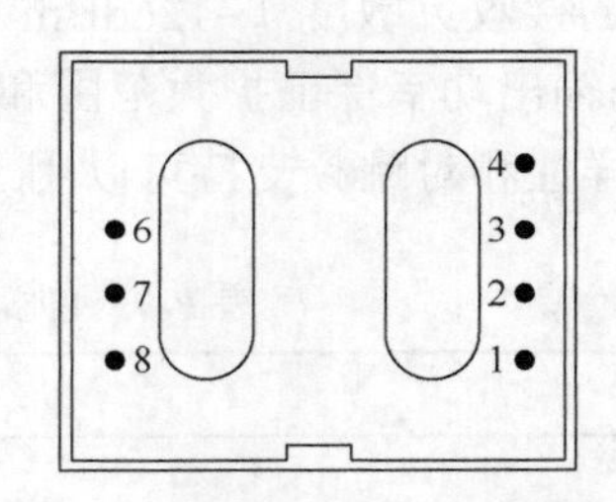

图 F-27　CTM1051MA 引脚封装

表 F-8　CTM1051MA 引脚含义

引脚号	引脚名称	引脚含义
1	V_{in}	电源输入
2	GND	电源地
3	TXD	CAN 控制器发送端
4	RXD	CAN 控制器接收端
6	CANH	CANH 信号线连接端
7	CANL	CANL 信号线连接端
8	CANG	隔离电源输出地

22. ESP8266-Wi-Fi 模块

ESP8266-Wi-Fi 外观图如图 F-28 所示，是一款超低功耗的 UART-Wi-Fi 模块，拥有业内极富竞争力的封装尺寸和超低能耗技术，专为移动设备和物联网应用设计，可将用户的物理设备连接到 Wi-Fi 网络上，进行互联网或局域网通信，实现联网功能。模块引脚及其接法如下：VCC-3.3V；GND-GND；CH_PD-3.3V（接高电平）；UTXD-单片机 RXD；URXD-单片机的 TXD；其他引脚悬空即可。

嵌入式控制电路采用 ESP8266 无线 Wi-Fi 控制芯片作为主控芯片，开发方式为 SOC 控制方式，利用 Wi-Fi 芯片内部的 MCU 进行二次开发，代替了独立 MCU + Wi-Fi 模块的无线控制方案，简化了硬件电路，降低成本，符合嵌入式开发的原则。

23. 工业相机

工业相机如图 F-29 所示，是机器视觉系统中的一个关键组件，其最本质的功能就是将光信号转变成有序的电信号。选择合适的相机也是机器视觉系统设计中的重要环节，相机的选择不仅直接决定所采集到的图像分辨率、图像质量等，同时也与整个系统的运行模式直接相关。

图 F-28　ESP8266 外观图

图 F-29　工业相机

24. 步进电机

步进电机如图 F-30 所示。

25. 5V 转 3.3V 稳压模块

5V 转 3.3V 电路采用 AMS1117 稳压模块，外观如图 F-31 所示，内部原理图如图 F-32 所示，AMS1117 的工作原理和普通的 78 系列线性稳压器或 LM317 线性稳压器相同，所有的线性稳压器都是通过对输出电压采样，然后反馈到调节电路去调节输出级调整管的阻抗，当输出电压偏低时，就调节输出级的阻抗变小从而减小调整管的压降，当输出电压偏高时，就调节输出极的阻抗变大从而增大调整管的压降，这样就维持了输出电压的稳定。ASM1117 和 78 系列稳压器的主要差别是它的最小饱和压降（即失稳电压）较小，为 1.1V（典型值）～1.3V（最大值），而 78 系列稳压器的失稳电压是 2～3V 左右，因此在输出电压相同的情况下 ASM1117 可以在较低的输入工作电压下工作。

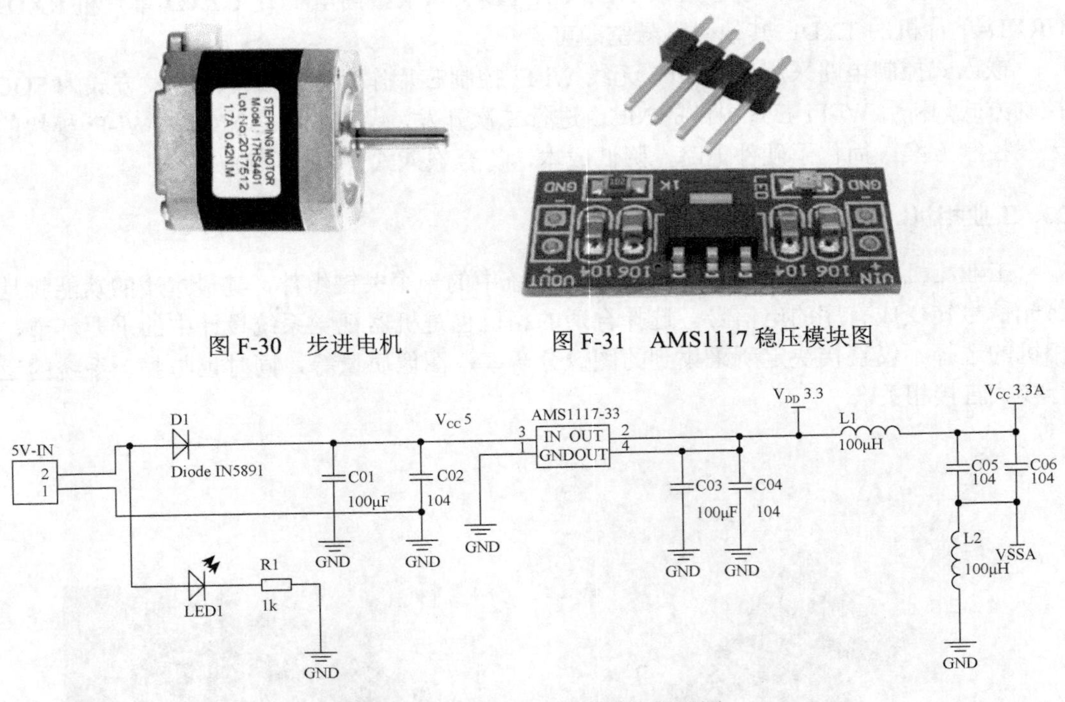

图 F-30　步进电机　　　　图 F-31　AMS1117 稳压模块图

图 F-32　AMS1117 稳压模块原理图

26. 315M 无线接收模块

315M 无线接收模块如图 F-33 所示，采用 LC 振荡电路，内含放大整形，输出的数据信号为 TTL 电平，可直接至解码器，使用方便。产品体积小，灵敏度高；频点调试容易，产品质量一致性好，性价比高。该无线接收模块的工作频率为 315MHz，与 315M 无线发射模块搭配使用，可以接收到从座椅端发来的人数等信息。

图 F-33　315M 无线接收模块

27. 315M 无线发射模块

315M 无线发射模块如图 F-34 所示，采用 LC 振荡电路，内含放大整形，输入的数据信号为 TTL 电平，可直接连至编码器，使用方便。产品体积小，灵敏度高；频点调试容易，产品质量一致性好，性价比高。该无线发射模块的工作频率为 315MHz，与 315M 无线接收模块搭配使用，可以发送座椅端人数等信息。

28. PT2272 译码器

PT2272 译码器如图 F-35 所示，可以将 315M 无线接收模块收到的矩形波转化为 0、1 高低电平。

图 F-34　315M 无线发射模块

图 F-35　PT2272 译码器

29. 直插型 PT2262 编码器

直插型 PT2262 编码器将 51 单片机输出的高低电平转化为矩形波。

30. 亮度检测模块

亮度检测模块如图 F-36 所示，采用 PCF8591 AD/DA 芯片，PCF8591 是一个单片集成、单独供电、低功耗、8-bit CMOS 数据获取元器件。PCF8591 具有 4 个模拟输入、1 个模拟输出和 1 个串行 I2C 总线接口。该模块集成光敏电阻，可以通过 AD 采集环境光强精确数值。该模块相较于传统的光敏电阻检测模块的优点在于它可以输出更精准的光强值，便于单片机根据环境光强精准控制用电器。

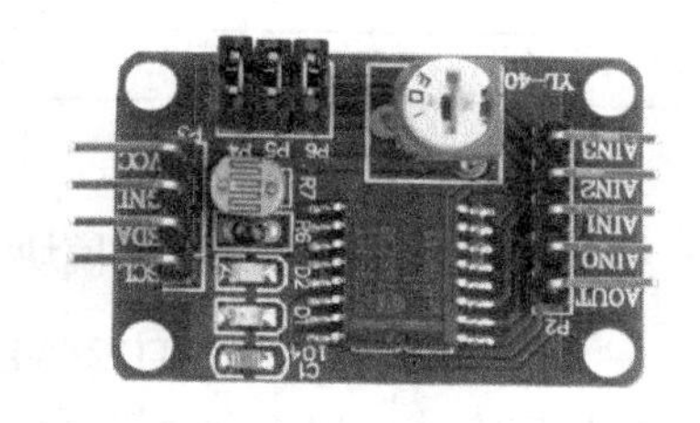

图 F-36　亮度检测模块

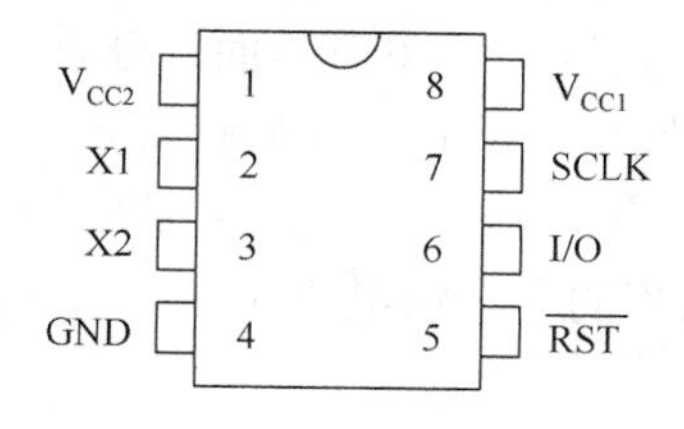

图 F-37　DS1302 的引脚图

31. 时钟芯片

时钟芯片采用 DS1302，引脚如图 F-37 所示，DS1302 是美国 DALLAS 公司推出的一种高性能、低功耗、带 RAM 的实时时钟电路，它可以对年、月、日、周、时、分、秒进行计时，具有闰年补偿功能，工作电压位 2.5～5.5V。采用三线接口与 CPU 进行同步通信，并可采用突发方式一次传送多个字节的时钟信号或 RAM 数据。DS1302 内部有一个 31×8 的用于临时性存放数据的 RAM 寄存器。DS1302 是 DS1202 的升级产品，与 DS1202 兼容，增加主电源/后备电源双电源引脚，同时提供了对后备电源进行涓细电流充电的能力。

32. 存储模块

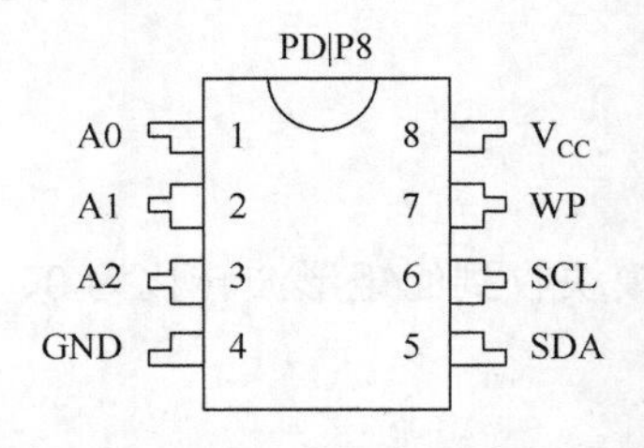

图 F-38　AT24C64 封装及引脚图

AT24C64 存储模块如图 F-38 所示，引脚如表 F-9 所示，AT24C64 是一个 64K 位串行 CMOS E2PROM，CATALYST 公司的先进 CMOS 技术实质上减少了器件的功耗。AT24C64 有一个 32B 页写缓冲器。该器件通过 IIC 总线接口进行操作，有一个专门的写保护功能。

AT24C64 支持总线数据传送协议 I_2C，总线协议规定任何将数据传送到总线的器件作为发送器，任何从总线接收数据的器件作为接收器。数据传送是由产生串行时钟和所有起始停止信号的主器件控制的。主器件和从器件都可以作为发送器或接收器，但由主器件控制传送数据（发送或接收）的模式，由于 A0、A1 和 A2 可以组成 000～111 八种情况，即通过器件地址输入端 A0、A1 和 A2 可以实现将最多 8 个 AT24C64 器件连接到总线上，通过不同的配置选择器件。

表 F-9　AT24C64 引脚说明

引脚名称	引脚功能
A0～A2	器件地址输入
SDA	串行数据输入输出
SCL	串行时钟输入
WP	写保护
V_{CC}	电源
GND	地

33. LCD12864 液晶显示模块

带中文字库的 LCD12864 液晶显示模块是一种具有 4 位/8 位并行、2 线或 3 线串行多种接口方式，内部含有国标一级、二级简体中文字库的点阵图形液晶显示模块，其显示分辨率为 128×64，内置 8192 个 16×16 点汉字和 128 个 16×8 点 ASCII 字符集，利用该模块灵活的接口方式和简单、方便的操作指令，可构成全中文人机交互图形界面，可以显示 8×4 行 16×16 点阵的汉字，也可完成图形显示。低电压低功耗是其又一显著特点。由该模块构成的液晶显示方案与同类型的图形点阵液晶显示模块相比，不论硬件电路结构或显示程序都要简洁得多，且该模块的价格也略低于相同点阵的图形液晶模块。

34. 红外循迹

一体式红外发射管和接收管如图 F-39 所示，与主控板连接方式如图 F-40 所示。

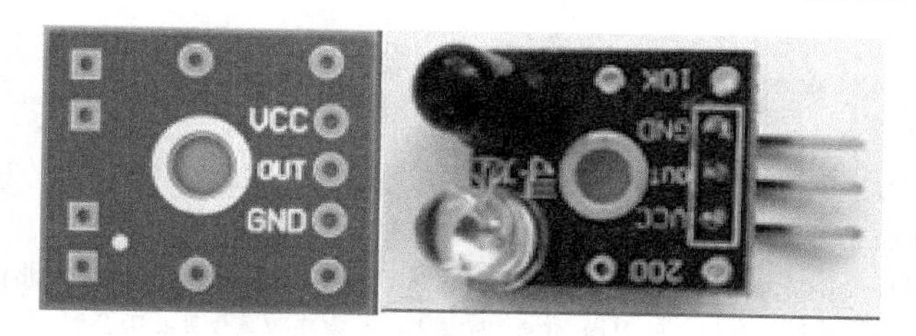

图 F-39　红外发射管和接收管

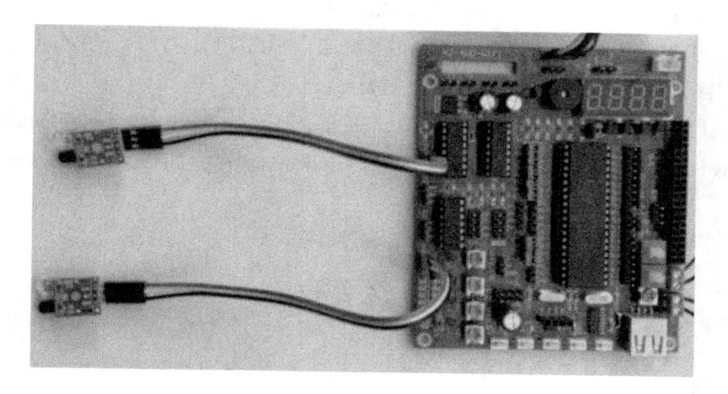

图 F-40　红外发射管和接收管接线方式

35. 车载 MP3 红外遥控器

车载 MP3 红外遥控器代码对应图如图 F-41 所示。

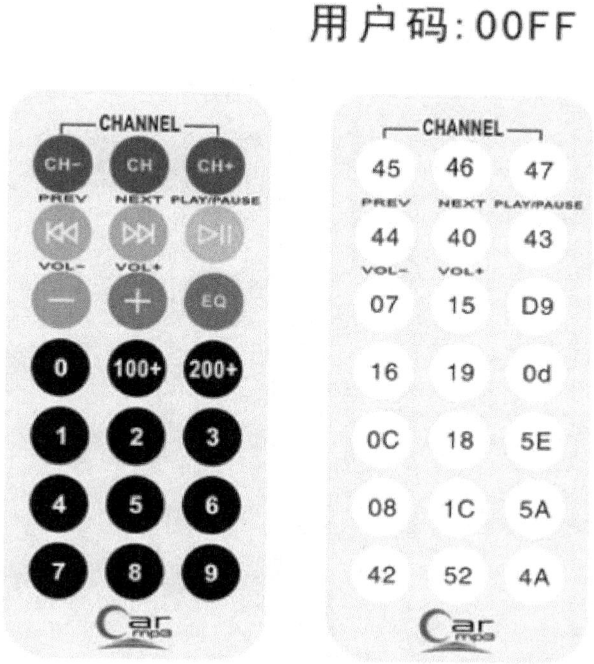

图 F-41　HS021 车载红外遥控器代码对应图

参 考 文 献

曹文，刘春梅，阎世梁，2016. 硬件电路设计与电子工艺基础[M]. 北京：电子工业出版社.

廖芳，2016. 电子产品制作工艺与实训[M]. 4 版. 北京：电子工业出版社.

普源精电科技股份有限公司，2010. 用户手册 RIGOL：DS1000CA 系列数字示波器[Z]. 北京：北京普源精电科技有限公司.

数英仪器有限公司，2011. Suin 数英仪器用户使用指南[Z]. 石家庄：石家庄数英仪器有限公司.

吴劲松，2009. 电子产品工艺实训[M]. 北京：电子工业出版社.

向守兵，2004. 电工电子实训教程[M]. 成都：电子科技大学出版社.

杨启洪，杨日福，2012. 电子工艺基础与实践[M]. 广州：华南理工大学出版社.

袁依凤，2010. 电子产品装配工实训[M]. 北京：人民邮电出版社.

Hughes J M，2015. Practical Electronics：Components and Techniques[M]. Sebastopol：O'Reilly Media.

Ibrahim I，2014. Step in Electronics Practicals：Real World Circuits Applications[M]. Charleston：Createspace Independent Publishing Platform.